COURS DE GÉOMÉTRIE

THÉORIQUE ET PRATIQUE

A L'USAGE

DES LYCÉES ET DES COLLÈGES

DES ÉCOLES NORMALES PRIMAIRES

DE TOUS LES ÉTABLISSEMENTS D'INSTRUCTION
ET DES ASPIRANTS AU BACCALAURÉAT ÈS SCIENCES

CONTENANT

DE NOMBREUSES APPLICATIONS AU DESSIN, A L'ARCHITECTURE
A L'ARPENTAGE, AU LEVÉ DES PLANS, AU NIVELLEMENT

ET

PLUS DE MILLE EXERCICES PROPOSÉS DE GÉOMÉTRIE PURE ET APPLIQUÉE

PAR

M. FÉLICIEN GIROD

Agrégé de l'Université,
Professeur de mathématiques au lycée Corneille de Rouen.

ONZIÈME ÉDITION

PARIS

LIBRAIRIE CLASSIQUE DE F.-E. ANDRÉ GUÉDON

E. ANDRÉ FILS, SUCCESSEUR

15, RUE SÉGUIER, 15

1893

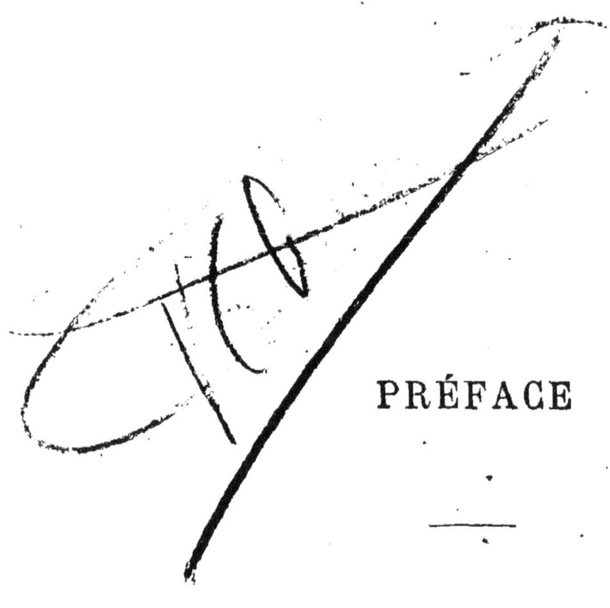

PRÉFACE

Notre *Cours de géométrie théorique et pratique* n'a pas été écrit en vue d'un programme spécial.

Il convient également aux élèves des Lycées et Collèges, des écoles normales primaires, et, en général, à tous les candidats aux examens dans lesquels on exige une connaissance sérieuse de la géométrie.

L'ouvrage se divise en huit livres, dont les quatre premiers sont consacrés à la ligne droite, à la circonférence, aux lignes porportionnelles, aux polygones réguliers et à la mesure des surfaces, et les quatre autres à la géométrie dans l'espace et aux sections coniques.

Chaque livre est subdivisé en chapitres, et chaque chapitre, divisé lui-même en paragraphes, est suivi d'applications et de problèmes à résoudre.

Nous avons dessiné les figures avec grand soin et ombré celles de la géométrie dans l'espace, afin d'en mieux faire ressortir le relief.

Nous n'avons pas eu la prétention de faire un livre

savant, mais seulement un livre utile aux maîtres et aux élèves.

Les maîtres y trouveront un choix nombreux et varié de problèmes graphiques et numériques, dont la plupart peuvent être donnés en devoirs aux élèves.

L'ouvrage en contient plus de mille.

Nous nous sommes efforcé de donner aux démonstrations toute la rigueur que comporte l'enseignement d'une science exacte, en évitant toutefois le langage trop concis des savants, que les jeunes gens ne comprennent guère et qui ne devient intelligible pour eux que quand ils savent déjà la géométrie.

Nous pensons donc que la plupart des élèves auxquels nous nous adressons peuvent lire notre travail avec profit.

GIROD.

COURS

DE

GÉOMÉTRIE

NOTIONS PRÉLIMINAIRES

1. On appelle **volume** d'un corps l'étendue du lieu qu'il occupe dans l'espace.

Ce lieu est limité de toutes parts par la **surface** du corps.

Les différentes faces d'un corps sont des surfaces dont les intersections ou les limites s'appellent **lignes**.

L'intersection de deux lignes se nomme **point**.

La **surface, la ligne** et le **point** n'existent réellement que si l'on considère un corps solide. Mais si l'on suppose que les dimensions d'un corps diminuent jusqu'à devenir nulles, on a l'idée du **point** indépendamment de la ligne, et si l'on fait mouvoir le point dans l'espace d'une manière continue, il engendre une ligne que l'on conçoit alors indépendamment de l'idée de surface.

La surface à son tour peut être considérée comme engendrée par une ligne qui se meut dans l'espace suivant une loi déterminée. La surface peut donc aussi être conçue indépendamment du corps dont elle est la limite.

DE LA LIGNE

2. On distingue *trois espèces de lignes :* la **ligne droite,** la **ligne brisée** et la **ligne courbe.**

La ligne droite est celle qui a la forme d'un fil tendu.

Elle possède certaines propriétés fondamentales intuitives et qu'il est superflu de chercher à prouver.

Par deux points donnés on peut toujours mener une ligne droite et l'on ne peut en mener qu'une.

Deux droites qui ont deux points communs coïncident dans toute leur étendue.

Deux droites distinctes ne peuvent avoir qu'un point commun.

La ligne droite qui joint deux points est le plus court chemin entre ces deux points.

Au lieu de dire : une **ligne droite,** on dit souvent : **une droite.**

3. En géométrie on désigne un point par une lettre et une droite par deux lettres affectées à deux de ses points. Ainsi on dit : le point A, la droite AB (fig. 1).

Une droite déterminée par deux points est toujours considérée comme prolongée indéfiniment dans les deux sens. Néanmoins, on considère souvent la portion de droite comprise entre ces deux points ; cette portion s'appelle **segment de droite**. Par abréviation on dit **la droite** AB pour désigner le segment de droite limité aux deux points A et B.

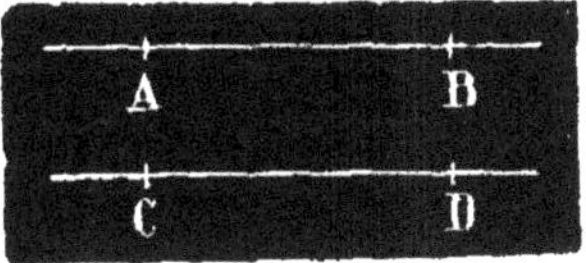

Fig. 1.

Quand on considère une portion indéfinie de droite, située à gauche ou à droite de l'un de ses points, on appelle quelquefois cette portion une *demi-droite*.

Deux droites AB et CD (fig. 1) sont égales lorsqu'en plaçant le point A de la droite AB au point C de la droite CD et en la faisant tourner autour du point C, le point B vient coïncider avec le point D.

Les droites sont des grandeurs qui peuvent s'ajouter et se retrancher.

Pour faire la somme de deux lignes droites AB et CD (fig. 2), on place le point A de AB au point D de CD, et on la fait tourner autour de ce point jusqu'à ce que le point B tombe en un point E, situé sur la droite indéfinie déterminée par les points C et D, dans la direction CD. La somme cherchée est alors la droite CE.

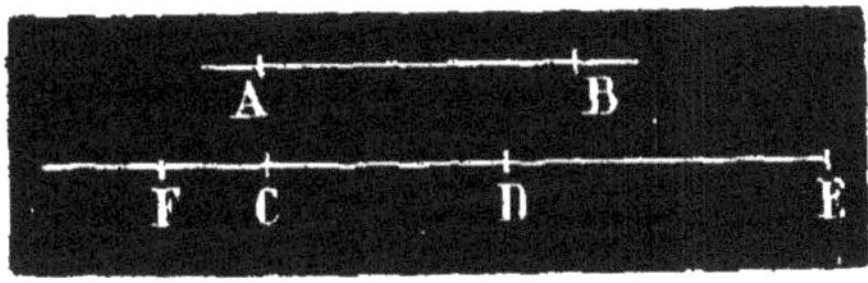

Fig. 2.

Si l'on fait tourner AB autour du point D, de manière que son extrémité B tombe en un point F, dans la direction DC, la quantité CF est la différence entre les deux droites données.

Une ligne droite AB est deux, trois, quatre fois plus grande qu'une autre CD, lorsqu'elle est égale à la somme de deux, trois ou quatre droites égales à CD.

On dit alors que CD est la moitié, le tiers, ou le quart de AB.

4. On appelle **ligne brisée** toute ligne ABCD (fig. 3) composée de plusieurs droites qui se coupent.

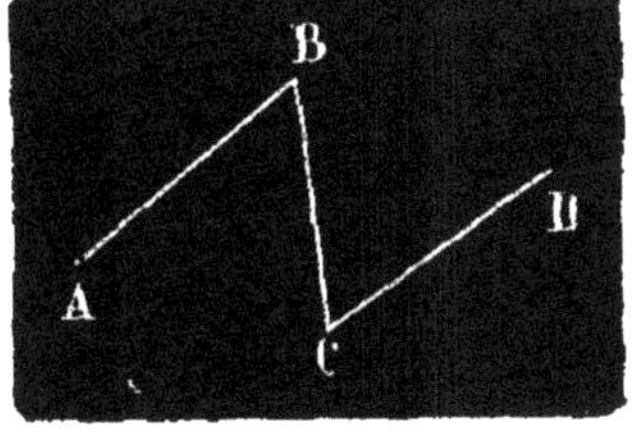

Fig. 3.

5. Toute ligne qui n'est ni droite, ni composée de lignes droites, se nomme **ligne courbe**, telle est la ligne MN (fig. 4).

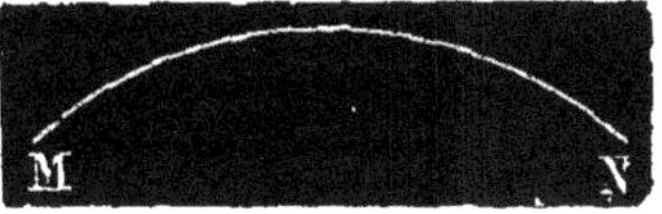

Fig. 4.

SURFACES

6. Parmi les surfaces, la plus importante à considérer est le **plan**.

Le plan est une surface telle que si l'on joint deux de ses points quelconques par une droite, cette droite y est contenue tout entière.

Une glace polie donne une idée exacte du plan.

Les ajusteurs, les menuisiers, les tailleurs de pierres mettent souvent en pratique la définition du plan.

Pour vérifier si une table est plane, on s'assure que l'on peut y appliquer, *dans tous les sens*, l'arête vive d'une règle parfaitement droite, sans qu'il reste aucun vide entre la table et la règle.

7. On nomme **surface brisée** toute surface composée de surfaces planes qui se coupent.

8. Les surfaces qui ne sont ni planes, ni composées de surfaces planes, portent le nom de **surfaces courbes**.

9. **Figures.** — Les lignes, les surfaces ou l'ensemble de plusieurs lignes ou surfaces, portent le nom général de **figures**.

10. On dit que deux figures sont *égales* lorsque, appliquées l'une sur l'autre, elles coïncident dans toutes leurs parties.

La superposition des figures est le moyen que l'on emploie généralement pour prouver leur égalité.

11. **Définition de la géométrie.** — La géométrie a pour objet l'étude des propriétés des figures et, en particulier, la mesure de leur étendue.

On divise la géométrie en deux parties : la **géométrie plane** qui s'occupe des figures dont tous les points sont dans un même plan, et la **géométrie dans l'espace**, relative aux figures dont tous les points ne sont pas dans un même plan.

TERMES EMPLOYÉS EN GÉOMÉTRIE

12. Un **théorème** est une proposition dont la vérité se reconnaît au moyen d'un raisonnement appelé **démonstration**.

L'énoncé d'un théorème comprend deux parties : **l'hypothèse** et la **conclusion**.

L'hypothèse se compose d'une ou plusieurs suppositions ; la conclusion est la conséquence que l'on tire de l'hypothèse au moyen d'autres propositions déjà reconnues comme vraies.

Un **axiome** est une proposition évidente par elle-même.

Un **lemme** est une proposition préliminaire destinée à faciliter la démonstration d'un théorème.

Un **corollaire** est une conséquence qui découle d'un ou plusieurs théorèmes.

On nomme **scolie** une remarque faite sur une ou plusieurs propositions. On remplace souvent le mot de scolie par **remarque**.

Un **problème** est une question à résoudre : c'est une figure à construire ou une grandeur géométrique à évaluer.

13. Lorsque deux propositions sont telles que l'hypothèse et la conclusion de la seconde sont respectivement la conclusion et l'hypothèse de la première, on dit que la seconde proposition est la **réciproque** de la première, qui prend alors le nom de **proposition directe.** Prenons un exemple :

Proposition directe : *Si* A *est* B, C *est* D.

Proposition réciproque : *Si* C *est* D, A *est* B.

La première proposition est aussi la réciproque de la seconde.

Deux propositions sont dites **contraires** lorsquelles ont à la fois une hypothèse contraire et une conclusion contraire.

Ainsi la proposition :

Si A *est* B, C *est* D, a pour proposition contraire :

Si A *n'est pas* B, C *n'est pas* D.

14. **Principe fondamental.** — *Lorsqu'une proposition directe et la proposition contraire sont vraies, les réciproques de ces deux propositions sont vraies;*

De même si une proposition et sa réciproque sont vraies, leurs propositions contraires le sont aussi.

1° Je suppose démontrées les deux propositions suivantes :

Si A *est* B, C *est* D (1);

Si A *n'est pas* B, C *n'est pas* D (2).

Je dis que les deux réciproques :

Si C *est* D, A *sera* B (3);

Si C *n'est pas* D, A *n'est pas* B (4).

1re Réciproque. Supposons que A ne soit pas B; en vertu de la proposition (2), C n'est pas D; ce qui est contraire à l'hypothèse : donc A est B.

2e Réciproque. Supposons que A soit B; en vertu de la proposition (1), c'est D; ce qui est contraire à l'hypothèse : donc A n'est pas B.

2° Je suppose démontrées les deux propositions (1) et (3); je dis que les deux propositions contraires (2) et (4) sont vraies.

Proposition contraire (2). Supposons que C soit D; en vertu de la proposition (3), A est B; ce qui est contraire à l'hypothèse : donc C n'est pas D.

Proposition contraire (4). Supposons que A soit B; en vertu de la proposition (1), C est D; ce qui est contraire à l'hypothèse : donc A n'est pas B.

Remarque. Une même proposition peut avoir plusieurs contraires; pour que sa réciproque soit vraie, il faut que toutes les contraires soient vraies. C'est ce que nous admettons implicitement dans le raisonnement précédent.

APPLICATIONS

TRACÉ DES LIGNES DROITES

15. 1° *Sur le papier.*

Règle; sa vérification. — La règle est l'instrument dont on se sert pour tracer des lignes droites sur le papier. C'est une simple planchette longue et mince dont l'un des bords doit être parfaitement rectiligne.

Pour s'assurer si la règle M est droite (fig. 5), on trace une ligne suivant l'un des bords ACB avec la pointe fine d'un crayon; puis on retourne la règle dans la position M' comme l'indique la figure et l'on

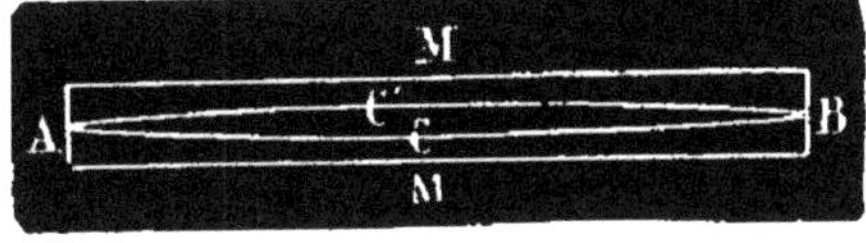

Fig. 5.

trace une nouvelle ligne AC'B le long du même bord. Si les deux lignes coïncident parfaitement, la règle est droite; elle est fausse dans le cas contraire.

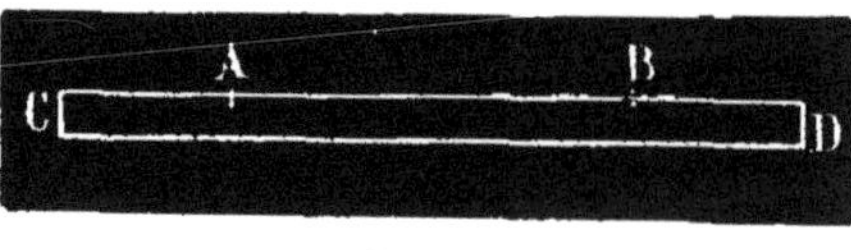

Fig. 6.

Pour joindre par une droite deux points donnés A et B (fig. 6), on applique sur la feuille une règle M de manière que son bord CD, parfaitement droit, passe par les deux points; puis on fait glisser sur le papier la pointe d'un crayon le long du bord CD et l'on a la ligne droite cherchée.

16. 2° *Sur les pièces de charpente.* — Pour tracer une ligne droite sur une pièce de bois A (fig. 7) entre deux points B et C, lorsque la longueur de la pièce rend impossible l'usage de la règle, les charpentiers, les scieurs de long, tendent, entre les points B et C, un cordeau préalablement chargé d'une poussière colorante; ils le soulèvent avec la main vers le milieu; puis ils le laissent retomber; en vertu de son élasticité, le cordeau frappe la pièce de bois et y laisse l'empreinte d'une ligne droite.

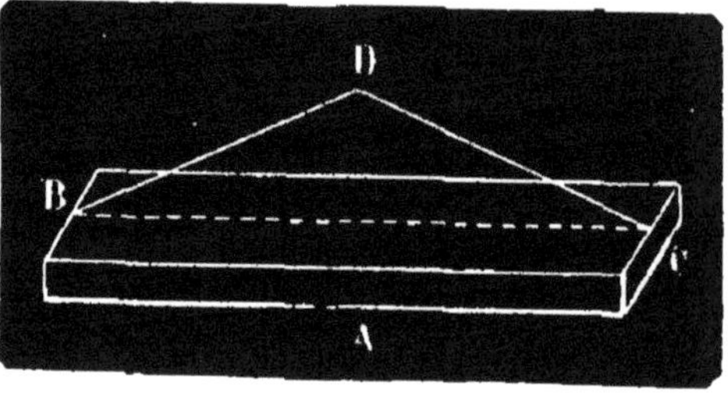

Fig. 7.

17. 3° *Sur le terrain.* — Quand il s'agit de déterminer une droite sur le terrain, on indique simplement la position de quelques-uns de ses points par des jalons.

On plante d'abord des jalons aux deux extrémités en les mettant bien verticaux *à l'aide du* **fil à plomb**.

L'opérateur se place ensuite derrière l'un d'eux et fait marcher dans la direction de l'autre un aide chargé de planter un jalon intermédiaire. Il le guide par signes jusqu'à ce que ce jalon cache complètement celui de l'autre extrémité. Il en fait ainsi disposer un plus ou moins grand nombre suivant la longueur de la ligne.

MESURE DES LIGNES DROITES

18. *Mesurer une longueur*, c'est la comparer à une autre longueur prise pour unité.

En France l'unité de longueur est le **mètre** dont les subdivisions sont le *décimètre*, le *centimètre* et le *millimètre*. Le mètre vaut 10 décimètres, le décimètre 10 centimètres et le centimètre 10 millimètres.

Pour mesurer une longueur, on y applique le mètre autant de fois que possible; ensuite on cherche le plus grand nombre de décimètres contenus dans le reste, le plus grand nombre de centimètres contenus dans le nouveau reste et enfin le plus grand nombre de millimètres que contient le troisième reste. On trouve par exemple 3 mètres 8 décimètres, 5 centimètres, 4 millimètres. La longueur cherchée est alors 3m,854 à moins de 1 millimètre près.

Les droites tracées sur le papier se mesurent à l'aide du double décimètre taillé en biseau sur ses deux bords ou règle de *Kutsch;* cet instrument est divisé en centimètres, millimètres et quelquefois en demi-millimètres. En l'appliquant sur la longueur à mesurer, on voit immédiatement combien cette longueur contient de centimètres, millimètres et demi-millimètres.

Pour mesurer les longueurs avec une approximation plus grande on emploie le **vernier.**

Cet instrument tire son nom de celui de son inventeur, mathématicien français mort en 1637.

Il est formé de deux règles (fig. 8) : l'une AB est fixe, l'autre CD est mobile; c'est celle-ci qui est à proprement parler le vernier. Supposons que les divisions de la règle AB soient des millimètres ; on fait la petite règle CD de 9 millimètres et on la divise en 10 parties égales; chacune de ces parties vaut par conséquent $\frac{9}{10}$ de millimètre. De sorte que si le zéro du vernier coïncide avec une division de la règle AB, les divisions portant les numéros 1, 2, 3, 4... etc., sont en retard sur les divisions voisines de la règle de $\frac{1}{10}$, $\frac{2}{10}$, $\frac{3}{10}$, $\frac{4}{10}$ de millimètre, etc. — Si

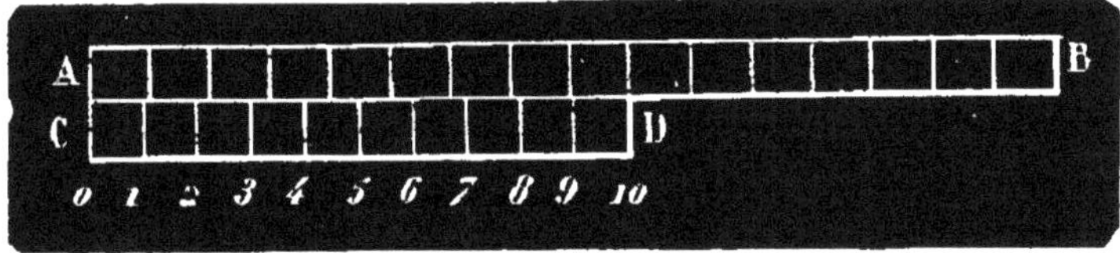

Fig. 8.

l'on fait glisser le vernier vers la droite de manière que la 4e division par exemple vienne coïncider avec la division de la règle immédiatement voisine, toutes les divisions du vernier, et par suite le zéro, auront marché de $\frac{4}{10}$ de millimètre.

Soit maintenant à mesurer une longueur *ab* (fig. 9). Après avoir placé la première division de la règle AB à l'origine *a* de la droite *ab*, on constate que la

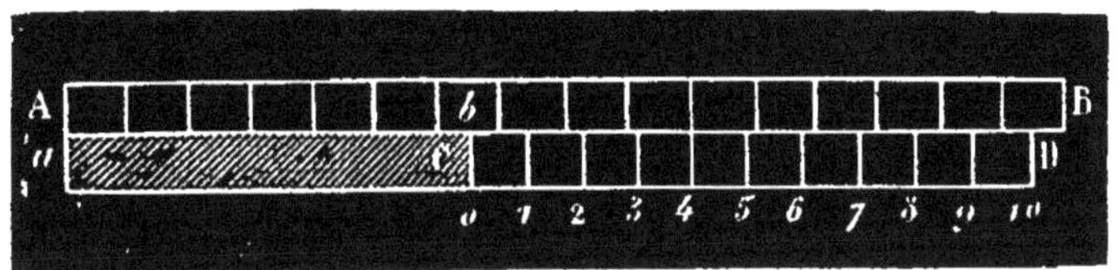

Fig. 9.

deuxième extrémité *b* tombe entre la 6e et la 7e division de la règle; la grandeur à évaluer contient donc 6mm, plus une fraction. Pour évaluer cette fraction, on cherche quelle est la division du vernier qui coïncide avec une division de la règle; on trouve par exemple que c'est la quatrième. La ligne *ab* a donc 6mm,4 de longueur.

On trouve des verniers dans les échelles barométriques, thermométriques, dans les cathétomètres, les mires et autres instruments de physique. Plus loin nous étudierons le vernier circulaire des instruments destinés à mesurer les angles.

19. **Chaîne d'arpenteur.** — La chaîne d'arpenteur a 10 mètres de long; elle est composée de cinquante chaînons en gros fil de fer réunis par des anneaux dont les centres sont distants de 2 décimètres.

Ceux qui marquent les mètres sont en laiton, et celui du milieu de la chaîne porte une marque particulière. Aux extrémités se trouvent deux poignées qui font partie de la longueur de la chaîne. Une fiche est une tige de fil de fer terminée en pointe à l'une de ses extrémités et par un anneau à l'autre extrémité. La chaîne d'arpenteur et les fiches servent à mesurer les lignes tracées sur le terrain.

Soit à chaîner une ligne AB. Deux opérateurs saisissent les extrémités de la chaîne; l'un est le *chaîneur d'avant*, l'autre le *chaîneur d'arrière*. Celui-ci met la poignée de la chaîne juste au point A; l'autre marche dans le sens AB tenant en main un paquet de dix fiches. Il tend la chaîne en la maintenant sensiblement horizontale, obéit aux gestes du premier, qui le met dans l'alignement des jalons, et plante une de ses fiches dans le sol intérieurement à la poignée. Les deux opérateurs se remettent en marche jusqu'à ce que le chaîneur d'arrière soit arrivé à la fiche; il met sa poignée de chaîne contre cette fiche, et le chaîneur d'avant, se comportant comme précédemment, place une seconde fiche, après quoi l'autre chaîneur enlève la première, et ainsi de suite jusqu'à ce qu'il ne reste plus à mesurer qu'une portion inférieure à 10 mètres.

Le chaîneur d'arrière abandonne alors sa poignée et, tirant à lui la chaîne, la tend jusqu'à la dernière fiche; il compte, à partir du jalon, les anneaux qui marquent les mètres, les chaînons de 2 décimètres et enfin les centimètres sur le dernier chaînon, en les estimant à vue, ou en se servant du double décimètre, et enlève la fiche. Supposons qu'en dernier lieu il ait trouvé 8m65 et qu'il ait huit fiches dans sa main, la ligne AB sera de 88m,65.

Une longueur de 100 mètres s'appelle une **portée**. Le chaîneur d'arrière marque chaque portée sur son carnet et rend les fiches à son aide.

PREMIÈRE PARTIE

GÉOMÉTRIE PLANE

LIVRE PREMIER

LA LIGNE DROITE

CHAPITRE PREMIER

DES ANGLES

20. Un angle est une figure formée par deux droites AB et AC qui se coupent (fig. 10).

Ces droites sont les côtés de l'angle ; leur point d'intersection A en est le sommet.

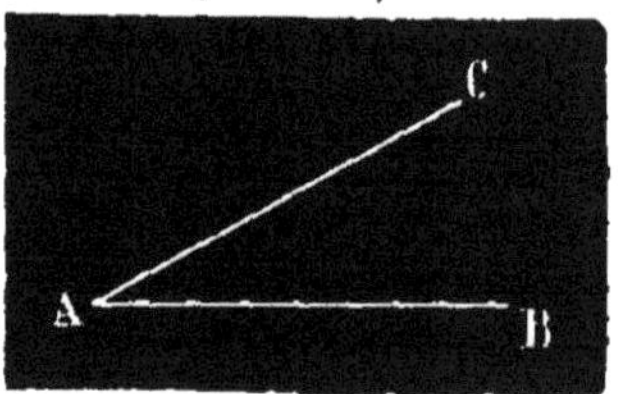

Fig. 10.

On désigne un angle isolé par la lettre de son sommet. Exemple (fig. 10), on dira : angle A. Lorsque, comme dans la figure 11, plusieurs angles ont le même sommet, on désigne chacun d'eux par trois lettres, dont deux placées sur les côtés et la troisième au sommet.

On énonce ces trois lettres en plaçant celle du sommet au milieu ; on a les trois angles CAD, DAB et CAB.

Pour nous faire une idée nette de la grandeur d'un angle, supposons (fig. 10) que la droite AC, d'abord couchée sur AB, tourne autour du point A comme une branche de compas autour de sa charnière. L'angle formé par les deux droites augmente d'une *manière continue.*

De ce mode de génération, il résulte que la grandeur d'un angle ne dépend pas de la longueur de ses côtés.

21. Angles adjacents. — On appelle **angles adjacents** deux angles CAD et BAD (fig. 11) qui ont même sommet A, un côté commun AD et qui sont situés de part et d'autre du côté commun.

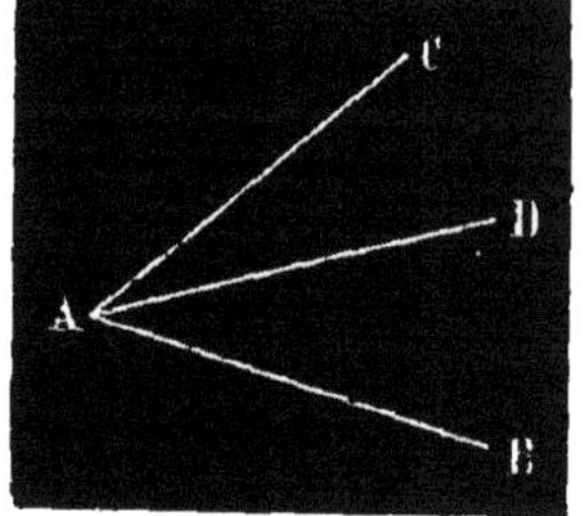

Fig. 11.

22. Angles égaux. — On dit que deux angles sont *égaux*, lorsqu'on peut les placer l'un sur l'autre de manière qu'ils coïncident.

Ainsi, lorsqu'on place l'angle A' sur l'angle A (fig. 12) de manière que le côté A'C' coïncide avec AC et que le point A' soit au point A, il faut, pour que les angles A et A' soient égaux, que le côté A'B' s'applique sur AB, ou, comme on dit ordinairement, prenne la direction AB.

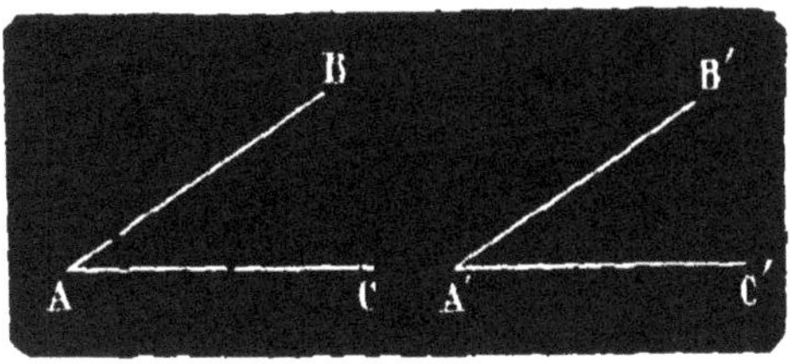

Fig. 12.

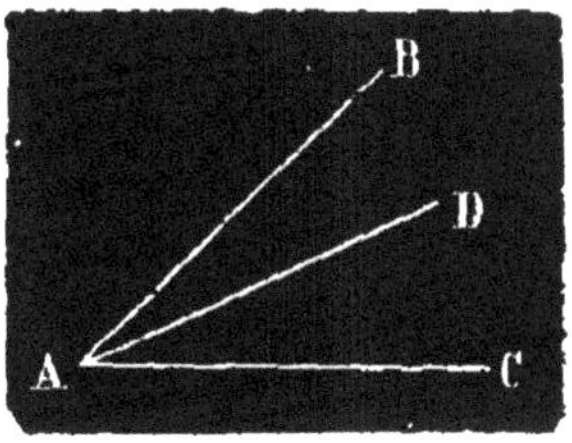

Fig. 13.

23. Bissectrice. — On nomme *bissectrice d'un angle* BAC (fig. 13) la droite AD qui, partant du sommet, divise cet angle en deux angles égaux BAD et DAC.

24. Somme de deux angles. — Les angles sont des grandeurs que l'on peut ajouter, retrancher et par suite multiplier et diviser.

Pour faire la somme de deux angles BAC et DFG (fig. 14), on transporte le second dans la position CAH de manière qu'il soit adjacent à l'angle BAC. L'angle HAB formé par les côtés non communs est la somme des angles donnés.

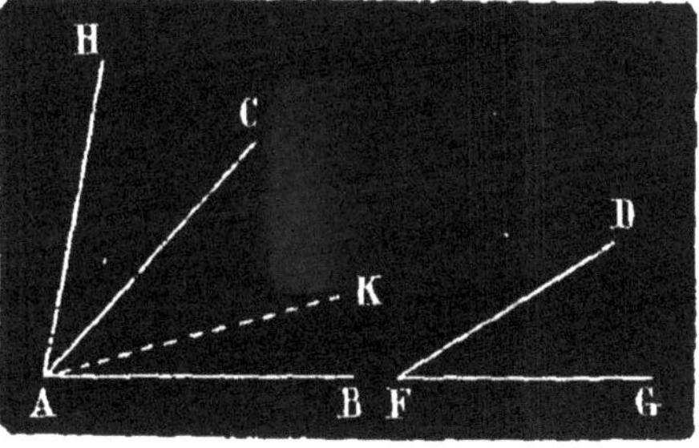

Fig. 14.

Si, après avoir placé le côté FG sur AC de manière que le point F soit au point A, on amenait le côté FD dans la position AK, l'angle BAK serait la différence des deux angles DFG et BAC.

On dit qu'un angle A est double, triple, quadruple d'un autre angle B, lorsqu'il est égal à la somme de deux, trois ou quatre angles égaux à B. Dans ce cas, B est la moitié, le tiers ou le quart de A.

25. Perpendiculaire, oblique. — Une droite AB (fig. 15) est **perpendiculaire** à une autre droite CD lorsqu'elle forme avec CD deux angles adjacents BAC et BAD, égaux entre eux.

Une droite AF est **oblique** à une ligne CD lorsqu'elle forme avec CD deux angles adjacents FAC et FAD inégaux.

Le point A est le pied de la perpendiculaire ou de l'oblique.

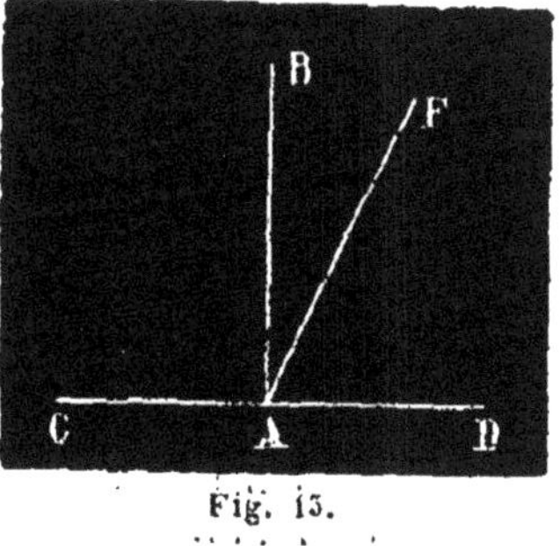

Fig. 15.

26. Angle droit. — On appelle **angle droit**, tout angle dont les côtés sont perpendiculaires l'un à l'autre.

Deux angles sont opposés par le sommet lorsque les côtés de l'un sont les prolongements des côtés de l'autre. Lorsque deux droites AB et CD se coupent (fig. 16) elles forment quatre angles opposés par le sommet deux à deux.

Tels sont les angles AOD et COB, AOC et BOD.

THÉORÈME

27. *Par un point* O *pris sur une droite* AB (fig. 17) *on peut toujours élever une perpendiculaire* OC *à cette droite et l'on ne peut en élever qu'une.*

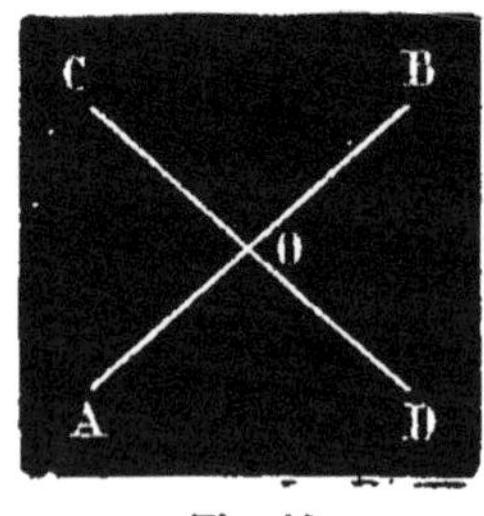

Fig. 16.

Supposons qu'une droite OD, d'abord couchée sur AB, tourne autour du point O dans le sens de la flèche ; l'angle BOD, nul à l'origine, va en augmentant d'une manière continue, tandis que l'angle AOD diminue par degrés insensibles jusqu'à devenir nul. L'angle BOD, d'abord inférieur à AOD, diffère de moins en moins de cet angle et finit par le surpasser. La droite mobile OD prend donc une position OC, et une seule, pour laquelle les deux angles adjacents COA et COD soient égaux, c'est-à-dire pour laquelle OD soit perpendiculaire à AB.

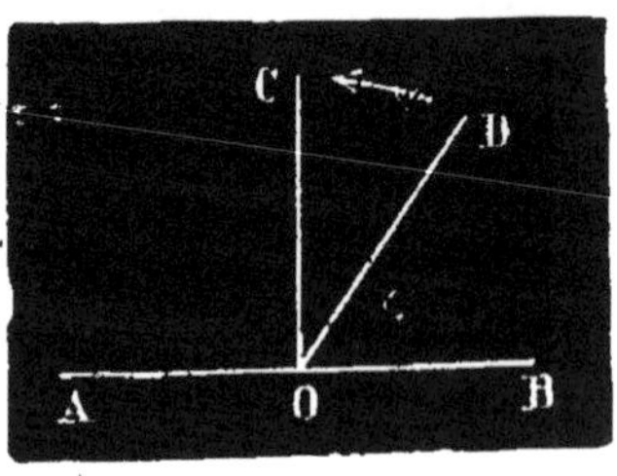

Fig. 17.

On démontre par le même procédé qu'un angle n'a qu'une bissectrice.

THÉORÈME

28. *Tous les angles droits sont égaux.*

Considérons les deux angles droits BAC et B'A'C' (fig. 18).

Transportons l'angle B'A'C' sur l'angle BAC de manière que A'B' coïncide avec AB et que le point A' tombe au point A.

La droite A'C' étant perpendiculaire à A'B' deviendra perpendiculaire à AB au point A ; elle prendra la direction AC, puisqu'en un point d'une droite on ne peut mener qu'une seule perpendiculaire à cette droite. Les deux angles B'A'C' et BAC coïncideront, c'est-à-dire seront égaux.

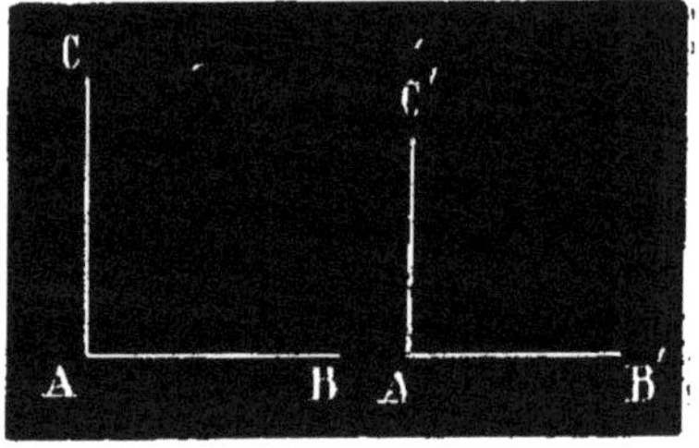

Fig. 18.

29. **Remarque.** — L'angle droit étant une grandeur fixe peut servir de terme de comparaison entre tous les angles.

On appelle angle *obtus* tout angle plus grand qu'un angle droit, et *aigu* celui qui est plus petit qu'un angle droit.

Deux angles sont *complémentaires* lorsque leur somme vaut un angle droit. On dit alors que l'un est le complément de l'autre.

Deux angles sont *supplémentaires* lorsque leur somme vaut deux angles droits. On dit alors que l'un est le supplément de l'autre.

Il est clair que deux angles qui ont le même complément ou le même supplément sont égaux.

THÉORÈME

30. *Lorsque deux angles adjacents* ABC *et* ABD (fig. 19), *ont leurs côtés extérieurs* BC *et* BD *en ligne droite, ces angles sont supplémentaires.*

1° Si AB est perpendiculaire à CD, le théorème est démontré.

2° Supposons que AB soit oblique à CD et élevons au point B une perpendiculaire BF à CD,

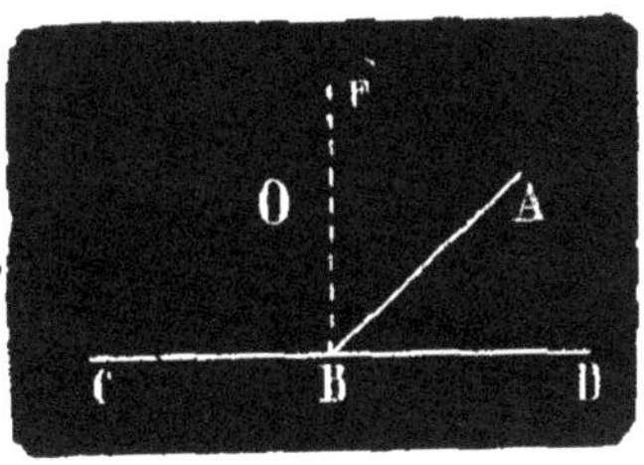

Fig. 19.

L'angle ABC = 1 droit + ABF.
L'angle ABD = 1 droit — ABF.

Ajoutons ces deux égalités membre à membre, il vient :

ABC + ABD = 2 droits. C. Q. F. D.

RÉCIPROQUE

31. *Si deux angles adjacents* ABC *et* DBC *sont supplémentaires, leurs côtés extérieurs* AB *et* BD *sont en ligne droite* (fig. 20).

En effet, par hypothèse, l'angle DBC est le supplément de ABC ; si l'on appelle BD′ le prolongement de AB, l'angle D′BC est aussi le supplément de ABC (n° 30), donc D′BC est égal à DBC ; mais ces angles sont superposés, ils ont même sommet B et un côté commun BC, il en résulte que les deux autres côtés BD et BD′ coïncident.

C. Q. F. D.

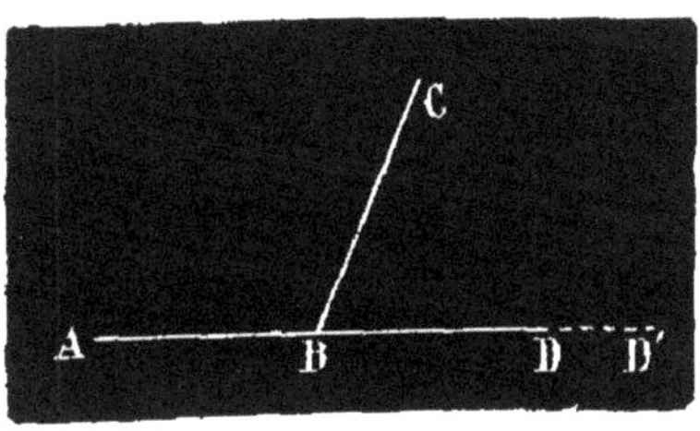

Fig. 20.

32. Remarque. — Le théorème précédent et sa réciproque étant vrais, on en conclut que les propositions contraires sont vraies (n° 14).

Par conséquent :

1° *Si les côtés extérieurs de deux angles adjacents ne sont pas en ligne droite, ces angles ne sont pas supplémentaires ;*

2° *Si deux angles adjacents ne sont pas supplémentaires, leurs côtés extérieurs ne sont pas en ligne droite.*

33. Corollaire I. — *La somme de tous les angles* AOC, COD, DOF, EOB, *formés autour d'un point* O *et d'un même côté d'une droite* AB *est égale à deux angles droits* (fig. 21).

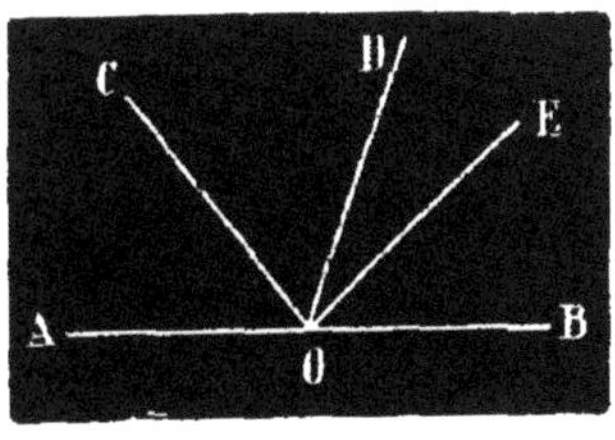

Fig. 21.

En effet

AOC + COB = 2 droits (n° 30) ;

Or

COB = COD + DOE + EOB ;

donc :

AOC + COD + DOE + EOB = 2 droits.

C. Q. F. D.

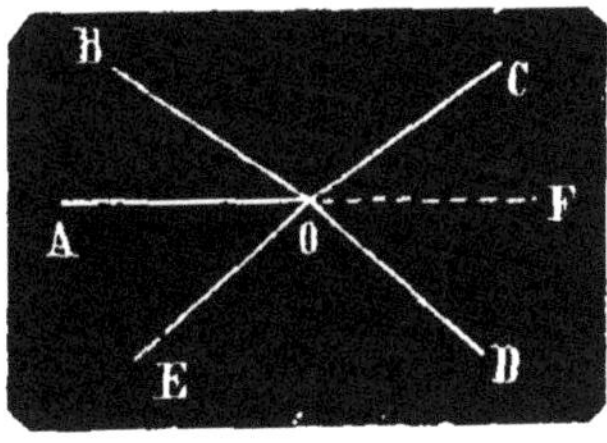

Fig. 22.

34. Corollaire II. — *La somme de tous les angles* AOB, BOC, COD, DOE, EOA, *formés autour d'un même point* O *est égale à quatre angles droits* (fig. 22).

Si l'on prolonge la droite AO suivant OF, on obtient de nouveaux angles, dont la somme est la même que la somme des angles donnés, car COF + FOD = COD. Or la somme des angles AOB, BOC, COF, situés au-dessus de AF, vaut deux droits ; il en est de même des angles situés au-dessous de AF. La somme des nouveaux angles et, par suite, la somme des angles donnés, vaut donc quatre droits.

35. **Corollaire III.** — *Lorsque l'un des quatre angles formés par la rencontre de deux lignes droites indéfinies* AC *et* BD *est droit, les trois autres sont aussi droits* (fig. 23).

En effet, si l'on suppose que AOB soit droit, son supplément BOC est aussi droit ; DOC, supplément de BOC, est droit ; AOD, supplément de DOC ou de AOB, est également droit.

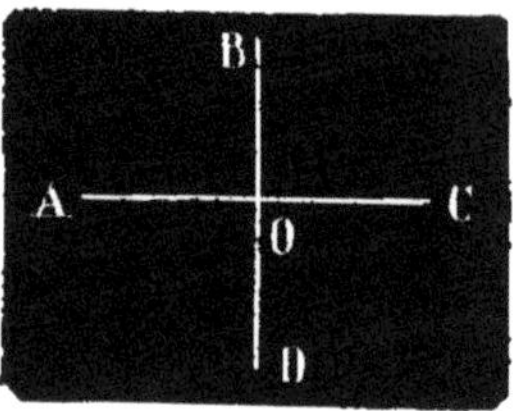

Fig. 23.

Remarque. — Il résulte de là que si une droite BO est perpendiculaire à une autre AC, 1° son prolongement OD est aussi perpendiculaire à AC ; 2° AC est à son tour perpendiculaire à BD.

THÉORÈME

36. *Deux angles* DOC *et* AOB *opposés par le sommet sont égaux* (fig. 24).

Ces deux angles étant opposés par le sommet, les côtés OC et OD sont les prolongements de AO et de BO.

Les angles adjacents DOC et BOC, ayant leurs côtés extérieurs OD et OB en ligne droite, sont supplémentaires ; les angles AOB et BOC sont supplémentaires pour la même raison.

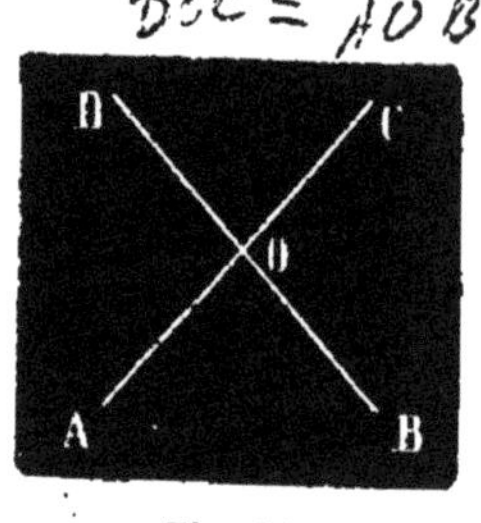

Fig. 24.

Donc les angles DOC et AOB, qui ont le même supplément, sont égaux.

C. Q. F. D.

APPLICATIONS

37. **Fausse équerre.** — Cet instrument, aussi appelé **sauterelle**, se compose de deux règles AB, BC, articulées en A, (fig. 25), par une charnière comme les branches d'un compas, de manière à pouvoir faire varier leur écartement. Les menuisiers et les charpentiers l'emploient pour transporter les angles, c'est-à-dire pour faire sur une pièce de bois, ou une surface plane quelconque, un angle égal à un angle donné. L'usage de cet instrument repose sur la notion de l'égalité des angles par superposition. On l'applique d'abord sur l'angle donné, de manière que les bords extérieurs des deux règles coïncident avec les côtés de l'angle ; puis sans faire varier l'écartement des branches de l'équerre, on la transporte sur la surface voulue ; on n'a plus qu'à tracer avec un poinçon ou un crayon deux droites le long des bords extérieurs de l'instrument ; l'angle formé par ces deux droites est l'angle cherché.

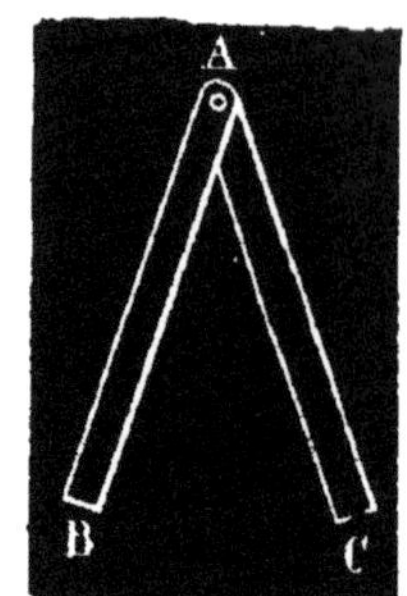

Fig. 25.

38. **Egalité des angles droits.** — Les portes et les fenêtres de tous nos édifices présentent des angles droits. Tous ces angles étant égaux peuvent se recouvrir ; c'est d'après cela que le menuisier dispose à angle droit le châssis d'une fenêtre, les panneaux d'une porte pour qu'ils bouchent exactement l'ouverture pratiquée dans la maçonnerie, ouverture qui offre en creux un angle droit ; le vitrier,

pour la même raison, coupe ses carreaux à angle droit ; les ouvriers qui tapissent les appartements emploient des bandes de papier coupées à angles droits ; elles peuvent alors exactement recouvrir les angles droits que l'on trouve à l'intérieur de nos habitations.

39. **Angle de deux murs.** — Pour évaluer l'angle formé par deux murs d'un édifice, on prolonge leur direction en dehors de la construction.

L'angle obtenu est égal au premier, puisqu'il lui est opposé par le sommet. On le mesure ensuite par les moyens ordinaires.

EXERCICES SUR LE CHAPITRE PREMIER.

1. Trouver le supplément d'un angle donné.
2. Trouver le complément d'un angle donné.
3. Les bissectrices de deux angles adjacents supplémentaires sont perpendiculaires entre elles.
4. Les bissectrices de deux angles opposés par le sommet sont en ligne droite.
5. Si en un point O d'une droite AB on trace une demi-droite OC faisant un certain angle COA avec OA, et par le même point une demi-droite OD située de l'autre côté de AB faisant avec OB un angle DOB égal à COA, les deux demi-droites OC et OD sont dans le prolongement l'une de l'autre.
6. L'angle formé par la bissectrice d'un angle et une droite quelconque menée dans cet angle par le sommet, est égal à la demi-différence des deux angles que détermine cette droite dans l'angle donné.
7. L'angle formé par la bissectrice d'un angle et une droite quelconque menée par le sommet hors de cet angle est égal à la demi-somme des angles que forme cette droite avec les deux côtés de l'angle donné.
8. Lorsque quatre angles adjacents ont une somme égale à quatre angles droits, si le 1er est égal au 3e et le 2e égal au 4e, les côtés de ces angles sont deux à deux en ligne droite.

CHAPITRE II

§ Ier. — DES POLYGONES.

40. On appelle **polygone** une portion de plan ABCDE limitée de toutes parts par des lignes droites (fig. 26).

Les portions de droites AB, BC... sont les **côtés** du polygone ; leur somme est le **périmètre** de ce polygone.

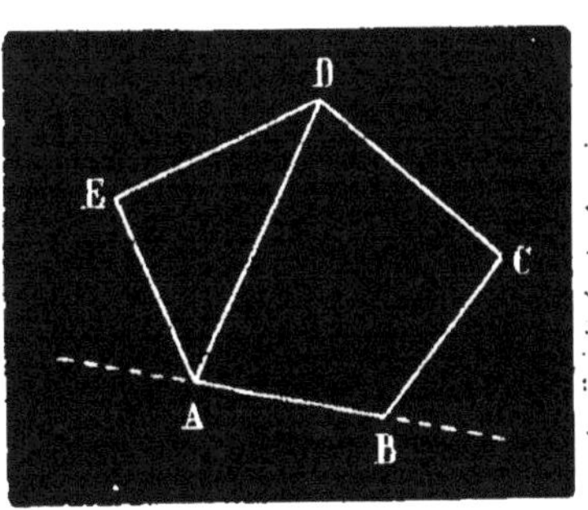

Fig. 26.

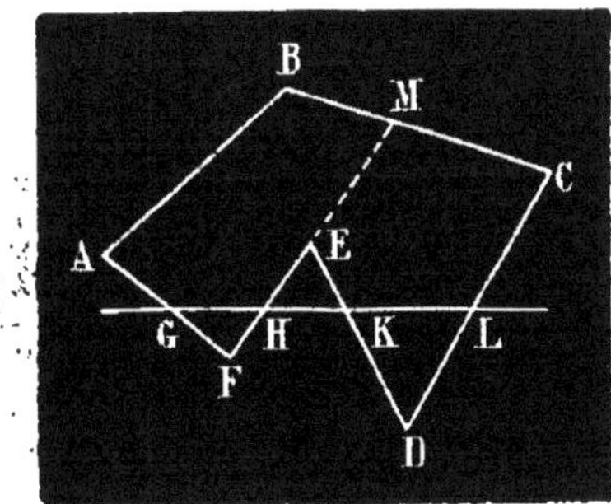

Fig. 27.

Les **sommets** de la figure sont les points d'intersection A, B, C, D, E des côtés ; ses angles sont les angles ABC, BCD... formés à l'intérieur par les côtés consécutifs.

Toute droite AD qui joint deux sommets non consécutifs s'appelle **diagonale**.

Un polygone est dit **convexe** lorsqu'il est tout entier situé d'un même côté de chacun de ses côtés prolongés indéfiniment (fig. 26). Lorsqu'il n'en est pas ainsi, le polygone est **concave** (fig. 27).

41. Un polygone *convexe* ne peut être coupé en plus de deux points par une ligne droite ; car si l'on suppose qu'une droite puisse couper le polygone donné en trois points G, H et K (fig. 27), les points G et K étant l'un à gauche, l'autre à droite du point H, qui appartient au côté EF, le polygone ne se trouve pas tout entier du même côté de EF prolongé et n'est pas *convexe*.

42. Les noms des polygones sont tirés du nombre de leurs côtés. On nomme :

Triangle le polygone de. . . . . 3 côtés
Quadrilatère . . . . 4 —
Pentagone . . . . 5 —
Hexagone. 6 —
Heptagone. 7 —
Octogone . . . . 8 —
Ennéagone . . . . 9 —
Décagone . . . . 10 —
Hendécagone . . . . 11 —
Dodécagone . . . . 12 —
Pentédécagone. 15 —

Les autres polygones se désignent par le nombre de leurs côtés.

§ II. — DU TRIANGLE.

DÉFINITIONS

43. Parmi les triangles on distingue le triangle **isocèle**, le triangle **équilatéral** et le triangle **rectangle**.

On appelle **isocèle** tout triangle ABC (fig. 28) qui a deux côtés égaux AC et BC. Le 3e côté AB est la base du triangle, et le sommet C, opposé à la base, s'appelle aussi le sommet du triangle.

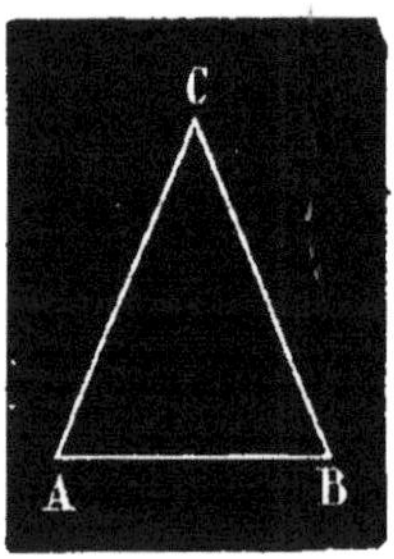

Fig. 28.

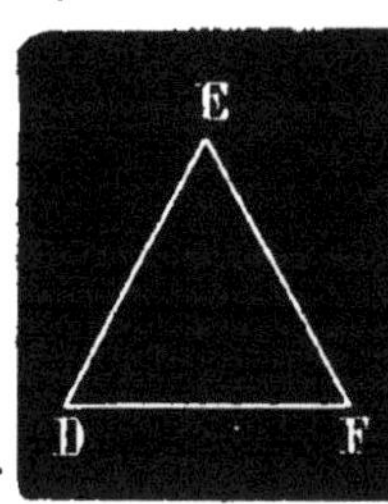

Fig. 29.

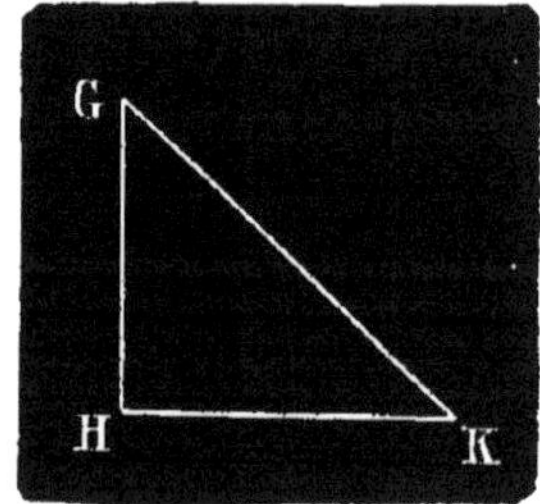

Fig. 30.

Un triangle **équilatéral** est un triangle dont les trois côtés sont égaux (fig. 29).

On appelle triangle **rectangle** tout triangle GHK (fig. 30) qui a un angle droit H.

Le côté GK opposé à l'angle droit est l'hypoténuse du triangle rectangle.

PROPRIÉTÉS GÉNÉRALES

THÉORÈME

44. *Dans tout triangle, un côté quelconque est plus petit que la somme des deux autres et plus grand que leur différence.*

Soit le triangle ABC (fig. 31).

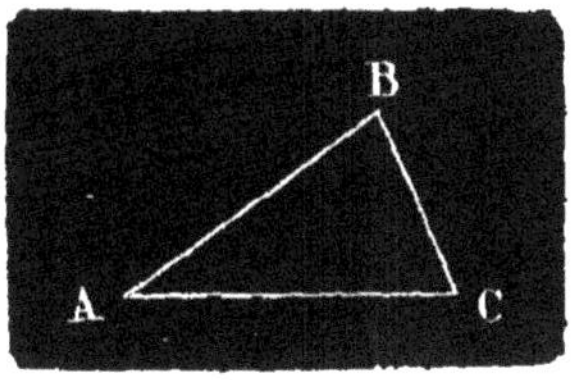

1° La ligne droite AC est plus petite que la ligne brisée ABC, qui aboutit aux deux points A et C (n° 2). On peut donc écrire

$$AC < AB + BC \quad (1)$$

Fig. 31.

2° On aurait de même :

$$AC + BC > AB,$$

ou, en retranchant BC des deux membres de cette inégalité,

$$AC > AB - BC. \qquad \text{C. Q. F. D.}$$

THÉORÈME

45. *Si l'on prend un point* D *à l'intérieur d'un triangle* ABC, *et qu'on le joigne aux extrémités* A *et* C *d'un côté* AC, *la somme des lignes obtenues* DA *et* DC *est plus petite que la somme des deux autres côtés* AB *et* BC (fig. 32).

Prolongeons AD jusqu'à sa rencontre E avec BC. Dans le triangle ABE on a : (n° 44)

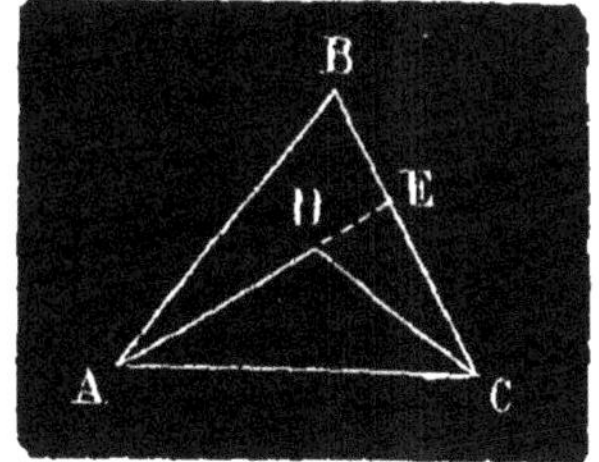

Fig. 32.

$$AD + DE < AB + BE \quad (1).$$

Le triangle DEC donne :

$$DC < DE + EC \quad (2).$$

Ajoutons les inégalités (1) et (2) membre à membre; il vient :

$$AD + DE + DC < AB + BE + DE + EC.$$

Si l'on retranche la partie DE commune aux deux membres et qu'on remarque que

$$BE + EC = BC,$$

on a :

$$AD + DC < AB + BC. \qquad \text{C. Q. F. D.}$$

ÉGALITÉ DES TRIANGLES

46. Deux triangles sont égaux lorsqu'on peut les appliquer l'un sur l'autre, de manière qu'ils coïncident dans toutes leurs parties. On reconnaît alors que leurs six éléments, angles et côtés, sont égaux chacun à chacun.

Trois de ces conditions seulement sont *suffisantes* pour prouver que deux triangles sont superposables.

En groupant convenablement ces trois conditions suffisantes, on obtient l'énoncé de trois propositions qui constituent les cas d'égalité des triangles.

PREMIER CAS

47. *Deux triangles sont égaux lorsqu'ils ont un côté égal adjacent à deux angles égaux chacun à chacun.*

Soient deux triangles ABC, A'B'C' (fig. 33) dans lesquels

$$AB = A'B',$$

$$\text{angle } A = \text{angle } A',$$

$$\text{angle } B = \text{angle } B'.$$

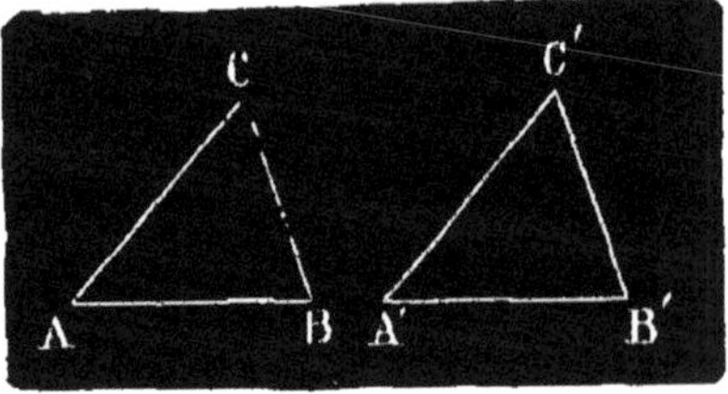

Fig. 33.

Je dis que ces triangles sont égaux.

Transportons le triangle A'B'C' sur le triangle ABC de manière que le point A' soit au point A, et le point B' au point B : on le peut puisque A'B' = AB.

L'angle A' étant égal à l'angle A, le côté A'C' prend la direction AC, et le point C', extrémité de A'C', tombe sur AC ou sur son prolongement.

L'angle B' étant égal à l'angle B, le côté B'C' prend la direction BC et le point C', extrémité de B'C', tombe sur BC ou sur son prolongement.

Le point C' devant être situé en même temps sur les deux droites AC et BC coïncide nécessairement avec le point C, commun à ces deux lignes.

Les triangles se recouvrent exactement dans toutes leurs parties ; donc ils sont égaux.

DEUXIÈME CAS

48. *Deux triangles sont égaux lorsqu'ils ont un angle égal compris entre deux côtés égaux chacun à chacun.*

Soient deux triangles ABC, A'B'C' (fig. 34) dans lesquels :

$$\text{angle } A = \text{angle } A',$$

$$AB = A'B',$$

$$AC = A'C'.$$

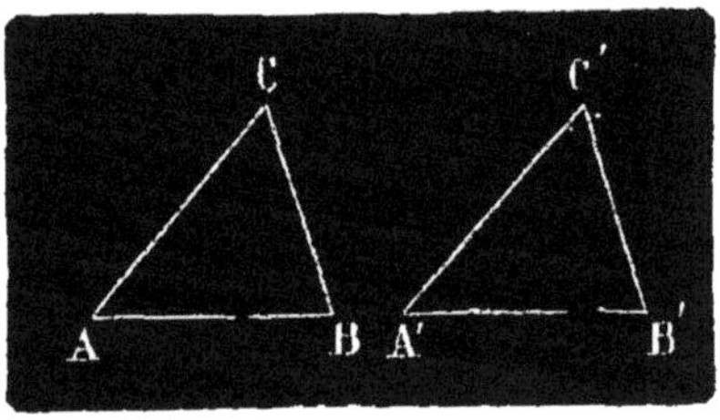

Fig. 34.

Je dis que ces deux triangles sont égaux. Transportons le triangle A'B'C' sur le triangle ABC, de manière que le point A' soit au point A, et le point B' au point B ; on le peut, puisque A'B' = AB. L'angle A' étant égal à l'angle A, le côté A'C' prend la direction AC ; mais A'C' = AC, donc le point C' tombe au point C. Les deux côtés B'C' et BC ayant leurs extrémités aux mêmes points se recouvrent exactement. Il en résulte que les triangles coïncident dans toutes leurs parties et sont égaux.

49. Remarque. — Cette démonstration prouve que : *Si deux triangles ont un angle égal compris entre deux côtés égaux chacun à chacun, le troisième côté du premier triangle est égal au troisième côté du second.*

TROISIÈME CAS

50. Lemme. — *Lorsque deux triangles ont un angle inégal compris entre deux côtés égaux chacun à chacun, le troisième côté de l'un n'est pas égal au troisième côté de l'autre; le plus grand est celui qui est opposé au plus grand angle.*

Considérons les deux triangles ABC et DEF (fig. 35) dans lesquels :

$$\text{angle ABC} > \text{angle DEF},$$

$$AB = DE,$$

$$BC = EF.$$

Je dis que $AC > DF$.

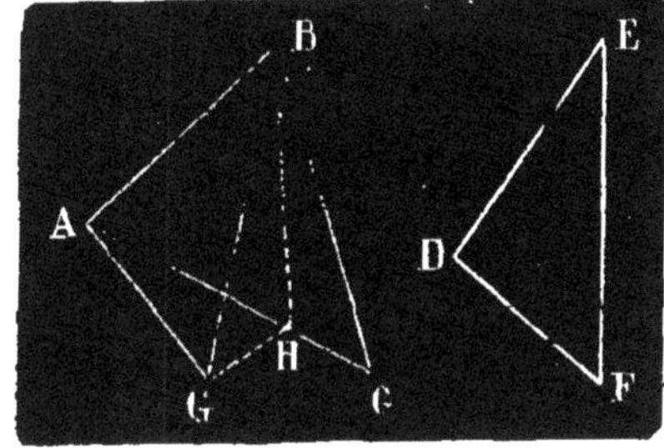

Fig. 35.

Si l'on place le triangle DEF sur le triangle ABC, de manière que le point E soit au point B, et le point D au point A, le côté EF prend la position BG à l'intérieur de l'angle ABC, puisque l'angle ABC est plus grand que l'angle DEF; le côté DF se place suivant AG. Il faut donc prouver que AG est plus petit que AC.

Menons la bissectrice BH de l'angle GBC et joignons le point G au point H où elle rencontre le côté AC. Dans les triangles GBH et HBC, les angles GBH et HBC sont égaux par construction ; le côté BG est égal à BC par hypothèse; le côté BH est commun aux deux triangles. Ces deux triangles ont donc un angle égal, compris entre deux côtés égaux chacun à chacun : on en conclut que $GH = HC$ (n° 49).

Or, dans le triangle AHG, on a :

$$AG < AH + HG.$$

Si l'on remplace dans cette inégalité HG par HC, il vient

$$AG < AH + HC,$$

ou

$$AG < AC,$$

et par suite

$$DF < AC.$$

Il peut arriver que le point F du triangle DEF tombe sur AC, alors le théorème est démontré, ou que le point F tombe à l'intérieur du triangle ABC; on fait, dans ce cas, une construction analogue à celle de la figure 35.

51. Remarque. — Le lemme que nous venons de prouver est la proposition contraire de la précédente (n° 49). Ces deux propositions étant vraies, leursréciproques le sont aussi.

Elles s'énoncent ainsi :

Lorsque deux triangles ont deux côtés égaux chacun à chacun, si les troisièmes côtés sont égaux, les angles qui leur sont opposés sont égaux.

Lorsque deux triangles ont deux côtés égaux chacun à chacun, si les troi-

sièmes côtés sont inégaux, les angles qui leur sont opposés sont inégaux et au plus grand côté est opposé le plus grand angle.

52. **Corollaire.** — *Deux triangles sont égaux lorsqu'ils ont les trois côtés égaux chacun à chacun.*

Soient les deux triangles ABC, A'B'C'(fig. 36) qui ont

AB = A'B'

BC = B'C'

AC = A'C'.

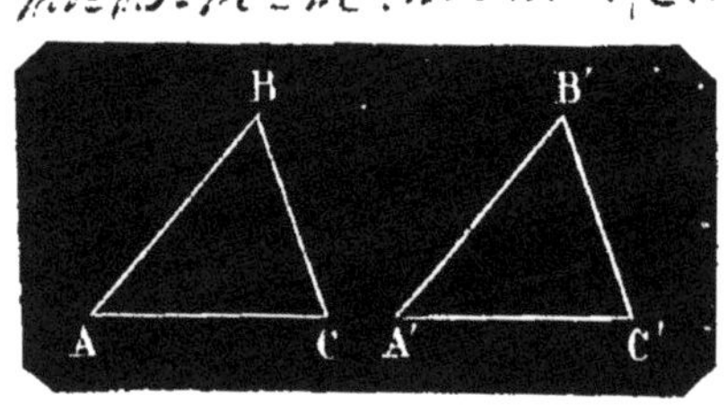

Fig. 36.

Je dis que ces triangles sont égaux, car si l'on considère que les côtés AB, A'B'; BC, B'C' sont égaux chacun à chacun, et que le troisième côté AC du premier triangle est égal au troisième côté A'C' du second, on en conclut que l'angle B est égal à l'angle B' (nº 51).

Les deux triangles ABC et A'B'C' sont alors égaux, comme ayant un angle égal compris entre deux côtés égaux chacun à chacun.

53. **Remarque.** — Lorsque deux triangles sont égaux en vertu de l'un quelconque des trois cas d'égalité, ces triangles ont leurs six éléments, angles et côtés, égaux entre eux. Il est important de remarquer que les angles opposés aux côtés égaux sont égaux, et réciproquement.

§ III. DU TRIANGLE ISOCÈLE

THÉORÈME

54. *Dans tout triangle isocèle, les angles opposés aux côtés égaux sont égaux.*

Soit le triangle ABC (fig. 37) dans lequel AB = AC.

Il s'agit de prouver que les angles ABC et ACB opposés à ces côtés sont égaux. Joignons par une droite le sommet A au milieu D de la base. On obtient deux triangles ABD et ACD, qui sont égaux comme ayant les trois côtés égaux, savoir AD, commun, AB = AC par hypothèse, BD = CD par construction. Les angles ABD et ACD opposés au côté commun sont donc égaux.

C. Q. F. D.

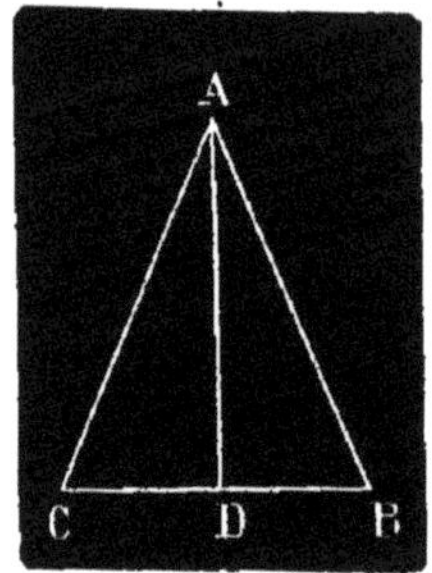

Fig. 37.

55. **Corollaire I.** — *Dans tout triangle isocèle la droite qui joint le sommet au milieu de la base est perpendiculaire sur cette base et bissectrice de l'angle du sommet.*

En effet (fig. 37) les angles BDA et CDA d'une part et les angles BAD et CAD d'autre part sont égaux comme opposés à des côtés égaux dans des triangles égaux.

56. Corollaire II. — *Les trois angles d'un triangle équilatéral sont égaux.*

THÉORÈME RÉCIPROQUE

57. *Si deux angles d'un triangle sont égaux, les côtés opposés a ces angles sont égaux.*

Soit un triangle ABC, dont les angles A et B sont égaux (fig.38). Je dis que BC = AC.

Considérons un triangle A'B'C' qui soit *la reproduction exacte du premier* et transportons-le sur ABC *en le retournant*, de manière que B' soit en A et A' en B; on le peut puisque A'B' = AB par hypothèse.

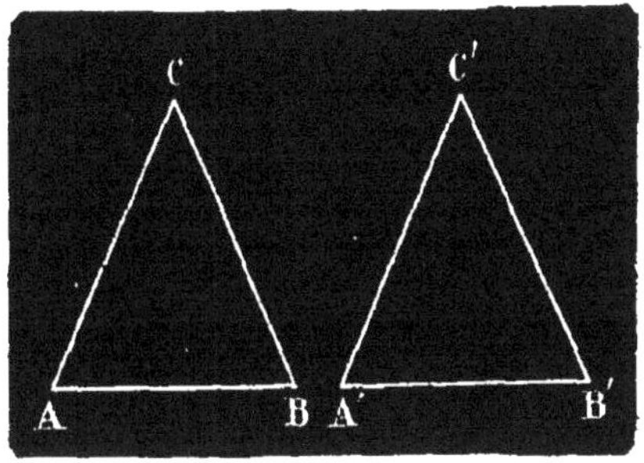

Fig. 38.

L'angle B' étant égal à l'angle B et par suite égal à l'angle A, le côté B'C' prend la direction AC et le point C' tombe sur AC ou sur son prolongement.

L'angle A' étant égal à A, c'est-à-dire égal à B, le côté A'C' prend la direction BC et le point C' tombe sur BC ou sur son prolongement.

Le point C' commun à AC et à BC ne peut tomber qu'au point C, intersection de AC et de BC.

Il résulte de là que A'C' recouvre exactement BC et lui est égal; mais A'C' est égal à AC par hypothèse; donc AC = BC.

58. Corollaire. — *Tout triangle équiangle est équilatéral.*

THÉORÈMES CONTRAIRES

59. *Si deux angles d'un triangle sont inégaux : 1° les côtés opposés à ces angles sont inégaux; 2° au plus grand angle est opposé le plus grand côté.*

Soit le triangle ABC (fig. 39), dans lequel l'angle CAB est plus grand que l'angle CBA.

1° Les côtés BC et AC sont inégaux, car si BC était égal à AC, on aurait CAB = CBA (n° 54.)

2° Je dis de plus que BC est plus grand que AC. Je mène par le point A une droite AD faisant avec AB un angle DAB égal à l'angle CBA; cette droite tombe à l'intérieur de l'angle CAB, qui est par hypothèse, plus grand que l'angle CBA; elle rencontre par conséquent le côté BC en un point D. Le triangle DAB

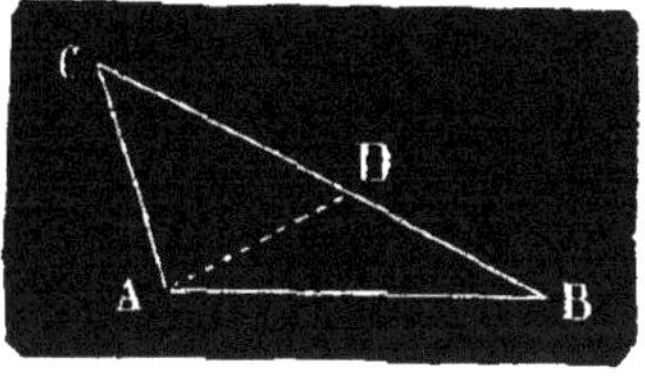

Fig. 39.

ayant deux angles égaux DAB et DBA est isocèle, et DA = DB (n° 57). Or dans le triangle ACD, on a :

AC < CD + DA ou AC < CD + DB, en d'autres termes, AC < BC.

Réciproquement, si deux côtés d'un triangle sont inégaux, les angles opposés à ces côtés sont inégaux, et au plus grand côté est opposé le plus grand angle.

Par hypothèse BC > AC, je dis que CAB > CBA. En effet, si CAB était égal à CBA, on aurait BC = AC (n° 57) et si CAB était plus petitque CBA, on aurait BC < AC (n° 59), ce qui est contraire à l'hypothèse.

EXERCICES SUR LE CHAPITRE II

9. Étant donnés deux segments de droite AB et CD qui ne se coupent pas, on joint leurs extrémités en croix, prouver que AB + CD < AD + BC.

10. La somme des droites qui joignent un point intérieur d'un triangle aux trois sommets est plus petite que le périmètre et plus grande que le demi-périmètre de ce triangle.

11. Étant donné un triangle ABC, on prolonge la médiane BD d'une longueur DF égale à BD, on joint le point A au point F, prouver que AF = BC.

12. La médiane BD partant du sommet B d'un triangle ABC est plus petite que la demi-somme des deux côtés AB et CD et elle est plus grande que l'excès de cette demi-somme sur la moitié du côté AC.

13. Dans tout triangle, la somme des médianes est plus petite que le périmètre et plus grande que la moitié du périmètre.

14. Sur les deux côtés d'un angle xAy on porte à partir du sommet deux longueurs égales AB et AC; on joint un point quelconque O de la bissectrice de cet angle aux deux points B et C, prouver que les droites OB et OC sont égales.

15. La perpendiculaire élevée sur la bissectrice d'un angle détermine sur les côtés de cet angle des segments égaux à partir du sommet.

16. Étant donné un triangle ABC, on prolonge les côtés CA, BA de quantités AC′ et AB′ respectivement égales à CA et à BA, on joint les points B′ et C′, prouver : 1° que B′C′ = BC; 2° que le sommet A et les milieux M et M′ de BC et de B′C′ sont en ligne droite; 3° que le point A est au milieu de cette droite.

17. Sur les côtés d'un angle xAy, on porte, à partir du sommet et dans la même direction sur l'un des côtés, deux longueurs AB, AC, et sur l'autre côté deux longueurs AB′ et AC′ respectivement égales aux premières; on trace les droites BC′, CB′; prouver que ces droites se coupent sur la bissectrice de l'angle.

18. Examiner le cas où les longueurs sont portées sur le même côté de part et d'autre du sommet.

19. Si une médiane d'un triangle est en même temps bissectrice de l'angle où elle aboutit, le triangle est isocèle.

20. Si la bissectrice d'un angle d'un triangle est perpendiculaire sur le côté opposé, le triangle est isocèle.

21. Si une médiane d'un triangle est perpendiculaire sur le côté où elle aboutit, le triangle est isocèle.

22. Un triangle isocèle a deux médianes égales et deux bissectrices égales.

23. Les perpendiculaires élevées sur les milieux des côtés égaux d'un triangle isocèle et terminées aux côtés opposés sont égales.

24. Les trois hauteurs d'un triangle équilatéral sont égales.

CHAPITRE III

§ I. PERPENDICULAIRES ET OBLIQUES.

THÉORÈME

60. *D'un point* O *pris hors d'une droite* AB, *on peut mener une perpendiculaire à cette droite et on ne peut en mener qu'une* (fig. 40).

1° Si l'on replie le plan de la figure autour de AB, pour rabattre la partie supérieure sur la partie inférieure, le point O vient en O′. Après avoir ramené la figure dans sa position première, traçons la droite OO′, qui coupe AB au point C.

Je dis que OO′ *est perpendiculaire* a AB.

En effet, replions de nouveau la figure sur AB comme axe, le point O vient par hypothèse en O′, et la droite CO prend la position CO′; il en résulte que les deux angles adjacents ACO et ACO′ sont égaux : donc AB est perpendiculaire à OO′, et, par suite, OO′ perpendiculaire à AB.

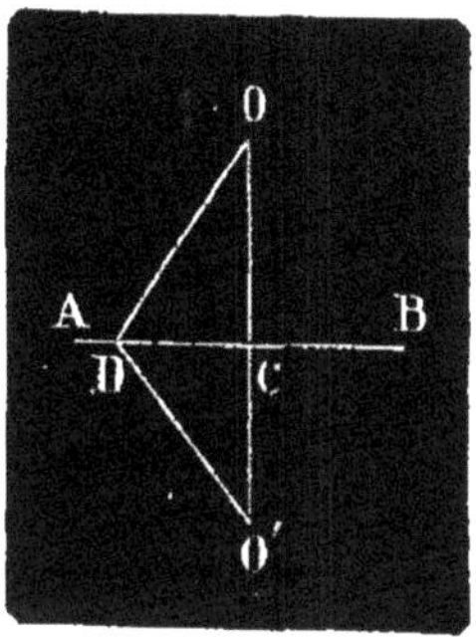

Fig. 40.

2° Il faut prouver *que toute autre droite* OD *qui joint le point* O *à un point quelconque* D *de* AB, *autre que le point* C, *est oblique à* AB. Joignons le point D au point O′ et replions la figure sur AB comme axe; DO coïncide avec DO′; donc l'angle ODC est égal à l'angle O′DC.

Or, du point O au point O′, on ne peut mener qu'une droite OO′; par conséquent, DO′ n'est pas le prolongement de OD. Les deux angles adjacents ODC et O′DC n'ayant pas leurs côtés extérieurs en ligne droite, ne sont pas supplémentaires ; l'angle ODC, qui est la moitié de leur somme, ne vaut donc pas un droit; par suite, OD est oblique à AB.

61. Remarque. — La distance CD du pied de l'oblique au pied de la perpendiculaire mesure l'*écartement* de l'oblique.

THÉORÈME

62. *Si d'un point pris hors d'une droite on abaisse sur cette droite une perpendiculaire et diverses obliques :*

1° *La perpendiculaire est plus courte que toute oblique ;*

2° *Deux obliques qui s'écartent également du pied de la perpendiculaire sont égales ;*

3° *Deux obliques qui s'écartent inégalement du pied de la perpendiculaire sont inégales, et la plus grande est celle qui s'en écarte le plus.*

1° Soient OC et OF (fig. 41) une perpendiculaire et une oblique abaissées du point O sur la droite AB ; il s'agit de prouver *que la ligne* OC *est plus petite que la ligne* OF. Prolongeons OC d'une longueur CD, égale à OC, et traçons la droite FD. Les deux triangles OCF et DCF sont égaux comme ayant un angle égal compris entre deux côtés égaux. Les deux angles OCF et DCF sont égaux comme droits. Le côté FC est commun ;

CD = CO par construction. Donc FD = FO (nº 49). Or, dans le triangle OFD, on a OD < OF + FD. La moitié de OD, c'est-à-dire OC, est plus petite que la moitié de OF + FD, ou que l'oblique OF.

2º Considérons les deux obliques OF et OG, qui s'écartent également du pied de la perpendiculaire, c'est-à-dire telles que FC = CG. Je dis qu'elles sont égales. Les deux triangles OCF et OCG ont un angle droit, et par suite égal, compris entre deux côtés égaux, savoir : OC qui est commun, CF qui est égal à CG par hypothèse. Les troisièmes côtés OF et OG sont donc égaux (nº 49).

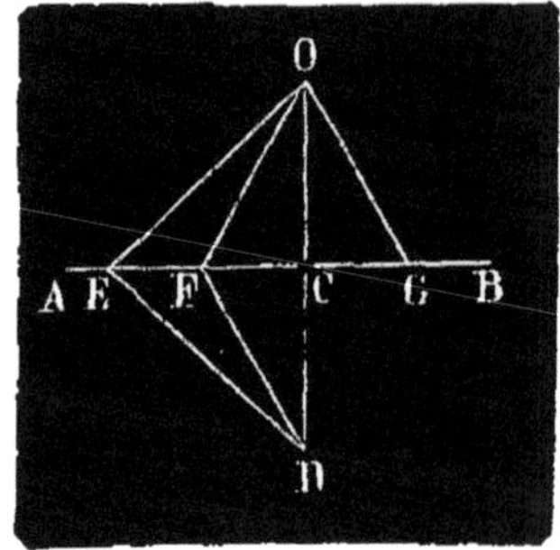

Fig. 41.

3º Soient les deux obliques OE et OG, telles que CE est plus grand que CG. Il faut prouver *que* OE *est plus grand que* OG.

Faisons d'abord CF égal à CG ; le point F tombe entre C et E; tirons l'oblique OF, on a OF = OG comme obliques s'écartant également du pied de la perpendiculaire. Prolongeons la perpendiculaire OC d'une longueur CD égale à CO, et joignons le point D aux deux points F et E.

La droite AC est perpendiculaire sur le milieu de OD, et les obliques EO et ED sont égales, parce qu'elles s'écartent également du pied de la perpendiculaire ; FO = FD pour la même raison.

Le point F étant situé à l'intérieur du triangle OED, on a (nº 45) :

$$OF + FD < OE + ED;$$

d'où

$$\frac{OF + FD}{2} < \frac{OE + ED}{2},$$

c'est-à-dire

$$OF < OE,$$

par conséquent

$$OG < OE. \qquad \text{C. Q. F. D.}$$

63. Corollaire I. — *Le plus court chemin d'un point à une ligne droite est la perpendiculaire abaissée de ce point sur la droite.*

La longueur de cette perpendiculaire mesure la distance du point à la droite.

64. Corollaire II — *On ne peut mener d'un point à une ligne que deux obliques égales.*

RÉCIPROQUES

65. 1º *Si une droite est le plus court chemin d'un point à une autre droite, ces deux droites sont perpendiculaires entre elles ;*

2º *Deux obliques égales qui partent d'un même point de la perpendiculaire, s'écartent également de son pied;*

3º *Deux obliques inégales partant d'un même point de la perpendiculaire s'écartent inégalement de son pied; la plus grande s'en écarte le plus.*

Cela résulte immédiatement de l'énoncé du théorème (nº 62) et de ce que nous avons dit sur les propositions contraires et leurs réciproques.

§ II. PROPRIÉTÉS DE LA PERPENDICULAIRE ÉLEVÉE SUR LE MILIEU D'UNE LIGNE DROITE.

THÉORÈME

66. *Lorsqu'on élève une perpendiculaire* CD *sur le milieu d'une droite* AB (fig. 42) :

1° *Tout point* O *pris sur la perpendiculaire est à égale distance des extrémités de la droite* AB;

2° *Tout point* G *qui n'est pas sur la perpendiculaire n'est pas à égale distance des points* A *et* B.

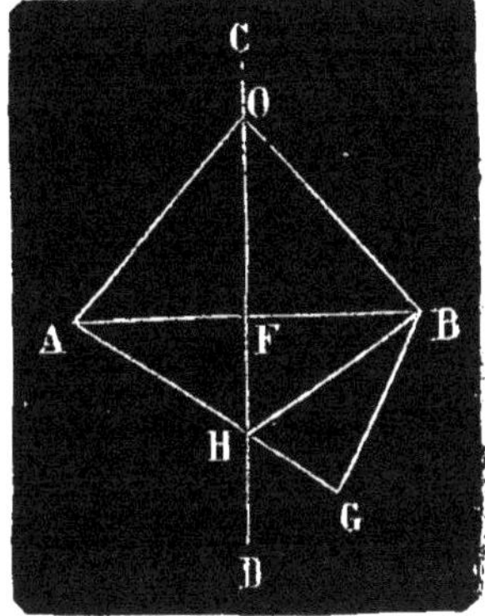

Fig. 42.

1° Le point F étant au milieu de AB, les deux droites OA et OB sont des obliques partant d'un même point de la perpendiculaire et s'écartant également de son pied; donc OA = OB;

2° Tirons les droites GA et GB; l'une d'elles, GA, coupe nécessairement CD en un point H, que l'on joint au point B; alors HA = HB, puisque le point H est sur la perpendiculaire. Dans le triangle BHG, on a :

$$BG < GH + HB,$$

ou

$$BG < GH + HA,$$

et

$$BG < GA,$$

C. Q. F. D.

RÉCIPROQUES

67. 1° *Tout point qui est à égale distance des extrémités d'une droite, est situé sur la perpendiculaire élevée au milieu de cette droite;*

2° *Tout point qui n'est pas à égale distance des extrémités d'une droite, n'est pas situé sur la perpendiculaire élevée sur le milieu de cette droite.*

La vérité de ces réciproques résulte de ce que les deux propositions énoncées dans le théorème sont contraires et vraies toutes deux.

68. Remarque. — Deux points suffisent pour déterminer une ligne droite. Alors si deux points d'une droite sont équidistants des extrémités d'une autre droite, on peut affirmer que la première est perpendiculaire sur le milieu de la seconde.

69. Lieu géométrique. — On appelle *lieu géométrique* la figure dont tous les points jouissent d'une propriété commune à l'exclusion des autres points de l'espace. On peut donc dire :

Le lieu géométrique de tous les points équidistants des extrémités d'une droite est la perpendiculaire élevée sur le milieu de cette droite.

70. Axe de symétrie. — Deux points A et B sont *symétriques* par rapport à une droite xy, lorsque xy est perpendiculaire sur le milieu de la droite AB, qui joint les deux points A et B (fig. 43). On dit alors que la ligne xy est un **axe de symétrie**.

La propriété remarquable de l'axe de symétrie est qu'elle divise la figure en deux parties égales.

En effet, si on replie le plan de la figure autour de xy, pour rabattre la partie supérieure sur la partie inférieure, le côté CA prend la direction CB, parce que les angles adjacents ACx et BCx sont égaux comme angles droits; de plus, CA = CB par hypothèse; donc le point A tombe au point B.

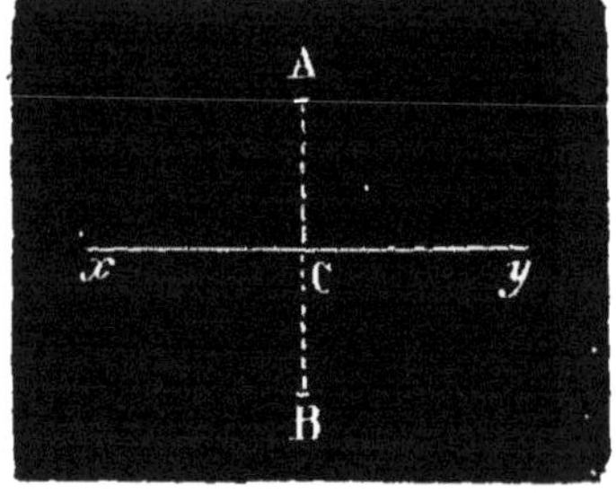

Fig. 43.

Réciproquement. Si en repliant la figure autour d'une droite donnée xy, le point A vient en B, la droite xy est un axe de symétrie; en effet, cela prouve : 1° que AC = BC; 2° que l'angle ACx est égal à l'angle BCx, c'est-à-dire que xy est perpendiculaire à AB.

Une figure possède un axe de symétrie, lorsque tous ses points sont symétriques deux à deux par rapport à cet axe.

Le triangle isocèle a pour axe de symétrie la droite qui joint son sommet au milieu de sa base. Le triangle équilatéral a trois axes de symétrie.

La plupart des dessins de machines ou d'architecture ont un axe de symétrie.

Deux polygones ABC, A'B'C' (fig. 44) sont symétriques par rapport a un axe xy, lorsque leurs sommets A, A'; B, B'; C, C', sont symétriques par rapport à ce axe.

Deux polygones symétriques sont évidemment égaux, car si on replie la figure autour de xy, les points A, B, C, viennent, par hypothèse, coincider avec les points A', B', C'. Les polygones se recouvrent, donc ils sont égaux.

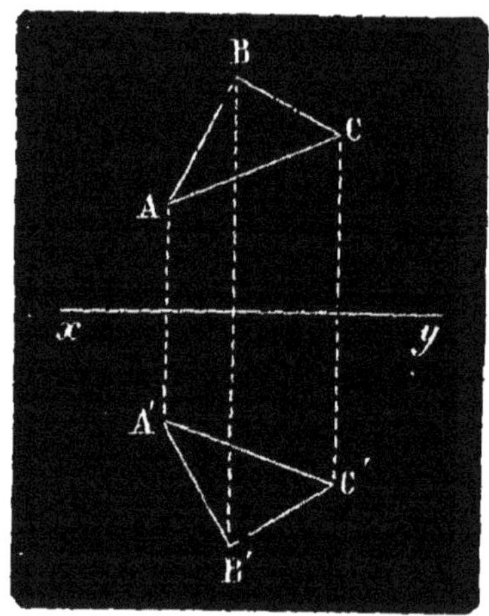

Fig. 44.

§ III. — ÉGALITÉ DES TRIANGLES RECTANGLES.

THÉORÈME

71. *Deux triangles rectangles sont égaux, lorsqu'ils ont l'hypoténuse égale et un angle égal.*

Soient deux triangles rectangles ABC et A'B'C' (fig. 45) dont les angles droits sont A et A'. Supposons que BC = B'C' et que l'angle C soit égal à l'angle C'. Transportons le triangle A'B'C' sur ABC, de manière que le point B' soit au point B et le point C' au point C. Le côté C'A' prendra la direction CA à cause de l'égalité des angles C et C'; et le point A', extrémité de C'A', tombera sur la

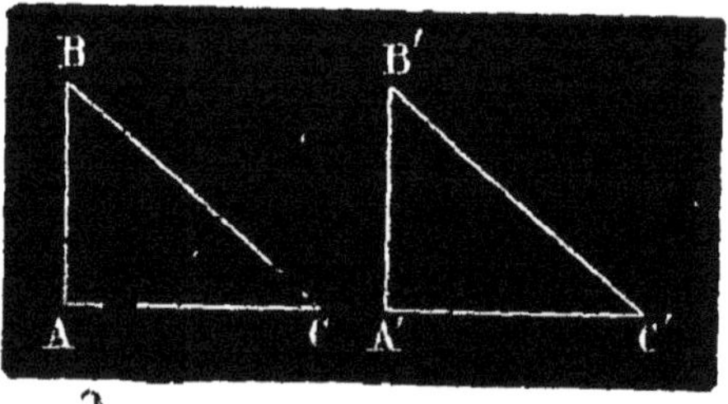

Fig. 45.

ligne indéfinie CA. Le côté B'A', étant perpendiculaire à A'C', deviendra perpendiculaire à AC; or, du point B on ne peut abaisser qu'une seule perpendiculaire sur CA; donc B'A' prendra la direction BA, et le point A', extrémité de B'A', tombera sur la ligne indéfinie BA. Le point A', devant tomber à la fois sur CA et sur BA, tombera à leur intersection A. Les triangles coïncident, ils sont donc égaux.

THÉORÈME

72. *Deux triangles rectangles sont égaux lorsqu'ils ont l'hypoténuse égale et un côté égal.*

Soient les deux triangles ABC, A'B'C' rectangles en A et en A' (fig. 46) et dans lesquels BC = B'C', AB = A'B'. *Il faut prouver que ces triangles sont égaux.* Transportons A'B'C' sur ABC, de manière que les côtés A'B' et AB coïncident; pour cela plaçons, le point A' au point A et le point B' au point B; on le peut, puisque A'B' = AB. Les angles A' et A étant égaux comme droits, le côté A'C' prend la direction AC. Les deux hypoténuses B'C' et BC ont alors la position d'obliques partant d'un même point B de la perpendiculaire BA, et comme elles sont égales, elles s'écartent également de son pied; de plus, elles sont du même côté de la perpendiculaire; donc le point C' tombe au point C. Les deux triangles se recouvrant parfaitement sont égaux.

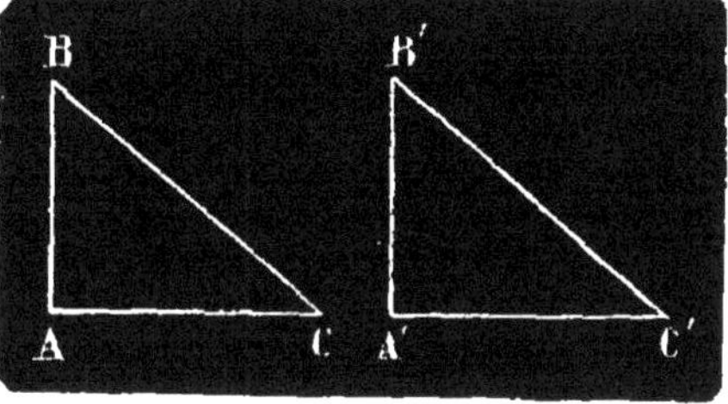

Fig. 46.

§ IV. — EMPLOI DES CAS D'ÉGALITÉ DES TRIANGLES.

73. Dans une foule de questions de géométrie, il s'agit de prouver l'égalité de deux droites ou de deux angles. On y parvient généralement en démontrant l'égalité des triangles dont ces lignes ou ces angles font partie. Il est très important de rechercher avec méthode les éléments égaux de ces triangles.

On peut adopter l'ordre suivant :

1° Constater si les triangles sont quelconques ou s'ils sont rectangles;

2° S'ils sont quelconques, chercher un côté égal, puis un deuxième, puis un troisième, si c'est possible;

3° Quand on ne trouve qu'un côté égal, il faut prouver l'égalité des angles adjacents à ce côté.

4° Si l'on trouve deux côtés égaux, on prouve l'égalité de l'angle compris.

5° Quand les trois côtés sont égaux, les triangles sont égaux d'après le troisième cas d'égalité des triangles quelconques.

6° On tire la conclusion :

S'il s'agit de prouver l'égalité de deux lignes droites, on applique la remarque que dans les triangles égaux les côtés opposés aux angles égaux sont égaux.

S'il faut prouver l'égalité de deux angles, on observe que les angles opposés aux côtés égaux sont égaux.

Quand les triangles sont rectangles :

1° On prouve l'égalité de l'hypoténuse;

2° L'égalité d'un angle ou d'un côté.

Vient ensuite la conclusion :

Si l'on a trouvé l'hypoténuse égale et un angle aigu égal, on conclut que l'autre angle aigu est égal; puis on observe que les côtés opposés aux angles égaux sont égaux.

Quand on a trouvé l'hypoténuse égale et un côté égal, on conclut que l'autre côté est égal et l'on remarque que les côtés opposés aux angles égaux sont égaux.

74. **Remarque I.** — Quand il s'agit de prouver l'égalité de l'hypoténuse de deux triangles rectangles, on considère ces deux triangles comme étant quelconques, et l'on applique l'un des deux premiers cas d'égalité, exemple n° 62.

75. **Remarque II.** — Si les deux lignes ou les deux angles dont il faut prouver l'égalité appartiennent au même triangle, on démontre que ce triangle est isocèle.

76. **Remarque III.** — Il faut quelquefois prouver qu'une droite est plus grande qu'une autre; on applique alors le lemme qui précède le troisième cas d'égalité des triangles, ou bien on brise la plus grande ligne en un certain point, de manière à obtenir un triangle dont l'un des côtés soit la plus petite ligne et les deux autres côtés les deux parties de la première; on a un exemple de cette méthode au n° 66. Enfin on applique les propositions concernant les obliques.

§ V. PROPRIÉTÉS DE LA BISSECTRICE D'UN ANGLE

THÉORÈME

77. *Tout point pris sur la bissectrice d'un angle est à égale distance des côtés de cet angle.*

Soit AD la bissectrice d'un angle BAC (fig. 47). Je dis que les perpendiculaires OF et OG abaissées d'un point quelconque O de cette ligne sur les côtés AB et AC sont égales. En effet les deux triangles rectangles AOF et AOG ont l'hypoténuse AO commune, et l'angle OAF égal à l'angle OAG par hypothèse; ces triangles sont donc égaux, on en conclut que OF = OG. C. Q. F. D.

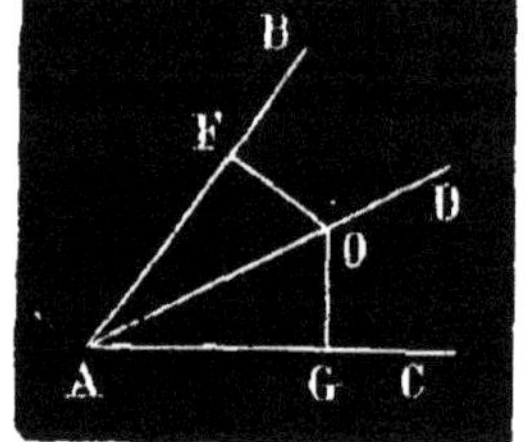

Fig. 47.

THÉORÈME RÉCIPROQUE

78. *Tout point* O *situé à égale distance des côtés* AB *et* AC *est sur la bissectrice* AD *de l'angle.*

En effet par hypothèse les perpendiculaires OF et OG abaissées de O sur AB et sur BC sont égales. Si l'on joint le point O au point A, on obtient deux triangles rectangles OAF et OAG qui ont l'hypoténuse commune et un côté égal; donc l'angle OAF est égal à l'angle OAG, par suite AO est la bissectrice de l'angle BAC. C. Q. F. D.

PROPOSITIONS CONTRAIRES

79. *Tout point qui n'est pas sur la bissectrice d'un angle n'est pas à égale distance des côtés de cet angle.*

Tout point qui n'est pas à égale distance des côtés d'un angle n'est pas sur la bissectrice de cet angle.

80. **Remarque I.** — On peut compléter la première de ces propositions contraires en prouvant que tout point O situé entre la bissectrice AH (fig. 48) et le côté AC est plus rapproché de AC que de AB.

Abaissons du point O les perpendiculaires OF et OG sur les côtés de l'angle. La ligne OF coupe la bissectrice en un point H ; abaissons de ce point la perpendiculaire HK sur AC et joignons le point O au point K. On a $OG < OK$, puisque OG est perpendiculaire à AC, tandis que OK est oblique. Dans le triangle OHK on a aussi $OK < OH + HK$; mais $HK = HF$, car le point H est sur la bissectrice ; donc :

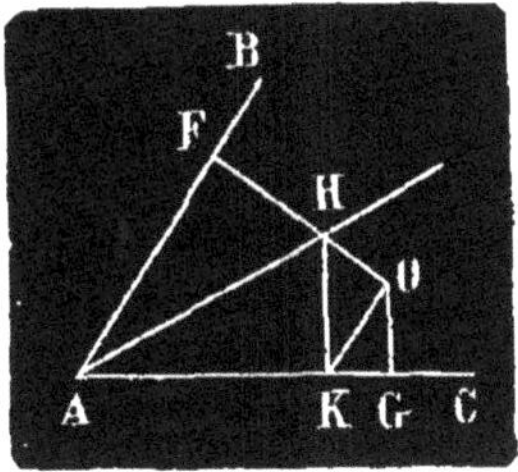

Fig. 48.

$$OK < OH + HF \text{ ou } OK < OF,$$

et à plus forte raison

$$OG < OF.$$ C. Q. F. D.

Lorsque l'angle donné BAC est obtus (fig. 49), il peut arriver que les perpendiculaires OF et OG rencontrent le même côté AB en H et en F ; on a alors :

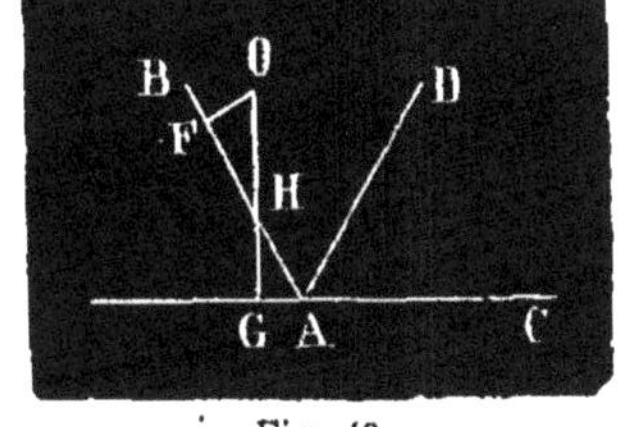

Fig. 49.

$$OF < OH,$$

et à plus forte raison

$$OF < OG.$$ C. Q. F. D.

81. **Remarque II.** — *La bissectrice d'un angle est le lieu géométrique des points équidistants des côtés de cet angle.*

LES BISSECTRICES DES ANGLES D'UN TRIANGLE

THÉORÈME

82. *Les bissectrices des trois angles d'un triangle passent par un même point.*

Soit O le point de rencontre des bissectrices des deux angles A et C du triangle ABC (fig. 50). Il faut prouver *que le point* O *est situé sur la bissectrice du troisième angle* B.

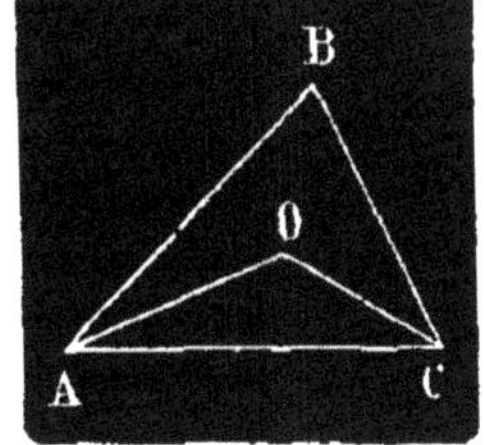

Fig. 50.

Le point O étant sur la bissectrice AO de l'angle A est équidistant des côtés AB et AC ; le même point O appartenant à la bissectrice CO de l'angle C est équidistant des côtés CB et CA de cet angle. Il en résulte que le point O, qui est à égale distance des côtés BA et BC de l'angle B, se trouve sur la bissectrice de cet angle. C. Q. F. D.

APPLICATIONS

TRACÉ DES PERPENDICULAIRES AVEC L'ÉQUERRE.

83. Dans les arts industriels, on trace les perpendiculaires au moyen d'un instrument qu'on appelle **équerre** et qui se compose essentiellement de deux règles perpendiculaires entre elles.

On distingue plusieurs espèces d'équerre.

84. 1° **Equerre du dessinateur.** — C'est une petite planchette en bois ayant la forme d'un triangle rectangle, percée d'une ouverture circulaire qui permet de la saisir et de la manier facilement (fig. 51).

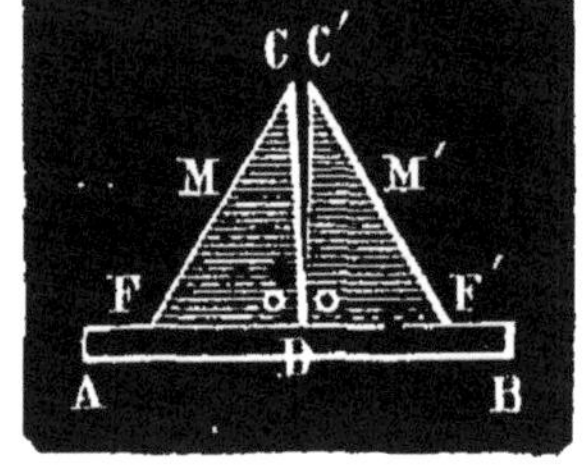

Fig. 51.

Une équerre est juste lorsqu'elle a un angle rigoureusement droit. Pour s'en assurer, on applique l'un des bords FD de l'instrument contre une règle AB (fig. 51) dans la position M, puis on trace avec le crayon une droite selon DC. Ensuite on retourne l'équerre dans la position M', de manière que le sommet D reste au même point, et l'on trace une nouvelle droite DC' suivant le même bord. Si les deux droites coïncident, on en conclut que l'équerre est juste, et qu'elle est fausse dans le cas contraire. En effet si les deux droites DC et DC' se confondent en une seule, cette droite unique forme avec la règle deux angles adjacents supplémentaires chacun de ces angles est d'ailleurs égal à l'angle FDC de l'équerre et vaut par conséquent la moitié des deux angles droits, c'es -à-dire un angle droit. Lorsque les droites DC et DC' ne coïncident pas, l'angle CDF est plus grand ou plus petit qu'un angle droit.

85. **Problème.** — *Mener par un point une perpendiculaire à une droite.*

1° *Le point est donné sur la droite.*

Soit à mener par le point O de la droite AB (fig. 52), une perpendiculaire à cette ligne. On place une règle R le long de la ligne, et contre la règle l'un des côtés de l'angle droit d'une équerre M.

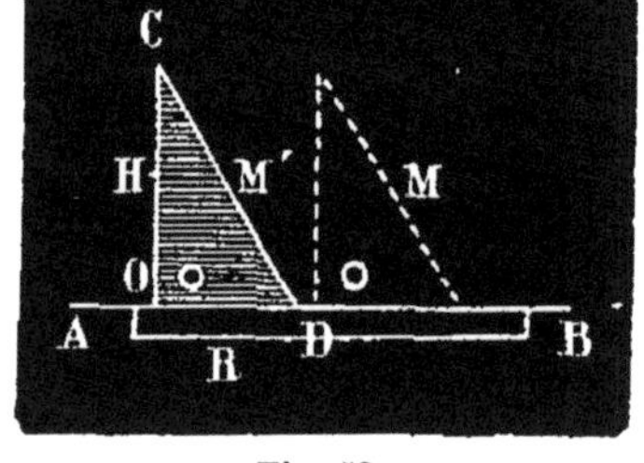

Fig. 52.

On fait glisser cette équerre jusqu'à ce que le sommet de l'angle droit arrive en O ; alors on trace avec le crayon une droite suivant le côté OC et l'on a la perpendiculaire cherchée.

2° *Le point est en dehors de la droite, soit le point* H *par exemple.*

L'opération se fait identiquement comme dans le premier cas, seulement on arrête le mouvement de l'équerre lorsque le bord perpendiculaire à la règle passe par le point H.

86. 2° **Equerre du menuisier et du charpentier.** — Cette équerre se compose de deux règles prismatiques A, B, assemblées à angle droit (fig. 53) La règle A est plus épaisse que l'autre et forme une saillie qui rend très commode l'usage de l'instrument. On applique en effet cette saillie contre le bord de la planche sur lequel on doit élever une perpendiculaire, et on tire un trait suivant le deuxième côté de l'équerre.

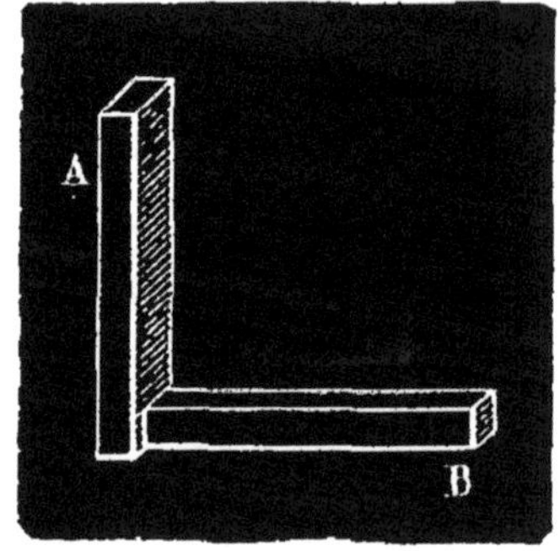

Fig. 53.

87. 3° **Equerre des tailleurs de pierres.** — L'équerre des tailleurs de pierres est en fer et de la même forme que celle des menuisiers; seulement, les deux règles sont d'égale épaisseur (fig. 54).

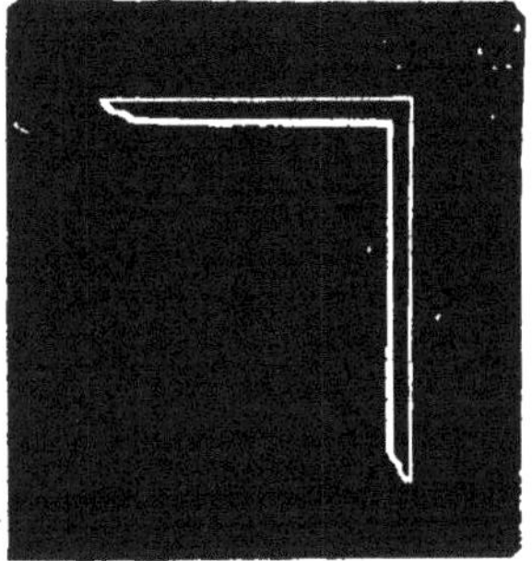

Fig. 54.

88. 4° **Le T des dessinateurs.** — C'est une double équerre très avantageuse lorsque, comme dans les dessins d'architecture, il s'agit de mener un grand nombre de perpendiculaires sur une même droite. La feuille de papier qui doit recevoir le dessin est ordinairement collée sur une planchette. Si l'on applique contre le bord de la planchette le petit côté de l'instrument qui présente une saillie, la grande règle est dans toutes ses positions perpendiculaire à ce bord.

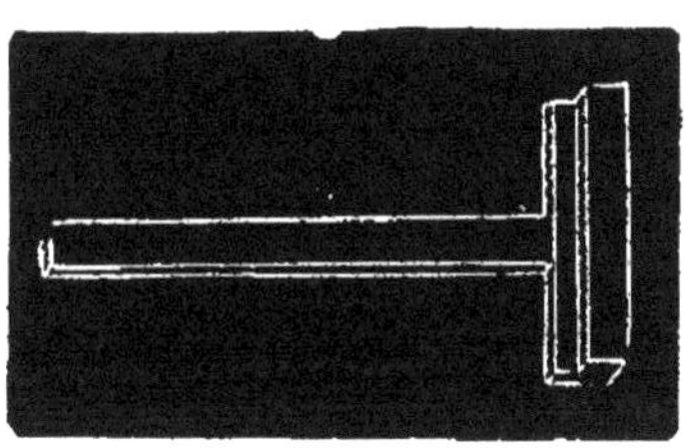

Fig. 55.

89. 5° **Equerre d'arpenteur.** — L'équerre d'arpenteur sert à élever des perpendiculaires sur le terrain. Elle est formée d'une boîte prismatique ou cylindrique de 10 centimètres environ de hauteur et terminée par une douille qui permet de la disposer sur un bâton ferré que l'on fixe dans le sol. Quatre faces perpendiculaires entre elles sont percées en leur milieu d'une fente longitudinale aboutissant à une fenêtre ayant la forme rectangulaire. La fenêtre et la fente sont traversées par un fil de crin tendu verticalement. Le tout est disposé de manière qu'un rayon visuel passant par la fente d'une face, passe par la fenêtre de la face opposée. Les quatre autres faces de l'équerre portent seulement une fente longitudinale, et déterminent des directions qui divisent en deux parties égales les angles droits formés par les premières. L'œil doit toujours être mis devant une fente et le fil de la fenêtre opposée doit recouvrir le jalon que l'on vise.

Problème. — *Mener par un point une perpendiculaire à une droite donnée.*

1° *Le point est donné sur la ligne.*

Soient AB la droite et C le point donné (fig. 56). On place l'équerre au point C bien verticalement à l'aide du fil à plomb, de façon que le point A étant visé, on voie le point B dans la même direction, en regardant dans l'autre sens. On regarde alors dans la direction perpendiculaire à celle-là et l'on fait planter un jalon sur la ligne que détermine le rayon visuel.

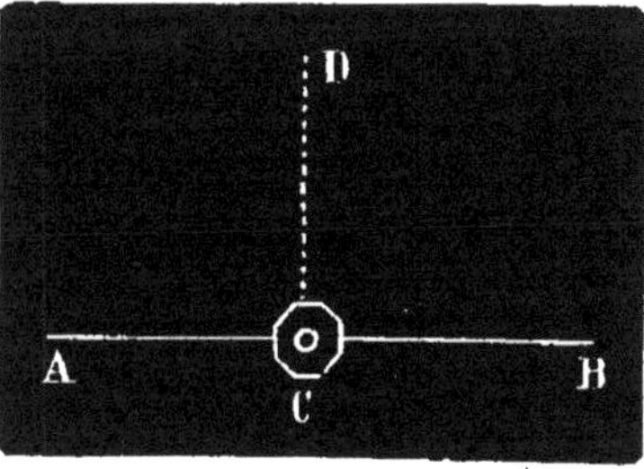

Fig. 56.

2° *Le point est pris en dehors de la ligne.*

Soit D le point donné. On place l'équerre en un point quelconque de AB de manière que l'une des lignes de visée coïncide parfaitement avec AB. On regarde dans la direction perpendiculaire.

Ordinairement le rayon visuel passe à côté du point D ; on transporte alors l'équerre dans une direction convenable et on recommence l'opération jusqu'à ce que le rayon visuel passe exactement par le point D. Le pied de l'équerre est alors au pied de la perpendiculaire.

90. Vérification des perpendiculaires. — L'égalité des obliques partant d'un même point de la perpendiculaire et s'écartant également de son pied permet de vérifier si une droite est perpendiculaire à une autre.

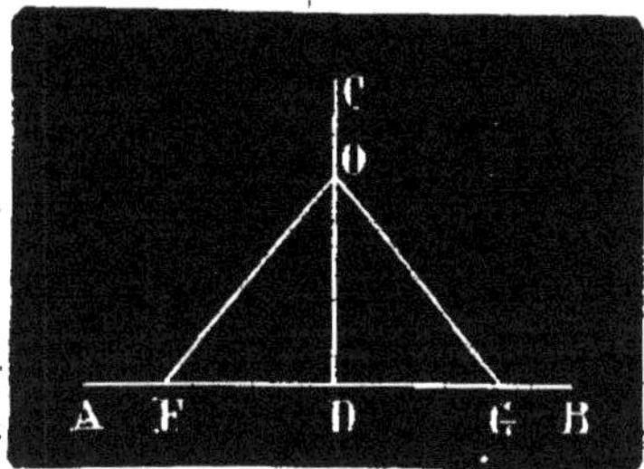

Fig. 57.

Soit à vérifier si la droite CD est perpendiculaire à AB (fig. 57). On prend sur AB, à gauche et à droite du point D, deux longueurs égales DF et DG, puis on joint les deux points F et G à un point quelconque O de CD; si les deux droites OF et OG sont égales, la ligne CD est perpendiculaire à AB; si elles sont inégales, CD est oblique.

91. **Verticale, horizontale.** — Un fil à plomb est un simple fil à l'extrémité duquel est attachée une masse lourde, ordinairement en plomb et de forme conique. Si l'on attache l'autre extrémité du fil à un point fixe, l'instrument, après quelques oscillations, prend une position déterminée sous l'action de la pesanteur. La direction du fil est alors appelée la **verticale** du point de suspension.

On appelle **horizontale** toute droite perpendiculaire à la verticale. Si l'on applique l'un des côtés d'une équerre contre un fil à plomb en équilibre, l'autre côté est horizontal.

Par un point de l'espace on ne peut mener qu'une verticale, mais on peut mener autant d'horizontales que l'on veut.

L'expérience nous apprend que la surface d'une eau tranquille est horizontale; toute droite tracée sur une pareille surface est donc horizontale : exemple, une règle qui flotte sur l'eau.

Cette propriété a été mise en pratique dans le **niveau d'eau**.

92. Le niveau d'eau se compose d'un tube en fer-blanc ou en cuivre (fig. 58), de $1^m,40$ de long et de 5 centimètres de diamètre. Il est recourbé à angle droit à ses extrémités où sont encastrées deux fioles de verre rétrécies à leur ouverture supérieure. Le tout est supporté par un genou à coquilles reposant sur un pied à trois branches. On remplit le tube d'eau colorée de manière que le liquide s'élève à peu près aux trois quarts des fioles.

Fig. 58.

Le niveau d'eau sert à déterminer une ligne horizontale. En effet le rayon visuel rasant le niveau de l'eau dans les deux fioles est une droite horizontale.

93. **Niveau de maçon.** — Pour la solidité des constructions les différentes assises de pierres doivent être horizontales. Les ouvriers s'en assurent au moyen d'un niveau particulier appelé **niveau de maçon**. C'est une simple planche ABC ayant exactement la forme d'un triangle isocèle (fig. 59.) Au sommet C est attaché un fil à plomb dont le plomb vient se loger dans une ouverture O pratiquée à la partie inférieure. On trace sur l'instrument la droite qui joint le point C au milieu de la base; cette droite est appelée *ligne de foi*; elle est perpendiculaire à la base. Par conséquent, pour que la base soit horizontale, il faut que la droite CO soit verticale, c'est-à-dire coïncide rigoureusement avec la direction du fil.

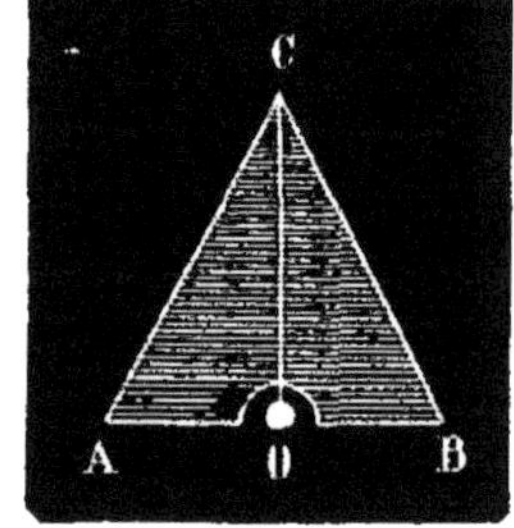

Fig. 59.

Veut-on savoir si la face supérieure d'un mur est horizontale, on y applique une règle, et sur la règle un niveau de maçon. Si le fil coïncide avec la droite CO, la règle et la face supérieure du mur sont horizontales.

Pour vérifier un niveau de maçon on le place sur une règle que l'on cale jusqu'à ce que le fil coïncide avec la ligne de foi, puis on le retourne; si le fil recouvre encore la ligne de foi, le niveau est juste.

94. **Polygones symétriques.** — Les tailleurs d'habits mettent souvent en pratique la propriété de l'axe de symétrie pour tailler une étoffe devant présenter deux parties symétriques. Ils plient l'étoffe suivant une ligne droite et la découpent selon la forme voulue; en l'étendant ensuite sur une table, ils ont une pièce symétrique par rapport à la droite suivant laquelle l'étoffe a été pliée.

EXERCICES SUR LE CHAPITRE III.

25. Déterminer sur une droite un point à égale distance de deux points donnés.

26. Mener par un point une droite qui passe entre deux points donnés, à égale distance de chacun d'eux.

27. Les perpendiculaires abaissées des extrémités de la base d'un triangle isocèle sur les côtés opposés sont égales.

28. Si les perpendiculaires abaissées des extrémités de la base d'un triangle sur les côtés opposés sont égales, le triangle est isocèle.

29. Les perpendiculaires menées sur les côtés d'un angle à égale distance du sommet se coupent sur la bissectrice de cet angle.

30. Mener par un point pris hors d'un angle une droite également inclinée sur les côtés de cet angle.

31. Trouver sur une droite un point dont la somme des distances à deux points donnés soit aussi petite que possible.

1° La droite donnée passe entre les deux points;

2° Les deux points donnés sont d'un même côté de la droite.

32. Trouver sur une droite un point dont la différence des distances à deux points donnés soit aussi grande ou aussi petite que possible.

33. On coupe les côtés d'un angle par une sécante quelconque, on mène les bissectrices des quatre angles qu'elle forme avec les côtés de cet angle, démontrer que ces bissectrices se coupent deux à deux sur la bissectrice de l'angle donné.

34. Deux points étant situés à l'intérieur d'un angle, trouver le chemin le plus court pour aller d'un point à l'autre en touchant les deux côtés de l'angle.

CHAPITRE IV

DES PARALLÈLES

95. Deux lignes droites sont parallèles lorsque, situées dans un même plan, elles ne peuvent se rencontrer, quelle que soit la distance à laquelle on les prolonge.

THÉORÈME

96 *Deux lignes droites perpendiculaires à une troisième sont parallèles.*

Soient deux droites DC et GF perpendiculaires à une même ligne AB (fig. 60). Je dis qu'elles sont parallèles. En effet, ces droites ne peuvent avoir aucun point commun, puisque par un point il n'existe qu'une seule perpendiculaire à une droite. Donc ces deux lignes sont parallèles.

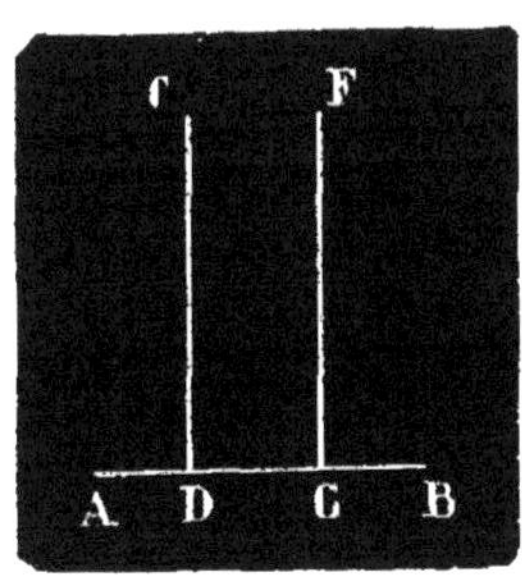

Fig. 60.

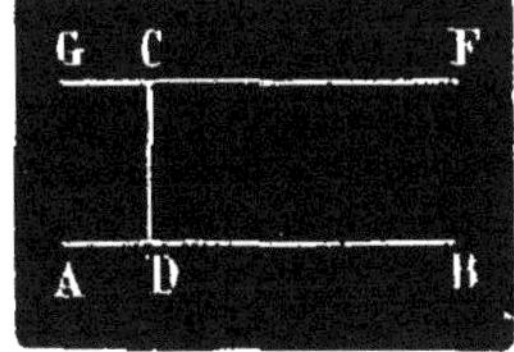

Fig. 61.

THÉORÈME

97. *Par un point pris hors d'une droite : 1° On peut mener une parallèle à cette droite ; 2° On ne peut en mener qu'une.*

Soient AB et C la ligne et le point donnés (fig. 61). 1° J'abaisse du point C la perpendiculaire CD sur AB; puis je mène au point C la perpendiculaire GF sur CD.

Les deux droites GF et AB sont parallèles comme étant perpendiculaires à une même droite CD. La première partie du théorème est donc démontrée.

2° On admet que, *par un point pris hors d'une droite on ne peut mener qu'une parallèle à cette droite.*

98. **Corollaire.** — *Lorsque deux droites* AB *et* CD *sont parallèles, toute droite* FH *qui rencontre* CD *en un point* G *rencontre aussi* AB (fig. 62).

En effet, si FH ne rencontrait pas AB, elle lui serait parallèle, et comme par le point G il n'existe qu'une parallèle à CD, la droite FH se confondrait avec CD, ce qui est contraire à l'hypothèse. Donc FH va rencontrer AB.

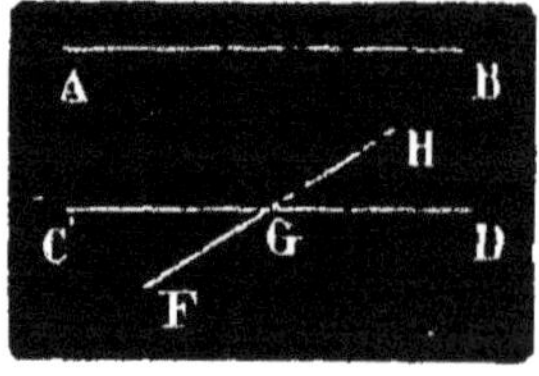

Fig. 62.

C. Q. F. D.

THÉORÈME

99. *Lorsque deux droites sont parallèles, toute perpendiculaire à l'une est aussi perpendiculaire à l'autre.*

Soient deux parallèles AB et CD (fig. 63) ainsi qu'une droite FG perpendiculaire à AB, je dis que FG est aussi perpendiculaire à CD. Menons au point G une perpendiculaire C'D' à FG et démontrons qu'elle se confond avec CD : 1° la droite CD est parallèle à AB par hypothèse ; 2° C'D' est parallèle à AB parce que ces deux droites sont perpendiculaires à une même ligne FG. Or, par le point G, il n'existe qu'une parallèle à AB (n° 97) ; donc les droites CD et C'D' se confondent, par suite CD est perpendiculaire à FG.

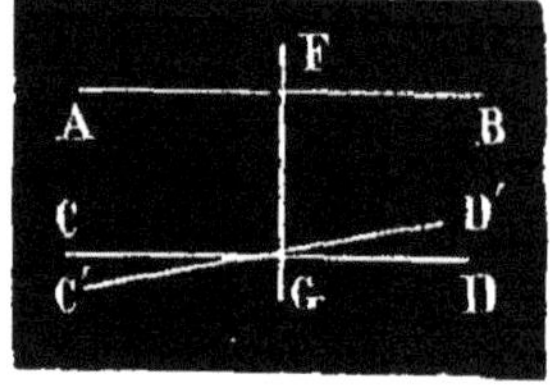

Fig. 63.

C. Q. F. D.

THÉORÈME

100. *Deux droites parallèles à une troisième sont parallèles entre elles.*

Soient deux droites AB et CD (fig. 64) respectivement parallèles à une troisième xy ; je dis que AB et CD sont parallèles. Menons en effet une perpendiculaire FG à xy. D'après le théorème précédent, elle sera aussi perpendiculaire à AB et à CD.

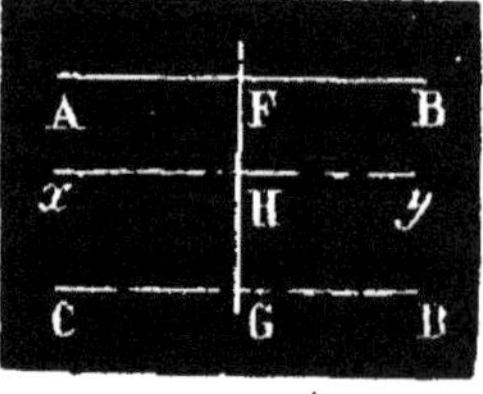

Fig. 64.

Les deux droites AB et CD sont donc parallèles, comme étant perpendiculaires à une même droite FG.

THÉORÈME

101. *Lorsque deux droites parallèles sont coupées par une sécante, les quatre angles aigus qui en résultent sont égaux ainsi que les quatre angles obtus.*

Soient deux parallèles AB et CD coupées par la sécante FK (fig. 65). Pour faciliter la lecture des angles, représentons les angles aigus par a, a', a'', a''' et les angles obtus par b, b', b'', b'''.

1° *Les angles aigus sont égaux*. Les angles a et a' sont égaux comme opposés par le sommet ; a'' et a''' sont égaux pour la même raison. Je dis de plus que $a' = a''$. Du point O, milieu de HG, j'abaisse une perpendiculaire à AB, elle est aussi perpendiculaire sur CD (n° 97) et les deux triangles OLG et OMH sont rectangles. Or ces triangles ont l'hypoténuse égale, car OG = OH par construction ; les angles GOL et HOM sont égaux comme opposés par le sommet. Il en résulte que ces triangles sont égaux (n° 71). Donc l'angle a' est égal à l'angle a'' : et par suite $a = a' = a'' = a'''$.

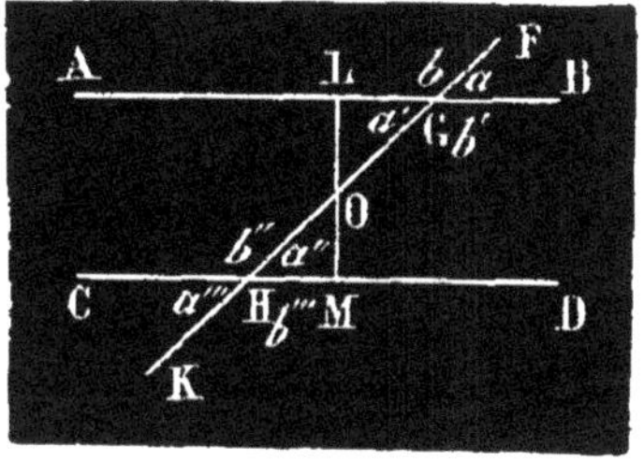

Fig. 65.

2° *Les angles obtus sont égaux*. En examinant la figure, on voit que chaque angle obtus est le supplément de l'un des angles aigus ; les angles aigus étant égaux, ont mêmes suppléments, donc $b = b' = b'' = b'''$.

DÉFINITIONS

102. Considérons deux droites quelconques AB et CD coupées par une sécante FK (fig. 66). Les quatre angles a', b', a'', b'', compris entre les deux droites AB et CD sont appelés angles **internes** ; les quatre autres, a, b, a''' b''' sont appelés angles **externes**.

On appelle angles **alternes-internes**, deux angles internes non adjacents et situés de part et d'autre de la sécante ; tels sont a' et a'', b' et b'' ; **alternes-externes**, deux angles externes non adjacents et situés de part et d'autre de la sécante ; tels sont les angles a et a''', b et b'''.

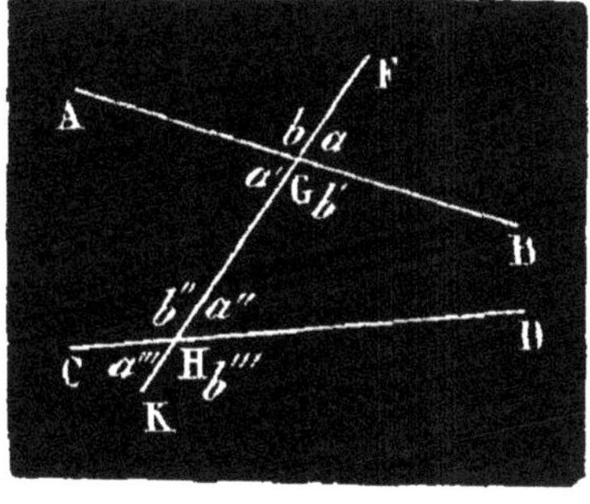

Fig. 66.

Deux angles non adjacents, l'un interne et l'autre externe, et situés d'un même côté de la sécante, sont appelés angles **correspondants**. Tels sont les angles a et a'', b' et b''', b et b'', a' et a'''.

Enfin les angles a' et b'', a'' et b' sont **intérieurs d'un même côté** ; et les angles a et b''', b et a''' sont **extérieurs d'un même côté**.

103. Remarque. *Si l'on considère deux parallèles coupées par une sécante* (fig. 65), on remarque que :

1° les angles alternes-internes sont tous deux aigus ou tous deux obtus ;
2° les angles alternes-externes sont tous deux aigus ou tous deux obtus ;
3° les angles correspondants sont tous deux aigus ou tous deux obtus ;
4° les angles intérieurs d'un même côté sont, l'un aigu et l'autre obtus ;
5° les angles extérieurs d'un même côté sont, l'un aigu et l'autre obtus.

Le théorème précédent (n° 101) peut donc s'énoncer :

Lorsque deux parallèles sont coupées par une sécante :
1° *Les angles alternes-internes sont égaux ;*
2° *Les angles alternes-externes sont égaux ;*
3° *Les angles correspondants sont égaux ;*

4° Les angles intérieurs d'un même côté sont supplémentaires;
5° Les angles extérieurs d'un même côté sont supplémentaires.

THÉORÈME RÉCIPROQUE

104. *Lorsque deux droites quelconques sont coupées par une sécante, et :*
1° Si les angles alternes-internes sont égaux;
2° Si les angles alternes-externes sont égaux ;
3° Si les angles correspondants sont égaux ;
4° Si les angles intérieurs d'un même côté sont supplémentaires;
5° Si les angles extérieurs d'un même côté sont supplémentaires, les deux droites sont parallèles.

Démontrons une de ces cinq réciproques, la première par exemple. Soient AB et CD deux droites quelconques coupées par la sécante FK (fig. 67).

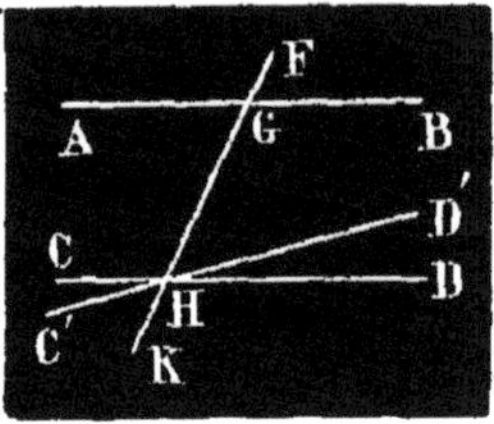

Fig. 67.

Si l'on suppose que les angles alternes-internes AGH et GHD sont égaux, il faut prouver que les droites AB et CD sont parallèles.

Menons par le point H une parallèle C'D' à AB; alors les angles GHD' et AGH sont égaux comme angles alternes-internes provenant des parallèles AB et C'D' coupées par la sécante FK. Par suite GHD' = GHD; donc HD' se confond avec HD; c'est-à-dire C'D' avec CD. Il en résulte que CD est parallèle à AB. C. Q. F. D.

On démontrerait d'une manière absolument identique les quatre autres réciproques.

PROPOSITIONS CONTRAIRES

105. L'exactitude du théorème précédent (n° 103) et de sa réciproque (n° 104) entraîne l'exactitude des propositions contraires.

a. Lorsque deux lignes non parallèles sont coupées par une sécante :
1° Les angles alternes-internes ne sont pas égaux ;
2° Les angles alternes-externes ne sont pas égaux;
3° Les angles correspondants ne sont pas égaux;
4° Les angles intérieurs d'un même côté ne sont pas supplémentaires :
5° Les angles extérieurs d'un même côté ne sont pas supplémentaires.

b. — Lorsque deux lignes droites sont coupées par une sécante, et :

1° Si les angles alternes-internes ne sont pas égaux ;
2° Si les angles alternes-externes ne sont pas égaux ;
3° Si les angles correspondants ne sont pas égaux;
4° Si les angles intérieurs d'un même côté ne sont pas supplémentaires ;
5° Si les angles extérieurs d'un même côté ne sont pas supplémentaires, les deux lignes droites ne sont pas parallèles.

THÉORÈME

106. *Lorsqu'une ligne droite* AB *est perpendiculaire à une ligne* CD, *toute oblique à* CD, FG *par exemple, va rencontrer* AB (fig. 68).

Les deux angles BAF et GFA n'étant pas supplémentaires, les droites AB et FG ne sont pas parallèles (n° 105). C. Q. F. D.

THÉORÈME

107. *Lorsque deux droites* AB *et* CD (fig. 69) *sont perpendiculaires à deux droites* FG *et* GH *qui se coupent, ces perpendiculaires ne sont pas parallèles.*

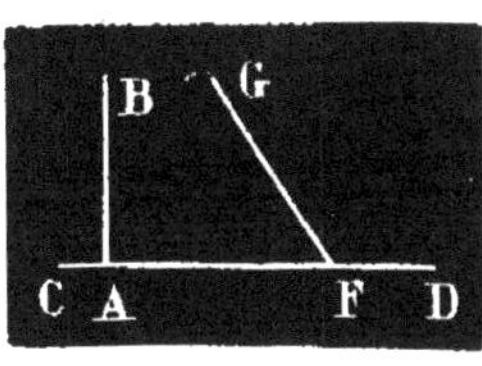

Fig. 68.

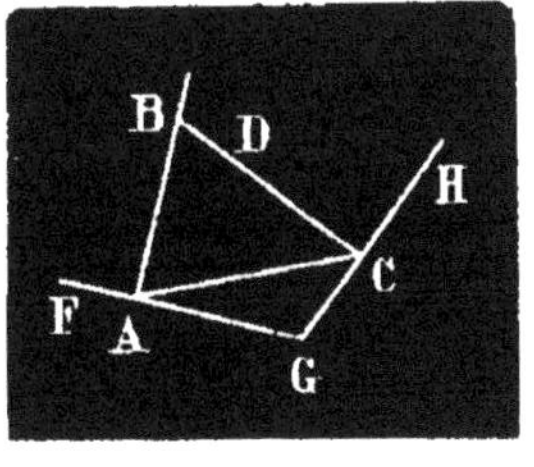

Fig. 69

Si l'on trace la droite AC, elle ne se confond ni avec FG ni avec CG, sans quoi GH serait le prolongement de FG; par conséquent les angles BAC et DCA sont chacun plus petits qu'un angle droit et ne sont pas supplémentaires. Donc AB et CD ne sont pas parallèles (n° 105).

THÉORÈME

108. *Deux angles qui ont les côtés parallèles sont égaux ou supplémentaires :*

1° *Ils sont égaux s'ils ont les côtés dirigés tous deux dans le même sens ou tous deux en sens contraire ;*

2° *Ils sont supplémentaires, s'ils ont un côté dirigé dans le même sens et le deuxième côté dirigé en sens contraire.*

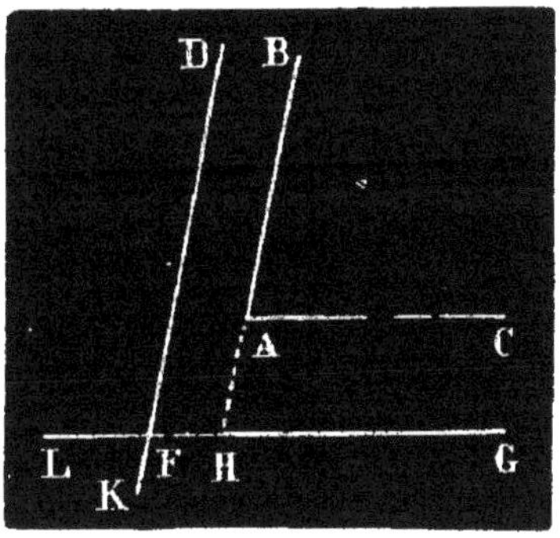

1° Soient BAC et DFG (fig. 70) les deux angles donnés ; par hypothèse les côtés AB et FD sont parallèles et dirigés de bas en haut ; les côtés AC et FG sont parallèles et dirigés de gauche à droite. Je dis que ces angles sont égaux. Prolongeons BA jusqu'à sa rencontre H avec FG ; les deux angles correspondants BAC et BHG sont égaux; pour la même raison DFG = BHG ; donc BAC = DFG ;

Fig. 70.

2° Les angles LFK et BAC ont les côtés parallèles et dirigés tous deux en sens contraire ; or LFK = DFG comme angles opposés par le sommet; donc LFK = BAC ;

3° Si l'on considère les angles BAC et DFL, on remarque qu'ils ont un côté parallèle (AB, FD) dirigé dans le même sens, et un côté parallèle (AC, FL) dirigé en sens contraire. Or DFL est le supplément de DFG. Donc DFL est aussi le supplément de BAC ;

4° Enfin KFG est le supplément de DFG et par suite de BAC. Ces angles ont encore un côté dirigé dans le même sens et l'autre côté en sens contraire.

THÉORÈME

109. *Deux angles qui ont les côtés perpendiculaires chacun à chacun sont égaux ou supplémentaires.*

Ils sont égaux s'ils sont tous deux aigus ou tous deux obtus, et supplémentaires si l'un est aigu et l'autre obtus.

Soit un angle aigu BAC (fig. 71) et un deuxième DFG dont le côté FD est perpendiculaire à AB et le côté FG perpendiculaire à AC. Il faut prouver que ces deux angles sont égaux.

Élevons au point A une perpendiculaire AH sur AC et une perpendiculaire AK sur AB. Les droites AH et FG sont parallèles comme étant perpendiculaires à une même droite AC; les côtés AK et FD sont parallèles pour la même raison. Par conséquent les angles DFG et HAK, qui ont les côtés parallèles et dirigés tous deux dans le même sens, sont égaux. Prouvons maintenant que HAK = BAC. L'angle BAK étant droit, BAH est le complément de HAK; l'angle CAH est aussi droit, donc BAH est le complément de BAC. Or, deux angles qui ont le même complément sont égaux; donc BAC = HAK et par suite BAC = DFG.

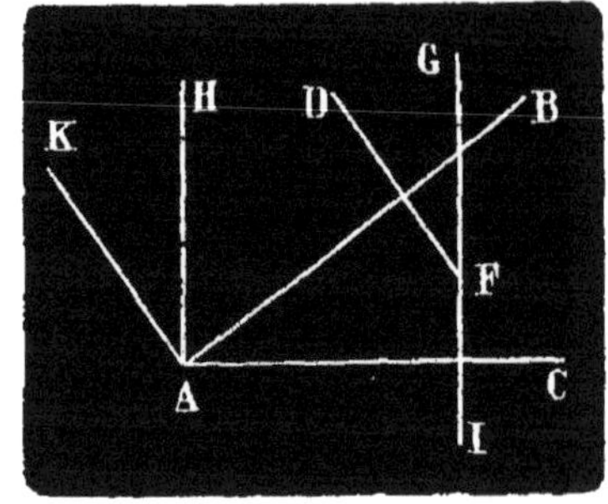

Fig. 71.

Enfin l'angle DFI, supplément de DFG, est aussi le supplément de BAC.

THÉORÈME

110. *Les perpendiculaires élevées sur les milieux des trois côtés d'un triangle passent par un même point.*

Élevons des perpendiculaires DO et FO sur les deux côtés AB et BC du triangle ABC (fig. 72). Il s'agit de prouver que le point de rencontre O de ces deux perpendiculaires appartient à la perpendiculaire élevée au milieu du troisième côté AC. D'abord ces perpendiculaires se rencontrent puisqu'elles sont élevées sur deux droites AB et BC qui se coupent (n° 107). Le point O appartenant à la perpendiculaire DO élevée sur le milieu de AB est à égale distance du point A et du point B. Le même point O étant situé sur FO, perpendiculaire élevée au milieu de BC, est à égale distance de B et de C. Il résulte de là que le point O est équidistant des points A et C. Il est donc situé sur la perpendiculaire élevée au milieu de AC (n° 67).

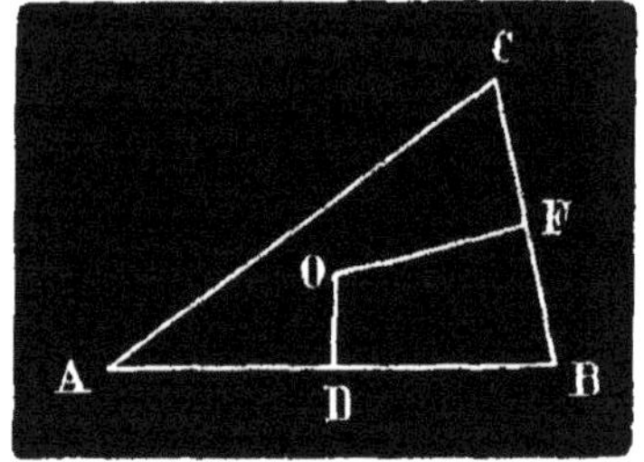

Fig. 72.

C. Q. F. D.

THÉORÈME

111. *Dans tout triangle les perpendiculaires abaissées des sommets sur les côtés opposés, c'est-à-dire les hauteurs du triangle passent par un même point.*

Soit le triangle ABC (fig. 73) et ses trois hauteurs, AF, BD, CG. Menons par les sommets A, B, C des parallèles aux côtés opposés; on obtient le triangle A'B'C'. Je dis que le point A est au milieu de B'C'. Les deux triangles AB'C et ABC ont le côté AC commun, les angles ACB' et BAC égaux comme alternes-internes par rapport aux parallèles B'C et AB coupées par la sécante AC, l'angle CAB' égal à l'angle BCA pour une raison analogue. Ces triangles ayant un côté égal adjacent à deux angles égaux sont égaux; on en conclut que AB′ = BC.

On prouverait de la même manière que les triangles ABC′ et ABC sont égaux, et que AC′ est égal à BC ; donc AB′ = AC′. Or la droite AF étant perpendiculaire à BC est perpendiculaire à sa parallèle B′C′. Il résulte de là que les trois hauteurs du triangle ABC sont des perpendiculaires élevées sur les milieux des côtés du triangle A′B′C′. Donc elles passent par un même point. (N° 110.) C. Q. F. D.

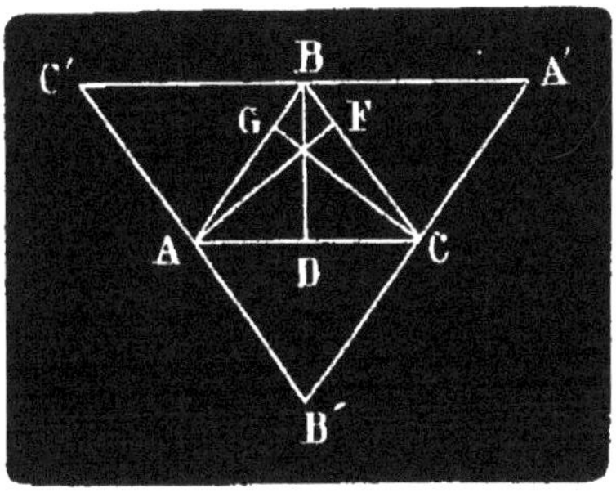

Fig. 73.

APPLICATIONS

TRACÉ DES PARALLÈLES AVEC LA RÈGLE ET L'ÉQUERRE.

112. Problème. — *Mener par un point une parallèle à une ligne donnée.*

1° *Sur le papier.*

Soit à mener par le point C (fig. 74) une parallèle à une droite AB. On place une équerre HKG de manière que l'un des côtés HG de l'angle droit coïncide avec la droite AB, et l'on applique contre l'autre côté HK une règle DF ; on fait ensuite glisser l'équerre dans la position H′K′G′, de telle sorte que le côté H′G′ passe par le point C; on trace une droite suivant H′G′; les deux lignes H′G′ et AB sont parallèles comme étant perpendiculaires à une même ligne droite DF.

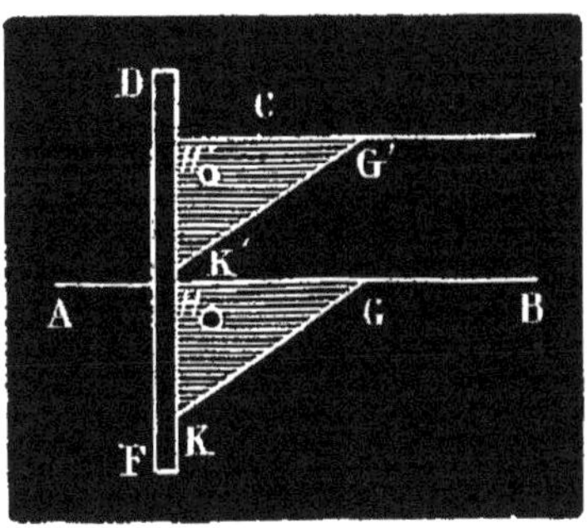

Fig. 74.

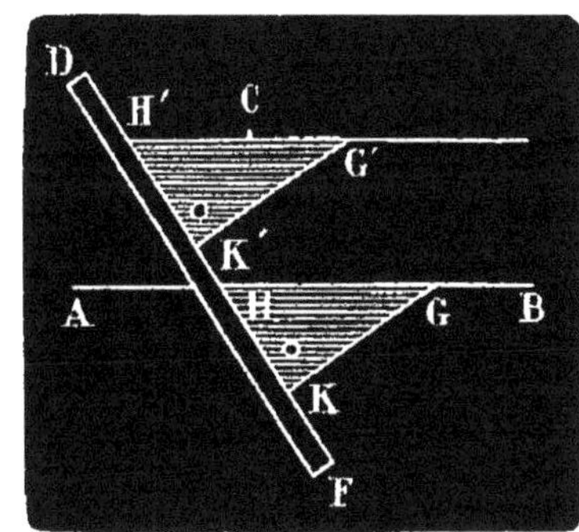

Fig. 75.

On peut aussi se servir du grand côté de l'équerre, c'est-à-dire de l'hypoténuse, pour tracer les parallèles, comme l'indique la figure 75. Les droites HG et H′G′ sont parallèles, car elles forment avec la sécante DF deux angles correspondants égaux GHK et G′H′K′.

2° *Sur le terrain.*

Soit à mener par le point C une parallèle à AB. On abaisse d'abord du point C une perpendiculaire CD sur AB avec l'équerre d'arpenteur (n° 89) ; puis avec le même instrument on élève au point C une perpendiculaire FG sur CD, les lignes FG et AB sont parallèles parce qu'elles sont perpendiculaires à une même ligne droite.

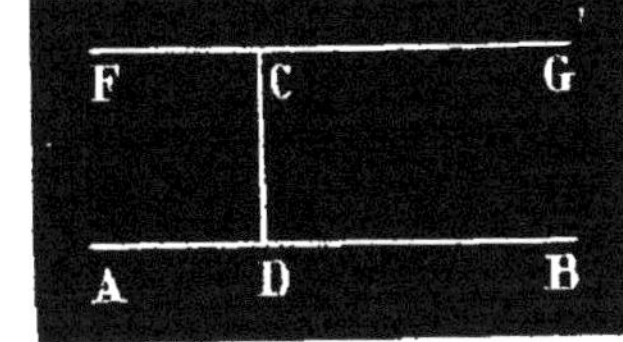

Fig. 76.

113. On rencontre des lignes droites parallèles dans une foule de produits des arts industriels ; les pierres de taille, les portes et les fenêtres de nos appartements ont des arêtes parallèles ; les bords opposés

d'une feuille de papier, de tôle, de carton, les deux bords d'un chemin, d'une allée, les rails des chemins de fer, les sillons tracés par les dents de la herse, les droites qui forment la portée dans l'écriture musicale, les échelons d'une échelle, etc., sont des lignes parallèles.

EXERCICES SUR LE CHAPITRE IV

35. Si, par le point d'intersection des bissectrices d'un triangle, on mène une parallèle à l'un des côtés, cette parallèle est égale à la somme des segments qu'elle détermine sur les deux autres côtés et qui sont adjacents au premier côté.

36. Quel est le lieu géométrique des milieux des droites qui joignent un point donné à une droite donnée?

37. Par un point pris à l'intérieur d'un angle mener une droite comprise entre les côtés de cet angle, et qui soit divisée en deux parties égales par ce point. — Considérer le cas où le point est donné en dehors de l'angle, et déterminer la droite de manière qu'elle soit divisée en deux parties égales par l'un des côtés de l'angle.

38. Étant donnés un angle BAC et un point M sur le côté AC, trouver sur AC un deuxième point N qui soit à égale distance de M et du côté AB.

39. Les bissectrices de deux angles qui ont les côtés parallèles sont parallèles ou perpendiculaires.

CHAPITRE V

SOMME DES ANGLES D'UN POLYGONE

THÉORÈME

114. *La somme des trois angles d'un triangle est égale à deux angles droits.*

Soit le triangle ABC (fig. 77); je prolonge AC et je mène par le sommet C une parallèle CF au côté AB.

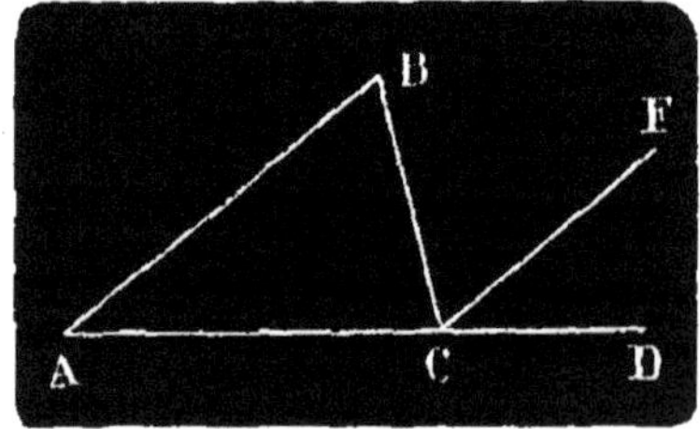

Fig. 77.

Les angles BAC et FCD sont égaux comme correspondants, par rapport aux parallèles AB et CF coupées par la sécante AC; les angles ABC et BCF sont égaux comme alternes-internes, par rapport aux parallèles AB et CF coupées par la sécante BC; l'angle BCA est le troisième angle du triangle.

Il résulte de là que les trois angles du triangle sont respectivement égaux aux trois angles FCD, BCF et BCA qui ont pour sommet le point C; or, la somme de ces angles vaut deux angles droits (n° 33); donc la somme des trois angles du triangle vaut aussi deux droits. C. Q. F. D.

115. Corollaire I. — *L'angle extérieur d'un triangle est égal à la somme des deux angles intérieurs qui ne lui sont pas adjacents.*

On appelle angle extérieur d'un triangle, l'angle BCD formé par un côté BC (fig. 77) et le prolongement CD d'un autre côté AC.

Or

$$FCD = BAC$$

$$BCF = ABC$$

donc

$$FCD + BCF = BAC + ABC$$

où

$$BCD = BAC + ABC.$$

116. Corollaire II. — *Un triangle ne peut avoir qu'un angle droit.*

117. Corollaire III. — *Les deux angles qui ne sont pas droits dans un triangle rectangle sont complémentaires.*

Chacun d'eux est aigu.

118. Corollaire IV. — *Si deux angles* A *et* B *d'un triangle* ABC *sont égaux respectivement aux deux angles* A' *et* B' *d'un autre triangle* A'B'C', *le troisième angle* C *du premier triangle est égal au troisième angle* C' *du second triangle.*

119. Corollaire V. — *Si deux triangles rectangles ont un angle aigu égal, ils ont les trois angles égaux chacun à chacun.*

120. Corollaire VI. — *Si deux triangles isocèles ont un angle égal, ils sont équiangles.*

121. Corollaire VII. — *Chaque angle d'un triangle équilatéral vaut deux tiers d'un angle droit.*

THÉORÈME

122. *La somme des angles intérieurs d'un polygone convexe est égale à autant de fois deux angles droits que le polygone renferme de côtés moins deux.*

Considérons le polygone ABCDEF (fig. 78). Si l'on mène toutes les diagonales possibles partant de l'un des sommets A, on décompose le polygone en autant de triangles qu'il y a de côtés moins deux, car les deux triangles extrêmes ABC et AEF renferment chacun deux côtés du polygone, tandis que les autres triangles n'en comprennent qu'un. D'un autre côté la figure montre que la somme des angles intérieurs des triangles est égale à la somme des angles intérieurs du polygone. Or les trois angles de chaque triangle ont une somme égale à deux droits. Les angles intérieurs du polygone valent donc autant de fois deux droits qu'il y a de triangles, c'est-à-dire qu'il y a de côtés moins deux.

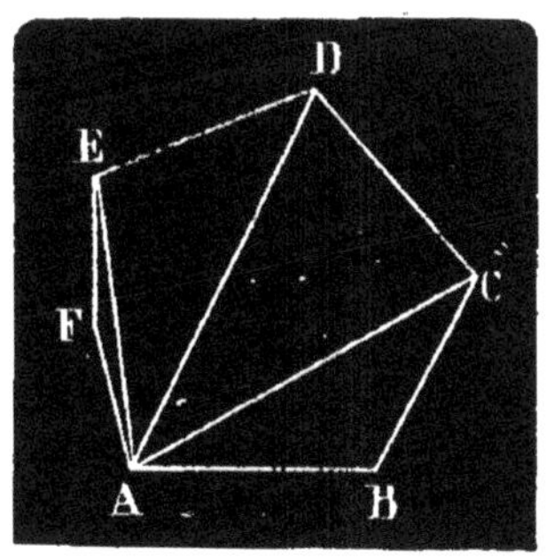

Fig. 78.

Si l'on appelle n le nombre des côtés ou des sommets du polygone, la somme des angles intérieurs est donnée par la formule $2\,(n-2)$.

123. Corollaire I. — *La somme des angles intérieurs d'un quadrilatère convexe est égale à quatre angles droits.*

124. Corollaire II. — *Si les angles d'un quadrilatère sont égaux, ils sont droits.*

THÉORÈME

125. *Si l'on prolonge dans le même sens les côtés d'un polygone convexe* ABCDEF (fig. 79), *les angles extérieurs* FAA', ABB', BCC'... *ont une somme égale à quatre angles droits.*

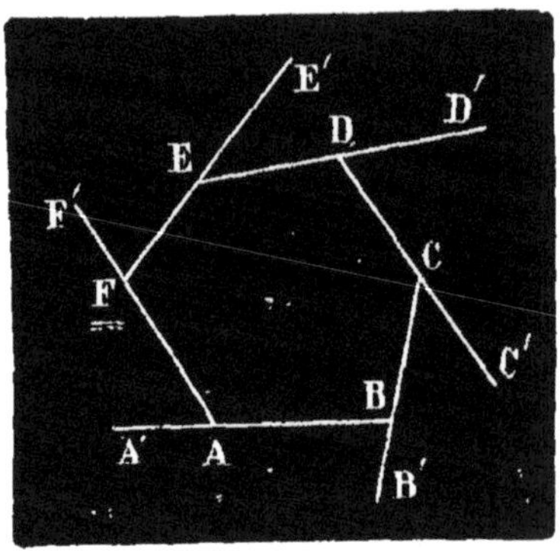

Fig. 79.

L'angle intérieur FAB et l'angle extérieur FAA' qui lui est adjacent ont une somme égale à deux droits. Il en est de même à tous les sommets du polygone. Donc la somme totale des angles tant intérieurs qu'extérieurs est égale à autant de fois deux droits qu'il y a de sommets, c'est-à-dire à $2n$ angles droits, en appelant n le nombre des côtés. Si l'on retranche de $2n$ la somme $2(n-2)$ des angles intérieurs, on aura la somme des angles extérieurs ; cette somme vaut donc

$$2n - 2(n-2) = 2n - 2n + 4 = 4 \text{ droits.}$$

APPLICATIONS

126. *D'un point donné* C *abaisser une perpendiculaire sur une droite* AB *du terrain, lorsque le pied de la perpendiculaire est inaccessible* (fig. 80).

Supposons qu'il y ait au pied F de la perpendiculaire CF un étang par exemple. On joint le point C à un point quelconque D de AB, puis on mesure l'angle CDF comme on l'indiquera plus loin ; on se transporte ensuite au point C où l'on construit un angle DCF égal au complément de CDF. La droite CF ainsi obtenue est perpendiculaire à AB. En effet, les deux angles CDF et DCF du triangle DFC ayant une somme égale à un droit, le troisième angle DFC vaut un angle droit.

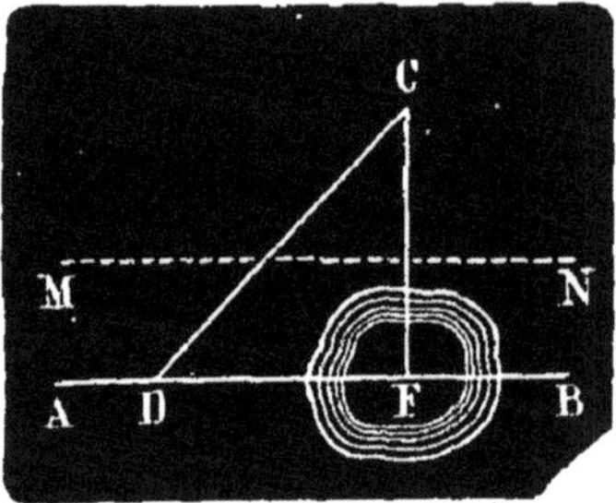

Fig. 80.

Si l'on n'a qu'une équerre à sa disposition, on opère autrement. On promène l'équerre sur la droite AB, jusqu'à ce qu'on arrive en un point D tel que l'angle CDF soit égal à la moitié d'un angle droit (n° 89). On place ensuite l'équerre au point C et l'on détermine la droite CF qui fait avec CD un angle égal à un demi-droit ; CF est alors perpendiculaire à AB.

Il est bon d'observer que l'on peut mener dans le terrain accessible une parallèle MN à AB (n° 112) et abaisser du point C une perpendiculaire sur cette parallèle ; la droite obtenue est aussi perpendiculaire sur AB (n° 99).

127. *Trouver la distance d'un point* A *à un point inaccessible* B (fig. 81).

On élève au point A une perpendiculaire AM sur AB ; on détermine avec l'équerre un point C de AM tel que l'angle BCA soit la moitié d'un droit. Il en résulte que le 3e angle ABC vaut aussi un demi-droit. Le triangle ABC est alors isocèle, et AB = AC ; on mesure AC et l'on a la distance cherchée.

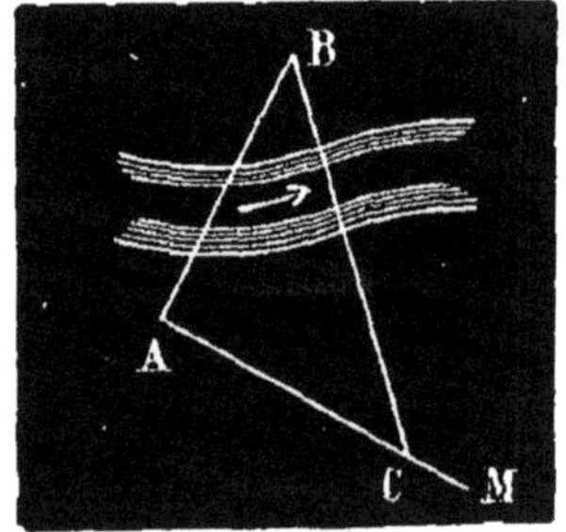

Fig. 81.

128. *Mesurer la distance de deux points inaccessibles* A *et* B (fig. 82).

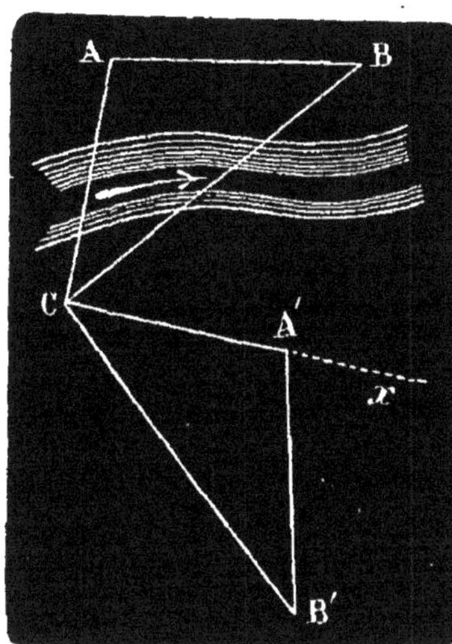

Fig. 82.

On choisit un point quelconque C sur le terrain accessible et après avoir jalonné les directions CA, CB, on élève avec l'équerre des perpendiculaires Cx, Cy sur ces droites. Comme dans le problème précédent on détermine les points A' et B' tels que CA' = CA, CB' = CB et l'on joint ces points par une droite. Les angles ACB et A'CB' sont égaux comme ayant les côtés perpendiculaires; les triangles ABC, A'B'C sont égaux comme ayant un angle égal compris entre deux côtés égaux chacun à chacun.

On en conclut que A'B' = AB.

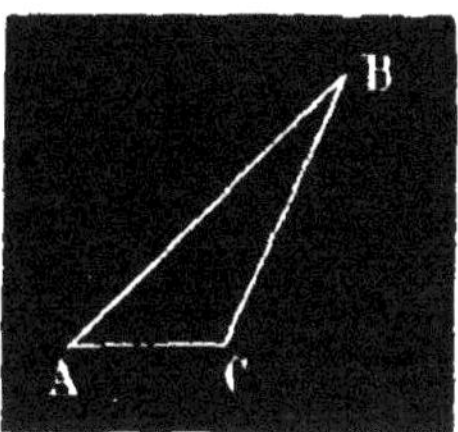

Fig. 83.

129. *Trouver la valeur d'un angle* ABC *dont le sommet est très éloigné ou inaccessible* (fig. 83).

Il suffit évidemment de couper les côtés de l'angle par une droite quelconque AC, de mesurer les deux angles BAC, BCA et de prendre le supplément de leur somme.

EXERCICES SUR LE CHAPITRE V.

40. Si l'on joint un point intérieur O d'un triangle ABC aux sommets A et B, l'angle AOB est toujours plus grand que l'angle ACB du triangle.

41. Si un angle aigu d'un triangle rectangle est double de l'autre angle aigu, l'hypoténuse est double du plus petit côté. Réciproquement.

42. Les bissectrices de deux angles dont les côtés sont perpendiculaires sont parallèles ou perpendiculaires.

43. Les bissectrices des angles d'un quadrilatère forment un quadrilatère dont les angles opposés sont supplémentaires.

44. Lorsqu'on prolonge les côtés opposés d'un quadrilatère jusqu'à leur rencontre et qu'on mène les bissectrices des deux angles qu'ils forment, ces bissectrices se coupent sous un angle égal à la demi-somme des angles opposés du quadrilatère.

45. L'angle des bissectrices de deux angles consécutifs d'un quadrilatère est égal à la demi-somme des deux autres angles du quadrilatère. L'angle des bissectrices de deux angles opposés est égal à la demi-différence des deux autres angles.

46. Par le sommet B d'un triangle ABC on mène une droite BD qui fasse avec AB un angle égal à l'angle C, et une deuxième droite BF qui fasse avec BC un angle égal à l'angle A; ces droites rencontrent AC aux points D et F, démontrer que le triangle DBF est isocèle.

47. Étant donné un triangle ABC, on mène la bissectrice de l'angle A et la hauteur partant du point A, prouver que l'angle de ces deux droites est égal à la demi-différence des angles B et C.

CHAPITRE VI

DES QUADRILATÈRES

§ I. DU PARALLÉLOGRAMME.

130. **Définition.** — Le parallélogramme est un quadrilatère dont les côtés opposés sont parallèles (fig. 84).

THÉORÈME

131. *Dans tout parallélogramme les angles opposés sont égaux ainsi que les côtés opposés.*

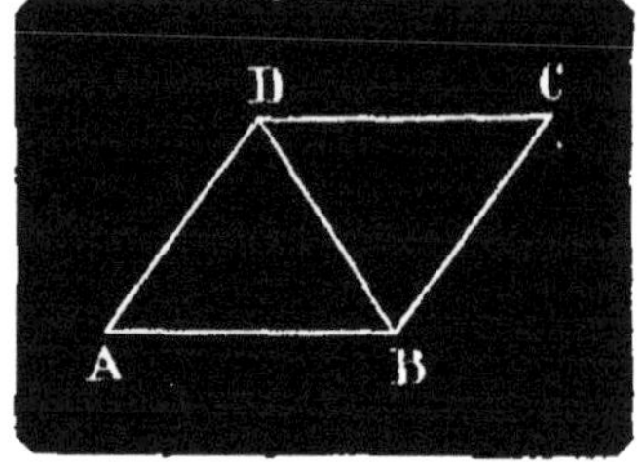

Fig. 84.

1° Les angles opposés DAB et DCB (fig. 84) sont égaux comme ayant les côtés parallèles et dirigés en sens contraires ; les angles ADC et ABC sont égaux pour la même raison ;

2° Traçons la diagonale BD ; on obtient deux triangles BDC et BDA qui ont le côté BD commun ; les angles DBC et BDA sont égaux comme alternes-internes, par rapport aux parallèles BC et AD coupées par la sécante BD ; les deux angles BDC et DBA sont égaux aussi comme alternes-internes par rapport aux parallèles AB et DC coupées par la sécante BD.

Les deux triangles BDC et BDA sont donc égaux comme ayant un côté égal adjacent à deux angles égaux chacun à chacun ; il en résulte que AB = DC et AD = BC. C. Q. F. D.

132. Corollaire. — *Les portions de parallèles* AD *et* BC *comprises entre deux parallèles* DC *et* AB *sont égales.*

Ces portions de parallèles sont en effet les côtés opposés d'un parallélogramme.

RÉCIPROQUE

133. *Si les angles opposés ou les côtés opposés d'un quadrilatère sont égaux, la figure est un parallélogramme.*

1° Supposons que l'on ait (fig. 85) :

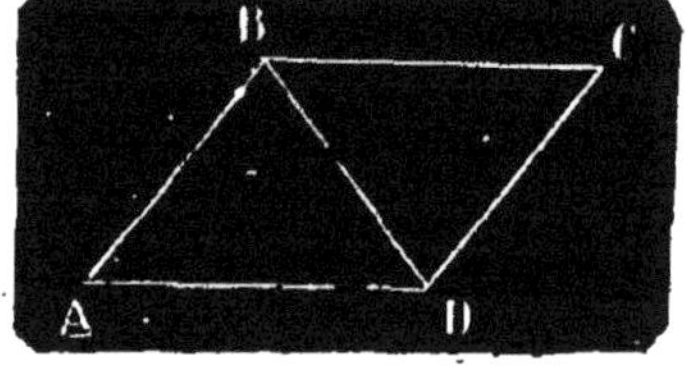

Fig. 85.

$$A = C$$

$$B = D$$

on en tire

$$A + B = C + D$$

or

$$A + B + C + D = 4 \text{ angles droits}$$

ou

$$2(A + B) = 4 \text{ angles droits}$$

donc

$$A + B = 2 \text{ droits.}$$

Les deux angles A et B ont la position d'angles intérieurs d'un même côté par rapport aux deux droites AD et BC coupées par la sécante AB ; ces deux angles étant supplémentaires, on en conclut que les droites BC et AD sont parallèles. On prouverait de la même manière que A + D = 2 droits et, par suite, que les lignes AB et DC sont parallèles.

2° Admettons que

$$BC = AD$$

$$AB = CD$$

Si l'on trace la diagonale BD, on a deux triangles ABD et BDC qui sont égaux comme ayant les trois côtés égaux chacun à chacun; alors les angles ABD et BDC, opposés aux côtés égaux AD et BC, sont égaux. Mais ces angles sont alternes-internes par rapport aux droites AB et CD coupées par la sécante BD; les deux droites AB et CD sont donc parallèles. Les deux côtés BC et AD sont parallèles pour la même raison.

THÉORÈME

134. *Tout quadrilatère qui a deux côtés opposés égaux et parallèles est un parallélogramme.*

Soit le quadrilatère ABCD (fig. 86) dont les deux côtés opposés BC et AD sont égaux et parallèles. Si l'on prouve que AB = CD, on en conclura que la figure est un parallélogramme. (N° 133.)

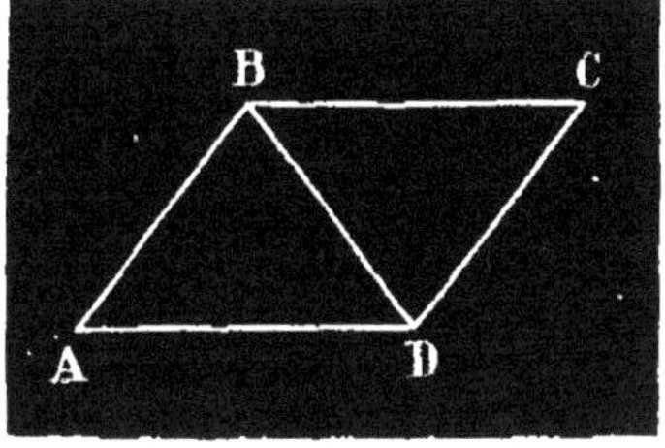

Fig. 86.

Traçons la diagonale BD; les deux triangles ABD et BDC sont égaux comme ayant un angle égal compris entre deux côtés égaux; car BC = AD par hypothèse; BD est commun aux deux triangles; les angles DBC et BDA sont égaux comme alternes-internes. Il en résulte que CD est égal à AB.

THÉORÈME

135. *Les diagonales d'un parallélogramme se coupent en parties égales.*

Soit le parallélogramme ABCD (fig. 87) et ses diagonales AC et BD; je dis que ces diagonales se coupent en leur milieu.

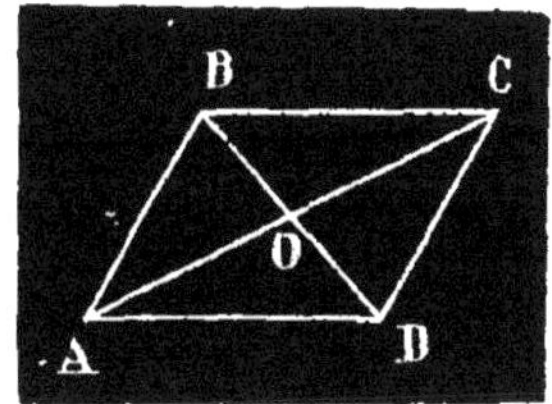

Fig. 87.

Considérons les deux triangles AOD et BOC; le côté AD est égal au côté BC, car ce sont les côtés opposés d'un parallélogramme; les angles OAD et OCD sont égaux comme alternes-internes; ODA = OBC pour la même raison. Les deux triangles AOD et BOC sont donc égaux comme ayant un côté égal adjacent à deux angles égaux chacun à chacun; les côtés opposés aux angles égaux sont égaux; donc AO = OC, OD = OB.

RÉCIPROQUE

136. *Si les diagonales d'un quadrilatère se coupent en parties égales, ce quadrilatère est un parallélogramme.*

Supposons (fig. 87) que l'on ait :

$$AO = OC \ , \ OD = OB.$$

Si nous prouvons que les côtés opposés du quadrilatère donné sont égaux, on en conclura que ce quadrilatère est un parallélogramme. (N° 133.)

Les deux triangles AOD et BOC sont égaux parce qu'ils ont un angle égal compris entre deux côtés égaux chacun à chacun; en effet les angles AOD et BOC sont égaux comme opposés par le sommet; OA = OC, OD = OB par hypothèse; donc AD = BC.

On prouverait de la même manière que les triangles AOB et DOC sont égaux et que, par suite, AB = CD.

§ II. DU RECTANGLE

137. Définition. — Un *rectangle* (fig. 88) est un quadrilatère dont les quatre angles sont égaux et par suite droits. (N° 124).

THÉORÈME

138. *Un rectangle est un parallélogramme.*

Cela résulte de ce que ses angles opposés sont égaux. (N° 133).

139. Corollaire I. — *Les côtés opposés d'un rectangle sont égaux.*

140. Corollaire II. — *Deux parallèles sont partout équidistantes.*

Soient deux parallèles MN et PQ (fig. 88) ; en deux points A et B élevons des perpendiculaires sur MN ; elles sont aussi perpendiculaires à PQ et mesurent, en deux points différents, la distance des parallèles ; or la figure ABDC est un rectangle puisque ses quatre angles sont droits, donc AC = BD. C. Q. F. D.

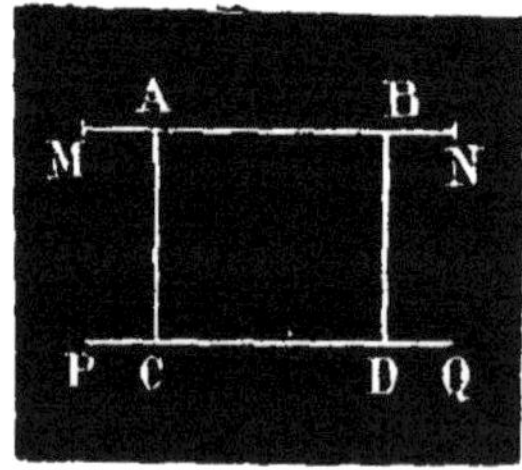

Fig. 88.

THÉORÈME

141. *Les diagonales d'un rectangle se coupent en parties égales et sont égales.*

Soit le rectangle ABCD (fig. 89), je dis que ses diagonales BD et AC se coupent en parties égales et sont égales :

1° Elles se coupent en parties égales puisque le rectangle est un parallélogramme ;

2° Dans les triangles BAD et CDA, les côtés AB et CD sont égaux comme côtés opposés d'un rectangle ; le côté AD est commun ; les angles BAD et CDA sont égaux comme droits. Les deux triangles considérés sont donc égaux comme ayant un angle égal compris entre deux côtés égaux chacun à chacun : donc BD = AC.

C. Q. F. D.

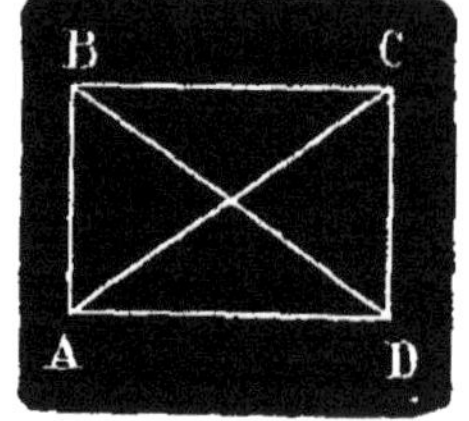

Fig. 89.

RÉCIPROQUE

142. *Si les diagonales d'un quadrilatère se coupent en parties égales et sont égales, ce quadrilatère est un rectangle.*

Soit le quadrilatère ABCD (fig. 90) dans lequel on a :

$$OA = OB = OC = OD.$$

Il faut prouver que ABCD est un rectangle.

Les deux triangles isocèles AOD, BOC ont même angle au sommet, car les angles AOD et BOC sont opposés par le

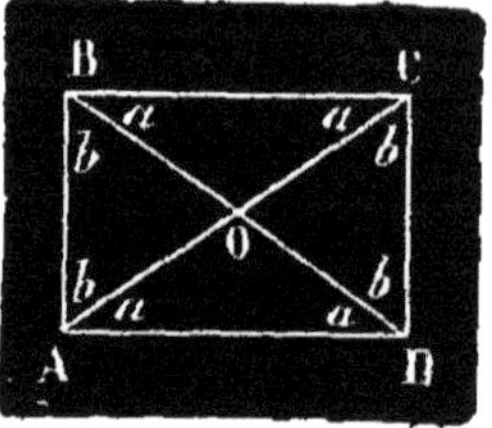

Fig. 90.

sommet; les angles à la base de ces deux triangles sont donc égaux; on peut représenter leur valeur par une même lettre a.

Les triangles isocèles AOB et COD ont aussi même angle au sommet, et, par suite, même angle à la base; représentons par b chacun des angles à la base.

On voit par là que chaque angle du quadrilatère est formé d'un angle a et d'un angle b; les angles de ce quadrilatère sont donc égaux; c'est par conséquent un rectangle.

§ III. DU LOSANGE.

143. Définition. Un *losange* est un quadrilatère dont les quatre côtés sont égaux. (fig. 91).

THÉORÈME

144. *Un losange est un parallélogramme.*

Les quatres côtés d'un losange étant égaux, ses côtés opposés sont égaux; c'est donc un parallélogramme. (N° 133).

145. Corollaire. — *Les diagonales d'un losange se coupent en leur milieu.*

THÉORÈME

146. *Les diagonales d'un losange sont perpendiculaires l'une à l'autre et bissectrices des angles dont elles unissent les sommets.*

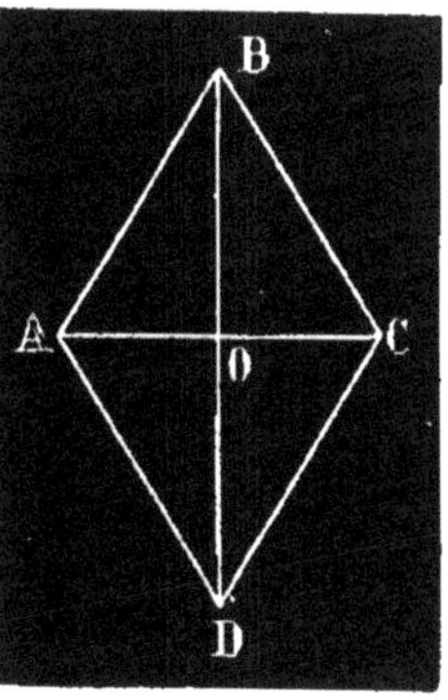

Fig. 91.

Soit ABCD un losange (fig. 91); traçons ses diagonales BD et AC; on sait déjà qu'elles se coupent en leur milieu. Dans le triangle isocèle ABC, la droite BO qui joint le sommet au milieu de la base est perpendiculaire sur cette base et bissectrice de l'angle du sommet. Il en est de même dans les autres triangles isocèles BCD, ADC et BAD.

RÉCIPROQUE

147. *Si les diagonales d'un quadrilatère sont perpendiculaires sur le milieu l'une de l'autre ou bissectrices des angles dont elles unissent les sommets, ce quadrilatère est un losange.*

1° Supposons (fig. 91) que les droites BD et AC soient perpendiculaires au milieu l'une de l'autre; on a : BA = BC, CB = CD, DC = DA comme obliques partant d'un même point des perpendiculaires BO, CO, DO et s'écartant également de leurs pieds.

Les quatre côtés AB, BC, CD, DA étant égaux, le quadrilatère ABCD est un losange.

2° Supposons que BD soit bissectrice des angles ABC et ADC, et AC bissectrice des angles BAD et BCD. Les deux triangles BAD et BCD ont le côté BD commun. Ce côté est adjacent à deux angles égaux chacun à chacun par hypothèse, car DBC = DBA, BDC = BDA; ces triangles sont donc égaux; on en conclut que CD = DA, BC = BA.

Les deux triangles ADC et ABC ont aussi un côté égal adjacent à deux angles égaux; il en résulte que

$$CD = BC, AD = AB.$$

Par suite

$$AB = BC = CD = DA.$$

Le quadrilatère est donc un losange.

§ IV. DU CARRÉ.

148. Définition. Un *carré* est un quadrilatère dont les côtés sont égaux et les angles égaux. (fig. 92).

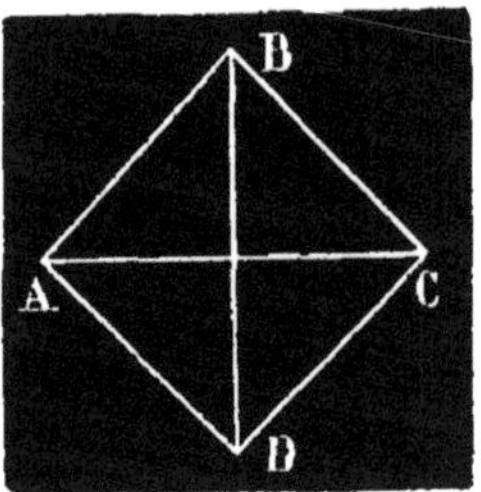

Fig. 92.

149. De cette définition, il résulte que :

1° *Un carré est un parallélogramme puisque ses côtés opposés sont égaux.*

2° *Un carré est un rectangle à cause de l'égalité de ses angles.*

3° *Un carré est un losange à cause de l'égalité de ses quatre côtés.*

150. Corollaire. — *Les diagonales d'un carré se coupent en parties égales, sont égales et perpendiculaires entre elles.*

§ V. ÉGALITÉ DES PARALLÉLOGRAMMES.

THÉORÈME

151. *Deux parallélogrammes sont égaux lorsqu'ils ont un angle égal compris entre des côtés égaux chacun à chacun.*

Soient deux parallélogrammes ABCD, A'B'C'D' (fig. 93) dans lesquels l'angle BAD = l'angle B'A'D', AD = A'D', AB = A'B', je dis que ces parallélogrammes sont égaux. Transportons A'B'C'D' sur ABCD, de manière que A'D' coïncide parfaitement avec AD; on le peut puisque ces côtés sont égaux. L'angle B'A'D' étant égal à l'angle BAD, le côté A'B' prendra la direction AB; or A'B' = AB, le point B' tombera donc au point B; la droite B'C' étant parallèle à A'D' sera aussi parallèle à AD, elle coïncidera donc avec BC, car par le point B on ne peut mener qu'une seule parallèle à AD; or les droites B'C' et A'D' sont égales comme côtés opposés d'un parallélogramme, de même BC = AD; mais AD = A'D', donc BC = B'C'; par suite le point C' tombera au point C.

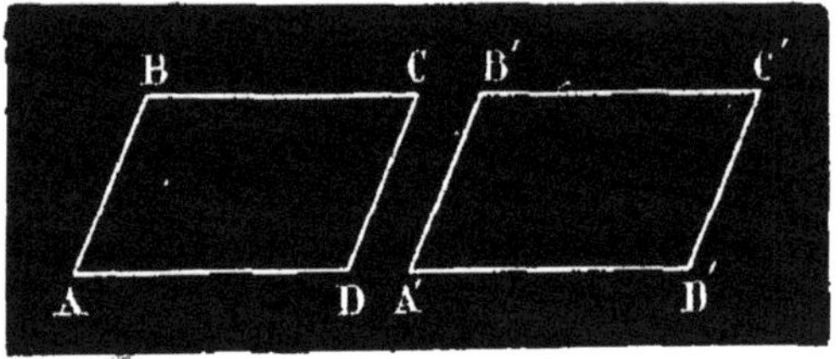

Fig. 93.

Les deux parallélogrammes se recouvriront et seront égaux.

152. Corollaire I. — *Deux rectangles qui ont même base et même hauteur sont égaux.*

153. Corollaire II. — *Deux losanges sont égaux lorsqu'ils ont un côté égal et un angle égal.*

154. Corollaire II. — *Deux carrés sont égaux lorsqu'ils ont un côté égal.*

§ VI. DU TRAPÈZE.

155. Définition. Le *trapèze* est un quadrilatère dont deux côtés opposés seulement sont parallèles (fig. 94); les côtés parallèles sont appelés *bases*. Un trapèze est *rectangle* lorsqu'un de ses côtés non parallèles est perpendiculaire aux bases; il est isocèle lorsque les deux côtés non parallèles sont égaux.

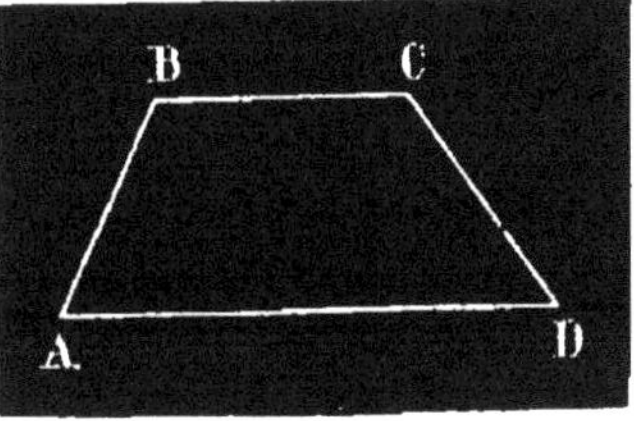

Fig. 94.

LEMME

156. *Si par le milieu D du côté AB d'un triangle ABC (fig. 95) on mène une parallèle DF au côté AC, cette parallèle passe par le milieu F de BC et est égale à la moitié de AC.*

Menons par F une parallèle FG à AB.

La droite FG est égale à AD parce que ce sont les côtés opposés d'un parallélogramme, donc FG = BD ; les angles GFC et DBF sont égaux comme correspondants; les angles FGC et DBF sont égaux comme ayant les côtés parallèles et dirigés dans le même sens.

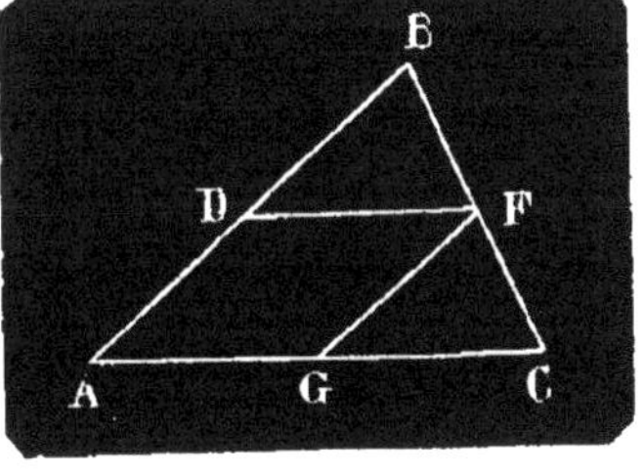

Fig. 95.

Les triangles GFC et BDF ont donc un côté égal adjacent à deux angles égaux chacun à chacun et sont égaux. Les côtés opposés aux angles égaux sont égaux, donc :

1° BF = FC, ce qui prouve que le point F est au milieu de BC.

2° DF = GC; mais DF = AG comme côtés opposés d'un parallélogramme; alors DF est la moitié de AC. c. q. f. d.

157. Corollaire. — *La droite DF qui joint les milieux D et F des côtés AB et BC d'un triangle ABC est parallèle au troisième côté et égale à la moitié de ce côté* (fig 95.).

En effet si l'on mène par le point D une parallèle à AC, elle passe par le point F (n° 156); elle se confond donc avec DF; par conséquent DF est parallèle à AC et égal à $\frac{AC}{2}$.

THÉORÈME

158. *Dans tout trapèze, la droite qui joint les milieux des côtés non parallèles est parallèle aux bases et égale à leur demi-somme.*

Soit le trapèze ABCD (fig. 96) ; traçons la diagonale BD. Si dans le triangle ADB on joint le milieu E de DA au milieu F de DB, la droite EF est parallèle à AB et égale à la moitié de cette ligne (n° 157). De même, la droite FG, qui joint les milieux F et G

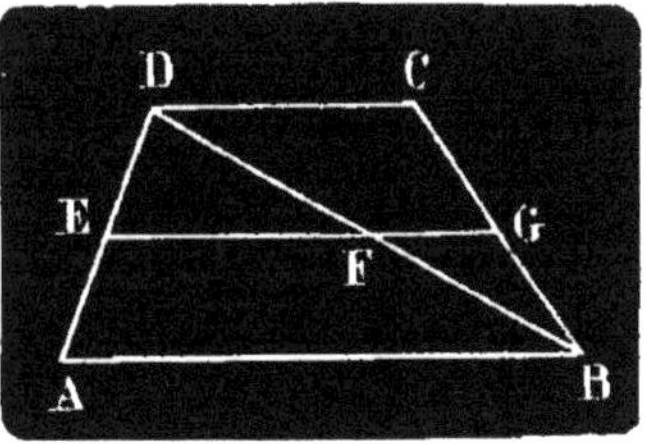

Fig. 96.

des côtés BD et BC du triangle DBC, est parallèle à DC et égale à la moitié de cette droite. Les droites AB et FG étant parallèles à DC sont parallèles entre elles.

Or par le point F on ne peut mener qu'une parallèle à AB, donc FG est le prolongement de EF.

$$\text{De plus } EF = \frac{AB}{2},\ FG = \frac{DC}{2}\quad;\quad \text{donc } EG = \frac{AB + DC}{2}.$$

Deux points suffisent pour déterminer une ligne droite : par suite la droite qui joint les milieux E et G des côtés non parallèles du trapèze se confond avec EFG ; elle est donc parallèle aux bases et égale à leur demi-somme. C. Q. F. D.

159. Remarque. — Le théorème du n° 157 permet de démontrer que *les médianes d'un triangle passent par un même point et se coupent aux deux tiers de leur longueur à partir du sommet, ou au tiers à partir de la base.*

Soient BD et AE deux médianes d'un triangle ABC (fig. 97) et O leur point d'intersection. Je joins les milieux F et G des droites OB et OA ; la droite FG est parallèle à AB et égale à la moitié de cette ligne. De même la droite DE qui joint les milieux E et D des côtés AC et BC du triangle ABC est parallèle à AB et égale à la moitié de AB. Il en résulte que les droites GF et DE sont égales et parallèles et que le quadrilatère GDEF est un parallélogramme. Or dans un parallélogramme les diagonales se coupent en deux parties égales. On a par suite

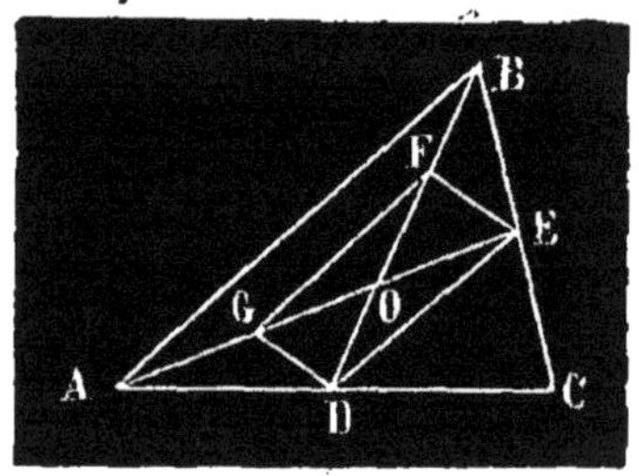

Fig. 97.

$$OD = OF = FB \quad , \quad OE = OG = AG,$$

ce qui prouve que BO est les deux tiers de BD et AO les deux tiers de AE.

La troisième diagonale passerait évidemment par le point O.

C. Q. F. D.

APPLICATIONS.

160. Trusquin. — Nous avons vu (n° 140) que deux parallèles sont partout équidistantes. Cette propriété est mise en pratique par les menuisiers lorsqu'ils emploient le trusquin pour tracer des parallèles sur les pièces de bois. Le trusquin comprend une pièce carrée A, en bois, bien dressée et appelée *guide* (fig. 98) ; une tige prismatique T, portant une pointe P à l'une de ses extrémités, traverse le guide dans lequel elle peut glisser à frottement doux ; une *clef* C plus large à l'une de ses extrémités qu'à l'autre, permet de serrer ou de desserrer à volonté la tige pour la rendre immobile ou la faire glisser.

La pièce de bois étant parfaitement dressée sur deux faces adjacentes, on marque sur l'une d'elles un point de la droite à tracer ; on applique le guide du trusquin contre l'autre face, et, desserrant la tige, on la fait glisser jusqu'à ce que la pointe P arrive au point marqué ; on enfonce ensuite la clef pour rendre la tige

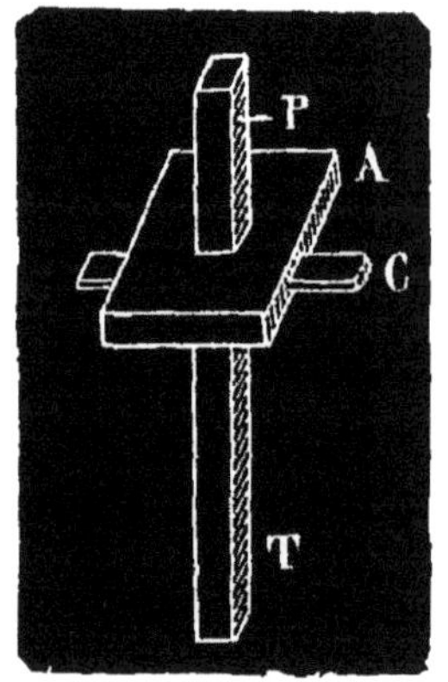

Fig. 98.

immobile, et l'on fait mouvoir l'instrument en appuyant le guide et la pointe contre la pièce de bois; la pointe restant constamment à la même distance du bord rectiligne de la pièce de bois, décrit une parallèle à ce bord.

161. Parallélogramme. — Le parallélogramme joue un grand rôle en mécanique. Ainsi on démontre que la résultante de deux forces appliquées à un même point est représentée en grandeur et en direction par la diagonale du parallélogramme construit sur ces deux forces comme côtés. Il en est de même pour les vitesses. Dans les machines de Watt on trouve à l'extrémité du balancier un système de tiges articulées ayant la forme d'un parallélogramme et destiné à transformer le mouvement circulaire alternatif du balancier en mouvement rectiligne alternatif de la tige du piston.

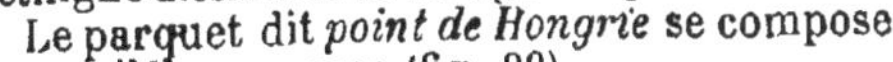

Le parquet dit *point de Hongrie* se compose de parallélogrammes (fig. 99).

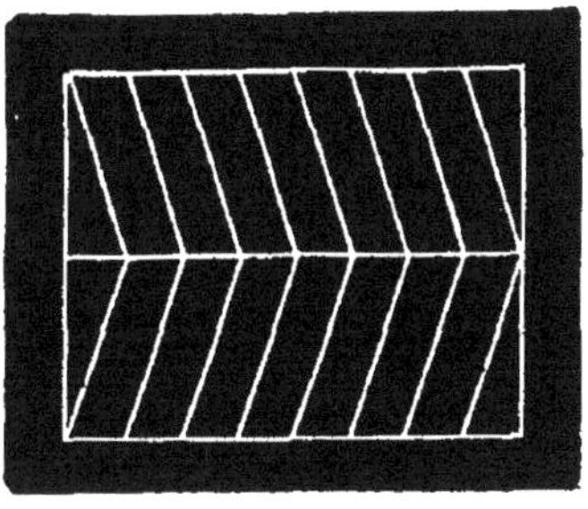

Fig. 99.

162. Rectangle. — Beaucoup de produits industriels ont la forme d'un rectangle, tels sont les feuilles de papier, de carton, de tôle, les rubans, les étoffes, etc.; les murs de nos appartements, les faces de certains meubles tels que boites, caisses, etc., ont la forme rectangulaire. Quelques parquets sont composés de rectangles (fig. 100), et portent le nom de parquets en *capucine*.

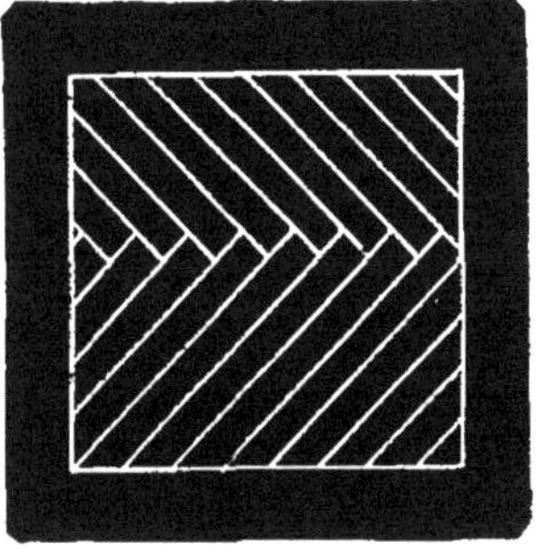

Fig. 100.

163. Losange. — Le losange est fréquemment employé dans les arts; il sert à la décoration des panneaux des meubles et des boiseries de nos appartements; certaines grilles, certains treillages sont formés de baguettes qui, par leur rencontre, dessinent des losanges; on trouve le losange dans un grand nombre de carrelages (fig. 101).

Le losange articulé permet de transformer un mouvement rectiligne en un autre mouvement rectiligne perpendiculaire au premier; en effet si l'une des diagonales diminue de longueur l'autre augmente. Il existe un jouet d'enfant fondé sur ce principe; c'est une série de losanges articulés (fig. 102) terminée par deux poignées M et N; lorsqu'on rapproche ces poignées, les diagonales CD, C'D', C"D" diminuent, les autres augmentent et l'appareil s'allonge, le mouvement inverse se produit quand on écarte les poignées. De petits soldats en bois sont plantés verticalement aux sommets des losanges et prennent des positions variables à mesure que l'appareil se meut.

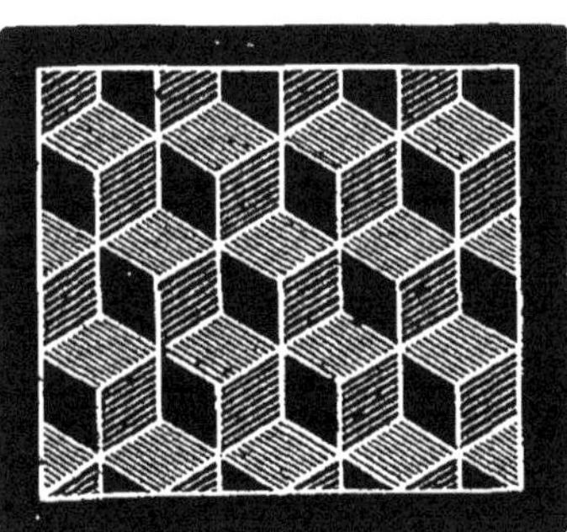

Fig. 101.

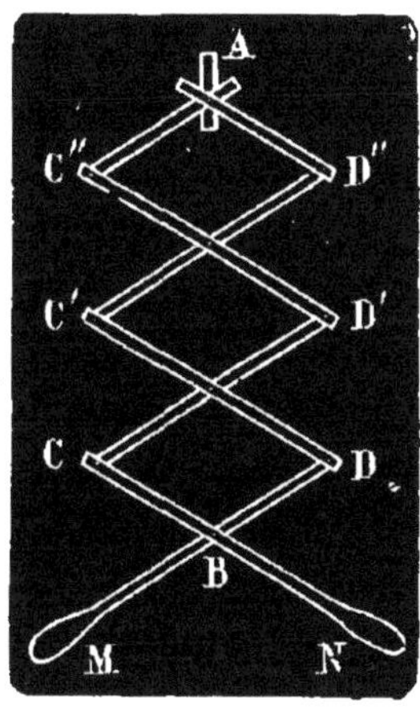

Fig. 102.

164. Carré. — Le carré offre de nombreuses applications : on l'emploie dans le carrelage (fig. 103); dans l'ornementation des panneaux de nos appartements, dans le dessin du papier de tenture et de beaucoup d'étoffes; les cases d'un damier, d'un échiquier, les dalles d'un grand nombre d'églises sont des carrés.

Enfin, on obtient des carrés toutes les fois que l'on a des parallèles équidistantes rencontrées à angle droit par une autre série de parallèles ayant entre elles la même distance que les premières.

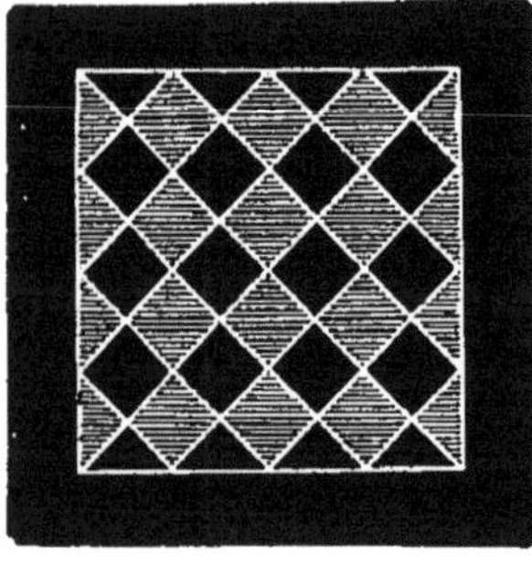

Fig. 103.

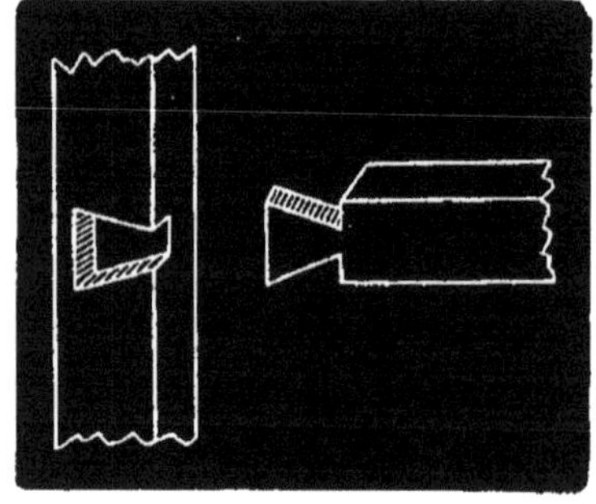

Fig. 104.

165. **Trapèze.** — On trouve des trapèzes isocèles dans les charpentes et dans les assemblages. La figure 104 représente l'assemblage à *queue d'hironde* dans lequel la mortaise et le tenon ont la forme d'un trapèze isocèle.

EXERCICES SUR LE CHAPITRE VI ET SUR TOUT LE PREMIER LIVRE.

48. Toute droite menée par le point d'intersection des diagonales d'un parallélogramme, et terminée au périmètre de la figure est divisée en deux parties égales par ce point. Cette droite divise le parallélogramme en deux parties égales.

49. Le parallélogramme que l'on forme en menant par les extrémités de chaque diagonale d'un quadrilatère des parallèles à l'autre diagonale est double du quadrilatère donné.

50. Inscrire un parallélogramme dans un parallélogramme donné.

51. Les diagonales de deux parallélogrammes inscrits l'un dans l'autre, passent par un même point.

52. Sur les côtés d'un carré, on porte, à partir des sommets des longueurs égales en allant toujours dans le même sens; on joint les extrémités de ces longueurs par des droites, la figure obtenue est un carré. — Cas où l'on porte ces longueurs sur les prolongements des côtés.

53. Dans tout triangle isocèle, la somme des perpendiculaires abaissées d'un point quelconque de la base sur les côtés égaux est constante. — Si le point est pris sur le prolongement de la base, la différence des perpendiculaires est constante.

54. La somme des perpendiculaires abaissées d'un point quelconque pris à l'intérieur d'un triangle équilatéral sur les trois côtés est constante. — Cas où le point est pris en dehors du triangle.

55. Les droites qui joignent deux sommets opposés d'un parallélogramme au milieu des côtés opposés divisent la diagonale qui joint les deux autres sommets en trois parties égales.

56. Si l'on joint les milieux des côtés consécutifs d'un quadrilatère, on obtient un parallélogramme.

57. Si l'on joint les milieux de deux côtés opposés d'un quadrilatère quelconque, au milieu des diagonales la figure obtenue est un parallélogramme.

58. Dans tout quadrilatère le point de rencontre des droites qui joignent les milieux des côtés opposés divise en deux parties égales la droite qui joint les milieux des diagonales.

59. La droite qui joint le sommet de l'angle droit d'un triangle rectangle au milieu de l'hypoténuse est égale à la moitié de l'hypoténuse.

60. Si la médiane d'un triangle est la moitié du côté où elle aboutit, le triangle est rectangle.

61. Des extrémités A et B d'une droite AB on abaisse des perpendiculaires AD et BF sur une droite xy également donnée, démontrer que le milieu C de AB est à égale distance des points D et F.

62. Si l'on joint les milieux des côtés consécutifs d'un losange, on obtient un rectangle.

63. On peut toujours inscrire dans un rectangle un parallélogramme dont les côtés sont parallèles aux diagonales du rectangle. Le périmètre de ce parallélogramme est égal à la somme des diagonales du rectangle.

64. Dans un triangle rectangle la médiane et la hauteur qui partent du sommet de l'angle droit font entre elles un angle égal à la différence des angles aigus.

65. Mener par un point une sécante à deux parallèles de manière que le segment compris entre les parallèles ait une longueur donnée.

66. Étant donnés deux systèmes de parallèles, mener par un point une sécante telle que les portions comprises entre les parallèles soient égales.

67. Deux quadrilatères sont égaux : 1° lorsqu'ils ont trois côtés et les angles compris respectivement égaux ; 2° lorsqu'ils ont deux côtés consécutifs et les trois angles adjacents respectivement égaux ; 3° lorsqu'ils ont un angle égal et les quatre côtés égaux chacun à chacun et placés dans le même ordre.

68. Deux trapèzes qui ont les quatre côtés respectivement égaux sont égaux.

69. Deux polygones sont égaux quand ils ont leurs côtés égaux et les diagonales aboutissant à un même sommet égales entre elles.

70. Deux polygones sont égaux lorsqu'ils ont leurs côtés égaux et leurs angles consécutifs égaux moins trois.

71. Deux polygones de n côtés sont égaux lorsqu'ils ont n-1 côtés égaux comprenant n-2 angles égaux semblablement placés.

72. Deux polygones de n côtés sont égaux lorsqu'ils ont n-2 côtés consécutifs égaux adjacents à n-1 angles égaux et semblablement placés.

73. Deux polygones sont égaux lorsqu'ils ont un côté égal et les angles formés par ce côté avec les côtés adjacents et les diagonales partant des extrémités du côté considéré égaux chacun à chacun.

74. Les bissectrices des angles d'un parallélogramme forment un rectangle dont les diagonales sont parallèles aux côtés du parallélogramme et égales à leur différence.

75. Quel est le lieu des centres des parallélogrammes qui ont même base et même hauteur.

76. Lieu des points tels que la somme des distances de chacun d'eux à deux droites données soit égale à une droite donnée.

77. Lieu des points tels que la différence des distances de chacun d'eux à deux droites données soit égale à une droite donnée.

78. Le triangle qui a pour côtés les trois médianes d'un triangle est les trois quarts de ce triangle.

79. Par le sommet A d'un parallélogramme ABCD on mène une droite quelconque AX. Prouver que la distance du sommet C à cette droite est égale à la somme ou à la différence des distances des sommets B et D à la même droite, suivant que AX est extérieure au parallélogramme ou le traverse.

80. Démontrer que dans tout trapèze isocèle les angles opposés sont supplémentaires.

81. Étant donné un triangle ABC rectangle en A, on élève aux points B et C sur AB et AC des perpendiculaires BD, CE respectivement égales à AB et AC; des points D et E on abaisse des perpendiculaires DF et EG sur l'hypoténuse prolongée; prouver 1° que l'hypoténuse BC est égale à la somme des perpendiculaires DF et EG, 2° que le triangle donné ABC est la somme des triangles BDF et CEG.

82. Si par un point quelconque de la base d'un triangle isocèle on mène des parallèles aux deux autres côtés, on forme un parallélogramme dont le périmètre est constant.

83. Sur un billard rectangulaire, dans quelle direction faut-il lancer la bille pour qu'elle revienne au point de départ après avoir frappé successivement les quatre côtés? Quelle est la longueur du chemin parcouru?

(On admet que, lorsque la bille frappe une bande, les deux droites qu'elle suit, avant et après le choc, sont également inclinées sur la bande.)

84. Dans un triangle, le point de concours des perpendiculaires élevées sur les milieux des côtés, le point de concours des médianes, et celui des trois hauteurs sont en ligne droite et la distance du 1er au 2e est moitié de la distance du 2e au 3e.

85. Étant donné un polygone on mène par ses sommets dans une direction quelconque des parallèles égales dont on joint les extrémités, le polygone obtenu est égal au polygone donné.

86. Un triangle qui a deux médianes égales est isocèle.

LIVRE II

DE LA CIRCONFÉRENCE DE CERCLE

CHAPITRE PREMIER

§ I. ARCS ET CORDES.

DÉFINITIONS.

166. La **circonférence** est une courbe plane dont tous les points sont à égale distance d'un point intérieur situé dans son plan et nommé **centre** (fig. 105).

Le **cercle** est la portion de plan limitée par la circonférence.

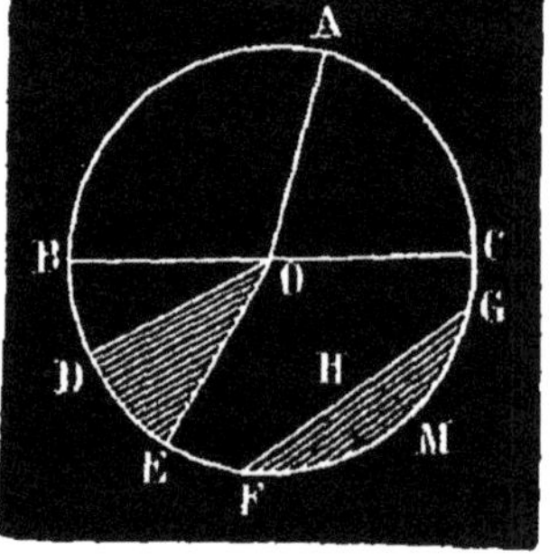

Fig. 105.

On appelle **rayon** toute droite OA qui joint le centre O à un point quelconque A de la circonférence.

Tous les rayons d'une circonférence sont égaux, d'après la définition même de cette courbe.

Un point du plan d'un cercle est à l'extérieur ou à l'intérieur de la circonférence de ce cercle, suivant que sa distance au centre est plus grande ou plus petite que le rayon.

Deux circonférences de même rayon sont *égales*, car si on fait coïncider leurs centres les circonférences coïncident également dans toutes leurs parties.

On appelle **diamètre**, toute droite BC qui passant par le centre a ses deux extrémités B et C sur la circonférence.

Tous les diamètres d'une circonférence sont égaux, car chacun d'eux est le double d'un rayon.

Un **arc** de cercle est une portion FMG de circonférence.

Deux arcs de même rayon sont égaux, lorsqu'appliqués l'un sur l'autre, ils coïncident dans toutes leurs parties.

On appelle **corde** ou **sous-tendante** d'un arc la droite FG qui joint les extrémités F et G de cet arc.

On désigne sous le nom de **secteur circulaire** une portion de cercle DOE comprise entre un arc DE et les deux rayons OD et OE qui aboutissent à ses extrémités.

Un **segment de cercle** est une portion de cercle FMGH comprise entre un arc et sa corde.

Toute corde divise le cercle en deux segments.

THÉORÈME

167. *Une droite quelconque AB ne peut rencontrer une circonférence O en plus de deux points C et D.* (fig. 106).

En effet du point O à la droite AB on ne peut mener que deux obliques OC et OD égales au rayon (n° 64).

THÉORÈME

168. 1° *Le diamètre est la plus grande corde du cercle.*

2° *Tout diamètre divise la circonférence et le cercle en deux parties égales.*

1° Soit une corde CD (fig. 106) et les deux rayons OC et OD menés à ses extrémités; dans le triangle COD on a :

$$CD < OC + OD;$$

la corde CD est donc plus petite que la somme de deux rayons, c'est-à-dire plus petite que le diamètre.

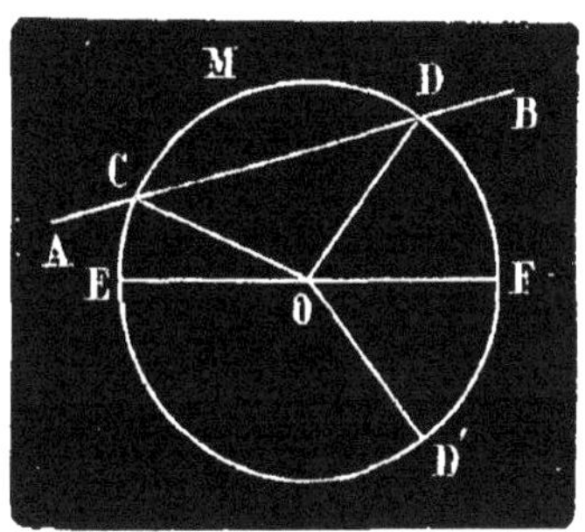

Fig. 106.

2° Je dis que le diamètre EF divise la circonférence et le cercle en deux parties égales. Replions la figure autour de EF de manière à rabattre la partie supérieure sur la partie inférieure ; le rayon OD prendra la direction du rayon OD', qui fait de l'autre côté de EF un angle D'OF égal à l'angle DOF ; les deux rayons OD et OD' étant égaux, le point D tombera au point D'.

Les deux arcs EDF et ED'F se recouvriront donc dans toutes leurs parties et seront égaux ; il en sera de même des espaces compris entre ces arcs et le diamètre EF. C. Q. F. D.

169. Remarque. — D'après ce qui précède, une corde quelconque CD (fig. 106) divise la circonférence en deux arcs *inégaux*, l'un CMD plus petit que la demi-circonférence, l'autre CD'D plus grand.

On dit que la corde CD sous-tend ces deux arcs ; mais quand on parle de l'arc sous-tendu par une corde, on entend généralement le plus petit des deux arcs.

THÉORÈME

170. *Dans un même cercle ou dans deux cercles égaux, les arcs égaux sont sous-tendus par des cordes égales.*

Soient O et P deux cercles égaux (fig. 107) ; il s'agit de prouver que si les arcs AMB et CND sont égaux, les cordes AB et CD sont égales.

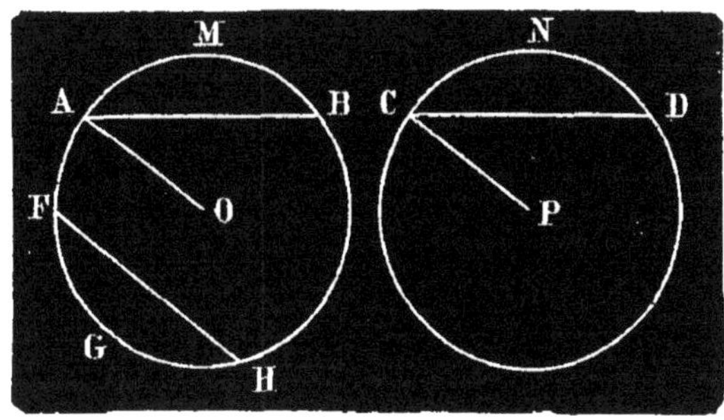

Fig. 107.

Transportons le cercle P sur le cercle O de manière que les rayons PC et OA coïncident ; les deux circonférences coïncideront aussi ; l'arc CND tombera sur son égal AMB, et le point D viendra en B. La corde CD recouvrira exactement la corde AB et lui sera égale.

C. Q. F. D.

171. Remarque. — Si les deux arcs égaux AMB et FGH appartiennent au même cercle, on prouve l'égalité des cordes AB et FH en décrivant un cercle P égal au cercle O et en y prenant un arc CND égal aux arcs A'MB et FGH.

D'après la démonstration précédente, la corde CD est égale aux cordes AB et FH. Donc AB = FH.

THÉORÈME CONTRAIRE

172. *Dans un même cercle ou dans deux cercles égaux, les arcs inégaux sont sous-tendus par des cordes inégales. Le plus grand arc est sous-tendu par la plus grande corde, si les deux arcs sont moindres qu'une demi-circonférence.*

Soient O et P deux cercles égaux (fig. 108). Supposons que l'arc AMB soit plus grand que l'arc CND ; il faut prouver que la corde AB est plus grande que la corde CD.

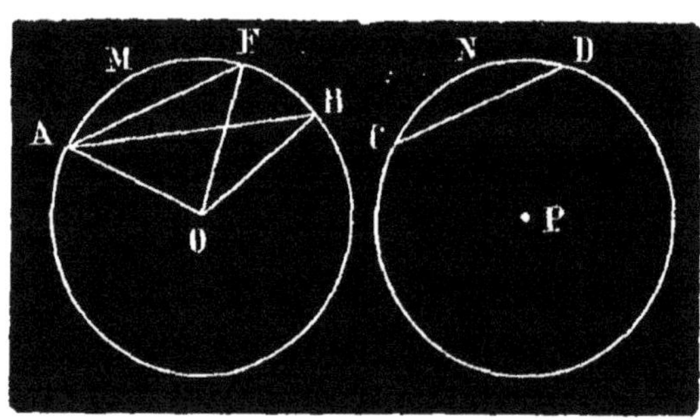

Fig. 108.

Prenons sur l'arc AMB un arc AMF égal à l'arc CND ; les cordes AF et CD sont égales (n° 170). Prouvons alors que la corde AF est plus petite que la corde AB.

L'arc CND étant plus petit que l'arc AMB, le point F est situé sur l'arc AMB entre le point A et le point B. Par conséquent si l'on trace les rayons OA, OF, OB, l'angle AOF est plus petit que l'angle AOB. Les deux triangles AOF et AOB ont donc un angle inégal compris entre deux côtés égaux chacun à chacun, savoir OA qui est commun, OF et OB qui sont égaux comme rayons d'un même cercle. Il en résulte que AF est plus petit que AB (n° 50). Par suite AB > CD.

C. Q. F. D.

RÉCIPROQUES

173. Les deux théorèmes précédents rendent évidentes leurs réciproques. Donc :

Dans un même cercle ou dans deux cercles égaux.

1° *Deux arcs sont égaux s'ils ont des cordes égales et qu'ils soient l'un et l'autre moindres ou plus grands qu'une demi-circonférence.*

2° *Deux arcs moindres qu'une demi-circonférence sont inégaux si leurs cordes sont inégales et celui qui a la plus grande corde est le plus grand.*

§ II. DISTANCE DES CORDES AU CENTRE

THÉORÈME

174. *Le diamètre* CD *perpendiculaire sur une corde* AB *divise en deux parties égales cette corde et les deux arcs* ADB *et* ACB *qu'elle sous-tend* (fig. 109).

1° Soit F le point de rencontre du diamètre CD et de la corde AB ; les deux rayons OA et OB sont deux obliques égales par rapport à la perpendiculaire OF ; elles s'écartent donc également de son pied ; par suite AF = FB, c'est-à-dire que la corde AB est divisée en deux parties égales par le point F.

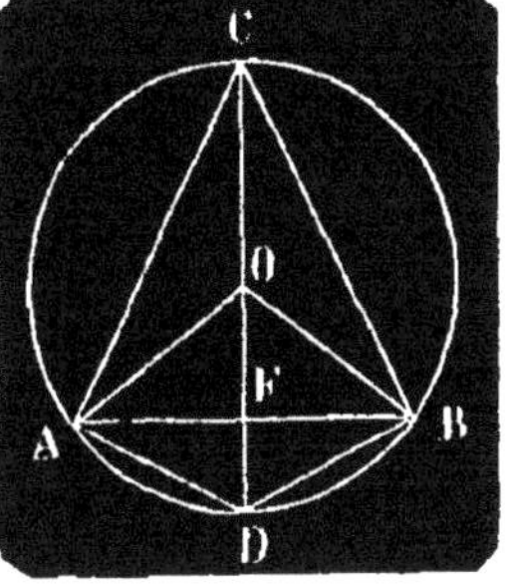

Fig. 109.

2° La droite CD étant perpendiculaire sur le milieu de AB, les points D et C sont à égale distance des extrémités de AB ; on en conclut que les cordes DA et AC sont égales aux cordes DB et BC et, par suite, que les arcs DA et AC sont égaux respectivement aux arcs DB et BC. Les points D et C sont donc les milieux des arcs ADB et ACB. C. Q. F. D.

175. Remarque. — La droite CD satisfait aux cinq conditions suivantes :

1° Elle passe par le centre O du cercle ;
2° — — le milieu F de la corde AB ;
3° — — le milieu D de l'arc ADB ;
4° — — le milieu C de l'arc ACB ;
5° Elle est perpendiculaire à AB.

Deux de ces conditions suffisent pour déterminer la droite CD ; car par deux points on ne peut faire passer qu'une seule ligne droite et d'un point on ne peut abaisser qu'une seule perpendiculaire sur une droite. Le théorème précédent est donc susceptible des corollaires suivants :

176. Corollaire I. — *La droite qui joint le centre d'un cercle au milieu d'une corde est perpendiculaire sur cette corde et passe par les milieux des deux arcs sous-tendus.*

177. Corollaire II. — *La droite qui joint le centre d'un cercle au milieu de l'un des deux arcs sous-tendus par une corde est perpendiculaire au milieu de cette corde.*

178. Corollaire III. — *La droite qui joint les milieux des arcs sous-tendus par une corde est perpendiculaire sur le milieu de la corde et passe par le centre.*

179. Corollaire IV. — *La droite qui joint le milieu d'une corde au milieu de l'un des arcs qu'elle sous-tend est perpendiculaire sur cette corde et passe par le centre.*

180. Corollaire V. — *La perpendiculaire élevée sur le milieu d'une corde passe par le centre et par le milieu de chacun des arcs sous-tendus par la corde.*

181. Corollaire VI. — *La perpendiculaire abaissée sur une corde, du milieu de l'un des arcs sous-tendus, passe par le milieu de cette corde et par le centre.*

THÉORÈME

182. *Dans un même cercle ou dans deux cercles égaux, deux cordes égales sont à égale distance du centre.*

Soient deux cordes égales AB et CD tracées dans un cercle O (fig. 110). La distance d'un point à une ligne droite est mesurée par la perpendiculaire abaissée de ce point sur la droite. Abaissons donc du centre O les perpendiculaires OF et OG sur les cordes AB et CD, et prouvons que ces perpendiculaires ont même longueur. Si l'on trace les rayons OA et OC, on obtient deux triangles rectangles OAF et OCG qui ont les hypoténuses OA et OC égales comme rayons d'un même cercle; de plus chaque perpendiculaire tombe au milieu de la corde correspondante; il en résulte que les côtés AF et CG sont égaux comme moitiés de deux cordes égales. Les triangles rectangles OAF et OCG sont alors égaux comme ayant l'hypoténuse égale et un côté de l'angle droit égal; donc OF = OG.

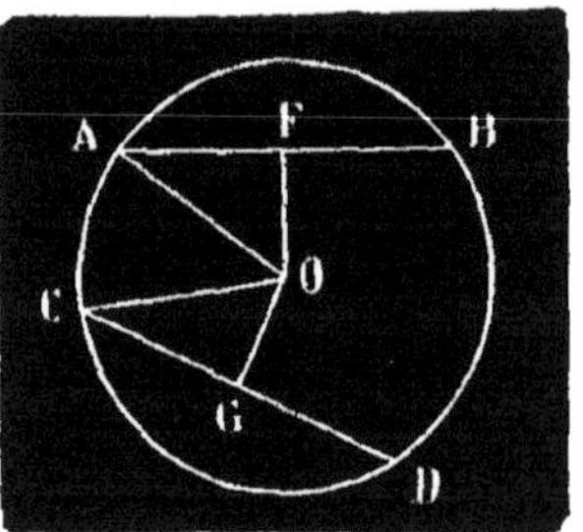

Fig. 110.

C. Q. F. D.

THÉORÈME CONTRAIRE

183. *Dans un même cercle ou dans deux cercles égaux, deux cordes inégales sont à inégale distance du centre. La plus petite corde en est la plus éloignée.*

Supposons que la corde AB soit plus grande que la corde CD (fig. 111).

Il faut prouver que la perpendiculaire OG abaissée du centre sur CD est plus grande que la perpendiculaire OF abaissée du centre sur AB.

Par le point A, menons une corde AH égale à la corde CD; la perpendiculaire OK abaissée du centre O sur AH est égale à OG en vertu du théorème précédent. On doit donc démontrer que la droite OK est plus grande que la droite OF.

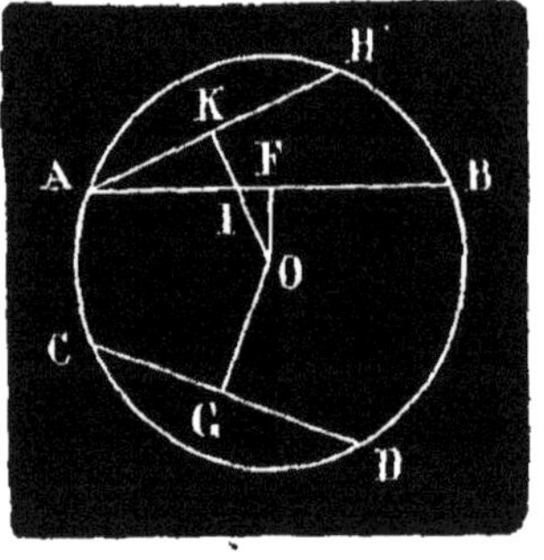

Fig. 111.

La corde AH étant moindre que la corde AB, l'arc AH est plus petit que l'arc AB : le point H est entre les points A et B sur l'arc AB; donc le centre O et le milieu K de AH sont situés de part et d'autre de la corde AB; il en résulte que la perpendiculaire OK coupe AB en un point I et l'on a $OI < OK$. Mais OF étant perpendiculaire à AB, OI est oblique; alors :

$$OF < OI$$

et *à fortiori*

$$OF < OK$$

C. Q. F. D.

RÉCIPROQUES.

184. En vertu du principe des propositions contraires et de leurs réciproques, il résulte que :

Dans un même cercle ou dans deux cercles égaux :

1° *Deux cordes également éloignées du centre sont égales;*

2° *Deux cordes inégalement éloignées du centre sont inégales; la plus éloignée est la plus petite.*

APPLICATIONS

TRACÉ DES CIRCONFÉRENCES

185. Pour tracer des circonférences sur le papier, le bois, le métal on se sert du **compas**.

Cet instrument se compose de deux tiges métalliques assemblées à charnière qu'on appelle les *branches* du compas (fig. 112); les deux branches sont terminées en pointe, et elles doivent tourner autour de la charnière à frottement dur pour qu'elles ne puissent pas trop facilement se rapprocher.

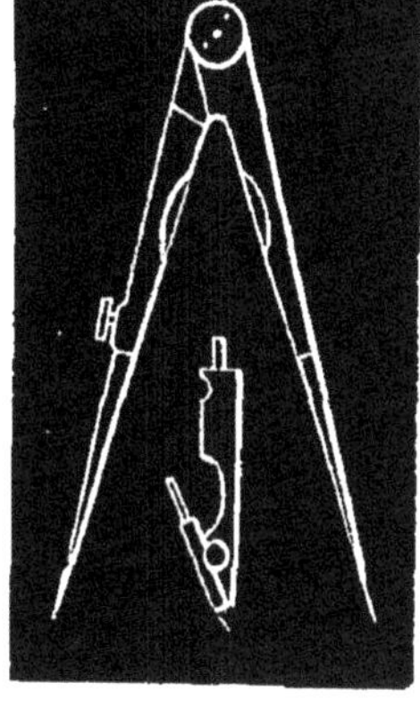

Fig. 112.

Pour décrire une circonférence de rayon donné, on donne au compas une ouverture égale au rayon, on place l'une des pointes au centre et l'on promène l'autre sur la feuille ; la distance des pointes étant constante, celle qui est mobile décrit une circonférence.

Les menuisiers et les charpentiers emploient des compas à *pointes sèches* ; les dessinateurs se servent du compas à *pointe de rechange*, compas où l'on peut remplacer l'une des pointes par un tire-ligne ou un porte-crayon.

Lorsque le rayon de la circonférence à décrire est très grand, on fait usage du *compas à verge*.

Ce compas se compose simplement d'une règle carrée (fig. 113) portant une pointe fixe à l'une de ses extrémités et une pointe mobile que l'on peut écarter plus ou moins de la première et rendre fixe à l'aide d'une vis de pression. Les jardiniers emploient, pour décrire des circonférences, une simple corde portant deux boucles à ses extrémités ; ils passent l'une d'elles autour d'un piquet fixé au centre, engagent un deuxième piquet dans l'autre et le font mouvoir sur le sol en maintenant la corde tendue.

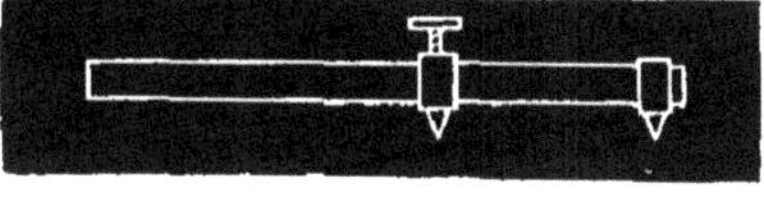

Fig. 113.

186. **Circonférences égales.** — Si dans une feuille de carton on découpe avec une lame mince un cercle tracé, la partie détachée présente un cercle limité par une circonférence égale à celle qui correspond au trou circulaire obtenu. Lorsqu'on fait tourner le disque dans le trou, les deux circonférences coïncident constamment ; il en est de même si, fixant le disque, on fait tourner le carton. C'est ainsi que tournent une roue de voiture sur son essieu, une poulie sur son axe.

187. **Vérification des circonférences.** — Nous avons vu que le diamètre est la plus grande corde que l'on puisse tracer dans une circonférence et que tous les diamètres d'un même cercle sont égaux.

On utilise cette propriété pour vérifier les circonférences en creux, comme l'intérieur d'un canon, d'un corps de pompe. On se sert pour cela d'une règle à coulisse (fig. 114) qui se compose d'une gaîne métallique AB dans laquelle glisse à frottement doux une règle graduée AC. On porte cet instrument dans la circonférence à vérifier et on lui donne une position telle qu'il ait la plus grande longueur possible ; on est certain qu'il est dirigé suivant un diamètre. Si en le faisant tourner dans la circonférence, il conserve toujours la même longueur, on en conclut que la circonférence est juste.

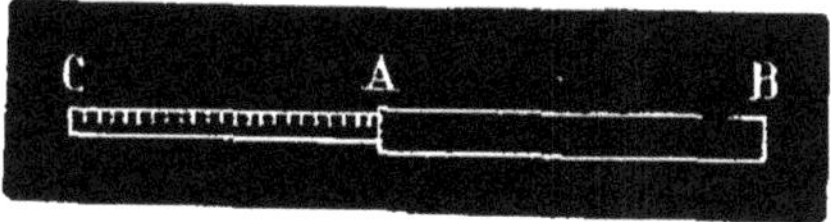

Fig. 114.

188. Il existe un autre instrument qui permet de vérifier les circonférences en creux et en relief ; c'est le *compas d'épaisseur* dont se servent constamment les tourneurs.

Cet instrument se compose de deux branches AOA', BOB' ayant la forme indiquée par la figure 115 et articulées autour du point O ; ces branches sont telles que les lignes AOA', BOB' sont droites et que OA = OA', OB = OB'; il en résulte que les triangles AOB, A'OB' sont égaux et que A'B' = AB.

Les circonférences en relief se vérifient à l'aide des branches courbes. Soit à mesurer le diamètre d'une rondelle métallique; on ferme le compas de manière que la rondelle l'écarte en la passant entre les branches; l'écartement mesuré sur une règle divisée donne le diamètre. Si l'on fait passer la rondelle dans d'autres sens on peut s'assurer si tous les diamètres sont égaux.

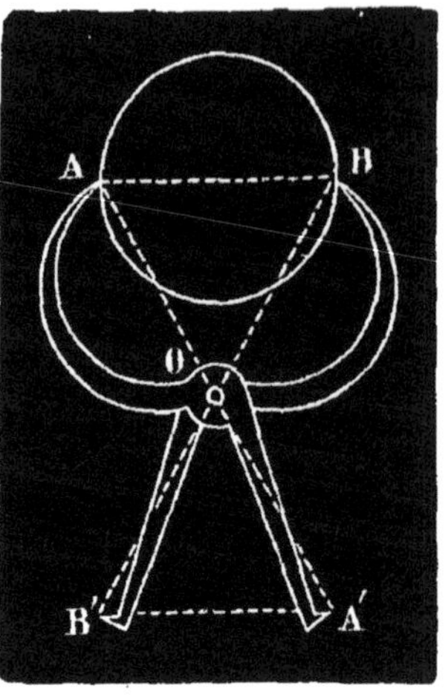

Fig. 115.

Pour vérifier les circonférences en creux on y introduit les branches droites du compas en leur donnant le plus grand écartement possible. On n'a qu'à mesurer sur une règle l'écartement des branches courbes et l'on a celui des branches droites, c'est-à-dire le diamètre de la circonférence en creux; on mesure plusieurs diamètres pour voir s'ils sont tous égaux.

189. Demi-circonférence. — La demi-circonférence est très utilisée dans les arts; on la trouve dans les voûtes en plein cintre et dans un grand nombre de grilles; les deux parties d'une table ronde qui se replie sont terminées chacune par une demi-circonférence et son diamètre.

190. Arcs égaux. — Pour prendre sur une circonférence un arc égal à un arc donné sur une circonférence de même rayon que la première, on prend une ouverture de compas égale à la corde de l'arc donné, puis on pose les pointes du compas sur l'autre circonférence; elles interceptent alors un arc égal au premier, car ces arcs sont sous-tendus par des cordes égales.

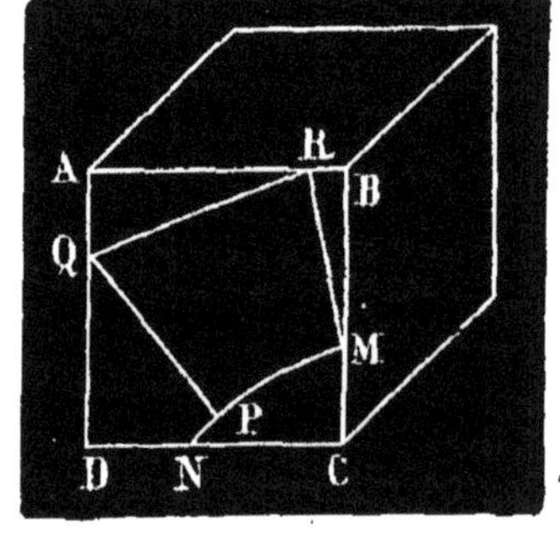

Fig. 116.

Les tailleurs de pierres emploient cette construction dans la taille des voussoirs pour les voûtes en plein cintre. Sur l'un des parements d'un bloc de pierre (fig. 116) ils décrivent un arc MN de même rayon que le cintre de la voûte ou le copient à l'aide d'un patron, puis ils prennent avec le compas, comme on vient de le dire, un arc MP égal à celui du voussoir; ils mènent ensuite les rayons MR et PQ, et limitent le tout par une droite RQ; ils n'ont plus qu'à abattre la pierre suivant le contour MPQR.

EXERCICES

87. La ligne la plus courte et la ligne la plus longue qu'on puisse mener d'un point à une circonférence passent par le centre.

88. Si deux arcs AB et CD d'une même circonférence sont égaux, leurs cordes et les droites qui joignent en croix leurs extrémités se coupent sur le même diamètre.

89. Si deux cordes égales se coupent dans un cercle, les segments déterminés par le point de rencontre sur ces cordes, sont égaux chacun à chacun.

90. La plus petite corde que l'on puisse mener par un point pris à l'intérieur d'un cercle est perpendiculaire sur le diamètre passant par ce point.

91. Si l'on partage une corde en trois parties égales et qu'on mène les rayons aux points de division, l'arc est divisé en trois parties inégales; les deux parties extrêmes sont égales entre elles, mais plus petites que la partie du milieu.

92. Par un point A extérieur à un cercle, on mène une sécante ABC telle, que sa partie extérieure AB soit égale au rayon; on mène le diamètre AOD; prouver que l'angle CAD est le tiers de COD.

93. Décrire avec un rayon donné une circonférence qui passe à égale distance de trois points donnés non en ligne droite.

94. Décrire avec un rayon donné une circonférence qui intercepte sur deux lignes droites des cordes de longueur donnée.

95. Une ligne droite mobile dans un plan peut être amenée par une rotation autour d'un point de ce plan d'une quelconque de ses positions à une autre. Même théorème pour un polygone quelconque.

96. On joint un point O pris dans le plan d'un cercle à un point quelconque de la circonférence ; on demande le lieu des milieux de la droite obtenue.

97. Une droite d'une longueur donnée se meut parallèlement à elle-même en conservant l'une de ses extrémités sur une circonférence donnée ; quel est le lieu décrit par l'autre extrémité.

CHAPITRE II

§ I. TANGENTE AU CERCLE.

191. On nomme **tangente** au cercle toute droite AB qui n'a qu'un point commun A avec la circonférence (fig. 117).

Ce point commun est appelé **point de contact.**

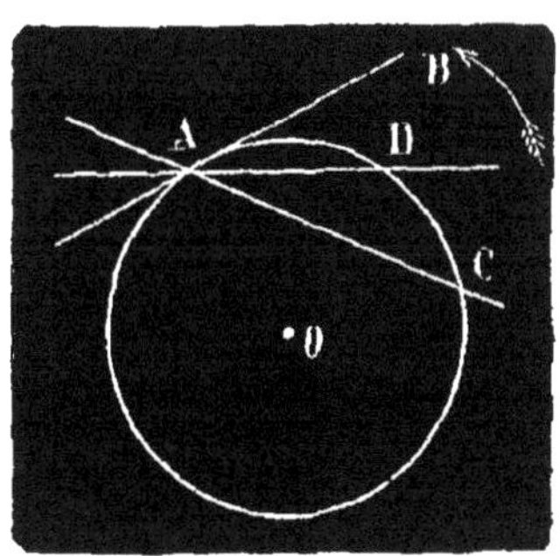

Fig. 117.

Pour nous faire une idée exacte de la tangente, imaginons une sécante quelconque AC coupant la circonférence aux deux points A et C et faisons-la tourner autour du point A dans le sens de la flèche, le deuxième point d'intersection C marche sur la circonférence vers le point A et finit par se confondre avec lui. Dans cette position limite, la sécante n'a qu'un point commun avec la circonférence et porte le nom de tangente.

THÉORÈME

192. *Toute perpendiculaire à l'extrémité d'un rayon est tangente à la circonférence.*

Soit une droite BC perpendiculaire à l'extrémité du rayon OA (fig. 118), je dis que cette droite n'a que le point A sur la circonférence.

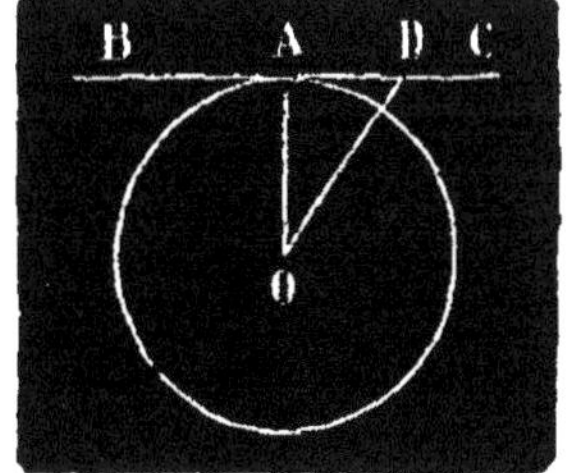

Fig. 118.

Prenons un point quelconque D de BC autre que le point A et traçons la droite OD.

La droite OD ne se confondant pas avec OA est oblique à BC ; donc OD $>$ OA ; par suite, le point D est en dehors de la circonférence. Il en est de même de tous les autres points de BC. Donc BC est tangente à la circonférence.

RECIPROQUE.

193. *Toute tangente à la circonférence est perpendiculaire à l'extrémité du rayon mené au point de contact.*

Soit BC une tangente en A à la circonférence O (fig. 118), je dis qu'elle est perpendiculaire sur le rayon OA. En effet tout point de BC autre que le point A est par hypothèse en dehors du cercle ; sa distance au centre est donc plus grande qu'un rayon. Il en résulte que le rayon OA est la droite la plus courte qu'on puisse mener du centre O à la droite BC ; ce rayon est donc perpendiculaire à BC.

194. Le théorème précédent et sa réciproque étant vrais, on en conclut que :

Toute oblique à l'extrémité d'un rayon n'est pas tangente à la circonférence.

195. **Corollaire I.** — *Par un point pris sur une circonférence on peut toujours mener une tangente à cette circonférenee et l'on ne peut en mener qu'une.*

196. **Corollaire II.** — *La perpendiculaire abaissée du centre d'un cercle sur une tangente à ce cercle passe par le point de contact.*

197. **Corollaire III.** — *La perpendiculaire élevée au point de contact sur une tangente passe par le centre.*

198. **Remarque.** — On dit qu'une courbe est *convexe* lorsqu'elle est entièrement située d'un même côté de chacune de ses tangentes. La circonférence est donc une courbe convexe.

Une courbe convexe ne peut être coupée en plus de deux points, par une ligne droite.

En effet si trois points d'une courbe pouvaient être situés sur une ligne droite ; les deux points extrêmes seraient de part et d'autre de la tangente menée au point intermédiaire et la courbe ne serait pas convexe.

THÉORÈME.

199. *Deux parallèles interceptent sur la circonférence deux arcs égaux.*

Il y a trois cas à considérer.

1° *Les deux parallèles sont sécantes :*

Soient deux sécantes parallèles AB et CD (fig. 119).

Il faut prouver que l'arc AC est égal à l'arc BD. Abaissons du centre O une perpendiculaire OM sur CD ; elle est aussi perpendiculaire à AB et divise en deux parties égales les arcs CMD et AMB sous-tendus par les cordes CD et AB. On a donc :

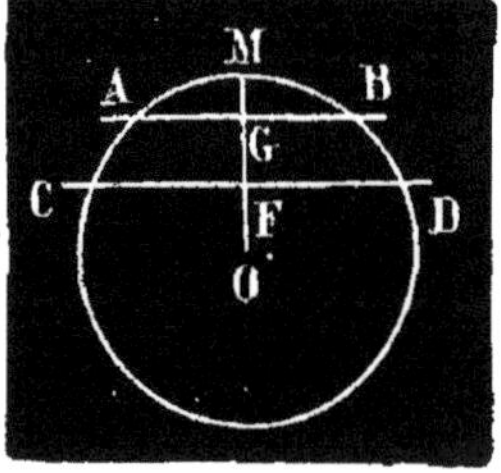

Fig. 119.

$$\text{arc CM} = \text{arc DM}$$

$$\text{arc AM} = \text{arc BM}$$

Retranchons ces égalités membre à membre, il vient :

$$\text{arc CM} - \text{arc AM} = \text{arc DM} - \text{arc BM}$$

ou

$$\text{arc AC} = \text{arc BD}.$$

2° *L'une des parallèles est tangente à la circonférence.*

Supposons que AB soit tangente en F à la circonférence O et que CD soit une sécante parallèle à AB (fig. 120). Le rayon OF est perpendiculaire à AB (n. 193); il est par suite perpendiculaire à CD et divise l'arc CFD en deux parties égales; donc

arc CF = arc DF.

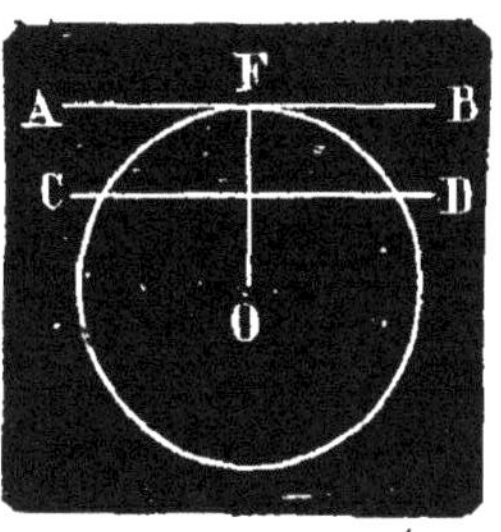

Fig. 120.

3° *Les deux parallèles sont tangentes* (fig. 121).

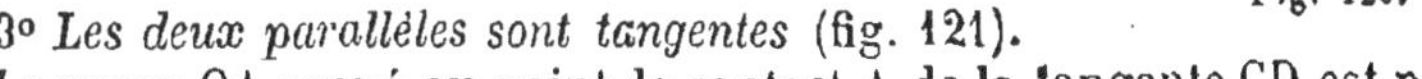
Le rayon OA mené au point de contact A de la tangente CD est perpendiculaire à CD ; il est par suite perpendiculaire sur FG qui est parallèle à CD. Mais la perpendiculaire abaissée du centre sur une tangente passe par le point de contact ; donc le rayon AO prolongé passe par le point de contact B de la tangente FG. Les deux points de contact A et B étant situés aux extrémités d'un même diamètre divisent la circonférence en deux parties égales ; donc

arc AMB = arc ANB.

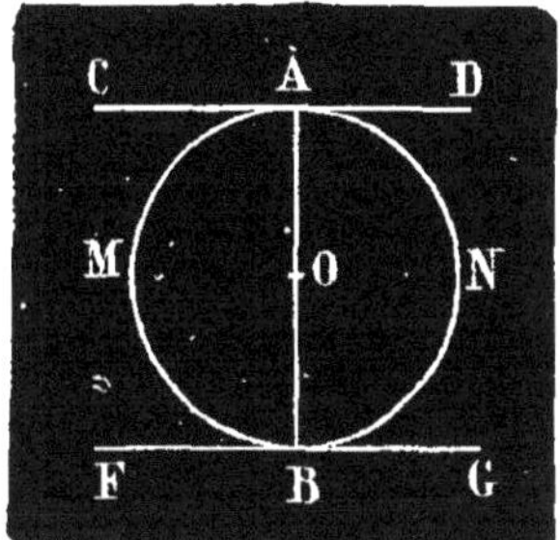

Fig. 121.

§ II. — POSITIONS MUTUELLES DE DEUX CIRCONFÉRENCES.

THÉORÈME.

200. *Par trois points donnés non en ligne droite, on peut toujours faire passer une circonférence et l'on ne peut en faire passer qu'une.*

Soient A, B, C (fig. 122), trois points non en ligne droite. S'il existe un point du plan à égale distance des trois points donnés, il ne peut être situé que sur la perpendiculaire DF élevée au milieu de AB, car cette perpendiculaire est le lieu géométrique de tous les points situés à égale distance des points A et B. Pour la même raison, il doit aussi être situé sur la perpendiculaire GH élevée au milieu de BC. Le point cherché est donc situé à l'intersection des deux perpendiculaires DF et GH. Or ces perpendiculaires se coupent en un point O, puisque BC n'est pas le prolongement de AB (n. 107). De plus deux droites qui se coupent n'ont qu'un point commun. Donc la circonférence décrite du point O comme centre, avec l'une des trois droites OA, OB, OC pour rayon, passe par les trois points A, B, C et est la seule qui puisse y passer.

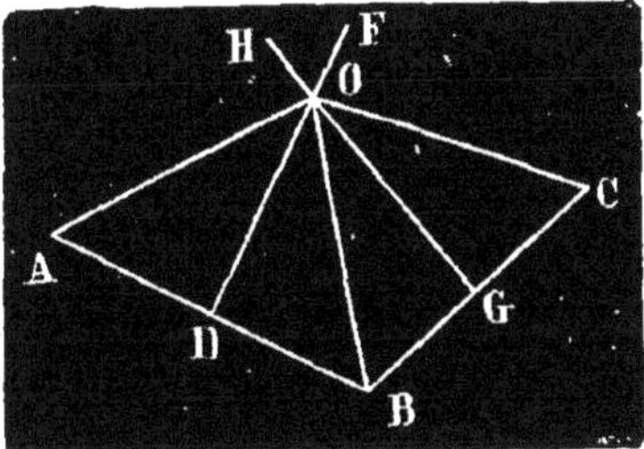

Fig. 122.

201 Corollaire I. — *Deux circonférences qui ont trois points communs coïncident.*

202. Corollaire II. — *Deux circonférences distinctes ne peuvent avoir plus de deux points communs.*

DÉFINITIONS.

203. On dit que deux circonférences **se coupent** ou sont **sécantes** lorsqu'elles ont deux points communs.

Deux circonférences qui n'ont qu'un point commun sont dites **tangentes**. Le point commun est appelé *point de contact.*

THÉORÈME.

204. *Lorsque deux circonférences se coupent, la ligne des centres est perpendiculaire à la corde commune en son milieu.*

Soient deux circonférences A et B qui se coupent aux points C et D (fig. 123).

Traçons la ligne des centres AB et la corde CD ; les deux points A et B de la droite AB sont à égale distance des points C et D ; car les rayons AC et AD du même cercle sont égaux ; BC = BD pour la même raison ; donc AB est perpendiculaire au milieu de CD.

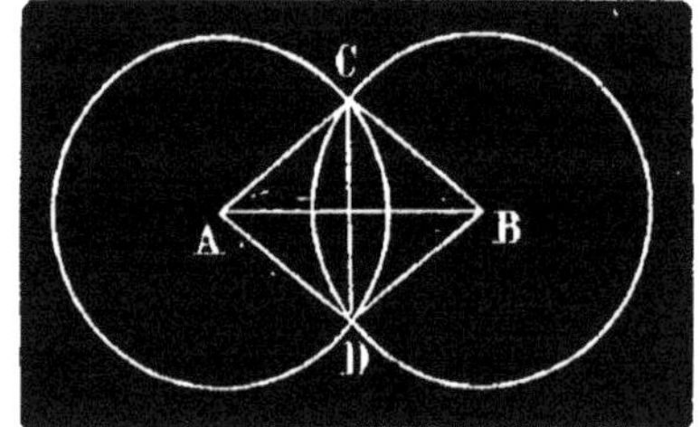

Fig. 123.

THÉORÈME.

205. *Lorsque deux circonférences sont tangentes, la ligne des centres passe par le point de contact.*

La circonférence A et le point C restant fixes, (fig. 123) faisons tourner la circonférence B autour du point C, de manière que le deuxième point d'intersection D se rapproche indéfiniment de C et vienne à la limite se confondre avec lui comme dans la figure 124. Les deux circonférences sont alors tangentes ; or la ligne des centres passant toujours au milieu de la corde CD passe par le point C lorsque les deux points C et D s'y réunissent. C. Q. F. D.

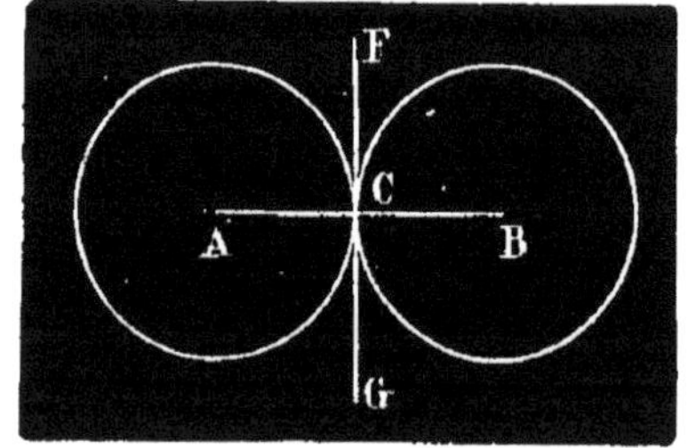

Fig. 124.

206. Remarque. — Dans ce mouvement de rotation la corde commune CD est une sécante qui tourne autour de l'un de ses points d'intersection, et qui devient tangente aux deux circonférences lorsque, ces courbes sont elle-mêmes tangentes :

Donc :

Deux circonférences tangentes ont même tangente au point de contact et cette tangente est perpendiculaire à la ligne des centres.

207. Angle de deux courbes. — On appelle angle de deux courbes qui ont un point commun, l'angle formé par les tangentes aux courbes en ce point.

Deux circonférences sont **orthogonales** lorsqu'elles se coupent à angle droit.

208. Deux circonférences tracées dans un plan peuvent occuper cinq positions relatives. Elles peuvent être :

1° Extérieures l'une à l'autre ;
2° Tangentes extérieurement ;
3° Sécantes ;
4° Tangentes intérieurement ;
5° Intérieures l'une à l'autre sans être tangentes.

THÉORÈME.

209. *Lorsque deux circonférences* A *et* B *sont extérieures, la distance des centres* AB *est plus grande que la somme des rayons* (fig. 125).

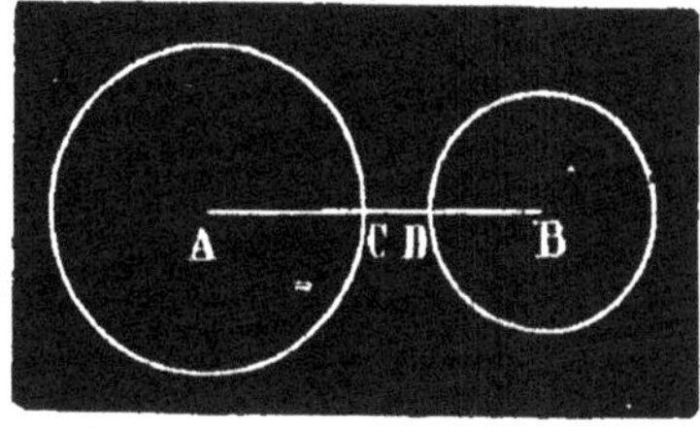

Fig. 125.

La droite AB coupant les deux circonférences aux points C et D, on a :

$$AB = AC + CD + BD,$$

par suite ;

$$AB > AC + BD.$$

THÉORÈME.

210. *Lorsque deux circonférences* A *et* B *sont tangentes extérieurement, la distance des centres* AB *est égale à la somme des rayons* (fig. 126).

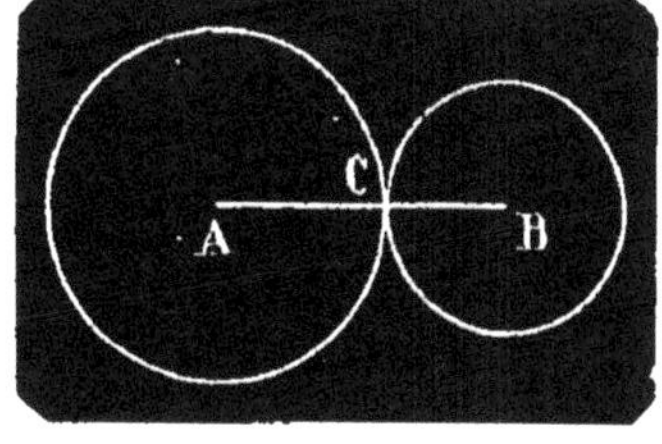

Fig. 126.

Le point de contact C étant sur la ligne des centres AB, on a :

$$AB = AC + BC.$$

THÉORÈME.

211. *Lorsque deux circonférences* A *et* B *se coupent, la distance des centres est plus petite que la somme des rayons et plus grande que leur différence* (fig. 127).

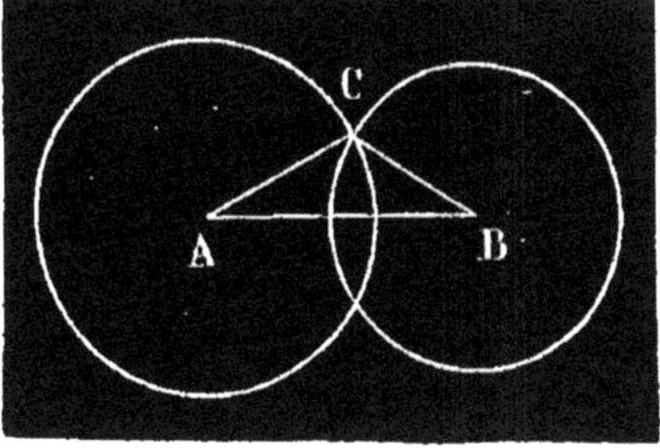

Fig. 127.

Le point C, commun aux deux circonférences, étant en dehors de la ligne des centres, en traçant les rayons AC et BC, on obtient un triangle ABC. Donc :

$$AB < AC + BC$$

et

$$AB > AC - BC.$$

THÉORÈME.

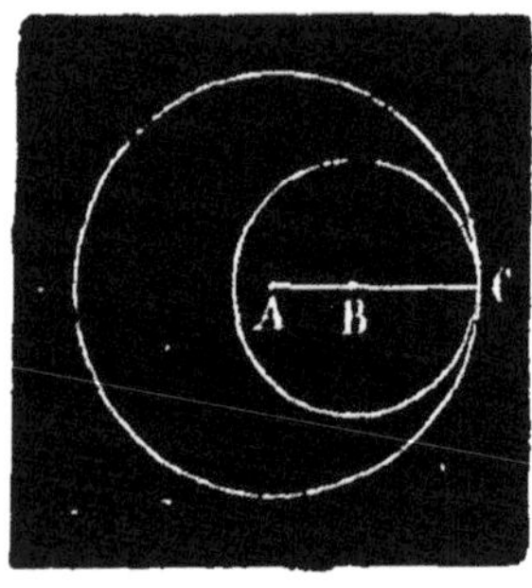

Fig. 128.

212. *Lorsque deux circonférences* A *et* B *sont tangentes intérieurement, la distance des centres est égale à la différence des rayons* (fig. 128).

On sait que la ligne des centres AB passe par le point de contact C ; le centre B étant situé entre A et C, on a :

$$AB = AC - BC.$$

THÉORÈME.

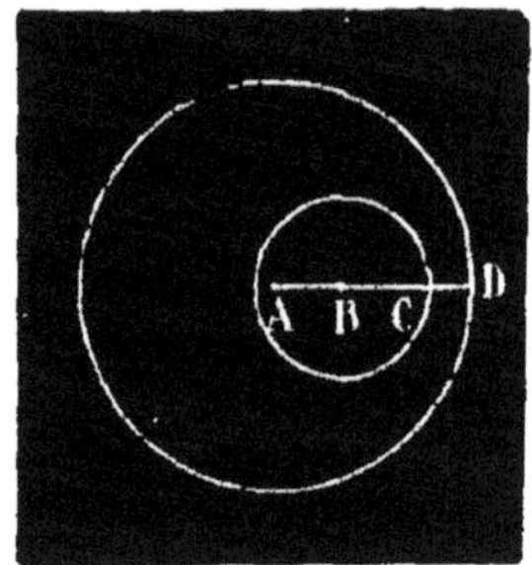

Fig. 129.

213. *Lorsque deux circonférences* A *et* B *sont intérieures, la distance des centres est plus petite que la différence des rayons* (fig. 129).

La ligne des centres AB, prolongée au-delà du centre B de la petite circonférence, coupe les deux circonférences aux points C et D. On a :

$$AB = AD - CD - BC.$$

Si l'on ajoute CD au second membre de l'égalité sans rien ajouter au premier, on a :

$$AB < AD - CD - BC + CD.$$

Mais les deux termes — CD et + CD se détruisent ;
Donc :

$$AB < AD - BC.$$

RÉCIPROQUES.

214. Les cinq théorèmes précédents traduisant toutes les hypothèses que l'on peut faire sur les positions relatives de deux circonférences, leurs réciproques sont vraies, car chacun de ces théorèmes a pour contraires les quatre autres.

Ces réciproques s'énoncent ainsi :

1° *Si la distance des centres est plus grande que la somme des rayons, les deux circonférences sont extérieures l'une à l'autre.*

2° *Si la distance des centres est égale à la somme des rayons, les deux circonférences sont tangentes extérieurement.*

3° *Si la distance des centres est plus petite que la somme des rayons et plus grande que leur différence, les deux circonférences se coupent.*

4° *Si la distance des centres est égale à la différence des rayons, les deux circonférences sont tangentes intérieurement.*

5° *Si la distance des centres est plus petite que la différence des rayons, les deux circonférences sont intérieures l'une à l'autre.*

215. Remarque. — Deux circonférences qui ont le même centre sont dites *concentriques*

APPLICATIONS

216. Dans les arts, on fait un fréquent usage de la tangente au cercle et des cercles tangents entre eux; on en a de nombreux exemples dans le tracé des moulures (voir n° 285) et le dessin des engrenages.

Le menuisier qui veut découper dans une planche un disque circulaire donne avec la scie à **chantourner** une série de petits traits qui dessinent à la surface de la planche des tangentes à la circonférence qu'il s'agit de décrire; la ligne formée par l'intersection de ces tangentes très courtes et très rapprochées diffère peu de la circonférence.

Le tourneur tient son outil dans la direction de la tangente à la circonférence décrite par la pièce de bois ou de fer montée sur le tour. L'ajusteur qui construit un disque circulaire fait mouvoir sa lime suivant une tangente à ce disque.

Lorsqu'un corps est animé d'un mouvement de rotation et que l'une de ses parcelles vient à s'en détacher, cette parcelle s'échappe suivant la tangente à la circonférence qu'elle décrivait. Il en est ainsi de la pierre lancée par une fronde, de la boue qui s'échappe des roues d'une voiture traînée au trot, des parcelles d'un volant ou d'une meule qui se brise pendant son mouvement.

217. **Compas à coulisse.** — Le compas à coulisse sert à mesurer le diamètre des circonférences en relief. Il est fondé sur ce fait que la distance de deux tangentes parallèles à une même circonférence est égale au diamètre (n° 199); il se compose d'une équerre en fer BAC (fig. 130) dont la grande branche AC est divisée en millimètres et d'une coulisse M portant une règle DF qui est constamment parallèle au côté AB de l'équerre. Une vis de pression permet de fixer la coulisse M et, par suite, la règle DF où l'on veut.

Pour mesurer avec cet instrument le diamètre d'un disque circulaire on serre ce disque entre les branches DF et AB, puis on lit sur AC la distance des deux branches, c'est-à-dire le diamètre du disque.

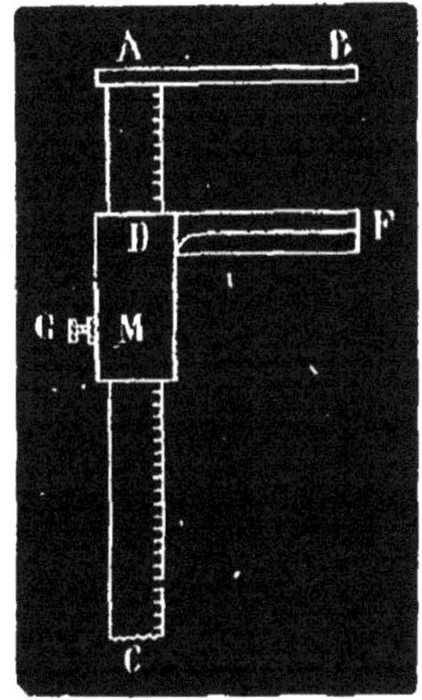

Fig. 130.

218. **Circonférences concentriques.** — Il est clair que la distance de deux circonférences concentriques est égale à la différence de leurs rayons. Cette remarque permet de décrire par points une circonférence de rayon donné concentrique avec une autre circonférence dont on connaît également le rayon, mais dont le centre ne peut être fixé.

Soit MNP la circonférence donnée (fig. 131). On trace une corde quelconque AB, sur le milieu de laquelle on élève une perpendiculaire CD; à partir du point F où CD coupe la circonférence, on prend une longueur FG égale à la différence des rayons des deux circonférences, le point G est un point de la circonférence cherchée. On en détermine de la même manière autant que l'on veut.

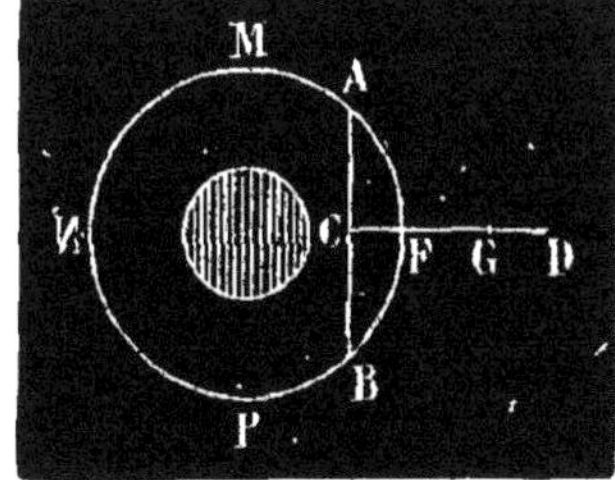

Fig. 131.

EXERCICES.

98. Décrire une circonférence de rayon donné tangente à une droite en un point donné.

99. Décrire une circonférence de rayon donné tangente à deux droites données.

100. Décrire une circonférence tangente à deux droites et qui touche l'une d'elles en un point donné.

101. Décrire une circonférence passant par un point et tangente à une droite en un point donné.

102. Tracer par deux points une circonférence qui touche une parallèle à la droite joignant ces deux points.

103. Quel est le lieu géométrique des milieux des cordes égales tracées dans une circonférence donnée?

104. Mener par un point une sécante à une circonférence, de manière que la corde interceptée ait une longueur donnée.

105. Les droites qui joignent les extrémités de deux cordes parallèles se coupent sur le diamètre perpendiculaire à ces cordes.

106. Décrire une circonférence tangente à trois lignes droites données.

107. Décrire une circonférence de rayon donné tangente à une circonférence en un point donné.

108. Décrire une circonférence de rayon donné passant par un point et tangente à une droite donnée.

109. Décrire une circonférence de rayon donné passant par un point et tangente à une circonférence donnée.

110. Décrire une circonférence de rayon donné tangente à une droite et à une circonférence donnée.

111. Décrire une circonférence de rayon donné tangente à deux circonférences données.

112. Décrire une circonférence tangente à une circonférence donnée et à une droite en un point de cette droite.

113. Décrire une circonférence tangente à une droite donnée et à une circonférence en un point donné.

114. Décrire une circonférence tangente à une circonférence en un point donné et à une autre circonférence.

115. Si par l'un des points d'intersection de deux circonférences on mène une parallèle à la droite qui joint les centres, la somme des cordes interceptées sur cette parallèle est le double de la distance des centres.

116. Lorsque deux circonférences sont extérieures l'une à l'autre, la droite la plus courte et la ligne la plus grande qu'on puisse mener entre ces circonférences passent par les centres.

117. Des sommets d'un triangle comme centres, décrire trois circonférences qui se touchent.

118. Décrire une circonférence passant par deux points donnés et qui coupe une circonférence donnée, de manière que la corde commune soit parallèle à une droite donnée.

119. Trouver sur une circonférence deux points à égale distance d'un point donné.

120. Lieu géométrique des centres des circonférences qui, décrites avec le même rayon, divisent en deux parties égales une circonférence donnée.

CHAPITRE III.

MESURE DES ANGLES.

§ I. — NOTIONS PRÉLIMINAIRES.

219. Une grandeur A est un multiple d'une autre grandeur de même espèce *m*, lorsque A est la somme d'un nombre entier de grandeurs égales à *m*. On dit alors que *m* est une partie aliquote de A.

220. Deux grandeurs A et B sont **commensurables** entre elles lorsqu'elles sont des multiples d'une troisième grandeur *m* que l'on appelle alors leur **commune mesure.**

Lorsque deux grandeurs n'ont pas de commune mesure, elles sont **incommensurables entre elles.**

221. Grandeurs commensurables. — En général, pour mesurer une grandeur, on choisit une grandeur de même espèce que l'on prend pour unité, et l'on cherche combien de fois la grandeur à mesurer contient l'unité ou une partie aliquote de l'unité.

Par exemple, pour mesurer une longueur AB (fig. 131 *bis*), on cherche combien de fois AB contient une longueur particulière MN, que l'on prend pour unité. Si AB contient 12 fois MN, le nombre 12 est la *mesure* de AB comparée à l'unité MN. Si la ligne AB contient 12 fois MN, plus une partie CB inférieure à MN, on cherche combien de fois CB contient une partie aliquote de MN, un centième de MN, par exemple; supposons que CB renferme 38 fois la centième partie de MN, la mesure de CB sera le nombre $\frac{38}{100}$ et la mesure de AB, le nombre $12\frac{38}{100}$ ou $\frac{1238}{100}$.

Fig. 131 *bis*.

De même pour mesurer un angle ABC (fig. 131 *ter*), on cherche combien de fois ABC contient un autre angle MNP pris pour unité. Si ABC renferme 45 fois MNP, le nombre 45 est la *mesure* de l'angle ABC par rapport à MNP pris pour unité. Si ABC contient 45 fois MNP, plus un angle DBC inférieur à MNP, on cherche combien de fois DBC contient une partie aliquote de MNP, un soixantième de MNP, par exemple; supposons que DBC renferme 48 soixantièmes de MNP, la mesure de DBC est le nombre $\frac{48}{60}$ et la mesure de ABC le nombre $45\frac{48}{60}$ ou $\frac{2748}{60}$.

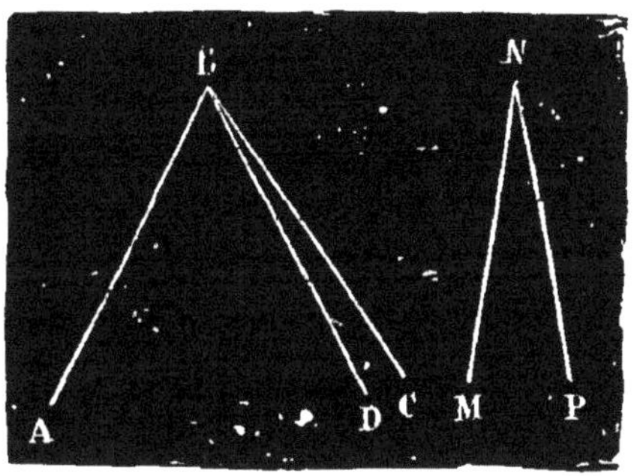

Fig. 131 *ter*.

222. On appelle *rapport* d'une grandeur A à une autre grandeur de même espèce B, le nombre qui exprime la mesure de A lorsqu'on prend B pour unité. Ce rapport, qui se représente par l'expression $\frac{A}{B}$ jouit de toutes les propriétés des fractions arithmétiques.

223. D'après cela, mesurer une grandeur A en prenant B pour unité, ou chercher la valeur du rapport de A à B sont deux opérations identiques.

224-225. **Grandeurs incommensurables.** — Lorsque deux grandeurs A et B sont incommensurables entre elles, il est impossible de mesurer A en prenant B pour unité: mais on peut trouver une grandeur A' commensurable avec B, et qui diffère de A aussi peu qu'on le veut.

Divisons l'unité B en n parties égales; chacune d'elles vaut $\frac{B}{n}$. Supposons que A contienne plus de m fois, mais moins de $m+1$ fois la quantité $\frac{B}{n}$ et appelons A′ la grandeur $\frac{mB}{n}$ ou $\frac{m}{n}$ puisque B est l'unité.

Alors A′ représente la valeur de A à $\frac{1}{n}$ près. Cette valeur est d'autant plus approchée que n est plus grand.

Lorsque n croit indéfiniment, la grandeur variable A′ tend vers une limite fixe dont la mesure est celle de la grandeur incommensurable A.

Dans les applications numériques on substitue A′ à A et le rapport de A à B n'est autre chose que $\frac{A'}{B}$.

226. **Grandeurs proportionnelles.** — Deux grandeurs de nature différente et dépendantes l'une de l'autre sont *proportionnelles* lorsque le rapport de deux valeurs quelconques de la première est égal au rapport des valeurs correspondantes de la seconde.

227. **Définitions.** — On appelle **angle au centre** un angle dont le sommet est au centre d'un cercle.

Tout angle peut devenir un angle au centre ; il suffit de décrire de son sommet comme centre une circonférence de rayon quelconque.

Un angle **inscrit** dans un cercle est un angle dont le sommet se trouve sur la circonférence de ce cercle et dont les côtés sont des cordes.

Un angle est inscrit dans un segment de cercle lorsque son sommet se trouve sur l'arc de ce segment et que ses côtés sont des cordes.

Un polygone est **inscrit** dans un cercle lorsque ses sommets sont situés sur la circonférence.

On dit alors que le cercle est circonscrit au polygone.

§ II. DE L'ANGLE AU CENTRE.

THÉORÈME.

228. *Dans le même cercle ou dans deux cercles égaux :*

1° *Deux angles au centre égaux interceptent entre leurs côtés des arcs égaux.*

2° *Deux angles au centre qui interceptent entre leurs côtés des arcs égaux sont égaux.*

Soient deux angles au centre égaux AOB et A′O′B′ tracés dans deux cercles égaux O et O′ (fig. 132). Je dis que les arcs AB et A′B′ interceptés par ces angles sont égaux.

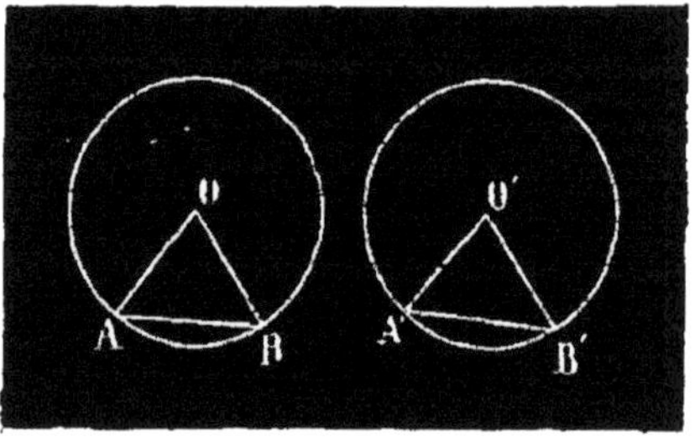

Fig. 132.

Si l'on trace les cordes AB et A′B′, on obtient deux triangles AOB et A′O′B′ qui ont un angle égal compris entre deux côtés égaux chacun à chacun ; en effet les angles O et O′ sont égaux par hypothèse les côtés OA, OB, O′A′, O′B sont égaux comme rayons de deux cercles égaux ;

on en conclut (n° 49) que les troisièmes côtés AB et A'B' sont égaux : or, dans deux cercles égaux les cordes égales sous-tendent des arcs égaux (n° 173) donc l'arc AB est égal à l'arc A'B'.

2° Si l'on suppose que l'arc AB soit égal à l'arc A'B' il faut prouver que les angles O et O' sont égaux. D'après l'hypothèse, les cordes AB et A'B' sont égales, puisqu'elles sous-tendent des arcs égaux. Les deux triangles AOB et A'O'B' sont égaux comme ayant les trois côtés égaux chacun à chacun. Les angles O et O' opposés aux côtés égaux AB et A'B' sont par suite égaux. C. Q. D. F.

229. Corollaire. — *Tout angle au centre qui est droit intercepte entre ses côtés le quart de la circonférence ou quadrant.*

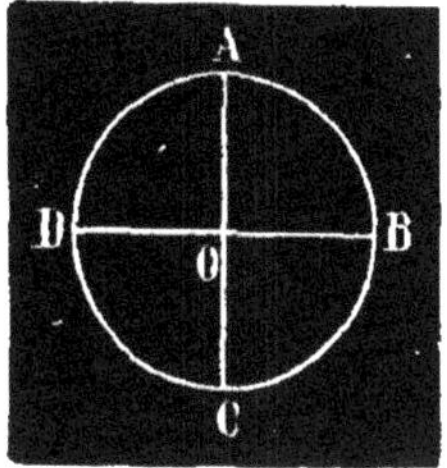

Fig. 133.

Soit un angle au centre droit AOB (fig. 133), je dis que l'arc AB qu'il intercepte est le quart de la circonférence. En effet si l'on prolonge les droites AO et BO au-delà du point O, on obtient quatre angles égaux puisqu'ils sont droits :

Ces angles interceptent donc des arcs égaux (n° 228). Par conséquent chacun de ces arcs vaut le quart de la circonférence.

THÉORÈME.

230. *Dans le même cercle ou dans deux cercles égaux, le rapport de deux angles au centre est égal au rapport des arcs qu'ils interceptent.*

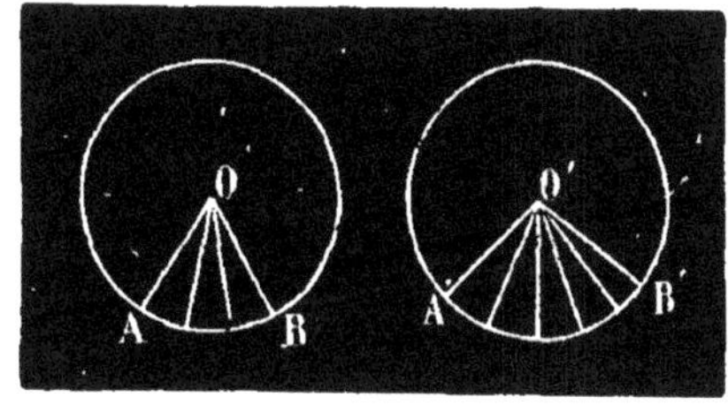

Fig. 134.

Soient AOB et A'O'B' deux angles au centre dans des cercles égaux O et O' (fig. 134).

Supposons que les arcs interceptés AB, A'B' aient une commune mesure contenue trois fois dans AB et cinq fois dans A'B', le rapport de l'arc AB à A'B' vaut $\frac{3}{5}$. Si, comme l'indique la figure, on mène les rayons à tous les points de division des deux arcs ont obtient 3 + 5 ou 8 angles au centre égaux entre eux comme interceptant entre leurs côtés des arcs égaux ; or l'angle AOB contient 3 de ces angles tandis que A'O'B en contient 5. Le rapport des angles AOB et A'O'B' vaut donc $\frac{3}{5}$.

Par conséquent

$$\frac{AOB}{A'O'B'} = \frac{AB}{A'B'}$$ C. Q. F. D.

231. Remarque. — Le théorème précédent pourrait s'énoncer ainsi :

L'angle au centre d'un cercle est proportionnel à l'arc correspondant (n° 226).

THÉORÈME.

232. *Le nombre qui exprime la mesure d'un angle au centre est le même que celui qui exprime la mesure de l'arc compris entre ses côtés, si l'on prend pour unité d'angle, l'angle au centre qui intercepte l'unité d'arc.*

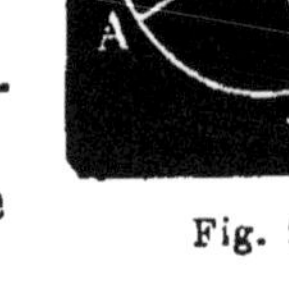

Fig. 135.

Soient ABC (fig. 135) l'angle à mesurer et AC l'arc qu'il intercepte.

Si l'on prend CD pour l'unité d'arc, l'angle correspondant CBD est l'unité d'angle.

Or (nº 224) la mesure de l'angle ABC est donnée par le rapport

$$\frac{ABC}{CBD}$$

et la mesure de l'arc AC par le rapport

$$\frac{AC}{CD}$$

Mais d'après le théorème précédent :

$$\frac{ABC}{CBD} = \frac{AC}{CD}.$$

Donc le nombre qui mesure l'angle ABC est le même que celui qui mesure l'arc AC. C. Q. F. D.

233. Remarque. — Ce théorème étant d'un usage fréquent, on l'énonce de la manière suivante qui est plus rapide, mais incorrecte :

Tout angle au centre a pour mesure l'arc compris entre ses côtés.

234. Choix de l'unité. — L'unité adoptée pour la mesure des arcs est le *quadrant* ou quart de la circonférence ; par conséquent l'angle droit est l'unité d'angle, puisque c'est l'angle au centre qui intercepte l'unité d'arc.

Pour évaluer les grandeurs plus petites que l'unité, on subdivise celle-ci en un certain nombre de parties égales et l'on cherche combien de fois l'une de ces parties est contenue dans la grandeur à mesurer.

L'unité d'arc se divise en 90 parties égales ou degrés ; chaque degré se divise à son tour en 60 minutes et chaque minute en 60 secondes.

Dans les calculs on divise la seconde en centièmes.

La circonférence entière vaut donc 360 degrés ou 21600 minutes ou 1296000 secondes.

Les degrés se représentent par la lettre (°) que l'on écrit à la droite et au-dessus du nombre qui les exprime ; les minutes se désignent par un accent aigu (′) et les secondes se désignent par deux accents (″).

Ainsi le nombre 42 degrés 35 minutes 8 secondes 75 centièmes s'écrira

$$42^{\circ}\,35'\,8'',75$$

Un arc d'un degré est la 90e partie de l'unité ; il est donc mesuré par le nombre $\frac{1}{90}$.

L'angle au centre qui comprend entre ses côtés l'arc de 1 degré vaut aussi la 90e partie de l'unité d'angle ; il est donc aussi mesuré par le nombre $\frac{1}{90}$. Seulement au lieu de dire angle de $\frac{1}{90}$ on dit : angle de 1 degré.

On appelle de même angle d'une minute d'une seconde, de 35° 45′ 17″, l'angle au centre qui intercepte un arc d'une minute, d'une seconde de 38° 45′ 17″.

On peut toujours exprimer un angle donné en fraction de l'unité. Soit un angle de 28° 32′ 45″; cet angle vaut $28 \times 60 \times 60 + 32 \times 60 + 45 = 102765''$.

Or l'angle de 90° vaut $90 \times 60 \times 60 = 324000''$.

Le rapport de l'angle donné à l'unité est donc $\frac{102765}{324000}$.

235. Remarque. — Les degrés d'une circonférence n'ont pas une longueur fixe ; ils sont d'autant plus plus grands que le rayon de la circonférence est plus grand.

THÉORÈME.

236. *Deux arcs* AB, A′B′ *décrits avec des rayons différents du sommet d'un angle* MON *comme centre et compris entre les côtés de cet angle renferment le même nombre de degrés, minutes et secondes* (fig. 136).

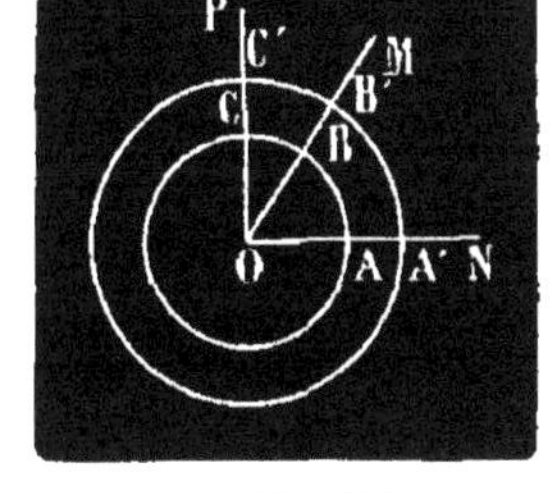

Fig. 136.

En effet, élevons une perpendiculaire OP sur le côté ON ; l'angle droit PON intercepte un quadrant sur chaque circonférence (n° 229).

Or $$\frac{\text{arc AB}}{\text{arc AC}} = \frac{\text{MON}}{\text{PON}} \qquad \text{(n° 230.)}$$

$$\frac{\text{arc A'B'}}{\text{arc A'B'}} = \frac{\text{MON}}{\text{PON}}$$

Donc $$\frac{\text{arc AB}}{\text{arc AC}} = \frac{\text{arc A'B'}}{\text{arc A'C'}}$$

Mais chacun des arcs AC, A′C′ vaut 90°, donc les arcs AB et A′B′ renferment le même nombre de degrés, minutes et secondes.

C. Q. F. D.

§ III. DE L'ANGLE INSCRIT.

THÉORÈME.

237. *Tout angle inscrit a pour mesure la moitié de l'arc compris entre ses côtés.*

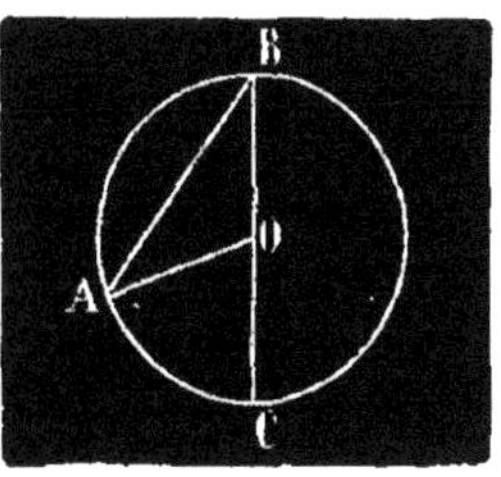

Fig. 137.

La démonstration de ce théorème comporte trois cas.

1° *L'un des côtés de l'angle est un diamètre.*

Soit l'angle inscrit ABC (fig. 137) dont le côté BC passe par le centre de la circonférence.

Tirons le rayon AO ; l'angle AOC, extérieur au triangle AOB, est égal à la somme des deux angles intérieurs ABC et OAB qui ne lui sont pas adjacents (nº 115). Or le triangle AOB est isocèle puisque ses deux côtés OA et OB sont égaux comme rayons d'un même cercle ; les angles ABC et OAB, opposés à ces côtés, sont par suite égaux. Il en résulte que ABC est la moitié de l'angle AOC.

Mais AOC est un angle au centre, qui a pour mesure l'arc AC compris entre ses côtés.

Donc l'angle ABC, qui est la moitié de l'angle AOC, a pour mesure la moitié de l'arc AC.

C. Q. F. D.

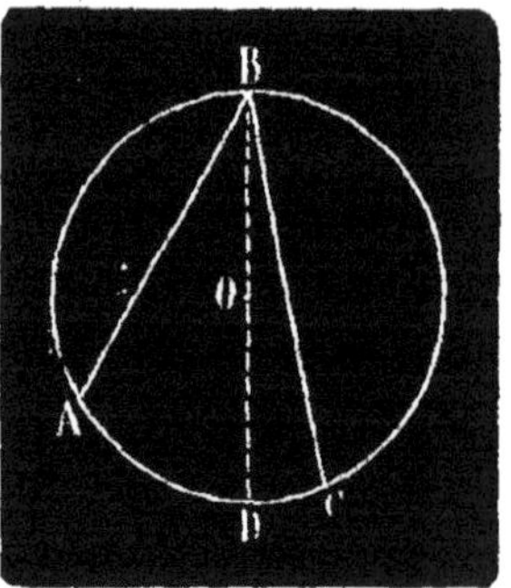

Fig. 138.

2° *Le centre de la circonférence est à l'intérieur de l'angle.*

Soit ABC l'angle donné (fig. 138) ; si l'on trace le diamètre BD, on voit que l'angle ABC est la somme des angles ABD et DBC.

Or, d'après la démonstration précédente, chacun des angles ABD, DBC ayant un diamètre pour côté a pour mesure la moitié de l'arc compris entre ses côtés.

$$\text{ABD} \quad \text{a pour mesure} \quad \frac{AD}{2}$$

$$\text{DBC} \quad — \quad \frac{DC}{2}.$$

Donc la mesure de ABC, qui est égal à ABD + DBC, est $\frac{AD}{2} + \frac{DC}{2}$, ou $\frac{AD + DC}{2}$, ou encore $\frac{AC}{2}$.

C. Q. F. D.

3° *Le centre de la circonférence est en dehors de l'angle.*

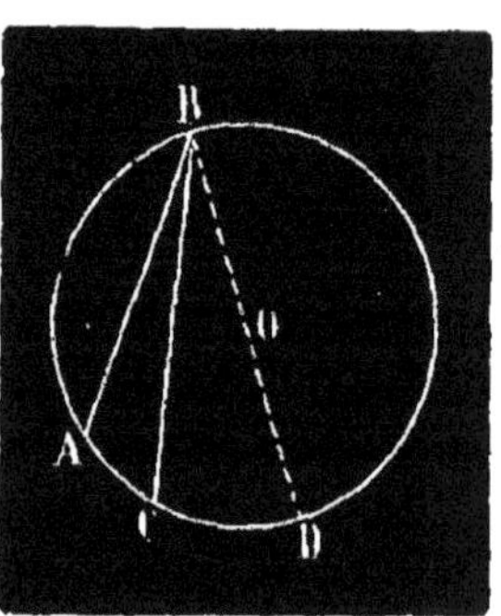

Fig. 139.

Soit l'angle ABC, entièrement situé d'un même côté du centre ; traçons le diamètre BD.

L'angle donné ABC (fig. 139) est la différence entre les deux angles ABD et CBD qui ont chacun le diamètre BD pour côté.

On sait que :

$$\text{ABD} \quad \text{a pour mesure} \quad \frac{AD}{2}$$

$$\text{CBD} \quad — \quad \frac{CD}{2}.$$

L'angle ABC, qui est égal à ABD — CBD, a donc pour mesure

$$\frac{AD}{2} - \frac{CD}{2}, \text{ ou } \frac{AD - CD}{2}, \text{ ou encore } \frac{AC}{2}.$$

C. Q. F. D.

238. Corollaire I. — *Tous les angles* ACB, ADB, AEB, *inscrits dans un même segment de cercle sont égaux* (fig. 140).

Ces angles ont en effet tous pour mesure la moitié du même arc AB. Ils sont aigus ou obtus, suivant que le segment dans lequel ils sont inscrits est plus grand ou plus petit qu'un demi-cercle. On dit qu'un segment est *capable d'un angle donné* lorsque tous les angles inscrits dans ce segment sont égaux à l'angle donné.

239. Corollaire II. — *Tout angle ACB inscrit dans un demi-cercle est droit* (fig. 141).

La mesure de cet angle est la moitié d'une demi-circonférence, c'est-à-dire un quadrant.

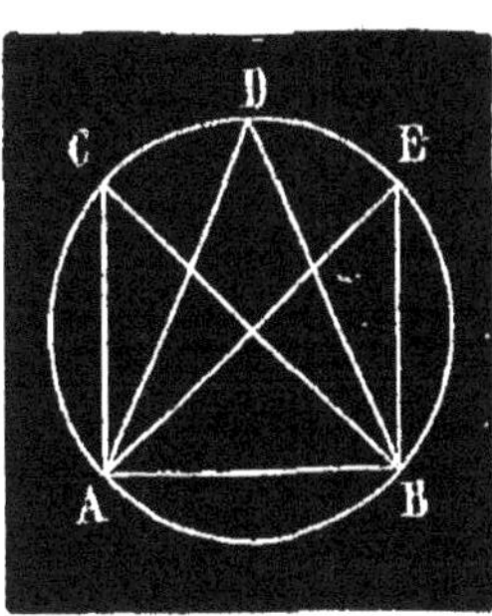

Fig. 140.

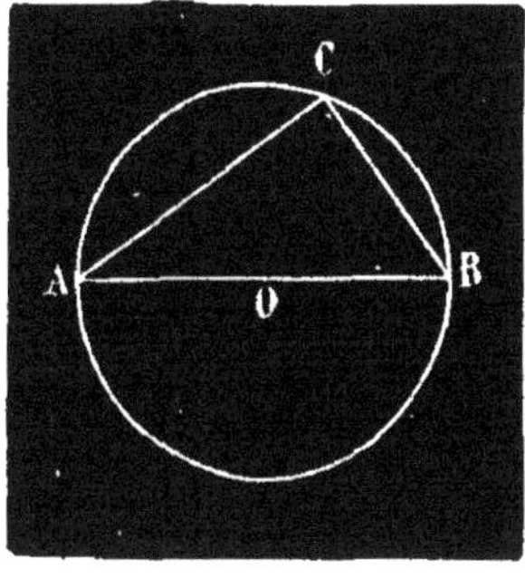

Fig. 141.

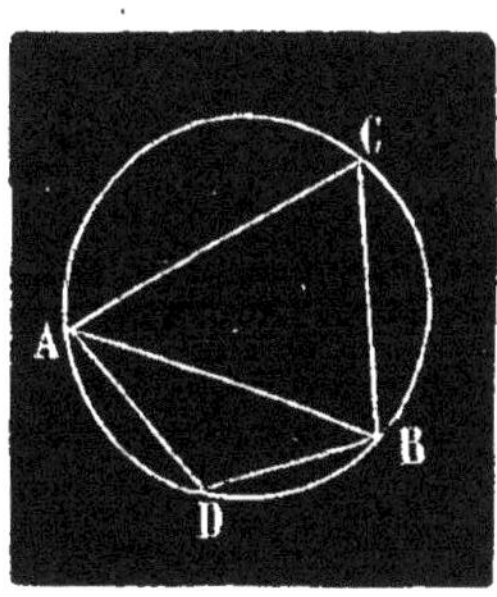

Fig. 142.

240. Corollaire III. — *Toute corde* AB *divise le cercle en deux segments tels que les angles* ACB, ADB *inscrits dans ces segments sont supplémentaires* (fig. 142).

En effet l'angle ACB a pour mesure la moitié de l'arc ADB compris entre ses côtés ; l'angle ADB a aussi pour mesure la mesure de l'arc ACB.

La somme de ces deux angles vaut donc la moitié de la somme des deux arcs ADB et ACB, c'est-à-dire la moitié de toute la circonférence, puisque ces deux arcs sont les arcs sous-tendus par la même corde AB. Mais la moitié de toute la circonférence vaut deux droits ; les angles considérés sont par suite supplémentaires.

La même démonstration prouve que les angles opposés d'un quadrilatère inscrit sont supplémentaires.

241. Corollaire IV. — *Tout angle* BAC (fig. 143) *formé par une corde* AC *et le prolongement d'une autre corde* AD *qui coupe la première sur la circonférence a pour mesure la demi somme des arcs* AC *et* AD *sous-tendus par ces cordes.*

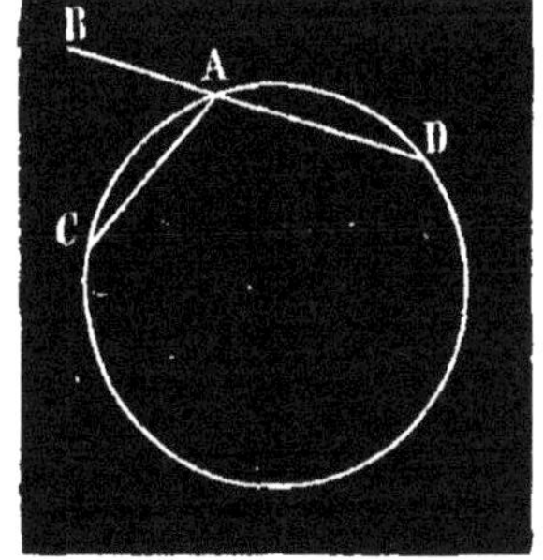

Fig. 143.

L'angle BAC est en effet le supplément de l'angle inscrit CAD ; mais CAD a pour mesure la moitié de l'arc CMD compris ses côtés ; l'angle BAC a donc pour mesure la moitié du reste de la circonférence, c'est-à-dire la moitié de l'arc CAD. C. Q. D. F.

242. Corollaire V. — *Tout angle* ABC (fig. 144) *formé par une tangente* AB *et une corde* BC, *issue du point de contact* B *de la tangente, a pour mesure la moitié de l'arc* BMC *compris entre ses côtés.*

Menons par le point C une parallèle CF à la tangente AB ; les angles alternes-internes ABC et BCF sont égaux ; mais BCF, qui est inscrit, a pour mesure la moitié de l'arc BF, ou la moitié de l'arc BMC, car les arcs BF et BMC, compris entre deux parallèles, sont égaux (n° 199). Donc ABC a aussi pour mesure la moitié de BMC.

L'angle DBC, supplément de BCF (n° 103) a pour mesure la moitié de l'arc BCF, ou la moitié de l'arc égal BFC.

THÉORÈME.

243. *Un angle dont le sommet est à l'intérieur d'un cercle a pour mesure la demi-somme des arcs compris entre ses côtés et leurs prolongements.*

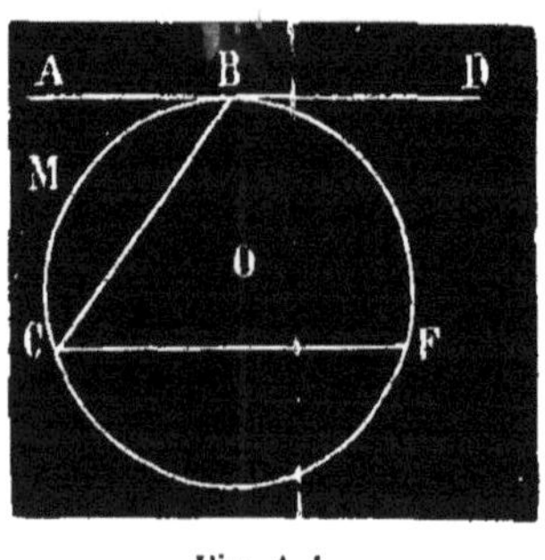

Fig. 144.

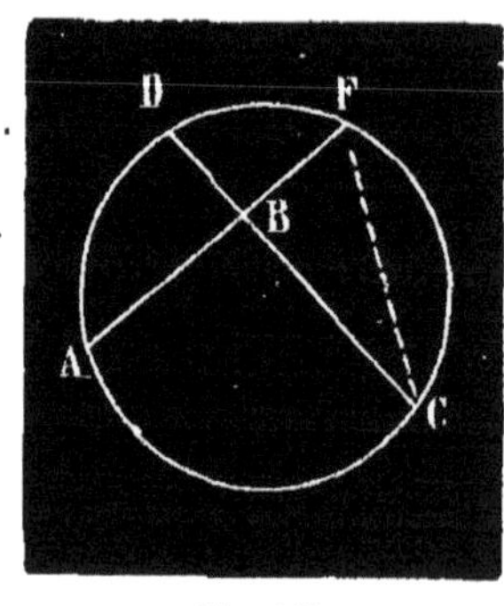

Fig. 145.

Soit l'angle ABC (fig. 145) formé par deux cordes AF et CD qui se coupent à l'intérieur d'un cercle O. Traçons la droite CF. L'angle ABC, extérieur au triangle FBC est égal à la somme des deux angles intérieurs AFC et DCF qui ne lui sont pas adjacents (nº 115).

Or	AFC	a pour mesure	$\frac{\text{arc AC}}{2}$	(nº 237.)
	DCF	—	$\frac{\text{arc DF}}{2}$	(id.)
Donc	ABC	—	$\frac{\text{arc AC} + \text{arc DF}}{2}$	C. Q. F. D.

THÉORÈME.

244. *Un angle dont le sommet est en dehors d'un cercle et dont les côtés coupent la circonférence a pour mesure la demi-différence des arcs compris entre ses côtés.*

Soit ABC (fig. 146) l'angle donné. Si l'on joint par une droite les points C et D on obtient un triangle DBC, et l'on a :

$$\text{angle ADC} = \text{angle ABC} + \text{angle DCF}$$

d'où

$$\text{angle ABC} = \text{angle ADC} - \text{angle DCF}.$$

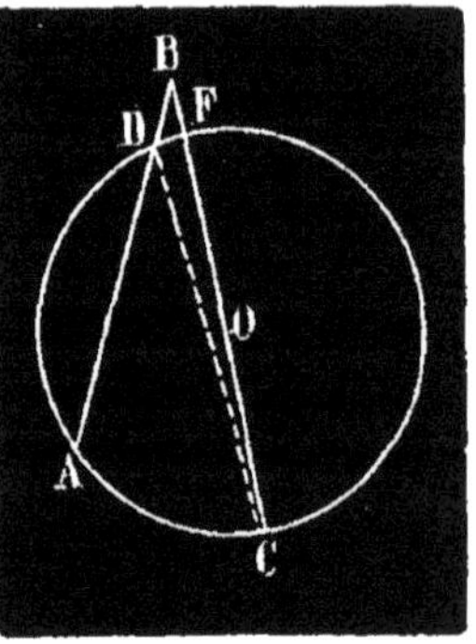

Fig. 146.

Mais	ADC	a pour mesure	$\frac{\text{arc AC}}{2}$	
	DCF	—	$\frac{\text{arc DF}}{2}$	
Donc	ABC	—	$\frac{\text{arc AC} - \text{arc DF}}{2}$	C. Q. F. D.

245. Remarque I. — Les théorèmes nºs 237, 243, 244 relatifs aux angles dont les côtés coupent une circonférence prouvent que si, 1º le sommet est sur la circonférence, 2º à l'intérieur, 3º à l'extérieur, l'angle considéré a pour mesure, 1º la moitié de l'arc compris entre ses côtés, 2º une quantité plus grande, 3º une quantité plus petite.

Ce sont les seules hypothèses possibles, et chacun des trois théorèmes a pour contraires les deux autres; leurs réciproques sont donc vraies. Par suite:

Si un angle dont les côtés coupent une circonférence a pour mesure la moitié de l'arc convexe compris entre ses côtés, une quantité plus grande ou plus petite que la moitié de cet arc, son sommet est sur la circonférence, à l'intérieur ou à l'extérieur.

246. **Remarque II.** — On peut se demander maintenant si un angle qui a pour mesure l'arc compris entre ses côtés a son sommet au centre de la circonférence. Il n'en est rien.

Traçons deux sécantes parallèle AD, CF, à inégale distance du centre dans un cercle O (fig. 147) et joignons leurs extrémités en croix. L'angle ABC, dont le sommet B est en un point quelconque à l'intérieur de la circonférence, a pour mesure la demi-somme des arcs égaux AC et DF, c'est-à-dire l'arc AC compris entre ses côtés.

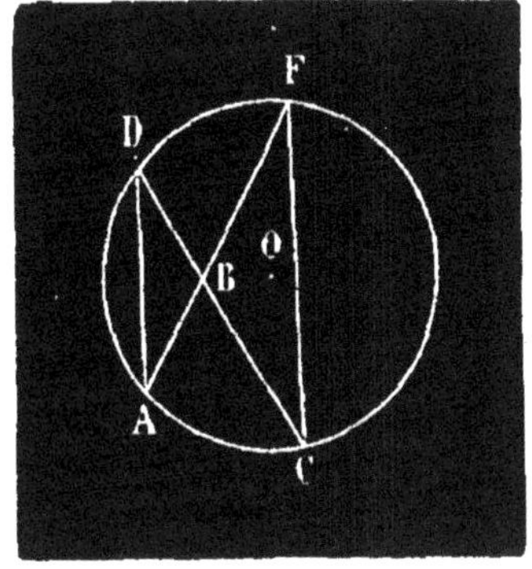

Fig. 147.

THÉORÈME.

247. *Le lieu des points d'un plan d'où l'on voit sous un angle donné une droite* AB *tracée dans ce plan se compose de deux arcs de cercle égaux entre eux et passant par les extrémités* A *et* B *de cette droite* (fig. 148).

Soit M un point du lieu, c'est-à-dire un point tel que AMB soit égal à l'angle donné. Faisons passer une circonférence ABMN par les trois points A, B, M.

Tout point N de cette circonférence appartient au lieu géométrique cherché, car l'angle ANB est égal à l'angle AMB (nº 238) et tout point P ou Q, à l'intérieur ou à l'extérieur de la circonférence, ne répond pas à la condition exigée; en effet l'angle APB est plus grand que AMB et AQB plus petit (nºs 243, 244).

Si l'on replie la figure autour de la droite AB l'arc ABMN prend la position AM'B, qui est au-dessous de AB le lieu des points d'où l'on voit AB sous un angle égal à l'angle donné.

L'ensemble des deux arcs ARB et AR'B est le lieu des points d'où l'on voit la droite AB sous un angle égal au supplément de l'angle donné. Si l'angle donné est droit, les deux arcs ABMN et ARB sont égaux. Donc *le lieu géométrique des points d'où l'on voit une droite* AB *sous un angle droit est une circonférence décrite sur* AB *comme diamètre.*

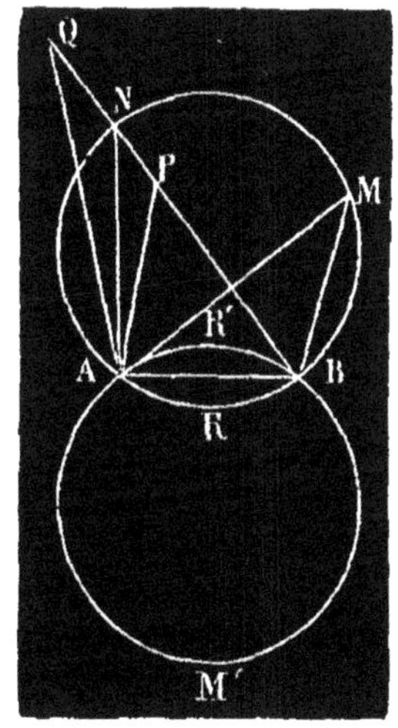

Fig. 148.

QUADRILATÈRE INSCRIPTIBLE.

248. Nous avons déjà vu (nº 240) que les angles opposés d'un quadrilatère inscrit dans un cercle sont supplémentaires.

Réciproquement. — *Si les angles opposés* B *et* D, A *et* C *d'un quadrilatère* ABCD (fig. 149) *sont supplémentaires, ce quadrilatère peut être inscrit dans un cercle.*

Il s'agit de prouver que toute circonférence ABCF passant par trois sommets A, B, C contient le 4e sommet D.

L'angle inscrit ABC a pour mesure la moitié de l'arc AFC compris entre ses côtés ; l'angle ADC, qui est le supplément de ABC, a donc pour mesure la moitié du reste de la circonférence, c'est-à-dire la moitié de l'arc ABC. Or ABC est l'arc convexe compris entre les côtés de l'angle ADC ; le sommet D de cet angle est donc situé sur la circonférence. (n°245.) C. Q. F. D.

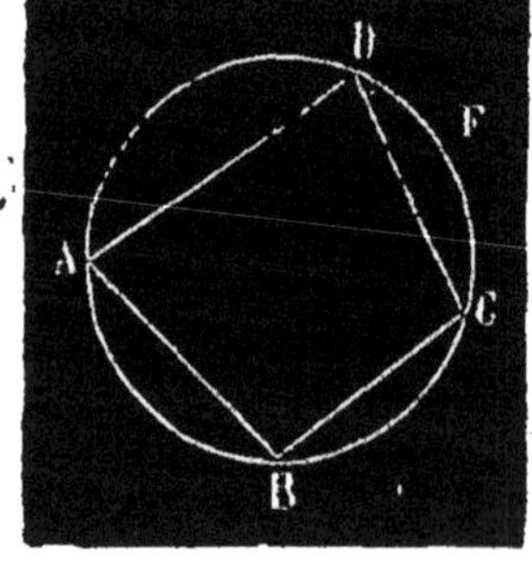

Fig. 149.

APPLICATIONS

MESURE DES ANGLES.

249. **Rapporteur.** — Cet instrument sert à mesurer les angles sur le papier et à construire des angles donnés. C'est un simple demi-cercle en corne ou en cuivre (fig. 150) dont le *limbe* ou bord extérieur est divisé dans deux sens différents en degrés, demi-degrés ou en quarts de degré. Le diamètre AB, ou *ligne de foi* porte en son milieu une marque ou une entaille appelée *centre* du rapporteur.

Soit à mesurer l'angle MON (fig. 150) : on place le centre du rapporteur au sommet O de l'angle de manière que la ligne de foi coïncide avec l'un des côtés ON par exemple ; l'autre côté coupe le limbe en un point C ; il suffit alors de lire le nombre de degrés compris dans l'arc BC.

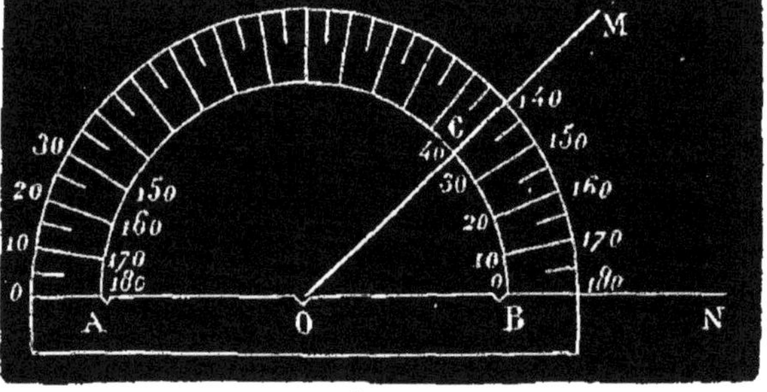

Fig. 150.

Tout arc décrit du point O comme centre et compris entre les côtés de l'angle MON aurait pour mesure le nombre de degrés trouvé pour l'arc BC (n° 236).

Ce qui précède montre comment on peut, avec le rapporteur, construire un angle donné en degrés. Le rapporteur peut donc être employé à élever une perpendiculaire sur une ligne en un point donné de cette ligne. Il suffit, en effet de construire un angle droit dont la ligne donnée soit l'un des côtés. On peut même s'en servir pour mener par un point A une parallèle à une droite BC (fig. 151). Traçons par le point A une droite quelconque AO rencontrant BC en un point O. Mesurons l'angle AOB et construisons au point A un angle FAO égal à AOB de manière que ces deux angles aient la position d'alternes-internes, nous obtiendrons une droite GF parallèle à BC (n° 104).

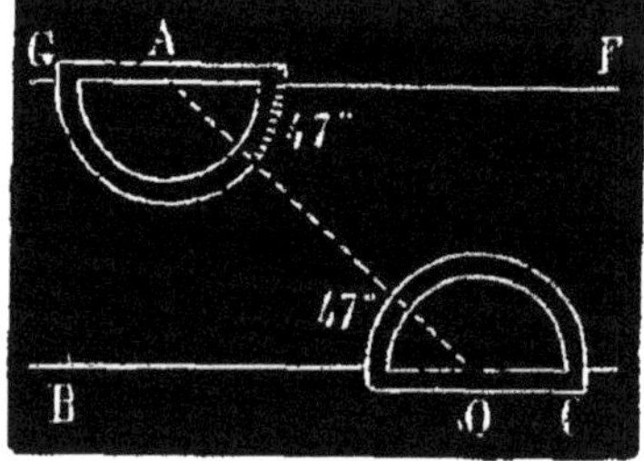

Fig. 151.

250. **Graphomètre.** — Le graphomètre sert à mesurer les angles sur le terrain. SKR est un cercle de 20 centimètres de diamètre environ appelé *limbe* ;

Il est divisé en degrés et demi-degrés comme le rapporteur. Le diamètre porte à ses extrémités deux plaques de cuivre appelées *pinnules* (fig. 152). Chaque pinnule est percée dans le sens de sa longueur d'une fente étroite ou *œilleton* et d'une fente plus large qu'on nomme *croisée*. Celle-ci est divisée en deux parties par un crin ou un fil de soie tendu dans le prolongement de l'œilleton. L'œilleton d'une pinnule correspond à la fenêtre de l'autre. La ligne droite qui va de l'œilleton d'une pinnule au fil de la croisée de la pinnule opposée est la *ligne de foi* de l'instrument ; elle correspond au o et au degré 180 du limbe.

Une deuxième règle munie de deux pinnules et appelée *alidade à pinnules* est mobile autour du centre de l'instrument ; ses deux extrémités sont taillées en biseau et ont la forme d'arcs de cercle concentriques au limbe. Ces arcs de cercle portent chacun un vernier dont nous allons dire quelques mots et dont les zéros sont situés sur la ligne de visée de l'alidade.

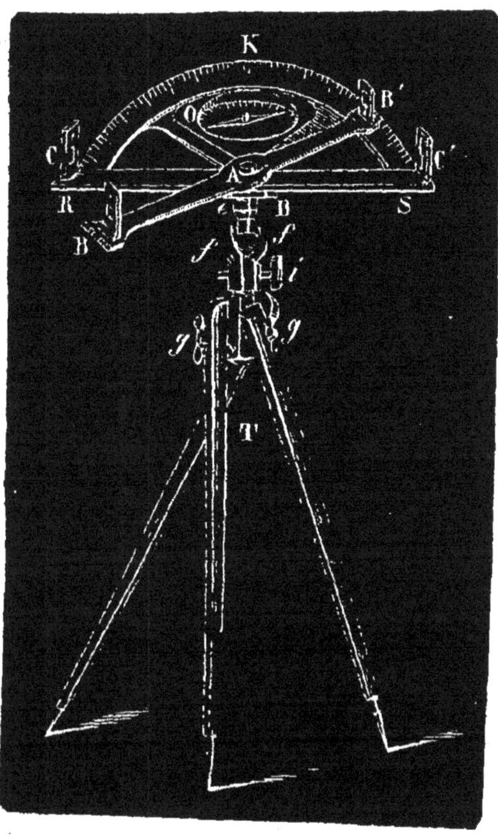

Fig. 152.

251. Vernier circulaire (fig. 153). — Les divisions du limbe du graphomètre sont des demi-degrés. Pour construire le vernier on prend 29 de ces divisions que l'on divise en trente parties égales. Chaque division du vernier vaut donc les $\frac{29}{30}$ d'un demi-degré, c'est-à-dire 29 minutes ; de sorte que si le zéro du vernier coïncide avec une division du limbe les divisions 1, 2, 3, 4... sont en retard sur les divisions correspondantes du limbe de 1', 2', 3', 4'..... Il en résulte que si l'on avance le vernier jusqu'à ce que la 12e division coïncide avec la division du limbe qui lui était immédiatement voisine, le zéro a marché de 12'.

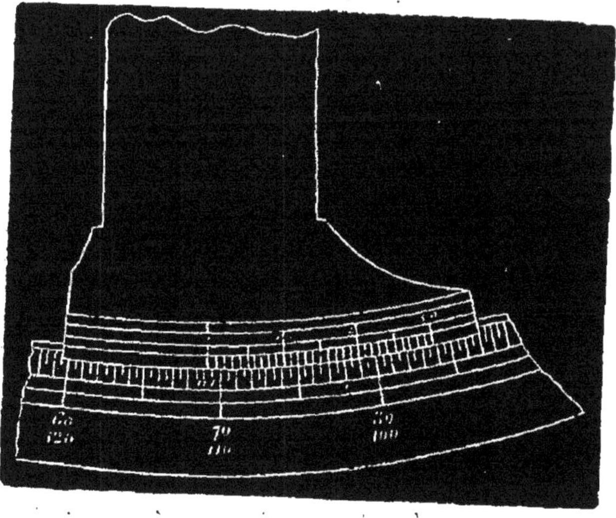

Fig. 153.

Supposons que dans la mesure d'un angle, le zéro

du vernier tombe entre le 72e degré et le 72e degré et demi, et que la 12e division du vernier coïncide avec une division du limbe, l'angle mesuré sera de 72° 12'; si le zéro tombait entre le 28e degré et demi et le 29e degré et que la 20e division du vernier coïncidât avec une division du limbe l'angle mesuré serait 28°50'

252. **Mesurer un angle** CAE (fig. 154). — Au sommet A, on dispose un graphomètre de manière que la verticale de son centre H passe par le point A. Au moyen du niveau à bulle d'air, le demi-cercle est disposé horizontalement, de façon que l'alidade fixe K'K soit dans la direction AE. Pour cela on regarde par l'œilleton de K' et il faut que le fil de la fenêtre K vienne recouvrir le jalon E. Puis on fait tourner l'alidade mobile D'D jusqu'à l'amener dans la direction AC. Il ne reste plus qu'à faire la lecture de l'angle sur le limbe de l'instrument en employant le vernier qui permet de lire à une minute près.

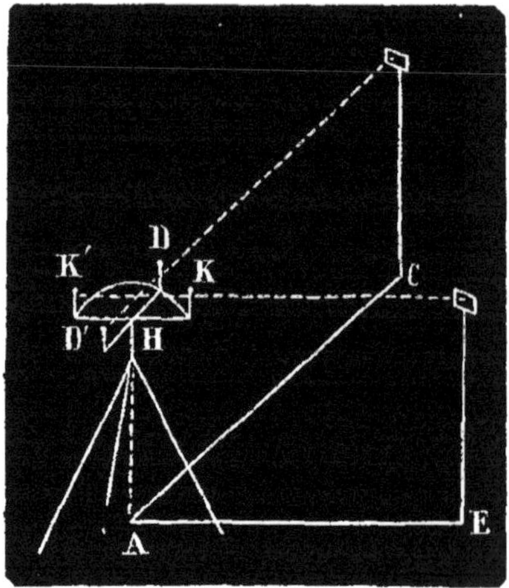

Fig. 154.

253. *Tracer sur le terrain une circonférence passant par trois points non en ligne droite A, B, C.* (fig. 155).

Installons au point A un graphomètre de manière que la ligne de foi soit dirigée suivant AC; faisons tourner l'alidade mobile d'un angle connu, 10° par exemple et jalonnons la direction obtenue AC'. Transportons-nous ensuite au point B et déterminons un alignement BC' faisant avec BC un angle CBC' égal au précédent. Les deux droites AC' et BC' se coupent en un point C' qui appartient à la circonférence des trois points A, B, C. En effet, la somme des angles C'AB et C'BA est égale à la somme des angles CAB et CBA; il en résulte que les angles AC'B et ACB des deux triangles ACB et AC'B sont égaux; par conséquent le point C' est situé sur le segment capable de l'angle ACB décrit sur la corde AB, c'est-à-dire sur la circonférence passant par les trois points A, B, C. Dans la pratique, on détermine au point A un certain nombre d'alignements faisant avec AC des angles de 10°, 20°, 30°... etc; on en fait autant au point B par rapport à la ligne BC; il n'y a plus qu'à chercher les intersections des diverses lignes; ce sont autant de points de la circonférence cherchée.

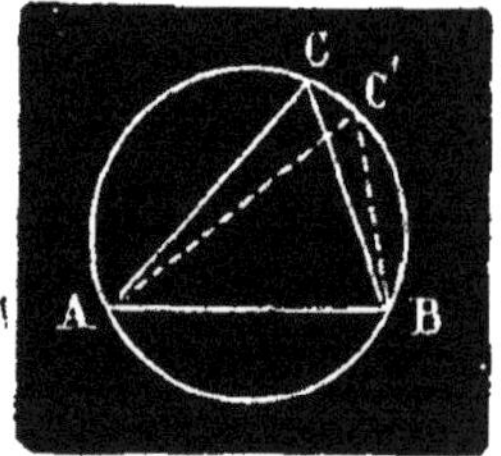

Fig. 155.

EXERCICES.

121. Si l'on mène une sécante par l'un des points d'intersection de deux circonférences, elle coupe ces deux circonférences en deux autres points dont les tangentes font un angle constant.

122. Lorsque deux circonférences se coupent et qu'on mène par les deux points d'intersection des sécantes, les cordes qui joignent les extrémités de ces sécantes sont parallèles.

123. Lorsque deux circonférences sont tangentes extérieurement et qu'on mène deux sécantes par le point de contact, les cordes qui joignent les extrémités de ces sécantes sont parallèles.

124. Lorsque deux circonférences sont tangentes intérieurement et qu'on mène par le point de contact deux sécantes quelconques, les cordes qui joignent les points où elles coupent les circonférences sont parallèles.

125. Lorsque deux circonférences sont tangentes intérieurement, en un point A, si l'on mène dans la grande circonférence une corde BC tangente en D à la plus petite, la droite AD est bissectrice de l'angle BAC.

126. Lorsque deux circonférences sont tangentes extérieurement en un point

A, si l'on mène dans l'une d'elles une corde BC, qui prolongée soit tangente à l'autre circonférence en un point D, la droite AD est bissectrice du supplément de l'angle BAC.

127. Si d'un point de la circonférence circonscrite à un triangle, on abaisse des perpendiculaires sur ses côtés, les pieds de ces perpendiculaires sont en ligne droite.

128. Les pieds des perpendiculaires menées des sommets d'un triangle sur les côtés opposés sont les sommets d'un triangle dont les angles ont pour bissectrices les hauteurs du premier.

129. Sur les trois côtés d'un triangle ABC on construit extérieurement à ce triangle des triangles équilatéraux ABC', BCA', ACB'; démontrer 1° que les droites AA', BB', CC' sont égales, 2° qu'elles concourent en un même point O; 3° que, du point O, on voit sous le même angle les trois côtés du triangle ABC.

130. Par l'une des extrémités d'un diamètre AB d'un cercle, on mène une corde quelconque AC que l'on prolonge d'une quantité CM égale à CB : Quel est le lieu du point M?

131. Par un point A situé hors d'un cercle, on mène une sécante quelconque ABC ; on élève sur le milieu I de BC une perpendiculaire ID égale à IA ; quel est le lieu géométrique du point D.

132. On fait rouler sans glissement une circonférence dans l'intérieur d'une circonférence de rayon double ; quel est le lieu géométrique décrit par un point de cette circonférence?

133. Si par l'un des points d'intersection de deux circonférences, on mène un diamètre dans chaque cercle, la droite qui joint les extrémités de ces diamètres passe par le second point d'intersection.

134. Les bissectrices des angles formés par les côtés opposés d'un quadrilatère inscrit se coupent à angle droit.

135. Si du milieu de l'arc sous-tendu par une corde, on mène deux autres cordes coupant la première et si l'on joint leurs extrémités, on obtient un quadrilatère inscriptible.

CHAPITRE IV

SOLUTION DE QUELQUES PROBLÈMES SUR LA LIGNE DROITE ET LE CERCLE

254. Problème I. — *Par un point* F *d'une droite* FG, *mener une seconde droite qui fasse avec la première un angle égal à un angle donné* BAC (fig. 156).

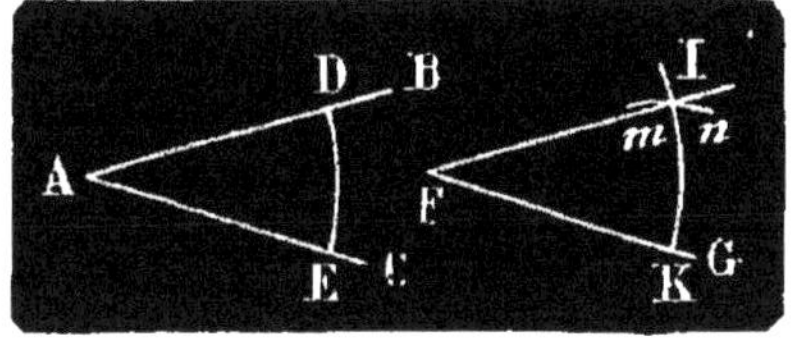

Fig. 156.

Du point A comme centre, avec une ouverture de compas quelconque, décrivons un arc de cercle qui coupe en D et en E les côtés de l'angle donné; avec la même ouverture, et du point F comme centre, décrivons un deuxième arc de cercle KI qui coupe la droite FG en un point K. Prenons ensuite avec le compas la longueur de la corde DE sans tracer cette corde, et du point K comme centre, avec cette ouverture, décrivons un arc *mn* qui coupe KI en un point I; traçons la droite FI; l'angle IFK est l'angle cherché. En effet, les deux arcs ED et KI sont égaux parce qu'ils ont des rayons égaux et des cordes égales; enfin les angles BAC et IFK sont égaux comme angles au centre comprenant entre leurs côtés des arcs égaux dans des cercles égaux.

255. Problème II. — *Connaissant deux angles* M *et* N *d'un triangle* (fig. 157), *construire graphiquement le troisième.*

Traçons une droite quelconque AB; par l'un de ses points O menons une droite OC qui forme avec OB un angle COB égal à l'angle M et par le même point une deuxième droite OD faisant avec OA un angle DOA égal à l'angle N. L'angle COD est le troisième angle du triangle, car COD est le supplément de la somme des angles COA et DOB (nº 33) c'est-à-dire le supplément de la somme des angles donnés M et N.

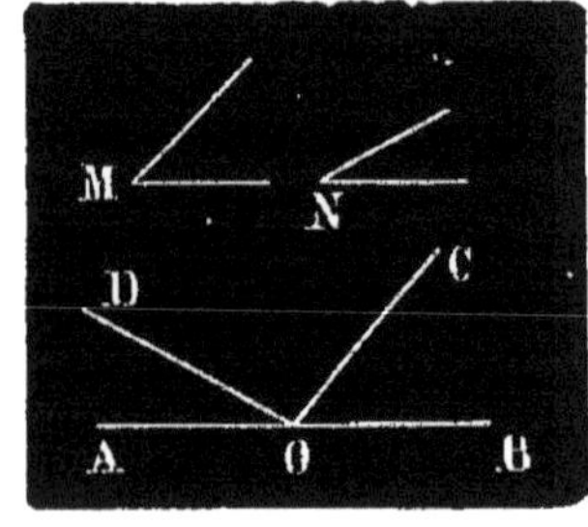

Fig. 157.

256. Remarque. — Dans les problèmes suivants nous représenterons les côtés d'un triangle par les petites lettres *a*, *b*, *c* et les angles respectivement opposés à ces côtés par les grandes lettres A, B, C.

257. Problème III. — *Construire un triangle, connaissant un côté et deux angles.*

1º *Les deux angles donnés* B et C *sont adjacents au côté donné* a (fig. 158).

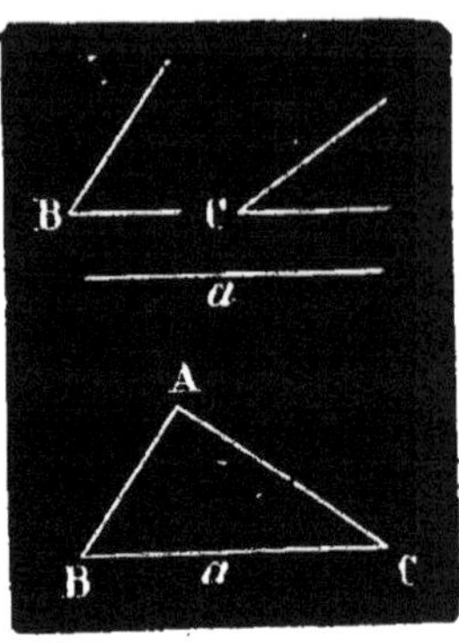

Fig. 158.

On trace une droite BC égale à *a*; aux points B et C on mène deux droites BA et CA qui forment d'un même côté de BC avec cette ligne, deux angles ABC, ACB respectivement égaux aux angles B et C; ces droites se coupent en un point A, qui est le troisième sommet du triangle.

Pour que le problème soit possible, il faut que les deux droites BA et CA se coupent, c'est-à-dire que la somme des angles donnés B et C soit plus petite que deux angles droits.

2º *L'un des deux angles donnés est adjacent au côté donné, l'autre lui est opposé.*

Il suffit de construire graphiquement le troisième angle du triangle (nº 255) et d'opérer comme dans le premier cas.

258. Problème IV. — *Construire un triangle, connaissant deux côtés* b *et* c *et l'angle compris* A (fig. 159).

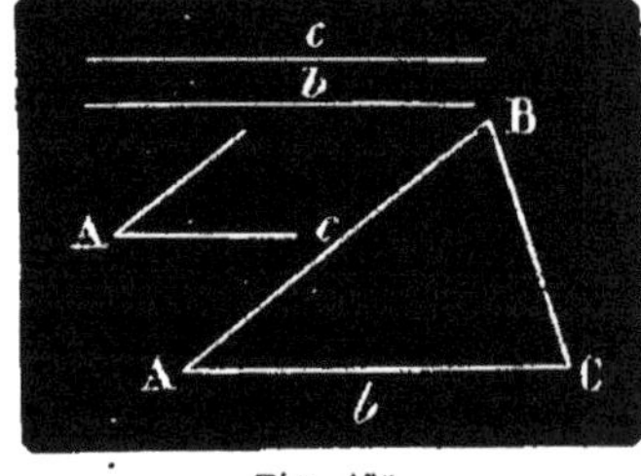

Fig. 159.

Traçons une droite AC égale à *b*; menons au point A une droite AB faisant avec AC un angle BAC égal à l'angle donné A et prenons sur cette droite une longueur AB égale à *c*; il n'y a plus qu'à tirer la droite BC et le triangle est construit.

259. Problème V. — *Construire un triangle, connaissant les trois côtés* a, b, c (fig. 160).

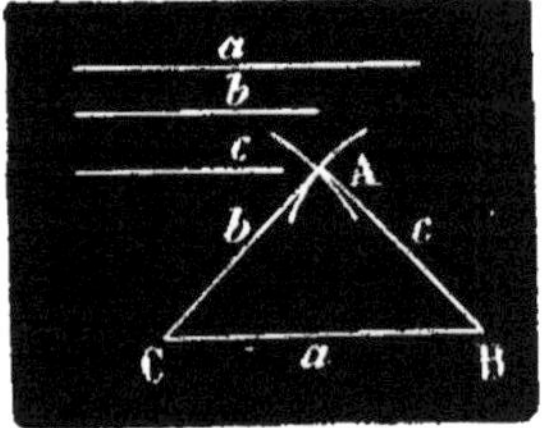

Fig. 160.

Traçons une droite CB égale à *a*.

Du point C comme centre, avec une ouverture de compas égale à *b*, décrivons un arc de cercle au-dessus de CB; du point B comme centre, traçons un deuxième arc de cercle au-dessus de CB et ayant pour rayon le côté *c*. Les deux arcs se coupent en un point A, qui est le troisième sommet du triangle; il n'y a plus qu'à tracer les droites CA, BA, et ABC est le triangle cherché.

Pour que le problème soit possible, il faut et il suffit que les deux arcs se coupent, c'est-à-dire que le côté a, qui est la distance des centres, soit plus petit que la somme et plus grand que la différence des deux autres côtés b et c, qui sont les rayons.

260. Problème VI. — *Construire un triangle, connaissant deux côtés* a *et* b *et l'angle* A *opposé à* a (fig. 161).

Construisons d'abord un angle CAB égal à l'angle A et prenons AC égal au côté b.

Du point C comme centre, avec une ouverture de compas égale au côté a, décrivons un arc de cercle BB′ ; soit B l'un des points d'intersection de cet arc avec le côté AB ; si l'on trace la droite CB, le triangle ABC répond à la question.

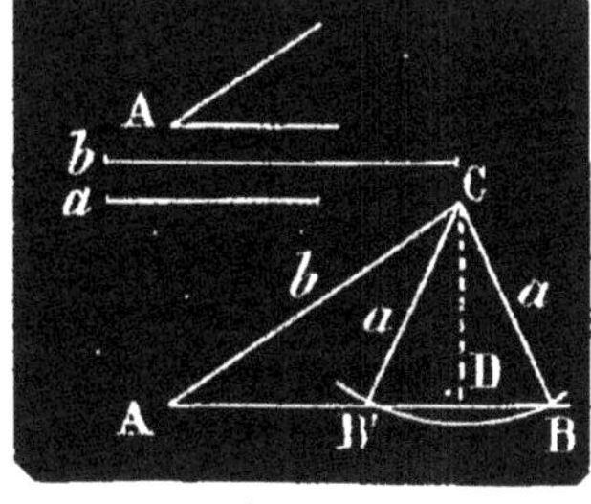

Fig. 161.

Discussion. — 1er cas. *L'angle* A *est aigu.*

Pour que le problème soit possible, il faut que l'arc BB′ coupe le côté AB, c'est-à-dire que a soit au moins égal à la perpendiculaire CD abaissée du point C sur AB.

Si l'on a : $a = \text{CD}$, l'arc BB′ touche le côté AB au point D et il n'y a qu'une solution qui est le triangle rectangle ADC.

Si a est plus grand que CD, mais plus petit que b, l'arc BB′ coupe AB en deux points B et B′ situés tous deux à droite du point A ; il y a dans ce cas deux solutions : ce sont les triangles ABC, AB′C.

Enfin lorsque a est plus grand que b, le point B′ passe à gauche du point A et il n'y a plus qu'une solution : c'est le triangle ABC.

2e cas. *L'angle donné* A *est obtus* (fig. 162).

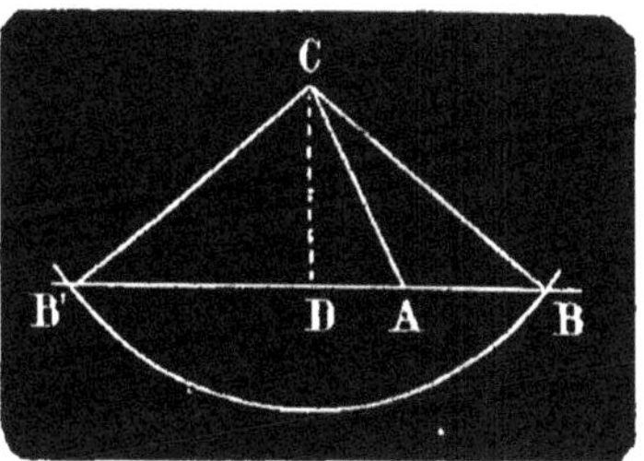

Fig. 162.

Pour que le problème soit possible, il faut que l'arc décrit du point C comme centre, avec a pour rayon, coupe le côté AB à droite du point A, c'est-à-dire que a soit plus grand que b ; alors le triangle ABC répond à la question. Le deuxième point d'intersection B′ ne peut servir, car l'angle CAB′ est le supplément de l'angle donné A, et le triangle ACB′ doit être rejeté. Il n'y a donc qu'une solution de possible.

3e cas. *L'angle donné* A *est droit.*

On comprend aisément que le problème n'est possible que si a est plus grand que b, et qu'il n'y a jamais qu'une solution.

261. Problème VII. — *Élever une perpendiculaire sur une droite* AB (fig. 163) *en son milieu.*

Du point A comme centre, avec un rayon plus grand que la moitié de la droite AB, décrivons un arc de cercle CFGD, qui passe en dessus et en dessous de la ligne AB.

Du point B comme centre avec le même rayon, décrivons un deuxième arc HKLM.

Ces deux arcs se coupent en deux points O et P car la somme de leurs rayons est plus grande que la distance de leurs centres ; cette condition est suffisante, attendu que la différence des rayons est nulle. La droite OP ayant deux points O et P à égale distance des points A, B est perpendiculaire sur le milieu de AB (n° 68).

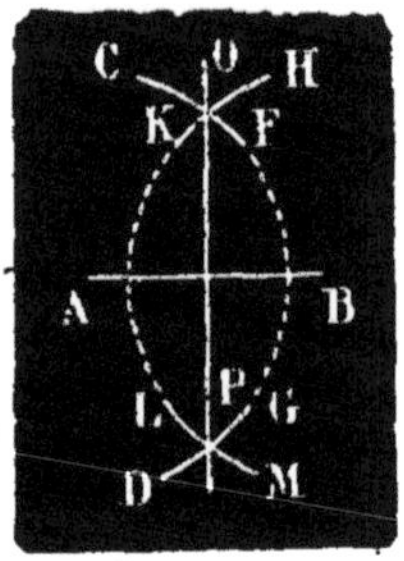

Fig. 163.

Remarque I. — Dans la pratique on ne trace pas les arcs en entier ; on se contente de décrire les portions CF, KH, GD, LM dans le voisinage des points d'intersection O et P.

262. **Remarque II.** — Nous avons ainsi partagé la droite AB en deux parties égales. En appliquant le même procédé à la moitié, au quart, au huitième de la droite, on la diviserait en 4, 8, 16 parties égales.

263. **Problème VIII.** — *Par un point* O *pris sur une ligne* AB, *mener une perpendiculaire sur cette ligne* (fig. 164).

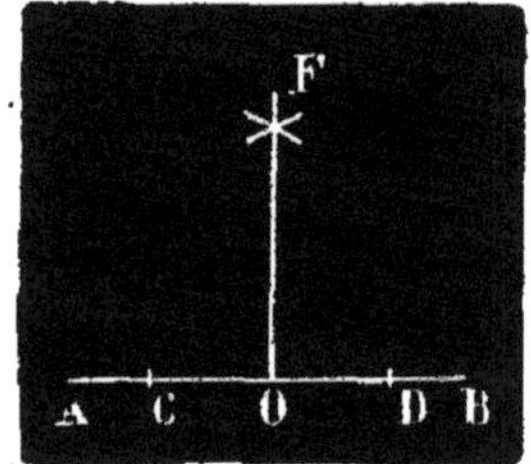

Fig. 164.

On commence par déterminer sur la droite AB, à droite et à gauche du point O, deux points D et C à égale distance de O. Ensuite des points D et C comme centres avec le même rayon (ce rayon étant plus grand que DO) on décrit au-dessus de AB deux arcs de cercle qui se coupent en un point F ; on joint le point F au point O ; la droite FO est la perpendiculaire cherchée ; en effet, elle est perpendiculaire sur le milieu de CD, puisqu'elle a deux points O et F à égale distance des points C et D.

264. **Problème IX.** — *D'un point* O *pris hors d'une droite* AB, *abaisser une perpendiculaire sur cette droite* (fig. 165).

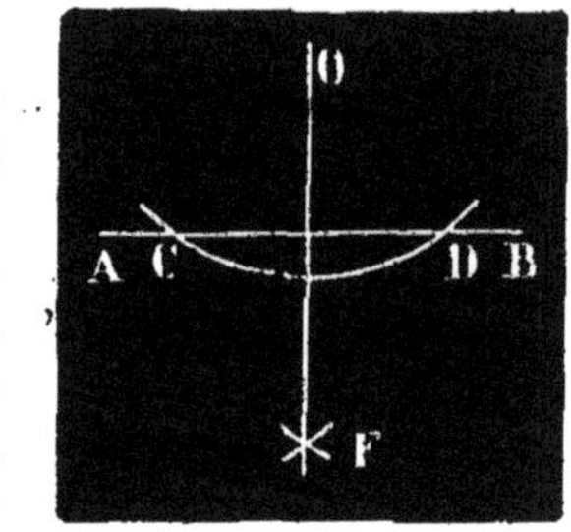

Fig 165.

Du point O comme centre, avec un rayon suffisant, on décrit un arc de cercle qui coupe AB en deux points C et D. De ces deux points comme centres, on décrit de l'autre côté de AB deux arcs de même rayon de manière qu'ils se coupent en un point F. Si l'on trace la droite OF elle est perpendiculaire sur le milieu de CD, comme ayant deux points O et F à égale distance des points C et D.

265. **Problème X.** — *Élever une perpendiculaire à l'extrémité d'une droite* AB *que l'on ne peut prolonger* (fig. 166).

1re solution. — On élève une perpendiculaire sur AB en un point quelconque et l'on mène par le point B une parallèle à cette ligne à l'aide de l'équerre.

2e solution. — D'un point O quelconque pris en dehors de la droite AB, décrivons une circonférence passant par le point B ; traçons le diamètre CD passant par le point C où cette circonférence coupe AB ; joignons en-

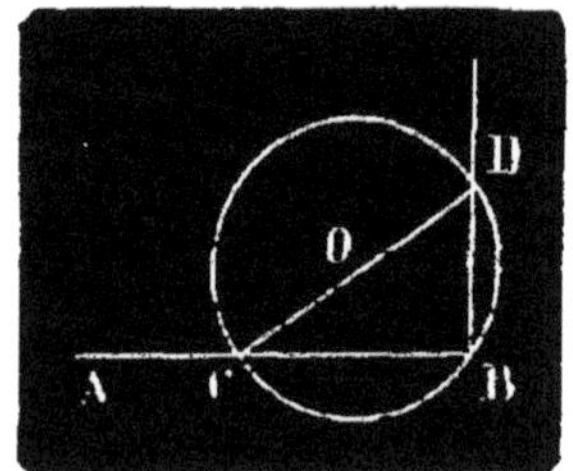

Fig. 166.

suite les points B et D ; la droite BD est la perpendiculaire cherchée. L'angle DBC est droit parce qu'il est inscrit dans une demi-circonférence.

266. Problème XI. — *Mener par un point* O *une parallèle à une droite donnée* AB (fig. 167).

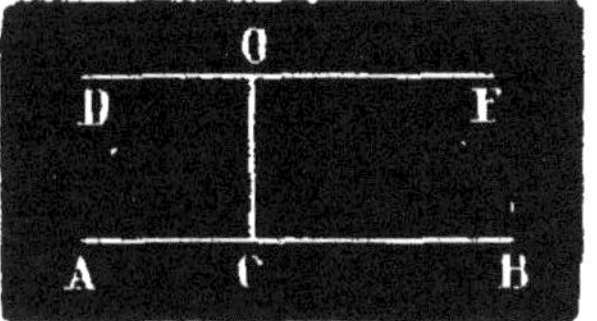

Fig. 167.

1re *solution.* — Abaissons du point O une perpendiculaire OC sur AB (n° 264) ; élevons au même point une perpendiculaire DF sur OC (n° 263).

Les deux droites DF et AB seront parallèles comme étant perpendiculaires sur une même droite OC.

2e *solution.* — Joignons le point O à un point quelconque C de la droite AB (fig. 168) ; du point C comme centre, avec un rayon égal à CO, décrivons un arc de cercle qui coupe la droite AB en un point F.

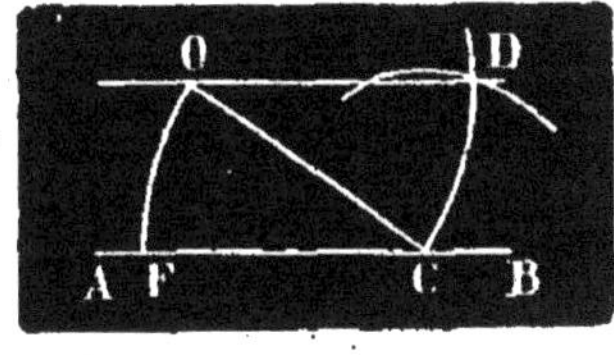

Fig. 168.

Du point O comme centre, avec le même rayon, traçons un deuxième arc de cercle CD, qui passe nécessairement par le point C. Prenons ensuite avec le compas la longueur de la corde de l'arc OF, et, avec cette ouverture, décrivons du point C comme centre un arc de cercle qui coupe CD en D, et traçons la droite OD.

Nous avons ainsi construit deux angles égaux OCF et COD. Ils ont la position d'alternes-internes par rapport à la sécante OC ; donc leurs côtés extérieurs AB et OD sont parallèles.

267. Problème XII. — *Partager un arc ou un angle en deux parties égales.*

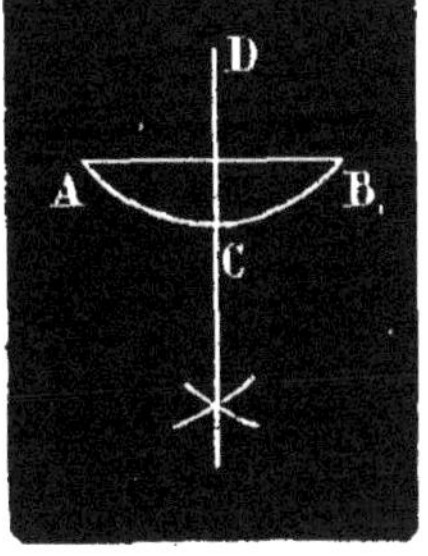

Fig. 169.

1° Soit à diviser l'arc ACB en deux parties égales (fig. 169). Il suffit évidemment d'élever une perpendiculaire CD sur le milieu de la corde AB de cet arc, car on sait que cette perpendiculaire passe par le milieu de l'arc (n° 174). En appliquant le même procédé à la moitié, au quart, au huitième de l'arc donné on, diviserait cet arc en 4, 8, 16 parties égales.

2° Soit à diviser en deux parties égales l'angle BAC (fig. 170). Du point A comme centre, avec un rayon quelconque, mais assez grand, décrivons un arc de cercle, qui coupe les côtés de l'angle aux points D et F. Si l'on élève ensuite une perpendiculaire AG sur le milieu de la corde DF elle passera par le sommet de l'angle et par le milieu de l'arc, et sera la bissectrice cherchée. Pour mener cette perpendiculaire on profite de ce que le point A est à égale distance des points D et F ; il n'y a plus qu'à en déterminer un deuxième de l'autre côté de la corde. On partagerait avec autant de facilité un angle en 4, 8, 16 parties égales.

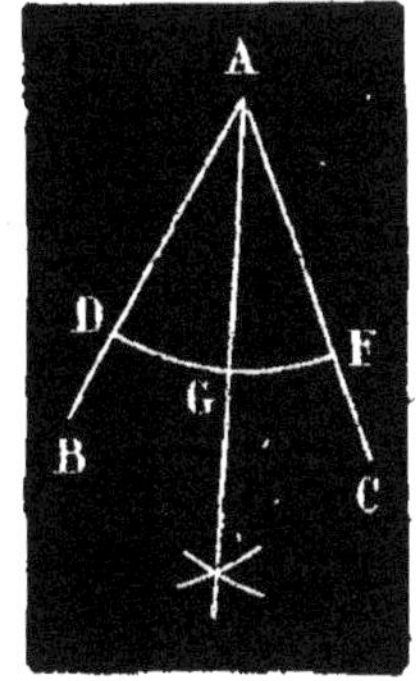

Fig. 170.

268. Remarque. — Dans le dessin linéaire on a souvent à mener la bissectrice de l'angle formé par deux droites AB, CD (fig. 171) qui ne se coupent pas dans les limites de la feuille.

Si l'on appelle O le point de rencontre des droites données, et que l'on mène une sécante quelconque FG, on a un triangle FOG, dont les trois bissectrices passent par un même point. Donc si l'on mène les bissectrices FH, GH des deux angles BFG, DGF, leur point de rencontre H est situé sur la troisième bissectrice, c'est-à-dire sur la ligne cherchée. On obtient un deuxième point K de cette droite en menant les bissectrices des angles extérieurs AFG, CGF.

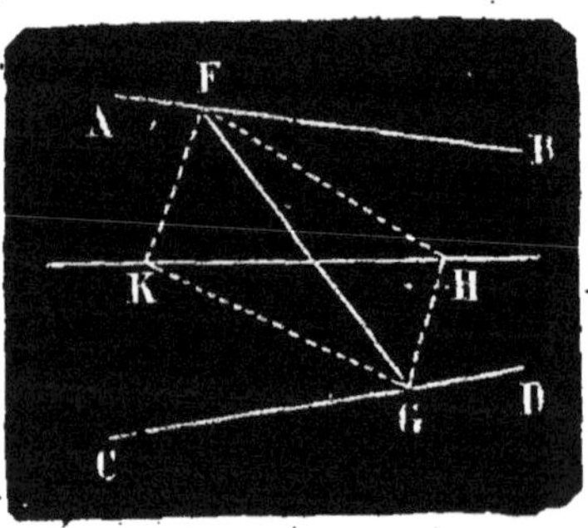

Fig. 171.

269. Problème XIII. — *Faire passer une circonférence par trois points donnés non en ligne droite* A, B, C (fig. 172).

Nous avons vu (n° 200) que par trois points non en ligne droite on peut toujours faire passer une circonférence et qu'on ne peut en faire passer qu'une. Le centre de cette circonférence est l'intersection O des perpendiculaires élevées sur les milieux des droites AB, BC et son rayon est la droite qui joint ce point à l'un quelconque des trois points donnés.

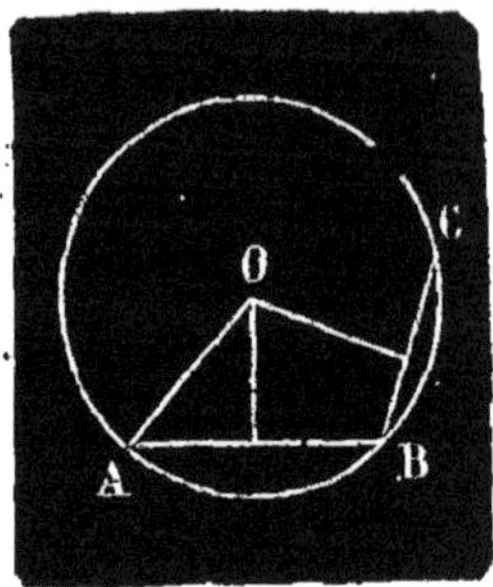

Fig. 172.

270. Remarque. — On conclut de ce problème qu'un triangle est toujours inscriptible dans un cercle.

271 Problème XIV. — *Mener par un point A une tangente à une circonférence.*

1° *Le point A est situé sur la circonférence* (fig. 173)

Il suffit évidemment d'élever une perpendiculaire BC à l'extrémité du rayon OA (n° 192).

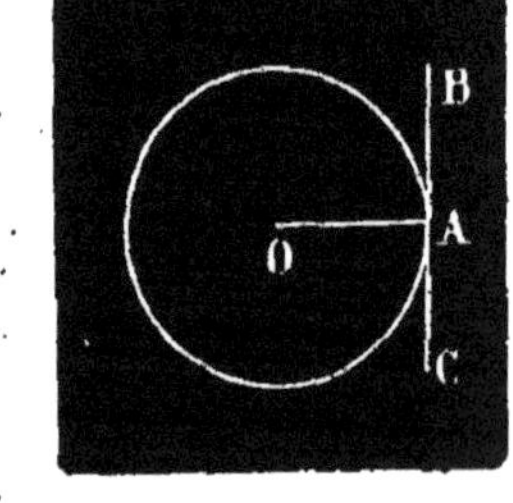

Fig. 173.

2° *Le point A est pris en dehors de la circonférence* (fig. 174).

1re *Méthode.* — Supposons le problème résolu et soit AB la tangente cherchée; elle est perpendiculaire sur le rayon OB mené au point de contact. Si l'on trace la droite OA, on remarque que le point B est situé sur le lieu géométrique des points d'où l'on voit la droite OA sous un angle droit; on sait que ce lieu est la circonférence décrite sur OA comme diamètre (n° 247); comme le point B est d'ailleurs sur la circonférence donnée O, il est à l'intersection des deux circonférences :

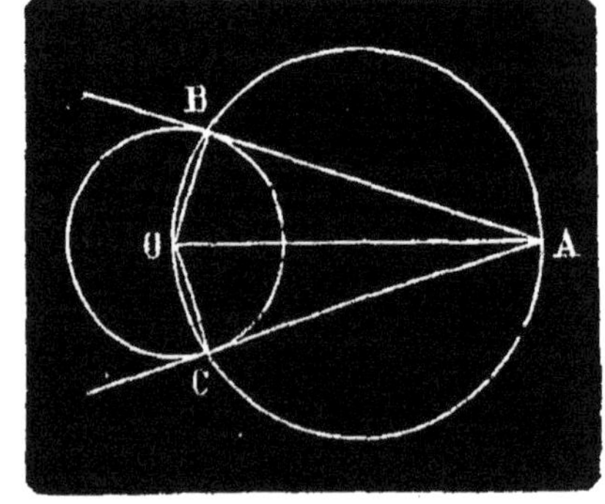

Fig. 174.

Donc pour résoudre le problème *il suffit de décrire une circonférence sur OA comme diamètre et de joindre le point A aux points B et C où elle coupe la circonférence donnée.*

Il y a toujours deux solutions.

2me *Méthode.* — Soit AB la tangente cherchée (fig. 175); menons le rayon OB au point de contact et prolongeons-le d'une quantité BC égale à lui-même. Si nous déterminons le point C, nous n'aurons qu'à tracer la droite OC qui coupera la circonférence au point de contact B.

Or, 1° le point C est situé sur une circonférence décrite du point O comme centre avec un rayon OC égal au diamètre de la circonférence donnée;

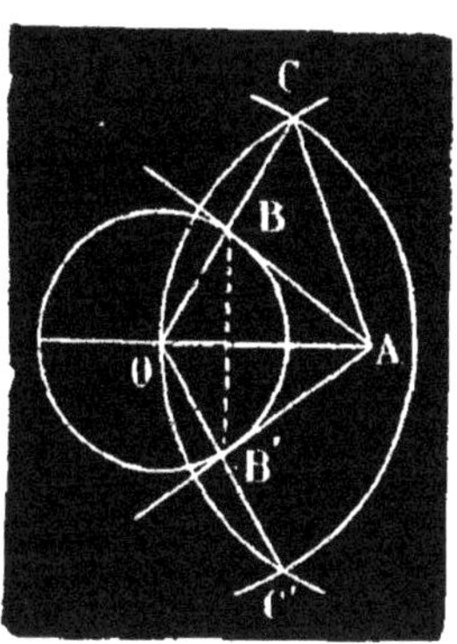

Fig. 175.

2° Les deux obliques AC et AO étant égales comme s'écartant également du pied de la perpendiculaire AB, le point C est situé sur une deuxième circonférence décrite du point A comme centre avec le rayon AO.

Ces deux circonférences se coupent, car la distance de leurs centres, qui est OA, est plus petite que la somme AC + OC, et plus grande que la différence AC — OC des deux rayons.

Le point C est donc situé à l'intersection des deux circonférences OC et AC. Il y a deux solutions puisqu'il y a deux points d'intersection.

Donc pour résoudre le problème :

Décrivez du point A *comme centre une circonférence de rayon* AO; *du point* O *comme centre, avec une ouverture de compas égale au diamètre de la circonférence donnée, décrivez une deuxième circonférence qui coupe la première en deux points* C *et* C'; *tracez ensuite les droites* OC, OC', *leurs intersections* B, B' *avec la circonférence donnée seront les points de contact.*

272. Remarque. — Les deux triangles rectangles AOB, AOB' qui ont l'hypoténuse AO commune, et le côté OB égal à OB' sont égaux. Il en résulte : 1° que AB = AB'; 2° que les angles BAO, BOA sont respectivement égaux aux angles B'AO, B'OA. Enfin la droite AO ayant deux points A et O à égale distance des points B et B' est perpendiculaire sur le milieu de la droite BB'.

Donc :

Si d'un point A *extérieur à un cercle* O *on mène deux tangentes à ce cercle* 1° *les tangentes sont égales;* 2° *la droite* AO *qui joint le point* A *au centre est bissectrice de l'angle formé par les tangentes et de l'angle formé par les rayons menés aux points de contact;* 3° *la même droite* AO *et perpendiculaire sur le milieu de la corde des points de contact.*

273 Problème XV. — *Mener une tangente commune à deux circonférences.*

Lorsque les deux circonférences sont d'un même côté de la tangente commune, on dit que cette tangente est *extérieure*; si elles sont de part et d'autre de la tangente, celle-ci est dite *intérieure*.

Tangente extérieure. — Supposons le problème résolu et soit CD la tangente extérieure commune à deux circonférences données (fig. 176). Si l'on mène les rayons AC, BD aux points de contact C, D, et qu'on trace par le point B une parallèle BF à CD, le quadrilatère BCDF est un rectangle, car les droites AC, BD étant perpendiculaires à CD, le sont aussi à BF, parallèle à CD. Il en résulte que BD = FC, et, par suite, que la droite AF est égale à la différence des rayons AC, BD. De plus CF est tangente à la circonférence décrite du point A comme centre avec AF pour rayon.

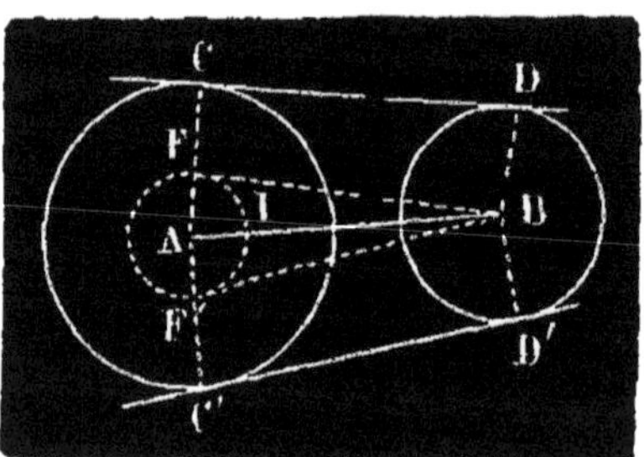

Fig. 176.

Donc, pour résoudre le problème : *Décrivez du centre A de la grande circonférence, une circonférence auxiliaire ayant pour rayon la différence des rayons des circonférences données ; du centre de la 2e circonférence, menez une tangente BF à cette circonférence auxiliaire, menez le rayon AF au point de contact F et prolongez-le jusqu'à sa rencontre C avec la circonférence donnée, menez par le point C une parallèle CD à la tangente BF, vous aurez la tangente commune cherchée.*

Discussion. — Lorsque les circonférences données sont extérieures, tangentes extérieurement ou se coupent, la distance des centres AB est plus grande que la différence AI des rayons; le point B est en dehors de la circonférence AF et on peut mener à cette circonférence par le point B deux tangentes BF, BF'. Il y a donc dans ces trois cas deux solutions, c'est-à-dire deux tangentes extérieures communes aux circonférences données.

Si les deux circonférences données sont tangentes intérieurement, le point B est situé sur la circonférence AF et il n'y a plus qu'une solution.

Enfin le problème est impossible lorsque les deux circonférences sont intérieures l'une à l'autre.

274 Remarque. — Cette méthode n'est plus applicable, lorsque les deux circonférences ont le même rayon. Mais il est facile de voir que si la différence AF des rayons (fig. 176) diminue jusqu'à devenir nulle; la tangente BF se confond avec la ligne des centres BA et le rayon AF mené au point de contact devient perpendiculaire à cette ligne. On détermine donc les points de contact en élevant aux points A et B des perpendiculaires sur la ligne des centres AB. Il serait d'ailleurs facile de démontrer la proposition directement.

275. Tangente intérieure. — Soient A, B, CD, les deux circonférences données et la tangente intérieure cherchée (fig. 177). Menons les rayons AC, BD, aux points de contact C, D et par le centre A une parallèle à CD jusqu'à sa rencontre F avec le prolongement de BD.

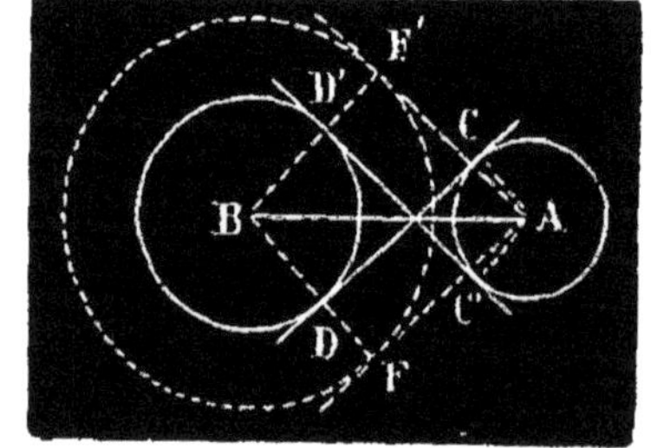

Fig. 177.

Le quadrilatère ACDF est un rectangle et DF = AC. On en conclut que la ligne BF est égale à la somme des rayons AC + BD. De plus, AF est tangente à la circonférence décrite du point B comme centre avec BF pour rayon. Par conséquent :

Pour mener une tangente intérieure commune à deux circonférences A et B, décrivez du centre de l'une d'elles, B par exemple, une circonférence ayant pour rayon la somme des rayons des circonférences données, menez par le centre A *de l'autre circonférence une tangente* AF *à cette circonférence auxiliaire. Tracez ensuite le rayon* BF *qui aboutit au point de contact* F; *ce rayon coupe la circonférence donnée* B *en un point* D; *menez par ce point une parallèle* DF *à* AF, *vous aurez la tangente cherchée.*

Discussion. — Lorsque les deux circonférences données sont extérieures, la distance des centres AB est plus grande que la somme des rayons et le point A est situé en dehors de la circonférence auxiliaire BF; dans ce cas il y a deux solutions comme l'indique la figure. Si les deux circonférences sont tangentes extérieurement, la distance des centres AB est égale à la somme des rayons, la circonférence auxiliaire passe par le point A et il n'y a qu'une solution. Dans tous les autres cas, le problème est impossible.

NOMBRE DES TANGENTES COMMUNES A DEUX CIRCONFÉRENCES.

276. De ce qui précède, il résulte que :

Deux circonférences extérieures ont quatre tangentes communes, deux extérieures, deux intérieures.

Deux circonférences tangentes extérieurement ont trois tangentes communes, deux extérieures, et une intérieure.

Deux circonférences qui se coupent n'ont que deux tangentes communes qui sont extérieures.

Deux circonférences tangentes intérieurement n'ont plus qu'une tangente commune.

Enfin, deux circonférences intérieures l'une à l'autre n'ont aucune tangente commune.

277. Problème XVI. — *Décrire sur une droite* AB *un segment capable d'un angle donné* (fig. 178).

Supposons le problème résolu, et soit ADB le segment cherché. Si l'on mène la tangente BC à l'extrémité B de la droite AB, l'angle ABC a pour mesure la moitié de l'arc AFB. Or, tout angle ADB, inscrit dans le segment et qui est égal à M par hypothèse, a aussi pour mesure la moitié du même arc AFB; donc ABC = M. De là, la construction suivante :

Menez à l'extrémité de la droite AB, *une droite* BC *formant avec* AB *un angle égal à l'angle* M, *élevez une perpendiculaire au milieu de* AB, *et une deuxième perpendiculaire au point* B *sur* BC; *la rencontre de ces deux perpendiculaires est le centre de la circonférence cherchée; son rayon est la distance du point* O *à l'un quelconque des points* A *et* B.

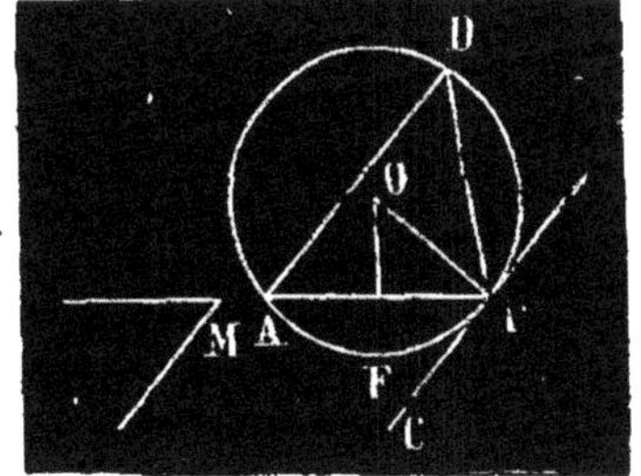

Fig. 178.

Suivant que l'angle M est aigu, obtus ou droit, le segment ADB est plus grand ou plus petit qu'une demi-circonférence, ou égal à une demi-circonférence.

APPLICATIONS

TRACÉ DE QUELQUES COURBES ET DES MOULURES

278. Dans le dessin linéaire, on dit que deux arcs de cercle se *raccordent*, lorsqu'ils sont tangents entre eux, et qu'ils forment un *jarret* quand ils se coupent. Dans le premier cas, ils ont une tangente commune au point de contact; dans le second ils ont deux tangentes différentes au point d'intersection.

On emploie fréquemment dans les arts des courbes d'un aspect agréable formées d'arcs de cercle qui se raccordent soit entre eux soit avec des droites. Nous allons en donner quelques exemples.

279. Raccordement de deux droites. — Si les deux droites données AB, CD (fig. 179) sont parallèles, on les raccorde généralement par une demi-circonférence ayant pour diamètre la distance AC des deux droites. Le dessin qui résulte de cette construction s'appelle en architecture, *arcade en plein cintre.*

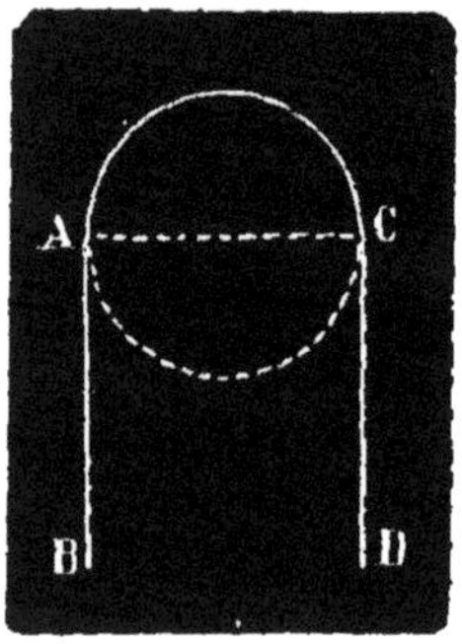

Fig. 179.

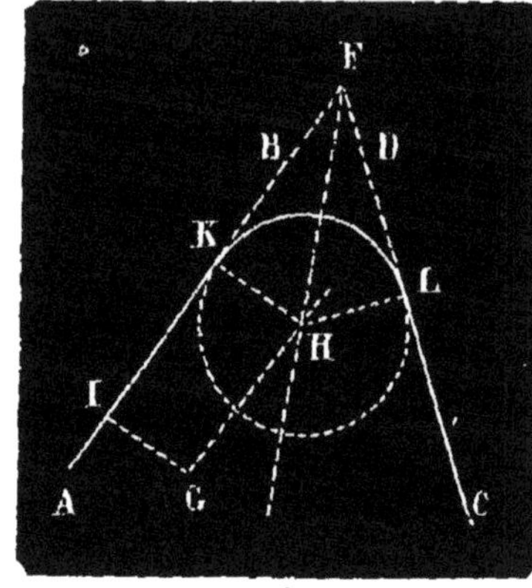

Fig. 180.

Pour raccorder deux droites concourantes AB, CD (fig. 180) par un arc de cercle de rayon donné, on prolonge, si c'est possible, les deux droites jusqu'à leur rencontre F et l'on mène la bissectrice de l'angle AFC. Si les droites ne se rencontrent pas dans les limites du dessin, on mène la bissectrice de leur angle (n° 268). On élève ensuite sur AF une perpendiculaire IG égale au rayon donné la parallèle à AF menée par le point G coupe la bissectrice en un point H qui est le centre de la circonférence cherchée; on obtient les points de contact K, L en abaissant de H des perpendiculaires sur les droites AB, CD.

280. Ogive. — L'ogive se compose de deux arcs de cercle qui se coupent et qui sont tangents à deux droites parallèles (fig. 181).

Les deux droites parallèles AC et BD sont données; on leur mène une perpendiculaire commune AB à la naissance de l'ogive; on élève ensuite sur le milieu de AB une perpendiculaire FG dont on se donne également la longueur. Les centres O, O' des deux arcs AMG, BNG s'obtiennent en élevant des perpendiculaires sur les milieux des droites AG, BG, et en les prolongeant jusqu'à leur rencontre avec AB.

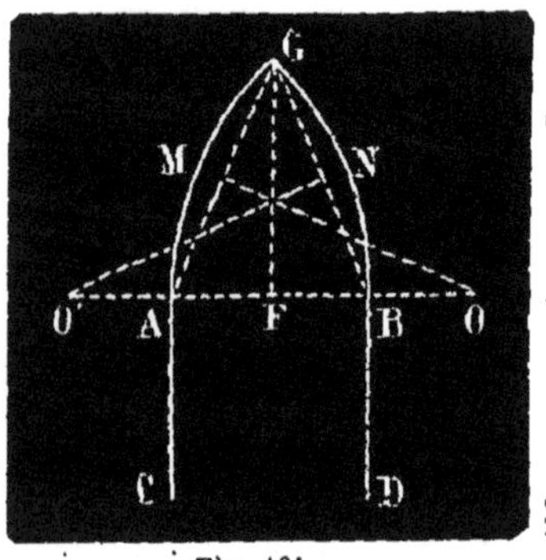

Fig. 181.

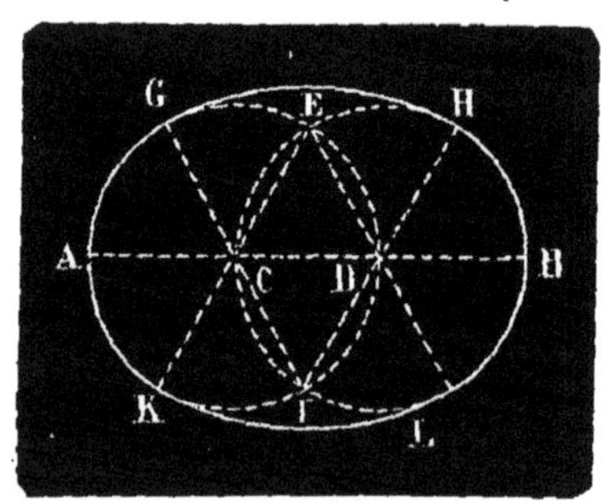

Fig. 182.

281. Ovale. — L'ovale est une courbe à quatre centres (fig. 182). Pour la tracer, partagez le grand *axe* AB en trois parties égales AC, CD, DB; des points C et D comme centres avec un rayon égal à CA décrivez deux circonférences qui se coupent aux points E et I; tracez les droites EC, ED, IC, ID que vous prolongerez jusqu'aux circonférences, ce qui donnera les quatre points G, H, K, L. Des points I et F comme centres avec un rayon égal à DA, décrivez les deux arcs GH, KL qui seront tangents aux deux premières circonférences aux points G, H, K, L et l'ovale sera tracée.

282. Anse de panier. — L'anse de panier est ordinairement formée d'un nombre impair d'arcs de cercle de rayons différents qui se raccordent; c'est donc aussi une courbe à plusieurs centres; il y a des anses de panier de 3, 5, 7, 9 et même onze centres. Cette courbe est particulièrement appliquée au tracé des arches de pont et des voûtes surbaissées. On la construit de plusieurs manières différentes.

Voici un procédé qui s'applique dans tous les cas :

Décrivez deux demi-circonférences sur l'ouverture AB et sur la montée OC comme diamètres (fig. 183); divisez la première en autant de parties égales que vous voulez obtenir de centres, cinq par exemple; menez les rayons OD, OE, OF, OG, aux points de division. Par les points d, e, f, g, où ces rayons coupent la petite circonférence menez des parallèles dm, en, fp, gq à la ligne AB, jusqu'à leurs rencontres, m, n, p, q, avec les perpendiculaires Dm, En, Fp, Gq, abaissées des points D, E, F, G sur la ligne AB. Les points A, m, n, p, q, B, seront des points de la courbe. Il s'agit maintenant de les unir par des arcs de cercle qui se raccordent.

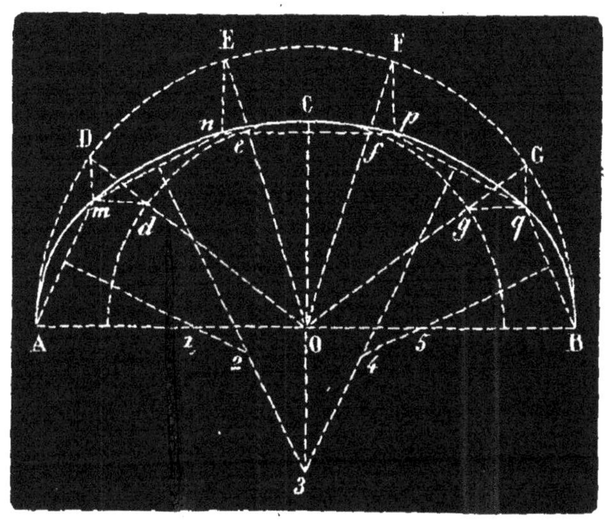

Fig. 183.

Pour cela, élevez au milieu de Am une perpendiculaire qui rencontre AB au point 1, puis au milieu de mn une perpendiculaire qui coupe la précédente au point 2, ainsi de suite; les points 1, 2, 3, 4, 5 seront les centres des arcs à décrire.

Ce procédé réussit d'autant mieux que le nombre des centres est plus grand.

On emploie une autre méthode pour tracer l'anse de panier à trois centres.

Soient AB (fig. 184) l'ouverture et OC la montée. Décrivez une demi-circonférence sur AB comme diamètre; divisez-la en trois parties égales aux points m et n, prolongez OC jusqu'en c et tracez les cordes Am, mc, cn, nB; menez par le point C des parallèles CM, CN aux cordes cm et cn jusqu'à leur rencontre avec les cordes Am et Bn; tracez les rayons mO, nO et menez-leur des parallèles MO', NO' par les points M et N; les points p, O', q seront les centres des arcs.

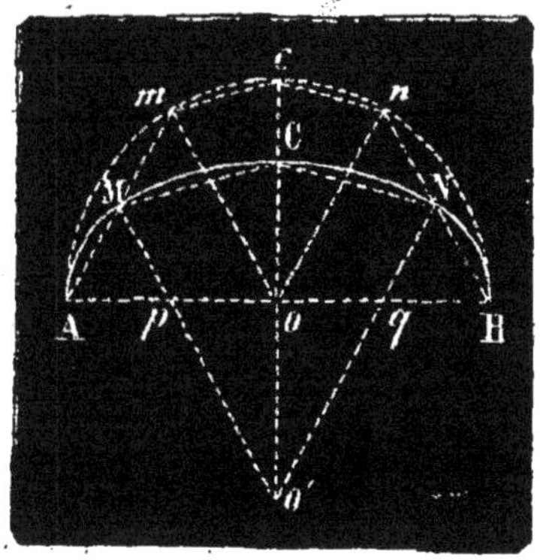

Fig. 184.

Le triangle AmO étant équilatéral, le triangle AMp est aussi équilatéral et l'on a Ap = Mp. L'arc décrit du point p comme centre avec pA pour rayon passera donc par le point M. D'un autre côté MO'C est un triangle isocèle car ses angles sont respectivement égaux à ceux du triangle isocèle mOc comme correspondants ou comme ayant les côtés et parallèles dirigés dans le même sens; donc O'M = H'C : par conséquent l'arc décrit du point O' comme centre avec O'M pour rayon passera par le point C; même raisonnement pour la partie droite de la figure.

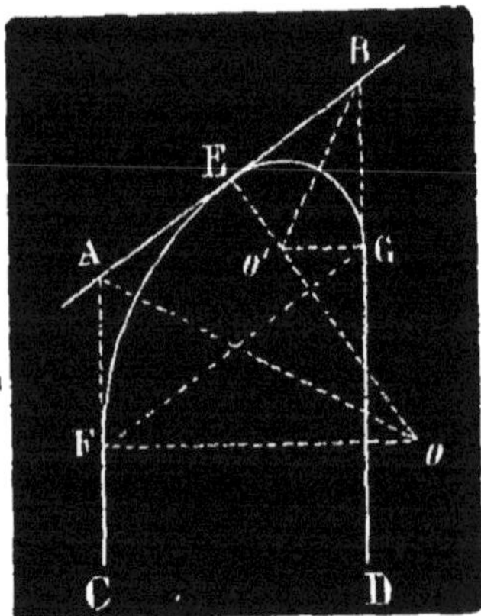

Fig. 185.

283. **Arc rampant.** — On appelle *arc rampant* une arcade destinée à soutenir une rampe. Soient AC, BD (fig. 185), les droites parallèles qui limitent les pieds-droits de l'arcade prolongés jusqu'à la ligne AB parallèle à la rampe et à laquelle le cintre de l'arcade doit être tangent. On choisit ordinairement le milieu E de AB pour point de contact. Les centres des deux arcs dont se compose la courbe doivent se trouver par conséquent sur la perpendiculaire EO, élevée au point E sur la ligne AB. Ils se trouvent d'ailleurs sur les bissectrices AO, BO' des angles CAB et ABD, et, par suite, aux points d'intersection O, O' de ces bissectrices avec EO. On obtient les points de contact F et G avec les pieds-droits en abaissant de O et O' des perpendiculaires OF et O'G sur AC et sur BD.

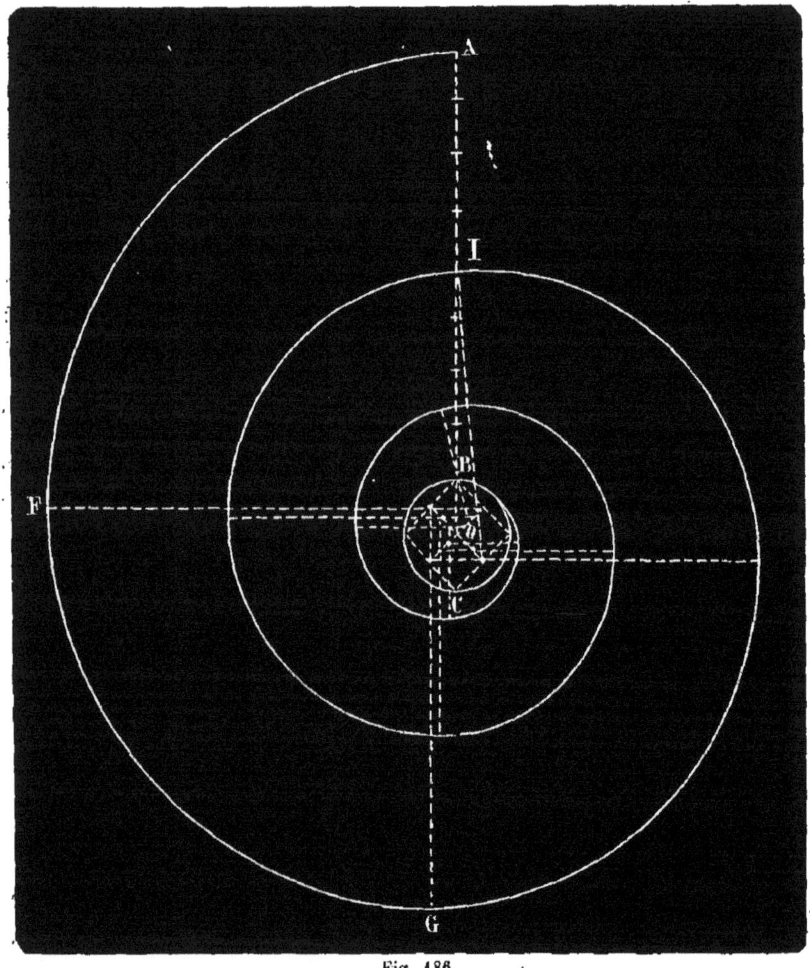

Fig. 186.

La droite FG qui est la ligne de naissance de l'arcade, est parallèle à AB; car les deux droites AF et BG sont égales et parallèles, et le quadrilatère ABGF est un parallélogramme.

284. Volute ionique. — La volute ionique est employée en architecture et dans l'ornementation.

Soit OA (fig. 186) la distance du centre O de la volute à son point de départ A. Divisez OA en 9 parties égales : avec l'une d'elles comme rayon, décrivez un cercle qui sera l'*œil* de la volute. Ce cercle a été tracé en plus grand (fig. 186 *bis*) pour montrer nettement les constructions à faire. Tracez le diamètre BC dans la direction OA et le diamètre DE qui lui est perpendiculaire.

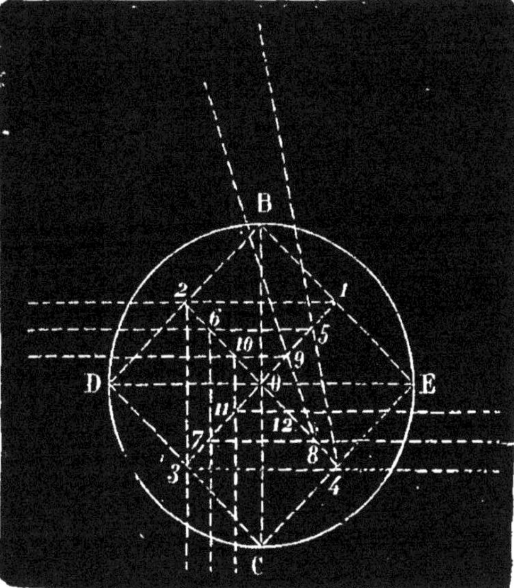

Fig. 186 *bis*.

Menez les cordes EB, BD, DC, CE, dont vous marquerez les milieux 1, 2, 3, 4 ; tracez ensuite les droites O1, O2, O3, O4, que vous diviserez chacune en trois parties égales ; vous numéroterez ensuite les points de division, 5, 6, 7, 8, 9, 10, 11, 12 en tournant autour du point O dans le sens 1, 2, 3, 4 comme le montre la figure. Du point 1 comme centre avec un rayon égal à 1A, décrivez un arc de cercle jusqu'à sa rencontre F avec la droite 1, 2 ; du point 2 comme centre avec 2F pour rayon, traçez un arc jusqu'à sa rencontre G avec la droite 2, 3, ainsi de suite ; ces arcs seront tangents deux à deux puisque leurs centres seront sur une même droite ; le rayon de ces arcs diminue et le dernier arc est sensiblement tangent à l'œil de la volute.

On donne ordinairement une épaisseur à la volute. Pour la déterminer, il suffit de décrire une seconde volute ayant même centre que la première et dont le point de départ est situé au quart de l'intervalle AI à partir du point A. La distance des deux volutes va sans cesse en diminuant à mesure qu'elles approchent de leur centre.

285. Moulures. — On appelle moulures certains ornements saillants que l'on rencontre dans l'architecture.

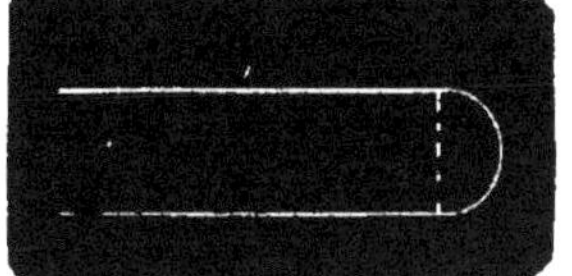
Fig. 187.

On trace une **baguette** (fig. 187) comme nous l'avons expliqué pour l'arcade.

Le **tore** (fig. 188) se trace de la même manière.

Le tracé de la **gorge** (fig. 189) est tout à fait analogue ; mais la demi-circonférence est décrite en dedans.

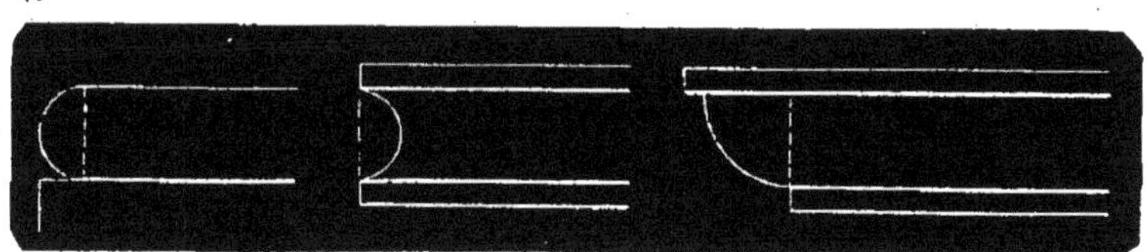
Fig. 188. Fig. 189. Fig. 190.

L'inspection des figures suffira pour faire comprendre comment se tracent le **quart de rond** (fig. 190), **le quart de rond renversé** (fig. 191), le **cavet** (fig. 192), le **cavet renversé** (fig. 193). Le **congé** est un petit cavet qui se trace comme lui et se renverse également.

Les moulures qui précèdent offrent des circonférences tangentes à des droites, les suivantes présentent des circonférences tangentes entre elles.

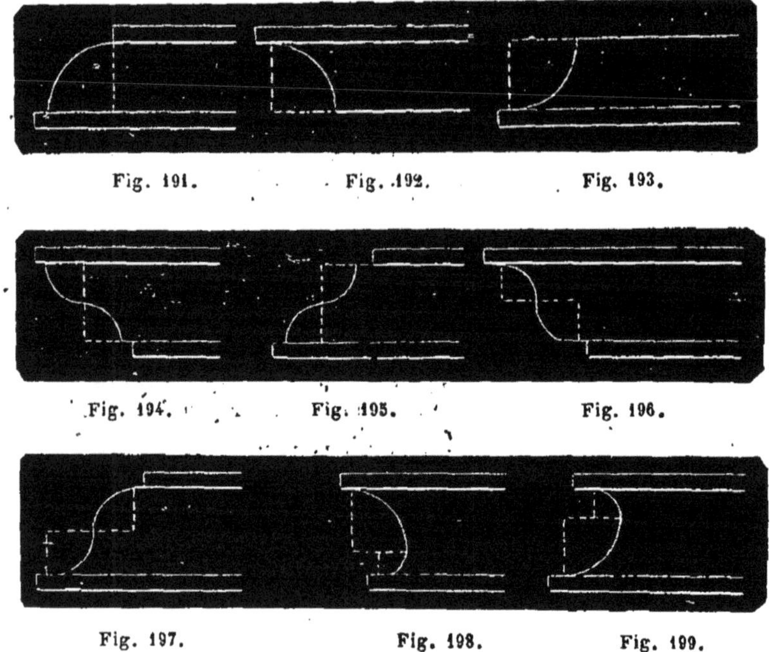

Fig. 191. Fig. 192. Fig. 193.

Fig. 194. Fig. 195. Fig. 196.

Fig. 197. Fig. 198. Fig. 199.

Dans le **talon droit** (fig. 194), le **talon renversé** (fig. 195), la **doucine** (fig. 196), et la **doucine renversée** (fig. 197), les arcs sont tangents intérieurement. Dans la **scotie** (fig. 191) et dans la **scotie renversée** (fig. 199) les arcs, au contraire, sont tangents extérieurement.

EXERCICES

Construire un triangle, connaissant :

136. 1° Les milieux des trois côtés.
137. 2° Deux côtés et une médiane (deux cas).
138. 3° Un côté et deux médianes (deux cas).
139. 4° Les trois médianes.
140. 5° Un côté, un angle adjacent à ce côté et la somme ou la différence des deux autres côtés.
141. 6° Un côté, l'angle opposé à ce côté et la somme ou la différence des deux autres côtés.
142. 7° Le périmètre et les angles.
143. 8° Les angles et la somme de deux côtés.
144. 9° Les pieds des trois hauteurs.
145. 10° Un angle, une hauteur et le périmètre (deux cas).
146. 11° Un côté, un angle adjacent à ce côté et la longueur de la bissectrice de cet angle.
147. 12° Les angles et une hauteur.
148. 13° Un angle, la hauteur et la bissectrice, issues du sommet de cet angle.
149. 14° Un côté, un angle et une hauteur (quatre cas).
150. 15° Deux côtés et une hauteur (deux cas).
151. 16° Un angle et deux hauteurs (deux cas).
152. 17° Un côté et deux hauteurs (deux cas). (Fig. 143.)
153. 18° Un angle, la hauteur et la médiane issues du sommet de cet angle.
154. 19° Les angles et une médiane.
155. 20° Un angle et deux médianes (deux cas).
156. 21° La médiane, la bissectrice et la hauteur issues du même sommet.

157. 22° Le rayon du cercle circonscrit, la bissectrice et la hauteur issues du même sommet.
158. 23° Le rayon du cercle circonscrit, un côté et un angle adjacent.
159. 24° Le rayon du cercle circonscrit et les angles.
160. 25° Le rayon du cercle circonscrit, un côté et une hauteur. (deux cas).
161. 26° Le rayon du cercle inscrit et les angles.
162. 27° Un côté, un angle et le rayon du cercle inscrit (deux cas).
163. 28° Le rayon du cercle inscrit, un angle et la hauteur correspondante.
164. 29° Le rayon du cercle inscrit, le rayon de l'un des cercles ex-inscrits et un angle.
165. 30° Les centres des trois cercles ex-inscrits.

Construire un triangle rectangle, connaissant :

166. 1° Un angle aigu et la somme ou la différence des côtés de l'angle droit.
167. 2° Un côté de l'angle droit et la hauteur abaissée sur l'hypoténuse.
168. 3° La médiane et la hauteur qui tombent sur l'hypoténuse.
169. 4° L'un des angles aigus et le rayon du cercle inscrit.
170. 5° Les rayons des cercles inscrit et circonscrit.
171. 6° La somme des côtés de l'angle droit et le rayon du cercle inscrit.
172. 7° L'hypoténuse et un angle aigu.
173. 8° L'hypoténuse et un côté de l'angle droit.
174. 9° L'hypoténuse et la hauteur correspondante.

Construire un triangle isocèle connaissant :

175. 1° La base et l'angle du sommet.
176. 2° La hauteur et l'angle du sommet.
177. 3° La base et le rayon du cercle inscrit.
178. 4° La base et le rayon du cercle circonscrit.
179. 5° Le périmètre et la hauteur.

Construire un triangle équilatéral, connaissant :

180. 1° La hauteur.
181. 2° Le rayon du cercle inscrit.
182. 3° Le rayon du cercle circonscrit.
183. *Construire un quadrilatère, connaissant les quatre côtés, et l'une des droites qui joignent les milieux de deux côtés opposés.*
184. *Construire un pentagone connaissant les milieux des cinq côtés.*

Construire un parallélogramme, connaissant :

185. 1° Un côté et les deux diagonales.
186. 2° Deux côtés et l'une des diagonales.
187. 3° Deux côtés adjacents et leur angle.
188. 4° Les deux diagonales et leur angle.

Construire un rectangle, connaissant :

189. 1° Un de ses côtés et sa diagonale.
190. 2° Sa diagonale et l'angle qu'elle forme avec l'un des côtés.
191. 3° Un de ses côtés et l'angle de ses diagonales.
192. 4° Son périmètre et sa diagonale.
193. 5° La différence de deux côtés et l'angle des diagonales.

Construire un losange connaissant :

194. 1° Ses deux diagonales.
195. 2° Son côté et l'une des diagonales.
196. 3° Son côté et l'un de ses angles.
197. 4° Un angle et le rayon du cercle inscrit,
198. 5° Un angle et une diagonale.

Construire un carré, connaissant :

199. 1. La diagonale.
200. 2. La somme ou la différence de son côté et de sa diagonale.
201. *Construire un trapèze connaissant les quatre côtés.*

Construire un trapèze isocèle, connaissant :

202 1° La grande base, la hauteur et la longueur des côtés non parallèles.
203 2° Les deux bases et la hauteur.
204. 3° L'une des bases, la hauteur et un angle.
205. 4° Les bases et le rayon du cercle circonscrit.

206. Par un point pris dans le plan d'un cercle mener une sécante telle que la corde interceptée sous-tende le quart de la circonférence.

207. Mener par un point pris dans le plan d'un cercle une sécante qui détermine dans le cercle un segment capable d'un angle donné.

208. Étant données deux circonférences, tracer une sécante telle que les cordes interceptées par les circonférences aient des longueurs données.

Mener une tangente à une circonférence.

209. 1. Parallèle à une droite donnée.
210 2. Perpendiculaire à une droite donnée.
211. 3. Faisant un angle donné avec une droite donnée.

212. Mener par deux points donnés deux parallèles dont la distance soit également donnée.

213. Tracer entre deux circonférences extérieures l'une à l'autre une droite de longueur donnée parallèle à une droite donnée.

214. Par le point d'intersection de deux circonférences tracer une sécante de manière que la somme des cordes interceptées soit égale à une longueur donnée.

215. Circonscrire à un triangle, un triangle égal à un triangle donné.

216. Circonscrire à un triangle, le plus grand triangle équilatéral possible.

217. Étant donné un arc AB sur une circonférence, trouver sur cet arc un point D, tel que la somme des cordes DA et DB soit égale à une longueur donnée.

218. Lieu des milieux des cordes qui concourent à un même point.

219. Lieu des points d'où les tangentes menées à une circonférence sont égales à une longueur donnée.

220. On fait glisser sur deux droites rectangulaires les extrémités de l'hypoténuse d'un triangle rectangle, trouver le lieu géométrique du sommet de l'angle droit.

221. Lieu décrit par le milieu d'une droite finie qui se meut dans un angle droit, de manière que ses extrémités glissent sur les côtés de l'angle.

222. Par l'un des points d'intersection de deux circonférences, mener une sécante qui ait ce point pour milieu.

223. La somme de deux côtés opposés d'un quadrilatère circonscrit à un cercle est égale à la somme des deux autres côtés.

224. Lorsqu'une circonférence est inscrite dans un angle, si l'on mène en un point quelconque du petit arc une tangente terminée aux côtés de l'angle, on obtient un triangle de périmètre constant.

225. Par un point D situé dans un angle BAC mener une sécante telle, que le périmètre du triangle formé par cette ligne et les côtés de l'angle, ait une longueur donnée.

226. Les quatre circonférences qui ont pour cordes les quatre côtés d'un quadrilatère inscriptible se coupent en quatre points qui sont les sommets d'un autre quadrilatère inscriptible.

227. D'un point M pris sur une circonférence O, on abaisse une perpendiculaire MP sur un diamètre quelconque AB; sur le rayon OM, on porte une longueur OD égale à MP; quel est le lieu du point D?

227 *bis*. Dans un triangle à un plus grand côté est opposée une plus petite bissectrice.

227 *ter*. Dans tout triangle, le cercle qui a pour rayon la moitié du rayon du cercle circonscrit et pour centre le milieu de la droite qui joint le point de rencontre des hauteurs au centre du cercle circonscrit, passe, 1° par les milieux des trois côtés, 2° par les pieds des trois hauteurs, 3° par les milieux des distances du point de concours de hauteurs aux trois sommets.

(Cercle des neuf points, Euler).

LIVRE III

LES FIGURES SEMBLABLES

CHAPITRE PREMIER

LIGNES PROPORTIONNELLES

§ I. NOTIONS PRÉLIMINAIRES

286. Deux grandeurs sont proportionnelles lorsque le rapport de deux valeurs distinctes A et B de la première est égal au rapport des valeurs correspondantes C et D de la seconde. On a alors l'égalité :

$$\frac{A}{B} = \frac{C}{D} \qquad (1)$$

que l'on appelle **proportion.**

Le rapport de deux grandeurs de même espèce A et B, longueurs, surfaces, volumes, etc., est égal au rapport des nombres a et b qui mesurent ces grandeurs avec la même unité (n° 222), ce qui se traduit par l'égalité :

$$\frac{A}{B} = \frac{a}{b}.$$

On a de même $\frac{C}{D} = \frac{c}{d}$, si les lettres c et d représentent les nombres qui mesurent C et D.

La proportion (1) peut donc être remplacée par la proportion

$$\frac{a}{b} = \frac{c}{d}. \qquad (2)$$

Nous étendrons les propriétés des proportions numériques aux proportions formées de grandeurs quelconques; mais avec cette condition que nous aurons seulement en vue les nombres qui mesurent ces grandeurs.

Ainsi le produit de deux lignes sera le produit des nombres qui mesurent ces lignes, le carré d'une ligne sera le carré du nombre exprimant la mesure de cette ligne.

287. Dans la proportion (1), si les deux grandeurs considérées sont des longueurs, les quatre termes A, B, C, D représentent des lignes; on dit alors que les deux premières A et B sont *proportionnelles* aux deux dernières C et D, ou que la ligne D est une *quatrième proportionnelle* aux trois premières A, B, C.

Il peut arriver que les valeurs de B et de C soient égales; la proportion (1) devient alors

$$\frac{A}{B} = \frac{B}{D} \qquad (3)$$

Dans ce cas, la ligne D est dite *troisième proportionnelle* aux droites A et B et la ligne B, *moyenne proportionnelle* entre A et D.

La troisième proportionnelle à deux lignes A et B est en réalité une quatrième proportionnelle aux trois lignes A, B, et B dont les deux dernières sont égales.

De la proportion (3) on tire :

$$B^2 = A.D.$$

Donc une ligne est moyenne proportionnelle entre deux autres lorsque son carré est égal au produit des deux autres.

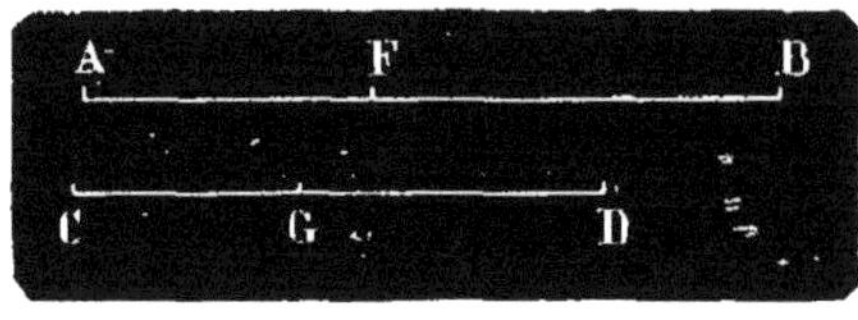

Fig. 200.

De ce qui précède, il résulte que deux droites AB, CD (fig. 200) sont divisées en parties proportionnelles par les points F et G, si le rapport des deux parties de la première est égal au rapport des deux parties de la seconde, c'est-à-dire si l'on a :

$$\frac{AF}{FB} = \frac{CG}{GD}.$$

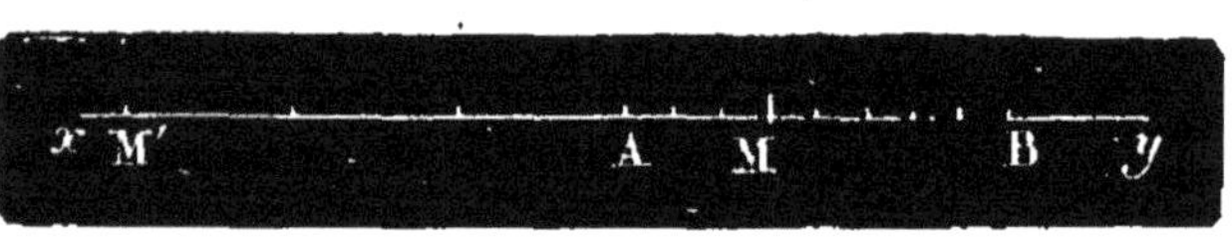

Fig. 201.

288. Problème. — *Étant donnés deux points* A *et* B *sur une droite indéfinie* xy, *trouver sur cette droite un point* M *dont le rapport des distances aux deux points* A *et* B *soit égal au rapport de deux nombres donnés* 3 *et* 5 (fig. 201).

1° Supposons d'abord le point M situé entre A et B. Partageons la droite AB en 5 + 3 ou 8 parties égales, prenons-en 3 à partir du point A, nous aurons le point M tel que $\frac{MA}{MB} = \frac{3}{5}$.

2° Le point M peut être à gauche de A. En effet, si on divise AB en deux parties égales et qu'on porte trois de ces parties à gauche du point A, on obtient le point M' tel que $\frac{M'A}{M'B} = \frac{3}{5}$.

Les points M et M' sont entièrement déterminés, car il n'y a que ces points qui répondent à la question.

La *somme* des distances MA et MB est égale à AB; c'est pourquoi on dit que le point M divise AB en deux *segments additifs* dont le rapport est $\frac{3}{5}$.

La *différence* des distances M'B et M'A est égale à AB; aussi dit-on que le point M' divise la droite AB en deux *segments soustractifs* dont le rapport est $\frac{3}{5}$.

Les segments additifs sont proportionnels aux segments soustractifs, car on peut écrire

$$\frac{MA}{MB} = \frac{M'A}{M'B}.$$

Lorsqu'une droite A B est divisée par deux points M et M' de telle sorte que les segments additifs M A et M B soient proportionnels aux segments soustractifs M'A et M' B, on dit que ces deux points M et M' divisent *harmoniquement* la droite A B ou sont *conjugués harmoniques* par rapport à la droite A B.

Réciproquement les points A et B sont conjugués harmoniques par rapport à la droite M M'.

En effet, dans la proportion précédente, on peut changer l'ordre des moyens et écrire :

$$\frac{MA}{M'A} = \frac{MB}{M'B}$$

ou

$$\frac{AM}{AM'} = \frac{BM}{BM'}$$

ce qui prouve que le rapport des distances du point A aux points M et M' est égal au rapport des distances du point B aux mêmes points M et M'.

THÉORÈME

289. *Si une droite* AB *est divisée harmoniquement par deux points* M *et* N, *la moitié de cette droite est moyenne proportionnelle entre les distances de son milieu* O *aux deux points conjugués* M *et* N. (fig. 202.)

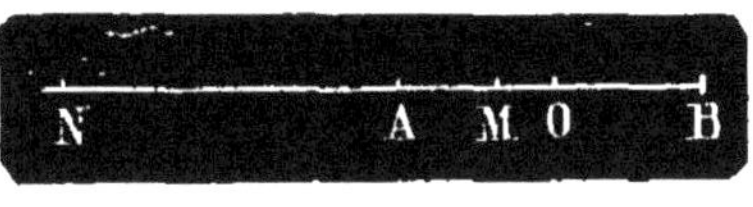

Fig. 202.

On a par hypothèse :

$$\frac{NB}{NA} = \frac{MB}{MA}.$$

Or, dans toute proportion la somme des deux premiers termes divisée par la somme des deux derniers est égale à la différence des deux premiers divisée par la différence des deux derniers.

Donc

$$\frac{NB + NA}{MB + MA} = \frac{NB - NA}{MB - MA}. \qquad (1)$$

Mais

$$NB + NA = 2NO$$

$$MB + MA = AB = 2AO$$

$$NB - NA = AB = 2AO$$

$$MB - MA = 2MO.$$

La proportion (1) peut donc s'écrire

$$\frac{2NO}{2AO} = \frac{2AO}{2MO}$$

ou

$$\frac{NO}{AO} = \frac{AO}{MO}. \qquad \text{C. Q. F. D.}$$

290. Réciproquement. — *Si la moitié d'une droite* AB *est moyenne proportionnelle entre les distances du milieu* O *de cette ligne à deux points* M *et* N *pris sur sa direction du même côté du point* O, *les points* M *et* N *divisent harmoniquement la droite* AB (fig. 202).

On a par hypothèse :

$$\frac{NO}{AO} = \frac{AO}{MO}.$$

On tire de là

$$\frac{NO + AO}{NO - AO} = \frac{AO + MO}{AG - MG}$$

ou

$$\frac{NB}{NA} = \frac{MB}{MA}. \qquad \text{C. Q. F. D.}$$

§ II. DROITES COUPÉES PAR DES PARALLÈLES.

THÉORÈME

291. *Toute ligne droite* DF, *parallèle à l'un des côtés* AC *d'un triangle* ABC, *divise les deux autres côtés* BA *et* BC *en parties proportionnelles* (fig. 203).

Supposons que le rapport $\frac{BD}{DA}$ soit égal à $\frac{3}{2}$; il en résulte (n° 223) que les droites BD et DA ont une commune mesure contenue trois fois dans BD et deux fois dans DA. Si l'on divise BA en cinq parties égales, il y aura trois de ces parties dans BD et deux dans DA. Par les points de division G, H, K, je mène des parallèles à AC, qui vont couper le côté BC aux points L, M, N, et je dis que les segments BL, LM, MF, FN, NC, sont égaux. Considérons-en deux quelconques, BL et MF, par exemple; si l'on mène par le point M une parallèle MP à BA jusqu'à sa rencontre avec DF, on obtient un triangle MPF qui est égal au triangle BGL. Ces triangles ont en effet les côtés MP et BG égaux, car BG = DH, par construction, et les droites MP, DH sont égales comme côtés opposés d'un parallélogramme ; de plus les angles PMF et GBL sont égaux comme correspondants et les angles MPF et BGL sont égaux comme ayant les côtés parallèles et dirigés dans un même sens.

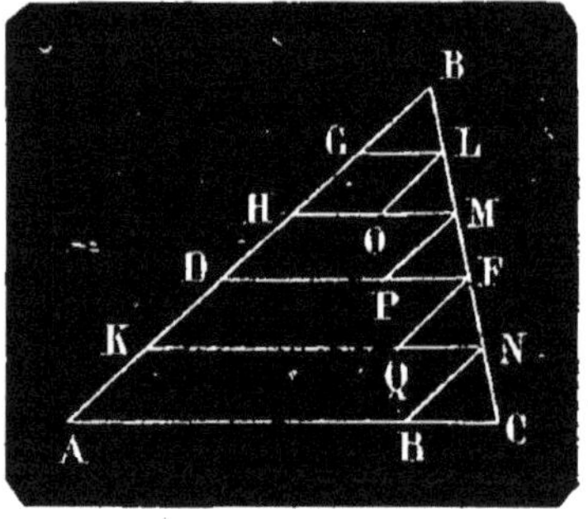

Fig. 203.

Les triangles considérés sont égaux parce qu'ils ont un côté égal, adjacent à deux angles égaux chacun à chacun. On en conclut que MF est égal à BL. On prouverait de la même manière que BL est égal à tous les autres segments. Or il y a trois de ces segments dans BF et deux dans FC.

Donc

$$\frac{BF}{FC} = \frac{3}{2}.$$

Par suite

$$\frac{BD}{DA} = \frac{BF}{FC}. \qquad (1) \qquad \text{C. Q. F. D.}$$

292. Remarque. — On peut comparer chaque segment au côté tout entier. On a :

$$\frac{BD}{BA} = \frac{3}{5}, \quad \frac{BF}{BC} = \frac{3}{5},$$

et par suite

$$\frac{BD}{BA} = \frac{BF}{BC}. \qquad (2)$$

De même

$$\frac{DA}{BA} = \frac{FC}{BC}. \qquad (3)$$

En changeant l'ordre des moyens dans les trois proportions (1), (2) et (3), on a successivement :

$$\frac{BD}{BF} = \frac{DA}{FC}, \quad \frac{BD}{BF} = \frac{BA}{BC}, \quad \frac{DA}{FC} = \frac{BA}{BC}.$$

Ces proportions ayant deux à deux un rapport commun, on peut écrire :

$$\frac{BD}{BF} = \frac{DA}{FC} = \frac{BA}{BC}.$$

293. Corollaire I. — *Si l'on mène plusieurs parallèles* DF, GH, KL *à la base* AC *d'un triangle* ABC (fig. 204), *les segments* BD, DG, GK, KA, *qu'elles déterminent sur le côté* BA *sont proportionnels aux segments* BF, FH, HL, LC, *déterminés sur le côté* BC.

En effet, d'après la remarque précédente (n° 292) on peut écrire :

$$\frac{BD}{BF} = \frac{DG}{FH} = \frac{GK}{HL} = \frac{KA}{LC} = \frac{AB}{BC}.$$

C. Q. F. D.

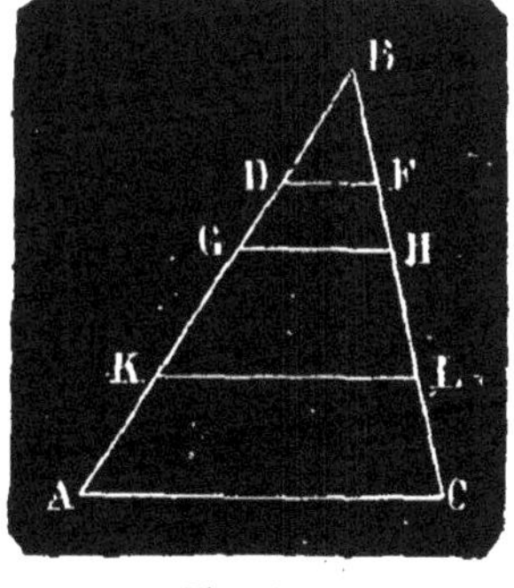

Fig. 204.

294. Corollaire II. — *Les segments déterminés par plusieurs parallèles* AC, FG, HK, BD *sur une droite* AB *sont proportionnels aux segments que les mêmes parallèles déterminent sur une autre droite quelconque* CD (fig. 205).

Menons par le point A une parallèle AN à CD et soient L, M, N les points où elle coupe les parallèles. Dans le triangle BAN, on a :

$$\frac{AF}{AL} = \frac{FH}{LM} = \frac{HB}{MN}.$$

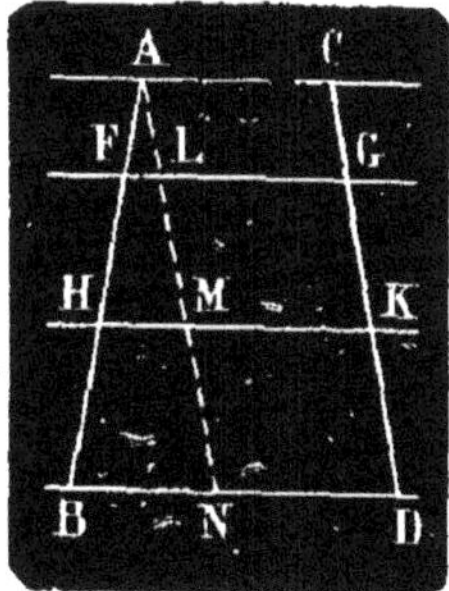

Fig. 205.

Or AL = CG, LM = GK, MN = KD, comme côtés opposés de parallélogrammes, donc

$$\frac{AF}{CG} = \frac{FH}{GK} = \frac{HB}{KD}.$$

295. Corollaire III. — *Lorsque les côtés d'un angle* AOB *et leurs prolongements sont coupés par deux parallèles* AB, CD, *le rapport des distances* *du sommet aux points où chaque côté est rencontré par les parallèles est constant* (fig. 206)

Menons par les points C et O, des parallèles CG et OF aux droites DB et AB. Le triangle ACG, dont deux côtés CA et CG sont coupés par une parallèle OF au troisième côté, donne :

$$\frac{OA}{OC} = \frac{FG}{CF}.$$

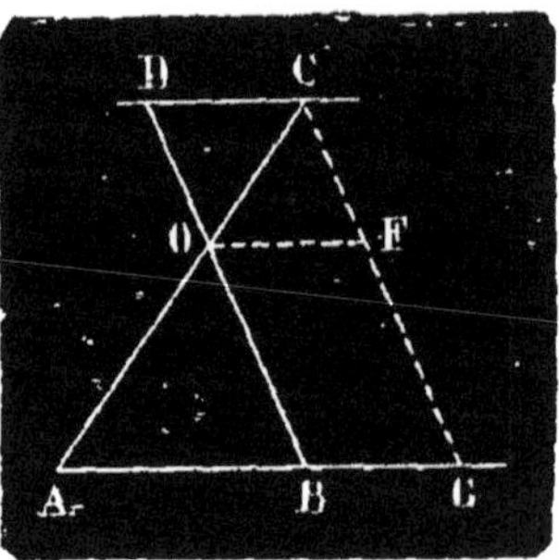

Fig. 206.

Mais

$$FG = OB \text{ , } CF = OD,$$

donc

$$\frac{OA}{OC} = \frac{OB}{OD}.$$

C. Q. F. D.

THÉORÈME

296. *Toute droite* DF *qui divise en parties proportionnelles deux côtés* AB *et* BC *d'un triangle* ABC *est parallèle au troisième côté* AC (fig. 207).

Par hypothèse on a :

$$\frac{BD}{BA} = \frac{BF}{BC}. \qquad (1)$$

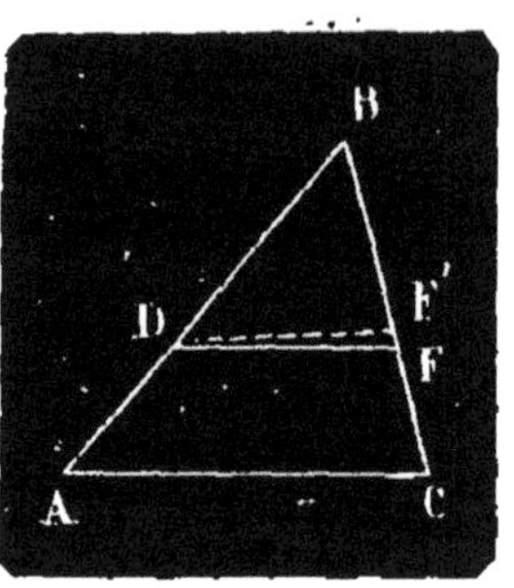

Fig. 207.

Menons par le point D une parallèle à AC et appelons F′ le point où elle rencontre BC. D'après le théorème précédent, on peut écrire :

$$\frac{BD}{BA} = \frac{BF'}{BC}. \qquad (2)$$

En comparant les proportions (1) et (2) on voit que BF′ = BF, c'est-à-dire que le point F′ tombe au point F.

La droite DF′ se confondant avec DF, on en conclut que DF est parallèle à AC.

C. Q. F. D.

THÉORÈME

297. *Dans tout triangle* ABC, *la bissectrice* BF *de l'angle intérieur* ABC *partage le côté opposé* AC *en deux segments* AF *et* FC *dont le rapport est égal à celui des deux autres côtés* AB *et* BC *du triangle* (fig. 208

Si l'on mène par le point A une parallèle AD à la bissectrice BF, et qu'on la prolonge jusqu'à ce qu'elle rencontre CB en un point D, on obtient un triangle ADC, dans lequel la droite BF est parallèle au côté AD. Cette droite BF divise donc en parties proportionnelles les deux autres côtés CA et CD. On a alors

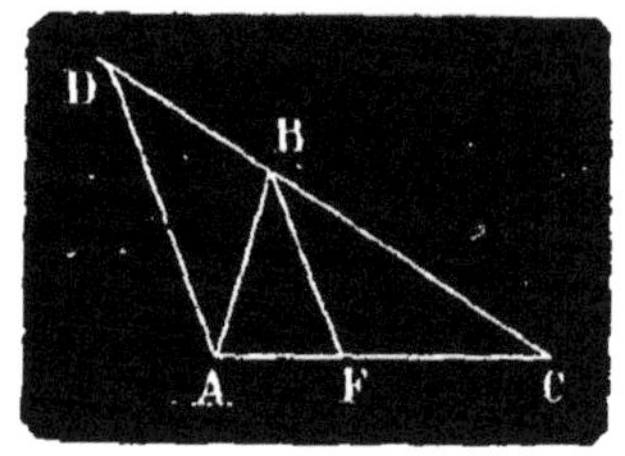

Fig. 208.

$$\frac{AF}{FC} = \frac{DB}{BC}. \qquad (1)$$

Je dis maintenant que le triangle ADB est isocèle. En effet, les angles BAD et ABF sont égaux comme alternes-internes, à cause des parallèles AD, BF coupées par la sécante AB; les angles ADB et FBC sont égaux comme correspondants, par rapport aux mêmes parallèles coupées par la sécante DB. Mais les deux angles ABF et FBC sont égaux comme étant chacun la moitié de l'angle ABC; donc l'angle BAC est égal à l'angle BDA.

Il en résulte que AB = BD.

Dans la proportion (1), on peut remplacer BD par son égal AB et il vient

$$\frac{AF}{FC} = \frac{AB}{BC}. \qquad \text{C. Q. F. D.}$$

298. Remarque. Le théorème que l'on vient de démontrer peut s'énoncer ainsi :

Lorsqu'on mène la bissectrice d'un angle intérieur d'un triangle, elle rencontre le côté opposé en un point dont le rapport des distances aux extrémités de ce côté est égal au rapport des deux autres côtés du triangle.

299. Réciproquement. — *Si une droite* BF *issue du sommet* B *d'un triangle* ABC *rencontre le côté opposé* AC *en un point* F *situé entre* A *et* C *et tel que le rapport* $\frac{AF}{FC}$ *soit égal au rapport* $\frac{AB}{BC}$ *cette droite est bissectrice de l'angle* ABC (fig. 208).

En effet, il n'existe qu'un point F situé entre A et C qui divise AC dans le rapport de AB à BC (n° 288) et la bissectrice de l'angle ABC aboutit à ce point.

THÉORÈME

300. *Dans tout triangle* ABC, *la bissectrice* BF *d'un angle extérieur* ABD *rencontre le prolongement du côté opposé* CA *en un point* F *dont le rapport des distances* FA *et* FC *aux extrémités de ce côté est égal au rapport des deux autres côtés du triangle* (fig. 209).

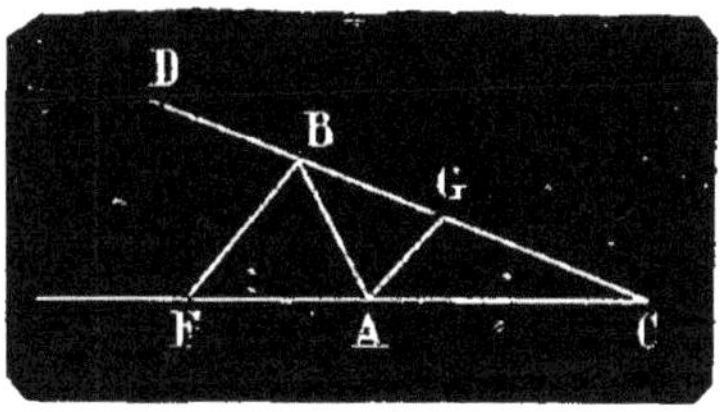

Fig. 209.

Si on mène par le point A une parallèle AG à la bissectrice FB, on a dans le triangle FBC

$$\frac{FA}{FC} = \frac{BG}{BC}. \qquad (1)$$

Or, le triangle ABG est isocèle, car les deux angles BAG et ABF, BGA et DBF, sont respectivement égaux, les premiers comme angles alternes-internes par rapport aux parallèles AG, FB coupées par la sécante AB, et les derniers comme angles correspondants, à cause des mêmes parallèles et de la sécante GD. Il en résulte que BG = AB.

La proportion précédente devient donc :

$$\frac{FA}{FC} = \frac{AB}{BC}.$$

301. Réciproquement. — *Si une droite* BF, *issue du sommet* B *d'un triangle, rencontre le prolongement du côté opposé* CA *en un point* F *tel que le rapport* $\frac{FA}{FC}$ *soit égal au rapport* $\frac{AB}{BC}$, *cette droite est bissectrice de l'angle extérieur* ABD (fig. 209).

En effet, il n'existe sur le prolongement de CA qu'un point D dont le rapport des distances aux deux points A et C soit égal au rapport de AB à BC, (n° 228) et la bissectrice de l'angle extérieur ABD passe par ce point.

302. Remarque. — Si dans un triangle ABC (fig. 210) on mène la bissectrice BF de l'angle intérieur ABC et la bissectrice BF' de l'angle supplémentaire de ABC, on a :

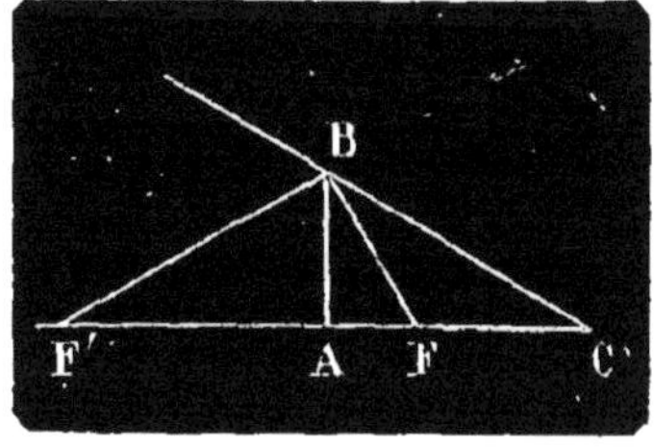

Fig. 210.

$$\frac{FA}{FC} = \frac{F'A}{F'C}.$$

Cette égalité montre que les points F et F' divisent harmoniquement la droite AC, ou sont conjugués harmoniques par rapport à AC.

303. Problème. — *Connaissant les trois côtés d'un triangle* ABC, *calculer les segments additifs et les segments soustractifs déterminés sur le côté* AC *par la bissectrice* BF *de l'angle intérieur* ABC *et par la bissectrice* BF' *de l'angle extérieur* ABD (fig. 210).

1° *Calcul des segments additifs.*

Si l'on désigne les côtés du triangle par a, b, c, on a

$$\frac{FA}{c} = \frac{FC}{a}$$

d'où l'on tire

$$\frac{FA + FC}{a + c} = \frac{FA}{c} = \frac{FC}{a}$$

ou

$$\frac{b}{a + c} = \frac{FA}{c} = \frac{FC}{a}$$

et, par suite,

$$FA = \frac{bc}{a + c}$$

$$FC = \frac{ab}{a + c}$$

2° *Calcul des segments soustractifs.*

On a

$$\frac{F'C}{a} = \frac{F'A}{c}.$$

D'où l'on tire

$$\frac{F'C - F'A}{a - c} = \frac{F'C}{a} = \frac{F'A}{c}$$

ou

$$\frac{b}{a - c} = \frac{F'C}{a} = \frac{F'A}{c}$$

et, par suite,

$$F'C = \frac{ab}{a - c}$$

$$F'A = \frac{bc}{a - c} \cdot$$

THÉORÈME

304. — *Le lieu géométrique des points dont les distances à deux points donnés sont dans un rapport constant* $\frac{m}{n}$, *est une circonférence.*

Soient A et B (fig. 211) les deux points donnés; si l'on détermine sur la ligne AB les deux points conjugués M et N par rapport à AB et tels que $\frac{MA}{MB} = \frac{NA}{NB} = \frac{m}{n}$, ces deux points appartiennent au lieu cherché et sont les seuls de la direction AB qui répondent à la question.

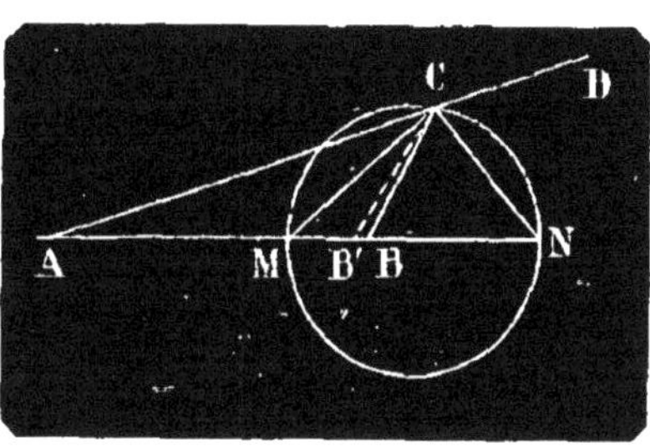

Fig. 211.

Soit C un point quelconque du lieu; traçons les droites CA, CB, CM, CN. On a, par hypothèse :

$$\frac{CA}{CB} = \frac{m}{n}.$$

Il résulte de là que

$$\frac{MA}{MB} = \frac{NA}{NB} = \frac{CA}{CB}.$$

Donc, les droites CM et CN sont les bissectrices de l'angle ACB et de son supplément BCD (nos 299 et 301.)

Or l'angle formé par les bissectrices de deux angles supplémentaires est droit. Le point C est donc le sommet d'un angle droit MCN dont les côtés passent constamment par deux points fixes M et N; il est donc situé sur la circonférence décrite sur MN comme diamètre (n° 247).

305. **Réciproquement.**—Pour tout point C de cette circonférence, le rapport des distances CA et CB est égal à $\frac{m}{n}$. En effet, après avoir tracé les droites CA, CM, CN, je mène par le point C une droite CB' qui fasse avec CM un angle MCB' égal à l'angle MCA. La droite CM est bissectrice de l'angle ACB' du triangle AB'C; CN étant perpendiculaire à CM est bissectrice de l'angle extérieur B'CD.

On a donc

$$\frac{MA}{MB'} = \frac{NA}{NB'}$$

d'où

$$\frac{MA}{NA} = \frac{MB'}{NB'} \cdot \qquad (1)$$

or de la relation

$$\frac{MA}{MB} = \frac{NA}{NB}$$

on tire

$$\frac{MA}{NA} = \frac{MB}{NB} \cdot \qquad (2)$$

Les égalités (1) et (2) prouvent que le point B′ coïncide avec le point B, car il n'y a entre M et N qu'un point qui divise la droite MN en deux parties dont le rapport soit $\frac{MA}{NA}$.

On a alors évidemment

$$\frac{CA}{CB} = \frac{MA}{MB} = \frac{m}{n} \qquad \text{C. Q. F. D.}$$

§ III. DROITES COUPÉES PAR DES ANTI-PARALLÈLES

306. On dit que deux droites tracées entre les côtés d'un angle ou leurs prolongements sont *anti-parallèles* lorsque la première fait avec l'un des côtés de l'angle donné un angle égal à celui que fait la seconde droite avec l'autre côté.

Ainsi les droites AB et CD (fig. 212) sont anti-parallèles par rapport à l'angle AOB si l'angle OAB que fait AB avec OA est égal à l'angle ODC de la droite CD avec l'autre côté OB.

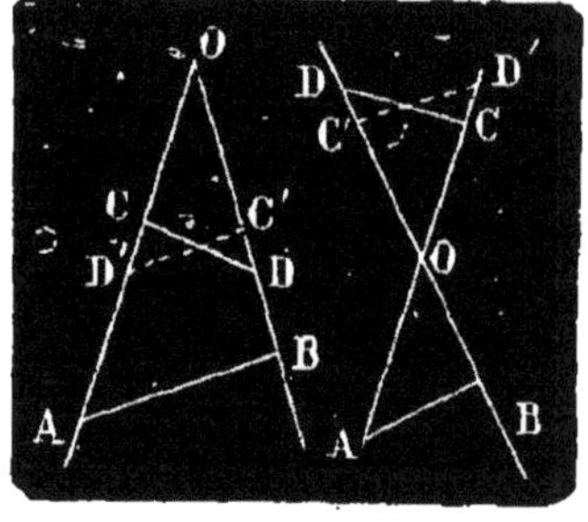

Fig. 212.

Cette dénomination de **anti-parallèles** vient de ce que, si l'on fait tourner le triangle COD autour du sommet O, de manière que OC prenne la direction OB et OD la direction OA, la droite CD prend la position C′D′ parallèle à AB. En effet les angles OD′C′ et OAB sont égaux par hypothèse ; ils sont ou correspondants, ou alternes-internes par rapport aux droites AB et D′C′ et la sécante OA ; donc leurs côtés AB et D′C′ sont parallèles.

THÉORÈME

307. *Lorsque les côtés d'un angle ou leurs prolongements sont coupés par deux droites anti-parallèles, le produit des distances du sommet de l'angle aux points où chaque côté est rencontré par les anti-parallèles est constant.*

En effet (fig. 212) on a :

$$\frac{OD'}{OA} = \frac{OC'}{OB}$$

Mais

$$OD' = OD \ , \ OC' = OC$$

donc

$$\frac{OD}{OA} = \frac{OC}{OB}$$

d'où

$$OD \times OB = OA \times OC$$ C. Q. F. D.

RÉCIPROQUE

308. *Si les côtés d'un angle ou leurs prolongements sont coupés par deux droites telles que le produit des distances du sommet de l'angle aux points où chaque côté est rencontré par ces droites soit constant, ces droites sont anti-parallèles.*

Soient les droites AB et CD (fig. 213) qui coupent les côtés de l'angle AOB de telle sorte que l'on ait

$$OC \times OA = OD \times OB. \quad (1)$$

je dis que AB et CD sont anti-parallèles.

En effet, je mène par le point D une anti-parallèle à AB ; elle rencontre OA en C′ et l'on a :

$$OC' \times OA = OD \times OB. \quad (2)$$

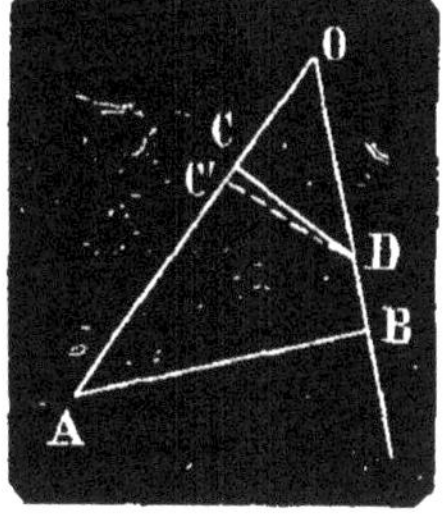

Fig. 213.

En comparant les égalités (1) et (2), on voit que OC′ = OC. Donc DC′ se confond avec DC. Donc DC et AB sont anti-parallèles.

On ferait la même démonstration pour le cas où l'une des anti-parallèles rencontre les prolongements des côtés de l'angle.

309. Remarque. — Les anti-parallèles peuvent se couper sur l'un des côtés de l'angle (fig. 214). Alors les segments déterminés sur ce côté par les anti-parallèles sont égaux et l'on peut écrire :

$$OA \times OA = OB \times OC$$

ou

$$\overline{OA}^2 = OB \times OC.$$

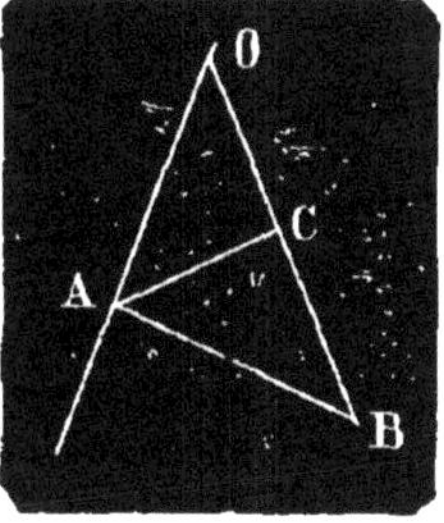

Fig. 214.

Donc OA est moyenne proportionnelle entre OB et OC.

La réciproque de cette proposition se démontrerait de la même manière que la précédente.

§ IV. LIGNES PROPORTIONNELLES DANS LE CERCLE.

THÉORÈME

310. *Si par un point pris dans le plan d'un cercle on mène deux sécantes à ce cercle, le produit des distances de ce point aux deux points où la circonférence rencontre la même sécante est constant.*

1° *Le point est à l'intérieur du cercle.*

Soient les sécantes AB et CD qui se coupent en O (fig. 215); traçons les droites AC et BD; les angles inscrits CAB et BDC sont égaux comme ayant pour mesure la moitié du même arc BC; donc les lignes AC et BD sont anti-parallèles par rapport à l'angle AOC et son opposé par le sommet BOD; par conséquent :

$$OA \times OB = OC \times OD$$ C. Q. F. D.

2° *Le point* O *est en dehors du cercle.*

Les droites OA, OB, (fig. 216) sont les deux sécantes partant du point O; si l'on trace AD et BC, ces droites sont encore anti-parallèles, car les angles OAD et OBC sont égaux comme inscrits et ayant pour mesure la moitié du même arc CD.

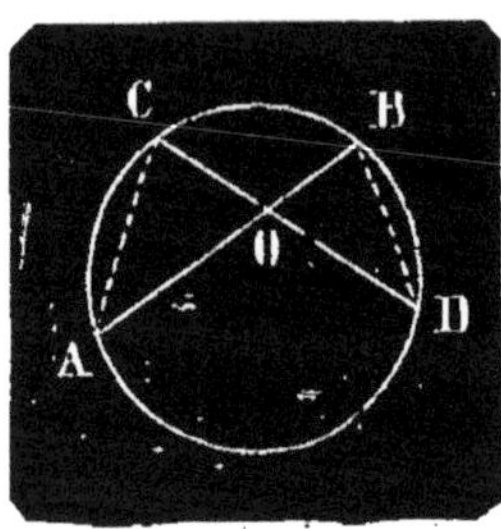

Fig. 215.

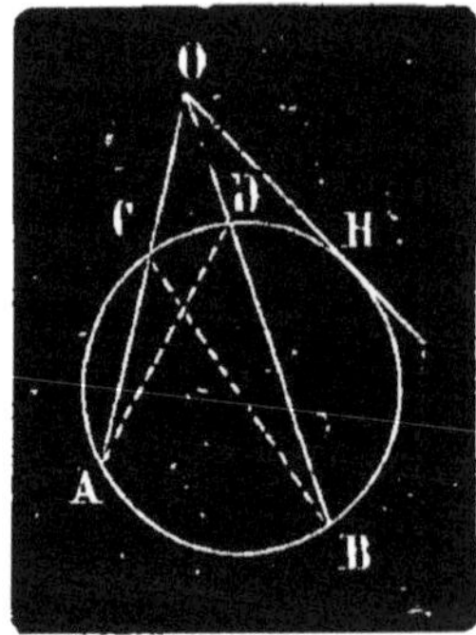

Fig. 216.

Donc

$$OC \times OA = OD \times OB.$$

311. **Remarque.** — Si l'on fait tourner la sécante OB autour du point O, le théorème est toujours vrai quelque rapprochés que soient les points d'intersection B et D ; il est donc encore vrai lorsque ces points se confondent, c'est-à-dire lorsque la sécante coïncide avec la tangente OH menée du point O. On a alors :

$$\overline{OH}^2 = OA \times OC.$$

Donc : *Si d'un point extérieur à un cercle on mène une tangente et une sécante à ce cercle la tangente est moyenne proportionnelle entre la sécante entière et sa partie extérieure.*

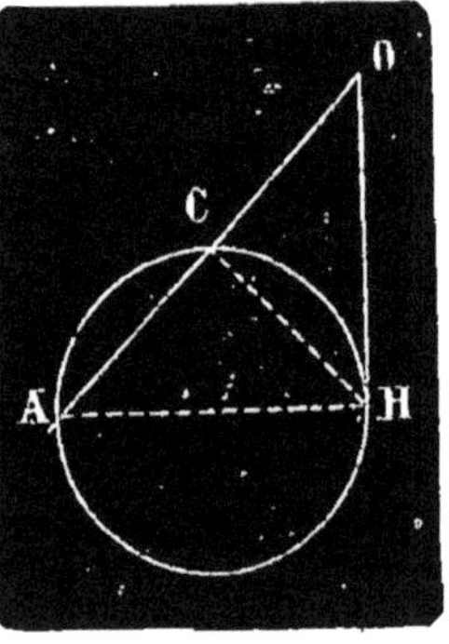

Fig. 217.

Cette proposition peut d'ailleurs se démontrer directement :

Soient en effet une tangente OH et une sécante OA issues du même point O (fig. 217). Traçons les droites AH, CH.

Les angles OAH et OHC sont égaux comme ayant pour mesure la moitié du même arc HC. Il en résulte que les droites AH et HC sont anti-parallèles.

Donc

$$\overline{OH}^2 = OA \times OC.$$

Réciproquement. — *Si deux droites* AB, CD (fig. 215) *se coupent en un point* O *et que l'on ait* $OA \times OB = OC \times OD$ *les quatre points* A, C, B, D *sont situés sur une même circonférence.*

En effet, les droites AC et BD sont anti-parallèles (n° 308), et les angles ACD et ABD sont égaux.

De sorte que si l'on décrit une circonférence passant par les points D, A, C, cette circonférence passera par le point B.

De même si l'on a (fig. 216) $OC \times OA = OD \times OB$, les droites AD, BC sont anti-parallèles (n° 308), et les angles CAD, CBD sont égaux ; le point B se trouve donc sur la circonférence passant par les trois points A, C, D.

Enfin supposons que l'on ait (fig. 217) $\overline{OH}^2 = OC \times OA$; les droites HC, HA sont anti-parallèles, et les angles OHC, OAH sont égaux. Si l'on décrit par les points C, H une circonférence tangente à OH, cette circonférence passera par le point A.

THÉORÈME

312. *La perpendiculaire* CD *abaissée d'un point d'une circonférence sur un diamètre* AB *est moyenne proportionnelle entre les deux segments* AD *et* DB *qu'elle détermine sur ce diamètre* (fig. 218).

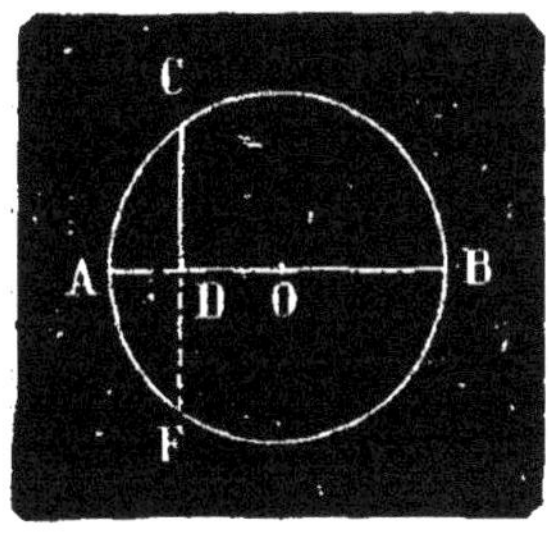

Fig. 218.

Si l'on prolonge la perpendiculaire CD jusqu'à la circonférence en F, on a : (n° 310)

$$CD \times DF = AD \times DB.$$

Or,

$$CD = DF,$$

donc

$$\overline{CD}^2 = AD \times DB$$

C. Q. F. D.

EXERCICES

228. Deux points A et B d'une droite indéfinie xy sont distants de 100^m; trouver, sur cette droite, un point M dont le rapport des distances aux deux points A et B soit égal au rapport des nombres 4 et 7.

229. Deux côtés AB et AC d'un triangle ABC ont respectivement 85^m et 54^m; par un point D situé sur AB, à 26^m30 du sommet, on mène une parallèle au 3e côté BC; calculer la longueur des segments qu'elle détermine sur le côté AC.

230. Deux côtés AB et AC d'un triangle ABC ont respectivement 100^m et 82^m; on prend sur AB, à partir du point A, des longueurs respectivement égales à 20^m, 45^m, 72^m et l'on mène par les points obtenus des parallèles au côté BC; calculer les segments qu'elles déterminent sur le côté AC.

231. Deux côtés AB et AC d'un triangle ABC ont respectivement 100^m et 85^m; on prend sur AB un segment AD de 44^m et sur AC un segment AF de 37^m40; on joint D et F; la droite DF est-elle parallèle à BC ?

232. Dans un triangle ABC on a $AB = 30^m$, $AC = 65^m$, $BC = 80^m$; calculer les segments additifs et soustractifs déterminés sur le côté BC par les bissectrices de l'angle A et de son supplément.

233. Étant donné un triangle ABC, on joint par des droites les milieux D, E, F des côtés AB, AC, BC; on partage DE en parties inversement proportionnelles aux côtés AB et AC, on joint le point obtenu G au point F, démontrer que GF est la bissectrice de l'angle F du triangle DEF.

234. Trouver le lieu géométrique des points qui divisent dans un rapport donné $\frac{m}{n}$ toutes les droites partant d'un point donné A et aboutissant aux différents points d'une circonférence.

235. Les côtés adjacents d'un quadrilatère sont égaux deux à deux. Démontrer que ce quadrilatère est constamment tangent à deux circonférences. Quel est le lieu géométrique des centres de ces circonférences à mesure que l'on déforme le quadrilatère, l'un des côtés restant fixe.

236. Par l'un des points d'intersection de deux circonférences mener une une sécante telle que le rapport des cordes obtenues soit égal au rapport de deux droites données m et n.

237. Étant donné un arc AB sur une circonférence, trouver sur cet arc un point D tel que le rapport des cordes DA et DB soit égal au rapport de deux droites données m et n.

238. Trouver le lieu géométrique des points d'un plan, également éclairés par deux foyers lumineux placés dans ce plan, et dont les intensités à l'unité de distance sont représentées par les nombres a et b.

(Les intensités lumineuses sont inversement proportionnelles aux carrés des distances.)

239. Trouver le lieu géométrique des points d'où l'on voit sous un même angle donné deux cercles donnés.

240. Par un point A pris dans le plan d'un cercle, on mène à ce cercle une sécante ABC, sur laquelle on prend un point M tel qu'on ait : $AM \times AC = K^2$; quel est le lieu géométrique du point M ?

241. Sur la droite OA qui joint un point donné O à un point quelconque A d'une ligne droite indéfinie xy, on porte une longueur OM telle que $OM \times AO = K^2$. Quel est le lieu géométrique du point M ?

242. Par un point pris dans le plan d'un cercle, lui mener une sécante telle que le produit de la sécante entière, par sa partie intérieure, soit égal à un carré donné K^2.

243. Étant donné un cercle O de 25^m de rayon et un point A, à 40^m du centre, calculer la longueur de la tangente menée du point A au cercle.

244. Le diamètre d'un cercle a 30^m; on le divise en 3 parties égales; calculer la longueur des perpendiculaires élevées aux points de division jusqu'à la circonférence.

245. Étant donnés trois points en ligne droite, on fait passer une circonférence de rayon quelconque par deux points consécutifs et l'on mène par le troisième une tangente à cette circonférence; quel est le lieu du point de contact ?

246. On donne un cercle et un point sur la circonférence; mener par ce point une tangente telle que sa longueur soit double de la partie extérieure d'une sécante passant au centre et par l'extrémité de la tangente.

CHAPITRE II

POLYGONES SEMBLABLES

§ I. TRIANGLES SEMBLABLES

313. Deux polygones d'un même nombre de côtés sont **semblables** lorsqu'ils ont les angles égaux et les côtés homologues proportionnels.

On appelle côtés **homologues** ceux qui sont adjacents à des angles respectivement égaux; ces angles eux-mêmes sont dits **angles homologues.** Le rapport de deux côtés homologues quelconques est le *rapport de similitude* des deux polygones.

Ainsi les deux polygones ABCDE, A'B'C'D'E' (fig. 219) qui satisfont aux deux conditions

$$A = A', \ B = B', \ C = C', \ D = D', \ E = E'.$$

$$\frac{AB}{A'B'} = \frac{BC}{B'C'} = \frac{CD}{C'D'} = \frac{DE}{D'E'} = \frac{EA}{E'A'}$$

sont semblables.

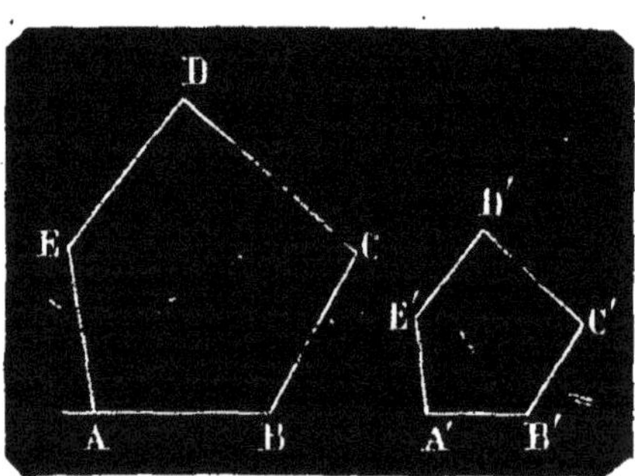

Fig. 219.

AB et A'B' sont deux côtés homologues, parce que les angles A et B sont respectivement égaux aux angles A' et B'.

Les angles A et A', B et B' sont homologues.

La valeur numérique du rapport $\frac{AB}{A'B'}$ est le rapport de similitude des deux polygones.

314. Remarque. — Dans deux triangles semblables ABC, A'B'C', (fig. 220) deux côtés homologues quelconques AB et A'B' sont opposés à des angles égaux C et C'.

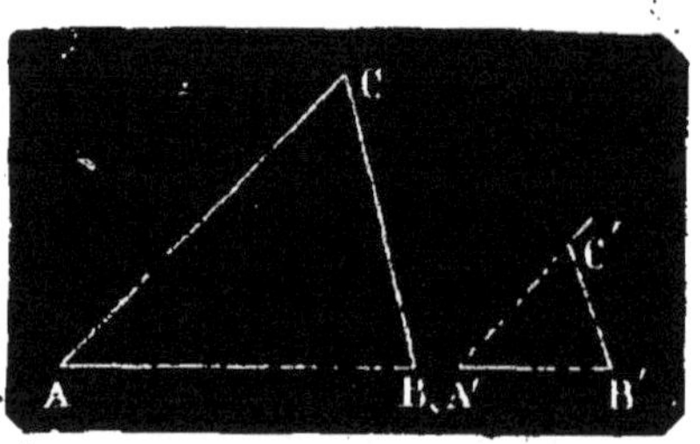

Fig. 220.

THÉORÈME

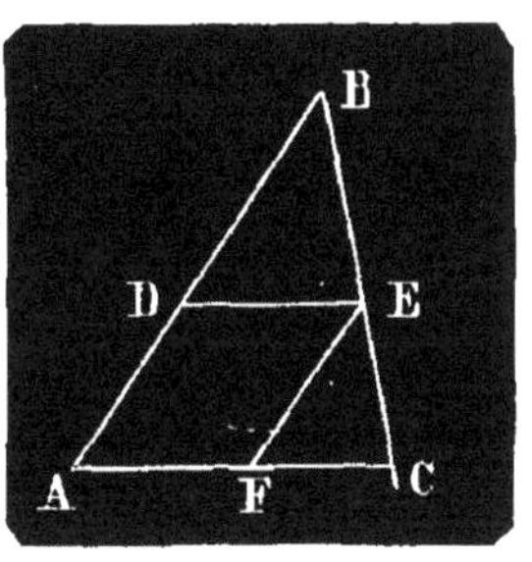

Fig. 221.

315. *Si l'on coupe un triangle* ABC (fig. 221) *par une parallèle* DE *à l'un des côtés* AC, *on détermine un second triangle* DBE *semblable au premier.*

1° *Les deux triangles ont leurs angles respectivement égaux.*

L'angle B est commun; les angles BDE et BAC sont égaux comme correspondants, ainsi que les angles BED et BCA.

2° *Les côtés homologues sont proportionnels.*

A cause de la parallèle DE au côté AC, on a : (n° 291)

$$\frac{BD}{BA} = \frac{BE}{BC} \qquad (1)$$

Si l'on mène par le point E la droite EF parallèle à AB, on a :

$$\frac{BE}{BC} = \frac{AF}{AC} \qquad (2)$$

Or AF = DE comme côtés opposés d'un parallélogramme AFED ; la proportion (2) devient donc

$$\frac{BE}{BC} = \frac{DE}{AC} \qquad (3)$$

Les proportions (1) et (3) ayant un rapport commun, on peut écrire

$$\frac{BD}{BA} = \frac{BE}{BC} = \frac{DE}{AC}$$ C. Q. F. D.

CAS DE SIMILITUDE DES TRIANGLES

316. On entend par cas de similitude des triangles les conditions nécessaires et suffisantes pour que deux triangles soient semblables.

Il y a trois cas de similitude.

PREMIER CAS

317. *Deux triangles sont semblables lorsqu'ils ont deux angles égaux chacun à chacun.*

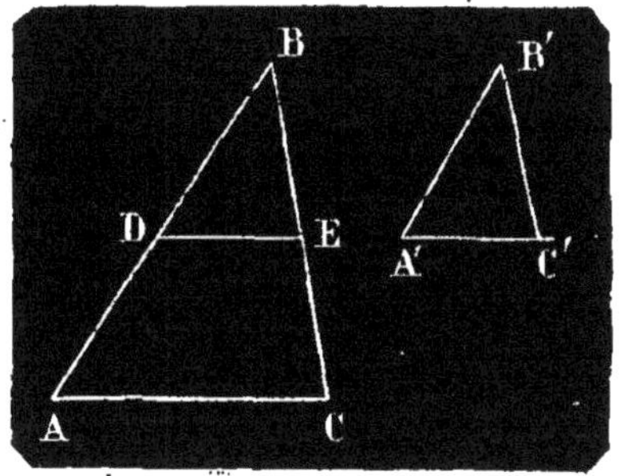

Fig. 222.

Soient les deux triangles ABC, A'B'C' (fig. 222) dans lesquels

$$A = A' \ , \ B = B'.$$

Prenons sur AB, homologue de A'B', une longueur BD égale à A'B' et menons, par le point D, une parallèle DE au côté AC. Le triangle obtenu BDE est semblable à ABC (n° 315). suffit donc de prouver l'égalité des deux triangles BDE et A'B'C'.

Le côté BD est égal à A'B' par construction; les angles B et B' sont égaux par hypothèse; les angles BDE et BAC sont égaux comme correspondants; mais l'angle BAC est égal, par hypothèse, à l'angle A', il en résulte que BDE = A'. Les deux triangles BDE et A'B'C' sont donc égaux comme ayant un côté égal adjacent à deux angles égaux. Donc A'B'C' est semblable à ABC.

318. Corollaire I. — *Deux triangles rectangles sont semblables lorsqu'ils ont un angle aigu égal.*

319. Corollaire II. — *Deux triangles isocèles sont semblables lorsqu'ils ont un angle égal.*

DEUXIÈME CAS

320. *Deux triangles sont semblables lorsqu'ils ont un angle égal compris entre deux côtés proportionnels.*

Soient les deux triangles ABC, A'B'C' (fig. 223) dans lesquels

$$B = B'$$

$$\frac{A'B'}{AB} = \frac{B'C'}{BC} \qquad (1)$$

Prenons sur le côté AB, homologue de A'B', une longueur BD égale à A'B' et menons par le point D la droite DE parallèle à AC; le triangle BDE est semblable à ABC (nº 315). Prouvons alors l'égalité des deux triangles BDE et A'B'C'.

On a d'abord B = B' par hypothèse et BD = B'A' par construction.

Je dis en outre que BE = B'C'.

En effet des triangles semblables BDE et ABC on tire :

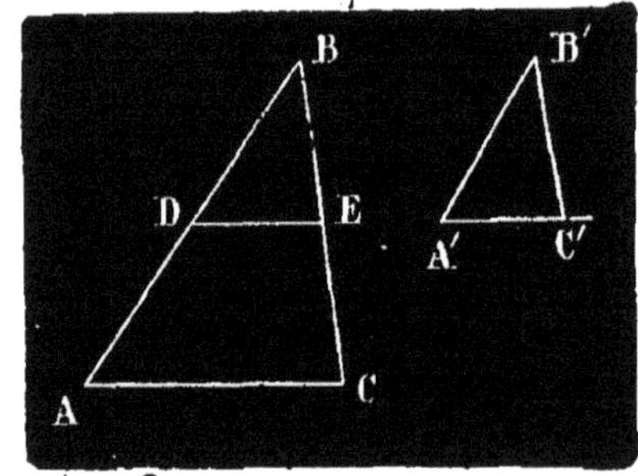

Fig. 223.

$$\frac{BD}{AB} = \frac{BE}{BC} \quad \text{ou} \quad \frac{A'B'}{AB} = \frac{BE}{BC} \qquad (2)$$

Les proportions (1) et (2) ayant trois termes égaux chacun à chacun, les 4mes termes sont égaux, donc BE = B'C'.

Par suite les triangles BDE et A'B'C' sont égaux comme ayant un angle égal compris entre des côtés respectivement égaux.

Donc A'B'C' est semblable à ABC.

TROISIÈME CAS

321. *Deux triangles sont semblables lorsqu'ils ont les côtés proportionnels.*

Soient les triangles ABC, A'B'C' (fig. 224) dans lesquels

$$\frac{A'B'}{AB} = \frac{B'C'}{BC} = \frac{A'C'}{AC}. \qquad (1)$$

Prenons sur le côté AB, homologue de A'B', une longueur BD égale à A'B' et menons par le point D la droite DE parallèle à AC; le

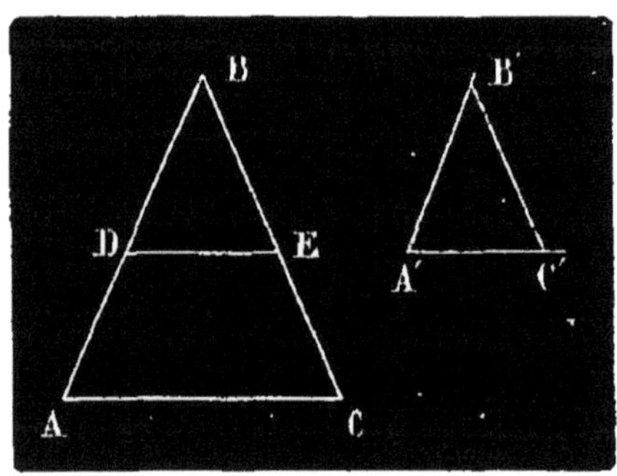

Fig. 224.

triangle BDE est semblable au triangle ABC (n° 315). Il suffit de prouver l'égalité des triangles BDE et A'B'C'.

Les triangles BDE et ABC étant semblables, donnent la relation

$$\frac{BD}{AB} = \frac{BE}{BC} = \frac{DE}{AC} \tag{2}$$

A'B' étant égal à BD, on peut écrire ;

$$\frac{A'B'}{AB} = \frac{BE}{BC} = \frac{DE}{AC} \tag{3}$$

Les égalités (1) et (3) ayant un rapport commun $\frac{A'B'}{AB}$, on en conclut que tous les autres rapports sont égaux et que ceux qui ont le même dénominateur ont des numérateurs égaux. Donc

$$BE = B'C' \ , \ DE = A'C'$$

Les triangles BDE et A'B'C' sont donc égaux comme ayant les trois côtés égaux. Par conséquent les triangles A'B'C' et ABC sont semblables.

Corollaire. — *Tous les triangles équilatéraux sont semblables.*

322. Remarque. — Les trois cas de similitude ont un rapport très intime avec les trois cas d'égalité.

Ainsi deux triangles sont

ÉGAUX lorsqu'ils ont :	SEMBLABLES lorsqu'ils ont :
1° *Deux angles égaux comprenant un côté égal.*	1° *Deux angles égaux.*
2° *Un angle égal compris entre deux côtés égaux.*	2° *Un angle égal compris entre des côtés proportionnels.*
3° *Les trois côtés égaux.*	3° *Les trois côtés proportionnels.*

Dans la similitude, l'*égalité* est remplacée par la *proportionnalité*.

D'ailleurs, comme on vient de le voir, la démonstration de la similitude de deux triangles se ramène à la démonstration de l'égalité de l'un d'eux avec un triangle semblable à l'autre.

Dans les trois cas de similitude on applique les trois cas d'égalité qui leur correspondent respectivement.

THÉORÈME

323. *Deux triangles ABC, A'B'C' qui ont les côtés respectivement perpendiculaires ou parallèles entre eux sont semblables* (fig. 225).

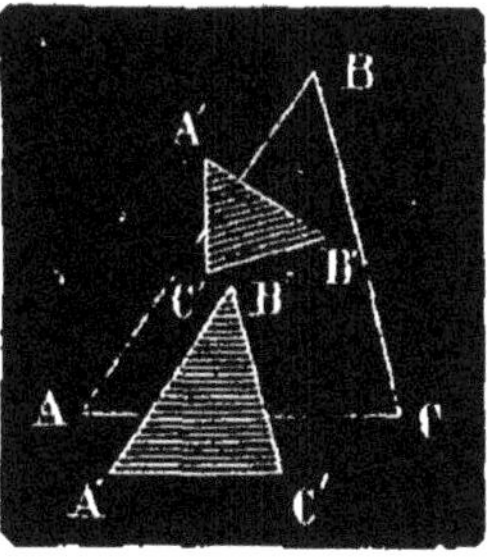

Fig. 225.

Deux angles qui ont les côtés perpendiculaires ou parallèles sont égaux ou supplémentaires.

Les seules hypothèses que l'on puisse faire sur les angles de ces triangles sont

$A + A' = 2$ dr.	$A = A'$	$A = A'$
$B + B' = 2$ dr.	$B + B' = 2$ dr.	$B = B'$
$C + C' = 2$ dr.	$C + C' = 2$ dr.	et par suite
		$C = C'$

Les deux premières hypothèses sont inadmissibles parce que la somme des six angles des triangles ne peut pas surpasser quatre angles droits.

La troisième combinaison est la seule possible.

Donc les deux triangles considérés sont semblables comme ayant deux angles égaux.

324. **Remarque.** — Ce théorème, qui, en réalité, renferme deux propositions distinctes, ne constitue pas deux cas de similitude. Il contient en effet des conditions *suffisantes* pour que deux triangles soient semblables, mais ces conditions *ne sont pas nécessaires*.

APPLICATION DES TRIANGLES SEMBLABLES.

325. — Deux triangles semblables ABC, A'B'C' satisfont aux cinq conditions suivantes :

$$1^\circ\ A = A', \quad 2^\circ\ B = B', \quad 3^\circ\ C = C'$$

$$4^\circ\ \frac{AB}{A'B'} = \frac{BC}{B'C'}, \quad 5^\circ\ \frac{AB}{A'B'} = \frac{AC}{A'C'}.$$

Chaque cas de similitude comprend deux de ces conditions, choisies de telle sorte que quand elles sont satisfaites, les autres le sont aussi. L'application des cas de similitude à la démonstration des théorèmes permettra donc de prouver l'égalité de certains angles et les relations qui existent entre certaines droites.

Reprenons, par la méthode des triangles semblables, les théorèmes nos 310, 311 et 312 concernant les lignes proportionnelles dans le cercle.

THÉORÈME

326. — *Si par un point O pris dans le plan d'un cercle, on mène deux sécantes AB et CD à ce cercle, le produit des distances de ce point aux deux points où la circonférence rencontre la même sécante est constant.*

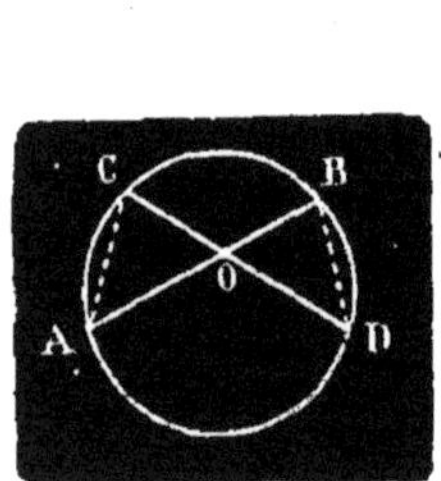

Fig. 226.

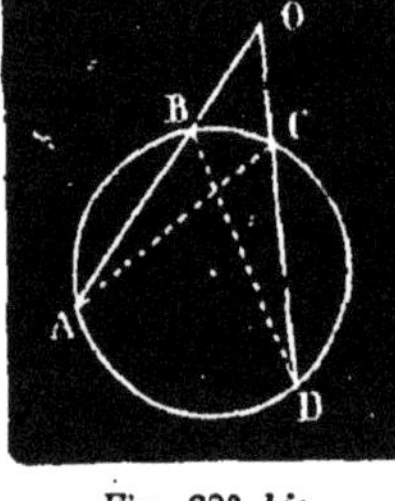

Fig. 226 *bis*.

1° *Le point O est à l'intérieur du cercle* (fig. 226).

Traçons les droites AC et BD. Les triangles AOC et DOB sont semblables; car les angles A et D sont égaux comme angles inscrits ayant même mesure $\frac{BC}{2}$; les angles C et B sont aussi égaux pour une raison analogue. On a donc la proportion :

$$\frac{OA}{OD} = \frac{OC}{OB}; \quad \text{d'où l'on tire} \quad OA \times OB = OD \times OC.$$

2° *Le point O est à l'extérieur du cercle* (fig. 226 *bis*).

Si on trace les cordes AC et BD, on a aussi deux triangles AOC et DOB, qui sont semblables, car ils ont l'angle O commun et les angles A et D égaux comme ayant même mesure $\frac{BC}{2}$. On a donc la proportion :

$$\frac{OA}{OD} = \frac{OC}{OB}; \quad \text{d'où} \quad OA \times OB = OD \times OC.$$

Réciproquement. — *Si deux droites se coupent en un point* O (fig. 226 ; ou 226 *bis*), *et qu'on ait :* $OA \times OB = OC \times OD$, *les quatre points* A, B, C, D *sont situés sur une même circonférence.*

Faisons passer une circonférence par les trois points A, B, C et appelons D' le point où cette circonférence coupe une deuxième fois la droite OC. D'après le théorème précédent, on aura :

$$OA \times OB = OC \times OD'.$$

En comparant cette égalité à l'hypothèse, on trouve $OD' = OD$. Donc la circonférence des trois points A, B, C passe par le point D. C. Q. F. D.

THÉORÈME

327. — *Si d'un point extérieur à un cercle on mène une tangente et une sécante à ce cercle, la tangente est moyenne porportionnelle entre la sécante entière et la partie extérieure.*

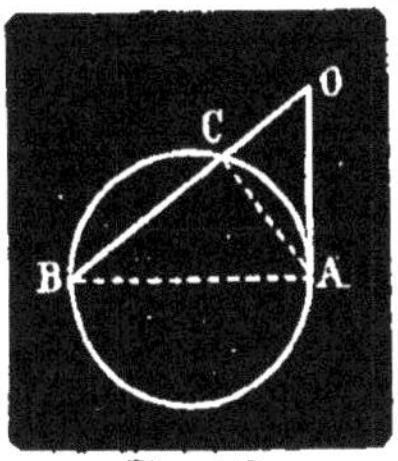

Soient en effet une tangente OA et une sécante OCB issues du même point O (fig. 227).

Traçons les cordes AC et AB. Les triangles OAC et OAB sont semblables, car ils ont l'angle O commun et les angles OAC et OBA égaux comme ayant tous deux pour mesure la moitié de l'arc AC. On a donc la proportion :

$$\frac{OA}{OB} = \frac{OC}{OA}; \quad \text{d'où} \quad OA^2 = OB \times OC. \qquad \text{C. Q. F. D.}$$

Fig. 227.

Réciproquement. — *Si* $OA^2 = OB \times OC$, *les trois points* A, B, C *sont situés sur une même circonférence tangente à la droite* OA *au point* A.

En effet, imaginons une circonférence passant par le point C et tangente en A à la droite OA; si on appelle B' le point où elle coupe une deuxième fois OC, on a, d'après le théorème précédent, $OA^2 = OB' \times OC$; en comparant cette égalité, avec celle de l'hypothèse, on trouve $OB' = OB$. C. Q. F. D.

THÉORÈME

328. — *Les lignes droites issues d'un même point interceptent des segments proportionnels sur deux parallèles.*

Soient deux parallèles AC, A'C' (fig. 227 *bis*) rencontrées par plusieurs droites OA'A, OB'B, OC'C. La droite A'B' étant parallèle au côté AB du triangle AOB, les deux triangles A'OB' et AOB sont semblables et donnent :

$$\frac{A'B'}{AB} = \frac{OB'}{OB}. \qquad (1)$$

Des triangles semblables B'OC' et BOC, on tire de même :

$$\frac{B'C'}{BC} = \frac{OB'}{OB}. \qquad (2)$$

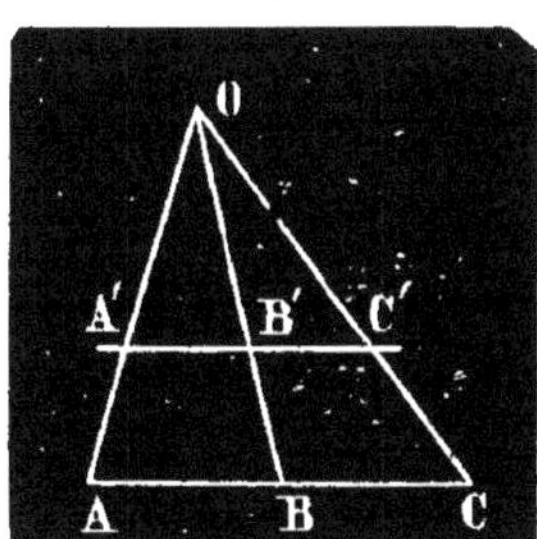

Fig. 227 *bis*.

Les proportions (1) et (2) ayant un rapport commun, donnent :

$$\frac{A'B'}{AB} = \frac{B'C'}{BC}.$$

Réciproquement. — *Si les droites* AA', BB', CC' (fig. 227, *bis*) *divisent les parallèles* AC *et* A'C' *en parties proportionnelles, elles concourent en un même point.*

Supposons que l'on ait :

$$\frac{A'B'}{AB} = \frac{B'C'}{BC}. \qquad (1)$$

Prolongeons AA' et BB' jusqu'à leur rencontre O et joignons le point O au point C; si l'on appelle C'' le point où la droite OC rencontre A'C', on a (n° 328) :

$$\frac{AB'}{AB} = \frac{B'C''}{BC}. \qquad (2)$$

Des proportions (1) et (2) on tire évidemment $B'C'' = B'C'$. Donc les trois points C, C', O sont en ligne droite.

Remarque. — Le théorème précédent et sa réciproque sont encore vrais lorsque les deux parallèles sont situées de part et d'autre du point O.

§ II. POLYGONES SEMBLABLES.

THÉORÈME

329. *Deux polygones* ABCDE, A'B'C'D'E' *composés d'un même nombre de triangles semblables et semblablement placés sont semblables* (fig. 228).

Étant donné le polygone ABCDE décomposé en triangles par les diagonales partant du sommet A, on construit un triangle A'B'C' semblable à ABC et sur A'C', côté homologue de AC, un triangle A'C'D', semblable à ACD, de manière que les sommets A' et C' soient les homologues de

A et C; ensuite, sur A'D', côté homologue de AD, on construit un troisième triangle A'D'E', semblable à ADE, de manière que A' et D' soient les sommets homologues de A et D.

Les deux polygones ABCDE et A'B'C'D'E' sont alors composés d'un même nombre de triangles semblables et semblablement placés.

Je dis que ces polygones sont semblables.

1° *Ils ont les angles égaux.*

Les angles B et E sont respectivement égaux anx angles B' et E', comme angles homologues de triangles semblables.

Les triangles ABC et ACD étant respectivement semblables aux triangles A'B'C' et A'C'D'.

On a :

$$\text{Angle BCA} = \text{angle } B'C'A',$$

$$\text{Angle ACD} = \text{angle } A'C'D'$$

D'où

$$BCA + ACD = B'C'A + A'C'D'$$

ou

$$BCD = B'C'D'.$$

On prouverait de la même manière l'égalité de tous les autres angles homologues.

2° *Les côtés homologues sont proportionnels.*

La similitude des triangles ABC, A'B'C' donne

$$\frac{AB}{A'B'} = \frac{BC}{B'C'} = \frac{AC}{A'C'}$$

celle des triangles ADC, A'D'C'

$$\frac{AC}{A'C'} = \frac{CD}{C'D'} = \frac{AD}{A'D'}$$

enfin celle des triangles ADE, A'D'E'

$$\frac{AD}{A'D'} = \frac{DE}{D'E'} = \frac{EA}{E'A'}.$$

Le rapport $\frac{AC}{A'C'}$ étant commun aux deux premières séries de rapports égaux, et le rapport $\frac{AD}{A'D'}$ aux deux dernières, on a

$$\frac{AB}{A'B'} = \frac{BC}{B'C'} = \frac{CD}{C'D'} = \frac{DE}{D'E'} = \frac{EA}{E'A'}.$$

330. Remarque. — La construction que nous venons de faire pour le polygone A'B'C'D'E', montre comment on pourrait construire, sur une droite donnée A'B', un polygone semblable à un polygone donné ABCDE.

THÉORÈME RÉCIPROQUE

331. *Deux polygones semblables peuvent être décomposés en un même nombre de triangles semblables chacun à chacun et semblablement placés.*

Soient deux polygones semblables ABCDE, A'B'C'D'E' (fig. 228). Si l'on mène les diagonales issues de deux sommets homologues A et A', on décompose ces polygones en un même nombre de triangles. Je dis que ces triangles sont semblables chacun à chacun et semblablement placés.

Les deux polygones donnés satisfont aux deux conditions

$$A = A' \;,\; B = B' \;,\; C = C' \;,\; D = D' \;,\; E = E' \qquad (1)$$

$$\frac{AB}{A'B'} = \frac{BC}{B'C'} = \frac{CD}{C'D'} = \frac{DE}{D'E'} = \frac{EA}{E'A'} \qquad (2)$$

Les triangles ABC, A'B'C' sont semblables comme ayant un angle égal compris entre des côtés proportionnels ; on a en effet par hypothèse

$$B = B, \quad \frac{AB}{A'B'} = \frac{BC}{B'C'}.$$

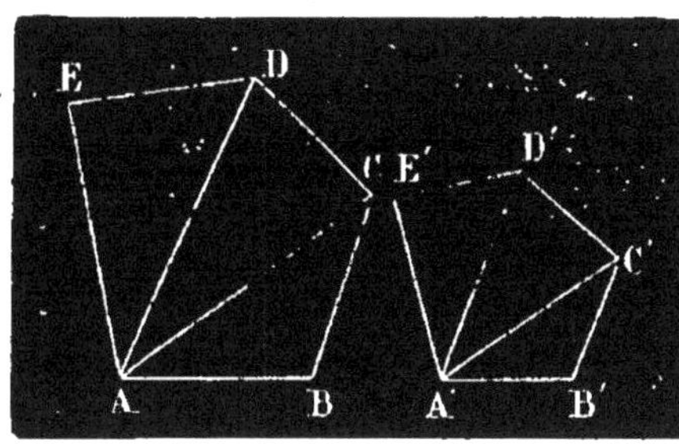

Fig. 228.

On en conclut : 1° que les angles BCA et B'C'A' sont égaux;

2° que le rapport $\frac{AC}{A'C'}$ est égal à $\frac{AB}{A'B'}$.

Les angles BCD, B'C'D' étant égaux, si l'on en retranche respectivement les angles égaux BCA et B'C'A' les restes ACD et A'C'D' sont égaux.

D'ailleurs $\frac{AC}{A'C'} = \frac{AB}{A'B'} =$ (par suite) $\frac{CD}{C'D'}$.

Les triangles ACD et A'C'D' sont par conséquent semblables comme ayant un angle égal compris entre des côtés proportionnels.

On prouverait ainsi de proche en proche la similitude des autres triangles.

332. Corollaire. *Dans deux polygones semblables, les diagonales homologues sont dans le même rapport que les côtés homologues.*

THÉORÈME

333. *Le rapport des périmètres de deux polygones semblables est égal au rapport de deux côtés homologues.*

Les deux polygones ABCDE, A'B'C'D'E' (fig. 228) étant semblables, ont peut écrire

$$\frac{AB}{A'B'} = \frac{BC}{B'C'} = \frac{CD}{C'D'} = \frac{DE}{D'E'} = \frac{EA}{E'A'}.$$

Or, dans une suite de rapports égaux, la somme des numérateurs, divisée par la somme des dénominateurs, est égale à l'un quelconque des rapports: donc

$$\frac{AB + BC + CD + DE + EA}{A'B' + B'C' + C'D' + D'E' + E'A'} = \frac{AB}{A'B'}.$$

Mais les deux termes du premier rapport sont les périmètres P et P' des deux polygones, par conséquent

$$\frac{P}{P'} = \frac{AB}{A'B'} \qquad \text{C. Q. F. D.}$$

THÉORÈME

334. *Si l'on joint tous les sommets d'un polygone* ABCD (fig. 220) *à un point* O *pris dans son plan, qu'on prenne les longueurs* OA', OB', OC', OD', *proportionnelles à* OA, OB, OC, OD, *c'est-à-dire telles que l'on ait*

$$\frac{OA'}{OA} = \frac{OB'}{OB} = \frac{OC'}{OC} = \frac{OD'}{OD},$$

et qu'on joigne les points A', B', C', D', *le polygone* A'B'C'D' *est semblable à* ABCD.

Il faut prouver que ces polygones ont les angles égaux et les côtés homologues proportionnels.

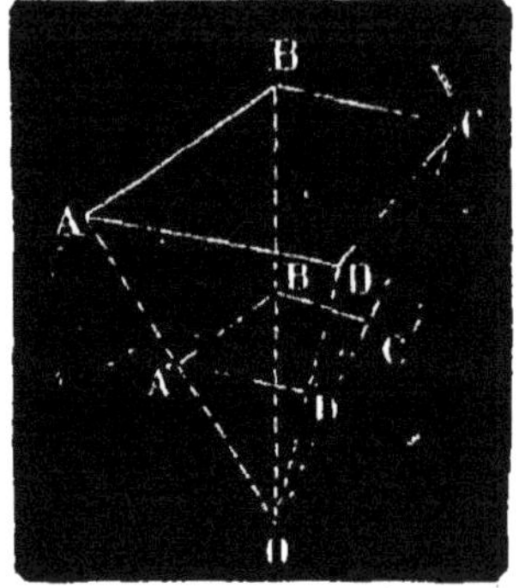

Fig. 229.

1° *Les angles sont égaux.*

Les triangles OA'B' et OAB sont semblables, comme ayant un angle commun, compris entre des côtés proportionnels. Par conséquent, les angles homologues OB'A' et OBA sont égaux, et comme ils ont la position d'angles correspondants par rapport aux droites A'B', AB coupées par la sécante OB, les deux droites A'B' et AB sont parallèles.

Les droites B'C' et BC sont aussi parallèles pour la même raison.

Il résulte de là que les angles A'B'C' et ABC sont égaux comme ayant les côtés parallèles et dirigés dans le même sens.

On prouverait de la même manière l'égalité des autres angles.

2° *Les côtés homologues sont proportionnels.*

Il suffit de prouver que deux côtés consécutifs quelconques A'B', B'C' sont proportionnels à leurs homologues AB, BC.

La similitude des triangles OA'B'. OAB donne

$$\frac{A'B'}{AB} = \frac{OB'}{OB} \quad (1)$$

celle des triangles OB'C' et OBC

$$\frac{B'C'}{BC} = \frac{OB'}{OB} \quad (2)$$

A cause du rapport commun $\frac{OB'}{OB}$ on a:

$$\frac{A'B'}{AB} = \frac{B'C'}{BC}.$$

Donc

$$\frac{A'B'}{AB} = \frac{B'C'}{BC} = \frac{C'D'}{CD} = \frac{D'A'}{DA}.$$

Les deux polygones ayant les angles égaux et les côtés homologues proportionnels sont semblables.

335. Remarque. — Le rapport de similitude des deux polygones est égal au rapport des distances de deux sommets homologues au point O.

THÉORÈME

336. *Si l'on joint tous les sommets d'un polygone* ABCD (fig. 230) *à un point* O *pris dans son plan, qu'on prenne sur les prolongements des lignes obtenues et à partir du point* O, *les longueurs* OA', OB', OC', OD' *proportionnelles à* OA, OB, OC, OD, *c'est-à-dire telles que l'on ait*

$$\frac{OA'}{OA} = \frac{OB'}{OB} = \frac{OC'}{OC} = \frac{OD'}{OD}$$

et qu'on joigne les points A'B'C'D', *le polygone* A'B'C'D' *est semblable au polygone* ABCD.

Il faut prouver que ces polygones ont les angles égaux et les côtés homologues proportionnels.

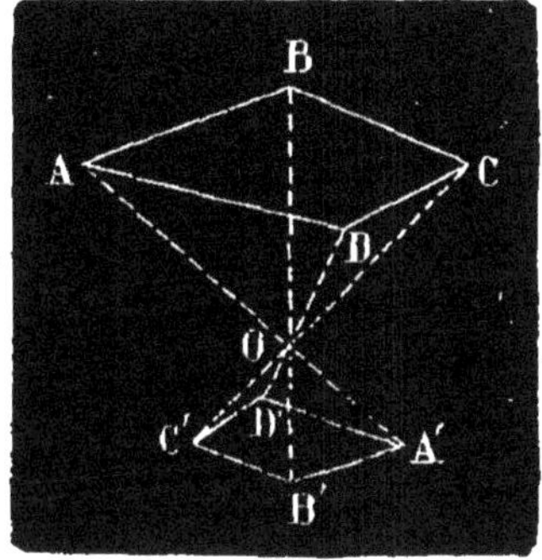

Fig. 230.

1° *Les angles sont égaux.*

Les triangles OA'B' et OAB sont semblables comme ayant un angle opposé par le sommet, c'est-à-dire égal, compris entre des côtés proportionnels. Par conséquent les angles homologues OA'B' et OAB sont égaux, et comme ils ont la position d'alternes internes par rapport aux droites A'B' et AB coupées par la sécante AA', les deux droites A'B' et AB sont parallèles.

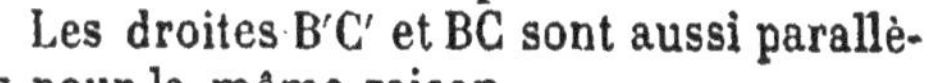

Les droites B'C' et BC sont aussi parallèles pour la même raison.

Il résulte de là que les angles A'B'C' et ABC sont égaux comme ayant les côtés parallèles et dirigés tous deux en sens inverse.

On prouverait de la même manière l'égalité des autres angles.

2° *Les côtés homologues sont proportionnels.*

Il suffit de prouver que deux côtés consécutifs quelconques A'B', B'C' sont proportionnels à leurs homologues AB et BC.

La similitude des triangles OA'B', OAB donne

$$\frac{A'B'}{AB} = \frac{OB'}{OB}, \qquad (1)$$

celle des triangles OB'C' et OBC

$$\frac{B'C'}{BC} = \frac{OB'}{OB}. \qquad (2)$$

A cause du rapport commun $\frac{OB'}{OB}$, on a ;

$$\frac{A'B'}{AB} = \frac{B'C'}{BC}.$$

Donc

$$\frac{A'B'}{AB} = \frac{B'C'}{BC} = \frac{C'D'}{CD} = \frac{D'A'}{DA}.$$

Les deux polygones ayant les angles égaux et les côtés homologues proportionnels sont semblables.

337. Remarque. — Le rapport de similitude des deux polygones est égal au rapport des distances de deux sommets homologues au point O.

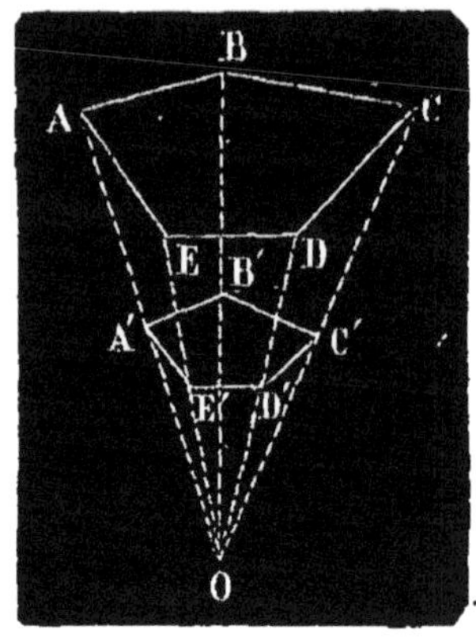

Fig. 231.

338. Réciproquement. — *Si deux polygones semblables* ABCDE, A'B'C'D'E' (fig. 231) *ont les côtés parallèles et qu'on joigne par des droites les sommets homologues* A,A'; B,B'; C,C', *ces droites concourent en un même point* O.

1° *Les côtés sont parallèles et de même sens.*

Je trace les droites AA' et BB', qui se coupent en un point O et je joins le point O, au point C; je vais prouver que la droite OC passe par le point C'. J'appelle C'' le point où la ligne OC rencontre le côté B'C' ou son prolongement.

Les triangles OA'B' et OAB étant semblables, on a :

$$\frac{A'B'}{AB} = \frac{OB'}{OB} \qquad (1)$$

Les triangles OB'C'' et OBC étant aussi semblables, on a :

$$\frac{B'C''}{BC} = \frac{OB'}{OB} \qquad (2)$$

Les proportions (1) et (2) ayant un rapport commun, on peut écrire :

$$\frac{A'B'}{AB} = \frac{B'C''}{BC}.$$

Or, par hypothèse, on a :

$$\frac{A'B'}{AB} = \frac{B'C'}{BC}.$$

Donc

$$\frac{B'C''}{BC} = \frac{B'C'}{BC}.$$

D'où il résulte que B'C'' = B'C'.

Le point C'' coïncidant avec le point C', la droite OC passe par le point C'.

Donc la droite CC' passe par le point O.

Il en serait de même pour les droites DD', EE'.

2° *Les côtés homologues sont parallèles et de sens contraire.* Démonstration identique à celle du 1er cas.

DÉFINITIONS

339. Les polygones ABCD, A'B'C'D' (fig. 229 et 230) sont appelés *polygones* **homothétiques.**

Le point O est le **centre** et $\frac{OA'}{OA}$ le **rapport d'homothétie.**

Dans le premier cas, les deux segments OA′ et OA sont de même sens. les points A et A′ sont d'un même côté du centre O et les polygones sont dits **homothétiques directs.**

Dans le deuxième cas, les deux segments OA′ et OA sont de sens contraire, les sommets homologues sont de part et d'autre du point O et les polygones sont dits **homothétiques inverses.**

Quand deux polygones sont homothétiques inverses, il suffit évidemment pour les rendre homothétiques directs de faire tourner l'un d'eux de 180° autour du centre O.

THÉORÈME

340. *La figure homothétique d'une circonférence est une circonférence.*

Soit une circonférence C et un centre d'homothétie O (fig. 232).

Il s'agit de trouver le lieu géométrique des points A′ tels que le rapport $\frac{OA'}{OA}$ ait une valeur donnée K. Prenons, sur la droite OC, une longueur OC′ telle que $\frac{OC'}{OC} = K$; si l'on trace les droites CA et C′A′. on obtient deux triangles semblables A′C′O, ACO, comme ayant un angle commun compris entre des côtés proportionnels ; on a, par suite :

$$\frac{C'A'}{CA} = \frac{OC'}{OC} = K.$$

d'où

$$C'A' = CA \times K.$$

La droite CA′ étant constante, le lieu des points A′ est une circonférence de rayon C′A′.

On obtiendrait le même résultat en considérant un centre d'homothéthie inverse O′.

341. Réciproquement. — *Les droites qui joignent les extrémités de deux rayons parallèles de deux circonférences passent par un même point situé sur la ligne des centres.*

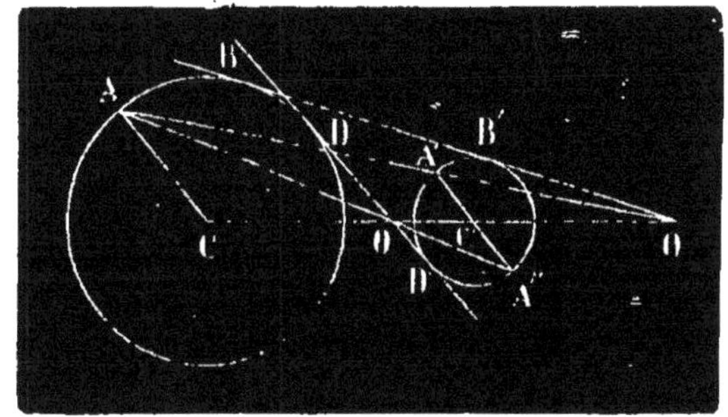

Fig. 232.

1° Je considère deux rayons CA et C′A′ (fig. 232) parallèles et de même sens. La droite AA′ rencontre la ligne des centres en un point O. Les triangles OAC et OA′C′ sont semblables et l'on a

$$\frac{OC'}{OC} = \frac{A'C'}{AC}.$$

Le rapport $\frac{A'C'}{AC}$ étant constant, le rapport $\frac{OC'}{OC}$ a une valeur invariable et le point O est fixe.

Ce point est le centre d'homothétie directe des deux circonférences.

2° Soient les deux rayons CA et C'A'' parallèles et de sens contraire. La droite AA'' rencontre la ligne des centres en un point O'. Les triangles O'AC et O'A''C' sont semblables et l'on a

$$\frac{O'C'}{O'C} = \frac{A''C'}{AC}.$$

Le second rapport étant constant, le premier a une valeur invariable et le point O' est fixe.

Ce point est le centre d'homothéthie inverse des deux circonférences.

342. **Remarque.** — Les tangentes extérieures joignent les extrémités de deux rayons parallèles et de même sens et passent par le centre d'homothétie directe.

Les tangentes intérieures joignent les extrémités de deux rayons parallèles et de sens contraire et passent par le centre d'homothétie inverse.

De là un nouveau moyen pour mener une tangente commune à deux circonférences.

1° *S'il s'agit d'une tangente extérieure, on commence par déterminer le centre d'homothétie directe et l'on mène par ce point une tangente à l'une des circonférences ; elle est en même temps tangente à l'autre.*

2° *S'il s'agit d'une tangente intérieure on commence par déterminer le centre d'homothétie inverse et l'on mène par ce point une tangente à l'une des circonférences ; elle est en même temps tangente à l'autre.*

EXERCICES

247. Les côtés d'un triangle ont respectivement 40^m, 60^m et 72^m ; calculer les côtés d'un triangle semblable dont le côté homologue de celui de 40^m à $26^m,30$.

248. Les bases d'un trapèze sont B et b ; sa hauteur est h ; calculer la hauteur du triangle que l'on obtient en prolongeant jusqu'à leur rencontre les côtés non parallèles.

249. Étant donné un triangle ABC, on diminue le côté AC d'une quantité quelconque AA', et on augmente le côté BC d'une quantité égale BB'. Démontrer que la nouvelle base est coupée par l'ancienne AB dans le rapport inverse des côtés primitifs.

250. Inscrire un carré dans un triangle.

251. Inscrire un carré dans un demi-cercle.

252. Inscrire dans un triangle un rectangle dont le rapport des côtés soit égal au rapport de deux lignes données et tel que le grand côté du rectangle s'appuie sur l'un des côtés du triangle.

253. Inscrire dans un demi-cercle un rectangle semblable à un rectangle donné.

254. Construire un parallélogramme semblable à un parallélogramme donné, et dont les côtés soient assujettis à passer par quatre points en ligne droite.

255. Inscrire dans une circonférence un triangle semblable à un triangle donné.

256. Circonscrire à un cercle un triangle semblable à un triangle donné.

257. Inscrire dans un cercle un rectangle semblable à un rectangle donné.

258. Par un point donné pris dans le plan de deux droites concourantes, tracer une droite qui aboutisse au point de rencontre.

259. Un triangle ABC tourne autour de l'un de ses sommets A, tandis que le sommet B décrit une ligne droite ; quel est le lieu géométrique décrit par le point c, sachant que le triangle reste semblable à lui-même.

260. Même problème dans le cas où le sommet B décrit une circonférence.

261. Construire un triangle semblable à un triangle donné dont les sommets soient situés sur trois droites parallèles.

262. Construire un triangle semblable à un triangle donné dont les sommets soient situés sur trois circonférences concentriques données.

263. Construire sur deux lignes droites dont la position et la grandeur sont données, deux triangles semblables qui aient un sommet homologue commun.

264. Circonscrire à un triangle le plus grand triangle possible qui soit semblable à un triangle donné.

265. Construire un polygone semblable à un polygone donné en prenant pour centre de similitude directe, l'un des sommets du polygone donné ; on veut que le périmètre du second polygone soit : 1° la moitié ; 2° le double du périmètre du premier.

266. Toute transversale détermine sur les côtés d'un triangle six segments tels que le produit de trois segments non consécutifs est égal au produit des trois autres.

267. Trois points sont en ligne droite lorsqu'ils déterminent sur les côtés d'un triangle six segments tels que le produit de trois segments non consécutifs soit égal au produit des trois autres.

268. On joint les trois sommets A, B, C d'un triangle à un point quelconque O, et on prolonge AO, BO, CO jusqu'à la rencontre des côtés opposés ; le produit de trois segments non consécutifs est égal au produit des trois autres.

269. Si l'on coupe les côtés d'un angle par deux parallèles et qu'on mène les diagonales du trapèze obtenu, le sommet, les milieux des parallèles et le point d'intersection des diagonales sont en ligne droite.

270. Lorsque deux parallèles sont coupées par plusieurs droites partant du même point, les points d'intersection des diagonales des trapèzes qui en résultent sont en ligne droite.

271. On joint un point O à un point A d'une droite quelconque xy ; on prend sur OA une longueur OB telle que le rapport de OB à OA soit égal au rapport de deux droites données m et n ; quel est le lieu géométrique du point B.

272. On décompose deux polygones semblables en triangles en joignant les sommets à deux points M et M′ pris sur les deux côtés homologues AB, A′B′, tels que $\frac{MA}{MB} = \frac{M'A'}{M'B'}$; démontrer que les triangles du premier polygone sont respectivement semblables à ceux du second.

273. Sur deux côtés homologues AB, A′B′ de deux polygones semblables, on construit deux triangles semblables ABM, A′B′M′ ; démontrer que si l'on joint les points M et M′ à tous sommets des polygones, on obtient des triangles semblables deux à deux.

274. La perpendiculaire abaissée du point de concours des médianes d'un triangle sur une droite quelconque est le tiers de la somme des perpendiculaires abaissées des trois sommets sur la même droite.

CHAPITRE III

RELATIONS NUMÉRIQUES DES LIGNES DANS LES TRIANGLES

343. On appelle *projection d'une droite* AB sur une autre CD, la partie A′B′ de cette autre comprise entre les perpendiculaires abaissées des extrémités de la premières droite sur la seconde (fig. 233).

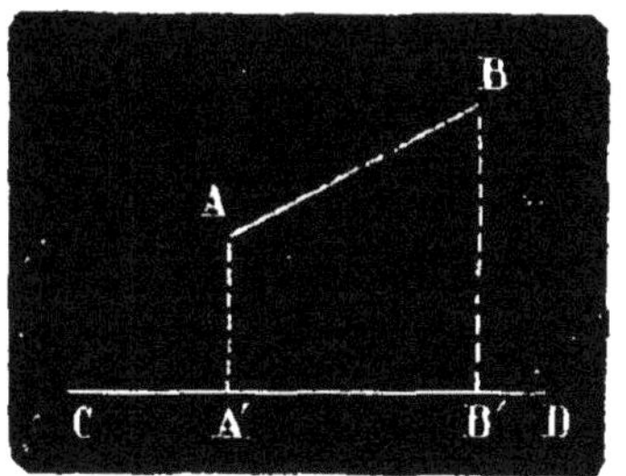

Fig. 233.

THÉORÈME

344. *Dans tout triangle rectangle : 1° la perpendiculaire abaissée du sommet de l'angle droit sur l'hypoténuse est moyenne* *proportionnelle entre les deux segments de l'hypoténuse;* 2° *chaque côté de l'angle droit est moyen proportionnel entre l'hypoténuse entière et le segment adjacent à ce côté.*

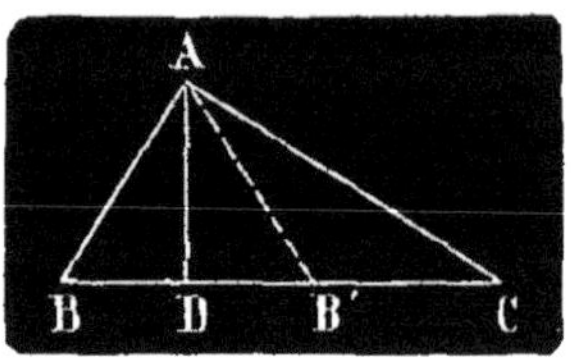

Fig. 234.

1re *démonstration.* Soient ABC (fig. 234), le triangle rectangle donné et AD la perpendiculaire abaissée du sommet de l'angle droit sur l'hypoténuse BC.

1° Les triangles rectangles ABD et ADC sont semblables parce que les angles aigus BAD et ACD sont égaux comme ayant les côtés perpendiculaires entre eux.

AD du triangle ABD a pour homologue DC du triangle ADC.
BD — — — AD — —

On a donc :

$$\frac{AD}{DC} = \frac{BD}{AD}; \text{ d'où } AD^2 = BD \times DC.$$

2° Les triangles rectangles ABD et ABC sont aussi semblables, puisqu'ils ont l'angle B commun.

AB du triangle ABD a pour homologue BC du triangle ABC.
BD — — — AB — —

On a donc :

$$\frac{AB}{BC} = \frac{BD}{AB}; \text{ d'où } AB^2 = BC \times BD. \qquad (1)$$

On démontrerait de même que les triangles ADC et ABC sont semblables et que l'on a

$$\overline{AC}^2 = BC \times CD. \qquad (2)$$

2e *démonstration.* 1° Faisons tourner le triangle ADB autour de AD, de manière à le rabattre sur ADC suivant ADB'. Les droites AC et AB' sont alors anti-parallèles par rapport à l'angle ADC.

On a donc

$$\overline{AD}^2 = DB' \times DC. \qquad (\text{n}^\circ\ 309)$$

ou

$$\overline{AD}^2 = DB \times DC.$$

2° Les droites AD et AC faisant des angles droits avec les côtés BC et BA de l'angle ABC sont anti-parallèles par rapport à cet angle.

Par conséquent

$$\overline{AB}^2 = BD \times BC.$$

Pour la même raison, les droites AD et AB sont anti-parallèles par rapport à l'angle ACB.

On a par suite

$$\overline{AC}^2 = DC \times BC.$$

345. Corollaire I. — *Dans tout triangle rectangle, le carré de l'hypoténuse est égal à la somme des carrés des deux côtés de l'angle droit.*

Ajoutons membre à membre les égalités (1) et (2).

On a :

$$\overline{AB}^2 + \overline{AC}^2 = BC\,(BD + CD),$$

or

$$BD + CD = BC,$$

donc

$$\overline{AB}^2 + \overline{AC}^2 = \overline{BC}^2.$$

346. Corollaire II. — *Le rapport des carrés des côtés de l'angle droit d'un triangle rectangle est égal au rapport des projections de ces côtés sur l'hypoténuse.*

Divisons membre à membre les égalités (2) et (3).

On a :

$$\frac{\overline{AB}^2}{\overline{AC}^2} = \frac{BC \times BD}{BC \times CD} = \frac{BD}{CD}.$$

347. Corollaire III. — *Le rapport du carré d'un côté de l'angle droit au carré de l'hypoténuse est égal au rapport de la projection de ce côté sur l'hypoténuse à l'hypoténuse entière.*

Considérons l'égalité :

$$\overline{AB}^2 = BD \times BC$$

et divisons ses deux membres par $\overline{BC}^2$.

On obtient

$$\frac{\overline{AB}^2}{\overline{BC}^2} = \frac{BD \times BC}{\overline{BC}^2} = \frac{BD}{BC}.$$

On aurait de même

$$\frac{\overline{AC}^2}{\overline{BC}^2} = \frac{DC}{BC}.$$

C. Q. F. D.

347 *bis*. Corollaire IV. — *Le produit des deux côtés de l'angle droit est égal au produit de l'hypoténuse par la hauteur.*

Dans les triangles semblables ABD et ABC,

le côté AB du triangle ABD a pour homologue BC du triangle ABC,

— AD — — — AC — —.

Donc :

$$\frac{AB}{BC} = \frac{AD}{AC};\ \text{d'où}\ AB \times AC = BC \times AD.$$

348. Corollaire V. — *Le rapport de la diagonale d'un carré au côté est le nombre incommensurable $\sqrt{2}$.*

Soit AC la diagonale d'un carré ABCD (fig. 235).

Le triangle ABC étant rectangle en B, on a :

$$\overline{AC}^2 = \overline{AB}^2 + \overline{BC}^2.$$

Mais $AB = BC$, donc $\overline{AC}^2 = 2\overline{AB}^2$.

Divisons les deux membres de cette égalité par $\overline{AB}^2$, on obtient :

$$\frac{\overline{AC}^2}{\overline{AB}^2} = 2.$$

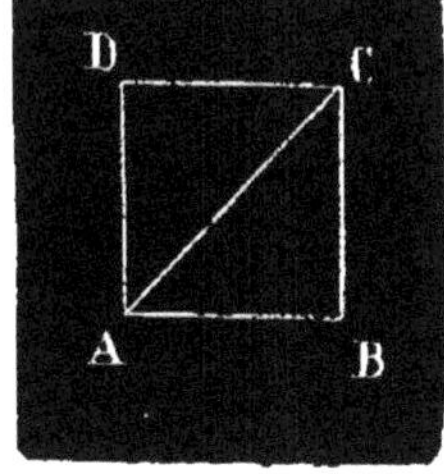

Fig. 235.

En extrayant la racine carrée, il vient :

$$\frac{AC}{AB} = \sqrt{2}.$$

C. Q. F. D.

On démontre en arithmétique que la racine carrée de 2 est un nombre incommensurable, c'est-à-dire un nombre qui n'a aucune commune mesure avec l'unité.

THÉORÈME

349. *Dans tout triangle, le carré d'un côté opposé à un angle aigu est égal à la somme des carrés des deux autres côtés, moins le double produit de l'un de ces côtés par la projection de l'autre sur celui-ci.*

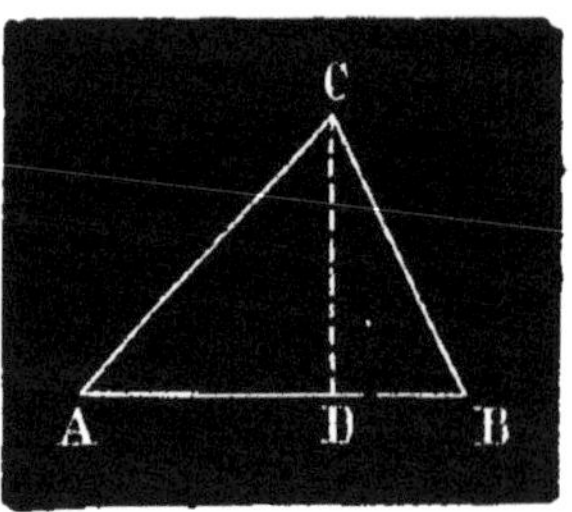

Fig. 236.

Soit AC un côté opposé à un angle aigu dans un triangle ABC (fig. 236). Je suppose que la perpendiculaire CD, abaissée du sommet C sur la base AB tombe entre A et B. Dans le triangle ADC on a :

$$\overline{AC}^2 = \overline{CD}^2 + \overline{AD}^2. \qquad (1)$$

Le triangle rectangle CDB donne :

$$\overline{CD}^2 = \overline{BC}^2 - \overline{BD}^2. \qquad (2)$$

D'un autre côté :

$$AD = AB - BD.$$

Or le carré de la différence de deux nombres est égal à la somme des carrés de ces nombres moins leur double produit ; il en est de même pour la différence de deux lignes, puisque l'on ne considère que les nombres qui les mesurent.

On a par conséquent

$$\overline{AD}^2 = \overline{AB}^2 + \overline{BD}^2 - 2AB \times BD. \qquad (3)$$

Ajoutons (2) et (3) il vient :

$$\overline{CD}^2 + \overline{AD}^2 = \overline{BC}^2 - \overline{BD}^2 + \overline{AB}^2 + \overline{BD}^2 - 2AB \times BD.$$

D'où

$$\overline{AC}^2 = \overline{BC}^2 + \overline{AB}^2 - 2AB \times BD. \qquad \text{C. Q. F. D.}$$

La démonstration serait identique si la perpendiculaire CD tombait sur le prolongement de AB.

THÉORÈME

350. *Dans tout triangle le carré d'un côté opposé à un angle obtus est égal à la somme des carrés des deux autres côtés, plus le double produit de l'un de ces côtés par la projection de l'autre sur la direction de celui-ci.*

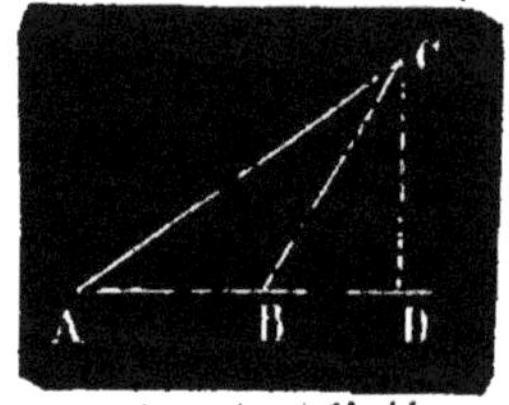

Fig. 237.

Soit le côté AC opposé à un angle obtus dans le triangle ABC (fig. 237).

La perpendiculaire abaissée du sommet C sur le côté AB tombe sur le prolongement de cette droite. Dans le triangle rectangle ADC on a :

$$\overline{AC}^2 = \overline{CD}^2 + \overline{AD}^2. \qquad (1)$$

Le triangle rectangle BCD donne

$$\overline{CD}^2 = \overline{BC}^2 - \overline{BD}^2. \qquad (2)$$

D'ailleurs

$$AD = AB + BD.$$

Or, le carré de la somme de deux nombres est égal à la somme des carrés de ces nombres plus leur double produit; il en est de même pour la somme de deux lignes, puisqu'on ne considère que les nombres qui les mesurent.

Par suite

$$\overline{AD}^2 = \overline{AB}^2 + \overline{BD}^2 + 2AB \times BD. \qquad (3)$$

Ajoutons (2) et (3), il vient :

$$\overline{CD}^2 + \overline{AD}^2 = \overline{BC}^2 - \overline{BD}^2 + \overline{AB}^2 + \overline{BD}^2 + 2AB \times BD.$$

D'où

$$\overline{AC}^2 = \overline{BC}^2 + \overline{AB}^2 + 2AB \times BD.$$

351. **Remarque.** — Les théorèmes précédents prouvent que si un côté d'un triangle est opposé à un angle droit, un angle aigu ou un angle obtus, son carré est égal à la somme des carrés des deux autres côtés, plus petit que cette somme ou plus grand.

Les réciproques sont vraies, car chaque hypothèse a pour contraires les deux autres. Donc :

Si le carré d'un côté d'un triangle est égal à la somme des carrés des deux autres côtés, s'il est plus petit que cette somme, ou s'il est plus grand, ce côté est opposé à un angle droit, un angle aigu ou un angle obtus.

Pour savoir si un triangle renferme un angle droit ou un angle obtus, on fait le carré du plus grand côté et l'on voit si ce carré est égal à la somme des carrés des deux autres côtés ou s'il est plus grand que cette somme.

Exemples — 1° *Les côtés d'un triangle sont 3, 4 et 5. A quel angle est opposé le côté 5?*

On a :

$$5^2 = 3^2 + 4^2.$$

Le côté 5 est opposé à un angle droit.

2° *Les côtés d'un triangle sont 7, 9, 12. Le côté 12 est-il opposé à un angle obtus?*

$$12^2 > 7^2 + 9^2,$$

ou

$$144 > 49 + 81.$$

Le côté 12 est opposé à un angle obtus.

3° *Dans le triangle dont les côtés sont 7, 9 et 11, à quel angle est opposé le côté 11?*

$$11^2 < 7^2 + 9^2,$$

ou

$$121 < 49 + 81.$$

Le côté 11 est opposé à un angle aigu.

PROBLÈME

352. *Calculer les hauteurs d'un triangle en fonction* **des côtés.**

Soient ABC (fig. 238) le triangle donné, a, b, c, ses trois côtés, et h la hauteur abaissée du sommet C sur AB. Il s'agit de trouver une relation entre h, a, b, c. L'un des angles A et B est au moins aigu, supposons que ce soit l'angle B.

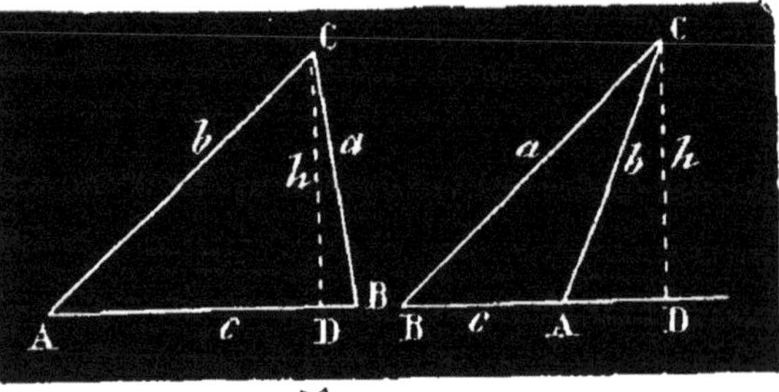

Fig. 238.

Dans le triangle rectangle CDB, on a :

$$h^2 = a^2 - \overline{BD}^2$$

puis dans le triangle ABC (n° 349),

$$b^2 = a^2 + c^2 - 2c \,.\, BD,$$

d'où

$$BD = \frac{a^2 + c^2 - b^2}{2c}.$$

La première égalité devient :

$$h^2 = a^2 - \frac{(a^2 + c^2 - b^2)^2}{4c^2} = \frac{4a^2c^2 - (a^2 + c^2 - b^2)^2}{4c^2}$$

$$= \frac{(2ac + a^2 + c^2 - b^2)(2ac - a^2 - c^2 + b^2)}{4c^2}$$

$$= \frac{[(a + c)^2 - b^2][b^2 - (a - c)^2]}{4c^2}$$

$$= \frac{(a + b + c)(a + c - b)(b + a - c)(b - a + c)}{4c^2}.$$

Posons maintenant

$$a + b + c = 2p.$$

On a

$$a + c - b = 2(p - b)$$

$$a + b - c = 2(p - c)$$

$$b + c - a = 2(p - a).$$

En portant ces valeurs dans l'expression de h^2, on obtient :

$$h^2 = \frac{2p \times 2(p - a) \times 2(p - b) \times 2(p - c)}{4c^2}.$$

En simplifiant et extrayant la racine carrée, on a :

$$h = \frac{2}{c}\sqrt{p(p - a)(p - b)(p - c)}.$$

THÉORÈME

353. *La somme des carrés de deux côtés d'un triangle est égale à deux fois le carré de la médiane relative au troisième côté, plus deux fois le carré de la moitié du troisième côté.*

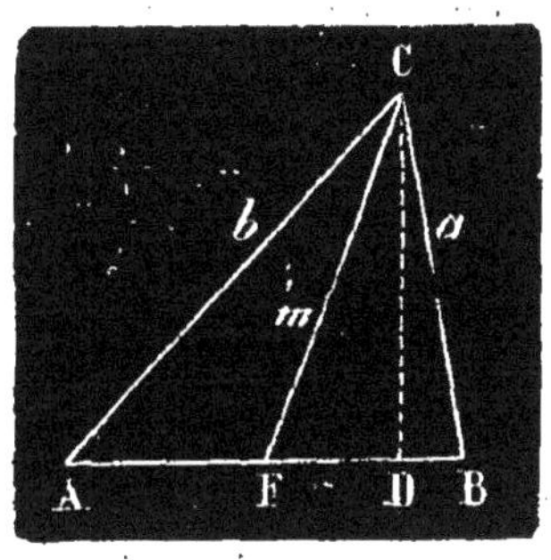

Fig. 239.

Soient ABC le triangle donné, CF la médiane relative au côté AB et CD la perpendiculaire abaissée du sommet C sur AB (fig. 239.)

L'angle AFC étant obtus, on a, dans le triangle ACF :

$$\overline{AC}^2 = \overline{CF}^2 + \overline{AF}^2 + 2AF \times FD. \qquad (1)$$

L'angle CFB étant aigu, le triangle BCF donne :

$$\overline{BC}^2 = \overline{CF}^2 + \overline{BF}^2 - 2BF \times FD. \qquad (2)$$

Si l'on ajoute, membre à membre, les égalités (1) et (2) en observant que AF = BF, il vient

$$\overline{AC}^2 + \overline{BC}^2 = 2\overline{CF}^2 + 2\overline{AF}^2. \qquad \text{C. Q. F. D.}$$

PROBLÈME

354. *Calculer les médianes d'un triangle en fonction des côtés.*

Désignons par m la médiane CF (fig. 239), on peut écrire

$$a^2 + b^2 = 2m^2 + 2\left(\frac{c}{2}\right)^2 \text{ (n° 353)},$$

d'où

$$m^2 = \frac{a^2 + b^2 - \frac{c^2}{2}}{2},$$

enfin

$$m = \frac{1}{2}\sqrt{2(a^2 + b^2) - c^2}.$$

THÉORÈME

355. *Le lieu géométrique des points dont la somme des carrés des distances à deux points fixes est constante est une circonférence qui a pour centre le milieu de la droite qui joint les points fixes.*

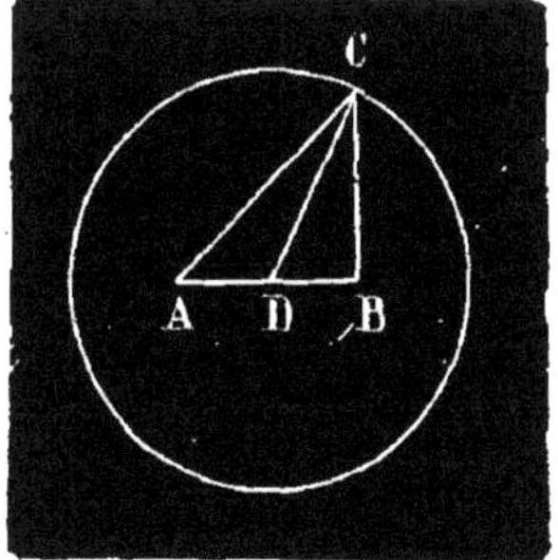

Fig. 240.

Soient A et B (fig. 240) les deux points donnés et C un point du lieu, tel que

$$\overline{CA}^2 + \overline{CB}^2 = K^2.$$

Joignons le point C au milieu de AB.

On a

$$\overline{CA}^2 + \overline{CB}^2 = 2\overline{CD}^2 + 2\overline{AD}^2 \text{ (n° 353)},$$

ou

$$K^2 = 2\overline{CD}^2 + 2\overline{AD}^2,$$

Par suite :

$$CD = \sqrt{\frac{K^2}{2} - \overline{AD}^2}. \qquad (1)$$

On voit par là que CD est une quantité constante. Tous les points du lieu étant à égale distance du point D, ce lieu est une circonférence de centre D.

Ce lieu n'existe qu'autant que l'on a :

$$\frac{K^2}{2} > \overline{AD}^2,$$

ou

$$K > AD\sqrt{2}.$$

356. **Réciproquement.** — Tout point C de la circonférence de rayon CD est tel que la somme des carrés de ses distances aux points A et B est égale à K^2.

En effet, on a :

$$\overline{CA}^2 + \overline{CB}^2 = 2\overline{CD}^2 + 2\overline{AD}^2.$$

Remplaçons

$$2\overline{CD}^2$$

par

$$K^2 - 2\overline{AD}^2,$$

on a

$$\overline{CA}^2 + \overline{CB}^2 = K^2 - 2\overline{AD}^2 + 2\overline{AD}^2 = K^2.$$

THÉORÈME

357. *La différence des carrés de deux côtés d'un triangle est égale au double produit du troisième côté par la projection de la médiane correspondante sur ce même côté.*

Soient ABC (fig. 241) le triangle proposé, CD et CF la médiane et la hauteur partant du sommet C.

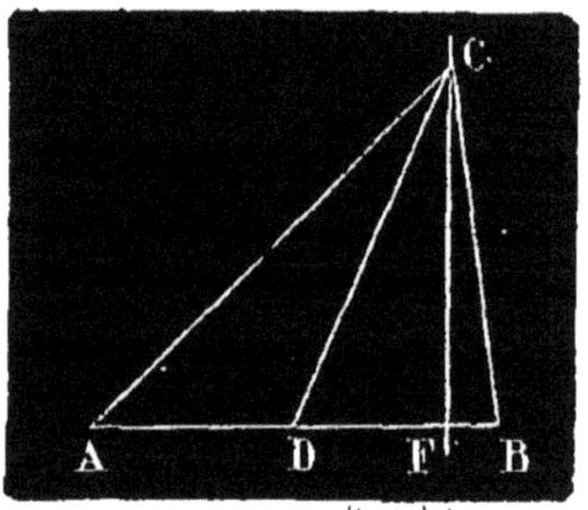

Fig. 241.

On a :

$$\overline{AC}^2 = \overline{CD}^2 + \overline{AD}^2 + 2AD \times DF$$

$$\overline{BC}^2 = \overline{CD}^2 + \overline{BD}^2 - 2BD \times DF.$$

Retranchons la seconde égalité de la première, en observant que $BD = AD$, on a

$$\overline{AC}^2 - \overline{BC}^2 = 4AD \times DF.$$

ou

$$\overline{AC}^2 - \overline{BC}^2 = 2AB \times DF. \qquad \text{C. Q. F. D.}$$

358. **Corollaire.** — *Le lieu des points dont la différence des carrés des distances à deux points fixes est constante, est une droite perpendiculaire à la droite qui joint les points fixes.*

En effet (fig. 241), posons :

$$\overline{AC}^2 - \overline{BC}^2 = K^2.$$

On a alors

$$K^2 = 2AB \times DF,$$

d'où

$$DF = \frac{K^2}{2AB}.$$

La quantité DF étant constante, la perpendiculaire abaissée d'un point quelconque du lieu, tombe toujours au même point F ; ce lieu est donc la perpendiculaire elle-même.

On démontrerait comme dans le théorème précédent, que tout point de la perpendiculaire appartient au lieu cherché.

THÉORÈME

359. *Le carré de la bissectrice d'un angle intérieur d'un triangle est égal au produit des côtés de cet angle, moins le produit des segments additifs que cette bissectrice détermine sur le troisième côté.*

Soient ABC le triangle donné (fig. 242), AFBC le cercle circonscrit, et CD la bissectrice de l'angle ACB, qui rencontre la circonférence en F. Je trace la droite FB.

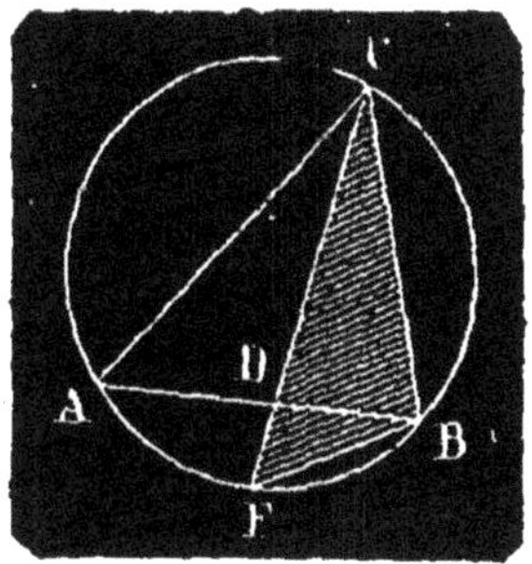

Fig. 242.

Les triangles ADC et FBC sont semblables, car : 1° les angles inscrits CAD et CFB sont égaux comme ayant pour mesure la moitié du même arc BC ; 2° les angles ACD et FCB sont égaux par hypothèse. On peut donc écrire :

$$\frac{AC}{CF} = \frac{CD}{CB},$$

d'où

$$AC \times CB = CD \times CF,$$

Or

$$CF = CD + DF,$$

donc

$$AC \times CB = CD\,(CD + DF) = \overline{CD}^2 + CD \times DF,$$

D'un autre côté

$$CD \times DF = AD \times DB \text{ (n° 310).}$$

On a par conséquent

$$AC \times CB = \overline{CD}^2 + AD \times DB,$$

d'où l'on tire

$$\overline{CD}^2 = AC \times CB - AD \times DB.$$

C. Q. F. D.

THÉORÈME

360. *Le carré de la bissectrice d'un angle extérieur d'un triangle est égal au produit des segments soustractifs qu'elle détermine sur l'un des côtés, moins le produit des deux autres côtés du triangle.*

Soient ABC le triangle donné (fig. 243), CD la bissectrice de l'angle extérieur BCH, qui va rencontrer en F la circonférence circonscrite au triangle.

Si l'on trace FB, on obtient deux triangles semblables. ADC et FBC.

Car : 1° les angles inscrits CAD et CFB sont égaux comme ayant pour mesure la moitié du même arc BC ; 2° les angles BCD et HCD sont égaux par hypothèse ; mais HCD et FCA sont opposés par le sommet ; par conséquent BCD = FCA. Si l'on ajoute à chacun de ces angles, l'angle ACB, on a :

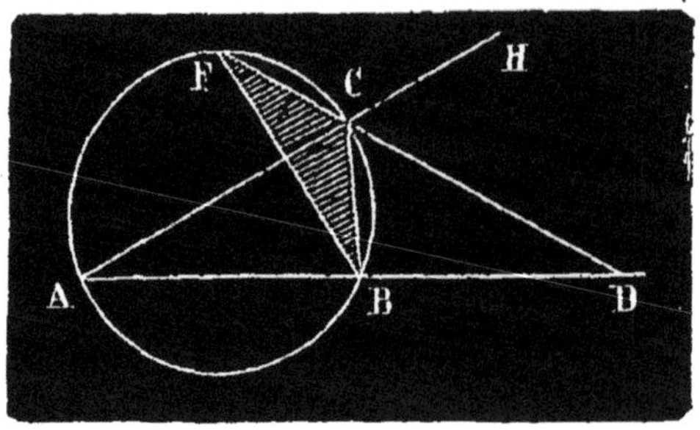

Fig. 243.

$$DCA = FCB.$$

On peut donc écrire

$$\frac{AC}{CF} = \frac{CD}{CB},$$

d'où l'on tire

$$AC \times CB = CD \times CF.$$

Or

$$CF = DF - CD,$$

donc

$$AC \times CB = CD\,(DF - CD) = CD \times DF - \overline{CD}^2.$$

D'un autre côté

$$CD \times DF = DB \times DA \text{ (n° 310)}.$$

On a par conséquent

$$AC \times CB = DB \times DA - CD^2,$$

d'où

$$\overline{CD}^2 = DB \times DA - AC \times CB. \qquad \text{C. Q. F. D.}$$

361. Remarque. — Les deux théorèmes précédents permettent de calculer les longueurs des bissectrices des angles intérieurs d'un triangle dont on connaît les trois côtés et les longueurs des bissectrices des angles extérieurs.

Désignons par γ la bissectrice CD de l'angle C (fig. 242) et par a, b, c, les trois côtés du triangle.

On a

$$\gamma^2 = ab - AD \times BD. \qquad (1)$$

D'ailleurs

$$\frac{AD}{b} = \frac{BD}{a} = \frac{AD + BD}{a + b} = \frac{c}{a + b}.$$

d'où

$$AD = \frac{bc}{a + b}, \quad BD = \frac{ac}{a + b}.$$

En portant ces valeurs dans l'égalité (1), il vient :

$$\gamma^2 = ab - \frac{abc^2}{(a+b)^2},$$

d'où

$$\gamma^2 = ab\left(1 - \frac{c^2}{(a+b)^2}\right)$$

$$= ab\,\frac{(a+b)^2 - c^2}{(a+b)^2}$$

$$= \frac{ab\,(a+b+c)\,(a+b-c)}{(a+b)^2}$$

$$= \frac{ab \times 2p \times 2\,(p-c)}{(a+b)^2}.$$

Par conséquent

$$\gamma = \frac{2}{a+b}\sqrt{abp\,(p-c)}.$$

Soit maintenant γ' la bissectrice CD d'un angle extérieur (fig. 243). On a d'abord

$$\gamma'^2 = \mathrm{DA} \times \mathrm{DB} - ab \text{ (n° 360)}.$$

D'ailleurs

$$\frac{\mathrm{DA}}{b} = \frac{\mathrm{DB}}{a} = \frac{\mathrm{DA} - \mathrm{DB}}{b-a} = \frac{c}{b-a},$$

d'où

$$\mathrm{DA} = \frac{bc}{b-a},\ \mathrm{DB} = \frac{ac}{b-a}.$$

Par suite

$$\gamma'^2 = \frac{abc^2}{(b-a)^2} - ab$$

$$= ab\left(\frac{c^2}{(b-a)^2} - 1\right)$$

$$= ab\,\frac{c^2 - (b-a)^2}{(b-a)^2}$$

$$= ab\,\frac{(c+b-a)\,(c-b+a)}{(b-a)^2}$$

$$= \frac{ab \times 2\,(p-a) \times 2\,(p-b)}{(b-a)^2}.$$

D'où

$$\gamma' = \frac{2}{b-a}\sqrt{ab\,(p-a)\,(p-b)}.$$

THÉORÈME

362. *Le produit de deux côtés* BA *et* BC *d'un triangle* BAC *est égal au produit du diamètre* AF *du cercle circonscrit par la hauteur* BD *relative au troisième côté* (fig. 244).

Les angles aigus BFA et BCD des triangles rectangles ABF et BDC sont égaux comme ayant pour mesure la moitié du même arc AB ; ces triangles sont donc semblables et donnent :

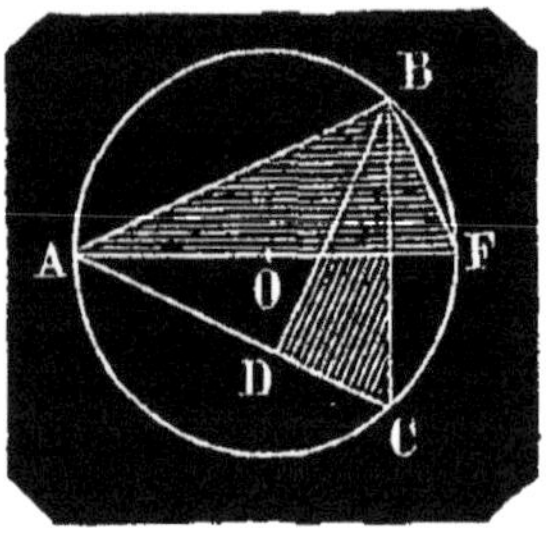

$$\frac{AB}{BD} = \frac{AF}{BC},$$

d'où l'on tire

$$AB \times BC = AF \times BD.$$

C. Q. F. D.

Fig. 214.

Remarque. — Ce théorème permet de calculer le rayon R du cercle circonscrit à un triangle en fonction des trois côtés a, b, c.

On a en effet

$$ac = 2R \times BD.$$

Or, la hauteur BD est donnée par la formule :

$$BD = \frac{2}{b}\sqrt{p(p-a)(p-b)(p-c)}.$$

Par suite

$$R = \frac{abc}{4\sqrt{p(p-a)(p-b)(p-c)}}.$$

EXERCICES

275. Les côtés de l'angle droit AB, AC d'un triangle rectangle ont respectivement 8^m et 12^m ; calculer les projections de ces côtés sur l'hypoténuse et la distance du sommet de l'angle droit à l'hypoténuse.

276. Deux cercles se coupent à angle droit ; leurs rayons ont 3^m et 7^m ; quelle est la distance de leurs centres.

277. Si du milieu d'un des côtés d'un triangle rectangle, on abaisse une perpendiculaire sur l'hypoténuse, la différence des carrés des segments déterminés sur l'hypoténuse est égale au carré de l'autre côté du triangle.

278. Les rayons de deux cercles concentriques ont respectivement 20^m et 25^m ; calculer la longueur d'une corde du grand cercle tangente au petit cercle.

279. Calculer la longueur de la corde commune à deux cercles dont les rayons ont 15^m et 20^m, sachant que la distance de leurs centres est 25^m.

280. Quel est le lieu géométrique des points dont la somme des carrés des distances à deux points fixes A et B, est constamment égale à 100 ; les points A et B sont distants de 12^m.

281. Quel est le lieu géométrique des points dont la différence des carrés des distances à deux points fixes A et B est constamment égale à 100 ; la distance des points A et B est de 40^m.

282. Calculer la hauteur d'un trapèze dont les bases ont 32^m et 25^m et les côtés non parallèles 7^m et 12^m.

283. La puissance d'un point M par rapport à un cercle est égale à la différence entre le carré de sa distance au centre et le carré du rayon.

(*On appelle puissance d'un point par rapport à un cercle, le produit constant des segments déterminés sur une sécante quelconque passant par ce point.*)

284. Le lieu des points qui ont la même puissance par rapport à deux cercles donnés est une droite perpendiculaire à la ligne des centres (*axe radical*).

285. Cas où les cercles se coupent ou sont tangents.

286. Les axes radicaux de trois cercles considérés deux à deux se coupent en un même point (*centre radical*). — Conclure de ce théorème un moyen commode pour construire l'axe radical de deux cercles donnés.

287. Quel est le lieu géométrique des centres des cercles qui coupent orthogonalement deux cercles donnés. — Ces cercles ont même axe radical.

288. Si trois droites indéfinies passent par un même point, le rapport des distances d'un point de l'une d'elles aux deux autres est constant.

289. Si deux circonférences quelconques sont concentriques, la somme des carrés des distances d'un point quelconque de l'une aux deux extrémités d'un diamètre quelconque de l'autre, est constant.

290. Dans tout parallélogramme, la somme des carrés des côtés est égale à la somme des carrés des diagonales.

291. **Théorème d'Euler.** — Dans tout quadrilatère, la somme des carrés des côtés est égale à la somme des carrés des diagonales, plus quatre fois le carré de la droite qui joint les milieux des diagonales.

292. **Théorèmes de Ptolémée.** — 1° Dans tout quadrilatère inscrit, le produit des diagonales est égal à la somme des produits des côtés opposés;

293. 2° Dans tout quadrilatère non inscriptible le produit des diagonales est moindre que la somme des produits des côtés opposés.

294. 3° Les diagonales d'un quadrilatère inscrit sont entre elles comme les sommes des produits des côtés qui aboutissent à leurs extrémités.

295. Dans tout quadrilatère, la somme des carrés des diagonales est le double de la somme des carrés des droites qui joignent les milieux des côtés opposés.

296. La somme des carrés des diagonales d'un trapèze est égale à la somme des carrés des côtés non parallèles plus deux fois le produit des bases.

297. Une sécante à un cercle se meut autour d'un point fixe ; aux deux points d'intersection avec la circonférence, on mène des tangentes. On demande le lieu des points de concours de ces couples de tangentes.

Les côtés d'un triangle étant 6^m, 9^m et 12^m, calculer :

298. 1° Les segments déterminés par les trois bissectrices intérieures sur les côtés opposés.

299. 2° Les segments déterminés par les bissectrices des angles extérieurs sur les trois côtés.

300. 3° Les longueurs des bissectrices intérieures.

301. 4° Les longueurs des bissectrices extérieures.

302. 5° Les trois hauteurs.

303. 6° Les trois médianes.

304. 7° Les segments déterminés sur les côtés par les cercles inscrit et ex-inscrits.

305. 8° Les rayons du cercle inscrit et des cercles ex-inscrits.

306. 9° Le rayon du cercle circonscrit.

CHAPTIRE IV

CONSTRUCTIONS RELATIVES AUX LIGNES PROPORTIONNELLES

363. *Diviser une droite donnée* AB (fig. 245) *en parties proportionnelles aux droites* m, n, p.

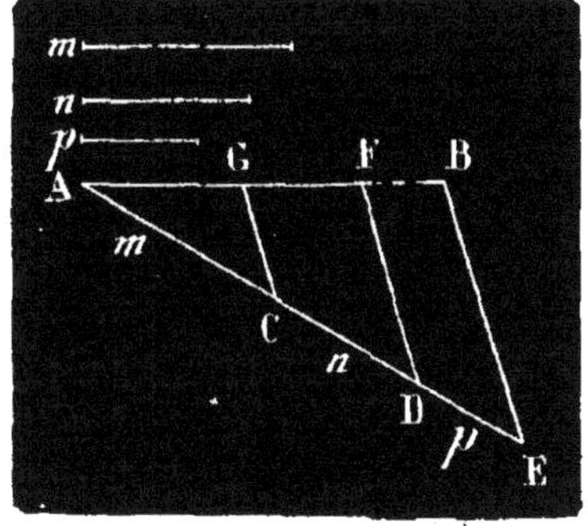

Fig. 245

Tracez par le point A une droite AE faisant avec AB un angle quelconque BAE ; portez ensuite sur AE les longueurs AC, CD, DE respectivement égales à m, n et p ; joignez les points E, B et menez par D et C des parallèles DF, CG à BE ; les points G, F seront les points cherchés.

On aura en effet (n° 293)

$$\frac{AG}{AC} = \frac{GF}{CD} = \frac{FB}{DE},$$

ou

$$\frac{AG}{m} = \frac{GF}{n} = \frac{FB}{p}.$$

364. Remarque I. — Pour partager une droite proportionnellement à des nombres donnés, on représente ces nombres par des droites en prenant une longueur déterminée pour unité, et on opère ensuite comme précédemment.

365. Remarque II. — Si les droites m, n, p. (fig. 245) sont égales, la ligne AB se trouve divisée en trois parties égales. On retombe ainsi sur une proposition démontrée n° 291.

366. *Construire la quatrième proportionnelle à trois droites données* m, n *et* p. (fig. 246)

Après avoir tracé un angle quelconque xAy, portez sur Ax deux longueurs données AB, BC égales à m, n, et sur Ay une longueur AD égale à p ; menez ensuite par le point C une parallèle à la droite BD, DF sera la quatrième proportionnelle cherchée.

En effet, on a

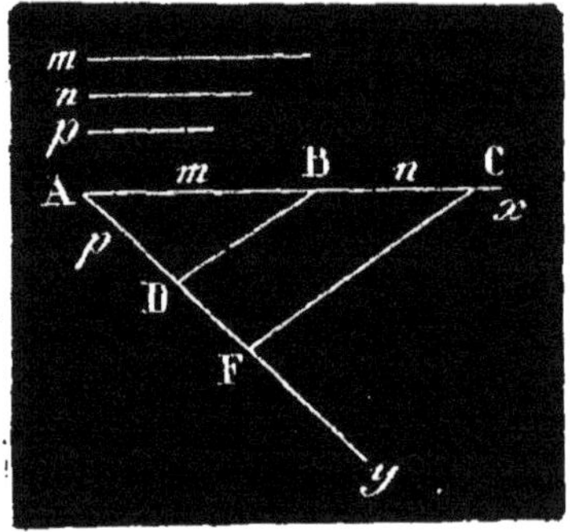

Fig. 246.

$$\frac{AB}{BC} = \frac{AD}{DF} \quad \text{ou} \quad \frac{m}{n} = \frac{p}{DF}.$$

367. Remarque I. — On peut aussi (fig. 247) porter les longueurs AB, AC, AD respectivement égales à m, n, p et mener par le point C la droite CF parallèle à BD ; la quatrième proportionnelle est AF.

On a en effet.

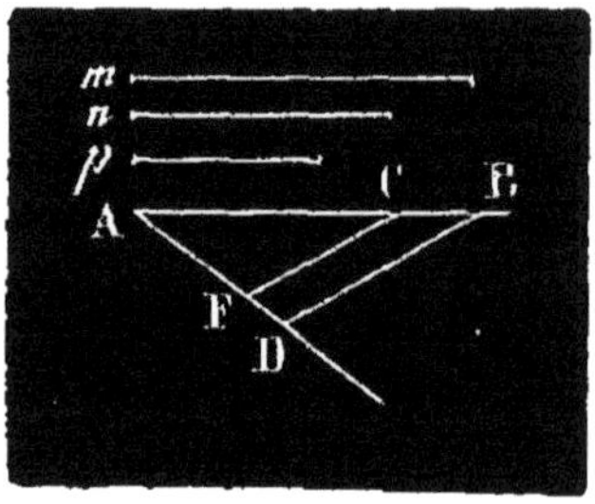

$$\frac{AB}{AC} = \frac{AD}{AF}$$

ou

$$\frac{m}{n} = \frac{p}{AF}$$

Fig. 247.

368. Remarque II. — Dans les figures 246 et 247 si $n = p$, la droite DF (fig. 246) ou la droite AF (fig. 247) est la troisième proportionnelle aux droites m et n.

369. *Construire la moyenne proportionnelle entre deux droites données* m *et* n.

1° Sur une droite indéfinie, portez à la suite l'une de l'autre deux longueurs AB et BC respectivement égales à m et n (fig. 248) ; la perpendiculaire BD, élevée au point B sur la droite AC jusqu'à la circonférence décrite sur AC comme diamètre, sera la moyenne proportionnelle cherchée.

En effet, BD est la perpendiculaire abaissée du sommet D de l'angle droit d'un triangle rectangle ADC sur l'hypoténuse ; elle est donc moyenne proportionnelle entre les deux segments AB et BC qu'elle détermine sur l'hypoténuse ; par suite :

$$\overline{BD}^2 = AB \times BC$$

ou

$$\overline{BD}^2 = m \times n.$$

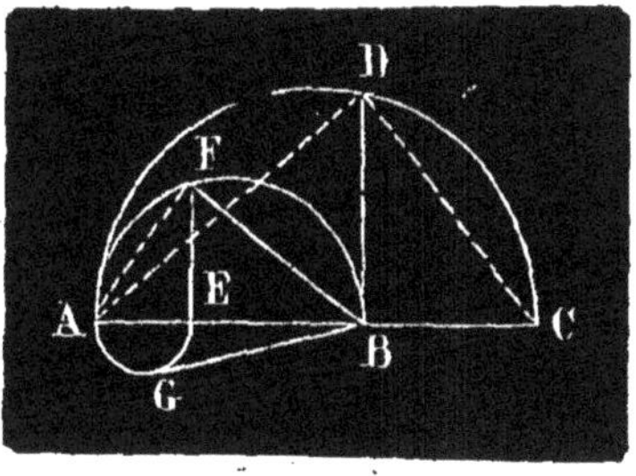

Fig. 248.

2° Lorsque les droites données sont un peu grandes, il est avantageux d'employer le moyen suivant, qui consiste à porter les deux droites l'une sur l'autre, à partir d'un même point.

Faites $AB = m$, $BE = n$; décrivez sur AB une demi-circonférence, et élevez au point E la perpendiculaire EF sur la droite AB jusqu'à la circonférence ; joignez ensuite les points B et F ; la droite BF est la moyenne proportionnelle.

Le triangle AFB est en effet rectangle en F et l'on peut écrire (n° 344).

$$BF^2 = AB \times BE \quad \text{ou} \quad \overline{BF}^2 = m \times n.$$

3° On peut aussi décrire une circonférence sur la différence AE des deux droites, et mener par le point B une tangente BG à cette circonférence.

On a alors (n° 311)

$$\overline{BG}^2 = AB \times BE$$

ou

$$BG^2 = m \times n.$$

370. *Construire deux droites dont on connait la somme et le produit.*

Soient m la somme et n la racine carrée du produit de deux lignes (fig. 249).

Sur une droite AB égale à m comme diamètre, décrivez une demi-circonférence, élevez au point A sur AB une perpendiculaire égale à n ; menez par le point C la droite CD parallèle à AB. Du point D où elle coupe la circonférence, abaissez sur AB la perpendiculaire DF.

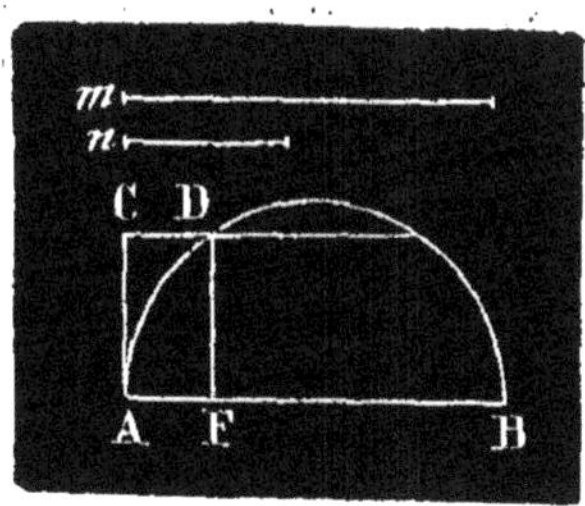

Fig. 249.

Les deux droites cherchées sont AF et BF.

En effet,

1°
$$AF + BF = AB = m;$$

2° D'ailleurs (n° 312)

$$AF \times BF = \overline{FD}^2 = \overline{AC}^2 = n^2.$$

Pour que le problème soit possible, il faut que la droite AC soit plus petite que le rayon de la circonférence, ou au plus égale à ce rayon ; en d'autres termes, il faut que la racine carrée du produit soit plus petite que la demi-somme, ou au plus égale à cette demi-somme.

La condition est donc :

$$n \leq \frac{m}{2}$$

ou

$$n^2 \leq \frac{m^2}{4}.$$

Si $AC = \frac{AB}{2}$, la droite CD est tangente à la circonférence, et les deux droites cherchées AF et FB sont égales.

On peut conclure de là un principe important que nous retrouverons en algèbre.

Le produit de deux quantités variables dont la somme est constante est maximum lorsque ces quantités sont égales.

371. *Construire deux droites dont on connaît la différence et le produit.*

Soient m la différence et n la racine du produit des deux droites (fig. 250).

Décrivez une circonférence O de diamètre m. Menez une tangente AC égale à n et tracez la droite CO qui rencontre la circonférence aux deux points D et F.

Les droites cherchées sont CF et CD.

En effet :

1° $CF - CD = DF = m$;

2° $CF \times CD = \overline{CA}^2 = n^2$.

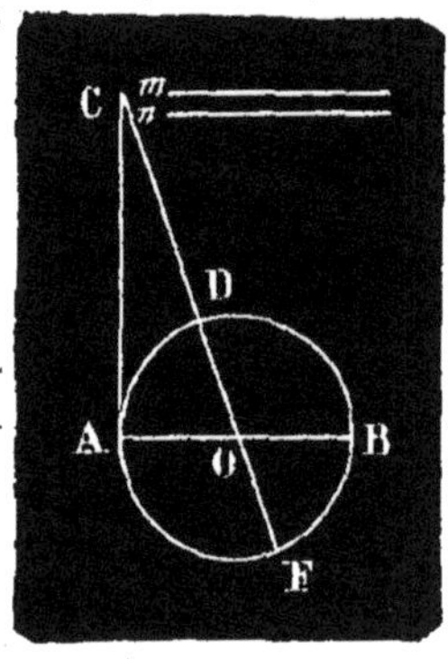

Fig. 250

Le problème est toujours possible quel que soit le produit donné.

PROBLÈME.

372. *Étant donnés deux points* A *et* B *sur une droite indéfinie* xy (fig. 251) *trouver sur cette droite un point* C *tel que la distance* AC *soit moyenne proportionnelle entre la distance* CB *et la droite* AB.

1° Je suppose le point C situé entre A et B.

On a, par hypothèse,

$$\frac{AB}{AC} = \frac{AC}{CB}.$$

De cette proportion on tire

$$\frac{AB + AC}{AC + CB} = \frac{AB}{AC};$$

Or

$$AC + CB = AB.$$

Donc

$$(AB + AC) \times AC = AB^2$$

D'un autre côté, la différence entre les quantités AB + AC et AC est égale à AB.

Le problème revient donc à construire deux droites dont la différence soit AB et le produit $\overline{AB}^2$ et à prendre la plus petite de ces lignes pour la valeur de AC.

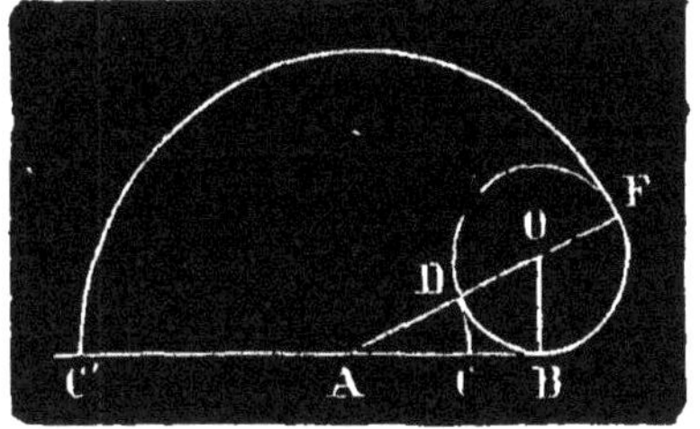

Fig. 251.

J'élève donc au point B une perpendiculaire BO égale à la moitié de AB et, du point O comme centre, je décris une circonférence; je trace ensuite la droite AO qui coupe la circonférence en deux points D et F; les deux droites cherchées sont AD et AF. Il n'y a plus qu'à porter AD sur AB et l'on a le point C.

On dit que le point C divise la droite AB en *moyenne et extrême raison.*

Calcul de AC. — Je représente AB par a; alors OB $= \frac{a}{2}$. Dans le triangle rectangle AOB, on a

$$\overline{OA}^2 = a^2 + \frac{a^2}{4} = \frac{5a^2}{4}$$

d'où

$$OA = \frac{a}{2}\sqrt{5}.$$

Par suite

$$AD = AC = \frac{a}{2}\sqrt{5} - \frac{a}{2} = \frac{a}{2}(\sqrt{5} - 1).$$

2° Je suppose le point C' à gauche du point A. Il ne peut pas être à droite de B car sa distance au point A ne saurait être en même temps plus grande que sa distance au point B, et plus grande que la droite AB.

On a par hypothèse :

$$\frac{C'B}{C'A} = \frac{C'A}{AB}.$$

De cette proportion on tire

$$\frac{C'B - C'A}{C'A - AB} = \frac{C'A}{AB},$$

or

$$C'B - C'A = AB.$$

Donc

$$(C'A - AB) \times C'A = \overline{AB}^2$$

D'un autre côté, la différence entre les quantités C'A et C'A — AB est AB.

Le problème revient donc à construire deux droites dont la différence soit AB et le produit $\overline{AB}^2$ et à prendre la plus grande de ces droites pour la valeur de AC'.

La construction précédente donne AF pour cette valeur. On porte donc AF suivant AC' et le point C' est le point cherché.

Calcul de AC'. — On a d'abord

$$AO = \frac{a}{2}\sqrt{5}$$

Par conséquent

$$AF = AC' = \frac{a}{2}\sqrt{5} + \frac{a}{2} = \frac{a}{2}(\sqrt{5} + 1).$$

CONSTRUCTION DES FORMULES ALGÉBRIQUES

373. Lorsqu'on résout un problème de géométrie par le secours de l'algèbre, on représente les données par des lettres, puis :

1° *On met le problème en équation ;*

2° *On résout l'équation ou les équations suivant que l'énoncé renferme une ou plusieurs inconnues ;*

3° *On construit ou on évalue en lignes les expressions algébriques auxquelles on est parvenu ;*

4° *On discute le problème.*

Nous n'avons à nous occuper ici que de la troisième partie.

Les *expressions élémentaires*, c'est-à-dire les expressions à la construction desquelles on peut ramener toutes les autres sont au nombre de six, savoir :

$$x = a - b + c - d + e, \quad x = \frac{ab}{c}, \quad x = \frac{a^2}{b},$$

$$x = \sqrt{ab}, \quad x = \sqrt{a^2 + b^2}, \quad x = \sqrt{a^2 - b^2}.$$

1° Soit

$$x = a - b + c - d + e.$$

x est la différence entre la somme des droites précédées du signe plus et la somme des droites précédées du signe moins.

2° Dans l'expression

$$x = \frac{ab}{c},$$

La valeur de x est une quatrième proportionnelle aux trois longueurs a, b, c.

3° La formule

$$x = \frac{a^2}{b}$$

peut s'écrire

$$x = \frac{a \times a}{b}.$$

La valeur de x est donc une quatrième proportionnelles aux trois longueurs a, a et b, c'est-à-dire une troisième proportionnelle aux deux droites a et b.

4° Si l'on a

$$x = \sqrt{ab},$$

x est une moyenne proportionnelle entre les droites a et b.

5° Dans l'expression

$$x = \sqrt{a^2 + b^2},$$

x représente l'hypoténuse d'un triangle rectangle dont les deux côtés de l'angle droit sont les droites a et b.

6° Enfin si l'on a

$$x = \sqrt{a^2 - b^2},$$

x est l'un des côtés de l'angle droit d'un triangle rectangle, dont l'autre côté est b et l'hypoténuse a.

374. *Construction des racines de l'équation du second degré.*

L'équation complète du second degré peut toujours être mise sous la forme.

$$x^2 + px + q = 0.$$

Si elle s'applique à une question de géométrie, chacun de ses termes est du deuxième degré et représente le produit de deux lignes. Le terme q peut donc être remplacé par le carré a^2 d'une droite a, et l'équation devient

$$x^2 + px + a^2 = 0.$$

En tenant compte des signes on peut mettre cette équation sous les quatre formes suivantes.

$$x^2 + px + a^2 = 0 \qquad (1)$$

$$x^2 - px + a^2 = 0 \qquad (2)$$

$$x^2 + px - a^2 = 0 \qquad (3)$$

$$x^2 - px - a^2 = 0 \qquad (4)$$

Comme nous nous proposons de construire les valeurs absolues des racines, nous pouvons dans les équations (1) et (3) remplacer x par $-x$, ce qui rend ces équations identiques aux équations (2) et (4), et nous n'avons plus qu'à nous occuper de ces dernières.

1° Les racines x' et x'' de l'équation (2) sont de même signe puisque leur produit a^2 est positif; la somme de ces racines est d'ailleurs p. Nous avons donc à construire deux lignes dont on connaît la somme et le produit (n° 370).

2° Les racines de l'équation (4) sont de signe contraire, car leur produit $-a^2$ est négatif; représentons-les par x' et $(-x'')$.

Nous avons alors les deux égalités.

$$x'(-x'') = -a^2 \quad \text{ou} \quad x'x'' = a^2$$

et

$$x' - x'' = p.$$

Le problème revient à construire deux lignes dont on connaît la différence et le produit (n° 371).

APPLICATIONS

375. **Compas de réduction.** — Cet instrument se compose de deux branches égales AE et CD (fig. 252) terminées en pointes. Les branches se croisent entre deux boutons qui les pressent; elles sont percées longitudinalement d'une rainure où s'engage le pivot qui réunit les deux boutons. On peut donc faire glisser les branches dans le sens de leur longueur de manière qu'elles se croisent en tel point que l'on veut. En même temps elles sont susceptibles de se rapprocher et de s'écarter comme les branches d'un compas ordinaire.

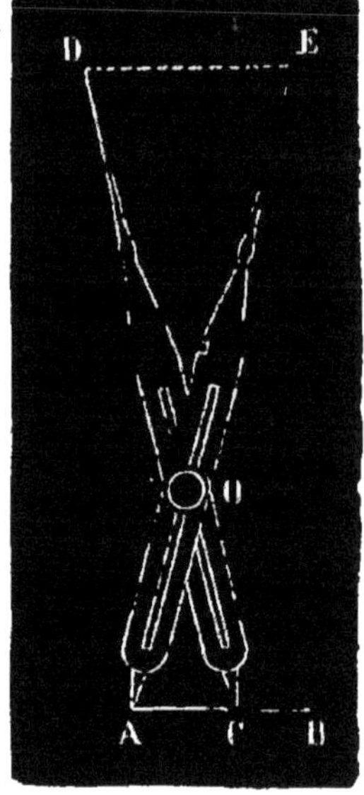

Fig 252.

Supposons maintenant qu'on veuille, à l'aide du compas de réduction, prendre la moitié d'une ligne droite AB. On ferme d'abord l'instrument de manière que les branches soient exactement superposées; on fait ensuite glisser le pivot jusqu'à ce que la longueur OA soit la moitié de OE, ce que l'on obtient facilement à l'aide de la graduation qui se trouve sur les branches. On ouvre alors le compas en plaçant les points D et E aux extrémités de la droite AB; l'écartement AC des deux autres points représente exactement la moitié de AB.

En effet les triangles AOC et DOE sont semblables comme ayant un angle égal compris entre des côtés porportionnels.

On a donc

$$\frac{AC}{DE} = \frac{OA}{OE} = \frac{1}{2}.$$

Le même instrument permet de prendre d'autres fractions simples d'une ligne telles que $\frac{1}{3}$, $\frac{1}{4}$, etc.

Le compas de réduction est surtout avantageux quand il faut réduire un grand nombre de lignes dans le même rapport.

376. **Compas de proportion.** — Le compas de proportion est un instrument qui sert à partager une ligne droite en parties proportionnelles à des nombres donnés. Il se compose de deux règles AO, BO (fig. 253) mobiles autour d'une charnière O, dont le centre est le point de concours des bords intérieurs des deux règles. Ces règles portent des divisions égales.

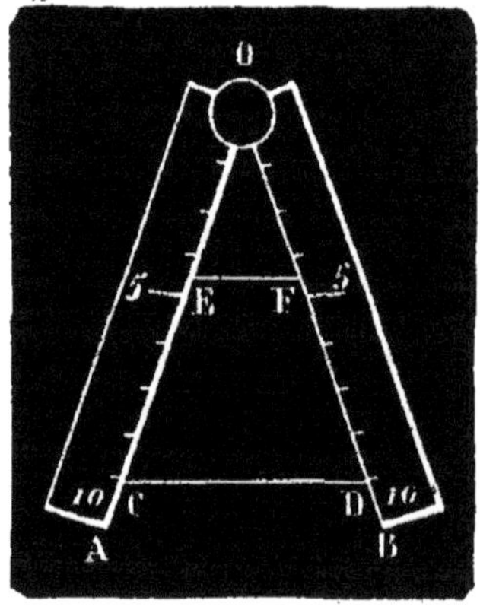

Fig. 253.

1° Soit à prendre les $\frac{4}{9}$ d'une droite CD. Ouvrez le compas de manière que les divisions marquées 9 coïncident avec les extrémités de la droite CD; prenez ensuite la longueur de la droite EF qui joint les quatrièmes divisions; EF représente les $\frac{4}{9}$ de CD. En effet, les triangles EOF et COD sont semblables comme ayant un angle égal compris entre des côtés proportionnels.

On a par conséquent

$$\frac{EF}{CD} = \frac{OE}{OC} = \frac{4}{9}.$$

2° S'il s'agit de partager la droite CD proportionnellement aux nombres 2, 3 et 4, on remarque que la première partie sera $\frac{2}{2+3+4}$ ou les $\frac{2}{9}$ de CD la 2e les $\frac{3}{9}$, la 3e les $\frac{4}{9}$ de CD. Il suffira donc d'ouvrir le compas de manière que les neuvièmes divisions soient placées aux extrémités de CD; les droites joignant les deuxièmes, les troisièmes et les quatrièmes divisions seront les lignes cherchées.

On comprend sans peine comment cet instrument permet de diviser une droite en parties égales.

377. **Echelle de proportion.** — On appelle en général échelle de proportion toute droite divisée en parties égales à l'unité de longueur adoptée et à laquelle on rapporte toutes les lignes d'un dessin.

On en fait une fréquent usage dans le levé des plans, le tracé des cartes, dans les épures d'architecture et dans le dessin des machines.

Une simple droite divisée en parties égales ne suffit généralement pas pour apprécier avec exactitude les fractions de l'unité. Aussi préfère-t-on la construction suivante.

Soient AB, BC, etc. (fig. 254) une suite de longueurs égales à l'unité. Élevons au point A une perpendiculaire AD, sur laquelle nous porterons 10 longueurs égales quelconques; menons par tous les points de division des parallèles à AB, et par les points B, C, etc. des parallèles BE, CF à la ligne AD.

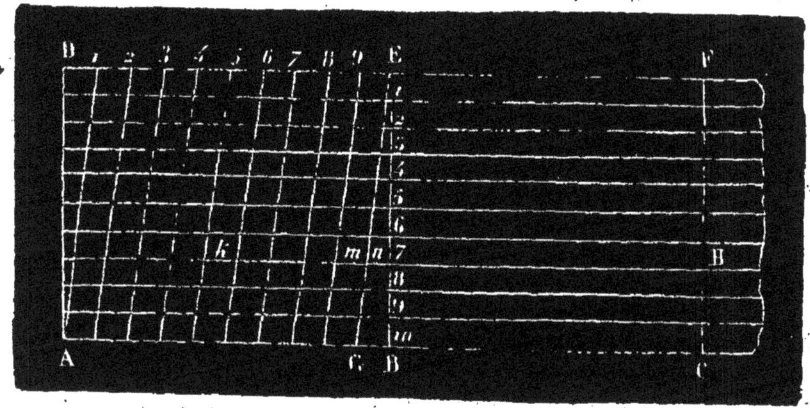

Fig. 254.

Partageons DE en 10 parties égales; joignons la division 1 au point A et menons par les autres points de division, 2, 3, 4... 9, E des parallèles à 1 A qui diviseront AB en dix parties égales; chacune de ces parties sera le dixième de l'unité.

Cela posé, il est facile de montrer que les portions de parallèles comprises entre les côtés du triangle BEG et marquées 1, 2, 3... sont respectivement égales à $\frac{1}{10}$, $\frac{2}{10}$, $\frac{3}{10}$... de GB. En effet, si l'on considère la septième parallèle mn, les triangles semblables mEn et GEB donnent $\frac{mn}{\text{GB}} = \frac{\text{E}n}{\text{EB}} = \frac{7}{10}$.

Ces parallèles représentent donc des centièmes de l'unité.

Soit à prendre sur cette échelle une longueur de 1,47. On posera l'une des pointes du compas en H sur la 7e parallèle à AB et l'autre pointe en k de telle sorte que la distance mk comprenne quatre divisions entières égales à GB.

La droite Hk se composant : 1° de Hn = 1, 2° de mk = 0,4, 3° de mn = 0,07, est égale à 1,47.

Réciproquement pour mesurer une longueur donnée, on prend une ouverture de compas égale à cette longueur, et par tâtonnement, on cherche la parallèle sur laquelle les deux pointes puissent coïncider avec deux divisions, H et k, par exemple; on évalue ensuite facilement cette longueur d'après ce qui vient d'être dit.

Dans le levé des plans, l'unité AB représente généralement 100^{m}, GB 10^{m} et les portions de parallèles, comprises entre les côtés du triangle BEG, des mètres.

On dit qu'une échelle est de 1 à 1000, de 1 à 2500, lorsque chaque longueur du terrain est réduite à $\frac{1}{1000}$, $\frac{1}{2500}$, etc.

Il est facile d'après cela de calculer la longueur AB qui doit représenter à l'échelle 100m du terrain : il suffit pour cela de multiplier 100 par l'échelle. Ainsi, à l'échelle $\frac{1}{2500}$, 100m sont représentés par $100 \times \frac{1}{2500} = \frac{1}{25} = 4$ cm.

378. Autres procédés de réduction d'une figure. — 1° La théorie des polygones homothétiques fournit un moyen commode pour construire un polygone semblable à un autre polygone et dont le rapport de similitude avec le premier, ait une valeur donnée ;

2° Ce procédé ne s'applique pas aussi facilement aux figures présentant des parties curvilignes.

On emploie alors la *méthode des carreaux*.

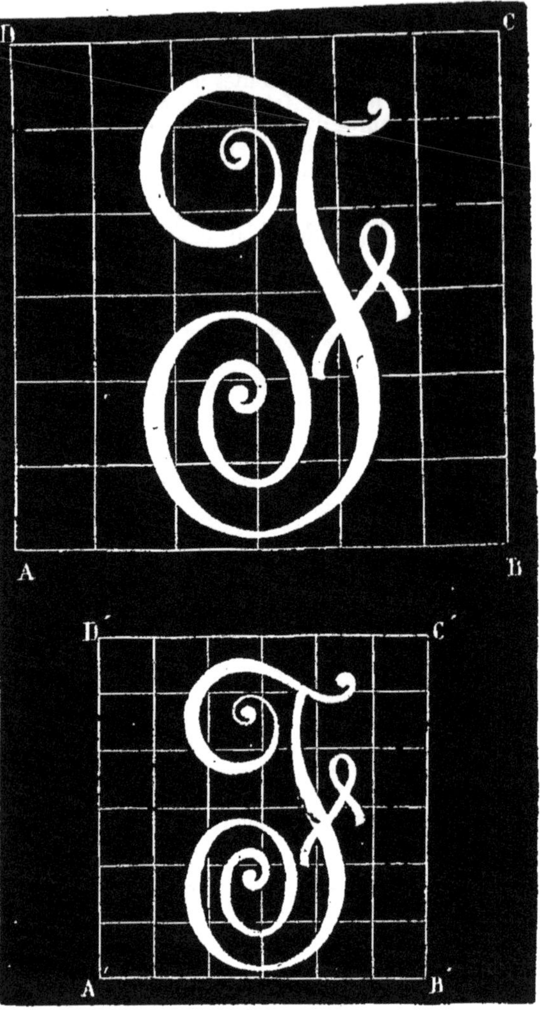

Fig. 255.

Proposons-nous, par exemple, de réduire aux $\frac{2}{3}$ le dessin tracé à l'intérieur du rectangle ABCD (fig. 255) ; on commence par diviser ce rectangle en carrés égaux par des parallèles aux côtés comme l'indique la figure ; puis on trace un deuxième rectangle A'B'C', dont les dimensions soient les $\frac{2}{3}$ de celles du premier, on divise ce rectangle en autant de carrés égaux que l'on en a fait dans l'autre. On numérote si l'on veut les parallèles de ces rectangles, en donnant le même numéro à deux parallèles homologues, afin d'éviter toute confusion ; on n'a plus qu'à répéter à l'intérieur de chaque carré du petit rectangle et à vue un dessin semblable à celui qui se trouve dans le carré homologue du grand rectangle, en se guidant pour cela sur le contour du carré. Avec un peu d'habitude, on arrive à tracer un dessin exactement semblable à celui qui est donné.

379. Pantographe. — Le pantographe est un instrument à l'aide duquel on peut copier immédiatement une figure quelconque en la réduisant dans un rapport donné.

Deux règles AB et BC (fig. 256), ayant de 0m,50 à 1 mètre de longueur, sont articulées en B et peuvent tourner librement autour de ce point.

Deux autres règles DE et DF articulées en D de la même manière, sont en outre reliées aux premières aux points E et F, à l'aide de chevilles autour desquelles elles peuvent également tourner ; elles sont disposées de telle sorte que DE = FB, FD = BE ; il en résulte que la figure BEDF est constamment un parallélogramme, pendant que l'instrument se déforme. De plus le point D est astreint à être sur la droite AC.

La droite FD étant toujours parallèle à BC, les triangles AFD et ABC sont constamment semblables, et l'on a :

$$\frac{AD}{AC} = \frac{AF}{AB}.$$

Le rapport $\frac{AF}{AB}$ étant constant, il en est de même du rapport $\frac{AD}{AC}$.

Par conséquent, si le point A restant fixe, on oblige le point C à décrire une figure quelconque, le point D, muni d'un crayon, décrira une figure homothétique de la première, c'est-à-dire semblable et réduite dans le rapport $\frac{AF}{AB}$.

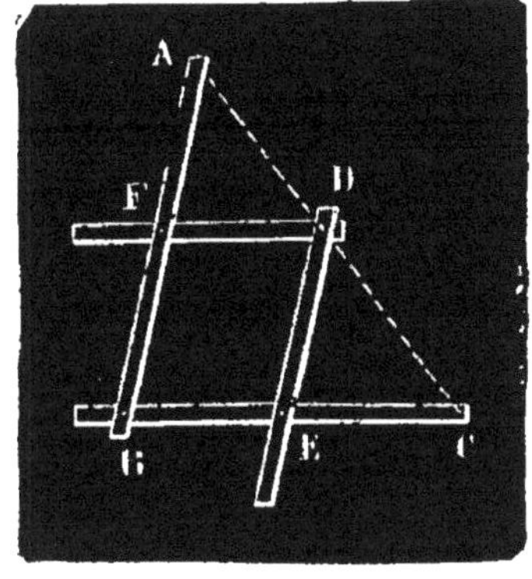

Fig. 256.

On peut changer ce rapport à l'aide de trous pratiqués sur les règles ; on le diminue en raccourcissant FD et augmentant BF ; mais toujours de manière que le point D se trouve sur la droite AC.

La pantographe est très employé par les dessinateurs, les graveurs, les architectes, etc.

380. **Mesure des distances inaccessibles.** — L'emploi des triangles semblables permet de mesurer avec une exactitude suffisante la distance des points inaccessibles :

1° *Trouver la distance d'un point accessible* A (fig. 257) *à un point* C, *dont on est séparé par un obstacle, une rivière par exemple.* On trace sur le terrain accessible une droite AB, appelée *base*, que l'on mesure. Ensuite avec le graphomètre, on évalue les angles CAB et CBA. ; sur une feuille de papier on trace une droite *ab* qui représente à une échelle connue la ligne AB, (on prend généralement un millimètre pour mètre), puis on construit avec le rapporteur aux points *a* et *b* des angles *cab* et *cba* respectivement égaux à CAB et CBA.

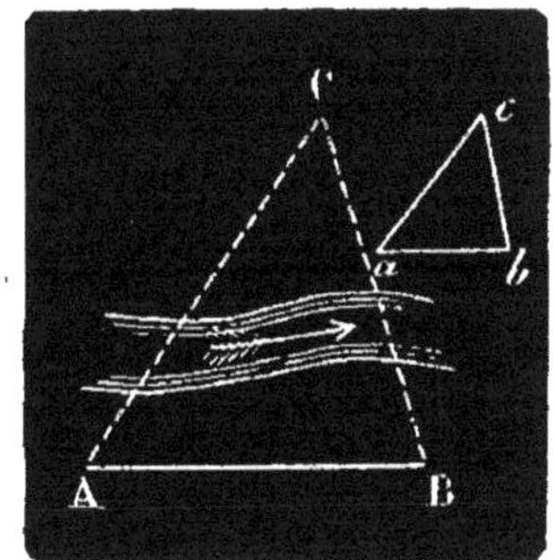

Fig. 257.

Les triangles *abc* et ABC sont alors semblables comme ayant deux angles égaux. On n'a plus qu'à évaluer *ac* à l'échelle du dessin et l'on a la longueur cherchée ;

381. 2° *Évaluer la distance de deux points inaccessibles* C *et* D (fig. 258).

Tracez une base AB, mesurez-la, ainsi que les angles CAB, DAB, DBA, CBA. Tirez ensuite sur le papier une droite *ab* qui représente AB à une échelle connue, 1 millimètre pour mètre par exemple ; construisez les angles *cab*, *dab*, *dba*, *cba*, respectivement égaux à ceux qui ont été mesurés sur le terrain ; tracez la droite *cd* et mesurez-la à l'échelle du dessin, vous avez la longueur cherchée. En effet, des triangles semblables ABC et *abc* on tire :

$$\frac{AC}{ac} = \frac{AB}{ab}.$$

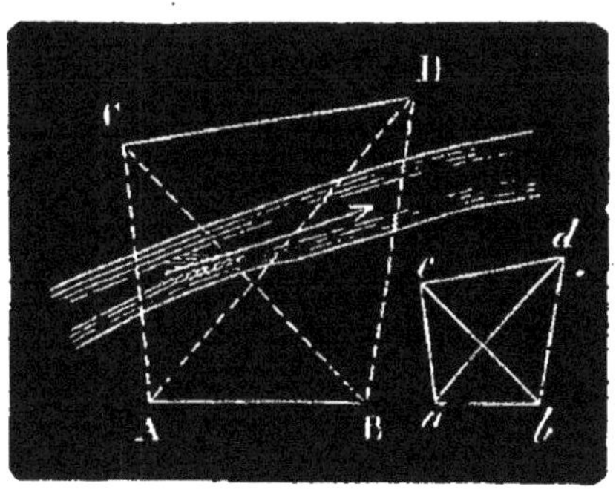

Fig. 258.

Les triangles semblables ABD et *abd*, donnent aussi

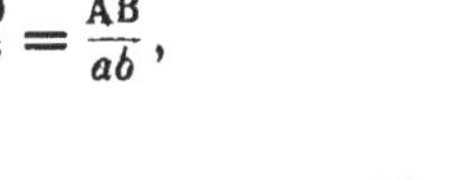

$$\frac{AD}{ad} = \frac{AB}{ab},$$

d'où

$$\frac{AC}{ac} = \frac{AD}{ad}.$$

Les angles CAD et *cad* étant d'ailleurs égaux, les triangles ACD et *acd* sont semblables comme ayant un angle égal compris entre des côtés proportionnels ; par suite

$$\frac{CD}{cd}=\frac{AC}{ac}=\frac{AB}{ab}.$$

Donc autant de millimètres contenus dans *cd*, autant de mètres dans CD.

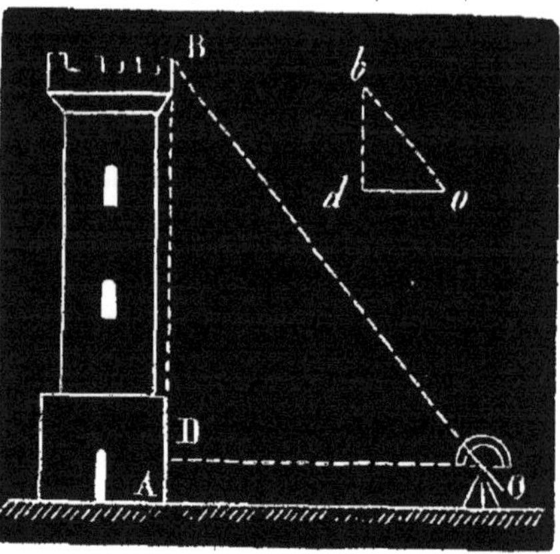

Fig. 259.

382. 3° *Mesurer la hauteur d'une tour* AB *dont le pied est accessible* (fig. 259).

Disposez à une certaine distance de l'édifice, en un point O, un graphomètre dont la ligne de foi soit horizontale et le limbe dans un plan vertical passant par l'axe de la tour ; dirigez l'alidade mobile vers le sommet B afin de mesurer l'angle BOD. Vous n'aurez plus qu'à chaîner OD et à construire sur le papier un triangle *bod* semblable à BOD à une échelle connue. La mesure de *bd* donnera la hauteur de la tour.

On y ajoutera la distance DA que l'on peut toujours mesurer et qui est égale à la hauteur de l'instrument si le terrain est horizontal.

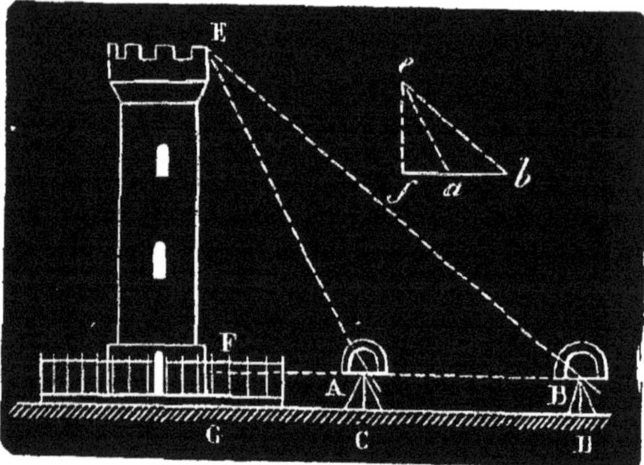

Fig. 260.

383. 4° *Mesurer la hauteur d'une tour, dont le pied est inaccessible* (fig. 260).

Tracez sur un terrain sensiblement horizontal une droite CD dont la direction passe par le centre de la tour ; mesurez cette droite ainsi que les angles EBF et EAF ; construisez à une certaine échelle un triangle *abe* semblable à EAB ; abaissez du point *e* la perpendiculaire *ef* sur *fb* ; la longueur de cette perpendiculaire sera, à l'échelle du dessin, la hauteur EF ; il suffira d'y ajouter la hauteur de l'instrument.

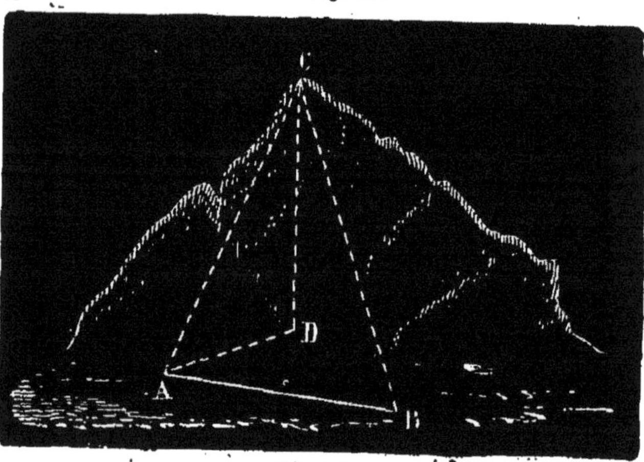

Fig. 261.

384. 5° *Mesurer la hauteur d'une montagne* (fig. 261).

Tracez au pied de la montagne une droite AB que vous mesurerez. Avec le graphomètre, mesurez les angles CAB et CBA, en plaçant le plan du limbe de l'instrument dans le plan du triangle ACB.

Placez ensuite le graphomètre au point A, de manière que le limbe soit dans un plan vertical passant par le sommet C de la montagne et que la ligne de foi soit horizontale; mesurez alors l'angle CAD en dirigeant l'alidade mobile vers le point C. En construisant à une échelle connue, un triangle semblable à ABC, vous aurez la longueur de la droite AC. Un deuxième triangle semblable à CAD vous donnera la longueur de la verticale CD, c'est-à-dire la hauteur de la montagne au-dessus du point A.

LEVÉ DES PLANS

385. Lever le plan d'un terrain c'est construire sur le papier une figure semblable à celle que présente ce terrain.

On emploie différentes méthodes suivant les instruments dont on dispose.

386. **Levé au mètre.** — Soit ABCDE (fig. 262) le polygone tracé sur le sol. On détermine sur AE un point F qui soit à une distance connue, 10m par exemple du point A; et, sur le côté AB, un point G qui soit aussi à 10m de A; puis on mesure la droite FG.

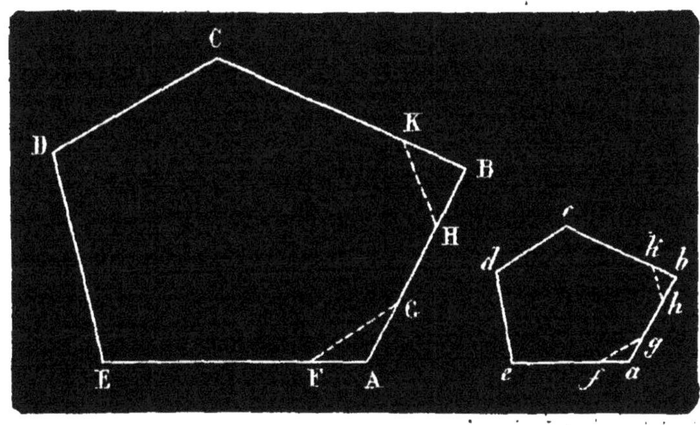

Fig. 262.

Alors en chaînant AB, on se transporte au point B où l'on opère comme en A; ainsi de suite jusqu'à ce qu'on soit revenu au point A après avoir fait le tour du polygone.

Pour construire le *plan* on construit d'abord un triangle *afg* ayant pour côtés les longueurs réduites des côtés du triangle AFG. Ces deux triangles sont semblables comme ayant les trois côtés proportionnels : il en résulte que les angles *a* et A sont égaux. On porte sur *ag* la longueur réduite de AB et l'on fait au point *b* un angle égal à l'angle B en construisant un triangle semblable à BHK. On porte sur le côté *bk* la longueur réduite de BC, etc. Les polygones *abcde* et ABCDE sont semblables comme ayant les angles égaux et les côtés homologues proportionnels.

387. **Levé au graphomètre.** — Lorsqu'on dispose d'un graphomètre on mesure successivement tous les angles du polygone et tous ses côtés; puis on fait la construction du plan comme dans le cas précédent, seulement au lieu d'obtenir les angles au moyen d'un triangle dont on connaît les trois côtés, on les construit avec le rapporteur.

388. **Levé à l'équerre.** — Soit ABCDFG (fig. 263) le polygone tracé sur le terrain.

On jalonne une base d'opération, ordinairement la plus grande diagonale.

De tous les sommets B, C, F, G... on abaisse sur cette base des perpendiculaires BB', CC', FF' et GG' que l'on mesure, ainsi que les longueurs AB', AG', AC', AF' et AD.

Pour construire le plan, on porte sur une ligne indéfinie *ad* à partir du point *a* les longueurs réduites de AB', AG', AC', AF' et AD, et l'on élève aux points obtenus *b'*, *c'*, *f'*, *g'* des perpendiculaires égales aux longueurs réduites des perpendiculaires BB', CC', FF', GG'; en unissant par des droites les points *a*, *b*, *c*, *d*, *f*, *g*, on a un polygone semblable au polygone ABCDFG.

En effet, les triangles rectangles homologues de ces deux polygones sont semblables chacun à chacun comme ayant un angle égal compris entre des côtés proportionnels.

Menons les diagonales B'C et $b'c'$ des trapèzes B'C'CB et $b'c'cb$. Les deux triangles B'C'C et $b'c'c$ ayant un angle égal compris entre des côtés proportionnels sont semblables. Il en résulte : 1° que les angles CB'C' et $cb'c'$, et, par suite, leurs compléments CB'B et $cb'b$ sont égaux ; 2° que

$$\frac{B'C}{b'c} = \frac{B'C'}{b'c'} = \frac{B'B}{b'b}.$$

On en conclut que les triangles BB'C et $bb'c$ sont semblables comme ayant un angle égal compris entre des côtés porportionnels.

On ferait la même démonstration pour tous les autres trapèzes.

Donc les polygones $abcdfg$ et ABCDFG sont semblables parce qu'ils sont composés d'un même nombre de triangles semblables et semblablement placés.

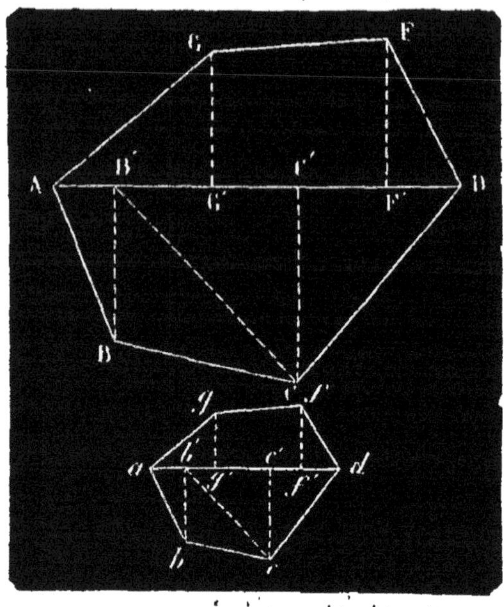

Fig. 263.

389. Levé à la planchette. — La planchette est une simple planche à dessin parfaitement dressée et reposant par son centre sur un support à trois pieds. Une disposition particulière permet de l'incliner dans tous les sens de manière à pouvoir la rendre parfaitement horizontale et la fixer ensuite dans cette position. Elle est recouverte d'une feuille de papier sur laquelle on dessine le plan du polygone dont on fait le levé.

La planchette est toujours accompagnée d'une alidade à pinnules, analogue à celle du graphomètre, mais entièrement libre et pouvant être placée sur la planchette dans toutes les directions possibles. Cette alidade sert de règle pour tracer les droites sur la feuille de papier; à cet effet, elle est évidée sur l'un de ses côtés, de manière que le bord en creux soit situé dans le plan vertical déterminé par les fils des pinnules. La droite tracée le long de ce bord coïncide avec la direction du rayon visuel rasant les fils des pinnules.

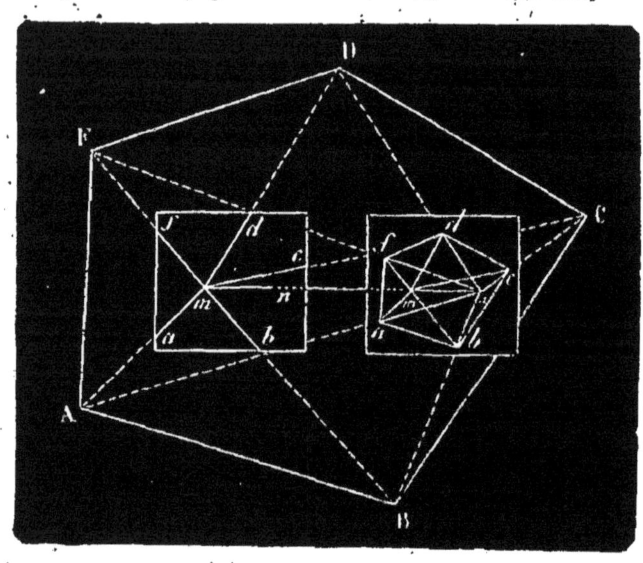

Fig. 264.

Pour lever le plan d'un polygone ABCDF (fig. 264) au moyen de la planchette, on trace sur le terrain une droite MN, des extrémités de laquelle on puisse apercevoir tous les sommets du polygone; on la mesure avec grand soin. Vers le milieu de la feuille, on trace une droite *mn* égale à la longueur réduite MN.

On place la planchette horizontalement au point M de manière que *mn* ait la direction de MN et que *m* se trouve sur la verticale de M; on trace alors du point *m* avec l'alidade des droites dirigées vers tous les sommets du polygone.

On se transporte ensuite au point N où l'on met de nouveau la planchette en station de telle sorte que *n* soit situé sur la verticale de N et que *nm* ait pour direction NM. On trace des droites partant du point *n* et dirigées vers tous les sommets; ces droites coupent les premières en des points *a, b, c, d, f*, qui sont les sommets homologues de ceux du polygone ABCDF.

Les polygones *abcdf* et ABCDF sont semblables comme étant composés d'un même nombre de triangles semblables et semblablement placés.

Lorsqu'il existe à l'intérieur du polygone un point O (fig. 265) duquel on puisse apercevoir tous les sommets du polygone, on peut y placer la planchette horizontalement de manière qu'un point *o* marqué sur la feuille soit situé sur la verticale du point O, tracer avec l'alidade des droites dirigées du point *o* vers tous les sommets, prendre sur ces droites à partir de *o* des longueurs *oa, ob, oc od, of* égales aux longueurs réduites des droites OA, OB, OC, OD, OF que l'on mesure avec la chaîne.

En joignant les points *a, b, c, d, f* par des droites on a un polygone *abcdf* semblable ABCDF, car si l'on néglige la hauteur de la planchette, au-dessus du sol, et l'on peut le faire, le premier polygone est homothétique direct du grand par rapport au centre O.

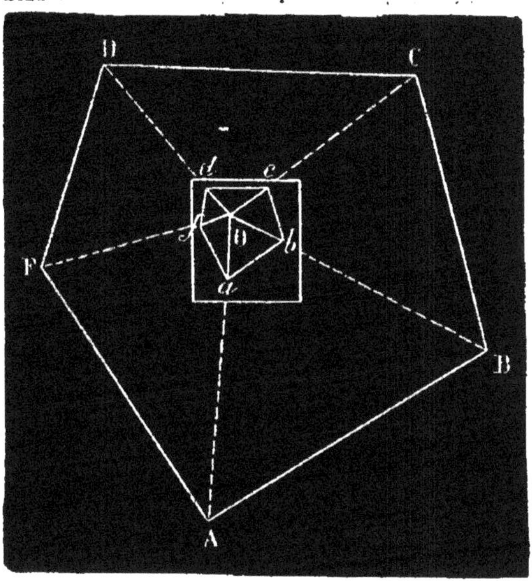

Fig. 265.

EXERCICES.

307. Décrire une circonférence passant par deux points et tangente à une droite donnée.

308. Décrire une circonférence passant par deux points et tangente à une circonférence donnée.

309. Décrire une circonférence passant par un point et tangente à deux droites données.

310. Décrire une circonférence passant par un point et tangente à une droite et à une circonférence.

311. Décrire une circonférence passant par un point et tangente à deux circonférences.

312. Décrire une circonférence tangente à deux droites et à une circonférence.

313. Décrire une circonférence tangente à une droite et à deux circonférences.

314. Décrire une circonférence tangente à trois circonférences.

315. Trouver, sur une droite donnée, un point, dont la somme des distances à deux points donnés, soit égale à une longueur donnée.

316. Trouver sur une droite donnée un point, dont la différence des distances à deux points donnés, soit égale à une longueur donnée.

317. Trouver, sur une droite un point, dont les distances à une droite et à un point donnés, soient égales entre elles.

318. Mener par un point situé entre les côtés d'un angle une sécante terminée aux côtés de l'angle, et qui soit divisée par le point en parties proportionnelles à deux droites données m et n.

319. Mener par un point situé entre les côtés d'un angle, une sécante terminée aux côtés de l'angle, de manière que le produit des segments déterminés par le point soit égal au carré d'une droite donnée.

320. Inscrire dans un triangle un parallélogramme semblable à un parallélogramme donné.

321. Étant donné une circonférence et un point, mener par le point une sécante qui soit divisée par cette circonférence dans un rapport donné.

322. Connaissant le grand segment d'une droite divisée en moyenne et extrême raison, construire cette droite.

323. Inscrire dans un cercle un triangle dont deux côtés prolongés, s'il est nécessaire, passent par deux points donnés A et B, et interceptent sur la circonférence un arc dont la corde soit parallèle à une droite MD.

324. Construire un polygone qui soit semblable à un polygone donné et dont le périmètre égale une ligne droite donnée.

325. Construire un triangle connaissant les trois hauteurs.

326. Décrire une circonférence O passant par deux points donnés A et B interceptant sur une droite donnée xy, une corde CD de longueur donnée.

327. Décrire une circonférence passant par deux points A et B et interceptant sur une circonférence O, une corde de longueur donnée, ou sous-tendant un segment capable d'un angle donné.

328. Décrire une circonférence O passant par deux points donnés A et B et divisant une circonférence O en deux parties égales.

329. Construire l'expression $x = \sqrt{a^2 + b^2 + c^2 + d^2}$.

330. — $x = \sqrt{a^2 - b^2 + c^2 - d^2 + f^2}$.

331. — $x = \sqrt{15}$.

332. — $x = \sqrt{7}$.

333. — $x = \sqrt{11}$.

334. — $x = \sqrt{21}$.

335. — $x = \frac{2abc}{de}$.

336. — $x = \frac{2a^3b^2c}{3d^3f^2g}$.

337. — $x = \frac{abc + def}{gh + kl}$.

338. — $x = \frac{2a^3 - 3a^2b + b^2c}{a^2 - 2ab + b^2}$.

339. — $x = \sqrt{a^2 - bd}$.

340. — $x = \sqrt{\frac{a^3 - 2b^2c + 3b^3}{a - b}}$.

341. Partager une ligne AB en deux segments additifs et en deux segments soustractifs proportionnels à deux droites données m et n.

Construire deux droites connaissant :

343. 1° Leur rapport et leur somme.
344. 2° — et leur différence.
345. 3° — et leur produit.
346. 4° Leur somme et la somme de leurs carrés.
347. 5° — et la différence de leurs carrés.
348. 6° Leur différence et la somme de leurs carrés.
349. 7° — et la différence de leurs carrés.

350 Deux droites divisées en moyenne et extrême raison sont divisées en parties proportionnelles.

351. Par un point O extérieur à un angle, mener une droite OIH qui rencontre les côtés en I et en H, de manière que le point I divise OIH en moyenne et extrême raison.

352. Tracer dans le plan d'un triangle une droite telle, que les perpendiculaires abaissées des trois sommets sur cette droite, soient proportionnelles à des lignes données m, n, p.

CHAPITRE V

POLYGONES RÉGULIERS

§ I. NOTIONS GÉNÉRALES

390. On appelle **polygone régulier** un polygone qui a tous ses côtés égaux et tous ses angles égaux. Tels sont, par exemple, le triangle équilatéral et le carré.

On dit qu'un polygone est **inscrit** dans un cercle, lorsque tous ses sommets sont situés sur la circonférence de ce cercle.

Réciproquement, on dit que le cercle est circonscrit au polygone.

On dit qu'un polygone est **circonscrit** à un cercle, lorsque tous ses côtés sont tangents à ce cercle.

Réciproquement, on dit que le cercle est inscrit dans le polygone.

THÉORÈME

391. *La circonférence étant divisée en un certain nombre de parties égales,*

1° *Les cordes qui joignent les points de division consécutifs forment un polygone régulier inscrit;*

2° *Les tangentes menées aux points de division forment un polygone régulier circonscrit.*

Soit une circonférence O divisée en cinq parties égales par les points A,B,C,D,E (fig. 267).

1° Je dis que le polygone ABCDE est régulier.

Les cordes AB, BC, CD.... sous-tendant des arcs égaux sont égales.

Les angles ABC, BCD, CDE.... sont égaux comme inscrits dans des segments égaux.

Le polygone ABCDE ayant ses côtés égaux et ses angles égaux est régulier.

2° Le polygone FGHIK, formé par les tangentes menées aux points de division, est aussi un polygone régulier.

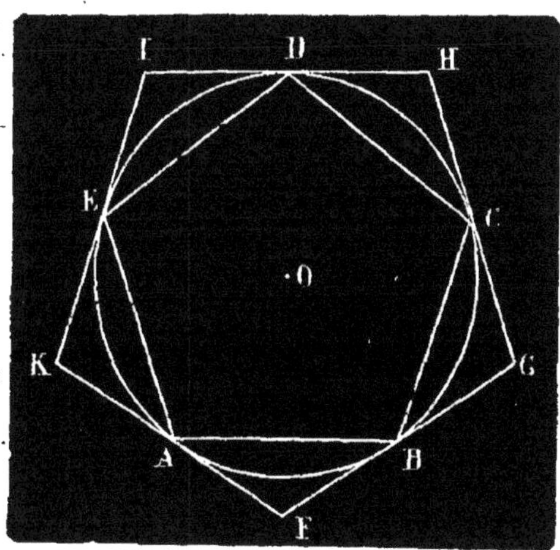

Fig. 267.

Le triangle AFB est isocèle, car ses angles FAB, FBA sont égaux, comme ayant pour mesure la moitié du même arc AB.

Les autres triangles BGC, CHD.. . sont isocèles pour la même raison.

Ces triangles sont d'ailleurs tous égaux.

Considérons-en deux quelconques, AFB et BCG.

D'abord AB = BC ; les quatre angles FAB, FBA, GBC, GCB sont égaux comme ayant pour mesure chacun la moitié de l'un des arcs égaux AB et BC. Les triangles considérés sont donc égaux parce qu'ils ont un côté égal adjacent à deux angles égaux chacun à chacun.

On conclut de là :

1° Que les angles F, G, H... du polygone sont égaux ;

2° Que les segments de droites FB, BG, GC, et par suite les côtés FG GH... qui valent deux de ces segments, sont égaux.

Le polygone FGHIK est donc régulier.

392. Remarque. — La démonstration précédente montre que pour construire un polygone régulier de *n* côtés circonscrit à un cercle donné, il suffit de diviser la circonférence en *n* parties égales et de mener des tangentes par les points de division.

Les milieux M, N, P, Q, R, des arcs AB, BC, CD...(fig. 268) divisent la circonférence O en cinq parties égales ; si l'on mène des tangentes aux points de division, on obtient un polygone régulier A'B'C' D'E', dont les côtés sont parallèles à ceux du polygone inscrit ABCDE et dont les sommets A', B', C'... sont situés sur les rayons OA, OB... du premier.

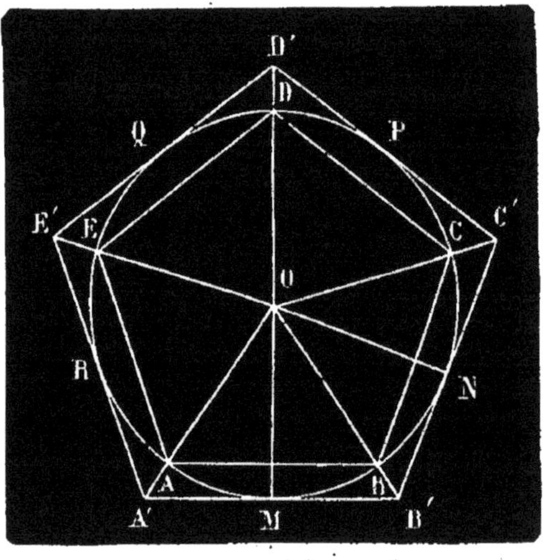

Fig. 268.

En effet les côtés AB, A'B' sont parallèles comme étant perpendiculaires sur une même droite OM ; d'un autre côté les tangentes MB' et NB' se coupent sur la bissectrice de l'angle MON, c'est-à-dire sur le rayon OB.

THÉORÈME

393. *Tout polygone régulier peut être inscrit dans un cercle et circonscrit à un autre cercle.*

Soit le polygone régulier ABCDEF (fig. 266). Je fais passer une circonférence par trois sommets consécutifs A, B, C ; pour cela j'élève sur les milieux G et H des côtés AB et BC des perpendiculaires GO, HO qui se coupent en un point O, et du point O comme centre, avec un rayon égal à OA, je décris une circonférence qui passera par les trois sommets A, B, C.

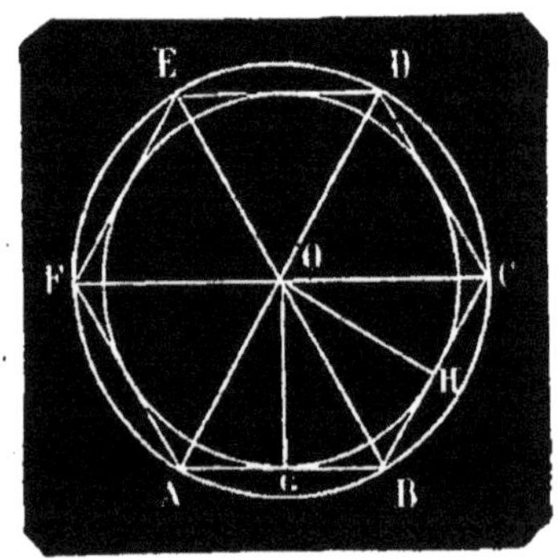

Fig. 266.

Je dis qu'elle passera aussi par le quatrième sommet D. Pour le prouver je démontre que la droite OD est égale à OA.

Faisons tourner le quadrilatère ABHO

autour de HO pour le rabattre sur le quadrilatère OHCD.

Les angles OHB et OHC étant droits, le côté HB prend la direction HC, et le point B tombe en C, puisque HB est égal à HC ; les angles HBA et HCD sont aussi égaux comme angles du polygone régulier ; c'est pourquoi le côté BA prend la direction CD ; mais BA = CD puisque ce sont deux côtés du polygone régulier : le point A tombe donc au point D, et la droite OA, qui recouvre exactement OC, lui est égale. La circonférence des points A,B,C passera par conséquent par le sommet D.

D'après cela, la circonférence passant par les trois sommets consécutifs B, C, D, passera par le sommet suivant E ; ainsi de suite. Elle passera donc par tous les sommets.

Les côtés du polygone étant des cordes égales, sont à égale distance du centre, et les perpendiculaires OG, OH.... abaissées du centre sur ces cordes sont égales. Donc, si du point O comme centre, avec un rayon égal à OG, on décrit une circonférence, elle passera par les pieds de toutes les perpendiculaires, c'est-à-dire par les milieux de tous les côtés. De plus, chaque côté du polygone sera tangent à cette circonférence, comme étant perpendiculaire à l'extrémité d'un rayon. Le polygone sera donc circonscrit à cette circonférence ou la circonférence inscrite dans le polygone.

394. **Définitions.** — On appelle **centre** d'un polygone régulier, le centre du cercle inscrit ou du cercle circonscrit.

Le **rayon du polygone** est le rayon du cercle circonscrit ; l'**apothème** est le rayon du cercle inscrit ou la perpendiculaire abaissée du centre sur l'un des côtés.

On appelle **angle au centre** d'un polygone régulier, l'angle formé par deux rayons menés aux extrémités d'un même côté.

395. *L'angle au centre d'un polygone régulier est constant et égal au quotient de quatre angles droits par le nombre des côtés.*

En effet si on joint le centre O à tous les sommets du polygone (fig. 266), on décompose le polygone en autant de triangles isocèles AOB, BOC.... qu'il y a de côtés ; ces triangles sont égaux comme ayant les trois côtés égaux.

Tous les angles au centre sont par suite égaux, et comme leur somme vaut quatre angles droits, chacun d'eux est égal au quotient de quatre angles droits par le nombre des angles, c'est-à-dire par le nombre des côtés.

D'après cela,

L'angle au centre du	triangle équilatéral	vaut	$\frac{4}{3}$	d'angle droit.
—	— du carré	—	$\frac{4}{4} = 1$	—
—	— pentagone régulier	—	$\frac{4}{5}$	—
—	— hexagone	—	$\frac{4}{6} = \frac{2}{3}$	—
—	— octogone	—	$\frac{4}{8} = \frac{1}{2}$	—

—	—	décagone	— $\frac{4}{10} = \frac{2}{5}$	—
—	—	dodécagone	— $\frac{4}{12} = \frac{1}{3}$	—
—	—	pentédécagone	— $\frac{4}{15}$	—

396. *L'angle intérieur d'un polygone régulier est le supplément de l'angle au centre.*

En effet, l'angle ABC du polygone régulier ABCDEF (fig. 266) est égal à la somme des deux angles OBA et OBC; mais à cause de l'égalité des triangles isocèles AOB et BOC, l'angle OBC est égal à OAB; l'angle ABC étant égal à la somme des angles à la base du triangle AOB est le supplément de l'angle au centre AOB. C. Q. F. D.

Par suite,

L'angle intérieur du triangle équilatéral vaut $2 - \frac{4}{3} = \frac{2}{3}$ d'angle droit.

—	—	du carré	— $2 - 1 = 1$	—
—	—	pentagone	— $2 - \frac{4}{5} = \frac{6}{5}$	—
—	—	hexagone	— $2 - \frac{2}{3} = \frac{4}{3}$	—
—	—	octogone	— $2 - \frac{1}{2} = \frac{3}{2}$	—
—	—	décagone	— $2 - \frac{2}{5} = \frac{8}{5}$	—
—	—	dodécagone	— $2 - \frac{1}{3} = \frac{5}{3}$	—
—	—	pentédécagone	— $2 - \frac{4}{15} = \frac{26}{15}$	—

397. **Polygones étoilés.** — Lorsqu'une circonférence est divisée en un certain nombre de parties égales, et qu'au lieu de joindre les points de division consécutifs, on joint les points de 2 en 2, de 3 en 3, etc., il arrive souvent qu'après avoir parcouru un certain nombre de fois la circonférence on aboutit au point de départ; on obtient alors un polygone concave dont les angles sont égaux ainsi que les côtés, et qui est par conséquent régulier.

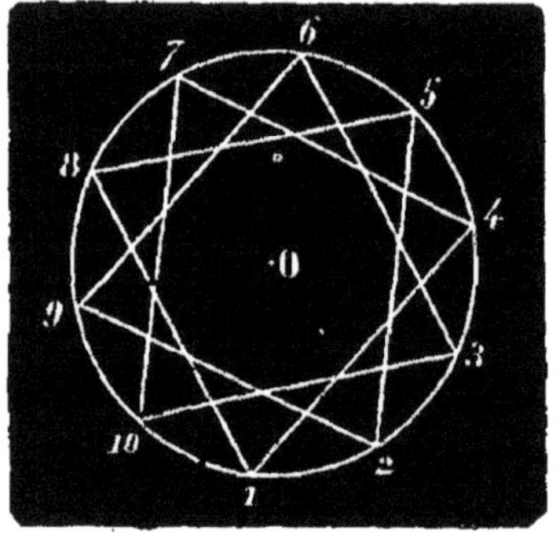

Fig. 269.

Les polygones ainsi construits, à cause de leur forme, sont appelés *polygones étoilés*. Ils offrent de nombreuses applications dans les arts.

Ainsi la circonférence O (fig. 269) étant divisée en 10 parties égales, si on joint les points de division de trois en trois à partir de 1, c'est-à-dire si on suit le contour

1, 4, 7, 10, 3, 6, 9, 2, 5, 8, 1.

On arrive au point de départ 1 après avoir tracé dix côtés.

Le polygone obtenu est le décagone régulier étoilé.

THÉORÈME

398. *Lorsqu'on partage une circonférence en* n *parties égales et qu'on joint les points de division de* n' *en* n', n' *étant un nombre entier moindre que la moitié de* n, *on forme un polygone régulier étoilé de* n *côtés lorsque* n' *est premier avec* n ; *mais lorsque* n *et* n' *ne sont pas premiers entre eux et que* d *est leur plus grand commun diviseur, le polygone étoilé n'a que* $\frac{n}{d}$ *côtés.*

Désignons par α une division de la circonférence ; la circonférence entière vaut alors $n\alpha$ et l'arc sous-tendu par l'un des côtés du polygone $n'\alpha$. On reviendra évidemment au point de départ lorsqu'on aura parcouru un nombre de divisions égal au plus petit multiple commun de la circonférence $n\alpha$ et de l'arc $n'\alpha$.

Or les nombres n et n' étant premiers entre eux, ont pour plus petit multiple commun leur produit nn'. L'arc $nn'\alpha$ vaut $\frac{nn'\alpha}{n\alpha} = n'$ fois la circonférence et $\frac{nn'\alpha}{n'\alpha} = n$ fois l'arc $n'\alpha$. On reviendra donc au point de départ après avoir tracé n côtés et fait n' fois le tour de la circonférence.

2° Si n et n' ont pour plus grand commun diviseur d, leur plus petit multiple commun est $\frac{nn'}{d}$.

Or l'arc $\frac{nn'\alpha}{d}$ contient $\frac{nn'\alpha}{dn'\alpha} = \frac{n}{d}$ fois l'arc $n'\alpha$. et $\frac{nn'\alpha}{dn\alpha} = \frac{n'}{d}$ fois la circonférence.

Le polygone aura donc $\frac{n}{d}$ côtés et son contour fera $\frac{n'}{d}$ fois le tour de la circonférence.

399. Remarque. — On prend n' plus petit que la moitié de n, car en joignant les divisions de n' en n', on obtient le même résultat en sens inverse qu'en les joignant de $(n - n')$ en $(n - n')$.

400. Corollaire. — *Il n'y a qu'un hexagone régulier ; il y a deux pentagones réguliers, deux décagones réguliers, quatre pentédécagones,* etc.

§ II. CONSTRUCTION DES POLYGONES RÉGULIERS.

PROBLÈME

401. *Inscrire un carré dans un cercle.*

Supposons le problème résolu et soit ABCD le carré inscrit dans le cercle O (fig. 270).

La diagonale BD, qui divise la circonférence en deux parties égales, est un diamètre.

Il en est de même de la diagonale AC.

Or les diagonales d'un carré sont perpendiculaires entre elles. Il suffit donc, pour résoudre le problème, de tracer deux diamètres perpendiculaires entre eux et de joindre leurs extrémités.

Calcul du côté en fonction du rayon. Dans le triangle rectangle AOB, on a :

$$\overline{AB}^2 = \overline{AO}^2 + \overline{OB}^2 = 2\overline{AO}^2$$

d'où

$$AB = AO\sqrt{2}.$$

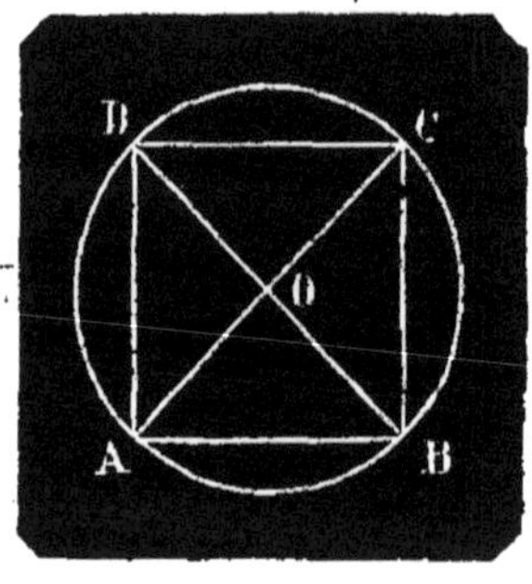

Fig. 270.

Si l'on désigne le rayon du cercle par R et le côté du carré inscrit par C, on a la formule :

$$C = R\sqrt{2}.$$

402. Remarque. — Si l'on divise en deux parties égales les arcs AB, BC, CD, DA, sous-tendus par les côtés du carré, et qu'on joigne les points de division, on obtient l'octogone régulier inscrit.

On déduirait de même de l'octogone le polygone régulier de 16 côtés, et ainsi de suite.

PROBLÈME

403. *Inscrire un hexagone régulier dans un cercle.*

Supposons le problème résolu et soit ABCDEF l'hexagone demandé (fig. 271).

Si l'on trace deux rayons consécutifs OA et OB, on obtient un triangle isocèle AOB, dont, par suite, les angles A et B sont égaux.

Remarquons maintenant que le rayon AO prolongé passe par le sommet D.

L'angle inscrit DAB a pour mesure la moitié de deux divisions de la circonférence, c'est-à-dire une division ; il est donc égal à l'angle au centre AOB qui comprend entre ses côtés une division. Le triangle AOB ayant ses trois angles égaux est équilatéral. Par conséquent,

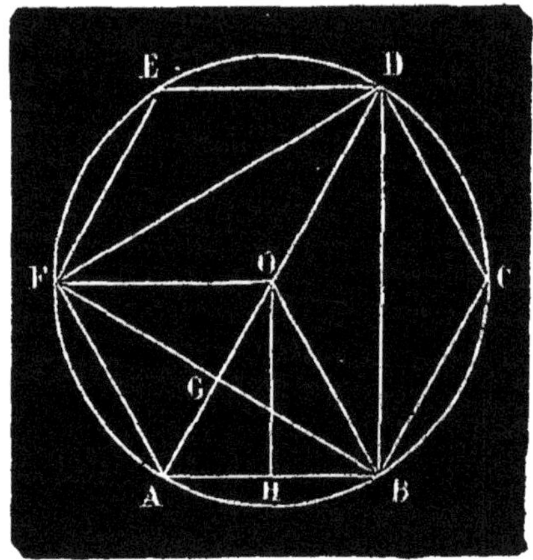

Fig. 271.

Le côté AB de l'hexagone inscrit dans un cercle est égal au rayon de ce cercle.

404. Remarque I. — Après avoir inscrit un hexagone régulier ABCDEF dans un cercle, on joint les sommets de deux en deux, on obtient le triangle équilatéral inscrit BDF (fig. 271).

405. *Calcul du côté du triangle équilatéral.* Le triangle rectangle ABD donne :

$$\overline{BD}^2 = \overline{AD}^2 - \overline{AB}^2.$$

Or, le rayon du cercle étant R. on a :

$$AD = 2R, \quad \overline{AD}^2 = 4R^2,$$

$$AB = R \text{ (n° 403)}, \quad \overline{AB}^2 = R^2.$$

Donc

$$\overline{BD}^2 = 4R^2 - R^2 = 3R^2,$$

d'où

$$BD = R\sqrt{3}.$$

406. Remarque II. — Le quadrilatère ABOF ayant ses quatre côtés égaux au rayon est un losange ; les diagonales BF et OA sont par suite perpendiculaires sur le milieu l'une de l'autre.

Donc si l'on inscrit dans un cercle un hexagone régulier et un triangle équilatéral :

1° *L'apothème* OG *du triangle équilatéral est la moitié du rayon du cercle, c'est-à-dire la moitié du côté de l'hexagone ;*

2° *L'apothème* OH *de l'hexagone est la moitié du côté du triangle équilatéral,* car OH = BG comme hauteurs d'un même triangle équilatéral AOB.

407. Corollaire. — Pour inscrire directement un triangle équilatéral dans un cercle, on peut tracer un diamètre quelconque AD, une corde BF perpendiculaire sur le milieu du rayon OA et joindre les extrémités B et F de cette corde à l'extrémité D du diamètre.

408. On passe de l'hexagone au dodécagone régulier inscrit en divisant en deux parties égales les arcs sous-tendus par les côtés de l'hexagone, puis, de la même manière, aux polygones réguliers de 24, 48 côtés... etc.

PROBLÈME

409. *Inscrire un décagone régulier dans un cercle.*

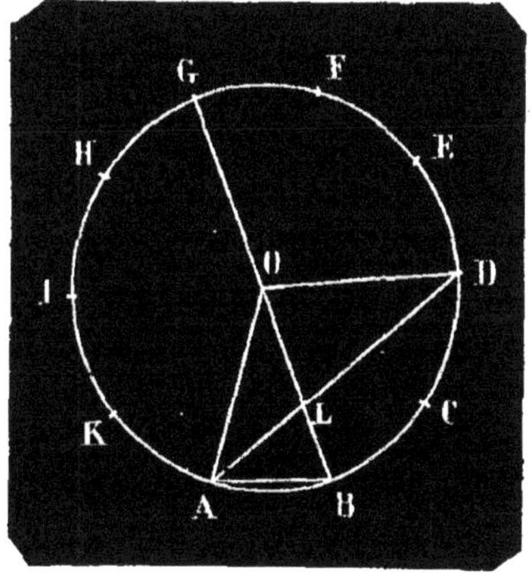

Fig. 272.

Supposons la circonférence O divisée en 10 parties égales par les points A, B, C, D, E, F, G, H, I, K (fig. 272). AB est le côté du décagone convexe, AD le côté du décagone étoilé.

Je vais prouver que la différence entre AD et AB est égale au rayon et que le produit AD × AB est égal au carré du rayon.

1° Le triangle ABL est isocèle.

En effet, le rayon BO prolongé passant par le point G, l'angle ABG a pour mesure la moitié de l'arc AG, c'est-à-dire deux divisions de la circonférence ; l'angle ALB, dont le sommet est à l'intérieur de la circonférence a pour mesure $\frac{AB + DG}{2}$, c'est-à-dire encore deux divisions ; donc ABG = ALB ; par suite AB = AL.

Le triangle OLD est aussi isocèle, car l'angle OLD qui est égal à ALB a pour mesure deux divisions ; il en est de même de l'angle au centre BOD.

Donc

$$DL = OD.$$

Par suite

$$AD - AB = AD - AL = OD.$$

2° Les triangles ALO et AOD sont semblables comme ayant deux angles égaux : OAL est commun ; l'angle au centre AOD a pour mesure trois divisions ; l'angle ALO, dont le sommet est à l'intérieur de la circonférence a pour mesure la demi-somme des arcs AG et BD, c'est-à-dire encore trois divisions.

Donc

$$\frac{AL}{OA} = \frac{OA}{AD}$$

d'où

$$AL \times AD = \overline{OA}^2$$

ou

$$AB \times AD = \overline{OA}^2.$$

Il résulte de là que pour obtenir les droites AB et AD il faut construire deux lignes dont la différence soit R et le produit R^2 (n° 371), c'est-à-dire diviser le rayon en moyenne et extrême raison (n° 372). Le plus grand segment additif sera le côté du décagone convexe et le plus petit des deux segments soustractifs sera le côté du décagone étoilé.

Par conséquent, si d et d' désignent les côtés des deux décagones et R le rayon, on a :

$$d = \frac{R}{2}(\sqrt{5} - 1),$$

$$d' = \frac{R}{2}(\sqrt{5} + 1).$$

410. Remarque. — Lorsque la circonférence est divisée en 10 parties égales, si l'on joint les points de division de deux en deux et de quatre en quatre, on a le pentagone convexe et le pentagone étoilé (fig. 273.)

Il est facile de calculer les côtés p et p' de ces polygones en fonction du rayon.

Posons

$$AB = d \;,\; AD = d',$$

$$FD = p \;,\; FB = p'.$$

Les triangles rectangles ADF et ABF donnent

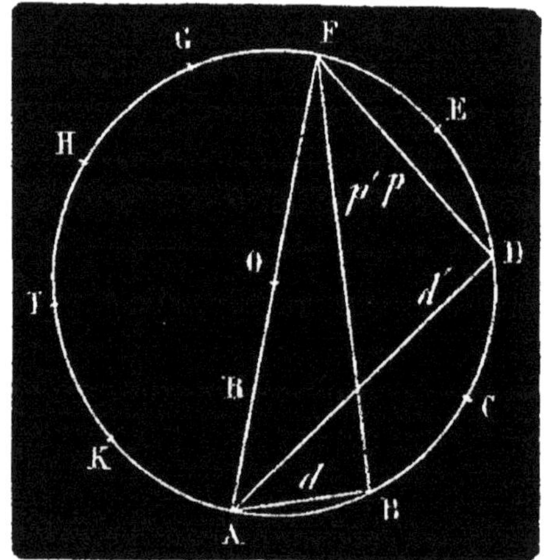

Fig. 273.

$$p^2 + d'^2 = 4R^2 \qquad (1)$$

$$p'^2 + d^2 = 4R^2 \qquad (2)$$

On a d'ailleurs (n° 409)

$$d' - d = R \qquad (3)$$

$$dd' = R^2 \qquad (4)$$

Des relations (3) et (4) on tire

$$d^2 + d'^2 = 3R^2 \qquad (5)$$

Les égalités (1) et (5) donnent :

$$p^2 = R^2 + d^2 \qquad (6)$$

411. Donc *le carré du côté du pentagone régulier convexe inscrit dans un cercle est égal à la somme des carrés du rayon et du côté du décagone régulier convexe.*

En remplaçant d^2 par sa valeur $\left[\frac{R}{2}(\sqrt{5} - 1)\right]^2$, on a

$$p = \frac{R}{2}\sqrt{10 - 2\sqrt{5}}.$$

De même des égalités (2) et (5) on tire,

$$p'^2 = R^2 + d'^2. \qquad (7)$$

412. Donc *le carré du côté du pentagone régulier étoilé est égal à la somme des carrés du rayon et du côté du décagone étoilé.*

En remplaçant dans la formule (7) d'^2 par sa valeur $\left[\frac{R}{2}(\sqrt{5} + 1)\right]^2$, on a

$$p'^2 = \frac{R}{2}\sqrt{10 + 2\sqrt{5}}.$$

413. *Inscription directe du pentagone.*

Traçons dans un cercle (fig. 274) deux diamètres perpendiculaires AB et CD.

Du milieu F du rayon OA, avec une ouverture de compas égale à FC, décrivons un arc de cercle qui coupe AB en un point G; la corde CG de cet arc est le côté du pentagone régulier convexe.

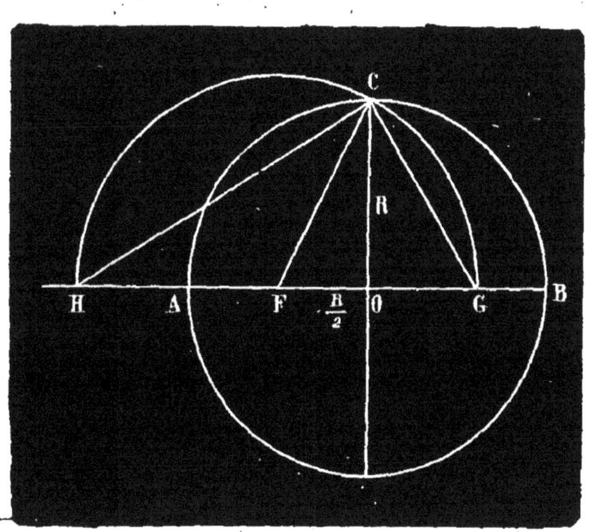

Fig. 274.

En effet,

$$\overline{FC}^2 = R^2 + \frac{R^2}{4} = \frac{5R^2}{4},$$

d'où

$$FC = \frac{R}{2}\sqrt{5}.$$

D'un autre côté,

$$OG = FG - FO = FC - FO$$

ou

$$OG = \frac{R}{2}\sqrt{5} - \frac{R}{2} = \frac{R}{2}(\sqrt{5} - 1),$$

ce qui prouve que OG est le côté d du décagone convexe.

Le triangle COG étant rectangle on a :

$$CG^2 = R^2 + d^2$$

donc CG est le côté du pentagone régulier convexe.

Si l'on porte FG suivant FH, on a :

$$OH = \frac{R}{2}\sqrt{5} + \frac{R}{2} = \frac{R}{2}(\sqrt{5} + 1).$$

OH est donc le côté d' du décagone étoilé. Par suite HC est le côté du pentagone étoilé, car dans le triangle rectangle OHC on a :

$$CH^2 = R^2 + \overline{OH}^2$$

ou

$$\overline{CH}^2 = R^2 + d'^2.$$

Cette construction est remarquable en ce qu'elle donne en même temps les côtés des deux décagones réguliers et ceux des deux pentagones réguliers.

Si l'on remarque en outre que le triangle HCG est rectangle, on peut écrire :

$$\overline{HG}^2 = \overline{CG}^2 + \overline{CH}^2$$

ou

$$(d + d')^2 = p^2 + p'^2 \qquad (1)$$

$$p^2 = d\,(d + d') \qquad (2)$$

$$p'^2 = d'(d + d') \qquad (3)$$

$$\frac{p^2}{d'^2} = \frac{d}{d'} \qquad (4)$$

D'où les propositions suivantes :

1° *Le carré de la somme des côtés des deux décagones réguliers inscrits dans un cercle est égal à la somme des carrés des côtés des deux pentagones réguliers inscrits dans le même cercle.*

2° *Le côté du pentagone convexe est moyen proportionnel entre le côté du décagone convexe et la somme des côtés des deux décagones.*

3° *Le côté du pentagone étoilé est moyen proportionnel entre le côté du décagone étoilé et la somme des côtés des deux décagones.*

4° *Le rapport des carrés des côtés des deux pentagones est égal au rapport des côtés des deux décagones.*

414. Remarque. — A l'aide du décagone régulier on peut obtenir les polygones réguliers de 20, 40, 80 côtés, etc.

PROBLÈME

415. *Inscrire un pentédécagone régulier dans un cercle.*

Au moyen de l'hexagone et du décagone on peut inscrire le pentédécagone.

Soient AB et AC (fig. 275) les côtés de l'hexagone régulier et du décagone convexe.

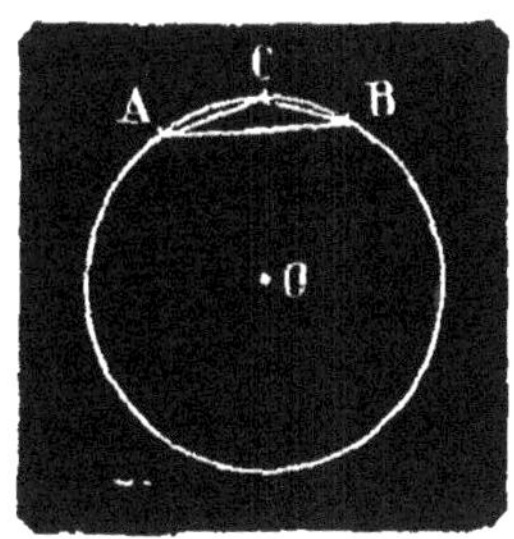

Fig. 275.

La différence BC entre les arcs AB et AC est $\frac{1}{6} - \frac{1}{10} = \frac{1}{15}$ de la circonférence. La corde BC est donc le côté du pentédécagone régulier; on n'a qu'à la porter quinze fois sur la circonférence pour obtenir le polygone cherché.

En joignant les points de division de deux en deux, de quatre en quatre et de sept en sept on obtiendra les trois pentédécagones réguliers étoilés.

416. Avec le pentédécagone régulier convexe on peut construire les polygones réguliers de 30, 60, 120 côtés, etc.

PROBLÈME

417. *Circonscrire à un cercle un polygone régulier.*

Il suffit évidemment d'inscrire dans le cercle un polygone régulier ayant le même nombre de côtés que le polygone demandé et de mener des tangentes par tous les points de division (nº 395).

PROBLÈME

418. *Construire un polygone régulier ayant un côté donné.*

Solution générale. Soit à construire un pentagone régulier de côté *mn* (fig. 276).

Inscrivons dans une circonférence quelconque O un pentagone régulier ABCDE et portons dans la direction AB une longueur AB′ égale à *mn* ; menons par le point B′ une parallèle B′O′ au rayon BO, laquelle rencontre en O′ le prolongement de AO.

Les angles B′O′A et BOA sont égaux comme correspondants ; l'angle B′O′A et le point O′ sont donc l'angle au centre et le centre du pentagone cherché. On n'a plus qu'à décrire du point O′ comme centre une circonférence de rayon O′A et à porter cinq fois la droite AB′ comme corde.

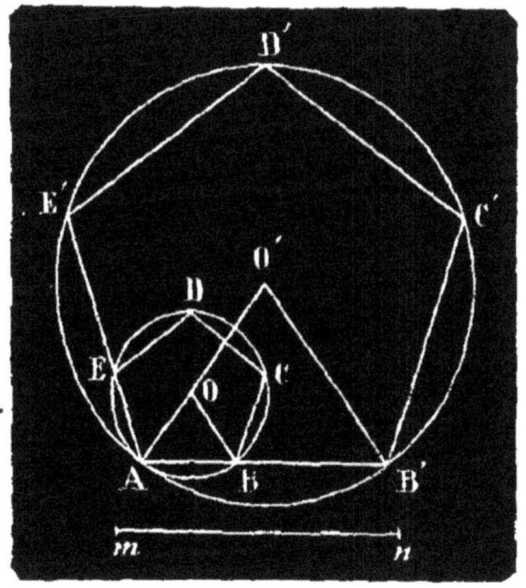

Fig. 276.

419. *Solutions particulières.* — La méthode générale est avantageusement remplacée par des constructions particulières pour certains polygones.

1° Il est inutile d'expliquer la construction du carré et celle du triangle équilatéral.

2° Pour l'hexagone, on décrit une circonférence ayant pour rayon le côté donné, puis on y porte six fois ce côté comme corde.

3° Soit à construire un octogogone régulier sur une droite donnée AB comme côté (fig. 277).

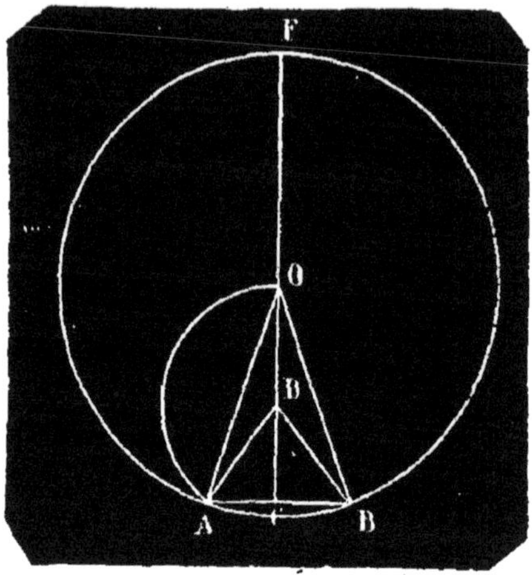

Fig. 277.

Sur la perpendiculaire CF élevée au milieu de AB, prenons une longueur CD égale à AC ; puis DO égale à DA. Je dis que le point O est le centre de l'octogone.

Les angles OAD et AOD du triangle isocèle ADO sont égaux ; l'angle extérieur ADC, qui vaut 45°, est égal à leur somme ou au double de l'un d'eux ; AOC étant égal à la moitié d'un angle de 45°, l'angle AOB, qui en est le double, vaut 45° ; AOB est donc l'angle au centre de l'octogone régulier et le point O le centre de ce polygone.

Du point O comme centre avec un rayon égal à OA on décrit une circonférence sur laquelle on porte huit fois AB comme corde.

4° Proposons-nous de construire un dodécagone régulier de côté AB (fig. 278). Rappelons-nous que l'angle au centre du dodécagone régulier vaut $\frac{4}{12}$ ou $\frac{1}{3}$ d'angle droit, c'est-à-dire la moitié de l'angle du triangle équilatéral.

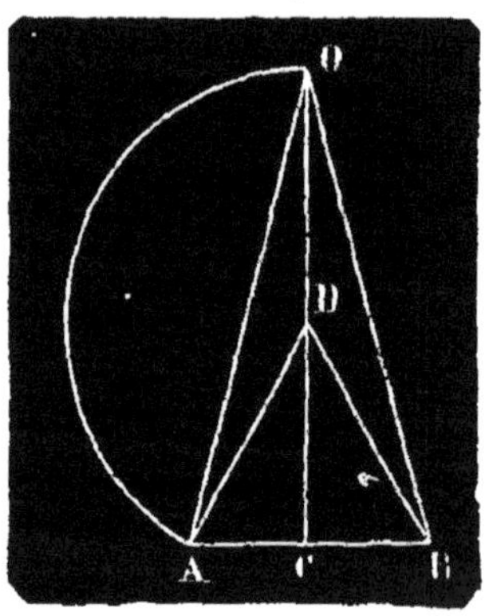

Fig. 278.

Si l'on décrit un triangle équilatéral ADB sur le côté AB et qu'à partir du sommet D on porte une longueur DO égale à DA sur la perpendiculaire abaissée de D sur AB, le point O est le centre du polygone cherché. On démontrerait en effet comme précédemment que l'angle AOB est égal à ADC, c'est-à-dire à la moitié de ADB.

§ III. MESURE DE LA CIRCONFERENCE

LEMME

420. *Deux polygones réguliers d'un même nombre de côtés sont semblables.*

Le rapport de leurs périmètres est égal au rapport de leurs rayons ou de leurs apothèmes.

Soient ABCDEF, A'B'C'D'E'F' deux polygones réguliers d'un même nombre de côtés (fig. 279). Je dis qu'ils sont semblables.

Les angles au centre AOB et A'O'B' sont égaux puisque les polygones ont le même nombre de côtés (n° 393).

Les angles intérieurs ABC et A'B'C' qui sont les suppléments des angles AOB et A'O'B' (n° 394) sont par suite égaux. Donc les polygones ont tous leurs angles égaux chacun à chacun.

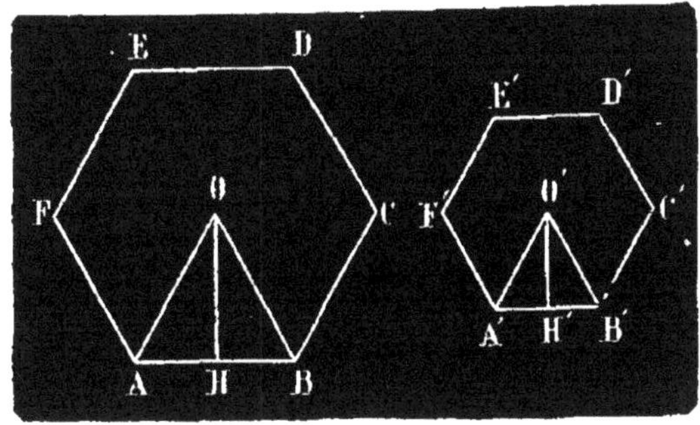

Fig. 279.

D'ailleurs les côtés homologues sont proportionnels car les rapports

$$\frac{AB}{A'B'}, \frac{BC}{B'C'}, \frac{CD}{C'D'} \cdots$$

sont égaux terme à terme.

Donc les deux polygones sont semblables.

Si l'on désigne leurs périmètres par P et P', on peut écrire (n° 333)

$$\frac{P}{P'} = \frac{AB}{A'B'} \qquad (1)$$

Les triangles isocèles AOB et A'O'B' sont semblables comme ayant même angle au sommet.

$$\text{Alors} \quad \frac{AB}{A'B'} = \frac{OA}{O'A'}. \quad \text{Donc} \quad \frac{P}{P'} = \frac{OA}{O'A'}. \qquad (2)$$

Les triangles rectangles OHA et O'H'A' ayant un angle aigu égal, (OAH = O'A'H') sont aussi semblables et donnent

$$\frac{OA}{O'A'} = \frac{OH}{O'H'}. \quad \text{Par suite,} \quad \frac{P}{P'} = \frac{OH}{O'H'}. \qquad (2)$$

Les égalités (2) et (3) montrent que le rapport des périmètres des deux polygones donnés est égal au rapport de leurs rayons ou de leurs apothèmes.

THÉORÈME

421. *On peut inscrire et circonscrire à un cercle des polygones réguliers d'un nombre de côtés assez grand pour que la différence entre les périmètres de ces polygones soit aussi petite qu'on voudra.*

Soient AB (fig. 280) le côté d'un polygone inscrit et A'B' le côté du polygone circonscrit d'un même nombre de côtés (n° 396). Les périmètres P et P' de ces polygones sont proportionnels à leurs rayons OA et OA' et l'on a :

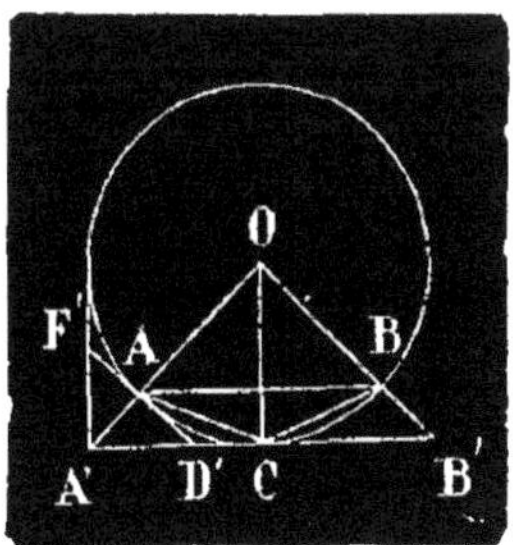

Fig. 280.

$$\frac{P}{P'} = \frac{OA}{OA'} \quad \text{ou} \quad \frac{P}{P' - P'} = \frac{OA}{OA' - OA'}$$

d'où l'on tire

$$P' - P = P \times \frac{OA' - OA}{OA} \quad \text{ou} \quad P' - P = \frac{P \times AA'}{OA}.$$

Quel que soit le nombre des côtés, le périmètre P du polygone inscrit est toujours plus petit que le périmètre de l'un quelconque des polygones circonscrits ; il est, par exemple plus petit que le périmètre du carré circonscrit, qui est égal à quatre fois le diamètre ou a huit fois le rayon OA. On a donc

$$P' - P < \frac{8OA \times AA'}{OA} \quad \text{ou} \quad P' - P < 8AA'.$$

Or la longueur AA' diminue de plus en plus à mesure que l'on augmente indéfiniment le nombre des côtés et devient aussi petite que l'on veut; car l'angle au centre A'OB' diminue ainsi que l'angle moitié A'OC; l'oblique OA' se rapproche de plus en plus de la perpendiculaire OC, qui est égale a OA, et diffère de moins en moins de cette ligne. Donc la différence P' — P devient aussi petite que l'on veut. Remarquons maintenant que si l'on double le nombre des côtés, le périmètre du polygone inscrit va en augmentant, puisqu'on remplace chacun de ses côtés par une ligne brisée aboutissant à ses extrémités, tandis que le périmètre du polygone circonscrit va en diminuant puisque l'on y remplace une ligne brisée D'A'F' par une ligne droite D'F' aboutissant aux mêmes points.

Si l'on porte sur une droite xy (fig. 280 *bis*) à partir d'un point O des longueurs OA, OB, OC... respectivement égales aux périmètres des polygones inscrits et des longueurs OA', OB', OC'... respectivement égales aux périmètres des polygones circonscrits, il n'y aura aucun mélange des points A, B, C, avec les points A', B', C', puisque le périmètre d'un polygone inscrit est plus petit que le périmètre de l'un quelconque les polygones circonscrits. La différence P' — P, dont les diverses valeurs sont représentées par les longueurs AA', BB', CC', pouvant devenir aussi petite que l'on veut, les deux séries de périmètres tendent vers une même limite fixe OM. C'est cette limite commune qu'on appelle longueur de la circonférence.

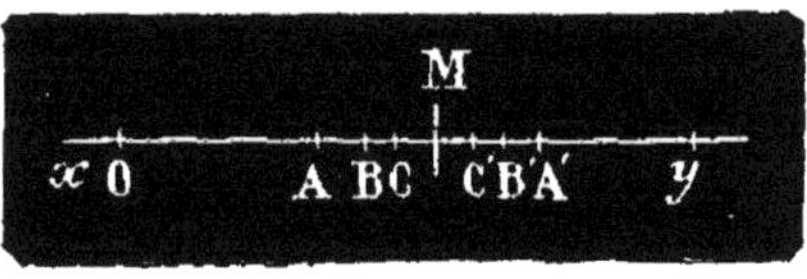

Fig. 280 *bis*.

THÉORÈME

422. *Deux circonférences sont proportionnelles à leurs rayons.*

Inscrivons deux polygones réguliers d'un même nombre de côtés dans les deux circonférences données O et O' (fig. 281). Si l'on double indéfiniment le nombre des côtés, ces polygones restent semblables et le rapport de leurs périmètres est toujours égal au rapport de leurs rayons OA et O'A'; or les périmètres ont pour limites les deux circonférences (n° 421). Donc le rapport des circonférences est égal au rapport de leurs rayons.

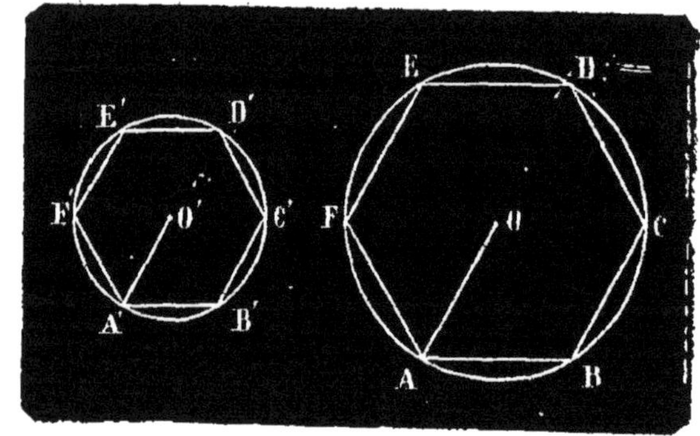

Fig. 281.

423. Corrollaire. — *Le rapport de la circonférence à son diamètre est constant.*

Soient deux circonférences C et C' dont les rayons sont R et R' et les diamètres D et D'

On a

$$\frac{C}{C'} = \frac{R}{R'} = \frac{2R}{2R'} = \frac{D}{D'}$$

d'où

$$\frac{C}{D} = \frac{C'}{D'}.$$

Ainsi le rapport de la première circonférence à son diamètre est égal au rapport de la deuxième à son diamètre. Il en résulte que ce rapport est constant. On le désigne par la lettre grecque π, première lettre du mot *périphereia* qui signifie circonférence

On a alors la relation

$$\frac{C}{D} = \pi,$$

d'où

$$C = \pi D$$

et

$$C = 2\pi R.$$

CALCUL DU RAPPORT DE LA CIRCONFÉRENCE AU DIAMÈTRE

424. La formule

$$\pi = \frac{C}{2R} \qquad (1)$$

montre que pour avoir π on peut se donner :

Soit le rayon R et calculer la circonférence C : c'est la *méthode des périmètres ;*

Soit la circonférence C et calculer le rayon R : c'est la *méthode des isopérimètres.*

MÉTHODE DES PÉRIMÈTRES

425. Pour $R = 1$, la formule (1) devient :

$$\pi = \frac{1}{2} C.$$

Il s'agit de calculer la longueur de la circonférence C.

Une circonférence étant la limite vers laquelle tend un polygone régulier inscrit dont le nombre des côtés augmente indéfiniment, si l'on calcule successivement les périmètres des polygones réguliers inscrits de 4, 8, 16, 32... côtés, on aura autant de valeurs approchées de la circonférence ; l'erreur commise sera d'autant plus petite que le nombre des côtés du polygone inscrit sera plus grand.

On sait que le côté du carré inscrit dans un cercle de 1 mètre de rayon est égal à $\sqrt{2}$.

Il faut pouvoir en déduire le côté de l'octogone, puis ceux des polygones réguliers de 16, 32, 64... côtés ; on calculera ensuite facilement les périmètres.

Résolvons le problème suivant :

PROBLÈME

426. *Connaissant le rayon* OA *d'un cercle et le côté* AB *d'un polygone régulier inscrit dans ce cercle, calculer le côté du polygone régulier inscrit qui a deux fois plus de côtés que le premier* (fig. 282).

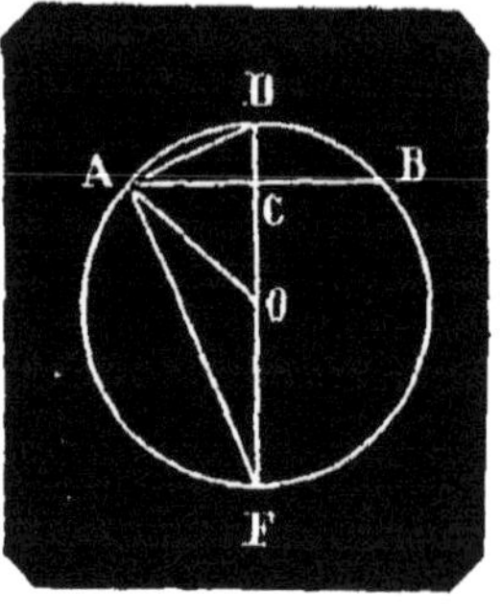

Fig. 282

Si l'on trace le diamètre DF perpendiculaire au côté AB, et qu'on mène la corde AD, cette dernière droite est le côté cherché, car le point D est au milieu de l'arc AB (n° 174).

Traçons la corde AF et le rayon AO.

Le triangle rectangle DAF donne :

$$\overline{AD}^2 = DF \times DC$$

ou

$$\overline{AD}^2 = 2R \times DC \qquad (1)$$

D'ailleurs :

$$DC = OD - OC = R - OC.$$

Du triangle rectangle OAC on tire :

$$OC = \sqrt{\overline{OA}^2 - \overline{AC}^2},$$

ou

$$OC = \sqrt{R^2 - \frac{\overline{AB}^2}{4}} = \frac{\sqrt{4R^2 - \overline{AB}^2}}{2}.$$

Par suite :

$$DC = R - \frac{\sqrt{4R^2 - \overline{AB}^2}}{2}$$

et, enfin, en remplaçant DC par sa valeur dans l'équation (1),

$$\overline{AD}^2 = 2R\left(R - \frac{\sqrt{4R^2 - \overline{AB}^2}}{2}\right),$$

ou

$$\overline{AD}^2 = 2R^2 - R\sqrt{4R^2 - \overline{AB}^2},$$

d'où

$$AD = \sqrt{2R^2 - R\sqrt{4R^2 - \overline{AB}^2}}.$$

Telle est la formule qui donne AD en fonction du rayon et du côté AB.

Si l'on représente AD par c, AB par c_1, et qu'on fasse $R = 1$, cette formule devient :

$$c_1 = \sqrt{2 - \sqrt{4 - c^2}}. \qquad (\alpha)$$

APPLICATION DE LA FORMULE (α).

427. Soient c, c_1, c_2, c_3, c_4 les côtés des polygones réguliers de 4, 8, 16, 32, 64 côtés inscrits dans le cercle dont le rayon est un mètre. En appliquant la formule (α), on a :

$$c = \sqrt{2}$$

$$c_1 = \sqrt{2 - \sqrt{4 - c^2}}$$

$$= \sqrt{2 - \sqrt{4 - 2}}$$

$$= \sqrt{2 - \sqrt{2}}$$

$$c_2 = \sqrt{2 - \sqrt{4 - c_1^2}}$$

$$= \sqrt{2 - \sqrt{4 - 2 + \sqrt{2}}}$$

$$= \sqrt{2 - \sqrt{2 + \sqrt{2}}}$$

$$c_3 = \sqrt{2 - \sqrt{4 - c_2^2}}$$

$$= \sqrt{2 - \sqrt{4 - 2 + \sqrt{2 + \sqrt{2}}}}$$

$$= \sqrt{2 - \sqrt{2 + \sqrt{2 + \sqrt{2}}}}.$$

428. On peut remarquer que le nombre des radicaux situés au-dessous du premier radical est égal à l'indice du côté c correspondant, ce qui permet d'écrire, par exemple, la valeur de c_6 représentant le côté du polygone régulier de 256 côtés.

$$c_6 = \sqrt{2 - \sqrt{2 + \sqrt{2 + \sqrt{2 + \sqrt{2 + \sqrt{2 + \sqrt{2}}}}}}}$$

Pour calculer cette expression, il faut commencer par le dernier radical à droite, extraire la racine carrée de 2, ajouter cette racine à 2, extraire la racine carrée du nombre obtenu, ajouter cette racine à 2, extraire une nouvelle racine, ainsi de suite jusqu'au signe moins. On retranche de 2 la dernière racine et l'on extrait la racine carrée de la différence.

En multipliant le résultat trouvé par le nombre 256, on a le périmètre du polygone régulier de 256 côtés, c'est-à-dire une valeur approchée de la circonférence. Le tableau suivant indique le côté et le périmètre d'un certain nombre de polygones réguliers.

Rayon = 1.		
NOMBRE DES CÔTÉS.	LONGUEUR DE CHAQUE CÔTÉ.	LONGUEUR DES PÉRIMÈTRES.
4	$c = 1{,}414213$	5,656852
8	$c_1 = 0{,}765366$	6,122928
16	$c_2 = 0{,}390180$	6,242880
32	$c_3 = 0{,}196034$	6,273088
64	$c_4 = 0{,}098135$	6,280640
128	$c_5 = 0{,}049082$	6,282496
256	$c_6 = 0{,}024543$	6,283008

MÉTHODE DES ISOPÉRIMÈTRES

429. Cette méthode consiste à calculer le rayon d'une circonférence dont on connaît la longueur.

Supposons que l'on ait $C = 4^m$.

Si l'on considère un polygone régulier quelconque ABCD de 4^m de périmètre (fig. 283), la circonférence inscrite a moins de 4^m et la circonférence circonscrite à plus de 4^m. Le rayon d'une circonférence de 4^m est donc compris entre l'apothème OF et le rayon OA de ce polygone, car les circonférences sont proportionnelles à leurs rayons.

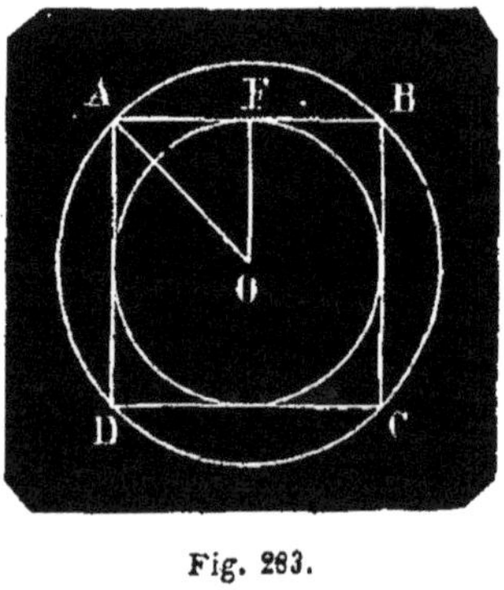

Il en résulte que l'apothème OF et le rayon OA sont deux valeurs approchées du rayon cherché, l'une par défaut, l'autre par excès.

Fig. 283.

Nous allons démontrer que si l'on double le nombre des côtés d'un polygone régulier tout en exigeant qu'il ait le même périmètre, l'apothème augmente et le rayon diminue. De sorte qu'on obtient des valeurs de plus en plus approchées du rayon que l'on cherche.

PROBLÈME

430. *Connaissant le rayon* **r** *et l'apothème* a *d'un polygone régulier, calculer le rayon* r' *et l'apothème* a' *du polygone régulier qui aurait le même périmètre et un nombre de côtés double.*

Soit AB le côté d'un polygone régulier ayant pour centre O (fig. 284). Si après avoir décrit la circonférence circonscrite, on mène les rayons OA et OB ainsi que le rayon OC perpendiculaire sur AB, on a :

$$OA = r \ , \ OD = a$$

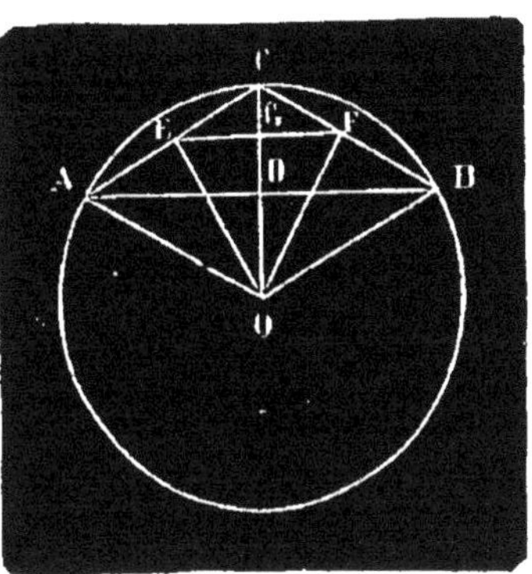

Fig. 284.

De plus AOB est l'angle au centre du polygone.

Traçons les cordes AC et BC, et joignons-en les milieux E et F. La droite EF, parallèle à AB et égale à sa moitié, est le côté du polygone régulier ayant même périmètre et deux fois plus de côtés que le polygone donné.

D'un autre côté, si on trace les droites OE et OF, l'angle EOF est visiblement la moitié de l'angle AOB ; EOF est donc l'angle au centre et O le centre du nouveau polygone. Par conséquent

$$OE = r', \quad OG = a'.$$

On a

$$OG = OD + DG$$

$$OG = OC - GC.$$

Ajoutons ces égalités membre à membre en observant que DG = GC, car la parallèle EF passant par les milieux de CA et CB divise en deux parties égales la droite CD ; il vient :

$$2OG = OD + OC,$$

ou

$$OG = \frac{OD + OC}{2},$$

D'où

$$a' = \frac{a + r}{2}. \qquad (1)$$

Dans le triangle rectangle OEC, la droite EG étant une perpendiculaire menée du sommet de l'angle droit sur l'hypoténuse, on peut écrire :

$$\overline{OE}^2 = OG \times OC,$$

ou

$$r'^2 = a'r.$$

D'où

$$r' = \sqrt{a'r}. \qquad (2)$$

La formule (1) permet de calculer a' ; a' étant connu on porte sa valeur dans la relation (2) et l'on a r'.

431. Remarque. — La construction précédente montre que OG est plus grand OD, et que OE est plus petit que OC. Donc :

Quand on double le nombre des côtés d'un polygone régulier pour obtenir un polygone régulier isopérimètre, l'apothème augmente et le rayon diminue.

Dans le triangle AOD, on a :

$$OA - OD < AD \ , \text{ ou } r - a < AD,$$

c'est-à-dire que la différence entre le rayon et l'apothème d'un même polygone régulier est plus petite que la moitié du côté de ce polygone. Or, le périmètre restant constant, les côtés diminuent de longueur à mesure que leur nombre augmente et ont pour limite zéro. Donc *la différence entre le rayon et l'apothème peut devenir aussi petite qu'on veut.*

Appliquons maintenant les formules (1) et (2) aux polygones réguliers dérivés du carré ayant 4^m de périmètre.

Désignons par

$$r \quad r_1 \quad r_2 \quad r_3 \ldots$$

$$a \quad a_1 \quad a_2 \quad a_3 \ldots$$

les rayons et les apothèmes des polygones réguliers isopérimètres de 4, 8, 16, 32... côtés.

On a successivement :

$$a_1 = \frac{a+r}{2}, \qquad r_1 = \sqrt{a_1 r}$$

$$a_2 = \frac{a_1 + r_1}{2}, \quad r_2 = \sqrt{a_2 r_1}$$

$$a_3 = \frac{a_2 + r_2}{2} \quad r_3 = \sqrt{a_3 r_2}$$

$$\cdots\cdots\cdots\cdots$$

$$a_n = \frac{a_{n-1} + r_{n-1}}{2} \quad r_n = \sqrt{a_n r_{n-1}}.$$

Or

$$a = \frac{1}{2} = 0,5.$$

$$r = \frac{1}{\sqrt{2}} = \frac{\sqrt{2}}{2} = 0,7071068,$$

d'où

$$a_1 = \frac{0,5 + 0,7071068}{2} = 0,6035534.$$

On calculera ensuite r_1 en prenant la moyenne proportionnelle entre a_1 et r, puis a_2 en calculant la moyenne arithmétique entre a_1 et r_1 ainsi de suite.

Si l'on remarque que $a = \frac{1}{2}$ est la moyenne arithmétique entre 0 et 1, on peut poser le principe suivant :

Le rayon d'une circonférence de 4^m. est la limite vers laquelle tend la suite des nombres obtenus en partant de 0 et 1 et prenant alternativement la moyenne arithmétique et la moyenne géométrique entre les deux nombres précédents.

En effectuant les calculs, on peut construire le tableau suivant :

Périmètre = 4.		
NOMBRE des côtés des polygones.	VALEURS DES APOTHÈMES.	VALEURS DES RAYONS.
4	$a = 0{,}5000000$	$r = 0{,}7071068$
8	$a_1 = 0{,}6035534$	$r_1 = 0{,}6532815$
16	$a_2 = 0{,}6284174$	$r_2 = 0{,}6407239$
32	$a_3 = 0{,}6345731$	$r_3 = 0{,}6376435$
64	$a_4 = 0{,}6361083$	$r_4 = 0{,}6368754$
128	$a_5 = 0{,}6364919$	$r_5 = 0{,}6366836$
256	$a_6 = 0{,}6365878$	$r_6 = 0{,}6366357$
512	$a_7 = 0{,}6366117$	$r_7 = 0{,}6366237$
1024	$a_8 = 0{,}6366177$	$r_8 = 0{,}6366207$
2048	$a_9 = 0{,}6366192$	$r_9 = 0{,}6366199$

On voit que l'apothème a_9 et le rayon r_9 ne diffèrent qu'à partir du 7e chiffre décimal; le rayon de la circonférence de 4m étant compris entre ces deux quantités est égal à 0,636619 à moins de 1 millionième près.

On conclut de là que le rapport de la circonférence à son diamètre est :

$$\frac{4}{2 \times 0{,}636619} = \frac{2}{0{,}636619} = 3{,}141596.$$

Lambert a démontré le premier en 1761 que le rapport de la circonférence au diamètre est un nombre incommensurable; aussi ne peut-on en calculer qu'une valeur approchée. Le nombre 3,141 596 n'est exact que jusqu'au 5e chiffre décimal.

Voici les 20 premières décimales ;

$$\pi = 3{,}14159\ 26535\ 89793\ 23846.$$

L'inverse de π est

$$\frac{1}{\pi} = 0{,}31830\ 98861\ 83790\ 67153.$$

Dans la pratique, on fait généralement

$$\pi = 3{,}1416$$

$$\frac{1}{\pi} = 0{,}3183.$$

Archimède, par la méthode des périmètres, avait trouvé. pour le rapport de la circonférence au diamètre $\frac{22}{7} = 3{,}1428\ldots$

APPLICATIONS

432. Les formules

$$C = \pi D \qquad (1)$$

$$C = 2\pi R. \qquad (2)$$

montrent *qu'on obtient la longueur d'une circonférence en multipliant le diamètre par π ou le rayon par le double de π.*

Pour

$$D = 5^m,80,$$

on a

$$C = 5^m,80 \times 3,1416 = 18^m,22128$$

Pour

$$R = 0^m,54,$$

$$C = 0^m,54 \times 6,2832 = 3^m,392928$$

433. Des formules (1) et (2) on tire

$$D = \frac{C}{\pi} = C \times \frac{1}{\pi} \qquad (3)$$

$$R = \frac{c}{2\pi} = \frac{c}{2} \times \frac{1}{\pi}. \qquad (4)$$

Donc :

On obtient le diamètre d'un cercle en divisant la longueur de la circonférence par π ou en multipliant cette longueur par $\frac{1}{\pi}$, et le rayon, en divisant la circonférence par 2 π ou en multipliant la moitié de la circonférence par l'inverse de π.

Pour

$$C = 14^m,65,$$

on a

$$D = 14^m,65 \times 0,3183 = 4^m,663$$

$$R = 7,325 \times 0,3183 = 2^m,3315$$

PROBLÈME

434. *Calculer la longueur* l *d'un arc de* n *degrés dans un cercle de rayon* R.

La longueur de l'arc de 180°, c'est-à-dire de la demi-circonférence de rayon R étant πR, la longueur de l'arc de 1 degré est $\frac{R\pi}{180}$. La longueur de l'arc de n degrés sera

$$l = \frac{\pi R n}{180}. \qquad (5)$$

Cette expression est une relation entre les trois quantités l, R, n ; connaissant deux d'entre elles, on peut toujours calculer les deux autres. On a en effet :

$$R = \frac{180\,l}{\pi n}. \qquad (6)$$

$$n = \frac{180\,l}{\pi R}. \qquad (7)$$

EXEMPLES NUMÉRIQUES.

435. *Quelle est la longueur d'un arc de 35°40′ sur une circonférence de* 10^m *de rayon?*

La formule (5) donne

$$\lambda = \frac{\pi \times 10 \times \left(35 + \frac{40}{60}\right)}{180} = 6^m,225$$

436. *Quel est le rayon du cercle dans lequel un arc de 43°50′ a 25m de longueur ?*

En appliquant la formule (6) on obtient :

$$R = \frac{180 \times 25}{\pi \left(43 + \frac{50}{60}\right)} = 32^m,67$$

437. *Un arc de cercle a 32m de longueur; son rayon est de 9m. Combien cet arc vaut-il de degrés?*

De la formule (7) on tire

$$n = \frac{180 \times 32}{\pi \times 9} = 203^\circ 43'$$

438. *Quel est l'arc dont la longueur est égale au rayon?*

Si dans la formule (7) on fait $l = R$, il vient

$$n = \frac{180}{\pi} = 180 \times \frac{1}{\pi}$$

ou

$$n = 180^\circ \times 0,31630988 = 57^\circ 17' 44'',80.$$

THÉORÈME

439. *Deux arcs semblables, c'est-à-dire deux arcs qui ont le même nombre de degrés dans des circonférences différentes, sont proportionnels à leurs rayons.*

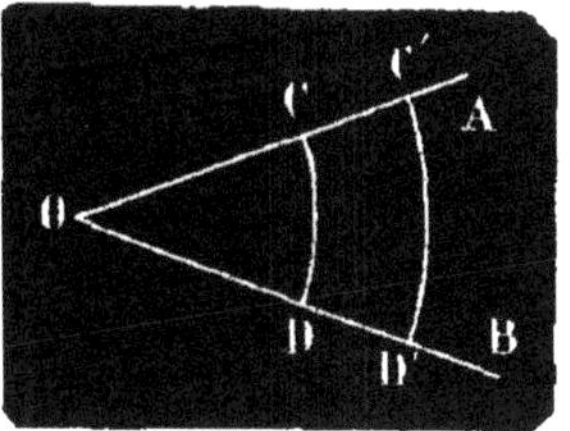

Fig. 285.

Considérons les deux arcs CD et C′D′ (fig. 285), décrits entre les côtés de l'angle AOB du sommet O comme centre, avec des rayons OD et OD′ quelconques.

Soit n le nombre de degrés de l'angle et par suite de chacun des arcs. On a (n° 434) :

$$CD = \frac{\pi \times OD \times n}{180}$$

$$C'D' = \frac{\pi \times OD' \times n}{180}$$

d'où

$$\frac{CD}{C'D'} = \frac{OD}{OD'}$$

C. Q. F. D.

THÉORÈME

440. *Un angle au centre a pour mesure le rapport de l'arc qu'il intercepte au rayon, lorsqu'on prend pour unité l'angle qui intercepte un arc égal au rayon.*

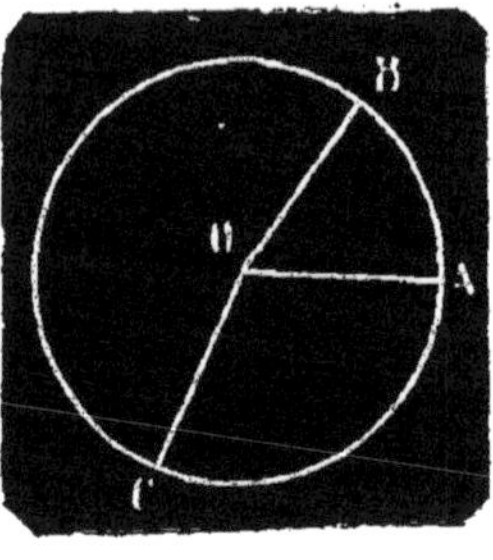

Fig. 286.

Soient AOC (fig. 286) un angle et AOB l'unité.
La mesure de AOC est

$$\frac{AOC}{AOB} = \frac{AC}{AB}, \qquad (n^o\ 230)$$

or, par hypothèse, AB = OA, donc

$$\frac{AOC}{AOB} = \frac{AC}{OA}.$$

Le rapport $\frac{AC}{OA}$ est par conséquent la mesure de l'angle AOC. C. Q. F. D.

D'une manière générale, si l'on représente la longueur de l'arc AC par l, le rayon OA par R et le rapport $\frac{l}{R}$ par a, on a la formule

$$\frac{l}{R} = a.$$

ou

$$l = aR.$$

Nous avons vu (nº 438) que l'arc égal au rayon mesure 57°17'44"80; telle est en degrés l'unité d'angle dans ce nouveau système de mesure.

Il suffira donc, pour transformer en degrés un angle exprimé par le rapport $\frac{l}{R}$, de multiplier ce rapport par 57°17'44"80.

APPLICATIONS

Fig. 287.

441. Les polygones réguliers offrent de nombreuses applications. Les bassins qui ornent les jardins, certains salons ont souvent la forme d'un hexagone ou d'un octogone régulier. Mais c'est surtout dans le parquetage et le carrelage des appartements qu'on rencontre le plus souvent ces polygones. La somme de tous les angles formés autour d'un point étant égale à quatre angles droits, pour pouvoir couvrir un parquet avec des polygones réguliers égaux, il faut que l'angle intérieur de chacun d'eux soit une partie aliquote de quatre angles droits.

On peut donc carreler : 1° avec des triangles équilatéraux (fig. 287); 2° avec des carrés (fig. 288); 3° avec des hexagones réguliers (fig. 289).

Ces polygones sont les seuls qu'on puisse employer exclusivement; mais on obtient de nouvelles dispositions en employant conjointement plusieurs espèces de polygones; ainsi l'on recouvre un parquet avec des octogones et des carrés (fig. 290); avec des hexagones et des triangles équilatéraux (fig. 291); avec

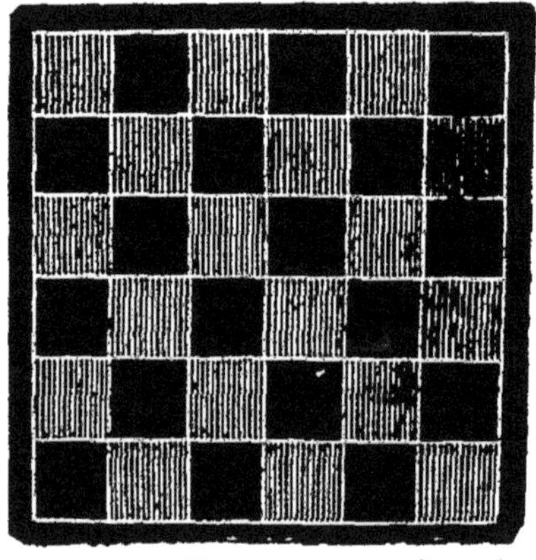

Fig. 288

des dodécagones et des triangles équilatéraux (fig. 292).

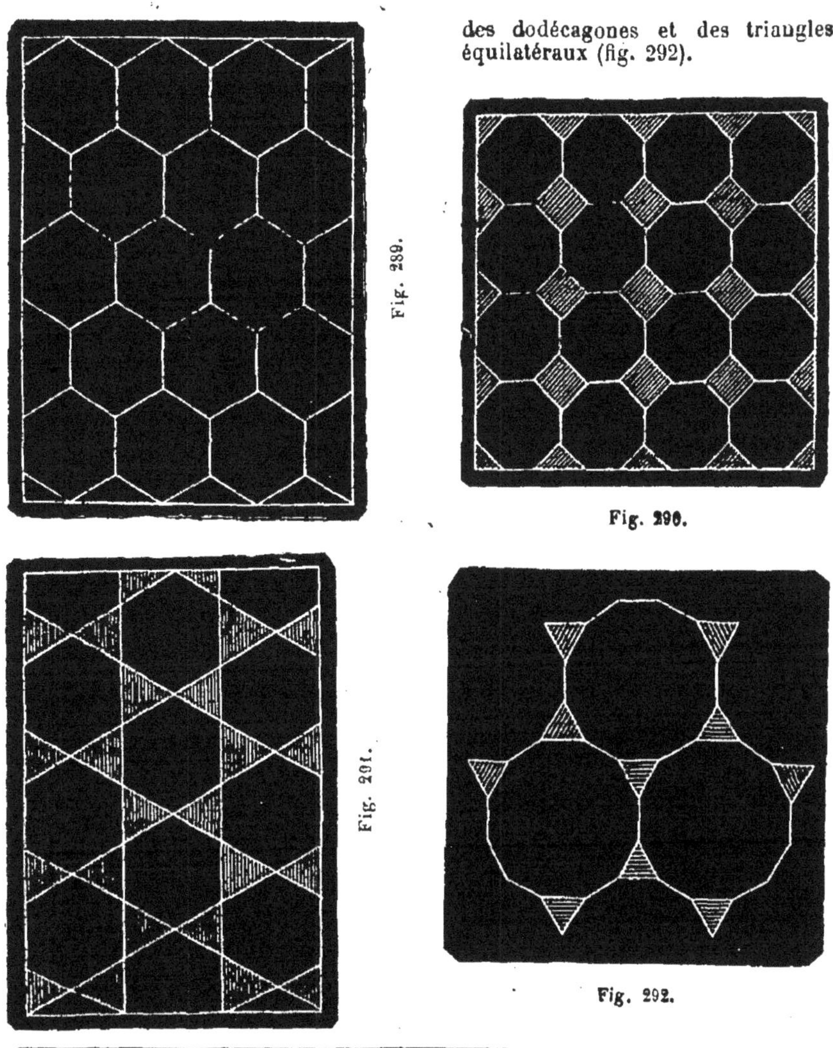

Fig. 289.

Fig. 290.

Fig. 291.

Fig. 292.

Fig. 293.

On combine souvent des polygones réguliers avec d'autres polygones qui ne le sont pas, mais qui sont simplement disposés d'une manière régulière. C'est ainsi qu'on recouvre des parquets avec des hexagones réguliers et des losanges (fig. 293), ou avec des losanges dont l'angle est de 60°.

Les vitraux des églises gothiques présentent aussi un grand nombre de combinaisons des polygones réguliers, souvent des octogones et des carrés (fig. 294).

Les polygones réguliers servent quelquefois à décrire des spirales analogues à la volute ionique. La figure 295 suffit à expliquer la construction.

Fig. 294.

442. Polygones étoilés. — Les polygones étoilés sont fréquemment employés dans les arts ; par exemple, dans la marqueterie, dans la mosaïque, dans les dessins de broderie, dans la peinture décorative, etc.

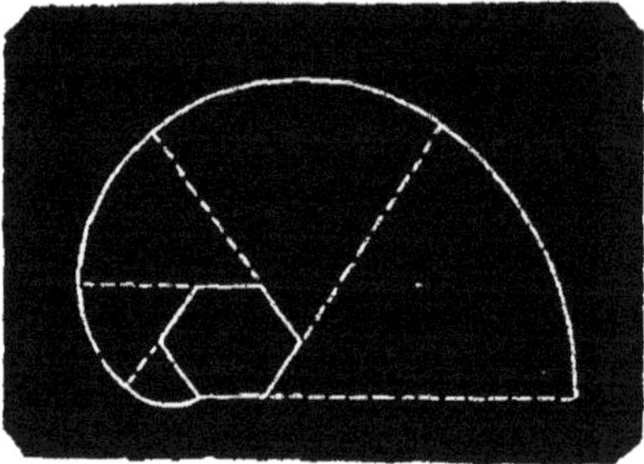

Fig. 295.

On les déduit des polygones réguliers convexes par deux méthodes différentes, par *réduction* ou par *extension*.

Nous connaissons la première méthode qui consiste à joindre les sommets non consécutifs d'un polygone régulier conve e et nous savons calculer le nombre des polygones étoilés que l'on peut obtenir avec un nombre donné de divisions égales dans la circonférence (n° 398).

La méthode par *extension* consiste à prolonger les côtés d'un polygone régulier convexe de façon que deux côtés qui se rencontrent comprennent au moins un côté du polygone donné.

Ces polygones sont semblables à ceux que l'on obtient par réduction et en même nombre.

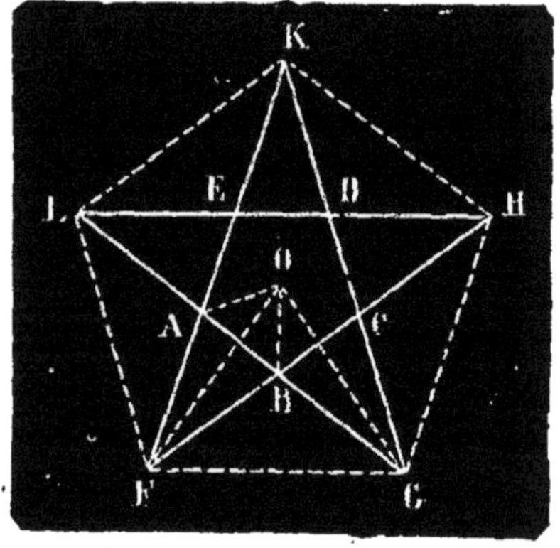

Fig. 296.

En effet, soit un pentagone régulier ABCDE (fig. 296) dont on prolonge les côtés de deux en deux ; on obtient ainsi le polygone étoilé LGKFHL, qui est évidemment régulier. Or il est facile de prouver que les points F, G, H, K, L sont les sommets d'un pentagone régulier convexe ; ces sommets sont :

1° à égale distance du centre O ;

2° l'angle FOG de deux rayons OF et OG qui joignent au centre O deux sommets consécutifs F et G est constant et égal à l'angle au centre AOB du polygone donné.

Donc le polygone étoilé LGKFHL tracé par extension peut être considéré comme déduit par réduction du polygone convexe FGHKL.

Réciproquement les côtés d'un polygone étoilé obtenu par réduction forment par leurs intersections un polygone convexe de même nom.

D'où il résulte que tout polygone régulier étoilée tracé par réduction peut être considéré comme déduit par extension de ce dernier polygone.

Par conséquent, tout polygone régulier étoilé peut être considéré à volonté comme déduit par extension ou par réduction d'un polygone régulier de même nom.

443. Remarque. — Nous avons vu (n° 400) qu'il n'existe pas d'hexagone étoilé ; cependant en prolongeant les côtés d'un hexagone régulier de deux en deux ou en joignant les sommets de deux en deux on obtient une figure qui a une grande analogie avec un polygone étoilé ; ce n'est pas là ce qu'on appelle un polygone régulier étoilé ; c'est une simple **étoile régulière** formée de deux triangles équilatéraux placés l'un sur l'autre.

444. Rose des vents. — La **rose des vents** (fig. 297) est un polygone régulier étoilé à trente-deux pointes obtenu en divisant la circonférence en trente-deux parties égales et en les joignant de quinze en quinze. Elle figure dans les boussoles marines; ses pointes ou flèches correspondent aux trente-deux aires du vent, c'est-à-dire aux trente-deux directions principales que les marins ont coutume de distinguer.

Fig. 297

Les flèches qui répondent aux quatre points cardinaux, **nord, sud, est, ouest** couvrent toutes les autres; celles qui correspondent aux points intermédiaires **nord-est, nord-ouest, sud-est, sud-ouest** sont en partie cachées par les précédentes, mais elles couvrent toutes les autres; de même les huit flèches intermédiaires entre les précédentes, et qui correspondent aux aires appelées **nord-nord-est, est-nord-est, est-sud-est, sud-sud-est**, etc., sont en partie cachées par les huit premières, mais recouvrent toutes les autres. Enfin les seize dernières flèches ne montrent que leurs pointes; elles répondent aux directions **nord-quart-nord-est, nord-est-quart-nord, nord-est-quart-est.** L'angle compris entre deux flèches consécutives s'appelle un *rhumb*; c'est un angle égal à la trente-deuxième partie de 360° ou à 11°15'.

EXERCICES.

353. Dans un polygone régulier qui a un nombre pair de côtés :

1° Les diagonales qui joignent deux sommets opposés passent par le centre du polygone;

2° Deux côtés opposés sont parallèles, et la ligne qui joint leurs milieux passe par le centre du polygone;

3° Les diagonales qui joignent deux sommets opposés et les lignes qui joignent les milieux de deux côtés opposés sont des axes de symétrie du polygone.

354. Dans un polygone régulier d'un nombre impair de côtés, toute ligne joignant un sommet du polygone au milieu du côté opposé passe par le centre du polygone et divise ce polygone en deux parties symétriques.

355. Connaissant le côté d'un polygone régulier inscrit, calculer le côté du polygone régulier circonscrit d'un même nombre de côtés.

356. Connaissant le côté d'un polygone régulier circonscrit, calculer le côté du polygone régulier circonscrit d'un nombre double de côtés.

357. Un polygone équilatéral inscrit dans un cercle est régulier.

358. Un polygone équilatéral circonscrit à un cercle est régulier si le nombre de ses côtés est impair.

359. Un polygone équiangle circonscrit à un cercle est régulier.

360. Un polygone équiangle inscrit dans un cercle est régulier si le nombre de ses côtés est impair.

361. On construit un carré extérieur sur chaque côté d'un hexagone régulier, puis on joint les sommets consécutifs des carrés voisins; on forme ainsi un dodécagone régulier.

362. Si l'on prolonge jusqu'à leur rencontre E deux côtés AB,CD d'un polygone régulier de centre O séparés par un seul côté BC, le quadrilatère AECO est inscriptible.

363. Si l'on abaisse sur une droite fixe des perpendiculaires du centre et des sommets d'un polygone régulier, la perpendiculaire abaissée du centre est la moyenne arithmétique de toutes les autres.

364. Deux diagonales d'un pentagone régulier qui n'aboutissent pas au même sommet se coupent en moyenne et extrême raison.

365. Inscrire un carré dans l'espace compris entre deux cercles sécants égaux.

366. Inscrire un triangle équilatéral dans un carré donné. Deux cas à considérer : 1° l'un des sommets du triangle coïncide avec l'un des sommets du carré; 2° l'un des sommets du triangle est au milieu de l'un des côtés.

367. Calculer les côtés du carré, du triangle équilatéral, du pentagone régulier, de l'hexagone régulier et du décagone inscrits dans le cercle de 100 mètres de rayon.

368. Calculer les rayons des cercles inscrit et circonscrit : 1° au triangle équilatéral, 2° au carré, 3° au pentagone, 4° à l'hexagone, 5° au décagone, en prenant pour unité le côté du polygone régulier donné.

369. Si deux polygones réguliers semblables sont l'un circonscrit, l'autre inscrit à une même circonférence, cette circonférence est moyenne proportionnelle entre la circonférence circonscrite au premier polygone et la circonférence inscrite dans le second.

370. Quel est le lieu géométrique des points dont la somme des carrés des distances aux sommets d'un polygone régulier qui a un nombre pair de côtés, soit constante?

371. Calculer le côté de l'octogone et celui du dodécagone inscrits dans un cercle de 10 mètres de rayon.

372. Le périmètre d'un triangle équilatéral circonscrit est le double de celui du triangle équilatéral inscrit.

373. Décrire une circonférence double d'une circonférence donnée.

374. Décrire une circonférence égale à la somme ou à la différence de deux circonférences données.

375. Dans un cercle de 4 mètres de rayon, on donne une corde de 3 mètres, calculer la corde qui sous-tend l'arc moitié, ainsi que la corde qui sous-tend l'arc double.

376. Dans une circonférence, un arc de 4°34′ a 3 m. 80 de longueur; quel est le rayon de la circonférence?

377. Un arc de 5 mètres de rayon mesure une longueur de 8 mètres; quel est le nombre de degrés de cet arc?

378. Quelle est la longueur d'une demi-seconde du méridien?

379. Quelle est la distance moyenne d'un point quelconque du méridien au centre de la terre.

380. Mener par un point une droite qui divise une circonférence donnée dans le rapport de 3 à 7.

381. Mener par un point une droite qui divise une circonférence donnée dans le rapport de 9 à 11.

382. Étant données trois circonférences C, C′, C″ construire une circonférence égale à $\frac{1}{3}C + \frac{3}{4}C' - \frac{5}{6}C''$.

383. Étant donnée une circonférence C, construire C′, telle que $\frac{C}{C'} = \frac{C'}{C-C'}$

LIVRE IV

MESURE DES AIRES

CHAPITRE PREMIER

§ I. AIRE DES POLYGONES

445. On appelle **aire**, l'étendue d'une surface.

Mesurer une aire, c'est chercher son rapport à l'aire prise pour unité.

On dit que deux surfaces planes sont **équivalentes** lorsqu'elles ont la même aire, sans avoir la même forme.

On prend pour *base* d'un parallélogramme un côté quelconque de ce quadrilatère ; la perpendiculaire qui mesure la distance de la base au côté opposé est la **hauteur** du parallélogramme.

Un rectangle a pour **base** l'un quelconque de ses côtés ; le côté adjacent est la **hauteur.**

La hauteur d'un trapèze est la perpendiculaire commune aux deux bases.

Si l'on prend un côté d'un triangle pour **base,** la **hauteur** est la perpendiculaire abaissée sur ce côté du sommet opposé.

THÉORÈME

446. *Deux rectangles* ABCD, AEFD *de même hauteur* AD (fig. 298) *sont proportionnels à leurs bases* AB, AE.

Supposons que les bases AB et AE aient une commune mesure contenue cinq fois par exemple dans AB et deux fois dans AE ; on a alors

$$\frac{AB}{AE} = \frac{5}{2}. \qquad (1)$$

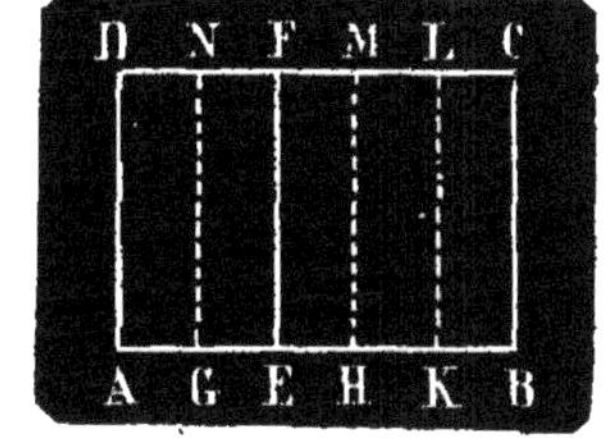

Fig. 298.

Par les points de division G, H, K, menons des parallèles au côté AD ; nous obtiendrons cinq rectangles AGND, GEFN... égaux entre eux comme ayant même base et même hauteur (nº 152). Or le rectangle ABCD contient cinq rectangles égaux, le rectangle AEFD en contient deux ; par conséquent

$$\frac{ABCD}{AEFD} = \frac{5}{2}. \qquad (2)$$

Des égalités (1) et (2) on tire

$$\frac{ABCD}{AEFD} = \frac{AB}{AE}.$$

C. Q. F. D.

Remarque. — Ce théorème étant démontré pour le cas où les bases ont une commune mesure, si petite qu'elle soit, doit être vrai dans tous les cas.

De sorte que si l'on appelle R, R', b, b' les aires et les bases de deux rectangles de même hauteur, on a la formule générale

$$\frac{R}{R'} = \frac{b}{b'}.$$

447. Corollaire. — *Deux rectangles de même base sont porportionnels à leurs hauteurs.*

On peut prendre pour base commune le côté AD (fig. 298) ; les hauteurs sont alors AB et AE que l'on peut représenter par h et h'.

Par conséquent

$$\frac{R}{R'} = \frac{h}{h'}.$$

THÉORÈME

448. *Deux rectangles quelconques* ABCD, EFGH (fig. 299) *sont proportionnels aux produits de leurs bases par leurs hauteurs.*

Construisons un troisième rectangle KLMN ayant même hauteur que le premier et même base que le second.

Désignons par R, R', R'', b, h, b', h', b', h les aires, les bases et les hauteurs des trois rectangles.

Les deux rectangles R et R'' ayant même hauteur, sont proportionnels à leurs bases, et l'on a :

$$\frac{R}{R''} = \frac{b}{b'}. \qquad (1)$$

Les deux rectangles R'' et R' ayant même base, sont proportionnels à leurs hauteurs et l'on a :

$$\frac{R''}{R'} = \frac{h}{h'}. \qquad (2)$$

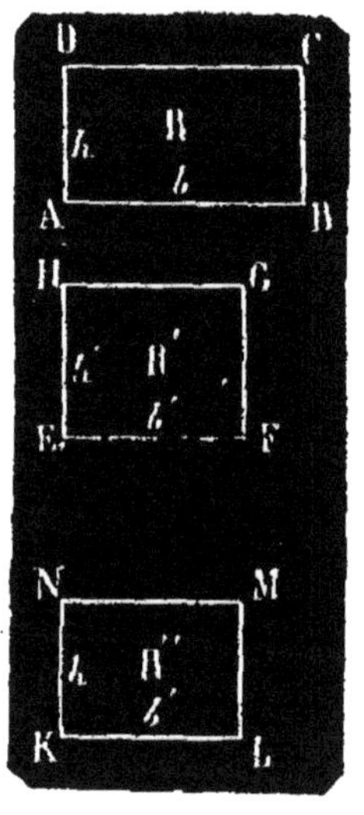

Fig. 299.

Je multiplie membre à membre les égalités (1) et (2), il vient

$$\frac{R \times R''}{R'' \times R'} = \frac{b \times h}{b' \times h'}.$$

D'où, en supprimant R'' au numérateur et au dénominateur

$$\frac{R}{R'} = \frac{b \times h}{b' \times h'}. \qquad \text{C. Q. F. D.}$$

449. Application numérique. — Posons $b = 6$, $h = 4$. $b' = 9$, $h' = 12$, on a :

$$\frac{R}{R'} = \frac{6 \times 4}{9 \times 12} = \frac{2}{9}.$$

Ainsi le rectangle R est les $\frac{2}{9}$ du rectangle R'.

THÉORÈME

450. *L'aire d'un rectangle est égale au produit de sa base par sa hauteur, si l'on prend pour unité de surface le carré construit sur l'unité de longueur.*

Soit à mesurer le rectangle R (fig. 300) dont les dimensions sont b et h; nous prenons pour unité d'aire le rectangle R′ dont les dimensions sont 1 et 1, c'est-à-dire le carré construit sur l'unité de longueur. L'aire du rectangle R est la valeur numérique du rapport

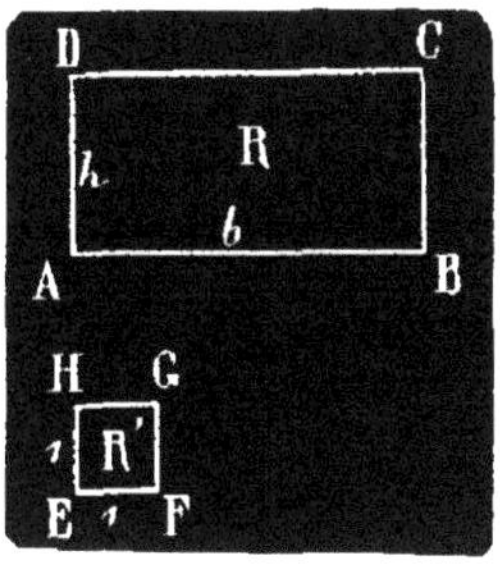

$$\frac{R}{R'}.$$

Fig. 300.

Or d'après le théorème précédent, on a

$$\frac{R}{R'} = \frac{b \times h}{1 \times 1} = b \times h.$$

Donc l'aire du rectangle R est égale au produit des nombres qui représentent les mesures de sa base et de sa hauteur, ou, plus simplement, égale au produit de sa base par sa hauteur. C. Q. F. D.

Si l'on désigne la surface du rectangle par S on a la formule

$$S = b \times h,$$

d'où l'on tire

$$b = \frac{S}{h}, \quad h = \frac{S}{b}.$$

Les deux dernières formules permettent de calculer l'une des dimensions d'un rectangle, connaissant l'autre et la surface.

451. Corollaire. — *L'aire d'un carré est égale au carré de son côté.*

Un carré est un rectangle dont la base est égale à la hauteur; de sorte que si a est le côté d'un carré et S sa surface, on a

$$S = a \times a = a^2.$$

452. Réciproquement. — *La deuxième puissance d'un nombre peut être considérée comme l'aire d'un carré dont le côté serait mesuré par ce nombre;* c'est pourquoi la deuxième puissance d'un nombre est appelée *carré* de ce nombre.

THÉORÈME

453. *L'aire d'un parallélogramme* ABCD (fig. 301) *est égale au produit de sa base* AB *par sa hauteur* BE.

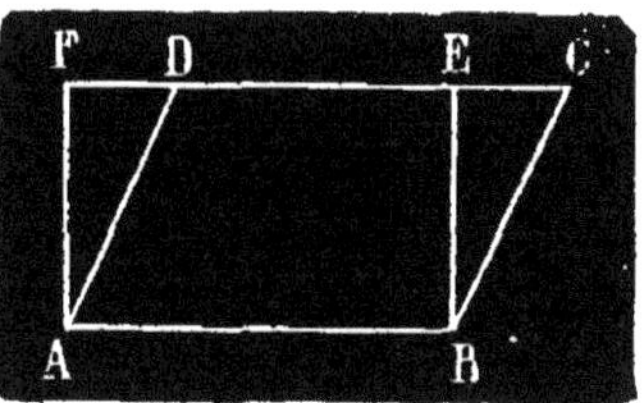

Fig. 301.

J'élève aux extrémités A et B de la base AB des perpendiculaires AF, BE sur cette ligne, jusqu'à leur rencontre E et F avec le côté opposé DC; les droites AF et BE sont aussi perpendiculaires à DC et le quadrilatère ABEF est un rectangle.

Je dis que le parallélogramme ABCD est équivalent au rectangle ABEF.

En effet, les deux triangles rectangles AFD et BEC ont les hypoténuses AD et BC égales comme côtés opposés du parallélogramme et les côtés AF et BE égaux comme côtés opposés du rectangle. Donc ces triangles rectangles sont égaux.

Si de la figure totale AFCB, on retranche le triangle AFD, il reste le parallélogramme ABCD. Si de la même figure totale on retranche le triangle BEC, il reste le rectangle ABEF. Donc le parallélogramme et le rectangle sont équivalents.

Or l'aire du rectangle est

$$AB \times BE$$

L'aire du parallélogramme est donc aussi

$$AB \times BE$$

c'est-à-dire égale au produit de sa base par sa hauteur.

454. Corollaire I. — *Deux parallélogrammes qui ont même base et même hauteur sont équivalents.*

Ils sont en effet équivalents à un même rectangle.

455. Corollaire II. — *Deux parallélogrammes qui ont des bases égales sont proportionnels à leurs hauteurs, et deux parallélogrammes qui ont même hauteur sont proportionnels à leurs bases.*

THÉORÈME

456. *L'aire d'un triangle* ABC *est égale à la moitié du produit de sa base* AB *par sa hauteur* CD (fig. 302).

Je mène par les sommets B et C des parallèles BE, CE aux côtés AC, AB, et je forme ainsi un parallélogramme ABEC qui a même base AB et même hauteur CD que le triangle.

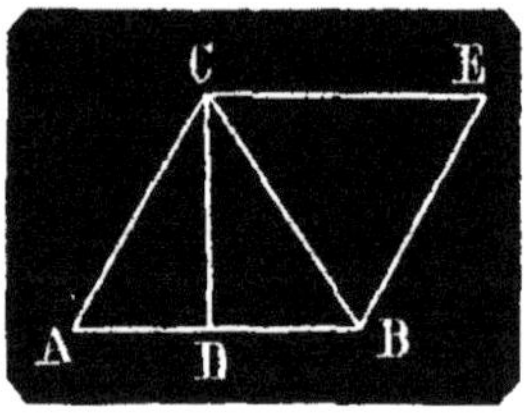

Fig. 302.

La diagonale BC du parallélogramme divise ce quadrilatère en deux triangles égaux ABC et BCE (n°131).

Le triangle donné est donc la moitié du parallélogramme.

Or, l'aire du parallélogramme ABEC est

$$AB \times CD. \qquad (n^o\ 453)$$

Donc l'aire du triangle est

$$\frac{AB \times CD}{2},$$

Elle est donc égale à la moitié du produit de sa base par sa hauteur.

Si l'on représente par S, b, h, la surface, la base et la hauteur d'un triangle, on a :

$$S = \frac{b \times h}{2} \qquad (1)$$

ou

$$S = \frac{b}{2} \times h, \; S = b \times \frac{h}{2}.$$

Les deux dernières formules montrent qu'on obtient l'aire d'un triangle en multipliant soit la moitié de la base par la hauteur, soit la base par la moitié de la hauteur.

457. Remarque. — De la formule (1), on tire :

$$b = \frac{2S}{h}, \quad h = \frac{2S}{b}.$$

formules qui permettent de calculer la base d'un triangle, connaissant la surface et la hauteur, ou la hauteur, connaissant la surface et la base.

458. Corollaire I. — *L'aire d'un triangle rectangle est égale à la moitié du produit des deux côtés de l'angle droit.*

459. Corollaire II. — *Deux triangles qui ont même base et même hauteur sont équivalents, car ils ont même mesure.*

D'après cela, si le sommet d'un triangle se déplace sur une parallèle à la base, la surface du triangle reste constante.

460. Corollaire III. — *Deux triangles qui ont même hauteur sont proportionnels à leurs bases, et deux triangles qui ont même base sont proportionnels à leurs hauteurs.*

461. Corollaire IV. — *Deux triangles qui ont un angle égal ou un angle supplémentaire sont proportionnels aux produits des côtés qui comprennent cet angle.*

1° Soient les deux triangles ABC et ADE qui ont un angle commun A (fig. 303).

Traçons la droite DC.

Les triangles ADE et ADC ayant pour hauteur commune la perpendiculaire abaissée du point D sur le côté AC, sont proportionnels à leurs bases AE et AC.

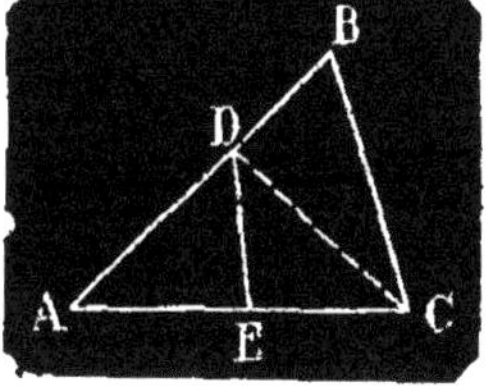

Fig. 303.

On a donc :

$$\frac{ADE}{ADC} = \frac{AE}{AC} \qquad (1)$$

Les triangles ADC et ABC ayant pour hauteur commune la perpendiculaire abaissée du point C sur la droite AB, sont proportionnels à leurs bases AD et AB ; on a donc :

$$\frac{ADC}{ABC} = \frac{AD}{AB} \qquad (2)$$

Multiplions membre à membre les égalités (1) et (2) et supprimons au premier membre la quantité ADC, commune au numérateur et au dénominateur, il vient

$$\frac{ADE}{ABC} = \frac{AE \times AD}{AC \times AB}.$$

2° Soient maintenant les deux triangles ABC et DCE (fig. 304) qui ont un angle supplémentaire. En traçant la droite AD, on a successivement :

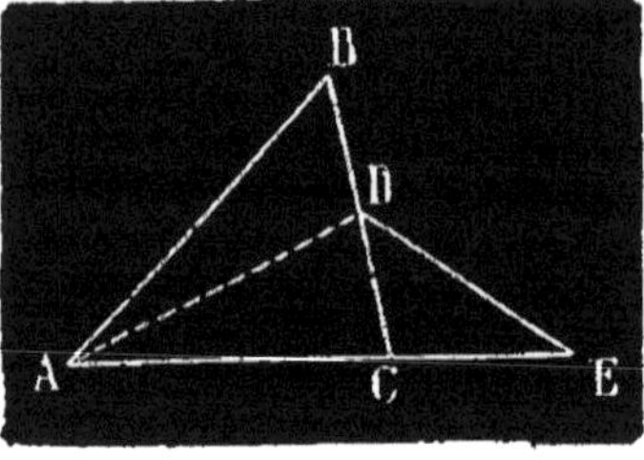

Fig. 304.

$$\frac{ABC}{ADC} = \frac{CB}{CD} \qquad (1)$$

$$\frac{ADC}{CDE} = \frac{AC}{CE} \qquad (2)$$

Multiplions (1) et (2) membre à membre et simplifions, on a :

$$\frac{ABC}{CDE} = \frac{CB \times CA}{CD \times CE}.$$

PROBLÈME

462. *Trouver l'aire d'un triangle équilatéral en fonction de son côté* a.

Soit le triangle équilatéral ABC (fig. 305) ; la perpendiculaire BD, abaissée du sommet B sur la base AC, tombe au milieu de cette ligne ; en la désignant par h on a :

$$h^2 = a^2 - \frac{a^2}{4} = \frac{3a^2}{4}.$$

d'où

$$h = \frac{a\sqrt{3}}{2}.$$

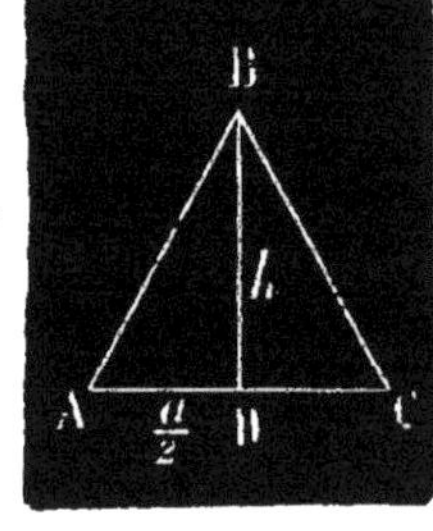

Fig. 305.

La formule

$$S = \frac{b}{2} \times h$$

devient

$$S = \frac{a}{2} \times \frac{a\sqrt{3}}{2}$$

ou

$$S = \frac{a^2\sqrt{3}}{4}.$$

PROBLÈME

463. *Calculer l'aire d'un triangle en fonction de ses trois côtés.*

Soit le triangle ABC (fig. 306) dont les côtés sont a, b, c ; la hauteur h correspondant au côté b est donnée par la formule

$$h = \frac{2}{b}\sqrt{p(p-a)(p-b)(p-c)}$$

(nº 352)

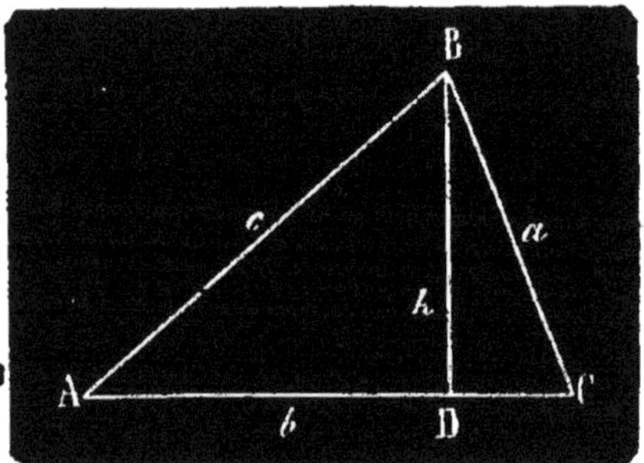

Fig. 306.

On a donc

$$S = \frac{b}{2} \times \frac{2}{b}\sqrt{p(p-a)(p-b)(p-c)}$$

ou

$$S = \sqrt{p(p-a)(p-b)(p-c)}.$$

On peut d'ailleurs établir géométriquement cette formule.

Soit le triangle ABC (fig. 307).

Décrivons le cercle inscrit O et l'un des cercles ex-inscrits O', et calculons les segments déterminés par les points de contact de ces cercles sur les côtés.

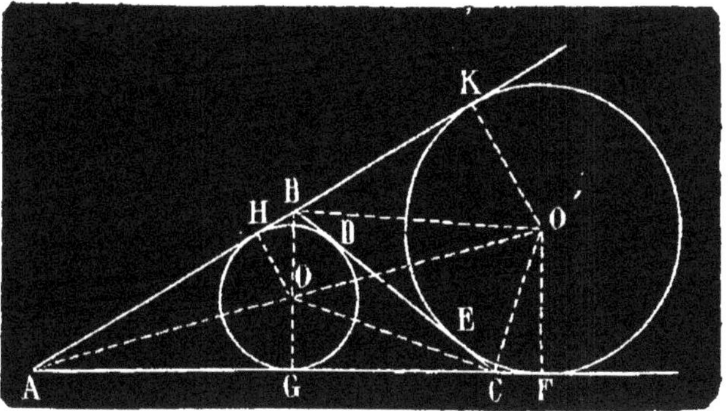

Fig. 307.

Soient x la longueur des tangentes égales AG et AH,

— y — — — BH et BD,

— z — — — CG et CD,

on a

$$2x + 2y + 2z = 2p.$$

ou

$$x + y + z = p,$$

d'où l'on tire :

$$x = p - (y + z) = p - a \qquad (1)$$

$$y = p - (x + z) = p - b \qquad (2)$$

$$z = p - (x + y) = p - c \qquad (3)$$

Si l'on considère le cercle ex-inscrit O', on a

$$CF = CE, \qquad BK = BE$$

et par suite

$$AF + AK = 2p.$$

Or

$$AF = AK;$$

donc

$$AF = p, \quad AK = p.$$

On conclut de là que

$$CF = p - AC = p - b \qquad (4)$$

$$BK = p - AB = p - c \qquad (5)$$

En comparant les égalités (2) et (4), (3) et (5), on voit que

$$BD = CE \quad \text{et} \quad CD = BE.$$

Cela posé, si l'on joint les trois sommets A, B, C du triangle aux points O et O', qu'on désigne par S la surface cherchée, et par r et r' les rayons des cercles O et O', on a :

$$S = \frac{ar}{2} + \frac{br}{2} + \frac{cr}{2} = \frac{a+b+c}{2}r$$

ou

$$S = pr \qquad (6)$$

On a aussi

$$S = \frac{br'}{2} + \frac{cr'}{2} - \frac{ar'}{2} = \frac{b+c-a}{2}r',$$

c'est-à-dire

$$S = \frac{2p-2a}{2}r' = (p-a)r' \qquad (7)$$

Multipliant membre à membre les égalités (6) et (7), on obtient

$$S^2 = p(p-a)rr' \qquad (8)$$

Les triangles rectangles COG et O'CF sont semblables comme ayant les côtés perpendiculaires, car les bissectrices CO et CO' des angles adjacents supplémentaires BCA et BCF sont perpendiculaires entre elles. On a donc :

$$\frac{OG}{CF} = \frac{CG}{O'F}$$

ou

$$\frac{r}{p-b} = \frac{p-c}{r'},$$

d'où l'on tire

$$rr' = (p-b)(p-c).$$

Si l'on porte la valeur de rr' dans l'égalité (8), on obtient

$$S^2 = p(p-a)(p-b)(p-c,)$$

d'où

$$S = \sqrt{p(p-a)(p-b)(p-c)}$$

464. Remarque. — La relation (6) montre que *la surface d'un triangle est égale à la moitié du périmètre multipliée par le rayon du cercle inscrit.*

La même relation permet de calculer le rayon du cercle inscrit dans un triangle dont on connaît les trois côtés.

On a en effet

$$r = \frac{S}{p} = \frac{\sqrt{p(p-a)(p-b)(p-c)}}{p}.$$

L'égalité (7) est une autre expression de la surface du triangle en fonction du rayon de l'un des cercles ex-inscrits. On en tire

$$r' = \frac{S}{p-a}.$$

En appelant r'', r''' les rayons des deux autres cercles ex-inscrits, on aurait, par analogie

$$r'' = \frac{S}{p-b},$$

$$r''' = \frac{S}{p-c}.$$

PROBLÈME

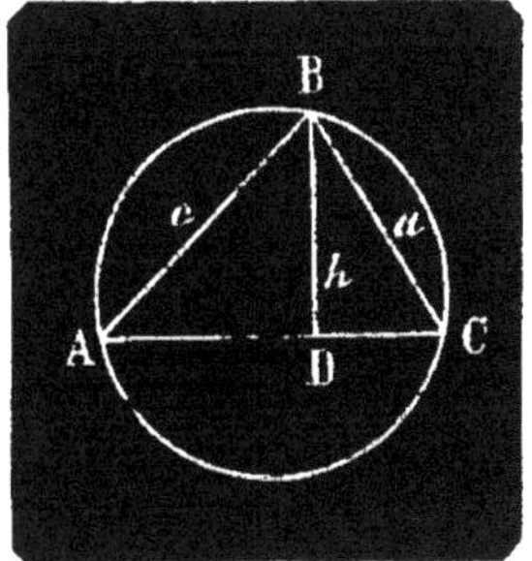

Fig. 308.

465. *Calculer l'aire d'un triangle en fonction du rayon du cercle circonscrit.*

Soit le triangle ABC (fig. 308) dont le cercle circonscrit O a pour rayon R; si l'on abaisse de B la perpendiculaire BD $= h$ sur AC, on a :

$$BA \times BC = 2Rh \qquad (\text{n}^\text{o}\ 362)$$

ou

$$ac = 2Rh.$$

Multiplions les deux membres par b, il vient

$$abc = 2Rhb = 4RS,$$

d'où

$$S = \frac{abc}{4R}.$$

Ainsi, *l'aire d'un triangle est égale au produit de ses trois côtés divisé par le quadruple du rayon du cercle circonscrit.*

466. Remarque. — De la formule précédente, on tire

$$R = \frac{abc}{4S}$$

ou

$$R = \frac{abc}{4\sqrt{p(p-a)(p-b)(p-c)}}.$$

Ce qui montre que *le rayon du cercle circonscrit à un triangle est égal au produit des trois côtés, divisé par le quadruple de la surface.*

467. Remarque II. — Connaissant les trois côtés d'un triangle, on peut calculer les trois hauteurs (n° 352), les trois médianes (n° 354), les bissectrices des angles intérieurs et les bissectrices des angles extérieurs (n° 361), les rayons des cercles ex-inscrits, inscrit et circonscrit, les segments déterminés par ces cercles sur les côtés (n° 463), et enfin la surface.

THÉORÈME

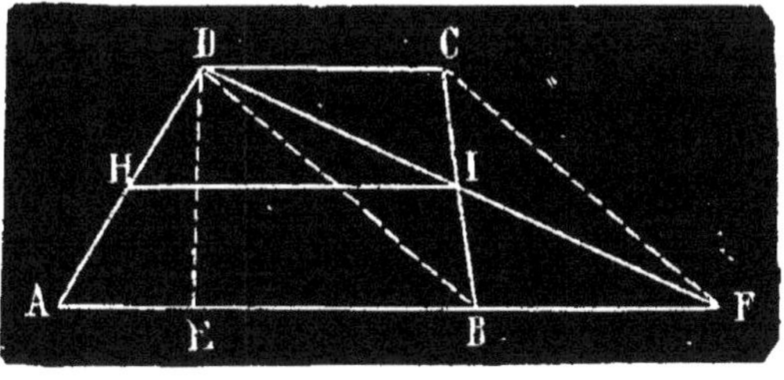

Fig. 309.

468. *L'aire d'un trapèze est égale à la demi-somme de ses bases multipliée par sa hauteur.*

Soit le trapèze ABCD (fig. 309) dont les bases sont AB et DC et la hauteur DE.

Je le transforme en un triangle équivalent. Pour cela je mène par le sommet C une parallèle CF à la diagonale DB, jusqu'à sa rencontre F avec le prolongement de la grande base AB et je trace la droite DF. Les deux triangles BDF et BDC sont équivalents, parce qu'ils ont même base BD et leurs sommets F et C sur une même parallèle à la base. Si l'on enlève du trapèze ABCD le triangle BDC et qu'on le remplace par le triangle BDF, l'aire n'a pas changé. Donc le triangle ADF est équivalent au trapèze. Or

$$ADF = \frac{AF}{2} \times DE = \frac{AB + BF}{2} \times DE.$$

On a donc aussi

$$ABCD = \frac{AB + BF}{2} \times DE.$$

Remarquons maintenant que les droites BF et DC sont égales comme côtés opposés d'un parallélogramme. On peut par conséquent écrire

$$ABCD = \frac{AB + DC}{2} \times DE \qquad \text{C. Q. F. D.}$$

469. **Remarque.** — Nous avons vu (n. 158) que la droite HI qui joint les milieux des côtés non parallèles AD, BC est parallèle aux bases et égale à leur demi-somme. Donc

$$ABCD = HI \times DE.$$

PROBLÈME

470. *Trouver l'aire d'un polygone quelconque.*

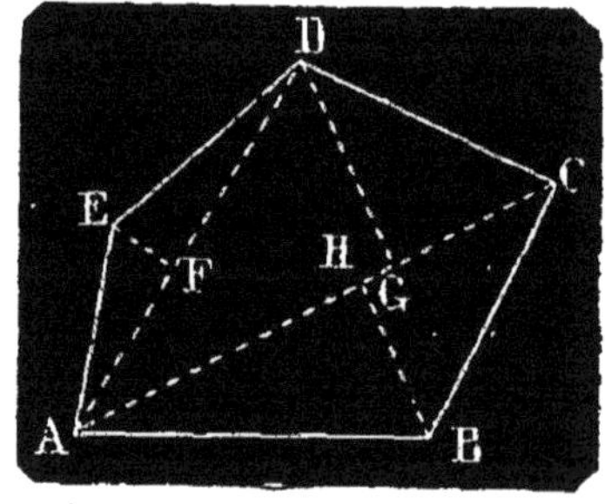

Fig. 310.

Pour trouver l'aire d'un polygone quelconque, on décompose la figure en parties que l'on sache mesurer, puis on fait la somme des aires partielles et on a l'aire du polygone.

Soit le polygone ABCDE (fig. 310), on peut le décomposer en triangles par les diagonales AD et AC partant d'un même sommet A. On mesurera la base AD et la hauteur EF du triangle ADE; la base AC commune aux deux autres triangles et leurs hauteurs DG et HB. On aura ainsi tous les éléments nécessaires pour évaluer l'aire de chaque triangle et, par suite, l'aire du polygone.

Lorsque le polygone est tracé sur le terrain, on emploie de préférence la décomposition en *triangles et trapèzes rectangles*, en abaissant de tous les sommets des perpendiculaires sur une base prise à l'intérieur et qui est généralement la plus grande diagonale (fig. 311).

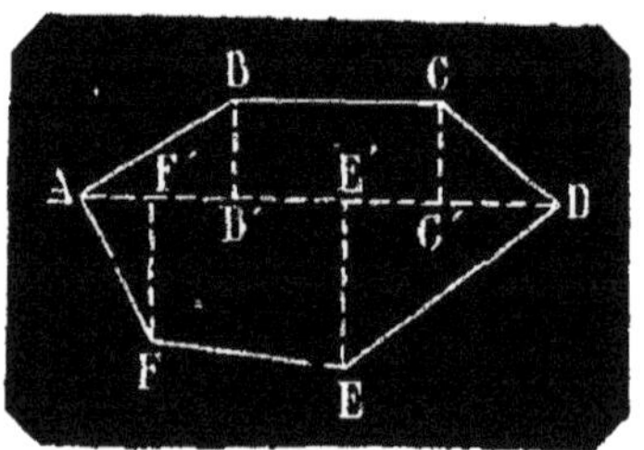

Fig. 311

On mesure les diverses parties de la base et toutes les perpendiculaires, ce qui suffit pour le calcul des aires partielles [1].

1. Voir notre *Cours de mathématiques appliquées.*

§ II. CONSTRUIRE UN CARRÉ ÉQUIVALENT A UN POLYGONE

PROBLÈME

471. *Construire un carré équivalent à un rectangle.*

Soit ABCD (fig. 312) le rectangle donné ; sa surface est le produit.

$$AB \times BC.$$

Si l'on désigne par x le côté du carré équivalent on a

$$x^2 = AB \times BC.$$

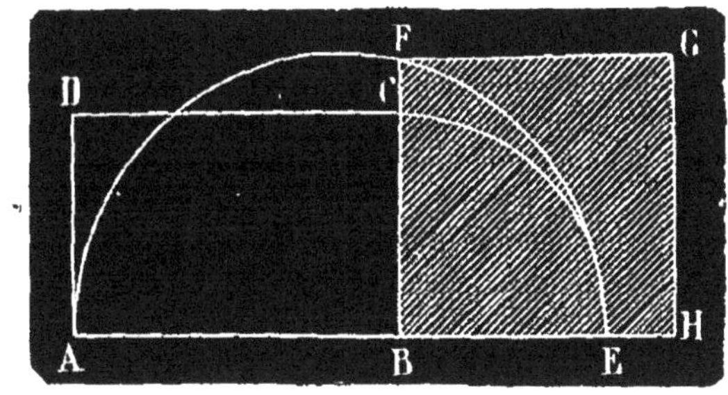

Fig. 312.

Cette égalité montre que x est moyenne proportionnelle entre la base AB et la hauteur BC du rectangle.

La figure montre clairement la construction de cette moyenne proportionnelle (nº 369) et celle du carré cherché.

D'une manière générale, toutes les fois que l'aire d'un polygone a pour mesure le produit de deux lignes connues, le côté du carré équivalent à ce polygone est moyen proportionnel entre ces deux droites. Il en est ainsi pour le parallélogramme, le triangle et le trapèze.

PROBLÈME

472. *Construire un carré équivalent à un polygone quelconque.*

Soit ABCDE le polygone donné (fig. 313). Je le transforme d'abord en un *triangle équivalent*.

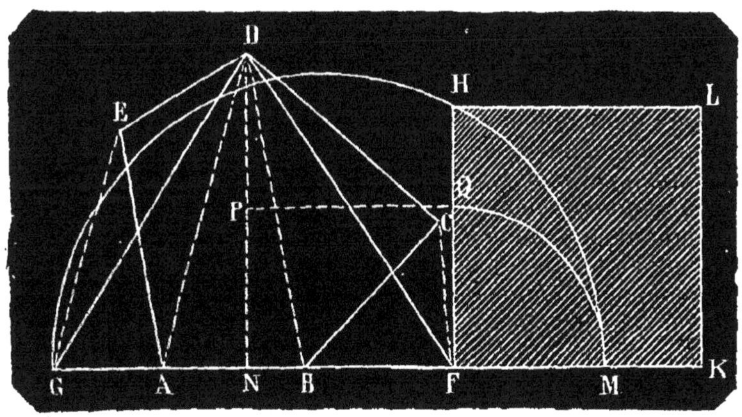

Fig. 313.

La méthode employée (nº 468) pour construire un triangle équivalent à un trapèze n'a rien de particulier à ce quadrilatère et s'applique à un polygone quelconque. Je trace la diagonale BD et je mène par le sommet C une parallèle à cette ligne jusqu'à sa rencontre avec le prolongement du côté AB, je trace ensuite la droite DF. Les triangles BDC et BDF sont équivalents comme ayant même base BD et leurs sommets C et F sur une même parallèle à la base; si l'on retranche du polygone donné le triangle BDC et qu'on le remplace par le triangle BDF, on obtient un polygone FAED équivalent au premier; or ce polygone a un côté de moins que le premier, puisque le sommet C a été transporté en F sur le prolongement du côté AB. En faisant la même construction sur le polygone FAED on diminuera encore de un le nombre de ses côtés; ainsi de suite jusqu'à ce que le polygone n'ait plus que trois côtés. La figure montre que le triangle GDF est équivalent au polygone donné ABCDE.

Si l'on construit maintenant un carré FHLK équivalent au triangle GDF (n° 471), il sera équivalent au polygone donné.

§ III. RELATIONS ENTRE LES CARRÉS CONSTRUITS SUR DES LIGNES DONNÉES.

THÉORÈME

473. *Le carré construit sur la somme de deux droites est équivalent à la somme des carrés construits sur ces deux droites, plus le double du rectangle des mêmes droites.*

Soient AB et BC les deux droites données (fig. 314). Leur somme est AC. Je construis les carrés ACGK et ABED sur AC et sur AB comme côtés; je prolonge ensuite les droites BE et DE jusqu'à leur rencontre avec KG et CG; j'obtiens ainsi un carré EFGH qui a pour côté EF = BC.

Le carré ACGK est donc la somme des carrés ABED, EFHG et des rectangles DEHK, BCFE, dont les dimensions sont égales à AB et BC.

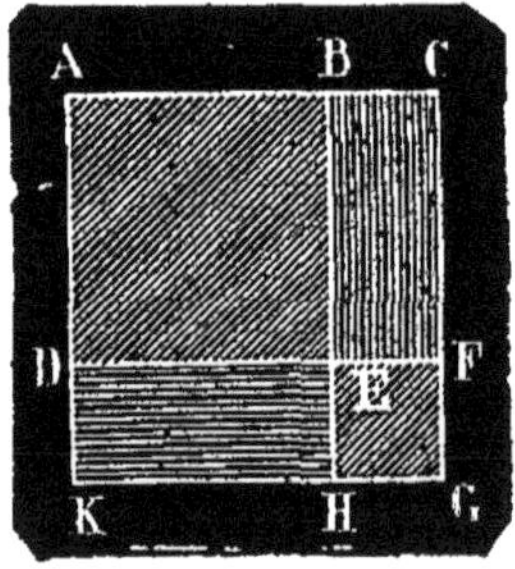

Fig. 314.

En calculant les aires de ces figures on a :

$$(AB + BC)^2 = \overline{AB}^2 + \overline{BC}^2 + 2AB \times BC.$$

THÉORÈME

474. *Le carré construit sur la différence de deux droites, est équivalent à la somme des carrés construits sur ces droites, moins le double du rectangle des mêmes droites.*

Soient AB et AC (fig. 315), deux droites qui ont pour différence BC. Je construis un carré ABFG sur AB et, de l'autre côté, un carré ACKH sur AC; enfin, je décris un 3e carré BEDC sur la différence BC. Je prolonge ED jusqu'à sa rencontre L avec AG.

Les dimensions du rectangle LEFG sont respectivement égales à AB et AC. Le rectangle HKDL a aussi pour dimensions AB et AC.

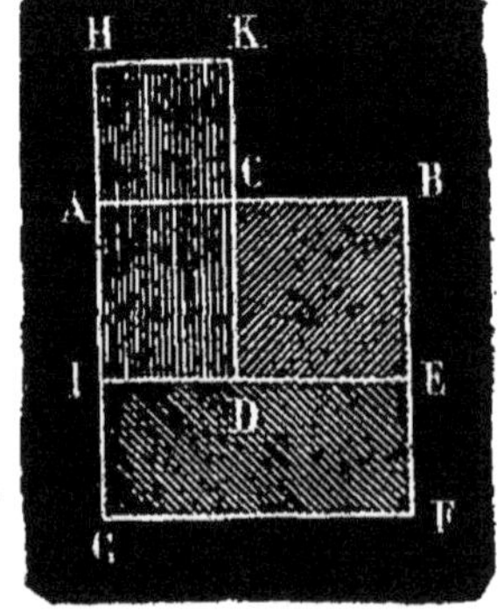

Fig. 315.

Or le carré BCDE est évidemment la différence entre

la figure totale ABFG+ACKH et la somme des rectangles LEFG et HKDL.

Donc le carré construit sur BC est équivalent à la somme des carrés construits sur AB et sur AC moins le double du rectangle des droites AB et AC. En calculant les aires de ces figures on a

$$(AB - AC)^2 = \overline{AB}^2 + \overline{AC}^2 - 2AB \times AC.$$

THÉORÈME

475. *La différence entre les carrés construits sur deux droites est égale au rectangle qui a pour base et pour hauteur la somme et la différence de ces droites.*

Soient ABDE et BCGF (fig. 316), les carrés construits sur deux droites AB et BC.

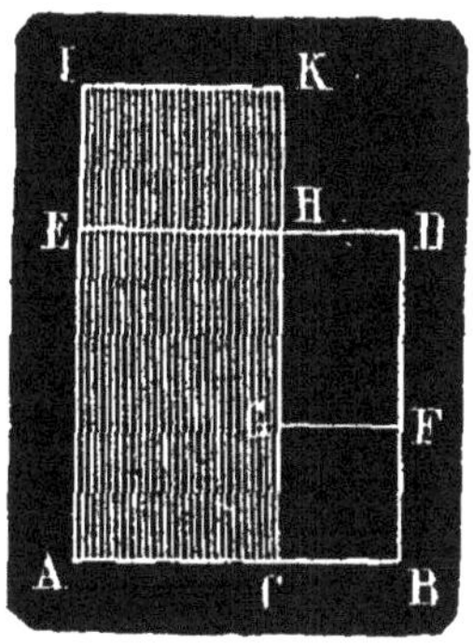

Fig. 316.

La différence entre ces carrés est le polygone ACGFDE, c'est-à-dire, si l'on prolonge CG jusqu'en H, la somme des deux rectangles ACHE et GFDH. Or prolongeons les droites AE et CH chacune d'une même quantité égale à BC, et traçons la droite IK. Les rectangles GFDH et EHKI sont égaux comme ayant des bases et des hauteurs égales. La différence entre les deux carrés ABDE et BCGF est donc équivalente au rectangle ACKI qui a pour base la droite AI égale à AB + BC et pour hauteur la ligne EH égale à AB — BC. On a par conséquent :

$$\overline{AB}^2 - \overline{BC}^2 = (AB + BC)(AB - BC).$$

THÉORÈME

476. *Le carré* BCDE (fig. 317) *construit sur l'hypoténuse* BC *d'un triangle rectangle* ABC *est équivalent à la somme des carrés* ABKH *et* ACFG *construits sur les côtés* AB *et* AC *de l'angle droit.*

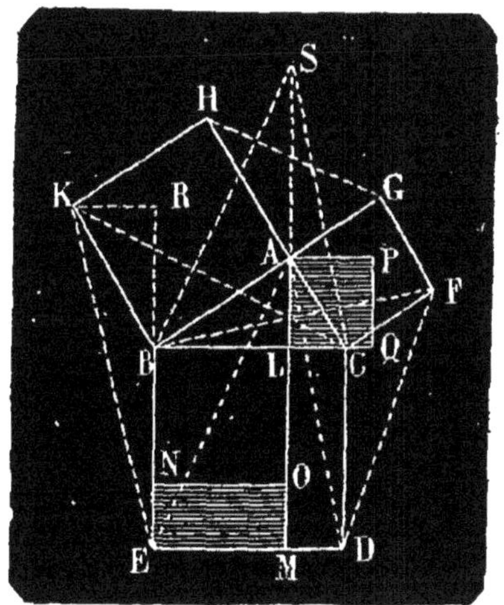

Fig. 317.

Du sommet A, j'abaisse sur BC la perpendiculaire AL, que je prolonge jusqu'à sa rencontre M avec ED et je tire les droites AE et KC.

Le triangle ABE est équivalent à la moitié du rectangle BLME, parce qu'il a pour base le côté BE de ce rectangle et que son sommet A est sur le prolongement du côté opposé ML.

Le triangle KBC est équivalent à la moitié du carré ABKH, parce qu'il a pour base le côté BK de ce carré et que son sommet C est situé sur le prolongement du côté opposé HA.

Je dis maintenant que les triangles ABE et KBC sont égaux.

Les angles ABE et KBC sont égaux comme étant chacun la somme d'un angle droit et de l'angle aigu ABC du triangle rectangle donné.

Les côtés AB et BK sont égaux comme côtés d'un même carré ; BE = BC pour la même raison. Les triangles ABE et KBC sont donc égaux comme ayant un angle égal compris entre deux côtés égaux chacun à chacun.

Par conséquent le rectangle BLME et le carré ABKH sont équivalents.

En traçant les droites AD et BF, on prouverait d'une manière identique que le rectangle LMDC est équivalent au carré ACFG.

Or la somme des rectangles BLME et LMDC est égale au carré BCDE. Donc le carré BCDE est équivalent à la somme des carrés ABKH et ACFG.

En calculant les surfaces de ces différents carrés, on peut écrire la relation

$$\overline{BC}^2 = \overline{AB}^2 + \overline{AC}^2$$

déjà trouvée (n° 345) par une autre méthode.

477. Remarque I. — On peut déduire de cette démonstration toutes les autres propriétés du triangle rectangle.

1° Le carré ABKH étant équivalent au rectangle BLME, on a :

$$\overline{AB}^2 = BE \times BL$$

ou

$$\overline{AB}^2 = BC \times BL,$$

Ce qui prouve que *le côté AB est moyen proportionnel entre l'hypoténuse et le segment adjacent.*

On aurait de même

$$\overline{AC}^2 = CD \times CL$$

ou

$$\overline{AC}^2 = BC \times CL.$$

2° Construisons des carrés APQL et BLON sur les côtés AL et BL du triangle rectangle ABL. On a d'après ce qui précède

$$\begin{aligned} APQL &= ABKH - BNOL \\ &= BLME - BNOL \\ &= NOME \end{aligned}$$

ou

$$\begin{aligned} \overline{AL}^2 &= ON \times NE \\ &= BL \times LC. \end{aligned}$$

Cette égalité montre que *la perpendiculaire* AL *abaissée du sommet de l'angle droit sur l'hypoténuse est moyenne proportionnelle entre les deux segments de l'hypoténuse.*

3° D'un autre côté, on a

$$\frac{ABKH}{ACFG} = \frac{BLME}{LCDM} = \frac{BL}{LC}$$

ou

$$\frac{\overline{AB}^2}{\overline{AC}^2} = \frac{BL}{LC}.$$

Donc, *le rapport des carrés des deux côtés de l'angle droit est égal au rapport des projections de ces côtés sur l'hypoténuse.*

4° On a aussi

$$\frac{ABKH}{BCDE} = \frac{BLME}{BCDE} = \frac{BL}{BC}$$

ou

$$\frac{\overline{AB}^2}{\overline{BC}^2} = \frac{BL}{BC}.$$

Donc, *le rapport du carré d'un côté de l'angle droit au carré de l'hypoténuse est égal au rapport de la projection de ce côté sur l'hypoténuse à l'hypoténuse entière.*

478. **Remarque II.** — Si l'on joint les sommets E et K des carrés BCDE et ABKH, on obtient un triangle BEK équivalent au triangle donné ABC.

En effet, les bases BE et BC de ces triangles sont égales. Démontrons l'égalité des hauteurs KR et AL.

Les triangles rectangles KBR et ABL ont les hypoténuses BK et AB égales entre elles, et les angles aigus KBR et ABL égaux comme ayant les côtés perpendiculaires ; il en résulte que ces triangles sont égaux et que KR = AL.

Les triangles BEK et ABC ayant des bases et des hauteurs égales sont équivalents.

On ferait la même démonstration pour le triangle CDF.

Quant au triangle AGH, il est égal à ABC; ces deux triangles ont en effet un angle égal compris entre des côtés égaux chacun à chacun.

479. **Remarque III.** — Les trois droites AL, KC et BF passent par un même point.

Si l'on prolonge LA d'une longueur AS égale à BE et qu'on trace BS, le quadrilatère BSAE est un parallélogramme comme ayant deux côtés opposés BE et AS égaux et parallèles ; BS est donc parallèle à AE.

Or, la droite KC est perpendiculaire sur AE, car si on fait tourner d'un angle droit, de gauche à droite, le triangle KBC autour du point B, la ligne KC vient coïncider avec AE, la droite KC est donc aussi perpendiculaire sur BS, qui est parallèle à AE.

On démontrerait de la même manière que BF est perpendiculaire sur CS.

Il résulte de là que les trois droites SAL, KC et BF sont les hauteurs du triangle BSC ; donc elles passent par un même point.

THÉORÈME

480. *Dans un triangle quelconque* ABC (fig. 318), *le carré* BCDE, *construit sur un côté opposé à un angle aigu est équivalent à la somme des carrés* ABKH, ACFG *construits sur les deux autres côtés, moins le double du rectangle qui aurait pour base l'un de ces côtés,* AB *par exemple, et pour hauteur la projection* AN *de l'autre côté* AC *sur* AB.

J'abaisse des trois sommets A, B, C des perpendiculaires sur les côtés opposés du triangle et je les prolonge jusqu'en M, Q, O ; elles divisent les trois carrés en six rectangles.

Je dis que deux rectangles consécutifs tels que BLME et BKON construits sur les côtés d'un même angle ABC du triangle sont équivalents.

Je trace les droites AE et KC.

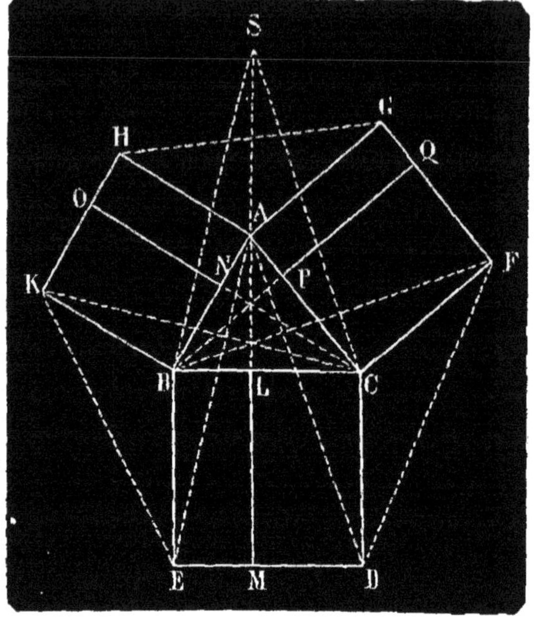

Fig. 318.

Le triangle ABE est équivalent à la moitié du rectangle BLME, parce qu'il a pour base le côté BE de ce rectangle, et que son sommet A est situé sur le prolongement du côté opposé LM.

Le triangle KBC est équivalent à la moitié du rectangle BKON, parce qu'il a pour base le côté BK de ce rectangle, et que son sommet C est situé sur le prolongement du côté ON.

Mais les triangles ABE et KBC sont égaux.

En effet, les angles ABE et KBC sont égaux comme étant chacun la somme d'un angle droit et de l'angle ABC du triangle donné ; les côtés AB et BK sont égaux comme côtés d'un même carré ; BE = BC pour la même raison. Ces triangles sont donc égaux parce qu'ils ont un angle égal compris entre des côtés égaux chacun à chacun.

On conclut de là que les rectangles BLME et BKON sont équivalents.

On prouverait de la même manière que les rectangles LCDM et PQFC, APQG et ANOH sont équivalents.

Par conséquent,

$$\begin{aligned} BCDE &= BKON + PQFC \\ &= ABKH + ACFG - (APQG + ANOH) \\ &= ABKH + ACFG - 2ANOH \end{aligned}$$

d'où

$$\overline{BC}^2 = \overline{AB}^2 + \overline{BC}^2 - 2AH \times AN$$

ou

$$\overline{BC}^2 = \overline{AB}^2 + \overline{AC}^2 - 2AB \times AN.$$

On a de même

$$\overline{BC}^2 = \overline{AB}^2 + \overline{AC}^2 - 2AG \times AP$$

ou

$$\overline{BC}^2 = \overline{AB}^2 + \overline{AC}^2 - 2AC \times AP.$$

481. Remarque. — On démontrerait comme au numéro précédent :

1° Que les trois triangles BEK, AHG et CDF sont équivalents au triangle donné ABC ;

2° Que les droites AL, KC et BF passent par un même point, en prouvant qu'elles sont les trois hauteurs du triangle BSC construit en faisant AS égal à BE.

THÉORÈME

482. *Dans un triangle quelconque* ABC (fig. 319), *le carré* BCDE *construit sur un côté opposé à un angle obtus est équivalent à la somme des carrés est* ABKH, ACFG *construits sur les deux autres côtés, plus le double du rectangle qui aurait pour base l'un de ces côtés,* AB *par exemple, et pour hauteur la projection* AN *de l'autre côté* AC *sur* AB (fig. 319).

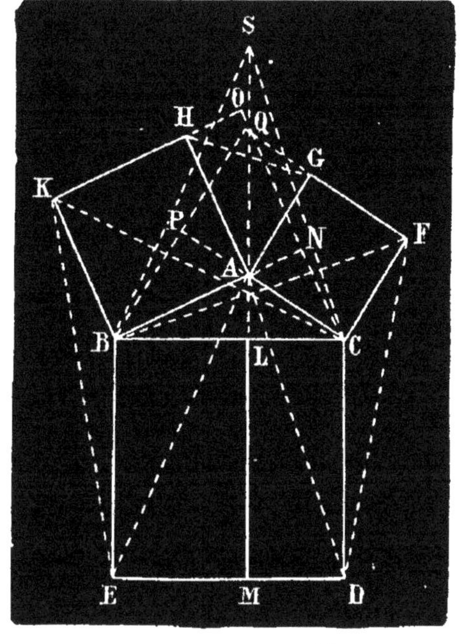

Fig. 319.

J'abaisse des trois sommets A,B,C, des perpendiculaires AM, BQ, CO sur les côtés opposés; ces perpendiculaires forment avec les côtés des trois carrés six rectangles BLME, LCDM, PCFQ, APQG, ANOH, BNOK.

Je démontre, comme dans le théorème précédent, que deux rectangles consécutifs, construits sur les côtés d'un même angle ou leurs prolongements, sont équivalents. Donc le carré BCDE est équivalent à la somme des rectangles BNOK et PCFQ, c'est-à-dire à la somme des carrés ABKH et ACFG, augmentée des deux rectangles équivalents ANOH, APQG, ou du double de ANOH. Ce qui peut s'écrire :

$$\mathrm{BCDE} = \mathrm{ABKH} + \mathrm{ACFG} + 2\mathrm{ANOH}$$

ou

$$\overline{\mathrm{BC}}^2 = \overline{\mathrm{AB}}^2 + \overline{\mathrm{AC}}^2 + 2\mathrm{AB} \times \mathrm{AN}$$

On aurait de même

$$\overline{\mathrm{BC}}^2 = \overline{\mathrm{AB}}^2 + \overline{\mathrm{AC}}^2 + 2\mathrm{AC} \times \mathrm{AP}.$$

483. Remarque. — Chacun des triangles BKE, AHG, CDF est équivalent au triangle donné ABC;

Les trois droites AL, BF et CK passent par un même point. Même démonstration que dans les théorèmes précédents.

§ IV. RAPPORT DES AIRES DE DEUX POLYGONES SEMBLABLES

THÉORÈME

484. *Les aires de deux triangles semblables sont entre elles comme les carrés de deux côtés homologues.*

Soient deux triangles semblables ABC, A'B'C' (fig. 320); les angles A et A' étant égaux, on a

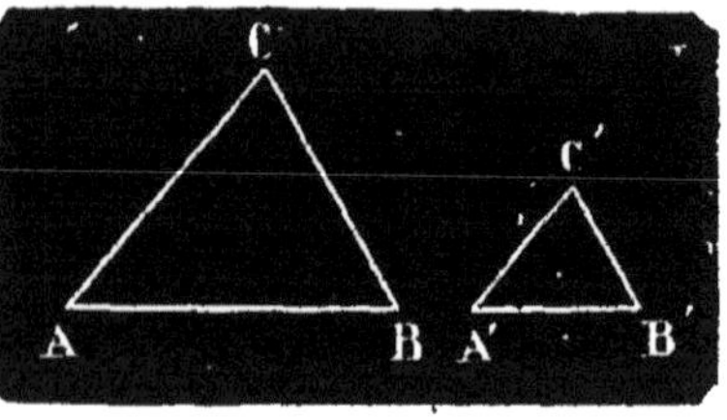

Fig. 320.

$$\frac{ABC}{A'B'C'} = \frac{AB \times AC}{A'B' \times A'C'} = \frac{AB}{A'B'} \times \frac{AC}{A'C'}$$

(n° 461) (1)

Or les triangles étant semblables on a aussi

$$\frac{AC}{A'C'} = \frac{AB}{A'B'}.$$

L'égalité (1) devient donc

$$\frac{ABC}{A'B'C'} = \frac{\overline{AB}^2}{\overline{A'B'}^2}.$$

THÉORÈME

485. *Les aires de deux polygones semblables quelconques sont entre elles comme les carrés de deux côtés homologues.*

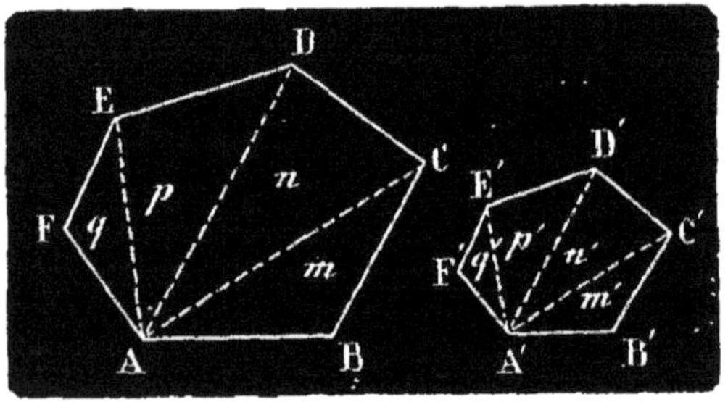

Fig. 321.

Soient deux polygones semblables ABCDEF, A'B'C'D'E'F' (fig. 321).

En traçant toutes les diagonales partant de deux sommets homologues A et A', je divise ces deux polygones en triangles semblables et semblablement placés (n° 329) dont je représente les aires par m, n, p, q, m', n', p', q'. Soient d'ailleurs a et a' les longueurs des côtés homologues AB et A'B'.

Les triangles m et m' étant semblables, on a :

$$\frac{m}{m'} = \frac{a^2}{a'^2} \qquad (1)$$

On a de même

$$\frac{n}{n'} = \frac{\overline{DC}^2}{\overline{D'C'}^2} = \frac{a^2}{a'^2} \qquad (2)$$

$$\frac{p}{p'} = \frac{\overline{DE}^2}{\overline{D'E'}^2} = \frac{a^2}{a'^2} \qquad (3)$$

$$\frac{q}{q'} = \frac{\overline{AF}^2}{\overline{A'F'}^2} = \frac{a^2}{a'^2} \qquad (4)$$

Par suite

$$\frac{m}{m'} = \frac{n}{n'} = \frac{p}{p'} = \frac{q}{q'}$$

d'où

$$\frac{m + n + p + q}{m' + n' + p' + q'} = \frac{m}{m'} = \frac{a^2}{a'^2}$$

ou

$$\frac{\text{ABCDEF}}{\text{A'B'C'D'E'F'}} = \frac{a^2}{a'^2}$$ C. Q. F. D.

§ V. CONSTRUCTION DE POLYGONES DONT LES AIRES DOIVENT REMPLIR CERTAINES CONDITIONS

PROBLÈME

486. *Construire un carré équivalent à la somme ou à la différence de deux carrés donnés.*

1° Soit à construire un carré équivalent à la somme de deux carrés dont les côtés sont m et n (fig. 322). Je trace un angle droit BAC, sur les côtés duquel je porte deux longueurs AE, AD respectivement égales à m et à n. La droite DE est le côté du carré cherché ; on a en effet (n° 476).

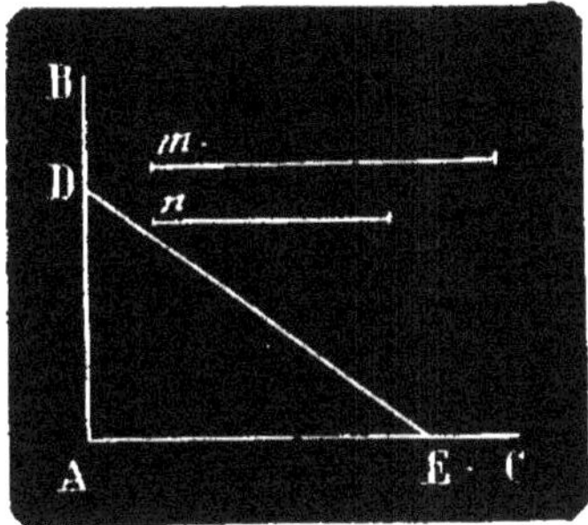

Fig. 322.

$$\overline{DE}^2 = \overline{AE}^2 + \overline{AD}^2 = m^2 + n^2$$

2° Pour construire un carré équivalent à la différence de deux carrés dont les côtés sont m et n, je trace encore un angle droit BAC ; sur le côté AC je porte une longueur AE égale au côté n du plus petit carré, et, du point E comme centre avec un rayon égal à m, je décris un arc de cercle qui coupe AB en un point D. La droite AD est le côté du carré cherché, car on a

$$\overline{AD}^2 = \overline{DE}^2 - \overline{AE}^2 = m^2 - n^2.$$

PROBLÈME

487. *Étant donnés deux polygones semblables* P *et* P', *construire un troisième polygone* P'' *semblable à chacun d'eux et qui soit équivalent à leur somme ou à leur différence.*

Représentons par a, a' deux côtés homologues des polygones donnés P, P' et par x le côté homologue de P''.

Les trois polygones étant semblables, on a :

$$\frac{P}{a^2} = \frac{P'}{a'} = \frac{P''}{x^2}$$

d'où l'on tire

$$\frac{P \pm P'}{a^2 \pm a'} = \frac{P''}{x^2}$$

Or par hypothèse

$$P'' = P \pm P',$$

donc

$$x^2 = a^2 \pm a'^2.$$

La question est ramenée à construire un carré équivalent à la somme ou à la différence de deux carrés donnés et à construire sur une droite un polygone semblable à un polygone donné (n° 332.)

PROBLÈME

488. *Construire un carré qui soit à un carré donné dans le rapport de deux lignes droites données.*

Le côté du carré donné est a; les droites données sont m et n (fig. 323).

Si l'on représente par x le côté du carré cherché, on doit avoir

$$\frac{x^2}{a^2}=\frac{m}{n}.$$

Je construis d'abord un triangle rectangle ABC dont le rapport des carrés des côtés de l'angle droit soit $\frac{m}{n}$.

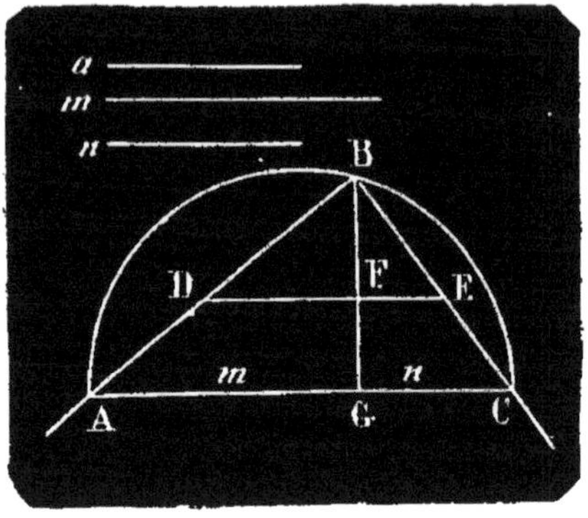

Fig. 323.

Pour cela, je porte sur une droite indéfinie deux longueurs AG et GC respectivement égales à m et n, et je décris une demi-circonférence sur AC comme diamètre ; la perpendiculaire GB élevée au point G sur AC détermine le triangle rectangle ABC, dans lequel on a (n° 477, 3°).

$$\frac{\overline{AB}^2}{\overline{BC}^2}=\frac{m}{n} \qquad (1)$$

Je porte ensuite sur le côté BC une longueur BE égale au côté a du carré donné, et je mène par le point E une parallèle à AC qui va rencontrer AB au point D. Je dis que BD est le côté du carré cherché.

Les triangles BDE et ABC étant semblables, donnent

$$\frac{BD}{BE}=\frac{AB}{BC}$$

d'où

$$\frac{\overline{BD}^2}{\overline{BE}^2}=\frac{\overline{AB}^2}{\overline{BC}^2}=\frac{m}{n}$$

c'est-à-dire

$$\frac{\overline{BD}^2}{a^2}=\frac{m}{n}$$

C. Q. F. D.

489. Remarque. — Lorsque le rapport $\frac{m}{n}$ est donné numériquement, on adopte une certaine longueur pour l'unité, on représente chaque terme du rapport par une droite et on opère comme précédemment.

Néanmoins, dans ce cas, on préfère souvent opérer d'une autre manière

1° *Le rapport* $\frac{m}{n}$ *est plus petit que l'unité.*

Soit à construire un carré équivalent aux $\frac{3}{5}$ d'un carré donné, ayant pour côté AB (fig. 324).

Si l'on désigne par x le côté du carré cherché, on a :

$$x^2 = AB^2 \times \frac{3}{5}, \quad \text{ou} \quad x^2 = AB \times \frac{3AB}{5}.$$

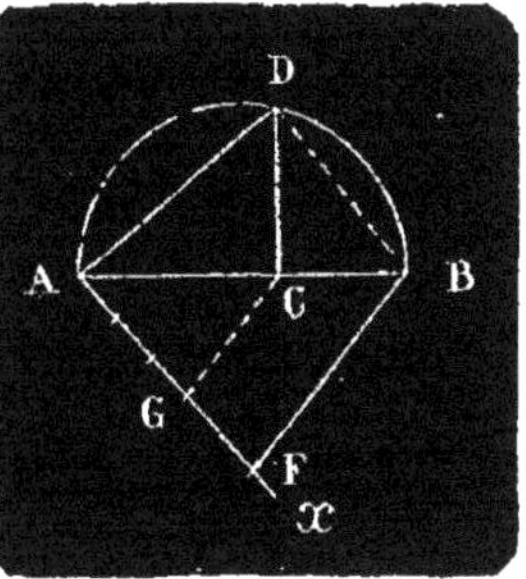

Fig. 324.

ce qui prouve que x est la moyenne proportionnelle entre les droites AB et $\frac{3AB}{5}$.

On construit d'abord la droite $\frac{3AB}{5}$.

Pour cela, on trace par le point A une droite quelconque Ax, sur laquelle on porte 5 longueurs égales, et, après avoir joint l'extrémité F de la dernière division à l'extrémité B de la droite AB, on mène par la 3e division G une parallèle à FB, qui va couper AB au point C, on a :

$$\frac{AC}{AB} = \frac{AG}{AF} = \frac{3}{5} \quad \text{ou} \quad AC = \frac{3AB}{5}.$$

Si on décrit une demi-circonférence sur AB comme diamètre, et qu'on élève au point C la perpendiculaire CD à AB, jusqu'à sa rencontre D avec la circonférence, la droite AD est le côté du carré cherché.

2° *Le rapport* $\frac{m}{n}$ *est plus grand que l'unité.*

Soit à construire un carré qui soit les $\frac{5}{3}$ d'un carré donné de côté AB (fig 325.)

Si l'on désigne par x le côté du carré cherché, on a :

$$x^2 = AB^2 \times \frac{5}{3} \quad \text{ou} \quad x^2 = AB \times \frac{5AB}{3}.$$

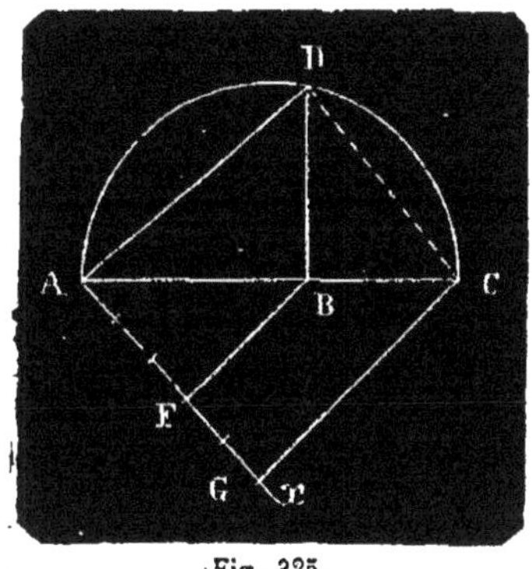

Fig. 325.

ce qui prouve que x est la moyenne proportionnelle entre les droites AB et $\frac{5AB}{3}$.

On construit d'abord la droite $\frac{5AB}{3}$.

Pour cela, on trace par le point A une droite quelconque Ax, sur laquelle on porte 5 longueurs égales; après avoir joint la 3e division F au point B, on mène, par l'extrémité G de la 5e division, une parallèle à FB, qui va rencontrer le prolongement de AB en son point C, on a :

$$\frac{AC}{AB} = \frac{AG}{AF} = \frac{5}{3} \quad \text{ou} \quad AC = \frac{5AB}{3}.$$

Si on décrit une demi-circonférence sur AC comme diamètre, et qu'on élève au point B une perpendiculaire BD à AC jusqu'à sa rencontre D avec la circonférence, la droite AD est le côté du carré cherché.

PROBLÈME

490. *Construire un polygone* P′ *semblable à un polygone donné* P *et tel que le rapport de* P′ *à* P *soit égal au rapport de deux droites données,* m et n.

Appelons a un côté quelconque du polygone donné P et a' le côté homologue du polygone P′ qu'il s'agit de construire.

Les polygones étant semblables, on a $\frac{P'}{P} = \frac{a'^2}{a^2}$ (n° 485). D'un autre côté, on doit avoir $\frac{P'}{P} = \frac{m}{n}$. Donc la condition à remplir est $\frac{a'^2}{a^2} = \frac{m}{n}$.

Le problème revient donc à construire le côté a' d'un carré qui soit à un carré donné de côté a dans le rapport de deux droites m et n (nº 488).

Le côté a' étant trouvé on n'aura plus qu'à construire sur ce côté un polygone semblable au polygone donné P (nº 332).

PROBLÈME.

491. *Partager un triangle en deux parties équivalentes par une parallèle à l'un des côtés.*

Soit ABC le triangle donné (fig. 326). Supposons le problème résolu, et admettons que DE soit la droite parallèle à AC qui divise le triangle en deux parties équivalentes. On a :

$$\frac{BDE}{ABC} = \frac{1}{2}.$$

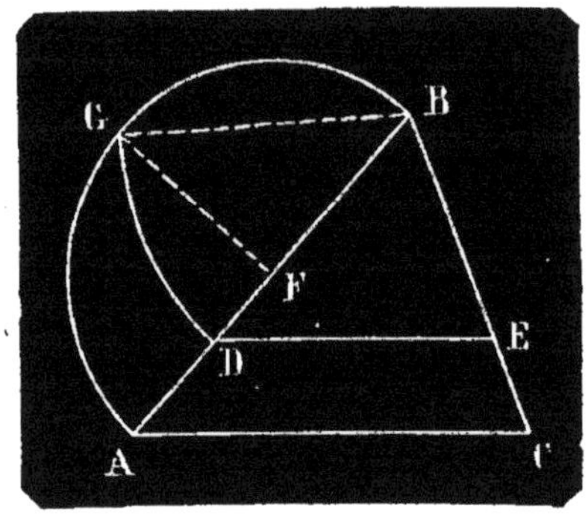

Fig. 326.

Or les triangles BDE et ABC sont semblables et donnent :

$$\frac{BDE}{ABC} = \frac{\overline{BD}^2}{\overline{AB}^2}.$$

On aura par conséquent

$$\frac{\overline{BD}^2}{\overline{AB}^2} = \frac{1}{2}.$$

Le problème revient donc à construire un carré qui soit la moitié d'un carré dont le côté est AB.

Il suffit de décrire sur AB comme diamètre une demi-circonférence et d'élever sur le milieu de cette droite une perpendiculaire jusqu'à la circonférence; BG est le côté du carré cherché (nº 489). On porte la longueur BG sur BA et l'on obtient le point D, par lequel on mène la parallèle DE à AC.

PROBLÈME

492. *Partager un trapèze en deux parties équivalentes par une parallèle aux bases.*

Soit ABCD le trapèze donné dont les côtés non parallèles se rencontrent en O (fig. 327). Je suppose que EF soit la parallèle cherchée.

Les triangles OAB, OEF, ODC étant semblables sont proportionnels aux carrés de leurs côtés homologues OA, OE, OD ; on a donc

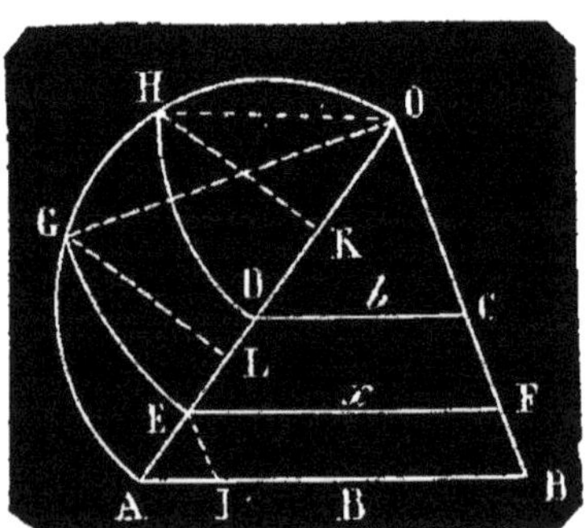

Fig. 327.

$$\frac{OAB}{\overline{OA}^2} = \frac{OEF}{\overline{OE}^2} = \frac{ODC}{\overline{OD}^2} \qquad (1)$$

Je décris une circonférence sur AO comme diamètre, et, au point O comme centre, les arcs DH, EG avec OD et OE pour rayons. Les cordes OG et OH sont alors respectivement égales à OD et OE ;

Or les carrés des cordes OA, OG, OH sont proportionnels à leurs projections OA, OL, OK sur le diamètre OA.

La série (1) peut donc s'écrire

$$\frac{\text{OAB}}{\text{OA}} = \frac{\text{OEF}}{\text{OL}} = \frac{\text{ODC}}{\text{OK}},$$

d'où

$$\frac{\text{OAB} - \text{OEF}}{\text{OA} - \text{OL}} = \frac{\text{OEF} - \text{ODC}}{\text{OL} - \text{OK}}$$

ou

$$\frac{\text{AEFB}}{\text{AL}} = \frac{\text{EDCF}}{\text{LK}}.$$

Mais par hypothèse les numérateurs sont égaux ; donc AL = LK.

Par conséquent pour résoudre le problème, on partagera la distance connue AK en deux parties égales au point L, on élèvera une perpendiculaire LG jusqu'à la circonférence, et, du point O comme centre, avec la corde OG, on décrira un arc de cercle GE qui coupera OA en un point E ; la parallèle EF menée par ce point résoudra le problème.

493. Remarque. — La construction précédente n'est possible que sur le papier. Si le trapèze est donné sur le terrain, on calcule la longueur x de la parallèle EF en fonction des bases B et b ; on prend sur B une longueur BI égale à x et on mène par le point I une parallèle IE à BC, qui détermine le point E.

On a

$$\frac{\text{AOB}}{\text{B}^2} = \frac{\text{EOF}}{x^2} = \frac{\text{DOC}}{b^2},$$

d'où

$$\frac{\text{AOB} - \text{EOF}}{\text{B}^2 - x^2} = \frac{\text{EOF} - \text{DOC}}{x^2 - b^2}$$

ou

$$\frac{\text{AEFB}}{\text{B}^2 - x^2} = \frac{\text{EDCF}}{x^2 - b^2}.$$

Les numérateurs de ces fractions étant égaux par hypothèse, on a

$$\text{B}^2 - x^2 = x^2 - b^2,$$

d'où l'on tire

$$x = \sqrt{\frac{1}{2}(\text{B}^2 + b^2)}.$$

EXERCICES

384. L'aire d'un trapèze est égale au produit de l'un des côtés non parallèles par sa distance au milieu du côté opposé.

385. Le parallélogramme qui a pour sommets les milieux des côtés d'un quadrilatère quelconque, est la moitié de ce quadrilatère.

386. Transformer un triangle rectangle en un triangle isocèle équivalent et qui ait avec lui un angle commun.

387. Transformer un polygone régulier en un autre polygone régulier qui lui soit équivalent et qui ait deux fois plus de côtés.

388. Diviser un triangle en deux parties équivalentes par une parallèle à une droite donnée.

389. Diviser un triangle en deux parties équivalentes par une perpendiculaire à l'un de ses côtés.

390. Diviser un triangle en trois parties équivalentes par des droites partant de l'un des sommets.

391. Diviser un triangle en trois parties équivalentes par des droites joignant un point de l'intérieur à tous les sommets.

392. Diviser un trapèze en deux parties équivalentes par une droite partant d'un point quelconque de son périmètre.

393. Diviser un quadrilatère quelconque en deux parties équivalentes par une droite partant d'un point quelconque de son périmètre.

394. Par un point donné dans le plan d'un angle mener une sécante telle que l'aire du triangle qu'elle fait avec les côtés de cet angle soit égale à un carré donné.

395. Trouver l'aire d'un trapèze : 1° en le divisant en deux triangles par une diagonale; 2° en les considérant comme la différence des deux triangles que l'on obtient en prolongeant ses côtés non parallèles jusqu'à leur rencontre.

396. Les deux triangles opposés qu'on forme en joignant un point quelconque pris dans l'intérieur d'un parallélogramme à ses quatre sommets, ont une somme équivalente à la moitié du parallélogramme.

397. Si les diagonales d'un quadrilatère inscrit sont perpendiculaires entre elles, la somme des produits des côtés opposés représente une aire double de celle du quadrilatère donné.

398. Partager un triangle en moyenne et extrême raison par une parallèle à la base.

399. Par le milieu de chacune des diagonales d'un quadrilatère on mène une parallèle à l'autre, et l'on joint le point d'intersection de ces deux parallèles aux milieux des quatre côtés; démontrer que le quadrilatère est ainsi partagé en quatre parties équivalentes.

400. La surface du triangle formé par les médianes d'un triangle donné est les trois quarts de la surface de ce triangle.

401. L'aire d'un terrain rectangulaire est 34 ares 65 centiares, et son périmètre est de 450^{m}. Quelles sont les dimensions de la figure.

402. L'aire d'un terrain rectangulaire est de 38 ^{a} 40, la différence entre sa base et sa hauteur est de 18^{m}.; quelles sont ses dimensions.

403. Exprimer l'aire d'un triangle en fonction des trois hauteurs.

404. Calculer l'aire du trapèze en fonction des quatre côtés. Application au cas où les bases ont 45^{m}. et 30^{m}. et les côtés non parallèles 17^{m}. et 25^{m}.

405. La grande diagonale d'un losange est de 12 mètres, la petite diagonale est égale au côté; on demande l'aire du losange.

406. Les côtés d'un triangle ont 20^{m}. 17^{m}. et 12^{m}. Calculer l'aire du triangle qui aurait pour côtés les trois hauteurs de ce triangle, ou les trois médianes, ou les trois bissectrices.

407. Calculer la surface d'un triangle rectangle dont un côté de l'angle droit a 15^{m}. et la perpendiculaire abaissée du sommet sur l'hypoténuse 8^{m}.

408. La surface d'un triangle rectangle est de 300^{mq}., l'hypoténuse à 50^{m}.; calculer les deux côtés de l'angle droit.

409. L'aire d'un triangle équilatéral est 12^{mq}. quel est son rayon?

410. Les bases d'un trapèze isocèle ont respectivement 8^{m}. et 5^{m}.; la longueur des côtés non parallèles est de 3^{m}.50; calculer l'aire de ce trapèze.

411. Trouver la superficie d'un triangle rectangle isocèle dont l'hypoténuse a 40^{m}.

412. Un triangle a 30^{m}. de base et 25^{m}. de hauteur, on mène une parallèle à la base à 8^{m}. du sommet; quelle est l'aire du triangle obtenu?

413. Le périmètre d'un polygone quelconque circonscrit à un cercle de 30^{m}. de rayon a 250^{m}. de longueur; quelle est la superficie de ce polygone.

414. Quelle est l'aire d'un rectangle, sachant que sa diagonale a 100^{m}. et que ses côtés sont dans le rapport de 3 à 8?

415. Calculer l'aire et le côté d'un losange dont la petite diagonale est de 12^{m}. en sachant que le côté et la grande diagonale sont dans le rapport 7 à 10.

416. Les deux bases d'un trapèze isocèle ont 80^{m}. et 40^{m}. Les côtés non paral-

lèles ont 30m. Calculer l'aire du triangle total qu'on forme en prolongeant les côtés non parallèles jusqu'à leur rencontre.

417. Les deux bases d'un trapèze ont 45m. et 30m. et les côtés non parallèles 17m. et 25m. Calculer l'aire du triangle obtenu en prolongeant les côtés non parallèles jusqu'à leur rencontre.

418. Calculer la surface du cercle inscrit et celle du cercle circonscrit à un triangle dont les trois côtés ont 8m. 10m. et 13m.

419. Construire un carré équivalent : 1° aux $\frac{5}{8}$ d'un carré donné.

420. Id. id. 2° aux $\frac{9}{7}$ d'un carré donné.

421. Id. id. 3° aux $\frac{3}{5}$ d'un polygone donné.

422. Construire sur une base donnée un rectangle équivalent à un carré donné.

423. Construire un triangle équilatéral équivalent à un rectangle, à un triangle ou à un carré.

424. Construire un triangle équilatéral équivalent à un polygone donné.

425. Construire un rectangle, connaissant sa surface et le rapport de ses côtés.

426. Id. sa surface et la somme de ses côtés.

427. Id. sa surface et la différence de ses côtés.

428. Étant donné un triangle ABC, on mène les bissectrices des trois angles intérieurs qui rencontrent les côtés opposés aux points M,N,P; on joint ces trois points; calculer le rapport du triangle MNP au triangle donné ABC.

429. La base d'un triangle a 40m; le pied de la hauteur est à 30m de l'une de ses extrémités. Partager ce triangle en parties proportionnelles aux nombres 3 et 5 par une perpendiculaire à la base.

430. Partager le triangle précédent en deux parties équivalentes par une parallèle à une droite qui, partant du sommet, divise la base en deux segments égaux à 15m et 25m.

431. Transformer un polygone régulier d'un nombre pair de côtès en un autre polygone régulier équivalent ayant deux fois moins de côtés.

CHAPITRE II

§ I. AIRE DU CERCLE

THÉORÈME

494. *L'aire d'un polygone régulier est égale au produit du périmètre par la moitié de l'apothème* (fig. 328).

En joignant le centre O du polygone régulier ABCDEF à tous les sommets, on décompose ce polygone en autant de triangles égaux qu'il a de côtés.

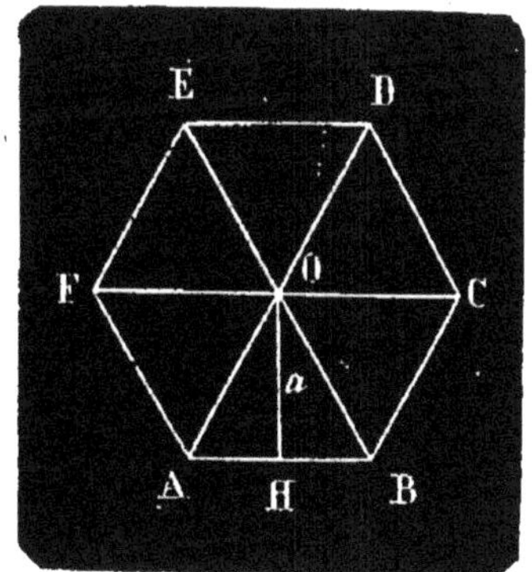

Fig. 328.

Or l'aire du triangle AOB est égale au produit du côté AB par l'apothème OH. et l'on a

$$AOB = AB \times \frac{OH}{2}.$$

L'aire totale du polygone vaut autant de fois celle de AOB qu'il y a de triangles ou de côtés. En représentant ce nombre par n, on obtient, pour l'aire du polygone

$$ABCDEF = (AB \times n) \times \frac{OH}{2}.$$

Car on multiplie un produit de plusieurs facteurs par un nombre en multipliant un seul facteur par ce nombre.

Le produit $AB \times n$ est le périmètre p du polygone ; $\frac{OH}{2}$, la moitié de l'apothème a.

De sorte que si l'on représente l'aire par S, on a la formule

$$S = p \times \frac{a}{2}.$$

495. Corollaire. — *Le rapport des aires de deux polygones réguliers d'un même nombre de côtés est égal au rapport des carrés de leurs rayons ou de leurs apothèmes.*

En effet, les deux polygones réguliers ayant le même nombre de côtés sont semblables (n° 420).

Leurs surfaces sont donc entre elles comme les carrés de deux côtés homologues ; or le rapport de deux côtés homologues est égal à celui des rayons ou des apothèmes (n° 420). Donc les aires des deux polygones sont proportionnelles aux carrés de leurs rayons ou de leurs apothèmes.

THÉORÈME

496. *L'aire d'un cercle est égale au produit de sa circonférence par la moitié de son rayon.*

L'aire de tout polygone régulier inscrit dans un cercle est égale au produit de son périmètre par la moitié de son apothème ; cette règle est indépendante du nombre des côtés ; elle s'applique donc au cercle, qui est la limite vers laquelle tendent les polygones réguliers inscrits dont on double indéfiniment le nombre des côtés.

Par conséquent, l'aire du cercle est égale au produit de son périmètre ou de sa circonférence par la moitié de son apothème, qui n'est pas autre chose que son rayon.

Désignons par R, C et S, le rayon, la circonférence et l'aire d'un cercle ; on a la formule

$$S = C \times \frac{R}{2}. \qquad (1)$$

497. Remarque. — Pour avoir l'aire du cercle en fonction du rayon seul, je remplace dans la formule (1) C par $2\pi R$, et j'ai

$$S = 2\pi R \times \frac{R}{2} = \pi R^2. \qquad (2)$$

Donc, *l'aire d'un cercle est égale au carré de son rayon multiplié par* π.

Si l'on remplace dans la formule (2) R par $\frac{D}{2}$, c'est-à-dire par la moitié du diamètre, on a

$$S = \frac{\pi D^2}{4} \qquad (3)$$

Par conséquent, *l'aire d'un cercle est égale au quart du produit du carré du diamètre par* π.

Si l'on veut obtenir l'aire du cercle en fonction de sa circonférence, on n'a qu'à remplacer dans la formule (1) R par $\frac{C}{2\pi}$, et il vient

$$S = C \times \frac{C}{4\pi} = \frac{C^2}{4\pi}. \qquad (4)$$

D'où il résulte que l'*aire d'un cercle est égale au carré de sa circonférence divisé par* 4π.

Des formules (2), (3), (4), on tire les relations

$$R = \sqrt{\frac{S}{\pi}}, \quad D = \sqrt{\frac{4S}{\pi}}, \quad C = \sqrt{4\pi S}$$

qui permettent de calculer le rayon, le diamètre et la circonférence d'un cercle dont la surface est donnée.

THÉORÈME

498. *Les aires de deux cercles sont proportionnelles aux carrés de leurs rayons.*

Soient S et S' les aires de deux cercles, R et R' leurs rayons, on a

$$S = \pi R^2 \quad , \quad S' = \pi R'^2,$$

d'où

$$\frac{S}{S'} = \frac{\pi R^2}{\pi R'^2} = \frac{R^2}{R'^2}.$$

THÉORÈME

499. *L'aire d'un secteur circulaire est égale au produit de la longueur de son arc par la moitié de son rayon.*

Soit le secteur AOB (fig. 329). Si l'on divise l'arc AB en un certain nombre de parties égales aux points C, D, E, et qu'on joigne les points de division deux à deux, on obtient une ligne brisée régulière ACDEB inscrite dans l'arc et, par suite, un secteur polygonal régulier OACDEB. Évaluons l'aire de ce secteur polygonal. En menant les rayons OC, OD, OE, on le divise en triangles isocèles égaux.

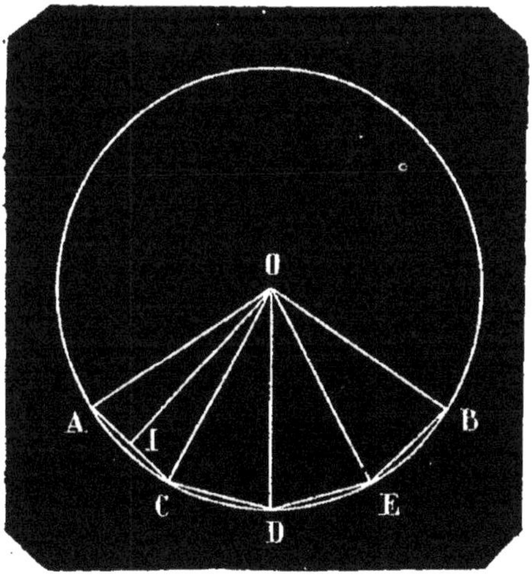

Fig. 329.

L'aire du triangle AOC est égale à sa base multipliée par la moitié de sa hauteur OI, et l'on peut écrire :

$$AOC = AC \times \frac{OI}{2}.$$

Le nombre des triangles étant n, nous aurons

$$OACDEB = (AC \times n) \times \frac{OI}{2}.$$

Donc, l'aire du secteur polygonal régulier est égale à la ligne brisée régulière multipliée par la moitié de son apothème.

Supposons maintenant que le nombre des côtés de la ligne brisée régulière augmente indéfiniment, la ligne brisée tendra vers l'arc AB, l'apothème OI vers le rayon OA et l'aire du secteur polygonal vers l'aire du secteur circulaire. On en conclut que l'aire du secteur circulaire est égale au produit de son arc par la moitié de son rayon.

500. Corollaire. — *Le rapport de l'aire du secteur à l'aire du cercle est égal au rapport de l'arc à la circonférence.*

On a en effet

$$\text{Secteur} = \text{arc AB} \times \frac{R}{2}.$$

$$\text{Cercle} = \text{circ.} \times \frac{R}{2},$$

d'où

$$\frac{\text{Secteur}}{\text{Cercle}} = \frac{\text{arc AB}}{\text{circ.}}.$$

On tire de là

$$\text{Secteur} = \text{cercle} \times \frac{\text{arc AB}}{\text{circ.}}.$$

De sorte que si l'on désigne par S la surface d'un secteur, par R. n son rayon et le nombre de degrés contenu dans son arc, on a

$$S = \frac{\pi R^2 n}{360}.$$

THÉORÈME

501. *Les aires de deux secteurs semblables, c'est-à-dire terminés par des arcs semblables, sont proportionnelles aux carrés de leurs rayons.*

Soient S et S' les aires des secteurs, R et R' leurs rayons, n le nombre de degrés de leurs arcs.

On a (nº 500)

$$S = \frac{\pi R^2 n}{360},$$

$$S' = \frac{\pi R'^2 n}{360},$$

d'où

$$\frac{S}{S'} = \frac{R^2}{R'^2}.$$

PROBLÈME

502. *Trouver l'aire d'un segment de cercle* ABM (fig. 330).

Il est évident que l'aire du segment AMB, plus petit qu'un demi-cercle, est égale à la différence des aires du secteur AOB et du triangle AOB correspondants.

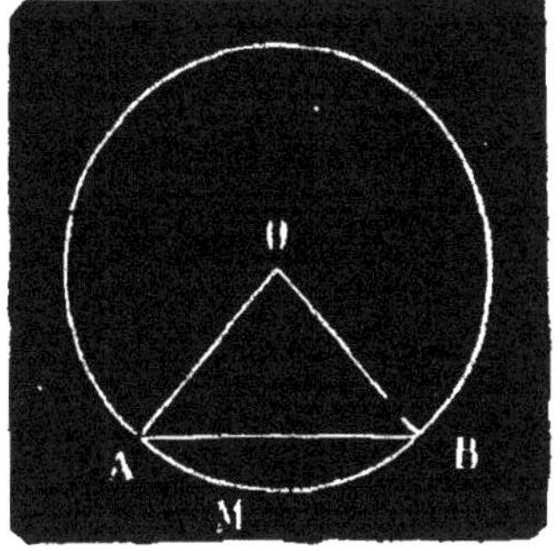

Fig. 330.

Connaissant l'arc AMB et le rayon, on peut toujours calculer l'aire du secteur; mais on ne peut trouver l'aire du triangle que si la corde AB est le côté de l'un des polygones réguliers que l'on sait calculer en fonction du rayon.

Si le segment est plus grand qu'un demi-cercle, il est équivalent à la somme du secteur et du triangle correspondants.

THÉORÈME

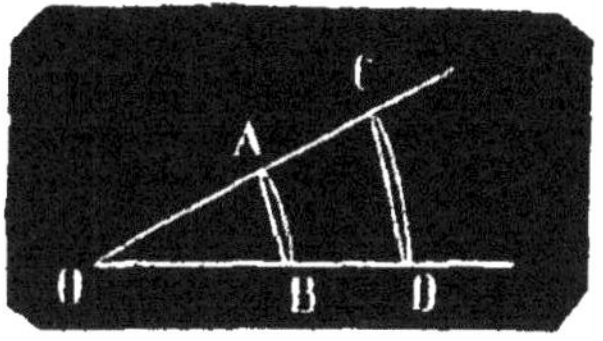

Fig. 331.

303. *Le rapport des aires de deux segments semblables, c'est-à-dire terminés par des arcs semblables, est égal au rapport des carrés des rayons.*

Soient S et T les aires du secteur et du triangle dont la différence est le premier segment, et S' et T' les aires du secteur et du triangle dont la différence est le 2e segment; appelons d'ailleurs R et R' les deux rayons, on a :

$$\frac{S}{S'} = \frac{R^2}{R'^2}, \quad \frac{T}{T'} = \frac{R^2}{R'^2}.$$

Donc

$$\frac{S}{S'} = \frac{T}{T'} = \frac{R^2}{R'^2},$$

d'où l'on tire

$$\frac{S - T}{S' - T'} = \frac{R^2}{R'^2}.$$

EXERCICES

Calculer en fonction du rayon du cercle circonscrit :

432. 1° l'aire du triangle équilatéral.

433. 2° l'aire du carré.

434. 3° l'aire du pentagone régulier.

435. 4° — de l'hexagone.

436. 5° — de l'octogone.

437. 6° — du décagone.

438. 7° — du dodécagone.

Calculer en fonction du côté :

439. 1° l'aire du pentagone régulier.

440. 2° — de l'hexagone régulier.

441. 3° — de l'octogone —

442. 4° — du décagone —

443. 5° — du dodécagone —.

Calculer en fonction de la surface, le rayon du cercle circonscrit

444. 1° au triangle équilatéral.
445. 2° — au carré.
446. 3° — au pentagone régulier.
447. 4° — à l'hexagone —
448. 5° — à l'octogone —
449. 6° — au décagone —
450. 7° — au dodécagone —

Calculer en fonction de la surface

451. 1° le côté du pentagone régulier.
452. 2° — de l'hexagone —
453. 3° — de l'octogone —
454. 4° — du décagone —
455. 5° — du dodécagone —

456. Si l'on désigne par C le côté d'un polygone régulier de n côtés, inscrit dans un cercle de rayon R, on aura pour l'aire S d'un polygone de $2n$ côtés : $S = \frac{2n \times C \times R}{4}$.

457. Calculer l'aire d'un polygone régulier de 16 côtés, inscrit dans un cercle de 10^m de rayon.

458. Calculer l'aire du polygone régulier de 20 côtés inscrit dans un cercle de 1^m50 de rayon.

459. Calculer l'aire du cercle inscrit et l'aire du cercle circonscrit à un triangle équilatéral de 5^m de côté.

460. Trouver le rayon du cercle ayant 1 mètre carré de surface.

461. Calculer le rayon d'un cercle équivalent à un trapèze dont les bases ont respectivement 50^m et 30^m et dont la hauteur est la perpendiculaire abaissée du sommet de l'angle droit sur l'hypoténuse d'un triangle rectangle ayant pour côtés 16^m et 20^m.

462. Quelle est l'aire d'un cercle dans lequel une corde de 2^m80 a une flèche de 0^m30.

463. Calculer l'aire d'une couronne circulaire dont les rayons sont 8^m et 12^m.

464. La surface d'une couronne est de 1000^{mq}; la différence de ses deux rayons est de 6^m ; quels sont ces rayons ?

465. Calculer l'aire d'une couronne, sachant qu'une corde du grand cercle tangente au petit a 10 mètres de longueur.

466. Quel est le rayon d'un cercle dont la surface augmente de 1^{mq} lorsque le rayon augmente de $0^m.01$?

467. Calculer l'aire d'un secteur de 40°35′ dans un cercle de 12^m30 de rayon.

468. Dans un cercle de 10^m de rayon, un secteur a une surface de 125^{mq}; combien ce secteur a-t-il de degrés ?

469. Quel est le rayon d'un cercle dont un secteur de 25° a une surface de 150^{mq} ?

470. Calculer en fonction du rayon l'aire du segment de cercle sous-tendu :

471. 1° Par le côté du carré inscrit.
472. 2° — du triangle équilatéral.
473. 3° — du pentagone régulier.
474. 4° — de l'hexagone régulier.
475. 5° — de l'octogone.
476. 6° — du décagone.

477. Calculer l'aire d'un cercle dans lequel une corde de 3^m. sous-tend un arc de 120°.

478. Calculer l'aire d'un cercle tel que la surface de l'hexagone régulier inscrit dans ce cercle soit de 10 mètres carrés.

479. Étant donné un hexagone régulier, on joint par des droites les sommets de deux en deux. Démontrer que ces droites forment par leurs intersections un deuxième hexagone régulier. Quel est le rapport des aires de ces deux hexagones?

480. Si, sur les côtés de l'angle droit d'un triangle rectangle comme diamètres, on décrit des demi-circonférences qui soient extérieures au triangle, chacune de ces courbes fait avec la demi-circonférence menée par les sommets du triangle une figure qui a la forme d'un croissant et qu'on nomme *lunule d'Hippocrate*. Démontrer que la somme des surfaces des deux lunules est équivalente à la surface du triangle.

481. Partager un cercle donné en moyenne et extrême raison par un cercle concentrique.

482. Partager par un cercle concentrique un cercle donné en parties proportionnelles à deux droites données.

483. Partager un cercle donné en deux parties équivalentes par un cercle concentrique.

484. Si l'on partage le diamètre AB d'un cercle en deux segments quelconques AC, CB, et qu'on décrive d'un côté de la droite AB une demi-circonférence sur AC comme diamètre et de l'autre côté de AB une autre demi-circonférence sur CB comme diamètre, l'ensemble de ces deux lignes courbes divise la surface du cercle donné en deux parties proportionnelles aux segments AC et CB.

485. Quel est le rapport des aires des hexagones réguliers inscrit et circonscrit au même cercle?

486. Construire un cercle équivalent à la somme de deux cercles donnés, dont les rayons sont R et R'.

487. Sur les côtés d'un hexagone régulier on construit des carrés extérieurs au polygone, on joint par des droites les sommets voisins de ces carrés; démontrer que le polygone obtenu est un dodécagone régulier. Calculer l'aire de ce dodécagone, sachant que le rayon de l'hexagone est de 1^m.

488. Sur les côtés d'un hexagone régulier qui a 3^m de rayon, on construit des rectangles ayant $1^m,50$ de hauteur; on réunit les sommets voisins de ces rectangles par des arcs de cercle décrits des sommets de l'hexagone comme centres. Quelle est la différence entre l'aire de la figure totale et celle de l'hexagone.

489. Calculer le rayon d'un cercle sachant que sa surface surpasse de 1 mètre carré celle de l'hexagone régulier inscrit.

490. Quel est le rapport de l'aire du triangle équilatéral inscrit à l'aire du triangle équilatéral circonscrit?

491. Quel est le rapport de l'aire de l'hexagone régulier inscrit au triangle équilatéral circonscrit?

492. Les aires s et S, de deux polygones réguliers semblables, l'un inscrit et l'autre circonscrit à un cercle étant données, calculer les aires des polygones réguliers inscrit et circonscrit d'un nombre double de côtés. — Calculer π à l'aide des formules obtenues.

493. Connaissant le rayon r et l'apothème a d'un polygone régulier, calculer le rayon r' et l'apothème a' d'un polygone régulier équivalent au premier et d'un nombre double de côtés.

494. Calculer π à l'aide des formules obtenues.

495. La surface d'un triangle équilatéral est de 1 hectare, calculer : 1° le côté, 2° le rayon du cercle inscrit, 3° le rayon du cercle circonscrit.

496. La différence de la surface de l'hexagone régulier inscrit et celle du triangle équilatéral est de 10^{mq}. Quelles sont les dimensions de ces deux polygones?

497. Calculer l'aire du carré inscrit dans un triangle dont les côtés ont 12^m, 15^m et 17^m.

498. Dans une circonférence de 12^m de rayon, on a deux arcs dont les cordes ont respectivement 6^m et 9^m. Calculer la corde d'un arc égal à la somme de ces deux arcs.

499. Deux cordes partant d'un même point de la circonférence et aboutissant aux extrémités d'un même diamètre ont respectivement 5^m et 8^m. Quelle est la surface du cercle ?

500. Dans un cercle de 8^m de rayon, on inscrit un rectangle dont l'un des côtés a 10^m ; par les sommets du rectangle on mène des tangentes qui forment un quadrilatère circonscrit au cercle. On demande l'aire de ce quadrilatère.

501. La différence entre l'aire du carré et celle de l'hexagone régulier inscrits est de 10^{mq} ; quelle est la surface du cercle ?

502. Les bases d'un trapèze ont 40^m et 30^m, les diagonales ont 35^m et 43^m ; on demande sa surface.

503. Deux tangentes menées d'un point extérieur à une circonférence dont le rayon est égal à $1^m,30$, interceptent sur cette circonférence un arc dont la longueur est de $0^m,57$. On demande l'angle formé par ces deux tangentes.

504. Construire sur une base donnée un triangle isocèle double d'un carré donné.

505. Un trapèze isocèle a pour hauteur 12^m, pour périmètre $83^m,84$; la différence des bases est de 16^m ; on demande : 1° la surface du trapèze, 2° le côté du carré équivalent à ce trapèze.

506. Etant donnés deux triangles équilatéraux dont les côtés ont $4^m,25$ et $5^m,25$, trouver le côté du carré équivalent au $\frac{1}{3}$ du premier plus les $\frac{9}{11}$ du second, et déterminer le rayon du cercle dont le segment de 90° aurait une aire équivalente à celle du carré.

507. On donne un triangle équilatéral, et sur l'un des côtés on construit un triangle rectangle isocèle, dont l'un des côtés de l'angle droit égale le côté du triangle équilatéral ; la surface totale des deux triangles est de 34 ares 25 ; on demande : 1° le côté du triangle équilatéral ; 2° l'hypoténuse du triangle rectangle.

508. On donne une ligne droite de $4^m,50$; en son milieu on élève une perpendiculaire de $0^m,50$; quelle est la surface du cercle passant par les extrémités des deux droites.

509. On trace dans un cercle de part et d'autre du centre deux cordes parallèles. l'une égale au côté du triangle équilatéral, et l'autre au côté de l'hexagone régulier inscrit, on joint leurs extrémités et l'on obtient un trapèze dont la surface et de 10^m carrés. On demande : 1° la surface du cercle, 2° le périmètre du trapèze.

510. On donne un cercle O et la tangente en un point C, si l'on mène deux tangentes parallèles qui rencontrent la tangente fixe aux deux points M et N, le rectangle CM × CN est constant.

511. Les bases d'un trapèze sont 10^m et 6^m, la hauteur 4^m ; dire la surface des triangles dont le trapèze est la différence.

512. Étant donnés deux polygones réguliers, d'un même nombre de côtés, le côté de l'un étant de $5^m,60$ et celui de l'autre de $2^m,89$, trouver le côté d'un polygone régulier semblable, dont l'aire soit égale à la somme ou à la différence des aires des polygones donnés.

513. Les côtés de trois triangles équilatéraux sont a, b, c, construire les côtés du triangle équilatéral équivalent à leur somme.

514. Dessiner un hexagone régulier de 35^{cmq} de surface et construire un hexagone régulier double du premier.

515. Construire un cercle équivalent au triple d'un cercle donné.

516. Étant donnés trois cercles C, C', C'' construire un cercle équivalent à $\frac{3}{4}C + \frac{2}{3}C' - \frac{1}{6}C''$.

517. Une couronne circulaire est équivalente au cercle qui a pour diamètre la corde de la grande circonférence tangente à la petite.

518. De deux cercles concentriques l'un est les $\frac{5}{8}$ de l'autre et l'aire de la partie de la couronne comprise dans un angle de 45° est égale à 300^{mq}. Quels sont les rayons des deux cercles ?

519. Calculer l'aire du cercle circonscrit à un triangle équilatéral de 5^{m} de côté.

DEUXIÈME PARTIE

GÉOMÉTRIE DANS L'ESPACE

LIVRE V

DROITES ET PLANS DANS L'ESPACE

CHAPITRE PREMIER

§ I. NOTIONS SUR LE PLAN

504. Un **plan** est une surface qui contient entièrement la droite qui joint deux quelconques de ses points.

Le plan a une étendue illimitée; mais pour fixer les idées et faciliter les démonstrations, on le représente ordinairement par un parallélogramme tracé sur sa surface. Exemple, le plan MN (fig. 332).

Lorsqu'un plan contient une droite on peut le faire tourner autour de cette droite comme on ferait tourner une porte sur ses gonds, et lui donner une infinité de positions. Dans ce mouvement le plan passe successivement par tous les points de l'espace.

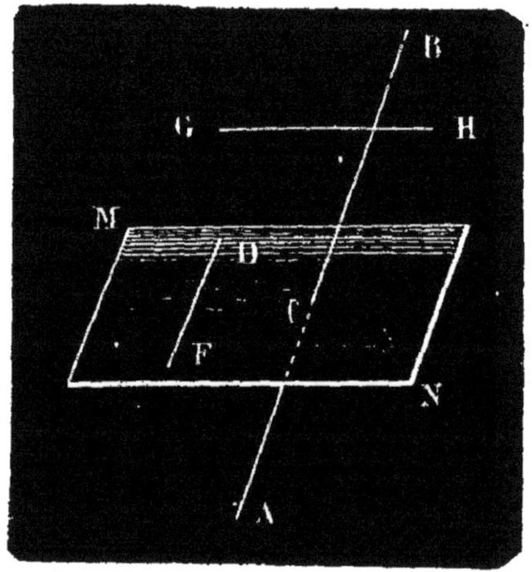

Fig. 332.

505. Une droite et un plan ne peuvent offrir que trois positions relatives (fig. 332) :

1° La droite a deux points communs avec le plan; alors elle y est contenue tout entière; telle est la droite FD.

2° La droite n'a aucun point commun avec le plan; on dit alors que cette droite et le plan sont **parallèles**; exemple, la droite GH.

3° La droite n'a qu'un de ses points dans le plan; on dit alors que la droite et le plan se **coupent**; telle est la droite AB.

Le point d'intersection C est appelé **le pied** de la droite; cette droite se trouve alors divisée en deux parties situées de part et d'autre du plan.

THÉORÈME.

506. *Un plan est déterminé :*
1° *Par deux droites qui se coupent ;*
2° *Par une droite et un point ;*
3° *Par trois points non en ligne droite ;*
4° *Par deux droites parallèles.*

1° Soient AB, AC (fig. 333) deux droites qui se coupent en A ; je fais passer un plan P par la droite AB, et je le fais tourner autour de cette ligne jusqu'à ce qu'il passe par le point C de la droite AC ; alors la ligne AC est entièrement contenue dans le plan P, puisqu'elle y a deux de ses points A et C. On peut donc faire passer un plan par deux droites qui se coupent.

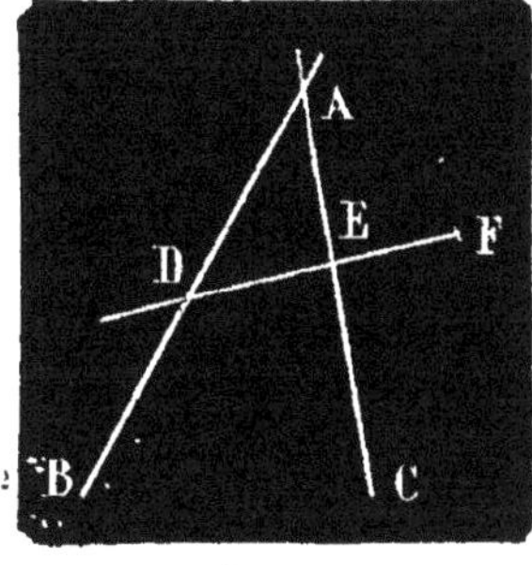

Fig. 333.

Je dis maintenant que tout plan Q qui contient ces lignes coïncide avec le plan P. En effet, si on trace dans le plan Q une droite DE qui rencontre AB et AC aux points D et E, cette droite est en même temps dans le plan P, puisqu'elle y a deux de ses points. Donc tous les points du plan Q sont dans le plan P.

2° Si un plan contenant AB (fig. 334) tourne autour de cette droite, il passe par tous les points de l'espace, et par suite par le point O. Donc on peut mener un plan par la droite AB et le point O.

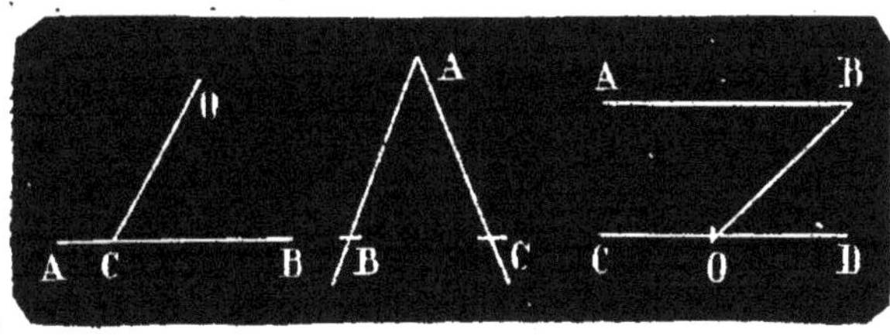

Fig. 334. Fig. 335. Fig. 336.

La droite OC, qui joint le point O à un point C de AB, est contenue dans ce plan. Or, par deux droites qui se coupent, on ne peut mener qu'un plan ; donc on n'en peut mener qu'un par la droite AB et le point O.

3° Soient trois points A, B, C (fig. 335) non en ligne droite ; traçons les droites AB et AC. Tout plan contenant AB et tournant autour de cette ligne pourra contenir le point C, et par conséquent la droite AC. Donc par les trois points A, B, C on peut faire passer un plan, mais un seul.

4° Soient deux parallèles AB et CD (fig. 336). Par définition, elles sont dans un même plan. Toute droite BO joignant deux de leurs points est dans ce plan ; mais par deux droites qui se coupent, on ne peut faire passer qu'un plan ; donc on n'en peut faire passer qu'un par deux parallèles.

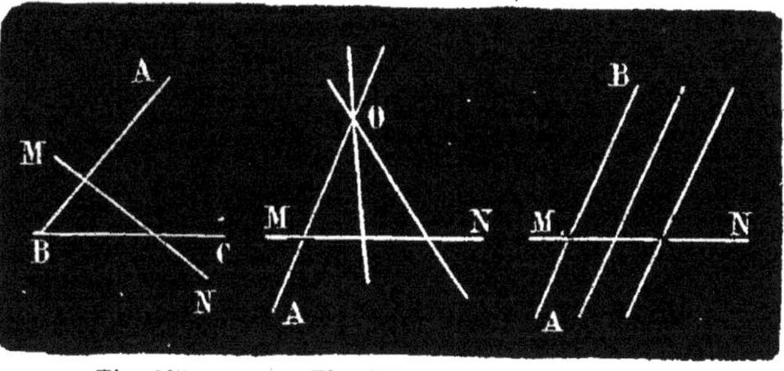

Fig. 337. Fig. 338. Fig. 339.

507. **Génération du plan.** — D'après ce qui précède, un plan peut être engendré :

1° Par une droite MN assujettie à glisser sur deux droites AB et BC qui se coupent (fig. 337).

2° Par une droite OA tournant autour d'un point fixe O, et glissant sur une droite MN (fig. 338).

3° Par une droite AB qui se déplace parallèlement à elle-même en glissant sur une droite fixe MN (fig. 339).

THÉORÈME

508. *L'intersection de deux plans est une ligne droite.*

En effet, si l'on joint deux points quelconques de l'intersection par une ligne droite, il ne saurait y avoir, en dehors de cette droite, un point commun aux deux plans, car alors les deux plans se confondraient.

§ II. DROITE ET PLAN PERPENDICULAIRES

509. **Définition.** — Une droite est **perpendiculaire** à un plan lorsqu'elle est perpendiculaire à toutes les droites passant par son pied dans le plan.

Une droite est **oblique** à un plan lorsqu'elle n'est pas perpendiculaire à toutes les droites passant par son pied dans le plan.

THÉORÈME

510. *Lorsqu'une droite est perpendiculaire à deux droites passant par son pied dans un plan, elle est perpendiculaire à toutes les droites passant par son pied dans le plan, et, par suite, perpendiculaire au plan.*

Je suppose la droite AB (fig. 340) perpendiculaire aux deux droites BC et BD passant par son pied B dans le plan MN, et je dis qu'elle est perpendiculaire à une troisième droite quelconque BE passant également par son pied.

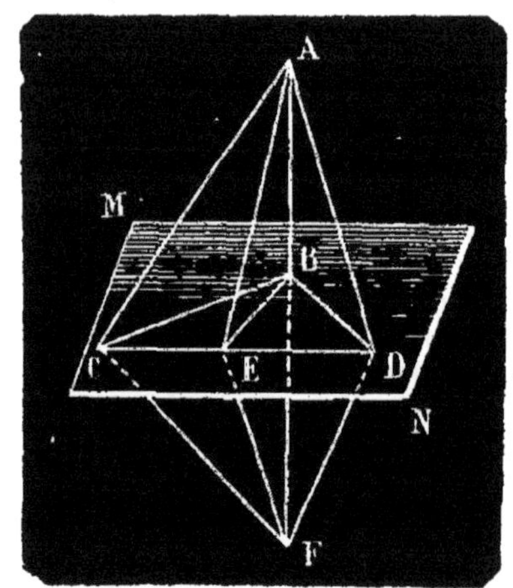

Fig. 340.

Je trace dans le plan MN une droite CD qui rencontre BC, BE, BD aux points C, E, D ; je joins ces trois points aux points A et F de la perpendiculaire, pris à égale distance de son pied B.

Les triangles ACD et CFD ont les trois côtés égaux chacun à chacun ; en effet, CD est commun ; les côtés CA et CF sont égaux comme obliques s'écartant également du pied B de la perpendiculaire CB élevée au milieu de AF ; les côtés AD et DF sont égaux pour la même raison. J'en conclus que les angles ACD et FCD sont égaux.

Dès lors les triangles ACE et FCE sont égaux comme ayant un angle égal compris entre des côtés égaux ; donc AE est égal à EF.

Le triangle AEF étant isocèle, la droite EB qui joint son sommet E au milieu de sa base AF est perpendiculaire sur cette base. Réciproquement AF est perpendiculaire sur BE.

THÉORÈME

511. *Le lieu géométrique des perpendiculaires menées à une droite* AB (fig. 341), *par un point* B *de cette droite et dans des plans différents, est un plan perpendiculaire à la droite.*

Soient BC et BD, deux perpendiculaires élevées sur AB dans les plans différents ABC et ABD ; ces deux droites qui se coupent en B déterminent un plan MN (n° 506) ; ce plan est perpendiculaire à AB (n° 510).

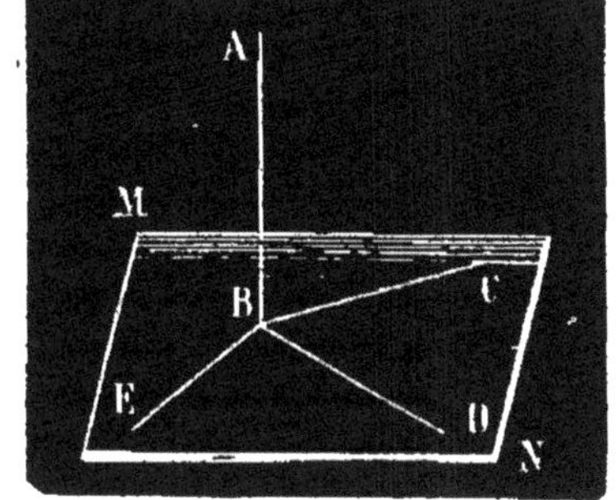

Fig. 341.

1° Toute droite tracée dans le plan MN par le point B est perpendiculaire sur AB (n° 510).

2° Toute droite perpendiculaire sur AB au point B est située dans le plan MN. En effet, si l'on fait passer un plan quelconque ABE par AB, ce plan coupe le plan MN suivant une droite BE perpendiculaire à AB ; par conséquent, si dans le plan ABE on élève au point B une perpendiculaire sur AB, elle se confondra avec BE, et sera entièrement située dans le plan MN.

THÉORÈME

512. *Par un point donné* O, *on peut toujours mener un plan perpendiculaire à une droite* AB, *et l'on ne peut en mener qu'un.*

1° *Le point* O *est situé sur la droite* AB (fig. 342).

Je mène par le point O deux droites OC et OD perpendiculaires à AB dans des plans différents ; ces deux droites qui se coupent en O déterminent un plan MN perpendiculaire à AB (n° 510). Le plan MN est d'ailleurs le seul plan qui contienne toutes les perpendiculaires à AB (n° 511).

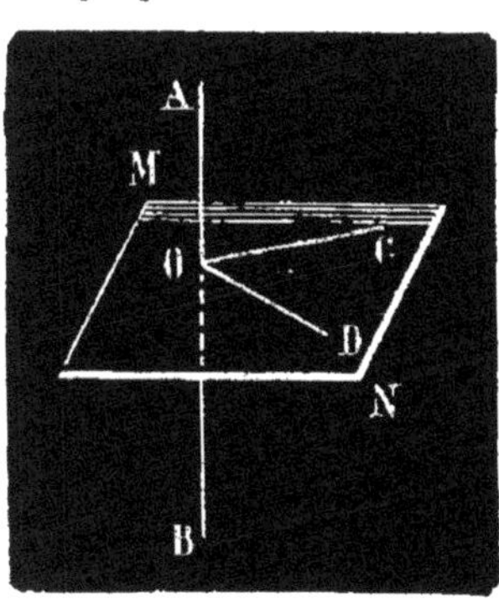

Fig. 342.

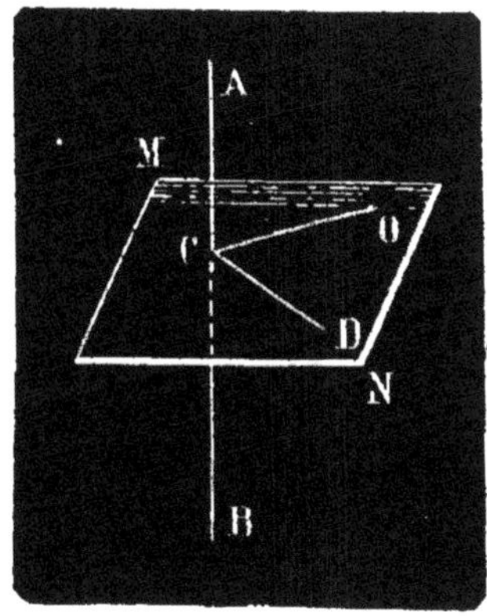

Fig. 343.

Donc, tout autre plan passant par le point O et ne se confondant pas avec MN, est oblique à AB.

2° *Le point* O *est en dehors de* AB (fig. 343).

Par le point O, dans le plan OAB, je mène une perpendiculaire OC, sur AB et, dans un autre plan, une perpendiculaire CD sur la même droite AB au point C.

Les deux droites OC et CD déterminent un plan MN perpendiculaire à AB.

D'un autre côté tout plan perpendiculaire à AB, mené par le point O, coupe le plan OAB suivant une droite perpendiculaire à AB, menée par le point O ; cette perpendiculaire se confond donc avec OC ; il en résulte que le plan considéré est perpendiculaire à AB au point C. Or au point C il n'y a qu'un plan perpendiculaire à AB (1°) ; donc il n'y en a qu'un par le point O.

THÉORÈME

513. *Par un point* A *pris dans un plan* MN, *on peut toujours mener une perpendiculaire à ce plan et on ne peut en mener qu'une.*

1° *Le point* A *est situé dans le plan* MN (fig. 344).

Je trace dans le plan MN une droite quelconque BC passant par le point A ; je mène ensuite par le point A un plan DEHK perpendiculaire à BC et qui coupe le plan MN suivant une droite DE. J'élève au point A, dans le plan DEHK, une perpendiculaire AF sur DE, et je dis que AF est perpendiculaire au plan MN.

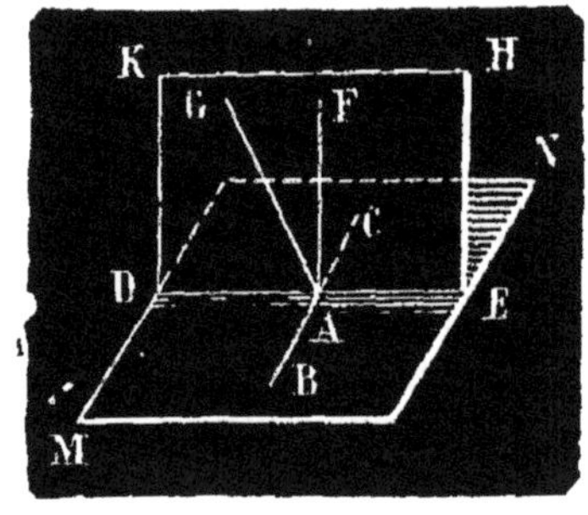

Fig. 344.

La droite BC, étant perpendiculaire au plan DEHK par construction, est perpendiculaire à AF qui passe par son pied dans le plan. Réciproquement la droite AF est perpendiculaire à BC, et comme elle est perpendiculaire à DE par construction, elle est perpendiculaire au plan MN (n° 510).

Toute autre droite AG qui, partant du point A, ne se confond pas avec AF est oblique au plan MN. En effet, les droites AG et AF qui se coupent en A déterminent un plan DEHK, qui rencontre le plan MN suivant la droite DE ; la ligne AF étant perpendiculaire à MN est perpendiculaire à DE qui passe par son pied dans ce plan ; donc AG est oblique à DE ; par suite AG n'est pas perpendiculaire au plan MN. On ne peut donc mener, par le point A, qu'une seule perpendiculaire au plan MN.

2° *Le point* A *est pris hors du plan* MN (fig. 345).

Je trace dans le plan MN une droite quelconque HK et je mène par le point A un plan PQ perpendiculaire à HK ; ce plan coupe le plan MN suivant la droite FG et la ligne HK au point C ; j'abaisse du point A, dans le plan PQ, une perpendiculaire AB sur la droite FG. Je dis que AB est perpendiculaire à toute autre ligne BD passant par son pied dans le plan MN.

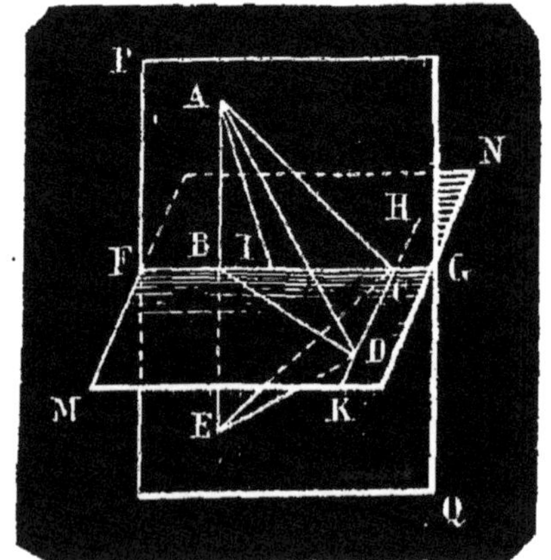

Fig. 345.

Je joins les deux points C et D au point A et à un deuxième point E pris sur le prolongement de AB de telle sorte que BE = AB. Les deux triangles ACD et ECD sont égaux comme ayant un angle égal compris entre deux côtés égaux chacun à chacun ; en effet, la droite KH étant perpendiculaire au plan PQ, les angles KCA et KCE sont égaux comme droits; le côté CD est commun aux deux triangles; les droites CA et CE sont égales comme obliques s'écartant également du pied de la perpendiculaire CB. De l'égalité de ces triangles on conclut que DA = DE et, par suite, que le triangle ADE est isocèle. La droite DB qui joint le sommet de ce triangle isocèle au milieu de la base est perpendiculaire à cette base. Réciproquement la droite AB est perpendiculaire à BD, et, comme elle l'est déjà sur BC par construction, elle est perpendiculaire au plan MN.

Toute autre droite AI qui, partant du point A, ne se confond pas avec AB, est oblique au plan MN. En effet, les droites AB et AI déterminent un plan PFG qui coupe le plan MN suivant une droite FG; la ligne AB étant par hypothèse perpendiculaire au plan MN est perpendiculaire à la droite FG qui passe par son pied dans ce plan; la droite AI est donc oblique à FG et, par suite, oblique au plan MN. On ne peut donc abaisser du point A qu'une perpendiculaire sur le plan MN.

THÉORÈME

514. *Si d'un point pris hors d'un plan, on mène à ce plan une perpendiculaire et diverses obliques :*

1° *La perpendiculaire est plus courte que toute oblique;*

2° *Deux obliques s'écartant également du pied de la perpendiculaire sont égales;*

3° *De deux obliques qui s'écartent inégalement du pied de la perpendiculaire, la plus grande est celle qui s'en écarte le plus.*

1° Soient MN le plan et A le point donnés (fig. 346). Abaissons du point A sur le plan MN, la perpendiculaire AB et l'oblique AC; joignons les pieds B et C de ces droites. La ligne AB est perpendiculaire à BC (n° 509); donc AC est oblique à BC, et, par suite, plus grande que AB.

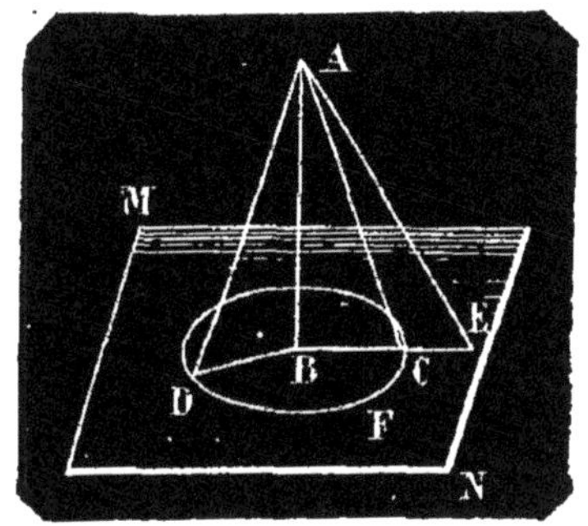

Fig. 346.

2° Traçons une deuxième oblique AD, telle que son écartement BD soit égal à BC.

Les triangles ABC et ABD ont le côté AB commun, les côtés BC et BD égaux par hypothèse, les angles ABC et ABD égaux comme angles droits; ces triangles sont donc égaux comme ayant un angle égal compris entre des côtés égaux; donc AC = AD.

3° Soit maintenant une oblique AE, telle que son écartement BE soit plus grand que BD, je dis que AE est plus grande que AD.

Je porte sur BE une longueur BC égale à BD et je trace l'oblique AC, qui, par suite, est égale à AD. Or, dans le plan ABE, la droite AB est perpendiculaire à BE, et les droites AC et AE des obliques s'écartant inégalement de son pied; celle qui s'en écarte le plus est la plus grande : donc $AE > AC$ et, par conséquent, $AE > AD$.

515. Corollaires. — 1° *Si une droite est la plus courte qu'on puisse mener d'un point à un plan, cette droite est perpendiculaire à ce plan.*

Cette ligne représente la *distance* du point au plan.

2° *Des obliques égales partant d'un même point de la perpendiculaire s'écartent également de son pied. Les pieds de ces obliques sont situés sur une circonférence dont le centre est le pied de la perpendiculaire.*

3° *Deux obliques inégales partant d'un même point de la perpendiculaire s'écartent inégalement de son pied ; la plus grande s'en écarte le plus.*

516. Remarque. — Pour abaisser d'un point A (fig. 346) une perpendiculaire sur un plan MN, on peut fixer au point A l'extrémité d'une corde, tendre cette corde suivant une oblique quelconque AC et toucher le plan en trois points différents C, F et D. Le centre de la circonférence passant par ces trois points sera le pied de la perpendiculaire cherchée.

THÉORÈME

517. *Le plan* MN *perpendiculaire au milieu* O *d'une ligne droite* AB *est le lieu géométrique de tous les points de l'espace à égale distance des extrémités de cette droite* (fig. 347).

1° Je joins un point quelconque C du plan MN aux trois points A, O, B ; la droite OC est perpendiculaire sur le milieu de AB ; les droites CA et CB sont donc égales comme obliques s'écartant également du pied de cette perpendiculaire. Tous les points du plan MN sont par conséquent à égale distance des points A et B.

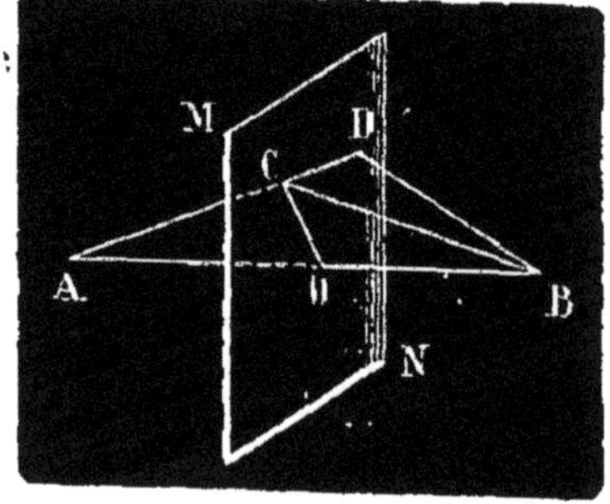

Fig. 347.

2° Soit un point D pris hors du plan MN ; je dis que les droites DA et DB sont inégales. Je suppose que la droite DA perce le plan au point C et je trace CB ; les droites CA et CB sont égales puisque le point C appartient au plan MN. Or dans le triangle BCD, on a $BD < CD + CB$; on en conclut que

$$BD < CD + CA$$

ou

$$BD < DA.$$

THÉORÈME

518. *Lorsqu'une droite est perpendiculaire à un plan, si l'on mène par son pied une perpendiculaire sur une droite tracée dans ce plan et qu'on joigne le pied de cette deuxième perpendiculaire à un point quelconque de la première, la ligne obtenue est perpendiculaire à la droite tracée dans le plan.*

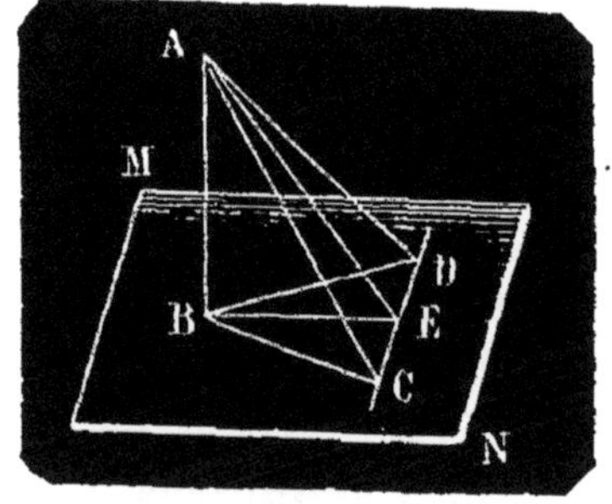

Fig. 348.

La droite AB est perpendiculaire au plan MN (fig. 348) ; du pied B de cette droite, on abaisse une perpendiculaire

BE sur la droite CD tracée dans le plan MN, on joint le point E au point A de AB ; il s'agit de prouver que la droite AE est perpendiculaire à CD.

Je prends sur CD deux longueurs égales EC et ED, et je joins les points C et D aux deux points B et A.

Les droites BC et BD sont égales comme obliques s'écartant également du pied de la perpendiculaire BE.

Il en résulte que les obliques de l'espace AC et AD s'écartent également du pied de la perpendiculaire AB et sont égales. Par conséquent le triangle ACD est isocèle, et la droite AE, qui joint le sommet A au milieu de la base CD, est perpendiculaire à cette base.

Remarque. — La ligne CD, étant perpendiculaire aux deux droites EB et EA, est perpendiculaire au plan de ces deux droites.

§ III. DROITES PARALLÈLES

THÉORÈME

519. *Lorsque deux droites sont parallèles, tout plan perpendiculaire à l'une est aussi perpendiculaire à l'autre.*

Soient AB, DC deux droites parallèles (fig. 349) ; je suppose le plan MN perpendiculaire à AB et je dis qu'il est aussi perpendiculaire à CD.

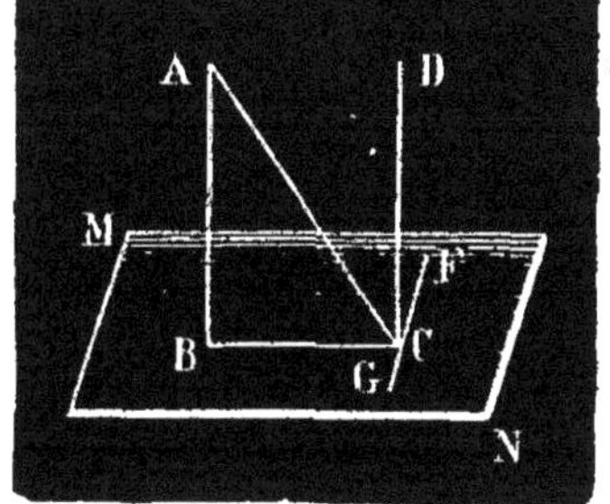

Fig. 349.

Le plan des deux parallèles coupe le plan MN suivant une droite BC ; cette droite est perpendiculaire à AB (n° 509) et, par conséquent, à CD qui est parallèle à AB.

Je trace dans le plan MN, par le point C, une perpendiculaire FG à la droite BC et je joins le point C à un point quelconque A de AB ; la ligne CA est perpendiculaire à FG d'après le théorème des trois perpendiculaires (n° 518).

La ligne FG est alors perpendiculaire aux deux droites CB et CA passant par son pied dans le plan des parallèles ; elle est donc perpendiculaire à la droite CD qui passe également par son pied.

Réciproquement, la ligne DC est perpendiculaire à FG, et, comme elle est déjà perpendiculaire à BC, on en conclut qu'elle est perpendiculaire au plan MN (n° 510).

THÉORÈME

520. Réciproquement, *deux droites perpendiculaires à un même plan sont parallèles.*

Soient deux droites AB, CD (fig. 350) perpendiculaires au même plan MN, je dis que ces droites sont parallèles.

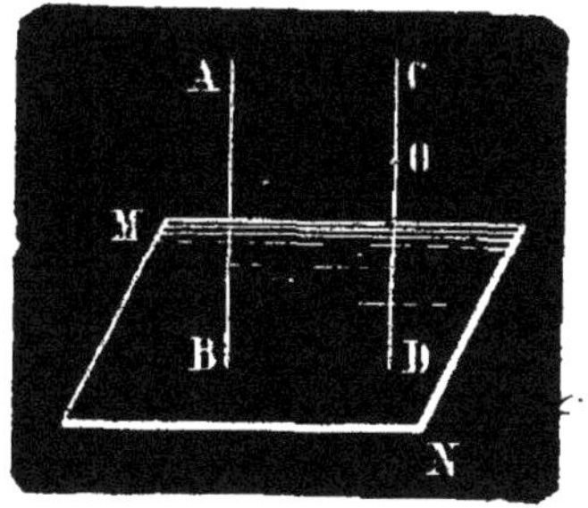

Fig. 350.

En effet, la parallèle menée à AB par un point O de CD est perpendiculaire au plan MN d'après le théorème précédent et se confond avec CD, puisque d'un point on ne peut mener qu'une perpendiculaire à un plan ; donc CD est parallèle à AB.

THÉORÈME

521. *Deux droites parallèles à une troisième sont parallèles entre elles.*

Soient deux droites AB et EF parallèles à une même ligne CD (fig. 351); je dis qu'elles sont parallèles entre elles.

En effet, tout plan MN perpendiculaire à CD est aussi perpendiculaire aux droites AB et EF (n° 519).

Les deux droites AB et EF étant perpendiculaires à un même plan sont parallèles (n° 520).

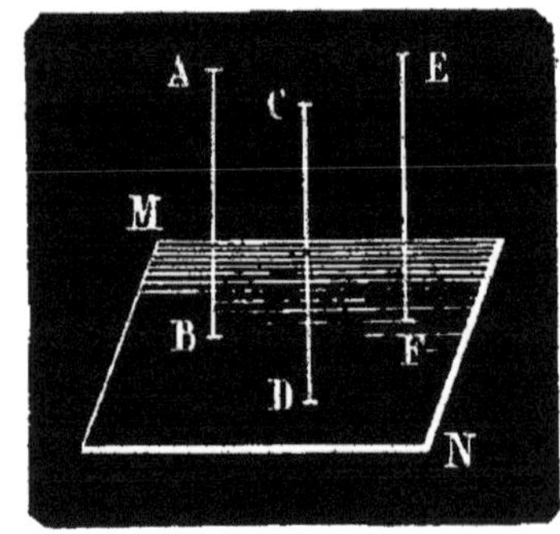

Fig. 351.

§ IV. DROITE ET PLAN PARALLÈLES

Rappelons qu'une droite et un plan sont parallèles lorsqu'ils n'ont aucun point commun.

THÉORÈME

522. *Lorsqu'une droite* AB *est parallèle à une droite tracée dans un plan* MN, *elle est parallèle à ce plan* (fig. 352).

Si l'on considère le plan ACDB déterminé par les deux parallèles AB et CD, toute droite tracée dans ce plan ne peut rencontrer le plan MN qu'en un point de la ligne CD; or par hypothèse AB ne peut pas rencontrer CD, donc AB ne peut pas rencontrer le plan MN et lui est parallèle.

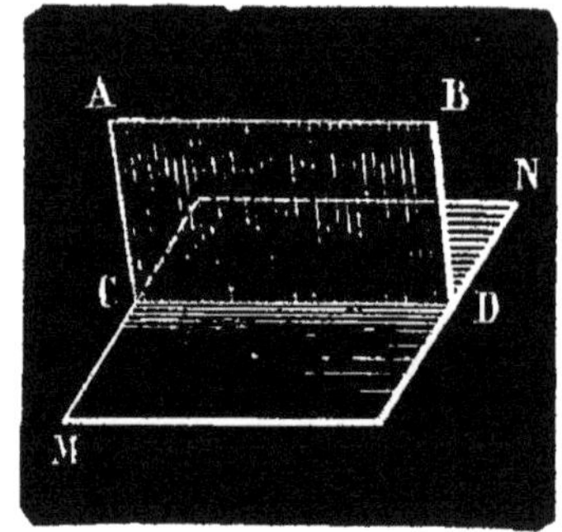

Fig. 352.

523. Corollaire. — *Par un point pris hors d'un plan on peut mener à ce plan autant de parallèles que l'on veut.*

THÉORÈME

524. *Lorsqu'une droite* AB *est parallèle à un plan* MN (fig. 353), *tout plan* ABDC, *mené par cette droite, coupe le premier plan suivant une droite* CD *parallèle à la droite* AB.

1° Les droites AB et CD sont dans un même plan ABDC;

2° Elles ne peuvent se rencontrer, sans quoi AB rencontrerait le plan MN. Donc ces deux droites sont parallèles.

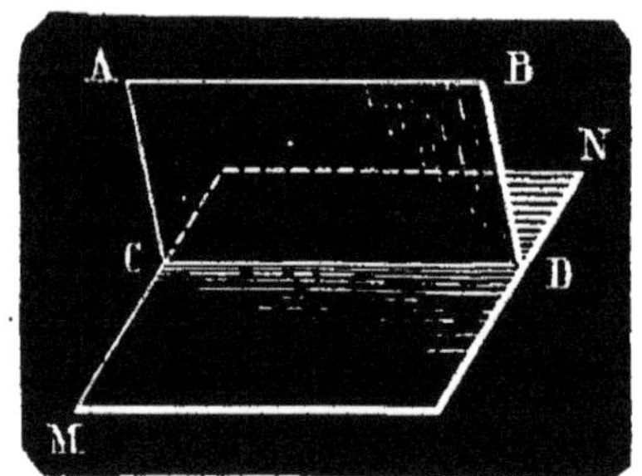

Fig. 353.

THÉORÈME

525. *Lorsqu'une droite* AB *est parallèle à un plan* MN (fig. 353), *toute parallèle* CD *menée à cette droite par un point* C *du plan est tout entière dans ce plan.*

Le plan ABC mené par AB et le point C coupe le plan MN suivant une droite parallèle à AB (nº 524) ; cette intersection se confond avec CD, car du point C on ne peut mener qu'une parallèle à AB ; donc CD est entièrement située dans le plan MN.

THÉORÈME

526. *L'intersection* CD (fig. 354) *de deux plans* ABDC, EFDC, *parallèles à une même droite* MN *est parallèle à cette droite.*

D'après le théorème précédent, toute parallèle à MN, menée par un point C de l'intersection CD, est entièrement contenue dans chacun des plans, et se confond par conséquent avec leur intersection ; donc CD est parallèle à MN.

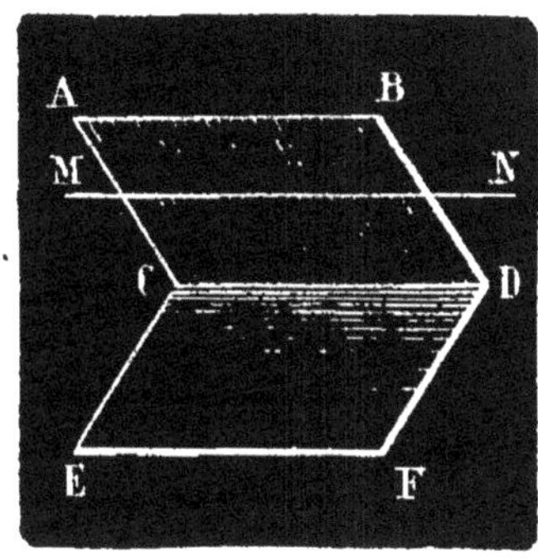

Fig. 354.

THÉORÈME

527. *Les portions de parallèles* CD, EF (fig. 355) *comprises entre une droite* AB *et un plan* MN *parallèles sont égales.*

Le plan déterminé par les parallèles CD et EF coupe le plan MN suivant une droite DF parallèle à AB (nº 524). Le quadrilatère CDFE est donc un parallélogramme ; il en résulte que CD égale EF.

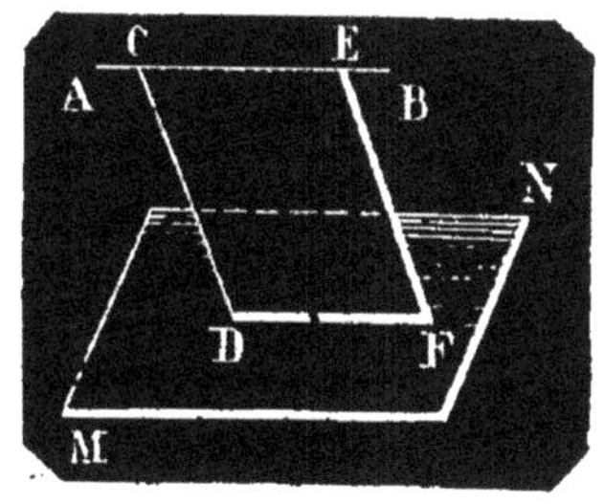

Fig. 355.

528. Corollaire. — *Une droite* AB *et un plan* MN *parallèles sont partout équidistants* (fig. 355).

Des points C et E, abaissons sur MN les perpendiculaires CD et EF ; elles sont parallèles (nº 520) et par suite égales. La droite AB et le plan MN sont donc partout équidistants.

§ V. PLANS PARALLÈLES ENTRE EUX.

529. Définition. — On dit que deux plans sont parallèles lorsqu'ils n'ont aucun point commun.

THÉORÈME

530. *Deux plans* MN *et* PQ (fig. 356) *perpendiculaires à une même droite* AB *sont parallèles.*

Ces plans ne peuvent avoir un point O commun, car par ce point il n'existe qu'un plan perpendiculaire à la droite AB (nº 512).

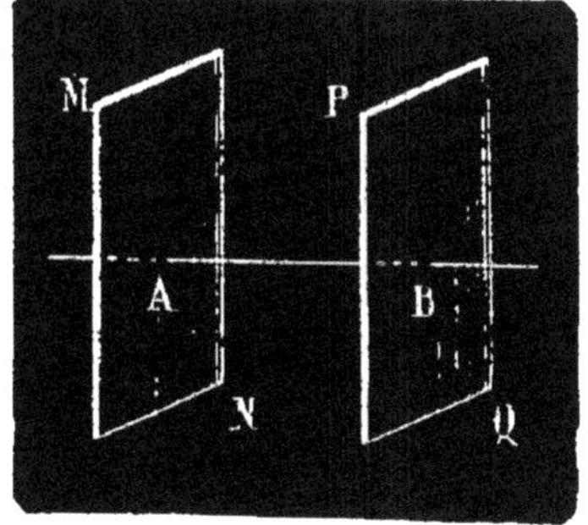

Fig. 356.

THÉORÈME

531. *Le lieu géométrique des parallèles à un plan* MN *menées par un même point* O *de l'espace est un plan* PQ *parallèle au plan donné* (fig. 357).

Je mène par le point O une parallèle OB et une perpendiculaire OA au plan MN.

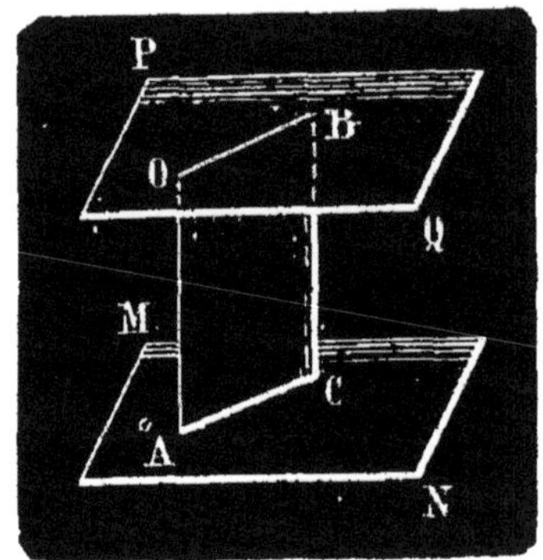

Fig. 357.

Le plan BOA coupe MN suivant une droite AC parallèle à OB (n° 524). La droite OA étant perpendiculaire au plan MN, est perpendiculaire sur la ligne AC qui passe par son pied dans ce plan ; elle est donc aussi perpendiculaire à OB, qui est parallèle à AC.

Il résulte de là que toutes les parallèles au plan MN menées par le point O sont perpendiculaires en ce point à la droite OA.

Réciproquement toute perpendiculaire OB menée au point O sur la droite OA est parallèle au plan MN. En effet le plan BOA coupe le plan MN suivant une droite AC perpendiculaire à OA, puisque cette droite passe par le pied de OA dans le plan MN. Les droites OB et AC sont parallèles comme étant perpendiculaires à une même droite, dans un même plan. La ligne OB étant parallèle à une droite du plan MN est parallèle à ce plan (n° 522).

Donc le lieu géométrique des parallèles au plan MN menées par le point O n'est autre chose que le lieu géométrique des perpendiculaires au point O sur la droite OA, c'est-à-dire un plan PQ perpendiculaire à OA (n° 511) et, par suite, parallèle à MN (n° 530).

532. Remarque. — Deux droites qui se coupent suffisent pour déterminer un plan. Deux parallèles à un plan, menées par un même point de l'espace suffisent donc pour déterminer un plan parallèle au premier.

THÉORÈME

533. *Les intersections de deux plans parallèles par un troisième sont parallèles.*

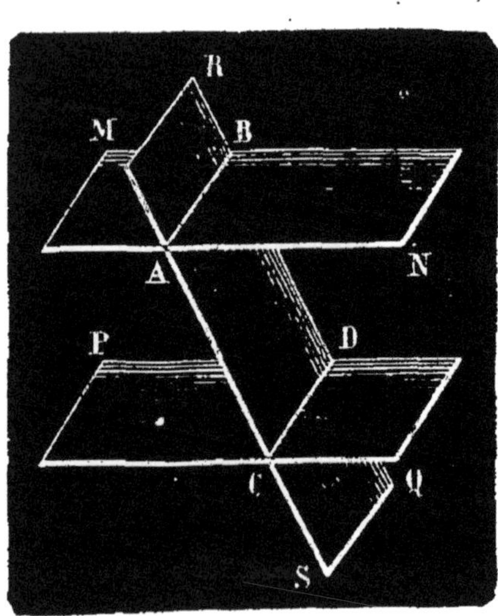

Fig. 358.

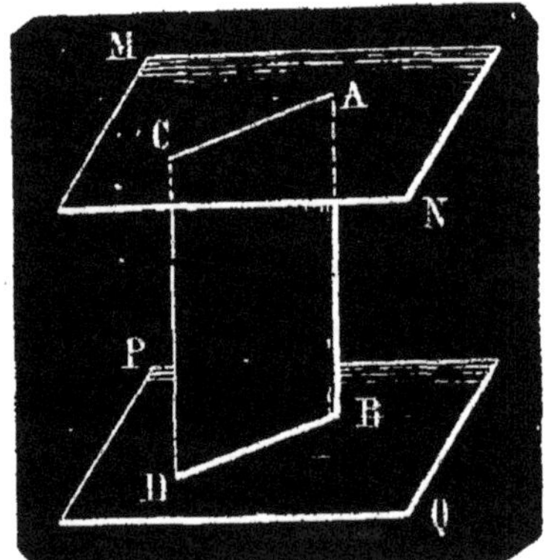

Fig. 359.

Soient MN et PQ deux plans parallèles coupés par un troisième plan RS (fig. 358). Je dis que les intersections AB et CD sont parallèles.

1° Ces droites sont dans le même plan RS.

2° Elles ne peuvent se rencontrer puisqu'elles sont situées sur deux plans parallèles.

Donc elles sont parallèles.

THÉORÈME

534. *Lorsque deux plans* MN *et* PQ (fig. 359) *sont parallèles, toute droite perpendiculaire à l'un est perpendiculaire à l'autre.*

Soit une droite AB perpendiculaire au plan MN ; je dis qu'elle est aussi perpendiculaire au plan PQ. Pour le prouver, je fais passer par la droite AB un plan quelconque, qui coupe les plans MN et PQ suivant deux parallèles AC, BD (n° 533).

La droite AB étant perpendiculaire au plan MN est perpendiculaire à la ligne AC qui passe par son pied dans ce plan ; elle est donc aussi perpendiculaire à BD, qui est parallèle à AC. On conclut de là que la droite AB est perpendiculaire à toutes les droites passant par son pied dans le plan PQ, c'est-à-dire perpendiculaire à ce plan.

THÉORÈME

535. *Deux plans* MN *et* PQ *parallèles à un troisième plan* RS *sont parallèles* (fig. 360).

Toute droite AC perpendiculaire au plan RS est perpendiculaire aux deux plans MN et PQ en vertu du théorème précédent. Les deux plans MN et PQ étant perpendiculaires à une même droite AC sont parallèles.

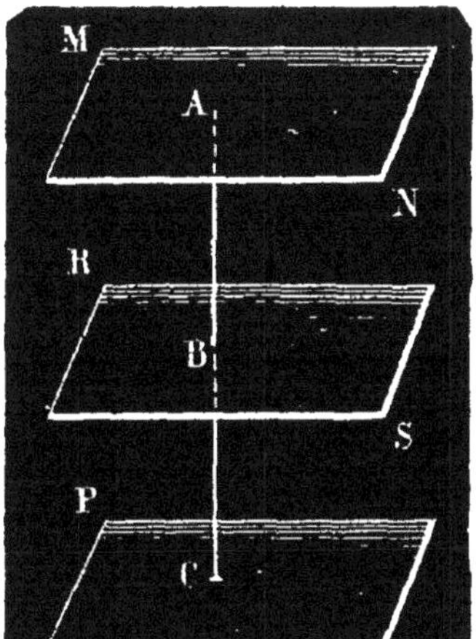

Fig. 360.

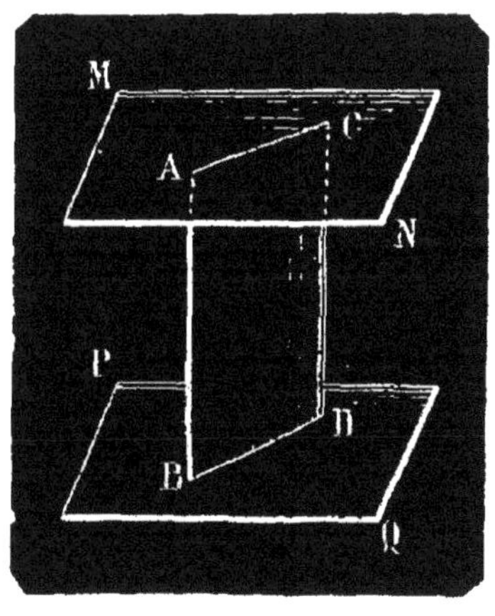

Fig. 361.

THÉORÈME

536. *Les portions de parallèles* AB, CD *comprises entre deux plans parallèles* MN *et* PQ *sont égales* (fig. 361).

Les deux parallèles AB, CD déterminent un plan, qui coupe les plans MN et PQ suivant deux droites parallèles AC et BD (n° 533).

Le quadrilatère ABCD est donc un parallélogramme ; par conséquent les droites AB et CD sont égales.

537. Corollaire. — *Deux plans parallèles sont partout équidistants.*

J'élève aux points A et C des perpendiculaires AB et CD sur le plan MN (fig. 361); elles sont aussi perpendiculaires au plan PQ (n° 534) et mesurent la distance des plans en deux points différents. Or, ces perpendiculaires sont parallèles (n° 520) et par suite égales (n° 536). Donc deux plans parallèles sont partout équidistants.

THÉORÈME

538. *Les segments déterminés par trois plans parallèles sur deux droites quelconques sont proportionnels.*

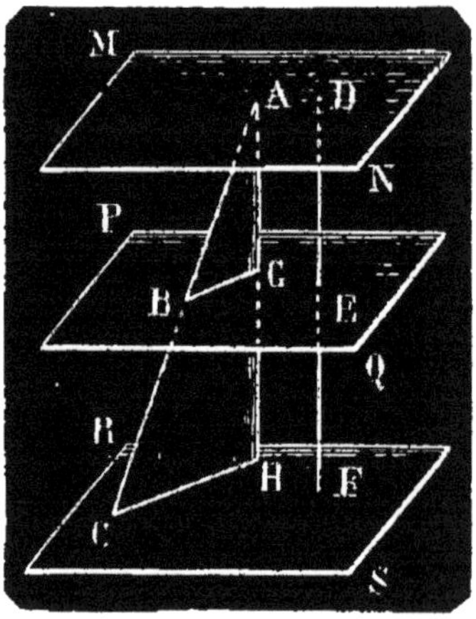

Soient AC et DF deux droites quelconques coupées par trois plans parallèles MN, PQ, RS (fig. 362). Je dis que le rapport des deux segments AB et BC de la première droite est égal au rapport des segments DE et EF de la deuxième.

Pour le prouver, je mène par le point A une droite AH parallèle à DE ; les deux droites AC et AH déterminent un plan dont les intersections avec les plans parallèles PQ et RS sont les droites parallèles BG et CH.

Fig. 362.

On a donc dans le triangle CAH :

$$\frac{AB}{BC} = \frac{AG}{GH}.$$

Or les droites AG et GH sont respectivement égales aux droites DE et EF comme portions de parallèles comprises entre plans parallèles (n° 536).

On a par suite

$$\frac{AB}{BC} = \frac{DE}{EF} \qquad \text{C. Q. F. D.}$$

539. Corollaire. — *Les droites* OB, OD, OF *issues d'un même point sont coupées en parties proportionnelles par deux plans parallèles* MN *et* PQ (fig. 363).

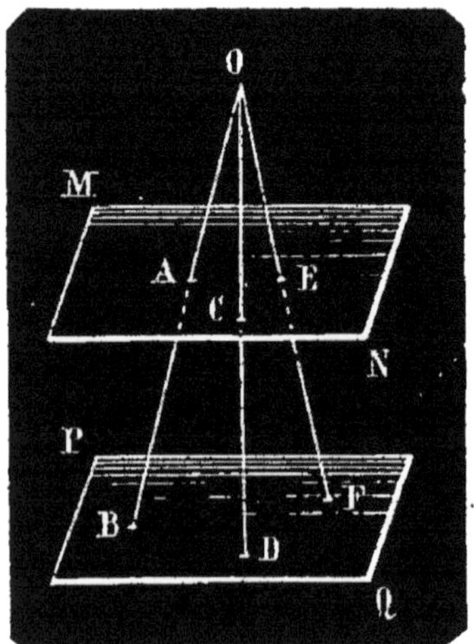

Fig. 363.

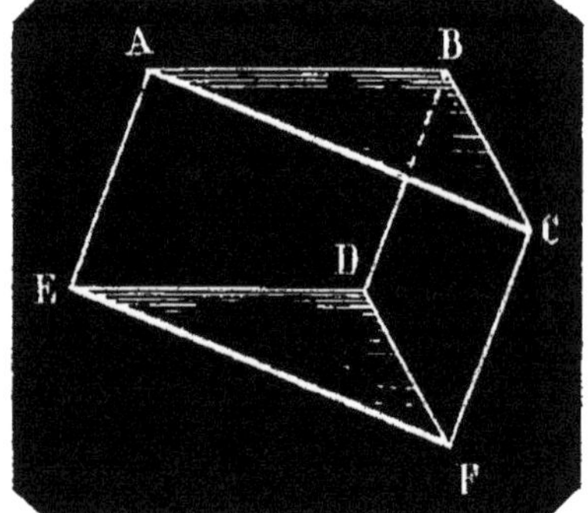

Fig. 364.

THÉORÈME

540. *Deux angles* BAC, DEF (fig. 364) *situés dans des plans différents et qui ont les côtés respectivement parallèles, sont égaux ou supplémentaires et situés dans deux plans parallèles.*

Je prends sur les côtés de ces angles des longueurs AB, AC respectivement égales aux longueurs ED, EF et je trace les droites AE, BD, CF, BC et DE.

Le quadrilatère ABDE ayant deux côtés AB, ED égaux et parallèles est un parallélogramme ; il en résulte que les côtés BD et AE sont égaux et parallèles. De même ACFE est un parallélogramme et CF est égal et parallèle à AE. Les deux droites BD et CF étant égales et parallèles à la même droite AE, sont égales et parallèles entre elles. Il en résulte que le quadrilatère BDFC est aussi un parallélogramme et que les côtés BC et DF sont égaux.

Dès lors les triangles ABC et EDF sont égaux comme ayant les trois côtés respectivement égaux et l'angle BAC est égal à l'angle DEF.

Si, avec l'angle A, on prenait un angle obtus en E, les deux angles considérés seraient supplémentaires.

Je dis maintenant que les plans BAC et DEF sont parallèles.

En effet, la droite AC étant parallèle à la droite EF tracée dans le plan DEF est parallèle à ce plan. La droite AB, étant parallèle à la droite ED, est aussi parallèle au plan DEF.

Or deux droites parallèles à un plan menées par un même point de l'espace déterminent un plan parallèle au premier (n° 532). Donc le plan BAC est parallèle au plan DEF.

APPLICATIONS

541. *Un plan est déterminé par le mouvement d'une droite qui s'appuie constamment sur deux droites qui se coupent ou qui sont parallèles.*

On applique ce principe dans la fabrication des tuiles plates. A cet effet, l'ouvrier remplit d'argile une caisse dont les bords forment un rectangle ; puis il fait glisser, en l'appuyant sur deux bords consécutifs ou sur deux côtés parallèles de ce rectangle, une règle qui enlève toute la matière qui dépasse le moule, et la surface obtenue est plane.

Les charpentiers et les scieurs de long, pour couper une pièce de bois suivant un plan, font mouvoir la scie sur deux parallèles ou sur deux droites concourantes tracées sur des faces adjacentes ou opposées.

Les tailleurs de pierres emploient le même procédé ; ils tracent, sur le bloc à couper, deux droites concourantes ou parallèles et enlèvent avec le ciseau la matière située en dehors du plan de ces droites, puis ils vérifient avec une règle si la surface obtenue est plane : cette règle doit s'appuyer constamment sur les deux droites et coïncider parfaitement avec la surface.

542. *L'intersection de deux plans est une ligne droite.*

Lorsqu'on trace avec la règle et le crayon une droite sur le papier, le crayon qui se meut parallèlement à lui-même en s'appuyant sur une droite fixe engendre un plan dont l'intersection avec la feuille de papier supposée plane est une ligne droite.

Le menuisier qui façonne une règle détermine une arête rectiligne par l'intersection de deux faces adjacentes qu'il rend planes avec le rabot.

L'ombre portée par une ligne droite sur un plan est une ligne droite. Ainsi lorsqu'une lampe est posée sur une table rectangulaire, les rayons lumineux qui rasent les bords de la table forment des plans dont les intersections avec le plancher ou les murs de l'appartement sont des lignes droites

543. *La perspective d'une ligne droite est une ligne droite.* Pour obtenir la perspective d'une ligne droite AB (fig. 365) on place un plan MN, appelé tableau, entre la droite AB et l'œil O de l'observateur.

Les rayons visuels émanés du point O et aboutissant aux différents points de la droite AB déterminent un plan OAB dont l'intersection *ab* avec le plan MN est la perspective de AB.

Cette perspective est une ligne droite puisqu'elle est l'intersection de deux plans.

544. *Par un point* O *donné sur un plan* MN *élever pratiquement une perpendiculaire à ce plan* (fig. 366).

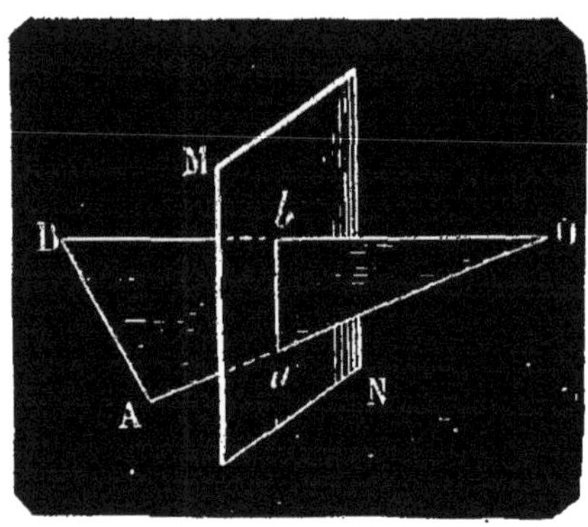

Fig. 365.

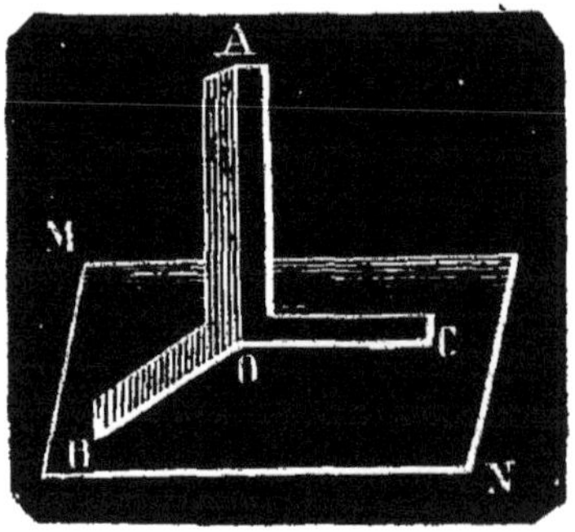

Fig. 366.

Double équerre. — On résout facilement ce problème au moyen de la *double équerre* ou équerre à deux branches formée de deux équerres ordinaires AOB, AOC réunies par l'un des côtés de l'angle droit. Si l'on fait glisser cet instrument sur le plan MN de manière que les deux côtés OB et OC coïncident avec ce plan et que le sommet O soit au point donné, la droite AB est perpendiculaire au plan MN comme étant perpendiculaire aux droites OB et OC qui passent par son pied dans ce plan.

545. **Méthode des trois cordeaux.** — Tracez par le point O (fig. 367) deux droites OA et OB de trois unités de longueur chacune; fixez aux points A et B deux cordeaux de cinq unités chacun, et, au point O, un troisième cordeau de quatre unités; réunissez en un point C les bouts libres des trois cordeaux en les faisant tendre, le cordeau OC indiquera la direction de la perpendiculaire au plan MN menée par le point O. On a en effet

$$5^2 = 4^2 + 3^2$$

Ce qui prouve que les triangles AOC et BOC sont rectangles en O; la droite OC étant perpendiculaire à deux droites OA et OB qui passent par son pied dans le plan MN est perpendiculaire à ce plan.

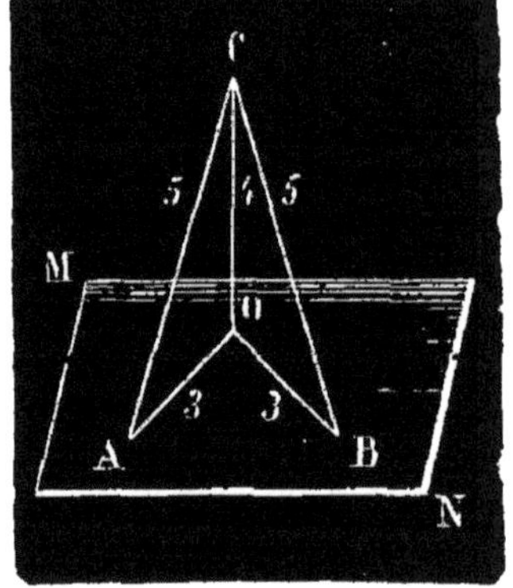

Fig. 367.

546. *D'un point pris hors d'un plan mener une perpendiculaire à ce plan.*

On peut employer la double équerre (fig. 366) que l'on fait glisser sur le plan jusqu'à ce que la branche OA passe par le point donné; cette tige indique alors la direction de la perpendiculaire cherchée.

Si la branche OA n'est pas assez longue on a recours à la méthode indiquée au (n° 516).

Remarque. — Pour résoudre les deux problèmes précédents on pourrait faire usage du théorème des trois perpendiculaires.

547. *Mener par un point donné* O *sur une droite* AB *un plan perpendiculaire à cette droite* (fig. 368).

Supposons que la droite AB soit l'arête rectiligne d'une pièce de bois qu'il s'agit de couper suivant un plan perpendiculaire à cette arête. Le charpentier trace avec l'équerre sur deux faces adjacentes deux droites OC et OD perpendiculaires à AB.

Le plan de ces droites est perpendiculaire à AB (n° 510). Il n'y a plus qu'à donner un trait de scie dans ce plan.

548. *Mener par un point* D *pris hors d'une droite* AB (fig. 368) *un plan perpendiculaire sur cette droite.*

L'arête AB étant l'intersection de deux plans dont l'un passe par le point D, le charpentier abaisse du point D avec l'équerre une perpendiculaire DO sur AB, puis, dans l'autre face, par le point O, une deuxième perpendiculaire OC sur AB. Le plan DOC est perpendiculaire à AB (n° 512) et le trait de scie pratiqué suivant les droites DO et OC détermine ce plan.

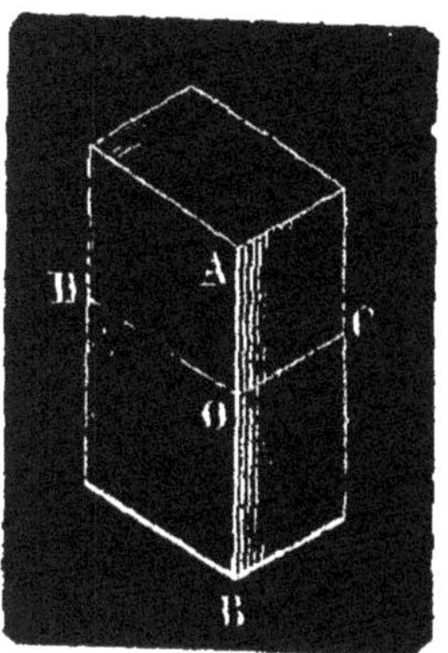

Fig. 368.

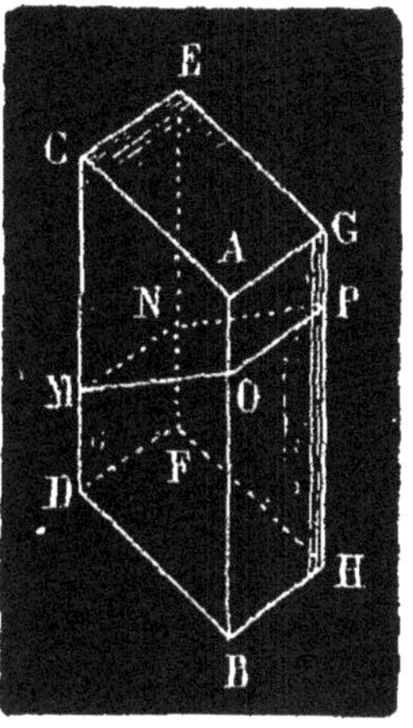

Fig. 369.

549. *Application du n°* 519). Supposons que les quatre arêtes AB, CD, EF, GH d'une pièce de bois (fig. 369) soient parallèles.

Tout plan MOP perpendiculaire à l'arête AB en un point O est perpendiculaire aux autres arêtes et le trait de scie pratiqué suivant les droites OM, OP tracées comme au n° 548 rencontre à angle droit les autres arêtes CD, EF, GH.

550. **Verticales et horizontales.** — On appelle *ligne verticale* ou simplement **verticale** la droite qui a pour direction dans l'espace celle du **fil à plomb.**

Les verticales concourent au centre de la terre ; mais deux verticales voisines font entre elles un angle assez petit à cause de l'éloignement du centre du globe pour que nous puissions, sans erreur sensible, les considérer comme parallèles ; ainsi les lignes d'intersection des murs de nos constructions, les arêtes de nos meubles, les jambages des portes, etc. sont des verticales voisines et par suite des droites parallèles.

On vérifie les verticales à l'aide du **niveau de côté** (fig. 370). C'est une simple règle rectangulaire ABCD sur laquelle on a tracé une ligne EF parallèle aux côtés AB et DC et que l'on appelle **ligne de foi ;** en un point O de cette ligne est suspendu un fil à plomb OH, dont la masse pesante H se loge dans une cavité pratiquée en bas de la règle. On applique le côté AB contre l'arête à vérifier et si le fil à plomb coïncide avec la ligne de foi on en conclut que cette arête est parallèle à une verticale et qu'elle est, par suite, verticale elle-même.

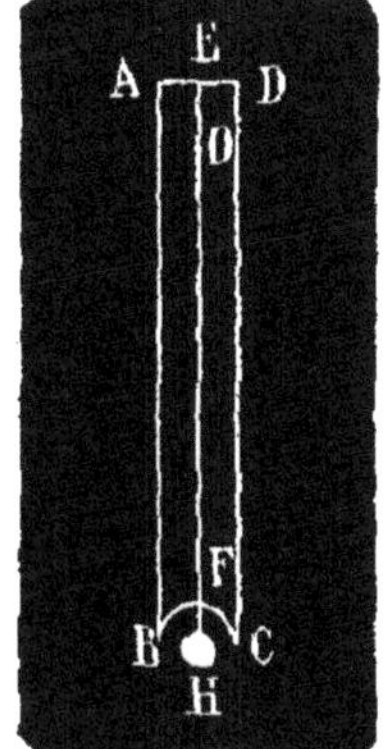

Fig. 370.

Pour que l'expérience soit concluante, il faut que le fil à plomb soit entièrement libre ce qui n'a pas lieu lorsque l'instrument est légèrement penché en arrière, on le retourne alors en appliquant contre l'arête à vérifier le deuxième côté DC de l'équerre.

551. On nomme **plan horizontal** tout plan perpendiculaire à la verticale, et l'on appelle **droite horizontale** ou simplement *horizontale* toute droite tracée dans un plan horizontal. L'expérience prouve que le fil à plomb est perpendiculaire à la surface libre des liquides de petite étendue ; cette surface est donc un plan horizontal ; toute droite tracé sur cette surface, telle qu'une règle en fer posée sur du mercure, est une ligne horizontale.

552. *Lorsqu'une verticale rencontre un plan horizontal, elle est perpendiculaire à toutes les horizontales tracées par son pied dans ce plan* (n° 510).

553. **Réciproquement.** — *Les perpendiculaires menées en un même point d'une verticale dans des directions différentes déterminent un plan perpendiculaire à cette verticale, c'est-à-dire un plan horizontal* (n° 511).

554. **Corollaire I.** — *Par un point de l'espace on ne peut mener qu'une verticale et par suite qu'un seul plan horizontal.*

555. **Corollaire II.** — *Les plans horizontaux, perpendiculaires à une même verticale ou à des verticales peu éloignées l'une de l'autre sont parallèles.*

556. **Corollaire III.** — *Un plan est horizontal lorsqu'il contient deux lignes horizontales.*

557. Dans la pratique, on s'appuie sur cette propriété pour vérifier si un plan est horizontal.

A cet effet, on se sert d'un instrument appelé **niveau.**

Nous avons donné (nos 92, 93) la description du *niveau de maçon* et celle du *niveau d'eau.* (Voir les autres niveaux dans notre *Géométrie descriptive* ou dans notre *Cours de mathématiques appliquées.*)

Les plans horizontaux sont d'un fréquent usage dans les constructions : tels sont les planchers, les plafonds, la face supérieure des meubles, des marches d'escalier, etc.

558. Des nos 536, 537, il résulte que si une droite de longueur invariable s'appuie constamment sur un plan et se déplace parallèlement à elle-même, son extrémité libre décrit un plan parallèle au premier.

La **machine à raboter** ou **à planer** les métaux est une application de ce principe. La pièce essentielle de cette machine est un burin qui se meut parallèlement à lui-même, entraîné par un chariot glissant sur un plan ; l'extrémité libre du burin décrit, sur la pièce de fonte ou de cuivre, un plan parallèle à celui que décrit le chariot.

La **scie à recéper** *les pieux* sous l'eau est fondée sur le même principe. Pour construire un mur sur le lit même d'une rivière on enfonce dans le sol un certain nombre de **pieux** ou **pilots,** qui doivent ensuite être coupés à une même distance du niveau de l'eau, c'est-à-dire par un même plan horizontal. On emploie à cet usage la **scie à recéper,** qui se compose d'une lame ordinaire fixée aux extrémités de deux montants verticaux d'égale longueur et dont les extrémités, reliées par un troisième montant, se meuvent constamment dans un plan horizontal ; par suite de cette disposition les extrémités inférieures des montants verticaux décrivent un plan parallèle au premier c'est-à-dire un plan horizontal.

EXERCICES

520. Tracer par un point donné une ligne droite qui rencontre deux lignes droites non situées dans le même plan.

521. Pour qu'une droite soit perpendiculaire à un plan, il suffit qu'elle soit également inclinée sur trois droites passant par son pied dans ce plan.

522. Trouver sur une ligne droite donnée AB un point à égale distance de deux points C et D non situés dans le même plan avec AB.

523. Trouver sur une droite xy un point M, tel que la somme de ses distances à deux points A et B non situés dans le même plan avec xy soit aussi petite que possible.

524. On donne deux points A et B du même côté d'un plan MN, trouver sur ce plan un point dont la somme des distances aux points A et B soit aussi petite possible.

525. Un plan MN passe entre deux points A et B trouver sur ce plan, un point dont la différence des distances aux points A et B soit aussi grande que possible.

526. Trouver sur un plan MN un point qui soit à égale distance de trois points donnés non en ligne droite hors du plan.

527. Trouver le lieu des points d'un plan dont la différence des carrés des distances à deux points donnés hors de ce plan est constante.

528. Trouver le lieu des points d'un plan dont la somme des carrés des distances à deux points fixes hors du plan soit constante.

529. Lieu des pieds des perpendiculaires abaissées d'un point pris hors d'un plan sur toutes les droites de ce plan passant par un même point.

530. Si une droite et un plan sont perpendiculaires à une même droite, cette ligne et le plan sont parallèles.

531. D'un point A situé à 4 mètres d'un plan MN, on mène une oblique AC de 7^m que l'on fait tourner autour de la perpendiculaire AB abaissée de A sur le plan; quelle est la surface du cercle décrit par le pied de l'oblique?

532. Construire le lieu des pieds des obliques égales partant d'un point A donné hors d'un plan MN et telles que le carré de chacune d'elles soit égal à la somme des carrés de deux lignes données *m* et *n*.

533. D'un point A situé à 8^m d'un plan MN, on abaisse une perpendiculaire AB sur ce plan; du pied de cette perpendiculaire comme centre avec un rayon de 3^m on décrit une circonférence dans le plan; en un point quelconque C de la circonférence on mène une tangente CD de 5^m. Calculer la distance du point A au point D.

534. Mener par un point une droite parallèle à un plan.

535. Mener par une droite un plan parallèle à une droite donnée

536. Mener par un point un plan parallèle à deux droites non situées dans un même plan.

537. Lieu des points également distants de deux plans parallèles.

538. Lieu des parallèles à une droite menées par les différents points d'une autre droite non située dans le même plan que la première.

539. Si par l'une des diagonales d'un parallélogramme on mène un plan quelconque, les perpendiculaires abaissées sur ce plan des extrémités de l'autre diagonale sont égales.

540. Tracer une droite parallèle à une direction donnée de manière qu'elle rencontre deux droites non situées dans un même plan.

541. Lieu géométrique des points dont le rapport des distances à deux plans parallèles est égal au rapport de deux droites données.

542. Les droites qui joignent les milieux des côtés consécutifs d'un quadrilatère gauche forment un parallélogramme.

543. Dans tout quadrilatère gauche, les droites qui joignent les milieux des côtés opposés passent par le milieu de la droite qui joint les milieux des diagonales.

544. On donne trois plans parallèles M, N, P; la distance de M à N est 3^m; la distance de N à P est 5^m. Calculer les segments déterminés par le plan du milieu N sur une droite de 17^m située entre les plans extrêmes M et P.

545. Par une droite donnée, mener un plan qui passe à égale distance de deux points donnés.

546. Par un point donné mener un plan qui passe à égale distance de trois autres points donnés.

547. Toutes les perpendiculaires abaissées du même point sur des plans qui passent par une même droite sont dans un même plan.

548. Si un angle BAC, tourne autour du côté AB, tout point M du côté AC décrit un cercle perpendiculaire au premier.

549. Quel est le lieu des points de l'espace à égale distance des points d'une circonférence?

550. Trouver un point à égale distance de quatre points non situés dans un même plan.

551. Quel est le lieu géométrique des points d'un plan à égale distance d'un point donné hors de ce plan?

552. Une droite se déplace en restant parallèle à un plan donné et en s'appuyant sur deux droites non situées dans un même plan : quel est le lieu des points qui divisent la droite mobile dans un rapport donné.

553. Par les sommets d'un polygone tracé dans un plan, on mène des droites non situées dans ce plan, mais qui sont égales et parallèles, le polygone qui a pour sommets les extrémités de ces parallèles est égal et parallèle au premier.

554. Si deux droites de l'espace sont égales et parallèles, les plans menés par les extrémités de ces droites perpendiculairement sur une droite quelconque interceptent sur cette dernière des longueurs égales.

555. Deux plans parallèles à deux plans qui se coupent, se coupent aussi et leur intersection est parallèle à l'intersection des premiers.

556. Lieu des extrémités des parallèles égales issues des différents points d'un plan.

CHAPITRE II

ANGLES DIÈDRES

§ I. PROPRIÉTÉS GÉNÉRALES

559. On appelle **angle dièdre** la figure formée par deux plans MA et NB (fig 371) qui se coupent et qui sont terminés à leur intersection AB.

Les plans MA, NB et la droite AB sont les **faces** et l'**arête** du dièdre.

Un angle dièdre se désigne par son arête ou bien par ses deux faces et son arête en plaçant les lettres de l'arête au milieu. Ainsi on dira : le dièdre AB ou le dièdre MABN.

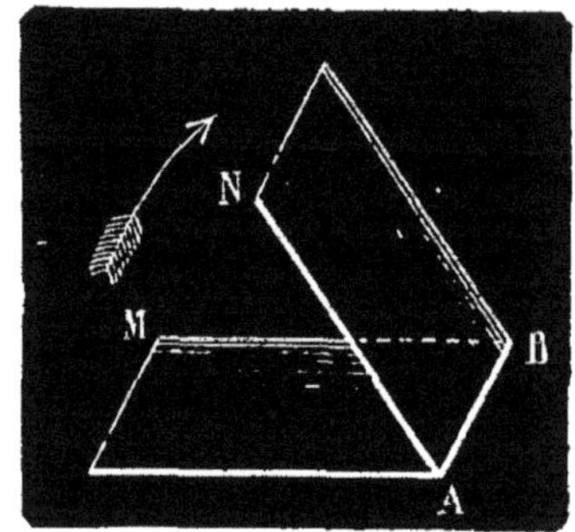

Fig. 371.

560. Pour avoir une idée exacte de la grandeur de l'angle dièdre MABN, imaginons un plan d'abord couché sur la face MA et tournant autour de l'arête AB dans le sens de la flèche jusqu'à ce qu'il vienne coïncider avec la face NAB; l'angle dièdre formé par ce plan mobile avec la face MAB, d'abord très petit va en augmentant pendant la rotation.

On conçoit dès lors ce que l'on doit entendre par angles dièdres égaux, et angles dièdres inégaux.

561. On dit que deux angles dièdres MABN, et NABP (fig. 372) sont **adjacents** lorsqu'ils ont même arête AB, une face commune NAB et qu'ils sont situés de part et d'autre de cette face commune.

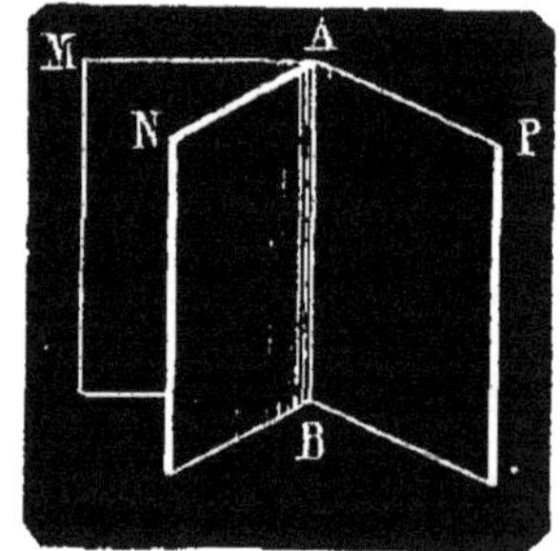

Fig. 372.

562. Un plan est **perpendiculaire** ou **oblique** à un autre plan lorsqu'il forme avec lui deux angles dièdres adjacents égaux ou inégaux.

563. On appelle **angle dièdre droit** un angle dièdre dont les faces sont perpendiculaires entre elles.

564. Deux angles dièdres sont **opposés à l'arête** lorsque les faces de l'un sont les prolongements des faces de l'autre.

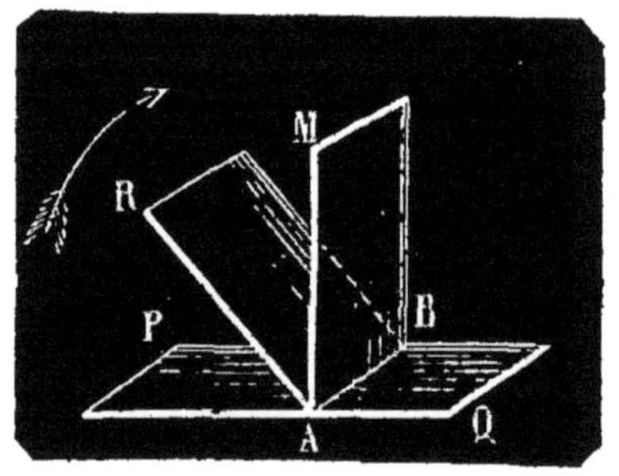

Fig. 373.

THÉORÈME

565. *Par une droite* AB *tracée dans un plan* PQ (fig. 373) *on peut toujours mener un deuxième plan perpendiculaire au premier et on ne peut en mener qu'un.*

Imaginons un plan RAB d'abord couché sur PQ et qui tourne autour de AB dans le sens de la flèche. L'angle dièdre RABP d'abord très petit va en augmentant, tandis que le dièdre RABQ, d'abord très grand, va en diminuant de la même quantité. Il arrive nécessairement un moment où ces deux dièdres sont égaux ; supposons qu'il en soit ainsi lorsque RAB coïncide avec le plan MAB, on dit alors que le plan MAB est perpendiculaire au plan PQ.

Enfin, on ne peut en mener qu'un, car il n'y a qu'une seule position du plan RAB où les dièdres RABP et RABQ soient égaux.

566. **Corollaire.** — *Tous les angles dièdres droits sont égaux.*

Soient PABM et P'A'B'M' (fig. 374) deux angles dièdres droits. Je dis qu'ils sont égaux.

Transportons le dièdre P'A'B'M' sur le dièdre PABM de manière à faire coïncider les arêtes A'B', AB et les faces A'B'M', ABM ; le plan P'A'B' étant perpendiculaire au plan A'B'M' sera aussi perpendiculaire au plan ABM ; or d'après le théorème précédent on ne peut mener par la droite AB qu'un plan perpendiculaire au plan ABM ; donc le plan P'A'B' coïncidera avec PAB. Les dièdres se recouvrant dans toutes leurs parties sont égaux.

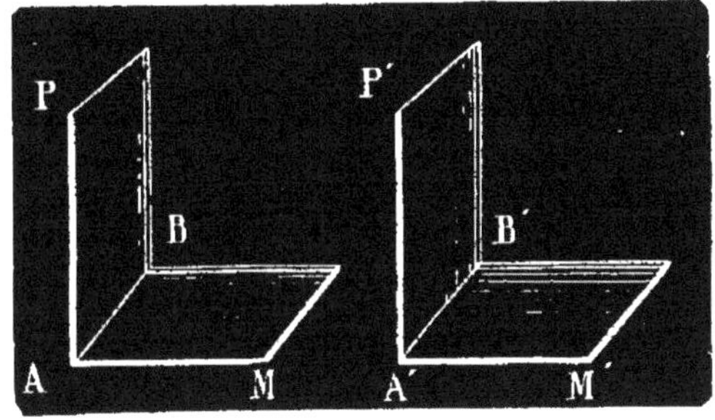

Fig. 374.

567. **Remarque.** — La proposition précédente montre que l'angle dièdre droit est une quantité fixe à laquelle on peut comparer tous les angles dièdres.

On dit qu'un angle dièdre est **aigu** ou **obtus** suivant qu'il est plus petit ou plus grand qu'un angle dièdre droit.

Deux angles dièdres sont **supplémentaires** lorsque leur somme vaut deux angles dièdres droits et **complémentaires** quand leur somme vaut un dièdre droit.

THÉORÈME.

568. *Lorsqu'un plan en rencontre un autre, il forme avec cet autre deux angles dièdres adjacents dont la somme vaut deux dièdres droits.*

Soit un plan PAB (fig. 375) qui coupe le plan MN suivant la droite AB.

1° Si le plan PAB est perpendiculaire au plan MN, le théorème est démontré.

2° Si le plan PAB est oblique au plan MN, menons par AB un plan RAB perpendiculaire à MN. Alors

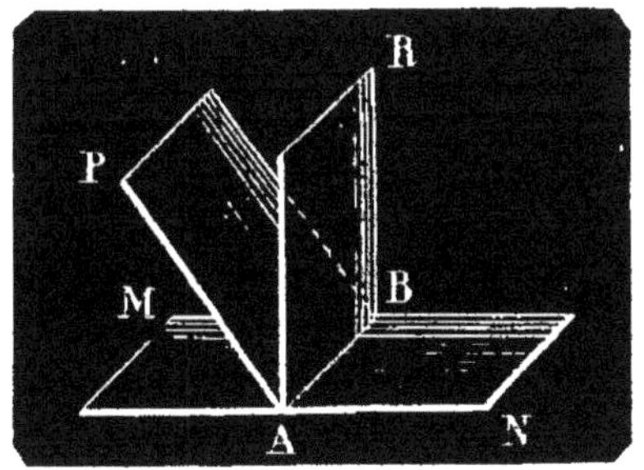

Fig. 375.

$$\begin{aligned} \text{PABM} &= 1 \text{ dièdre droit} - \text{PABR}, \\ \text{PABN} &= 1 \text{ dièdre droit} + \text{PABR}, \end{aligned}$$

d'où

$$\text{PABM} + \text{PABN} = 2 \text{ dièdres droits.}$$

C. Q. F. D.

RÉCIPROQUE

569. *Si deux dièdres adjacents* PABM *et* PABN (fig. 375) *ont une somme égale à deux dièdres droits, leurs faces extérieures sont dans un même plan.*

En effet, si l'on prolonge la face PAB, le prolongement forme avec le plan MAB un dièdre qui, d'après le théorème précédent, est égal au supplément du dièdre PABM et par conséquent égal au dièdre PABN; donc ce prolongement coïncide avec la face ABN. C. Q. F. D.

570. Remarque. — Les démonstrations des deux théorèmes précédents sont absolument identiques à celles que l'on a faites sur les théorèmes analogues concernant les angles plans. Les corollaires suivants se démontreraient de la même manière.

571. Corollaires. — 1° *Lorsque deux plans se coupent ils forment quatre angles dièdres; si l'un d'eux est droit, les trois autres sont aussi droits.*

2° *Lorsqu'un plan est perpendiculaire à un autre, cet autre est aussi perpendiculaire au premier.*

3° *La somme des dièdres formés autour d'une droite et du même côté d'un plan contenant cette droite, est égale à deux angles dièdres droits.*

4° *La somme des dièdres formés autour d'une même droite est égale à quatre angles dièdres droits.*

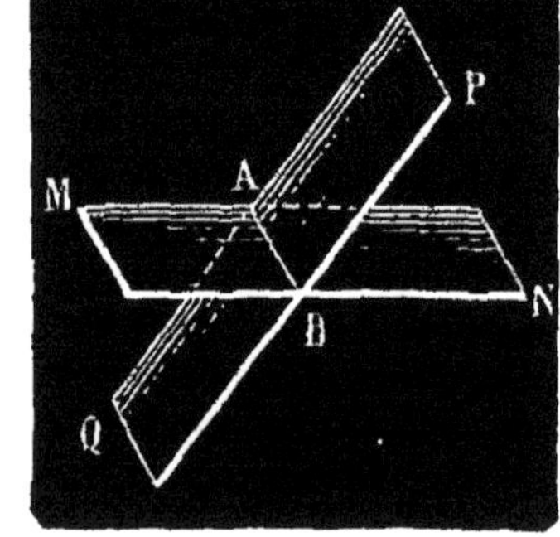

Fig. 376.

THÉORÈME

572. *Deux angles dièdres opposés à l'arête sont égaux.*

Soient PABN, QABM (fig. 376) deux dièdres opposés à l'arête.

Chacun de ces dièdres est le supplément du même dièdre PABM (n° 568); donc ils sont égaux.

§ II. MESURE DES ANGLES DIÈDRES

573. *Si l'on coupe un angle dièdre* CABD (fig. 377) *par deux plans perpendiculaires à l'arête* AB, *les angles plans* CAD *et* EBF *que l'on obtient, sont égaux.*

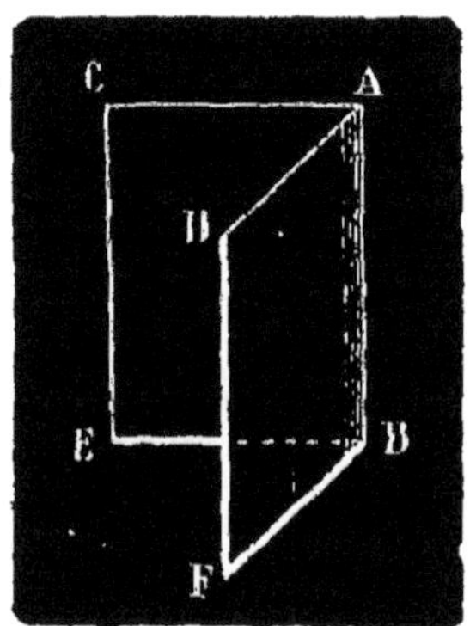

Fig. 377.

La droite AB étant perpendiculaire aux deux plans CAD et EBF est perpendiculaire aux droites AC, AD, BE, BF, passant par son pied dans chacun de ces plans.

Les droites AC, BE, situées dans le même plan CABE et perpendiculaires à une même droite AB de ce plan, sont parallèles. Les droites AD, BF sont parallèles pour la même raison. Donc les angles CAD, EBF sont égaux comme ayant les côtés parallèles et dirigés dans le même sens.

+ 574. **Définition.** — On appelle **angle plan d'un dièdre** l'angle que l'on obtient en coupant ce dièdre par un plan perpendiculaire à l'arête. Il est formé par deux droites perpendiculaires en un même point de l'arête et situées, l'une dans la première face, et l'autre dans la deuxième.

Le théorème que l'on vient de démontrer prouve que *l'angle plan d'un dièdre est constant.*

THÉORÈME

+ 575. *Si deux angles dièdres sont égaux, leurs angles plans sont égaux, et réciproquement.*

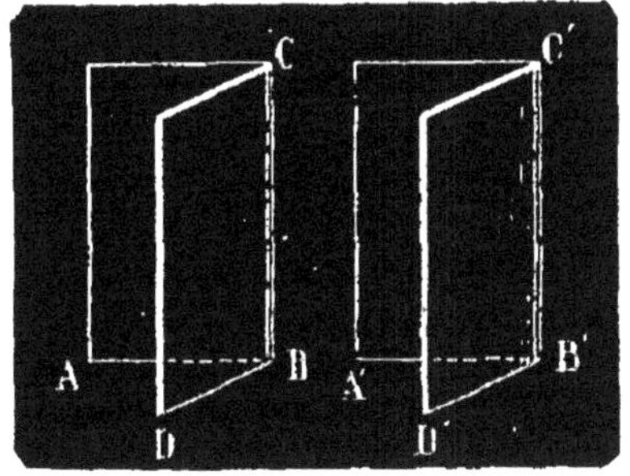

Fig. 378.

1° Soient ABCD, A'B'C'D' (fig. 378) deux angles dièdres égaux. Je dis que leurs angles plans ABD et A'B'D' sont égaux.

Je superpose les deux angles dièdres donnés de manière qu'ils coïncident dans toutes leurs parties, en plaçant le point B' au point B ; on le peut puisque ces dièdres sont égaux.

Les droites B'A' et BA étant perpendiculaires à la même droite BC au même point B et dans le même plan ABC, coïncident ; les droites B'D' et BD coïncident pour la même raison ; donc les angles ABD et A'B'D' sont égaux.

2° Je suppose que les angles plans ABD, A'B'D' soient égaux.

Je dis que les dièdres ABCD et A'B'C'D' sont égaux.

Je transporte le dièdre A'B'C'D' sur le dièdre ABCD de manière que les angles plans A'B'D' et ABD coïncident.

La droite B'C' étant perpendiculaire au plan A'B'D' sera aussi perpendiculaire au plan ABD au point B et prendra la direction BC, puisqu'au point B on ne peut élever qu'une perpendiculaire à ce plan.

Les deux plans A'B'C' et ABC ayant deux droites communes AB et BC qui se coupent, coïncideront ; il en sera de même des plans D'B'C' et DBC. Les dièdres coïncidant dans toutes leurs parties sont égaux.

+ 576. **Corollaire.** — *Si un angle dièdre est droit, son angle plan est droit, et réciproquement.*

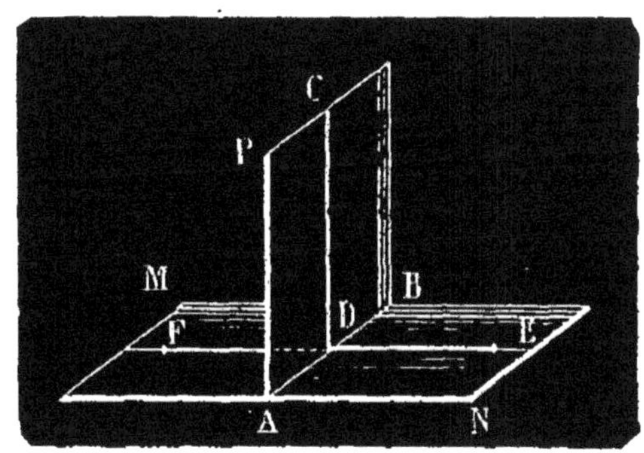

Fig. 379.

1° Soit PABN (fig. 379) un angle dièdre droit. Je dis que son angle plan CDE est droit.

Je prolonge la face ABN et la droite ED.

L'angle plan du dièdre PABM est alors CDF. Les deux dièdres PABM et PABN sont égaux par hypothèse ; donc leurs angles plans CDF et CDE sont égaux (nº 575). La droite CD est par suite perpendiculaire à FE, et l'angle CDE est droit.

2° Supposons que l'angle plan CDE soit droit ; je dis que le dièdre PABN est droit.

En effet, le supplément CDF de l'angle CDE est droit ; les dièdres PABN et PABM sont égaux comme ayant des angles plans égaux (n° 575). Donc le plan PAB est perpendiculaire au plan MN, et le dièdre PABN est droit.

THÉORÈME

577. *Le rapport de deux angles dièdres est égal au rapport de leurs angles plans.*

Soient ABCD, A'B'C'D' (fig. 380) deux angles dièdres dont les angles plans sont ABD, A'B'D'.

Je suppose que les angles plans ABD et A'B'D' aient une commune mesure contenue trois fois dans ABD et cinq fois dans A'B'D'. On a alors

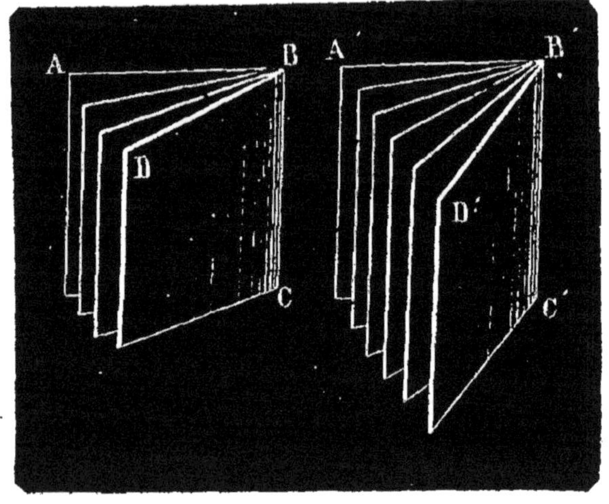

Fig. 380.

$$\frac{ABD}{A'B'D'} = \frac{3}{5}.$$

Je partage l'angle ABD en trois parties égales et A'B'D' en cinq parties égales, et je fais passer des plans par les droites de division et les arêtes BC, B'C'.

J'obtiens en tout huit angles dièdres égaux entre eux comme ayant des angles plans égaux.

Trois de ces angles dièdres sont contenus dans le dièdre ABCD et cinq dans A'B'C'D' ; donc

$$\frac{ABCD}{A'B'C'D'} = \frac{3}{5}.$$

Par conséquent

$$\frac{ABCD}{A'B'C'D'} = \frac{ABD}{A'B'D'}.$$ C. Q. F. D.

THÉORÈME

578. *Le nombre qui exprime la mesure d'un angle dièdre est égal à celui qui exprime la mesure de son angle plan, si l'on prend pour unité d'angle dièdre celui dont l'angle plan est pris pour unité d'angle.*

Soient deux dièdres ABCD, A'B'C'D' (fig. 381) dont les angles plans sont ABD et A'B'D'. D'après le théorème précédent on a

$$\frac{ABCD}{A'B'C'D'} = \frac{ABC}{A'B'C'}.$$

Si A'B'C'D' est l'unité d'angle dièdre et A'B'C' l'unité d'angle plan, le premier rapport exprime la mesure du dièdre ABCD et le second la mesure de son angle plan ABD ; donc ces deux mesures sont égales.

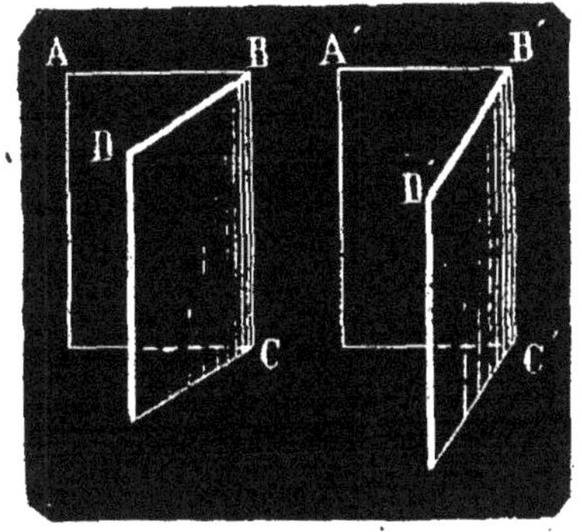

Fig. 381.

Remarque. — On énonce le théorème précédent d'une manière plus rapide en disant :

Un angle dièdre a pour mesure son angle plan.

L'angle droit étant pris pour l'unité d'angle plan, le dièdre droit est l'unité d'angle dièdre.

§ III. PLANS PERPENDICULAIRES ENTRE EUX

THÉORÈME

579. *Lorsqu'une droite* CD (fig. 382) *est perpendiculaire à un plan* MN, *tout plan* PAB *passant par cette droite est perpendiculaire au premier.*

Je trace dans le plan MN, par le pied D de CD une droite DE, perpendiculaire à l'intersection AB des deux plans.

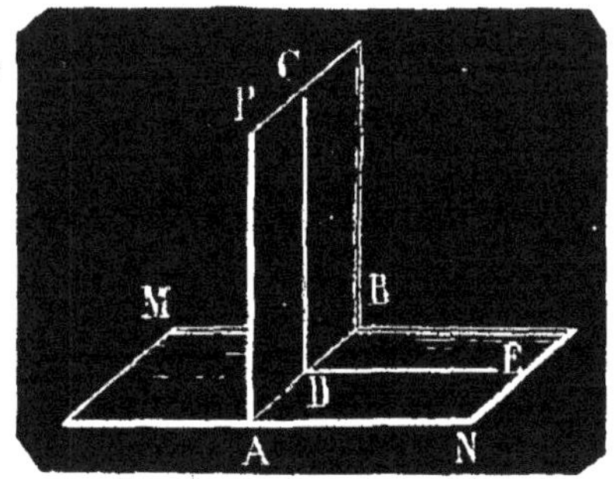

Fig. 382.

La droite CD étant perpendiculaire au plan MN est perpendiculaire aux deux droites AB et DE qui passent par son pied dans ce plan ; donc :

1° L'angle CDE est l'angle plan du dièdre PABN ;

2° L'angle CDE est droit.

J'en conclus que le plan PAB est perpendiculaire au plan MN (n° 576).

THÉORÈME

580. *Lorsqu'un plan* PAB (fig. 382) *est perpendiculaire à un plan* MN, *si, par un point* C *de l'un d'eux, on abaisse une perpendiculaire* CD *sur l'intersection* AB *des deux plans, la droite* CD *est perpendiculaire au deuxième plan* MN.

Je trace dans le plan MN, par le pied D de CD, une droite DE perpendiculaire à l'intersection AB des deux plans. L'angle CDE est l'angle plan du dièdre PABN ; cet angle est droit puisque l'angle dièdre est droit (n° 576). La droite CD étant perpendiculaire aux deux lignes AB et DE passant par son pied dans le plan MN est perpendiculaire à ce plan.

THÉORÈME

581. *Lorsque deux plans* PAB, MN (fig. 383) *sont perpendiculaires entre eux, si, par un point* C *de l'un d'eux, on abaisse une perpendiculaire* CD *sur l'autre, cette perpendiculaire est entièrement contenue dans le premier.*

En effet, si l'on abaisse du point C une perpendiculaire sur l'intersection AB des deux plans, elle est contenue dans le plan PAB ; de plus, en vertu du théorème précédent, elle est perpendiculaire au plan MN et se confond, par conséquent, avec CD ; donc CD est entièrement située dans le plan PAB.

THÉORÈME

582. *Lorsque deux plans* ABC, ABD (fig. 384) *qui se coupent sont perpendiculaires à un troisième plan* MN, *leur intersection* AB *est perpendiculaire à ce plan.*

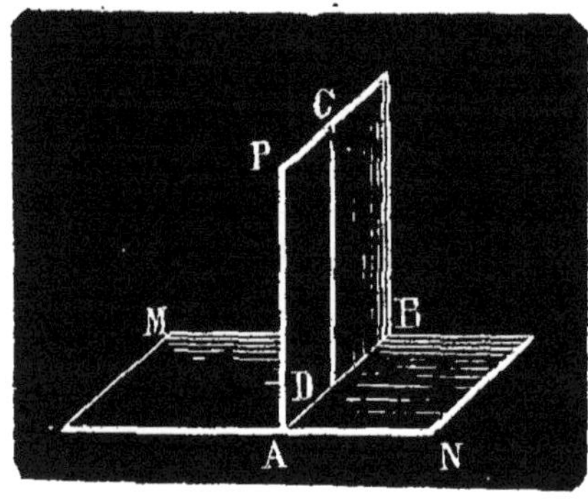

Fig. 383.

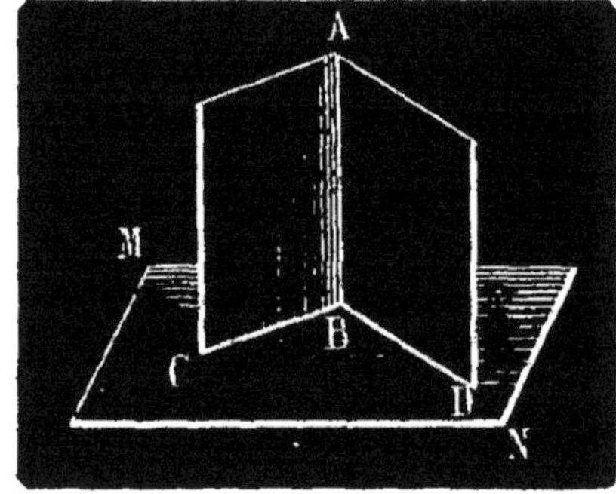

Fig. 384.

Le point A de l'intersection étant un point commun aux deux plans ABC, ABD, si l'on abaisse de ce point une perpendiculaire au plan MN, elle est tout entière dans chacun des deux plans qui se coupent (nº 581) et se confond avec leur intersection AB. Donc la droite AB est perpendiculaire au plan MN.

583. **Corollaire I.** — *Tout plan* MN *perpendiculaire à deux plans* ABC, ABD *qui se coupent est perpendiculaire à leur intersection* AB.

584. **Corollaire II.** — *Si un plan* MN *est perpendiculaire à deux plans* ABC, ABD *qui forment entre eux un angle dièdre droit, l'intersection de deux quelconques de ces trois plans est perpendiculaire au troisième et les trois intersections sont perpendiculaires entre elles.*

THÉORÈME

585. *Les perpendiculaires* OC, OD (fig. 385) *abaissées d'un point* O *sur les faces* MB, NB *d'un dièdre font un angle qui est égal à l'angle dièdre ou supplémentaire.*

Le plan P déterminé par les droites OC et OD est perpendiculaire aux plans MAB, NAB (nº 579) et par conséquent à leur intersection AB (nº 583) ; l'angle CED qu'il forme en coupant ces plans est donc l'angle plan du dièdre MABN (nº 574). Or la droite OC, perpendiculaire au plan MAB, est perpendiculaire à la

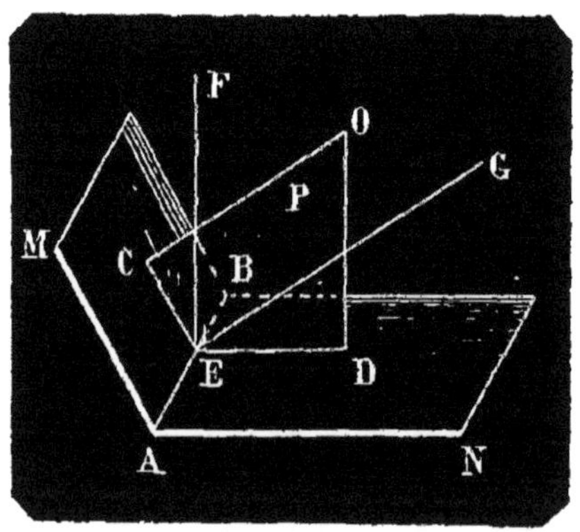

Fig. 385.

droite EC qui passe par son pied dans ce plan ; OD est perpendiculaire à ED pour la même raison.

Les deux angles COD et CED ayant leurs côtés perpendiculaires sont égaux ou supplémentaires.

Si le point O est dans l'ouverture de l'angle dièdre, l'angle COD est le supplément de l'angle CED.

586. **Remarque.** — Si au point E, on élève une perpendiculaire EF sur le plan ABN et du même côté que le plan MAB ; puis une deuxième perpendiculaire EG sur le plan MAB du même côté que le plan ABN, l'angle FEG est le supplément de l'angle plan CED, car les angles FEG et COD sont égaux comme ayant les côtés parallèles et dirigés en sens contraire.

§ IV. DES PROJECTIONS

587 On appelle projection d'un point A sur un plan MN (fig. 386), le pied *a* de la perpendiculaire A*a* abaissée de ce point sur le plan, et projection d'une ligne AB, le lieu géométrique *ab* des projections de tous ses points. En général la projection d'une figure sur un plan est la figure formée par les projections de tous ses points sur ce plan.

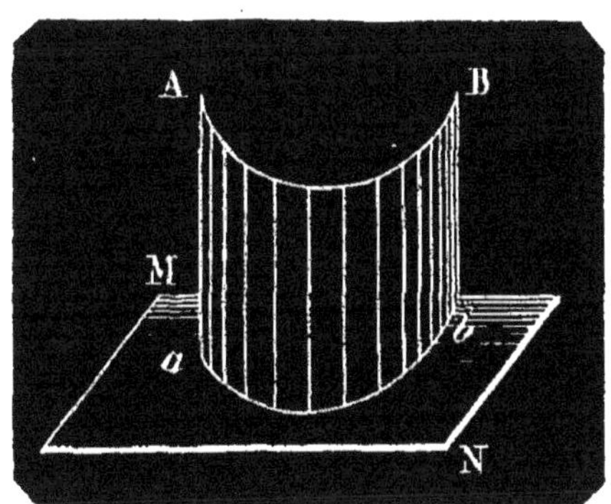

Fig. 386.

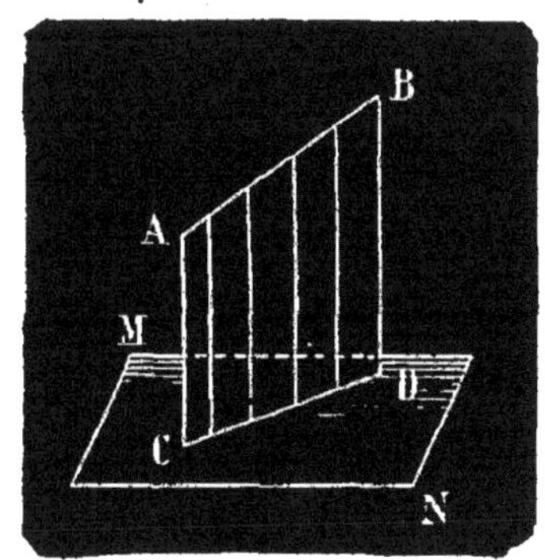

Fig. 387.

THÉORÈME

588. *Par une droite* AB *oblique à un plan* MN (fig. 387) *on peut mener un plan perpendiculaire à ce plan et on ne peut en mener qu'un.*

D'un point quelconque A de AB abaissons une perpendiculaire AC sur le plan MN. Le plan déterminé par les droites AB et AC est perpendiculaire à MN, puisqu'il contient une droite AC perpendiculaire à ce plan (nº 579).

D'ailleurs tout plan perpendiculaire au plan MN et passant par AB contient la perpendiculaire AC abaissée du point A de AB sur le plan MN (nº 580).

Ce plan coïncide avec le premier, car deux droites qui se coupent ne déterminent qu'un plan.

Donc par AB on ne peut mener qu'un plan perpendiculaire au plan MN.

589. **Corollaire.** — *Lorsqu'une droite* AB *est oblique à un plan* MN, *sa projection sur ce plan est une ligne droite.*

En effet si l'on mène par AB le plan ACDB perpendiculaire au plan MN, ce plan contient toutes les perpendiculaires abaissées des différents points de AB sur MN; les pieds de ces perpendiculaires, c'est-à-dire les projections des différents points de AB, sont donc tous situés sur l'intersection CD des deux plans, qui est une ligne droite.

§ V. ANGLE D'UNE DROITE ET D'UN PLAN

590. On appelle *angle d'une droite et d'un plan* l'angle aigu que forme cette droite avec sa projection sur ce plan.

THÉORÈME

591. *Lorsqu'une droite* AB (fig. 388) *est oblique à un plan* MN, *l'angle aigu* BAC *qu'elle forme avec sa projection sur ce plan est moindre que l'angle qu'elle fait avec toute autre droite passant par son pied dans le plan.*

Soit A le point où l'oblique AB perce le plan MN; j'abaisse d'un point quelconque B de cette oblique une perpendiculaire BC sur MN; la droite AC est la projection de AB.

Je trace par le point A, dans le plan MN, une droite quelconque AD, sur laquelle je prends une longueur AD égale à AC.

La perpendiculaire BC est plus courte que l'oblique BD.

Les deux triangles BAC et BAD ont deux côtés respectivement égaux : AB commun, AC égal à AD.

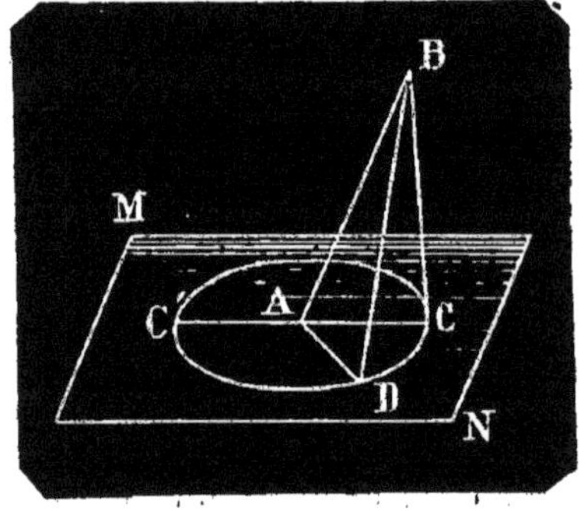

Fig. 388.

Le troisième côté BC du premier triangle est plus petit que le troisième côté BD du second; donc l'angle BAC est plus petit que l'angle BAD.

Remarque. — Si l'on fait tourner la droite AC autour du point A l'angle BAC, d'abord aussi petit que possible, va en augmentant, il est droit lorsque la ligne AC est perpendiculaire à la direction CC'; puis il devient obtus et atteint son maximum lorsque AC prend la direction AC'; ensuite l'angle repasse par les mêmes valeurs dans un ordre inverse.

§ VI. PLUS COURTE DISTANCE ENTRE DEUX DROITES

THÉORÈME

592. *La plus courte distance entre deux droites* AB *et* CD (fig. 389) *non situées dans un même plan est la perpendiculaire commune à ces deux droites.*

Menons par le point C de la droite CD une parallèle CF à la ligne AB; les deux droites CD et CF déterminent un plan PQ parallèle à AB.

Abaissons d'un point B de AB la perpendiculaire BG sur le plan PQ; le plan ABGH des deux droites AB et BG est perpendiculaire à PQ et coupe ce plan suivant la droite HG parallèle à AB (n° 524); menons ensuite par la droite CD un plan MD perpendiculaire à PQ. L'intersection KL des deux plans ABGH et MD est perpendiculaire au plan PQ et par suite aux droites

CD et HG qui passent par son pied dans ce plan ; elle est donc aussi perpendiculaire à la droite AB, qui est parallèle à HG.

Il en résulte que KL est perpendiculaire commune aux deux droites AB et CD.

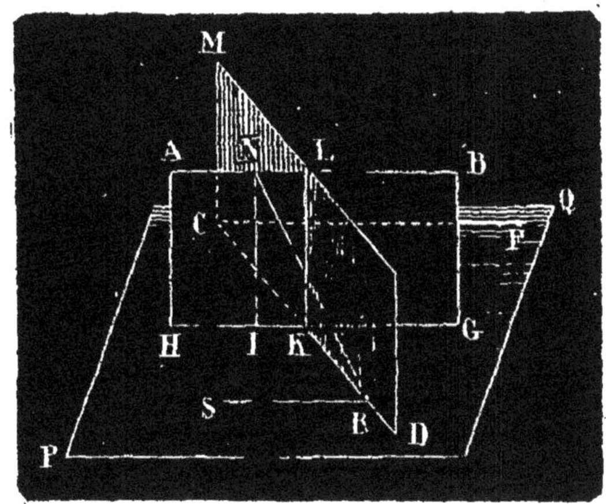

Fig. 389.

Toute autre droite NR joignant deux points quelconques N et R des droites données ne leur est pas perpendiculaire commune. En effet la droite NR, partant d'un point du plan ABGH perpendiculaire à PQ et ayant tous ses autres points en dehors du plan ABGH, est oblique au plan PQ. De sorte que si l'on trace une droite RS parallèle à AB, la ligne NR ne peut être à la fois perpendiculaire aux deux lignes CD et RS sans quoi elle serait perpendiculaire au plan PQ. Si elle est perpendiculaire à CD elle est oblique à RS et par suite à AB ; si elle est perpendiculaire à RS, c'est-à-dire à AB, elle est oblique à CD.

Enfin si l'on abaissse du point N la perpendiculaire NI à PQ, on a NI = LK. Or l'oblique NR est plus grande que la perpendiculaire NI et par conséquent plus grande que la droite LK. Donc la perpendiculaire commune aux deux droites AB et CD est la plus courte distance entre ces deux droites. C. Q. F. D.

APPLICATIONS

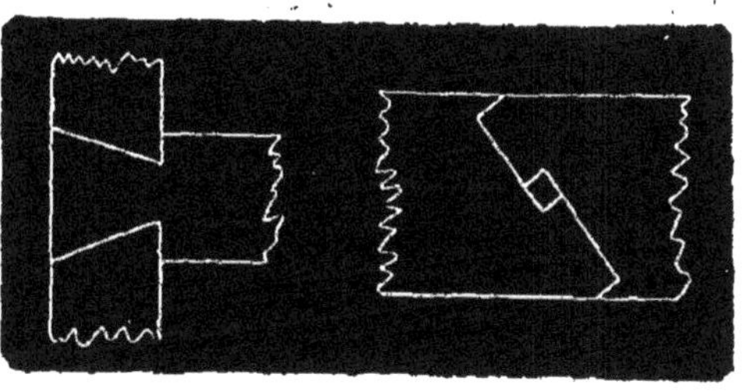
Fig. 390. Fig. 391.

393. Les assemblages offrent de nombreux exemples d'angles dièdres égaux. Toutes les fois qu'une pièce en saillie pénètre exactement dans le creux d'une autre pièce et le bouche parfaitement, les angles dièdres saillants de la première pièce sont égaux aux angles dièdres rentrants de l'autre pièce, on peut s'en convaincre en examinant l'assemblage à **queue d'hironde** (fig. 390) le trait de Jupiter (fig. 391).

394. Dans la coupe des pierres et la coupe des bois on relève les angles dièdres avec la fausse équerre (nº 37).

Il faut avoir bien soin que les règles OA et OB (fig. 392), que l'on applique sur les deux faces du dièdre soient perpendiculaires à son arête CD.

On construit ensuite l'angle en vraie grandeur sur une table ou sur un plan quelconque ; puis on le mesure avec un rapporteur.

395. Chaque substance cristallisable est caractérisée par la forme des cristaux qu'elle donne ; il suffit souvent de mesurer l'angle dièdre formé par deux faces adjacentes d'un cristal pour savoir la nature de la substance dont il est formé. La mesure des angles des cristaux a donc une grande importance. On se sert à cet effet d'un instrument appelé *goniomètre*.

Le goniomètre de Haüy (fig. 393) se compose essentiellement d'un rapporteur en cuivre et de deux alidades mobiles autour d'un bouton placé au centre du rapporteur.

On place le cristal M entre les deux alidades de manière que l'arête du dièdre à mesurer soit perpendiculaire au plan du limbe de l'instrument ; l'angle plan du dièdre est alors égal à l'angle des alidades, on en lit la mesure sur le rapporteur.

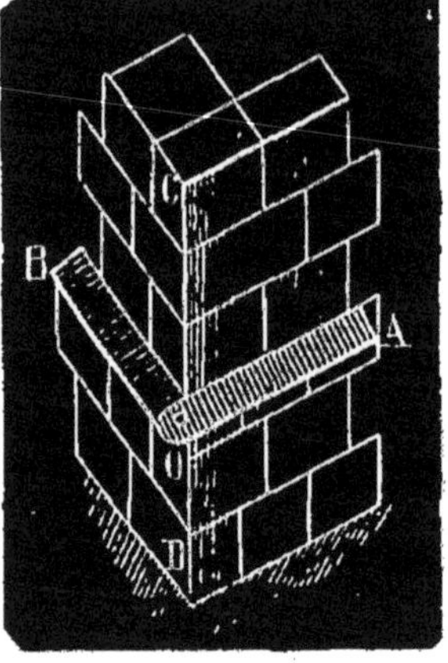

Fig. 392.

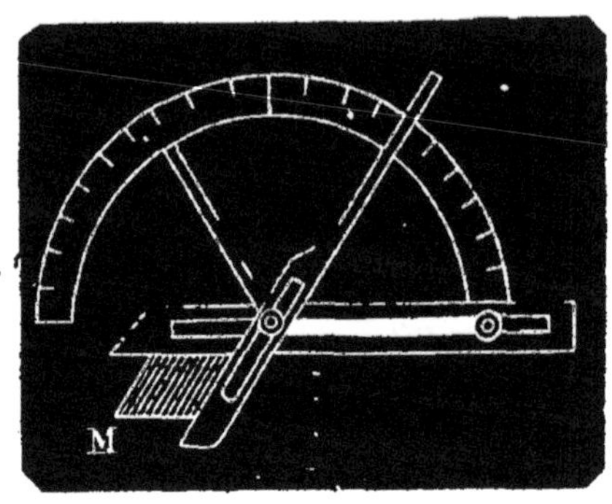

Fig. 393.

PLANS VERTICAUX

596. On appelle **plan vertical** tout plan qui est perpendiculaire à un plan horizontal.

Les murs de nos édifices, les panneaux de nos meubles, les surfaces des portes, les carreaux de nos croisées sont dans la plupart des cas des plans verticaux.

597. *Tout plan qui contient une verticale est vertical.* En effet une verticale est perpendiculaire à un plan horizontal ; tout plan passant par cette droite est perpendiculaire à ce plan horizontal (n° 579) et par suite vertical.

598. *Si l'on mène une verticale par un point d'un plan vertical, elle est entièrement située dans ce plan.*

Tout plan vertical est perpendiculaire à un plan horizontal ; la verticale menée par un point du premier plan étant perpendiculaire au second est entièrement située dans le premier (n° 581).

599. *L'intersection de deux plans verticaux est une verticale.*

Deux plans verticaux qui se coupent sont perpendiculaires à un même plan horizontal ; leur intersection est donc perpendiculaire à ce plan (n° 582) ; c'est par conséquent une verticale.

Exemple : l'intersection de deux murs verticaux.

On applique ce principe lorsqu'il s'agit de planter un jalon verticalement.

L'opérateur après avoir planté un jalon AB (fig. 394) s'en éloigne de 1^m^ ou 2^m^ et tenant devant son œil O un fil à plomb CD à la distance du bras, il s'assure que le jalon est dans le plan déterminé par les rayons visuels émanés de son œil et rasant le fil à plomb ; il se place dans une deuxième position O′ et répète la même opération. Si le jalon se trouve dans les deux plans verticaux ainsi déterminés, il se confond avec leur intersection et il est rigoureusement vertical.

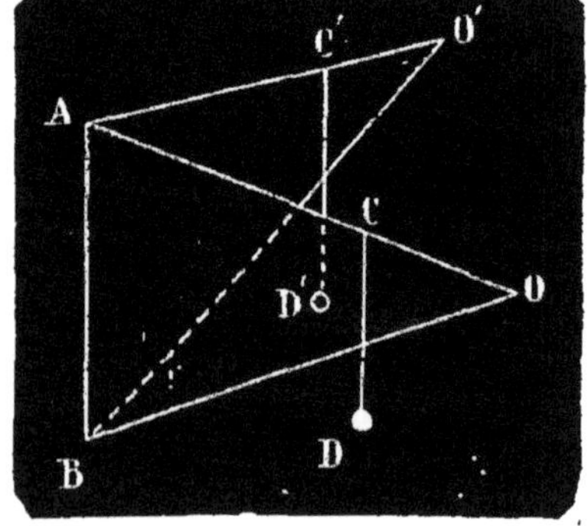

Fig. 394.

600. *Par une droite donnée on peut toujours mener un plan vertical et on ne peut en mener qu'un.*

Il suffit en effet de mener une verticale par un point de la droite ; les deux droites déterminent un plan vertical, puisqu'il contient une verticale.

On ne peut en mener qu'un, car toute verticale menée par un autre point de la droite est dans ce plan.

PENTE D'UNE DROITE, D'UN PLAN

601. Lorsqu'une droite n'est ni verticale ni horizontale on dit qu'elle est *inclinée à l'horizon* et l'angle qu'elle forme avec un plan horizontal s'appelle *l'inclinaison de cette droite sur l'horizon*.

Je considère une droite AB inclinée à l'horizon (fig. 395) ; le plan vertical déterminé par cette droite et une verticale BF menée par l'un de ses points coupe le plan horizontal suivant une horizontale MN. L'inclinaison de la droite AB est mesurée par l'angle qu'elle forme avec MN ; cet angle est évidemment égal à l'angle BAC formé par AB avec une parallèle AC à la droite MN. Dans la pratique on n'exprime pas cet angle en degrés, minutes et secondes, on l'évalue simplement par le rapport $\frac{BC}{AC}$ que l'on appelle *pente* de la droite AB ; connaissant ce rapport on peut toujours se faire une idée exacte de l'inclinaison de la ligne en construisant un triangle rectangle semblable à ABC.

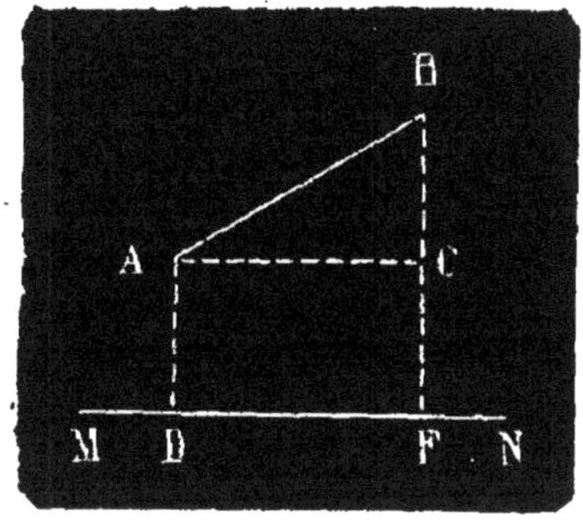

Fig. 395.

On appelle donc pente d'une droite *le rapport de la différence des hauteurs de deux de ses points à leur distance horizontale.*

En particulier, si la distance horizontale AC est 1m, la pente de la droite est exprimée par la longueur de BC ; lorsque BC vaut 0m,01 0m,05, 0m,15 on dit que la pente de la droite est 1cm, 5cm, 15cm par mètre.

602. Lorsqu'un plan n'est ni horizontal ni vertical, on dit qu'il est **incliné** à l'horizon, et l'angle dièdre que forme ce plan avec un plan horizontal, est *l'inclinaison de ce plan sur l'horizon.*

603. *On peut toujours, par un point d'un plan incliné, mener une horizontale dans ce plan, et on ne peut en mener qu'une.*

Il suffit en effet de couper ce plan par un plan horizontal passant par le point donné, l'intersection est une horizontale.

Si l'on pouvait mener deux horizontales différentes par le même point dans le plan donné, ce plan serait horizontal (n° 532), ce qui est contraire à l'hypothèse.

604. *Toutes les horizontales d'un plan incliné sont parallèles.*

On obtient toutes les horizontales d'un plan incliné en le coupant par des plans horizontaux ; ces plans horizontaux étant parallèles déterminent dans le premier des intersections parallèles (n° 533).

605. *Toute droite tracée dans un plan incliné perpendiculairement aux horizontales est une ligne de plus grande pente.*

Soit un plan incliné PAB (fig. 396) coupé par un plan horizontal MAB suivant une horizontale AB.

D'un point quelconque C de ce plan, j'abaisse la verticale CD ; du pied D, je mène la droite DF perpendiculaire à AB et je joins le point F au point C ; la droite FC est perpendiculaire à AB (théorème des trois perpendiculaires (n° 518).

La projection de FC sur le plan horizontal MAB étant FD, sa pente est

$$\frac{CD}{FD} \qquad (1)$$

Je trace par le point C une droite quelconque CG oblique à AB ; cette droite a pour projection GD ; sa pente est donc $\frac{CD}{GD}$ (2)

Les rapports (1) et (2) ont même numérateur, mais le dénominateur GD du second est plus grand que le dénominateur FD du premier, car FD est perpendiculaire à AB, tandis que GD est oblique à la même droite. Par conséquent

$$\frac{CD}{GD} < \frac{CD}{FD}.$$

On en conclut que la pente de CF est plus grande que la pente de toute oblique aux horizontales; c'est donc une ligne de plus grande pente.

Remarquons que l'angle CFD est l'angle plan du dièdre PABM et mesure l'inclinaison du plan PAB sur l'horizon ; et comme cet angle peut s'exprimer par la pente de la droite CF, on dira :

La pente d'un plan est la pente d'une de ses lignes de plus grande pente.

On démontre en mécanique qu'un corps abandonné à lui-même sur un plan incliné se meut, quand le frottement n'est pas trop grand, d'un mouvement uniformément accéléré suivant une ligne de plus grande pente de ce plan. Les gouttes de pluie s'écoulent sur nos toits suivant des lignes de plus grande pente.

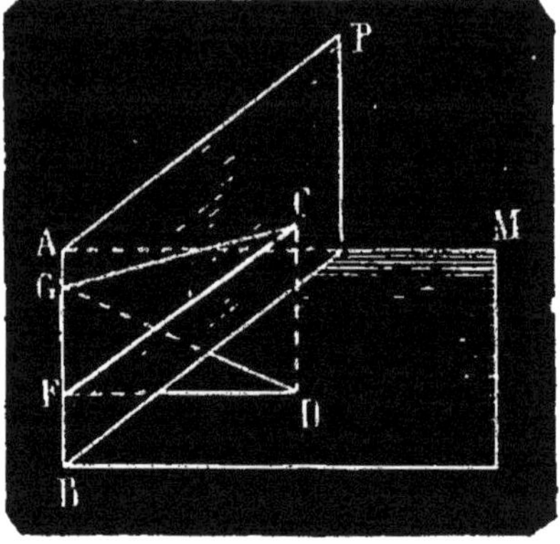

Fig 396.

Les routes, les chemins de fer sont composés d'une succession de plans inclinés appelés rampes et de plans horizontaux nommés *paliers.*

On exprime la pente des rampes comme on vient de le dire.

EXERCICES

557. Lorsque deux plans parallèles sont coupés par un troisième, les quatre angles dièdres aigus qui en résultent sont égaux entre eux ainsi que les quatre angles dièdres obtus.

558. Deux angles dièdres qui ont les arêtes parallèles et les faces parallèles chacune à chacune, sont égaux ou supplémentaires.

559. Tout plan PQ perpendiculaire à une droite AB tracée dans un plan MN est perpendiculaire à ce plan.

560. Si une droite et un plan sont parallèles, tout plan perpendiculaire à la droite est aussi perpendiculaire au plan donné, et si deux plans sont perpendiculaires entre eux, toute droite perpendiculaire à l'un d'eux est parallèle à l'autre.

561. Si par un point O pris hors d'un plan MN on mène deux parallèles OA et OB à ce plan, et qu'on mène par le même point O deux plans perpendiculaires à ces droites, l'intersection de ces plans est perpendiculaire à MN.

562. Lieu des points équidistants de deux plans qui se coupent.

563. Si une droite est également inclinée sur les deux faces d'un dièdre, ses traces sur les deux faces sont également distantes de l'arête du dièdre, et réciproquement.

564. Si l'on projette un même point de l'espace sur deux plans qui se coupent, les perpendiculaires abaissées des deux projections sur l'intersection des deux plans la rencontrent en un même point. — Réciproquement si cette condition est remplie pour deux points des deux plans, ces points sont les projections d'un même point de l'espace.

565. Lorsqu'une droite est perpendiculaire à un plan, sa projection sur un deuxième plan qui coupe le premier est perpendiculaire à l'intersection des deux plans.

566. Les perpendiculaires abaissées d'un même point sur des plans dont les intersections sont parallèles, sont dans un même plan.

567. Les projections de deux droites parallèles sur un plan sont parallèles.

568. La projection d'un angle droit sur un plan parallèle à l'un de ses côtés est un angle droit.

569. La projection d'un angle droit sur un plan qui coupe ses deux côtés est un angle obtus.

570. Deux droites égales AB, A'B' étant situées d'une manière quelconque dans l'espace, trouver une droite D telle qu'une rotation autour de D amène simultanément A en A' et B en B'.

571. Le plan perpendiculaire au milieu de la plus courte distance de deux droites divise en deux parties égales toutes les droites qui joignent un point de la première droite à un point quelconque de la seconde.

572. Lorsqu'une droite est parallèle à un plan, la plus courte distance de cette droite à toutes celles du plan qui ne lui sont pas parallèles est constante.

573. Étant données deux droites quelconques de l'espace, tracer entre elles une droite de longueur donnée parallèle à un plan donné.

574. Trouver le lieu décrit par le milieu d'une droite de longueur constante dont les extrémités s'appuient sur deux droites rectangulaires et non situées dans un même plan.

575. Les projections de deux droites égales et parallèles sont égales et parallèles.

576. La projection d'un parallélogramme sur un plan est un parallélogramme.

577. Lieu des points à égale distance de deux droites situées dans un même plan.

578. Lieu des points à égale distance de trois droites situées dans un même plan.

579. Quel est le lieu des points équidistants de deux plans donnés et de deux droites situées dans un même plan.

580. Quel est le lieu des points à égale distance de deux plans donnés et de deux points donnés.

581. Deux dièdres qui ont leurs arêtes parallèles et leurs faces perpendiculaires sont égaux ou supplémentaires.

582. Toute droite oblique à un plan est perpendiculaire à une droite passant par son pied dans ce plan.

CHAPITRE III

ANGLES POLYÈDRES

§ I. PROPRIÉTÉS GÉNÉRALES

606. On appelle **angle polyèdre** ou **angle solide** la figure formée par plusieurs plans passant par un même point S et qui sont terminés à leurs intersections SA, SB, SC, SD (fig. 397). Le point S, les droites SA, SB, SC, SD, les angles ASB, BSC, CSD, DSA et les dièdres SA, SB, SC, SD sont le sommet, les arêtes, les faces ou angles plans et les dièdres de l'angle polyèdre.

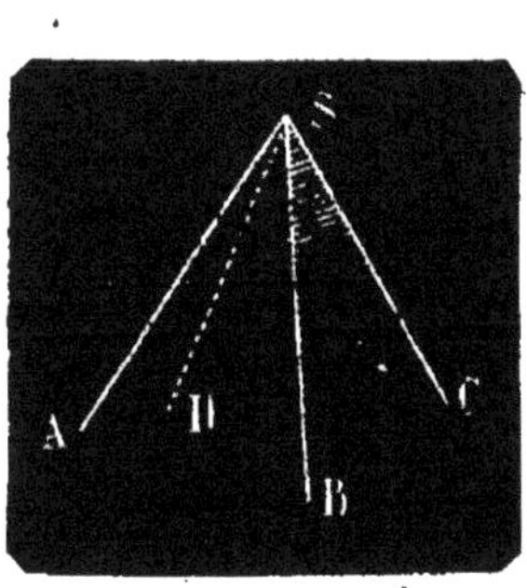

Fig. 397.

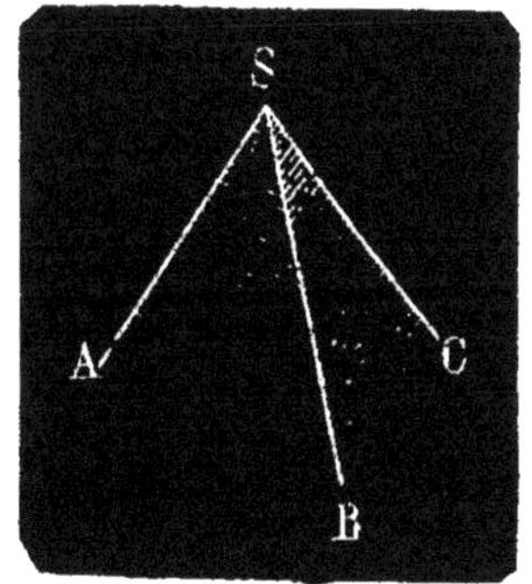

Fig. 398.

On désigne un angle polyèdre par la lettre du sommet suivie des lettres placées sur les arêtes, ou par la lettre du sommet seulement, lorsque l'angle polyèdre est isolé. Ainsi (fig. 397), on dira l'angle polyèdre SABCD, ou l'angle polyèdre S.

Un angle polyèdre à trois faces tel que SABC (fig. 398) s'appelle angle *trièdre*.

Un angle trièdre est appelé **rectangle, birectangle, trirectangle** suivant qu'il a un, deux ou trois angles dièdres droits.

Deux murs adjacents et le plafond d'une chambre rectangulaire forment un angle trièdre trirectangle.

Dans tout angle trièdre il y a six éléments, trois faces et trois dièdres.

On dit qu'un angle polyèdre est *convexe* lorsqu'il est entièrement situé d'un même côté de l'une quelconque de ses faces prolongées.

Il est *concave* dans le cas contraire.

Lorsqu'un angle polyèdre convexe est coupé par un plan qui rencontre toutes ses arêtes, l'intersection est évidemment un polygone convexe.

Tout angle trièdre est convexe.

THÉORÈME

607. *Dans tout angle trièdre une face quelconque est plus petite que la somme des deux autres, et plus grande que leur différence.*

1° Il suffit évidemment de démontrer que la plus grande face est plus petite que la somme des deux autres.

Soit ASC la plus grande face de l'angle trièdre SABC (fig. 399). Je trace dans l'angle ASC une droite SD faisant avec AS un angle ASD égal à l'angle ASB.

Je coupe les trois droites SA, SD, SC par une droite quelconque AC; après avoir pris une longueur SB égale à SD, je tire les droites AB, BC.

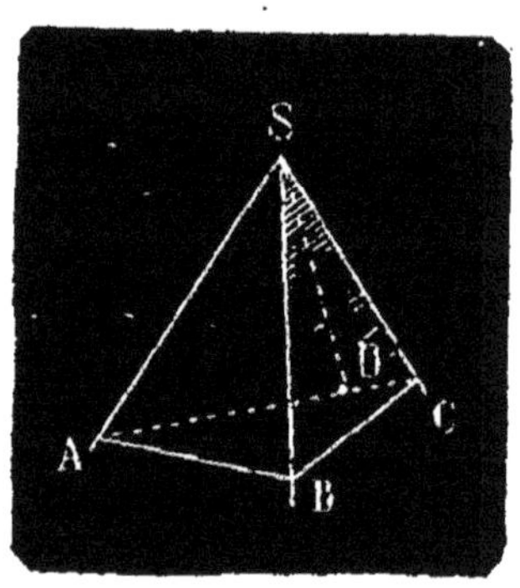

Fig. 399.

Les triangles SAD et SAB sont égaux comme ayant un angle égal compris entre deux côtés égaux chacun à chacun : savoir, l'angle ASD égal à l'angle ASB, le côté SA commun, et le côté SD égal au côté SB; on en conclut que les troisièmes côtés AD et AB sont égaux. Par suite la droite DC est égale à la différence des côtés AC et AB du triangle ABC. Or dans tout triangle un côté quelconque est plus grand que la différence des deux autres; donc BC est plus grand que DC.

Si l'on considère maintenant les triangles BSC et DSC, on voit qu'ils ont deux côtés égaux, savoir le côté SC commun, le côté SD égal à SB par construction; les troisièmes côtés BC et DC étant inégaux, on en conclut que les angles qui leur sont opposés sont inégaux, et que l'angle BSC est plus grand que l'angle DSC. Si à ces angles on ajoute les quantités égales ASB et ASD, on a

$$\mathrm{DSC} + \mathrm{ASD} < \mathrm{BSC} + \mathrm{ASB}$$

ou

$$\mathrm{ASC} < \mathrm{BSC} + \mathrm{ASB} \qquad (1)$$

2° Si l'on retranche ASB des deux membres de l'inégalité (1) on a

$$\mathrm{ASC} - \mathrm{ASB} < \mathrm{BSC},$$

ce qui démontre la deuxième partie du théorème.

THÉORÈME

608. *La somme des faces d'un angle polyèdre convexe est moindre que quatre angles droits.*

Soit l'angle polyèdre convexe SABCDE (fig. 400). Si on le coupe par un plan MN rencontrant toutes ses arêtes, l'intersection est un polygone convexe ABCDE.

Je joins à tous les sommets un point quelconque O de l'intérieur de ce polygone.

J'obtiens ainsi autant de triangles ayant pour sommet commun le point O, qu'il y a de faces dans l'angle polyèdre.

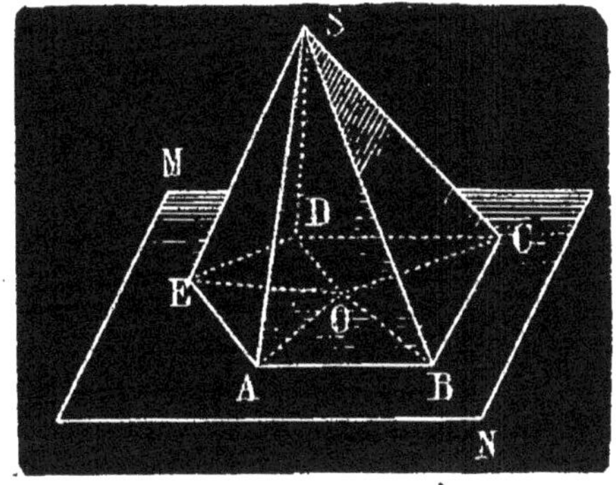

Fig. 400.

Il s'agit de prouver que la somme des angles qui ont pour sommet le point S est plus petite que la somme des angles formés autour du point O, laquelle vaut quatre droits. Il suffit évidemment de démontrer que la somme S des angles à la base des triangles ASB, BSC..... est plus grande que la somme S_1 des angles à la base des triangles qui ont pour sommet le point O.

Or si l'on considère les angles trièdres ayant pour sommets les points A, B, C, D, E, on a (n° 607) :

$$BAE < SAE + SAB,$$

$$ABC < SBA + SBC,$$

. . . .

En additionnant ces inégalités membre à membre on a dans le premier membre la somme S_1 et dans le deuxième membre la somme S; donc $S_1 < S$.

Par suite la somme des angles en S est plus petite que la somme des angles en O, ou plus petite que quatre angles droits. C. Q. F. D.

609. Corollaire — *La somme des faces d'un angle polyèdre convexe varie de 0 à quatre angles droits.*

§ II. ANGLES POLYÈDRES SYMÉTRIQUES

610. Étant donné un angle polyèdre SABCD (fig. 401), si l'on prolonge au delà du sommet S toutes les arêtes, on obtient un nouvel angle polyèdre SA'B'C'D' qui est dit **symétrique** du premier.

Les faces ASB, BSC, CSD, DSA de l'angle polyèdre donné sont respectivement égales aux faces A'SB', B'SC', C'SD', D'SA' de l'angle polyèdre symétrique SA'B'C'D', comme angles opposés par le sommet. De même les dièdres SA, SB, SC, SD du premier angle sont respectivement égaux aux dièdres SA',SB',SC',SD' du deuxième angle comme angles dièdres opposés à l'arête. Les plans ombrés de la deuxième figure sont destinés à montrer comment sont disposés ces dièdres opposés à l'arête.

Deux angles polyèdres symétriques ont donc tous leurs éléments respectivement égaux ; mais ces éléments sont disposés dans un ordre inverse. Imaginons en effet un observateur couché sur l'arête SA, la tête en S, les pieds en A et regardant l'intérieur de l'angle polyèdre SABCD, les arêtes seront disposées pour lui de droite à gauche dans l'ordre SB, SC, SD.

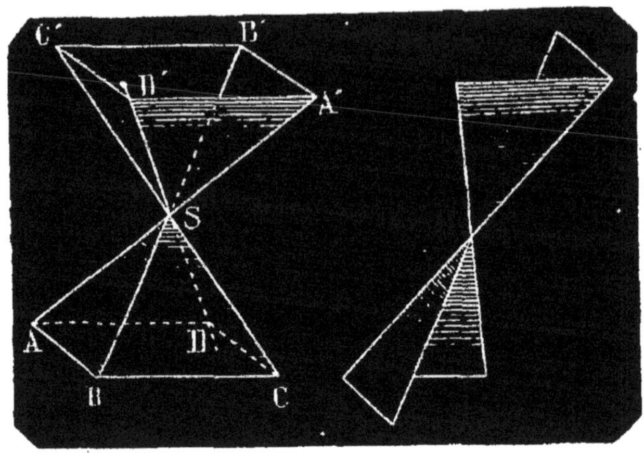

Fig. 401.

Pour un deuxième observateur couché sur l'arête SA', la tête en S, les pieds en A' et regardant l'intérieur de l'angle polyèdre SA'B'C'D', les arêtes seraient disposées de droite à gauche dans l'ordre SD', SC', SB', c'est-à-dire dans un ordre inverse au premier.

C'est pourquoi deux angles polyèdres symétriques en général ne sont pas superposables.

THÉORÈME

611. *Un angle trièdre quelconque et son symétrique ne sont pas superposables ;*

Lorsqu'un angle trièdre a deux angles dièdres égaux, il est superposable avec son symétrique.

Soient l'angle trièdre SABC et son symétrique SA'B'C' (fig. 402). Je suppose les faces ASC et A'SC' dans le plan du tableau, l'arête SB en avant de ce plan et l'arête SB' en arrière. Je fais tourner l'angle trièdre SA'B'C' de 180° autour de la bissectrice xy de l'angle A'SC.

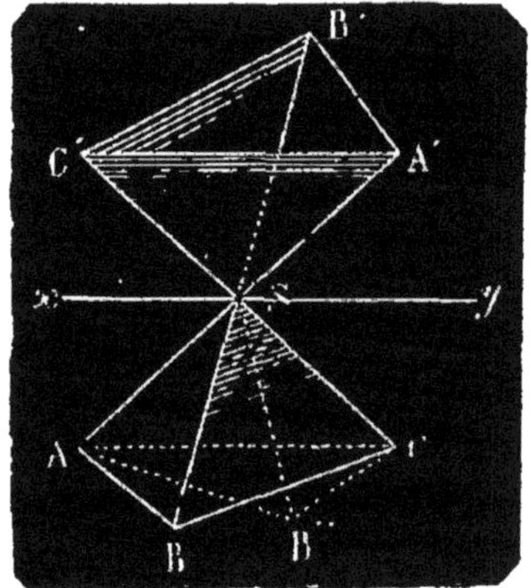

Fig. 402.

Le côté SA' coïncide alors avec SC, SC' avec SA et la face A'SC' avec la face ASC.

L'angle dièdre SA (et par suite l'angle dièdre SA') n'étant pas égal à l'angle dièdre SC, le plan de la face A'SB' ne coïncide pas avec le plan de la face BSC. Pour la même raison, le plan C'SB' ne coïncide pas avec le plan ASB ; de sorte que l'arête SB' prend une position quelconque SB'' et ne coïncide pas avec SB. Donc les deux angles trièdres ne sont pas superposables.

2° Si les angles dièdres SA et SC du trièdre donné sont égaux, je dis que les angles trièdres sont superposables. En effet, dans ce cas, les dièdres SA' et SC sont égaux et le plan A'SB' coïncide avec le plan BSC ; de même les dièdres SA et SC' étant égaux, le plan C'SB' coïncide avec le plan ASB ; l'arête SB' devant tomber sur les deux plans BSC et ASB coïncide avec leur intersection SB. Donc les deux angles trièdres se recouvrent exactement.

On démontrerait de la même manière que deux angles polyèdres quelconques ne sont pas superposables.

THÉORÈME

612. *Lorsqu'un angle trièdre* SABC (fig. 402) *a deux angles dièdres égaux* SA *et* SC, *les faces* ASB *et* CSB *opposées à ces dièdres sont égales.*

En effet, si l'on construit l'angle trièdre symétrique SA'B'C', on peut le faire coïncider avec SABC (nº 611). La face A'SB' recouvre alors exactement la face BSC ; or A'SB' = ASB. Donc ASB = BSC.

THÉORÈME

613. *Lorsqu'un angle trièdre a deux angles dièdres inégaux, les faces opposées à ces dièdres sont inégales et au plus grand dièdre est opposée la plus grande face.*

Soit un angle trièdre SABC (fig. 403) dans lequel l'angle dièdre SA est plus grand que l'angle dièdre SC ; je dis que la face BSC est plus grande que la face ASB.

Je mène par l'arête SA un plan qui fasse avec le plan ASC un angle dièdre DASC égal à l'angle dièdre SC.

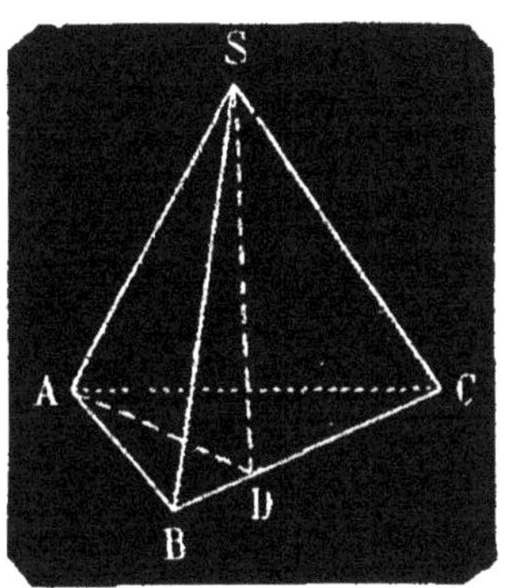

Fig. 403.

Ce plan coupe le plan BSC suivant la droite SD. L'angle trièdre SADC ayant deux dièdres égaux, les faces ASD et DSC, opposées à ces dièdres, sont égales.

Or, dans l'angle trièdre SABD, on a

$$ASB < BSD + ASD \qquad (\text{n}^{o}\ 607.)$$

d'où

$$ASB < BSD + DSC$$

ou

$$ASB < BSC$$

C. Q. F. D.

RÉCIPROQUES

614. Les deux propositions contraires qui précèdent étant vraies, leurs réciproques sont également vraies.

Donc

1º *Dans tout angle trièdre, si deux faces sont égales, les dièdres opposés à ces faces sont égaux ;*

2º *Dans tout angle trièdre, si deux faces sont inégales, les dièdres opposés à ces faces sont inégaux et à la plus grande face est opposé le plus grand dièdre.*

§ III. DE L'ANGLE TRIÈDRE SUPPLÉMENTAIRE

615. *Si par le sommet d'un angle trièdre on mène une perpendiculaire à chaque face du côté de la troisième arête, on obtient deux angles trièdres tels que les faces de chacun d'eux sont les suppléments des angles dièdres de l'autre.*

Soit SABC (fig. 404) l'angle trièdre donné. Par le sommet S, je mène :

1° la droite SA′ perpendiculaire à la face BSC du côté de l'arête SA ; 2° la droite SB′ perpendiculaire à la face ASC du côté de l'arête SB ; 3° la droite SC′ perpendiculaire à la face ASB du côté de l'arête SC. Je forme ainsi un angle trièdre SA′B′C′ dont les faces sont les suppléments des dièdres de l'angle trièdre donné.

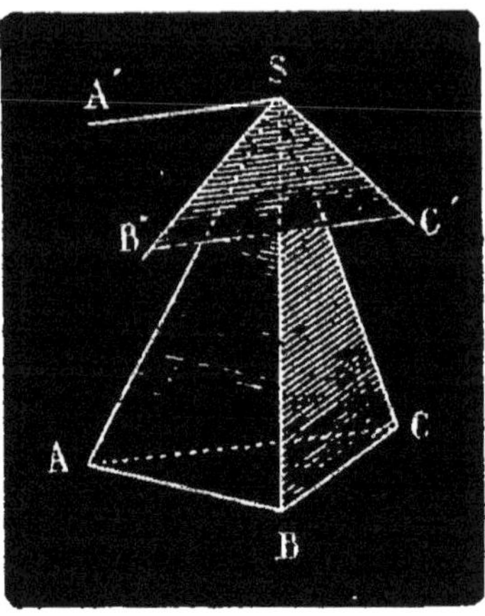

Fig. 404.

Considérons le dièdre SC et la face A′SB′.

La droite SA′ est perpendiculaire au plan BSC du même côté que le plan ASC ; la droite SB′ est perpendiculaire au plan ASC du même côté que le plan BSC. Donc l'angle A′SB′ est le supplément de l'angle dièdre SC (n° 586).

Il en est de même pour les deux autres faces.

Réciproquement, les faces de l'angle trièdre SABC sont les suppléments des angles dièdres de l'angle trièdre SA′B′C′.

D'après la construction précédente l'arête SC est perpendiculaire aux droites SA′, SB′ et par suite au plan A′SB′ ; elle est d'ailleurs située du même côté que l'arête SC′, car les deux droites SC, SC′ sont opposées à la face ASB. De même l'arête SB est perpendiculaire aux deux droites SA′, SC′ et par suite au plan A′SC′ ; elle est d'ailleurs du même côté que l'arête SB′ ; car les deux droites SB et SB′ sont opposées à la face ASC. Donc l'angle BSC est le supplément du dièdre SA′.

Il en est de même pour les deux autres faces.

Les deux trièdres SABC, SA′B′C′ ont reçu le nom d'*angles trièdres supplémentaires*.

616. Corollaire I. — *Dans tout trièdre, la somme des angles dièdres est comprise entre deux droits et six droits.*

Appelons A, B, C les angles dièdres de l'angle trièdre donné, a', b', c', les faces de l'angle trièdre supplémentaire. Tout angle trièdre étant convexe, on a (n° 609)

$$0 < a' + b' + c' < 4.$$

Or

$$a' = 2 - A, \quad b' = 2 - B, \quad c' = 2 - C \qquad (\text{n° } 615.)$$

Donc

$$0 < 2 - A + 2 - B + 2 - C < 4,$$

d'où l'on tire

$$2 < A + B + C < 6.$$

617. Corollaire II. — *Dans tout angle trièdre, chaque angle dièdre augmenté de deux droits est plus grand que la somme des deux autres.*

Si l'on considère l'angle trièdre supplémentaire, chacune de ses faces est plus petite que la somme des deux autres. On a donc

$$a' < b' + c'$$

ou

$$2 - A < 2 - B + 2 - C,$$

d'où

$$A + 2 > B + C.$$

618. Corollaire III. — *Pour qu'on puisse former un angle trièdre avec trois angles dièdres donnés, il faut que leur somme soit comprise entre deux droits et six droits et que l'un quelconque d'entre eux augmenté de deux droits soit plus grand que la somme des deux autres.*

§ IV. ÉGALITÉ DES ANGLES TRIÈDRES

Il y a quatre cas d'égalité des angles trièdres.

PREMIER CAS

619. *Deux angles trièdres sont égaux lorsqu'ils ont une face égale adjacente à deux angles dièdres égaux et semblablement disposés.*

Soient deux angles trièdres SABC, S'A'B'C' (fig. 405). Je suppose que les faces ASC, A'S'C' sont égales, que les angles dièdres SA, SC sont respectivement égaux aux angles dièdres SA', SC' et semblablement disposés par rapport à deux observateurs ayant le dos appuyé sur les faces ASC, A'SC' et la tête en S ou S'. Je transporte le trièdre SA'B'C' sur SABC de manière que les faces égales ASC, A'SC' coïncident, et que les arêtes S'B' et SB soient d'un même côté du plan ASB ; les angles dièdres SA', SA étant égaux, les plans A'S'B' et ASB coïncideront et l'arête S'B' tombera dans le plan ASB ; de même les dièdres S'C' et SC étant égaux, les plans B'S'C' et BSC coïncideront et l'arête S'B' tombera dans le plan BSC.

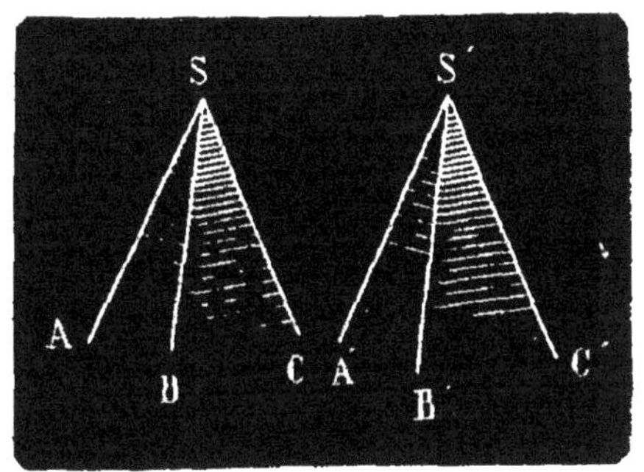

Fig. 405.

Il résulte de là que S'B', SB se confondent et que les angles trièdres se recouvrent parfaitement.

Si les angles dièdres égaux n'étaient pas semblablement disposés, les angles trièdres seraient simplement symétriques. Cette double disposition disparaît lorsque les angles dièdres sont égaux.

DEUXIÈME CAS

620. *Deux angles trièdres sont égaux lorsqu'ils ont un angle dièdre égal compris entre deux faces égales et semblablement disposées.*

Soient deux angles trièdres SABC, S'A'B'C' (fig. 406).

Je suppose égaux les angles dièdres SA, SA' et les faces ASB, ASC respectivement égales aux faces A'S'B', A'S'C' et semblablement disposées par rapport aux arêtes SA, S'A' (nº 610).

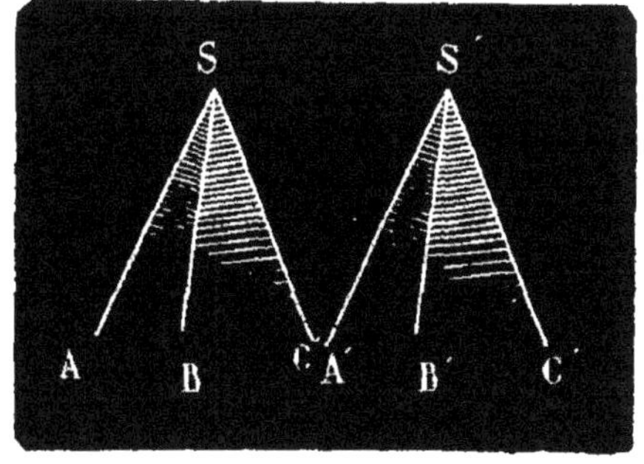

Fig. 406.

Je transporte le trièdre S'A'B'C' sur le trièdre SABC de manière que les faces égales ASC, A'S'C' coïncident parfaitement et que les arêtes S'B',

SB soient situées d'un même côté du plan ASC. Les angles dièdres S'A', SA étant égaux, les plans A'S'B', ASB coïncideront, et comme les faces A'S'B', ASB sont égales, l'arête S'B' se confondra avec SB et les deux angles trièdres se recouvriront parfaitement.

Si la disposition des faces égales n'était pas la même, les deux angles trièdres seraient simplement symétriques.

TROISIÈME CAS

621. *Deux angles trièdres sont égaux lorsqu'ils ont les trois faces égales chacune à chacune et semblablement disposées.*

Soient deux angles trièdres S et S' (fig. 407) qui ont les faces égales et semblablement disposées.

Je suppose donc que les angles ASB, ASC, BSC sont respectivement égaux aux angles A'S'B', A'S'C'. B'S'C'.

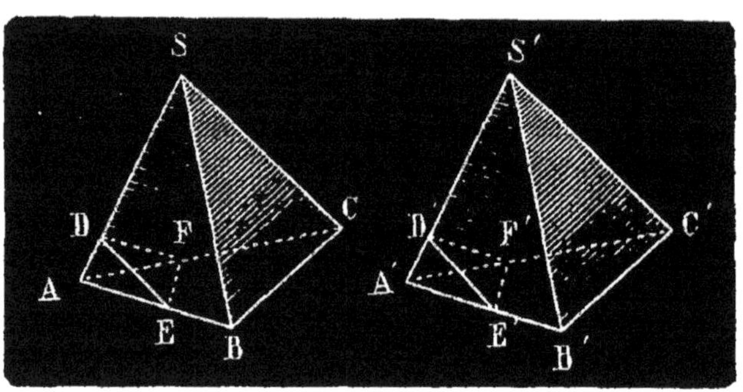

Fig. 407.

Je vais prouver que les angles dièdres SA, S'A' sont égaux. Je prends sur les arêtes à partir des sommets six longueurs égales, SA, SB, SC, S'A', S'B', S'C'. et je joins les points A, B, C; A', B', C'. Les triangles isocèles ASB, ASC, BSC sont respectivement égaux aux triangles isocèles A'S'B', A'S'C', B'S'C'; donc les côtés AB, AC, BC sont respectivement égaux aux côtés A'B', A'C', B'C'; il en résulte que les triangles ABC, A'B'C' sont égaux ainsi que les angles BAC et B'A'C' de ces triangles.

Par un point quelconque D de l'arête SA je mène une perpendiculaire DE sur cette ligne dans le plan SAB; la droite DE rencontre en un point E la ligne AB qui est oblique à SA.

J'élève également par le point D une perpendiculaire DF dans la face ASC; elle rencontre AC au point F.

L'angle EDF est l'angle plan du dièdre SA.

Dans le trièdre S', je prends sur l'arête S'A' une longueur A'D' égale à AD et j'élève au point D' dans les faces A'S'B', A'S'C' les perpendiculaires D'E', D'F' sur S'A'; l'angle E'D'F' est l'angle plan du dièdre S'A'.

Je vais démontrer que les deux triangles DEF, D'E'F' ont les trois côtés respectivement égaux.

Les triangles DAE, D'A'E' ont un côté égal adjacent à deux angles égaux; savoir le côté AD égal au côté A'D', l'angle DAE égal à l'angle D'A'E' parce que ce sont deux angles à la base de deux triangles isocèles égaux, enfin les angles ADE, A'D'E' égaux comme droits. Donc les côtés AE, DE sont égaux aux côtés A'E', D'E'.

On prouverait de la même manière que les côtés AF et DF sont égaux aux côtés A'F', D'F'.

D'ailleurs les triangles EAF, E'A'F' sont égaux comme ayant un angle égal compris entre deux côtés égaux chacun à chacun. Donc EF = E'F'.

Alors les triangles DEF, D'E'F' sont égaux comme ayant les trois côtés égaux chacun à chacun ; donc les angles EDF,E'D'F' sont égaux.

Par conséquent les deux angles trièdres donnés sont égaux comme ayant un angle dièdre égal compris entre deux faces égales et semblablement disposées.

Si les faces égales n'étaient pas semblablement placées par rapport à la même arête, les angles trièdres seraient symétriques.

QUATRIÈME CAS

622. *Deux angles trièdres sont égaux lorsqu'ils ont les trois angles dièdres respectivement égaux et semblablement disposés.*

En effet les trièdres supplémentaires des trièdres donnés ont les faces égales, comme étant les suppléments d'angles dièdres égaux, et les faces sont semblablement disposées.

Les trièdres supplémentaires sont égaux d'après le théorème précédent; ils ont, par conséquent, leurs dièdres respectivement égaux et semblablement placés; les faces des dièdres donnés, qui sont les suppléments de ces dièdres, sont donc égales chacune à chacune et semblablement placées. Donc les dièdres donnés sont égaux. (n° 621).

EXERCICES.

583. Dans tout angle trièdre, les plans bissecteurs des angles dièdres se coupent suivant une même droite.

584. Dans tout angle trièdre, les plans menés perpendiculairement aux faces, par les bissectrices de ces faces, se coupent suivant une même droite.

585. Dans tout angle trièdre, les plans menés par les arêtes perpendiculairement aux faces opposées se coupent suivant une même droite.

586. Dans tout angle trièdre les plans menés par les arêtes et les bissectrices des faces opposées se coupent suivant une même droite.

587. Couper un angle solide à quatre faces, de manière que la section soit un parallélogramme.

588. Couper un angle trièdre trirectangle par un plan tel que la section soit un triangle égal à un triangle donné.

589. Toute section faite dans un trièdre rectangle par un plan perpendiculaire à l'une de ses arêtes est un triangle rectangle.

590. Si l'on coupe un trièdre trirectangle par un plan, on obtient un triangle dont les hauteurs se rencontrent en un point qui est la projection du sommet du trièdre sur le plan sécant.

591. Si par un point pris à l'intérieur d'un angle polyèdre, on abaisse des perpendiculaires sur toutes ses faces, le nouvel angle polyèdre est *supplémentaire* du premier.

592. Étant donnés trois points quelconques A, B, C sur les arêtes d'un angle trièdre trirectangle et O la projection du sommet S de cet angle trièdre sur le plan ABC, démontrer que le triangle ASB est moyen proportionnel entre les triangles ABC et OAB.

593. Quel est le lieu des points à égale distance des trois arêtes d'un trièdre?

594. Quel est le lieu des points à égale distance des trois faces d'un trièdre?

595. Si l'on mène par le sommet d'un trièdre une perpendiculaire à chaque arête dans la face opposée, les perpendiculaires ainsi menées sont dans le même plan.

596. Connaissant les trois faces d'un angle trièdre construire ses dièdres.

597. Connaissant deux faces d'un trièdre et le dièdre compris, trouver la troisième face.

598. Étant donnés dans un trièdre, une face et les deux dièdres adjacents, trouver les autres faces et le troisième dièdre.

599. Étant donnés les trois dièdres d'un trièdre, trouver ses trois faces.

600. Connaissant deux faces d'un trièdre et le dièdre opposé à l'une d'elles, construire la troisième face et les deux autres dièdres.

601. Connaissant deux dièdres d'un trièdre et la face opposée à l'un d'eux, construire le troisième dièdre et les deux autres faces.

LIVRE VI

POLYÈDRES

CHAPITRE PREMIER

§ I. DÉFINITIONS

623. Un **polyèdre** est un corps limité de toutes parts par des plans. Ces plans forment par leurs intersections les **faces,** les **arêtes** et les **sommets** du polyèdre.

Les angles dièdres et les angles solides formés par les faces sont les angles dièdres et les angles solides du polyèdre.

On appelle **diagonale** d'un polyèdre la droite qui joint deux sommets non adjacents à la même face.

On désigne sous les noms de **tétraèdre,** d'**hexaèdre,** d'**octaèdre,** de **dodécaèdre** et d'**icosaèdre,** les polyèdres qui ont **quatre, six, huit, douze, vingt** faces.

Un **polyèdre régulier** est un polyèdre dont les angles solides sont égaux et les faces des polygones réguliers égaux.

Il est facile de déterminer le nombre des polyèdres réguliers. En effet nous avons vu que la somme des faces d'un angle polyèdre est plus petite que quatre angles droits (n° 608).

Il suffit donc de chercher combien on peut former d'angles polyèdres ayant pour faces des angles de polygones réguliers égaux.

L'angle du triangle équilatéral vaut			$\frac{2}{3}$ d'angle droit.
Trois de ces angles valent			2 angles droits.
Quatre	—	—	$\frac{8}{3}$ d'angle droit.
Cinq	—	—	$\frac{10}{3}$.

Six de ces angles vaudraient quatre droits.

Un polyèdre régulier peut donc avoir pour faces des triangles équilatéraux assemblés.

1° Trois à trois autour du même sommet (*tétraèdre régulier*) ;
2° Quatre à quatre — — — (*octaèdre régulier*) ;
3° Cinq à cinq — — — (*icosaèdre régulier*).

On démontrerait de la même manière qu'il ne peut y avoir qu'un polyèdre régulier ayant pour faces des carrés assemblés trois à trois (**hexaèdre régulier**), un seul ayant pour faces des pentagones réguliers assemblés trois à trois (**dodécaèdre régulier**), et qu'il est impossible d'en construire avec les autres polygones réguliers.

Un polyèdre est **convexe** lorsqu'il est entièrement situé d'un même côté de l'une quelconque de ses faces prolongées indéfiniment.

De cette définition il résulte :

1° Qu'un plan coupe un polyèdre convexe suivant un polygone convexe ;
2° Qu'une droite ne peut couper un polyèdre en plus de deux points.

624. Parmi les polyèdres non réguliers on distingue les **prismes** et les **pyramides**.

+ Le **prisme** est un polyèdre dont deux faces opposées sont des polygones égaux et parallèles réunis entre eux par d'autres faces qui sont des parallélogrammes.

Les faces égales et parallèles sont les **bases du prisme ;** les autres en sont les **faces latérales** ; les côtés des faces latérales sont appelées **arêtes latérales.**

Pour construire un prisme, on trace un polygone ABCDE dans un plan quelconque (fig. 408) et l'on mène par tous ses sommets des parallèles égales situées en dehors de ce plan et on en joint les extrémités par des droites.

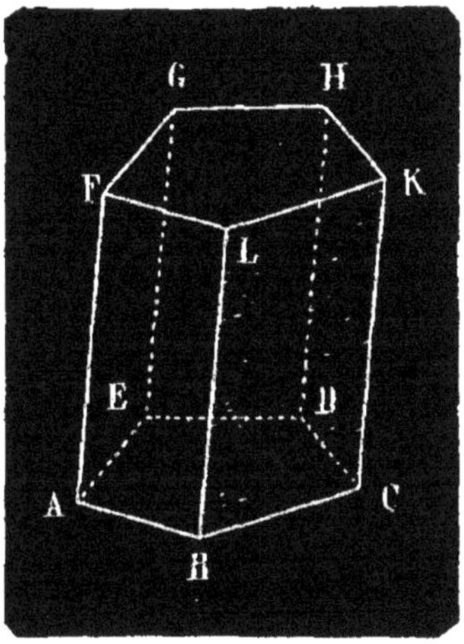

Chacune des faces ABLF, BCKL... est un parallélogramme comme ayant deux côtés opposés égaux et parallèles.

Les deux polygones ABCDE, FGHKL sont égaux comme ayant les côtés respectivement égaux et parallèles. La figure obtenue est donc un prisme ayant pour bases les polygones égaux ABCDE, FGHKL, pour faces latérales les parallélogrammes ABLF, BCKL... et pour arêtes latérales les droites AF, BL, LK...

Fig. 408.

Si les arêtes latérales AF, BL, CK... sont perpendiculaires aux plans des bases, le prisme est **droit** ; dans ce cas les faces latérales sont des rectangles ; autrement le prisme est **oblique.**

La hauteur d'un prisme est la distance des deux bases ou la perpendiculaire abaissée d'un point de la base supérieure sur la base inférieure.

La hauteur d'un prisme droit est égale à la longueur de l'arête ; quand le prisme est oblique, la hauteur est plus courte que l'arête latérale.

Un prisme est dit **triangulaire, quadrangulaire, pentagonal** suivant que ses bases sont des triangles, des quadrilatères ou des pentagones.

On appelle prisme **régulier** un prisme droit qui a pour bases des polygones réguliers.

Un **tronc de prisme** est une portion de prisme comprise entre l'une de ses bases et un plan non parallèle à cette base et qui rencontre toutes les arêtes latérales.

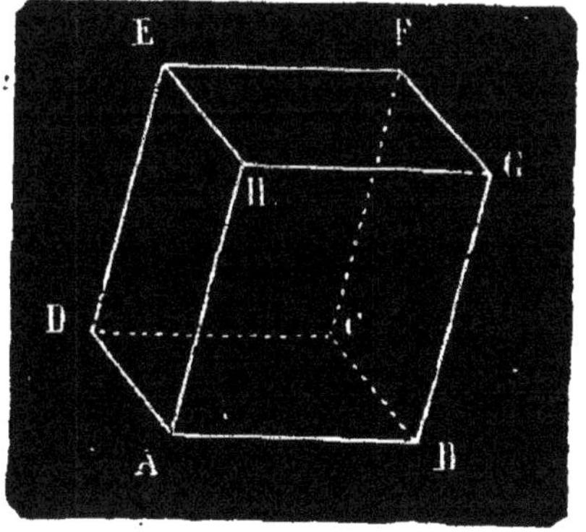

Fig. 409.

+ **625.** Le prisme quadrangulaire ayant pour bases des parallélogrammes est appelé **parallélipipède ;** ses six faces sont des parallélogrammes (fig. 409).

Le parallélipipède droit qui a pour bases des rectangles porte le nom de **parallélipipède rectangle**, parce que ses six faces sont des rectangles. Les longueurs de trois arêtes aboutissant au même sommet sont les **dimensions** de ce polyèdre.

On appelle **cube** le parallélipipède rectangle dont les six faces sont des carrés nécessairement égaux.

§ II. PROPRIÉTÉS GÉNÉRALES DU PRISME

Prisme quelconque

THÉORÈME

626. *Toute section* MNOPQ (fig. 410) *faite dans un prisme* AK *par un plan parallèle à la base est égale à cette base.*

Il s'agit de prouver que les polygones MNOPQ et ABCDE sont égaux.

Le quadrilatère ABNM est un parallélogramme, car les droites AM, BN sont parallèles par hypothèse; les droites AB, MN sont parallèles, comme intersections de deux plans parallèles par un troisième; donc les côtés AB et MN sont égaux.

On prouverait de même que les côtés BC, CD, DE, EA sont respectivement égaux et parallèles aux côtés NO, OP, PQ, QM.

Les angles A, B, C, D, E de la base sont d'ailleurs égaux aux angles M, N, O, P, Q du polygone MNOPQ, comme ayant les côtés parallèles et dirigés dans le même sens.

Donc les polygones MNOPQ et ABCDE, qui ont les côtés égaux et les angles égaux chacun à chacun, sont égaux. C. Q. F. D.

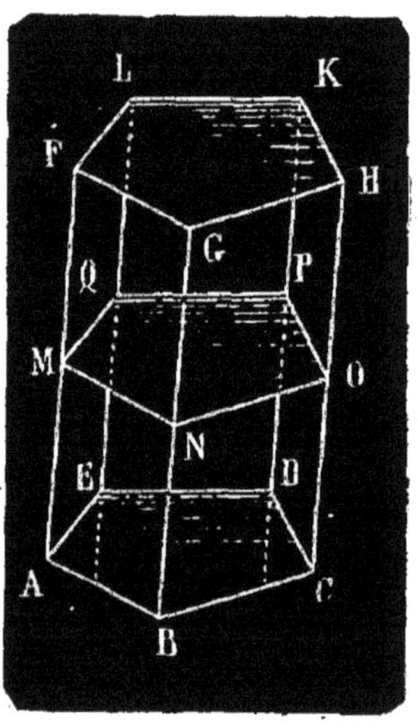

Fig. 410.

627. **Corollaire I.** — *Les sections déterminées dans un prisme par deux plans parallèles rencontrant toutes les arêtes latérales sont des polygones égaux.*

Les deux plans ABCDE et MNOPQ peuvent en effet être considérés comme des plans parallèles quelconques coupant un prisme dont les arêtes latérales sont indéfiniment prolongées.

628. **Remarque.** — On appelle **section droite** d'un prisme toute section faite dans ce solide par un plan perpendiculaire à ses arêtes latérales.

Corollaire II. — *Toutes les sections droites d'un prisme sont égales.*

THÉORÈME

629. *L'aire latérale d'un prisme a pour mesure le produit du périmètre de sa section droite par son arête latérale.*

Soient AG le prisme (fig. 411) et KLMN sa section droite.

La face ABHE est un parallélogramme dont les côtés BH et AE sont perpendiculaires au plan KLMN, et, par suite, à la droite KN; cette droite KN est donc la hauteur du parallélogramme, si l'on prend pour base l'arête latérale BH. Les autres côtés KL, LM, MN de la section droite sont, pour la même raison, les hauteurs des autres faces, qui ont d'ailleurs même base que la première.

L'aire totale S est donc égale a

$$BH\,(KN + KL + LM + MN)$$

Si l'on appelle a et p l'arête latérale et le périmètre de la section droite, on a la formule

$$S = a \times p$$

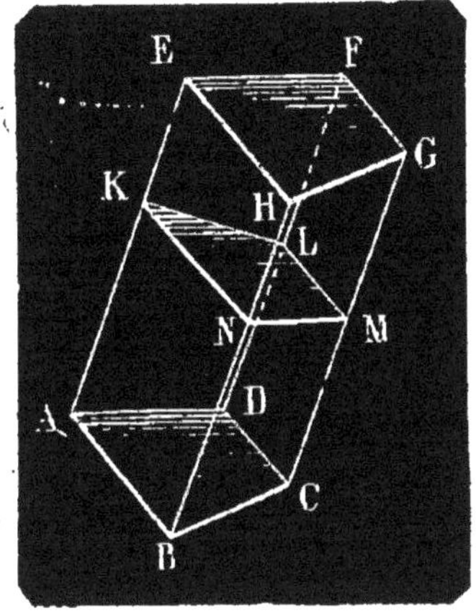

Fig. 411.

630. Corollaire. — *L'aire latérale d'un prisme droit est égale au produit du périmètre de sa base par sa hauteur.*

En effet, la base n'est autre chose qu'une section droite et l'arête latérale la hauteur.

Remarque. — On obtiendrait l'aire totale d'un prisme en ajoutant à l'aire latérale le double de l'aire de l'une des bases.

THÉORÈME

631. *Deux prismes droits qui ont des bases égales et même hauteur sont égaux.*

Soient AK et A'K' (fig. 412) deux prismes droits ayant des bases ABCDE, A'B'C'D'E' égales entre elles et des hauteurs égales AG, A'G'.

Je dis que ces prismes sont égaux.

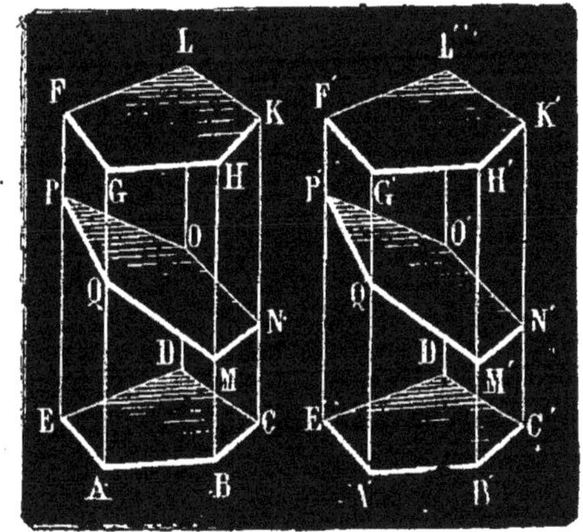

Fig. 412.

Transportons le prisme A'K' sur le prisme AK, de manière que les bases égales ABCDE, A'B'C'D'E' coïncident; les arêtes latérales A'G' et AG se confondent car elles sont perpendiculaires en un même point d'un plan, et comme elles sont égales, le point G' tombe au point G. Pour la même raison, les points H', K', L', F' tombent aux points H, K, L, F, et les prismes se recouvrent parfaitement; donc ces prismes sont égaux.

632. Corollaire. — *Deux prismes droits tronqués* BP et B'P' (fig. 412) *qui ont des bases égales et des arêtes latérales respectivement égales sont égaux.*

Démonstration identique à la précédente.

THÉORÈME

633. *Tout prisme oblique est équivalent à un prisme droit ayant pour base la section droite du prisme oblique, et pour hauteur la longueur de son arête latérale.*

Soit un prisme oblique ABCDEFGH (fig. 413). Les plans perpendiculaires aux arêtes latérales, passant par les points A, E, extrémités d'une même arête, déterminent deux sections droites égales (nº 626), et, par suite, un prisme droit AKLMNOPE ayant pour hauteur l'arête AE.

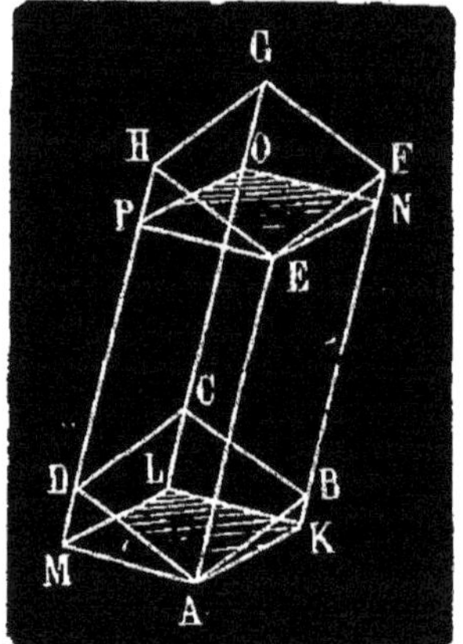

Fig. 413.

Je dis que ce prisme droit est équivalent au prisme oblique.

Je prouve d'abord l'égalité des troncs de prismes droits AKLMDCB, ENOPHGF.

1º Les bases AKLM, ENOP sont égales;

2º Les droites BF et AE sont égales, comme arêtes du prisme oblique; les droites KN et AE sont égales, comme arêtes du prisme droit. Donc BF = NK.

Si l'on retranche de chacune de ces droites la quantité commune BN, on a BK = NF.

On prouverait de la même manière que les droites LC, MD sont respectivement égales aux droites OG, PH. Les troncs de prismes droits considérés sont donc égaux comme ayant des bases égales et des arêtes latérales respectivement égales (nº 632).

Si du volume total on retranche le tronc de prisme inférieur, il reste le prisme oblique, et si l'on en retranche le tronc supérieur, il reste le prisme droit; donc le prisme oblique et le prisme droit sont équivalents.

Parallélipipède

THÉORÈME

634. *Les faces opposées d'un parallélipipède sont égales et parallèles.*

Soit le parallélipipède AG (fig. 414).

D'abord ses deux bases ABCD, EFGH sont des parallélogrammes égaux par hypothèse. Je dis que deux autres faces quelconques AEHD et BCGF sont aussi égales et parallèles.

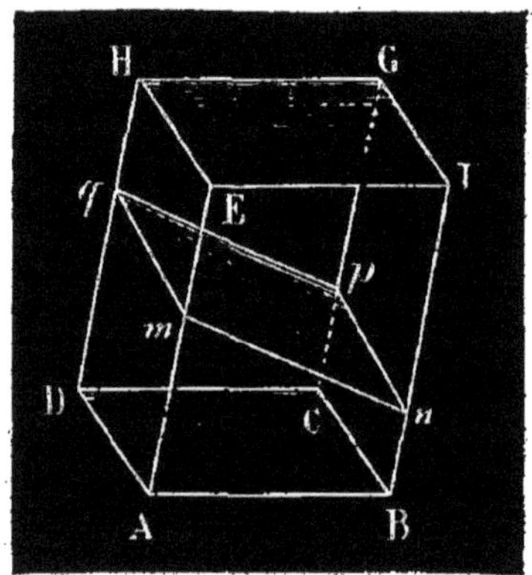

Fig. 414.

Les droites AD et AE sont respectivement égales et parallèles aux droites BC et BF, comme côtés opposés de parallélogrammes; les angles DAE et CBF sont donc égaux, comme ayant les côtés parallèles et dirigés dans le même sens; il en résulte que les parallélogrammes AEHD et BCGF, ayant un angle égal compris entre des côtés respectivement égaux sont égaux.

De plus les plans AEHD et BCGF sont parallèles parce que ce sont les plans des angles DAE et CBF qui ont les côtés parallèles chacun à chacun (n° 540).

635. Corollaire I. — *Deux faces opposées quelconques d'un parallélipipède peuvent être prises pour les bases de ce prisme.*

636. Corollaire II. — *Toute section* mnpq *faite dans un parallélipipède* AG (fig. 414) *par un plan qui rencontre deux faces opposées est un parallélogramme.*

Les côtés *mn* et *pq* sont parallèles comme intersections de deux plans parallèles par un troisième ; les côtés *np* et *mq* sont parallèles pour la même raison. Donc le quadrilatère *mnpq* est un parallélogramme.

THÉORÈME

637. *Le plan mené par deux arêtes opposées* AE *et* CG (fig. 415) *d'un parallélipipède* AG *divise ce polyèdre en deux prismes triangulaires équivalents.*

D'abord, les deux droites AE et CG déterminent un plan, qui coupe les bases du parallélipipède suivant les droites AC et EG.

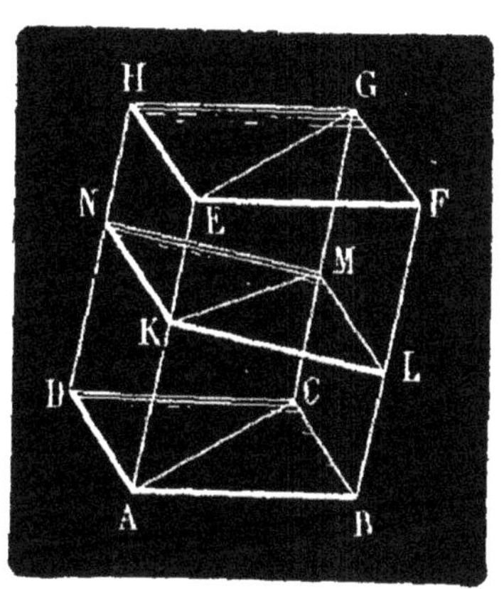

Fig. 415.

Je dis que le polyèdre ABCGEF est un prisme. Les deux faces ABFE, BFGC sont des parallélogrammes, comme étant des faces du parallélipipède ; la troisième face ACGE, ayant deux côtés AE et CG égaux et parallèles, est aussi un parallélogramme. Il en résulte que les côtés AB, BC, AC sont respectivement égaux aux côtés EF, FG, EG et que les triangles ABC, EFG sont égaux comme ayant les trois côtés égaux chacun à chacun. Ces triangles étant d'ailleurs dans des plans parallèles, on en conclut que le polyèdre considéré est un prisme.

On prouverait de la même manière que le polyèdre ACDHEG est aussi un prisme.

Il reste à prouver que ces deux prismes triangulaires sont équivalents.

Distinguons deux cas :

1° *Le parallélipipède est droit.* Les deux prismes ABCGEF, ACDHEG sont alors des prismes droits ayant même hauteur et des bases égales ABC, ACD ; ils sont donc égaux (n° 631).

2° *Le parallélipipède est oblique.* Dans ce cas faisons la section droite KLMN du parallélipipède, et, par suite, les sections droites KLM, KMN des deux prismes.

Le premier de ces prismes est équivalent à un prisme droit ayant pour base la section droite KLM et pour hauteur la longueur de l'arête AE (n° 633).

Le deuxième prisme est équivalent à un prisme droit ayant pour base la section droite KMN et pour hauteur la longueur de l'arête AE.

Ces deux prismes droits sont égaux comme ayant même hauteur AE et pour bases les triangles égaux KLM et KMN.

Les deux prismes obliques ABCGEF, ACDHEG étant équivalents à deux prismes droits égaux sont équivalents entre eux. C. Q. F. D.

§ III. MESURE DU PRISME

638. Ce paragraphe se divise naturellement en deux parties comprenant : 1° *la mesure du parallélipipède ; 2° la mesure du prisme quelconque.*

1° Parallélipipède

THÉORÈME

639. *Deux parallélipipèdes rectangles de même base sont proportionnels à leurs hauteurs.*

Soient ABCDEFGH, ABCDKLMN (fig. 416) deux parallélipipèdes rectangles ayant même base ABCD et dont les hauteurs sont AE et AK.

Supposons que les hauteurs AK et AE aient une commune mesure contenue deux fois dans AK et cinq fois dans AE. Le rapport de ces hauteurs est alors $\frac{2}{5}$.

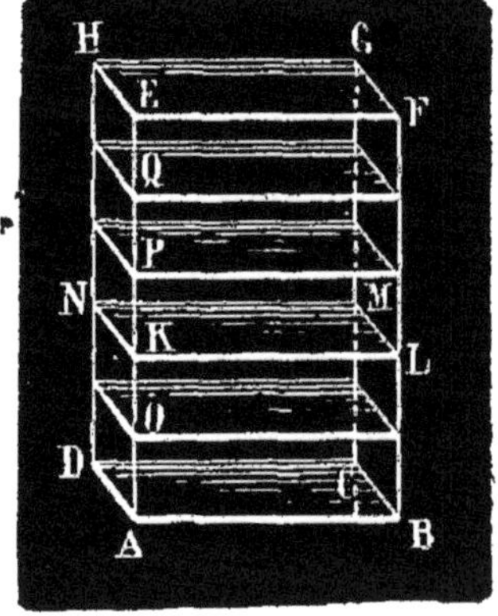

Fig. 416.

Par les points O, K, P, Q qui divisent AE en cinq parties égales, menons des plans parallèles à la base ; ils déterminent des sections égales à cette base (n° 626) et divisent, par suite, le parallélipipède total en cinq parallélipipèdes rectangles égaux comme ayant des bases égales et même hauteur. Le parallélipipède ABCDKLMN contenant deux de ces parallélipipèdes partiels, on a

$$\frac{\text{ABCDKLMN}}{\text{ABCDEFGH}} = \frac{2}{5}.$$

Donc le rapport des deux parallélipipèdes rectangles est égal au rapport de leurs hauteurs AK et AE.

640. Corollaire. — *Deux parallélipipèdes rectangles qui ont deux dimensions communes sont proportionnels à leurs troisièmes dimensions.*

THÉORÈME

641. *Deux parallélipipèdes rectangles qui ont même hauteur sont proportionnels à leurs bases.*

Désignons par P et P′ les volumes de deux parallélipipèdes rectangles de même hauteur h ; appelons a et b les dimensions de la base du premier, a' et b' les dimensions de la base du second.

Imaginons un troisième parallélipipède P″ ayant deux dimensions communes avec chacun des deux premiers ; soient h sa hauteur, b et a' les côtés de sa base.

Les parallélipipèdes P et P″ ayant deux dimensions communes h et b sont entre eux comme leurs troisièmes dimensions a et a', et l'on a :

$$\frac{P}{P''} = \frac{a}{a'} \qquad (1)$$

Pour la même raison, on peut écrire

$$\frac{P''}{P'} = \frac{b}{b'} \qquad (2)$$

Si l'on multiplie les égalités (1) et (2) membre à membre, on a

$$\frac{P \times P''}{P'' \times P'} = \frac{a \times b}{a' \times b'}$$

ou

$$\frac{P}{P'} = \frac{a \times b}{a' \times b'}.$$

Si l'on appelle R, R′ les surfaces des rectangles de base, on a

$$\frac{R}{R'} = \frac{a \times b}{a' \times b'}$$

Donc

$$\frac{P}{P'} = \frac{R}{R'}.$$

THÉORÈME

642. *Deux parallélipipèdes rectangles sont proportionnels aux produits de leurs bases par leurs hauteurs.*

Appelons P et P′ les volumes de deux parallélipipèdes rectangles, R et h la base et la hauteur du premier, R′ et h' la base et la hauteur du second.

Imaginons un troisième parallélipipède rectangle P″ ayant pour hauteur h et pour base R′.

Les deux parallélipipèdes P et P″ de même hauteur h sont proportionnels à leurs bases R et R′ et l'on a

$$\frac{P}{P''} = \frac{R}{R'} \qquad (1)$$

Les deux parallélipipèdes P″ et P′ ayant même base R′, sont proportionnels à leurs hauteurs h et h', et l'on a :

$$\frac{P''}{P'} = \frac{h}{h'}. \qquad (2)$$

Des égalités (1) et (2) on tire

$$\frac{P \times P''}{P'' \times P'} = \frac{R \times h}{R' \times h'}$$

ou

$$\frac{P}{P'} = \frac{R \times h}{R' \times h'} \qquad \text{C. Q. F. D.}$$

THÉORÈME

643. *Le volume d'un parallélipipède rectangle est égal au produit de sa base par sa hauteur, à la condition qu'on prenne pour unité de volume le cube ayant pour côté l'unité de longueur, et pour unité de surface le carré construit sur l'unité de longueur.*

La relation entre les volumes P et P′ de deux parallélipipèdes rectangles dont les bases sont R et R′ et les hauteurs h et h' peut s'écrire

$$\frac{P}{P'} = \frac{R}{R'} \times \frac{h}{h'} \qquad \text{(n° 642.)}$$

Or si

$$P' \text{ est l'unité de volume,}$$
$$R' \quad — \quad \text{de surface,}$$
$$h' \quad — \quad \text{de longueur,}$$

le rapport

$$\frac{P}{P'} \text{ est la mesure du volume,}$$
$$\frac{R}{R'} \quad — \quad \text{de la surface de la base,}$$
$$\frac{h}{h'} \quad — \quad \text{de la hauteur,}$$

on a donc

$$P = R \times h.$$

644. Remarque. — Les dimensions de la base étant a et b, la formule précédente devient

$$P = a \times b \times h,$$

Donc *le volume d'un parallélipipède rectangle est égal au produit de ses trois dimensions.*

Le **mètre** étant l'unité de longueur, le **mètre carré** est l'unité de surface et le **mètre cube** l'unité de volume.

645. Corollaire. — *Le volume d'un cube est égal au cube de son côté.*

En effet un cube est un parallélipipède rectangle dont les trois dimensions sont égales. Si l'on appelle V le volume d'un cube, a son côté, on a

$$V = a \times a \times a = a^3.$$

THÉORÈME

646. *Le volume d'un parallélipipède droit est égal au produit de sa base par sa hauteur.*

Soit AG (fig. 417) un parallélipipède droit ayant pour base le parallélogramme ABCD et pour hauteur la droite AE.

Si l'on prend la face ADHE pour base, le parallélipipède est oblique, et son arête latérale est AB.

Or il est équivalent à un prisme droit ayant pour base la section droite et pour hauteur la longueur de son arête latérale (n° 633). De sorte que si l'on fait deux sections droites AEML, BFNK aux extrémités de AB on obtient un parallélipipède droit AN équivalent au premier.

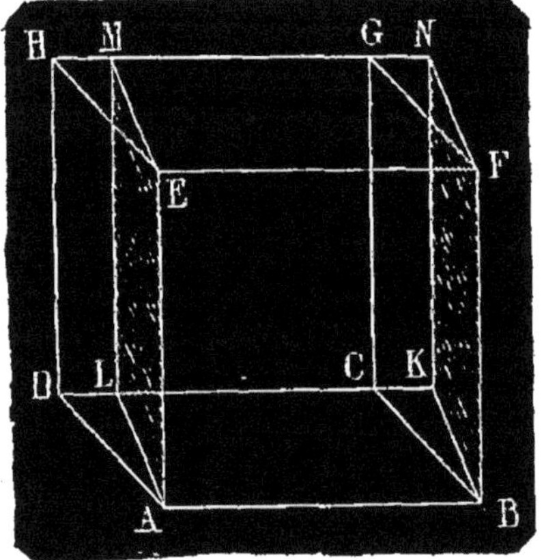

Fig. 417.

Les sections droites AEML et BFNK sont des rectangles, puisque les faces opposées AF et DG du polyèdre donné sont perpendiculaires à la base AC; le parallélipipède AN est donc rectangle. Son volume V est égal au produit de ses trois dimensions, et l'on a

$$V = AB \times AL \times AE.$$

Le volume du parallélipipède AG est donc aussi égal à

$$AB \times AL \times AE.$$

Or le produit $AB \times AL$ n'est autre chose que la surface du parallélogramme ABCD.

Donc le volume du parallélipipède AG est égal au produit de sa base par sa hauteur.

THÉORÈME

647. *Le volume d'un parallélipipède quelconque est égal au produit de sa base par sa hauteur.*

Soit AG (fig. 418) un parallélipipède quelconque ayant pour base le parallélogramme ABCD.

Si l'on prend pour base la face ADHE, l'arête latérale est EF. Le parallélipipède donné est alors équivalent au parallélipipède droit KO, déterminé par les sections droites EPNK, FOML faites aux extrémités de l'arête EF.

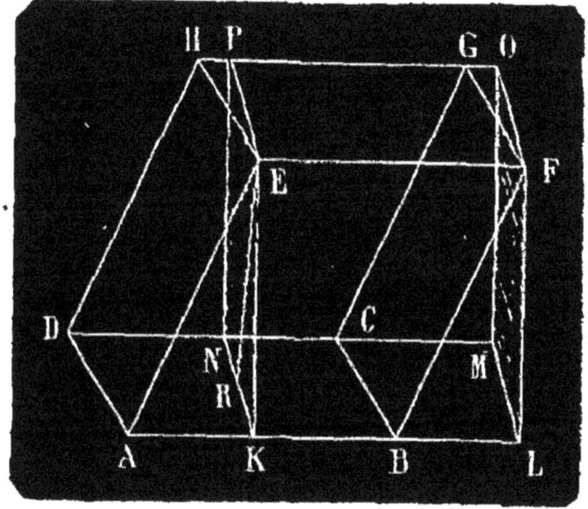

Fig. 418.

Le volume de ce parallélipipède est égal à la surface du parallélogramme EPNK multipliée par la hauteur EF (n° 646).

Si l'on abaisse du point E la perpendiculaire ER sur NK, elle est en même temps perpendiculaire sur le plan ABCD (n° 581), elle est donc la hauteur du parallélogramme EPNK et celle du parallélipipède AG. De sorte que l'on a

$$\text{Volume KO} = NK \times ER \times EF,$$

et, par suite,

$$\text{Volume AG} = NK \times ER \times EF.$$

Or le produit $EF \times NK$ est égal à $AB \times NK$, c'est-à-dire à la surface du parallélogramme ABCD.

Donc le volume du parallélipipède AG est égal au produit de sa base par sa hauteur.

2° Prisme quelconque

THÉORÈME.

648. *Le volume d'un prisme triangulaire est égal au produit de sa base par sa hauteur.*

Soit un prisme triangulaire ABCDEF (fig. 419). Par les points A et B je mène des parallèles AG, BG aux côtés CB, CA, et par les points D, E, des parallèles aux côtés FE, FD ; je joins les points d'intersection H et G de ces droites et je dis que le polyèdre obtenu CH est un parallélipipède.

D'abord les parallélogrammes CG et FH sont égaux comme ayant les angles C et F égaux compris entre des côtés respectivement égaux. Dès lors le quadrilatère EG ayant deux côtés opposés EH et BG égaux et parallèles est un parallélogramme; la face DG est un parallélogramme pour la même raison.

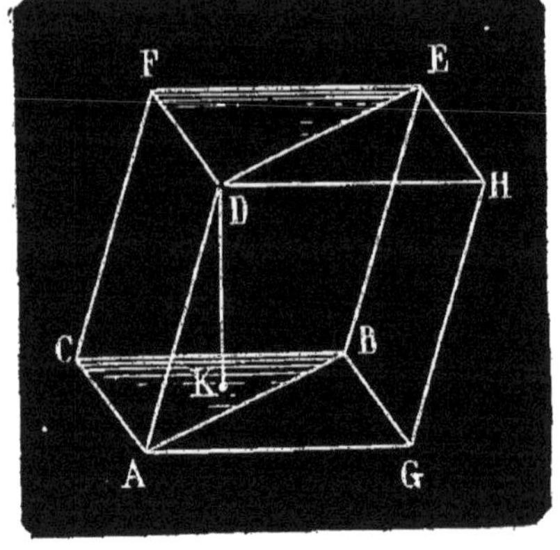

Fig. 419.

Les autres faces sont des parallélogrammes comme étant des faces latérales du prisme.

Or le plan AE mené par deux arêtes opposées divise le parallélipipède CH en deux prismes triangulaires équivalents (n° 637). Le prisme donné est donc la moitié de ce parallélipipède.

Si DK est la hauteur commune aux deux polyèdres on a

$$\text{Parallélipipède CH} = \text{AGBC} \times \text{DK}$$

et par suite

$$\text{Prisme BF} = \frac{\text{AGBC}}{2} \times \text{DK}$$

ou

$$\text{Prisme BF} = \text{ABC} \times \text{DK}. \qquad \text{C. Q. F. D.}$$

THÉORÈME.

649. *Le volume d'un prisme quelconque est égal au produit de sa base par sa hauteur.*

Soit un prisme polygonal quelconque AF (fig. 420). Décomposons-le en prismes triangulaires, en menant des plans par l'arête AF et les arêtes parallèles non situées dans la même face que AF.

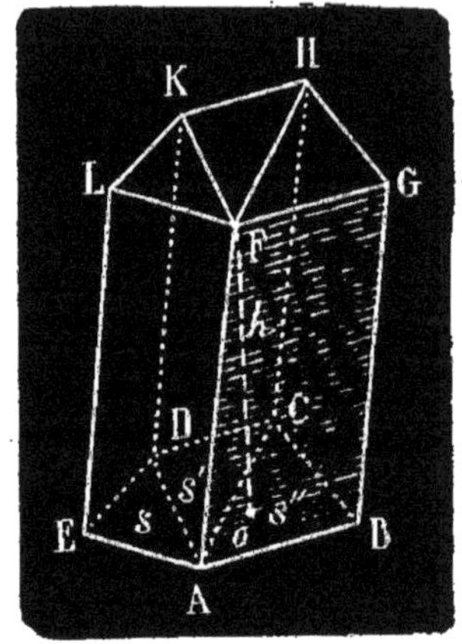

Fig. 420.

Appelons h la hauteur du prisme donné et, par suite, la hauteur commune aux prismes triangulaires; s, s', s'', v, v', v'', les surfaces des bases et les volumes des prismes partiels; S et V, la surface de la base et le volume du prisme polygonal donné.

On a

$$v = s\,h$$
$$v' = s'\,h$$
$$v'' = s''h$$

D'où

$$v + v' + v'' = (s + s' + s'')\,h$$

ou

$$\mathrm{V} = \mathrm{S} \times h.$$

650. Corollaire. — 1° *Deux prismes de bases équivalentes et de même hauteur sont équivalents.*

Deux prismes sont entre eux comme les produits de leurs bases par leurs hauteurs.

Deux prismes de même base sont entre eux comme leurs hauteurs.

Deux prismes de même hauteur sont entre eux comme leurs bases.

Deux prismes sont équivalents si leurs bases sont inversement proportionnelles à leurs hauteurs.

APPLICATIONS

651. Les polyèdres ayant la forme prismatique se rencontrent en grand nombre dans nos constructions et dans une foule de produits industriels et naturels.

Les pierres qui forment l'angle d'un mur sont des prismes droits.

La toiture des maisons ordinaires dans son ensemble a la forme d'un prisme triangulaire dont les bases sont dans des plans verticaux.

La plupart des pièces de charpente ont la forme de prismes droits ou tronqués.

Certains salons dits octogones présentent la forme d'un prisme octogonal régulier.

C'est cette forme que l'on donne le plus souvent à l'équerre d'arpenteur.

Les alvéoles des abeilles sont des prismes hexagonaux réguliers.

Les chambres de nos appartements, la plupart des caisses en bois, en carton, en fer blanc ont la forme de parallélipipèdes rectangles. Les dés à jouer sont cubiques.

Pour construire un prisme droit, le tailleur de pierres façonne d'abord un parement sur lequel il trace la base du prisme, puis il mène par les côtés de ce polygone des plans perpendiculaires à la base ; ces plans se coupent suivant des droites qui sont elles-mêmes perpendiculaires à la base et qui forment les arêtes latérales ; il prend ensuite des longueurs égales sur ces arêtes et fait passer un plan par les points obtenus : ce plan détermine la base supérieure du prisme.

On opère de la même manière dans la construction de nos appartements ; après avoir tracé un rectangle sur un terrain horizontal on élève par ses différents côtés des murs verticaux, dont les quatre intersections sont verticales ; on prend ensuite sur ces arêtes des longueurs égales qui déterminent la position du plafond ; la construction qui en résulte a la forme d'un parallélipipède rectangle.

Dans beaucoup de cas on construit des parallélipipèdes rectangles par le moulage ; c'est ainsi que l'on fabrique les briques à bâtir et les morceaux de savon :

652. **Cristaux.** — Toutes les formes qu'affectent les cristaux peuvent être ramenées à *six types* caractérisés par leur symétrie.

On choisit pour *forme fondamentale du type* un polyèdre manifestant cette symétrie d'une façon évidente et on y rapporte toutes les formes dérivées que l'on peut regarder comme produites par des modifications qui affectent en même temps toutes les parties symétriques. C'est ainsi que **l'octaèdre régulier** dérive du cube par les troncatures faites sur les huit angles de celui-ci.

Les parties que les cristaux présentent à l'observation sont des faces, des arêtes, des angles et des axes. On définit les types cristallins par leurs axes ou par la disposition des faces et des angles : la première définition est préférée.

Premier type. — Cube. Tous les angles, solides ou dièdres sont égaux entre eux ; les trois axes sont rectangulaires et égaux.

Ex. : *Sel marin, galène* ou *sulfure de plomb, iodure de potassium.*

Octaèdre régulier. — *alun, acide arsénieux.*

Deuxième type. — Prisme droit à base carrée.

Quatre faces latérales égales différentes des bases.

Trois axes rectangulaires dont deux égaux.

Ex. : *Tungstate de chaux, molybdate de plomb, sulfate de nickel.*

Troisième type. — Prisme droit à base rectangle.

Faces latérales égales deux à deux.

Trois arêtes ou axes rectangulaires inégaux.

Ex. : *Sulfate de magnésie.*

Formes dérivées :

1° **Octaèdre rectangulaire.**

Ex. : *Soufre cristallisé* dans le *sulfure de carbone* ou *soufre naturel*, *bichlorure de mercure cristallisé.*

2° **Prisme rhomboïdal** ou **orthorhombique.**

Ex. : *Sulfate de baryte naturel*, *carbonate de chaux naturel* ou *arragonite*, *carbonate de baryte* ou *Withérite*, *sulfate de strontiane* ou *celestine.*

Quatrième type. — Prisme oblique à base rectangle ou **rhomboïdal oblique.**

Trois arêtes inclinées dont deux égales ou trois axes inclinés dont deux égaux.

Ex. : *Soufre* par fusion, *Wolfram*, *sulfate de fer*, *bisulfate de potasse*, les *pyroxènes.*

Cinquième type. — Prisme oblique à base de parallélogramme.

Trois arêtes ou axes inclinés inégaux.

Ex. : *Sulfate de cuivre* ou *vitriol bleu*, *sulfate de manganèse.*

Sixième type. — Prisme hexagonal droit.

Ex. : *Quartz*, *corindon.*

Rhomboèdre. Six faces en losange.

Trois axes inclinés égaux : les angles sur lesquels ils s'appuient le sont aussi.

Ex. : *Carbonate de chaux cristallisé* ou *spath d'Islande*, *fer oligiste*, *argyrythrose* ou *sulfure d'argent* et d'*antimoine*, *graphyte*, *carbonate de magnésie* ou *giobertite*, *carbonate de fer* ou *sidérose*, *carbonate de chaux* et de *magnésie* ou *dolomie.*

EXERCICES

602. Le volume d'un prisme triangulaire est égal à la moitié du produit de l'aire d'une face latérale par la distance de cette face à l'arête opposée.

603. Si, sur trois droites parallèles et non situées dans un même plan, on prend d'une manière quelconque des longueurs égales à une droite donnée, le volume du prisme triangulaire est constant.

604. Les diagonales d'un parallélipipède se coupent en un même point qui est le milieu de chacune d'elles.

605. Le carré de la diagonale d'un parallélipipède rectangle est égal à la somme des carrés des trois dimensions de ce polyèdre.

606. Calculer la diagonale d'un parallélipipède rectangle dont les dimensions sont 3^m, 2^m et 5^m.

607. La somme des distances des sommets d'un parallélipipède à un plan qui ne le coupe pas est égale à huit fois la distance du point d'intersection des diagonales de ce polyèdre au même plan.

608. Couper un cube par un plan de manière que l'intersection soit un carré.

609 Couper un cube par un plan de manière que l'intersection soit un triangle équilatéral.

610. Couper un cube par un plan de manière que l'intersection soit un hexagone régulier.

611. Couper un prisme triangulaire quelconque par un plan de manière que l'intersection soit un triangle équilatéral.

612. Calculer la diagonale d'un cube qui a un mètre carré de surface totale.

613. Calculer le volume d'un prisme droit qui a pour base un triangle équilatéral de 5^m de côté, la hauteur du prisme étant égale au côté de la base.

614. Quelle serait l'arête d'un prisme régulier à base triangulaire, ayant pour hauteur le côté même de cette base et pour volume 1^m cube.

615. Calculer l'arête d'un prisme analogue sachant que sa surface totale vaut 1^{mq}.

616. Quel est le volume de la maçonnerie entourant un pavillon hexagonal, sachant que le rayon de l'hexagone extérieur a 6^m et que l'épaisseur de mur est de $0^m,75$; la hauteur du pavillon est d'ailleurs de 5^m (on ne tiendra pas compte des ouvertures).

617. Calculer le volume d'un prisme droit dont la base est un hexagone régulier, sachant que le côté de la base a $2^m,30$, et la hauteur $5^m,80$.

618. Une salle a la forme d'un parallélipipède rectangle dont les trois dimensions sont : longueur, 4^m ; largeur, $3^m,80$; hauteur, $3^m,50$. Le plafond et les murs doivent être peints à raison de 0 fr. 45 le mètre carré. Quelle sera la dépense?

619. La densité de l'argent étant 10,47, quelle est l'arête du cube d'argent qui pèse 1 kilog.?

620. Le poids d'une règle en fer est de 5 kg.; sa base est un carré de 3 cm. de côté; on fait passer cette règle en l'étirant dans une série d'orifices carrés dont le dernier a 0m,004 de côté; quelle est alors la longueur de cette règle? La densité du fer est 7,7.

621. Quelle est la longueur d'un tas de bois contenant 43stères,5 et qui a 3m de largeur, et 3m,50 de hauteur.

622. Une pile de bois a 12m,40 de longueur, 4m,30 de largeur et 6m,50 de hauteur; évaluer en stères la quantité de bois qu'elle contient.

623. Quel est le poids de l'air contenu dans une salle rectangulaire qui a 6m,80 de long. 3m,50 de large et 3m,80 de haut. Un litre d'air pèse en moyenne 1gr,3.

624. Un bassin rectangulaire qui a 5m,40 de longueur, 2m,30 de largeur et 1m,70 de profondeur est rempli d'eau aux deux tiers de sa hauteur, combien d'hectolitres contient-il?

625. Une poutre ayant la forme d'un parallélipipède droit à base carrée a 4m de longueur; elle a été payée 54 fr., à raison de 12 fr. le décistère; quelle est la longueur du côté de sa base?

626. Un bassin octogonal doit contenir 1,000 hectolitres d'eau; son côté a 2m de longueur; quelle profondeur faut-il donner à ce bassin?

627. Calculer le volume d'un prisme droit dont la base est le pentagone régulier inscrit dans un cercle de 1m de rayon; la hauteur du prisme est égale à l'apothème du polygone de base.

628. La surface latérale d'un prisme droit hexagonal est 50mq; le côté de la base est 3m,80; trouver le volume de ce prisme.

629. Un prisme droit a pour base un hexagone régulier; sa surface latérale est 13mq, et son volume 5mc 300. On demande le côté de la base et la hauteur du prisme.

630. Le volume d'un prisme droit est 1mc; sa base est un octogone de 1m de rayon; quelle est la hauteur de ce prisme?

631. Calculer le côté de la base d'un prisme droit qui a 2m de hauteur et même volume qu'un cube dont la diagonale est 3m; la base de ce prisme est un décagone régulier.

632. Un bloc prismatique de glace dont la base est un carré de 2m,50 de côté, flotte sur l'eau de mer et s'élève à 6m au-dessus de l'eau. On demande le poids de ce bloc sachant que le litre d'eau de mer pèse 1kg,026, et le décimètre cube de glace 0kg,8.

633. Calculer le volume d'un prisme triangulaire droit ayant pour base un triangle isocèle dont la surface est 6mq, sachant que la hauteur de ce triangle est la moitié de sa base et que la surface totale du prisme est 24mq.

634. Un prisme droit a pour base un hexagone régulier. Calculer sa hauteur sachant que son volume est 3mc et sa surface latérale 12mq.

635. Calculer le volume du prisme qui a pour base le carré inscrit dans un cercle de 1m de rayon et pour hauteur le côté de ce carré.

636. Calculer le volume du prisme qui a pour base le triangle équilatéral inscrit dans un cercle de 1m de rayon, et pour hauteur le côté de ce triangle.

637. Calculer le volume du prisme quand le polygone inscrit est l'hexagone.

638. Calculer le volume du prisme quand le polygone inscrit est le décagone.

639. Calculer le volume du prisme quand le polygone inscrit est le pentagone.

640. Calculer le volume du prisme quand le polygone inscrit est le dodécagone.

CHAPITRE II

PYRAMIDE

§ I. DÉFINITIONS

* 653. Une **pyramide** est un polyèdre qui a pour **base** un polygone quelconque et pour **faces latérales** des triangles ayant pour bases les côtés de ce polygone et pour sommets un même point de l'espace.

Le sommet commun et les côtès des faces latérales sont le **sommet** èt les **arêtes latérales** de la pyramide.

La somme des faces latérales est l'aire latérale de la pyramide.

La **hauteur** d'une pyramide est la perpendiculaire abaissée du sommet sur le plan de la base.

Une pyramide est **triangulaire, quadrangulaire pentagonale**, etc., selon que sa base est un triangle, un quadrilatère, un pentagone, etc.

La pyramide triangulaire ayant quatre faces s'appelle aussi **tétraèdre**. L'une quelconque de ses faces peut être prise pour base.

Une pyramide est **régulière** lorsque sa base est un polygone régulier dont le centre coïncide avec le pied de la hauteur.

Les arêtes latérales d'une pyramide régulière sont égales comme obliques s'écartant également du pied de la hauteur; il en résulte que les faces latérales sont des triangles isocèles égaux entre eux. Les perpendiculaires abaissées du sommet commun de ces triangles sur leurs bases respectives sont donc égales; l'une quelconque d'entre elles est appelée **apothème** de la pyramide régulière.

Un **tronc de pyramide** est une portion de pyramide comprise entre la base et un plan qui rencontre toutes les arêtes latérales.

Si le plan sécant est parallèle à la base on a un tronc de pyramide à bases parallèles. Sa hauteur est la distance entre ses deux bases.

Un **tronc de pyramide régulier** est une portion de pyramide règulière comprise entre la base et un plan parallèle à cette base rencontrant toutes les arêtes latérales.

§ II. PROPRIÉTÉS GÉNÉRALES

THÉORÈME

654. *L'aire latérale d'une pyramide régulière est égale à la moitié du produit du périmètre de sa base par son apothème.*

La surface latérale de la pyramide régulière SABCDEF (fig. 421), se compose d'autant de triangles isocèles égaux que le polygone de base comprend de côtés. L'aire de chacun d'eux est égale à la moitié du produit de sa base par sa hauteur, qui est l'apothème SG. La somme des aires de tous ces triangles est donc égale à la moitié du produit de la somme de leurs bases AB, BC, CD... par leur hauteur commune SG, on à la moitié du produit du périmètre de la base de la pyramide par l'apothème.

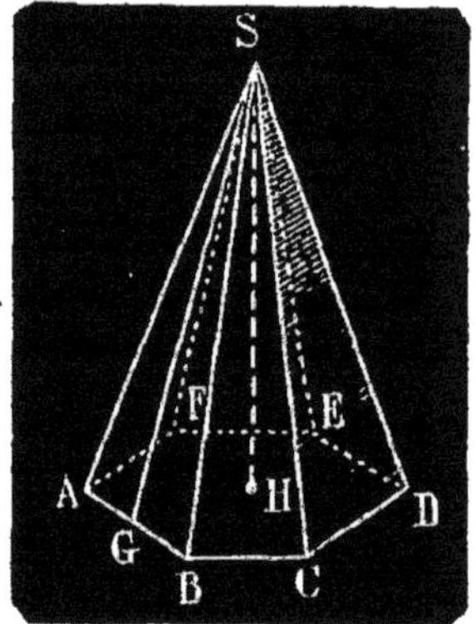

Fig. 421.

THÉORÈME

655. *Si l'on coupe une pyramide par un plan parallèle à la base.*

1° *Les arêtes latérales et la hauteur sont coupées en parties proportionnelles.*

2° *La section est un polygone semblable au polygone de base de la pyramide.*

Soit la pyramide SABCDE (fig. 422) que l'on coupe par un plan parallèle à la base; ce plan rencontrant aux points A', B', C', D', E', H', les arêtes latérales et la hauteur, qui partent du même point S on a (n° 539)

$$\frac{SA'}{SA} = \frac{SB'}{SB} = \frac{SC'}{SC} = \frac{SD'}{SD} = \frac{SE'}{SE} = \frac{SH'}{SH}.$$

Je dis maintenant que les polygones A'B'C'D'E' et ABCDE sont semblables.

1° *Leurs angles sont respectivement égaux.*

Les droites A'B' et AB sont parallèles comme intersections de deux plans parallèles par un troisième.

Les lignes B'C', C'D', D'E', E'A' sont parallèles aux droites BC, CD, DE, EA pour la même raison.

Les angles A', B', C', D', E' du premier polygone sont donc égaux aux angles A, B, C, D, E du second comme ayant les côtés parallèles et dirigés dans le même sens.

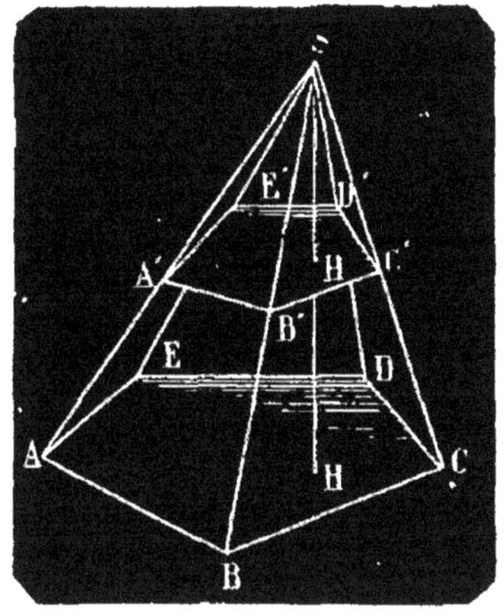

Fig. 422.

2° *Leurs côtés homologues sont proportionnels.*

Il suffit de prouver que deux côtés consécutifs quelconques A'B' et B'C' du premier polygone sont proportionnels aux côtés homologues AB et BC du second.

Les triangles SA'B' et SAB sont semblables puisque A'B' est parallèle à AB ; on a donc

$$\frac{A'B'}{AB} = \frac{SB'}{SB} \qquad (1)$$

De même les triangles SB'C' et SBC sont aussi semblables et donnent

$$\frac{B'C'}{BC} = \frac{SB'}{SB} \qquad (2)$$

On tire de là

$$\frac{A'B'}{AB} = \frac{B'C'}{BC}$$

et par suite

$$\frac{A'B'}{AB} = \frac{B'C'}{BC} = \frac{C'D'}{CD} = \frac{D'E'}{DE} = \frac{E'A'}{EA}.$$

Donc les polygones A'B'C'D'E' et ABCDE sont semblables.

656. Remarque. Si l'on coupe une pyramide régulière par un plan parallèle à la base, on obtient un tronc de pyramide régulier. Les deux bases de ce tronc sont donc des polygones semblables ; les arêtes latérales de la pyramide régulière étant égales, celles du tronc sont aussi égales, et les faces latérales du tronc sont des trapèzes isocèles égaux, la hauteur de l'un d'eux est l'*apothème* du tronc de pyramide.

657. Corollaire. — *Les sections faites dans une pyramide par deux plans parallèles sont proportionnelles aux carrés de leurs distances au sommet.*

Les polygones A'B'C'D'E', ABCDE (fig. 422) peuvent être considérés comme les sections faites dans la pyramide SABCDE par deux plans parallèles. Ces polygones étant semblables sont proportionnels aux carrés de leurs côtés homologues; on a donc

$$\frac{A'B'C'D'E'}{ABCDE} = \frac{\overline{A'B'}^2}{\overline{AB}^2}.$$

Or d'après le théorème précédent, on peut écrire

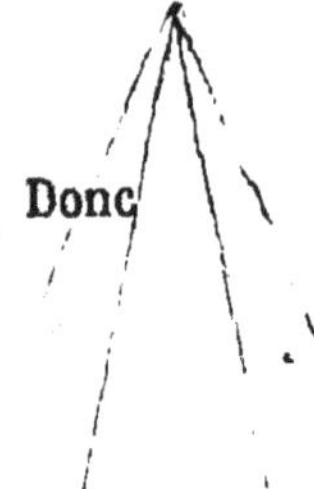

$$\frac{A'B'}{AB} = \frac{SA'}{SA} = \frac{SH'}{SH}.$$

Donc

$$\frac{A'B'C'D'E'}{ABCDE} = \frac{\overline{SH'}^2}{\overline{SH}^2}.$$

THÉORÈME.

658. *Lorsque deux pyramides ont des hauteurs égales les sections faites dans ces pyramides par des plans parallèles aux bases à égale distance des sommets sont proportionnelles aux bases.*

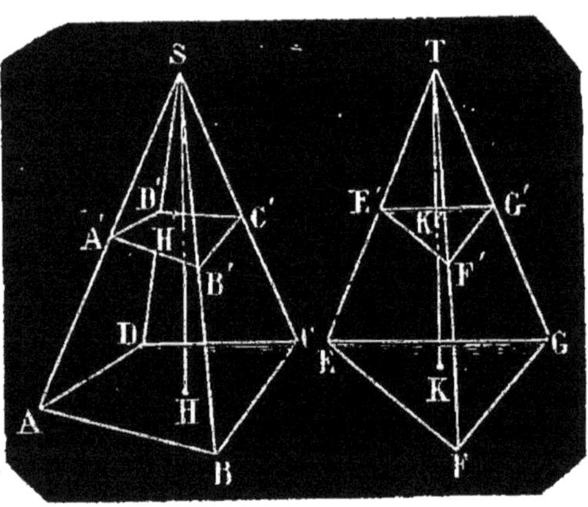

Fig. 423.

Soient deux pyramides SABCD, TEFG (fig. 423) dont les hauteurs SH et TK sont égales. Je prends sur les hauteurs, à partir des sommets, des longueurs SH' et TK' égales entre elles et je mène par les points H' et K' les sections A'B'C'D' et E'F'G' parallèles aux bases. Nous aurons (nº 657)

$$\frac{A'B'C'D'}{ABCD} = \frac{\overline{SH'}^2}{\overline{SH}^2}$$

$$\frac{E'F'G'}{EFG} = \frac{\overline{TK'}^2}{\overline{TK}^2}.$$

Or

$$SH' = TK', \quad SH = TK,$$

donc

$$\frac{A'B'C'D'}{ABCD} = \frac{E'F'G'}{EFG} \qquad (\alpha)$$

659. **Corollaire.** — *Lorsque deux pyramides ont des hauteurs égales et des bases équivalentes, les sections faites dans ces pyramides par des plans parallèles aux bases à égale distance des sommets sont équivalentes.*

En effet si, dans la proportion α (nº 658) les dénominateurs sont égaux, les numérateurs sont aussi égaux.

THÉORÈME.

660. *Deux pyramides sont égales lorsqu'elles ont un angle dièdre égal compris entre une base et une face respectivement égales et semblablement placées.*

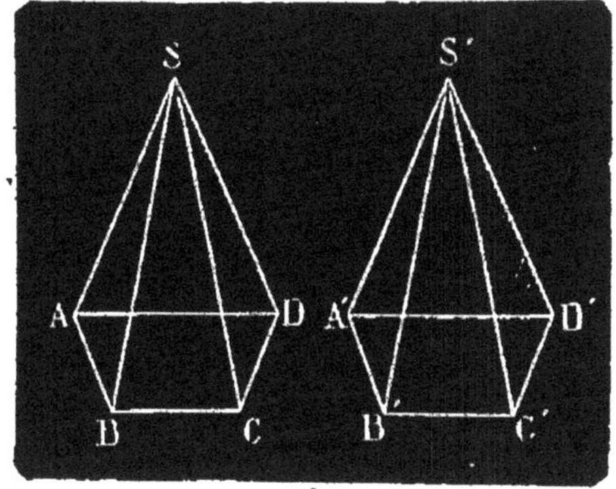

Fig. 424.

Soient deux pyramides SABCD, S'A'B'C'D' (fig. 424) qui ont l'angle dièdre AB égal à l'angle dièdre A'B', la base ABCD égale à la base A'B'C'D' et la face ABS égale à la face A'B'S'.

Transportons la pyramide S'A'B'C'D' sur la pyramide SABCD, de manière que les polygones égaux A'B'C'D', ABCD coïncident parfaitement.

Les dièdres A'B' et AB étant égaux, les plans A'B'S' et ABS coïncideront et, dans ces plans, les triangles égaux A'B'S', ABS ayant un côté commun se recouvriront parfaitement ; le point S' tombera au point S. Il en résulte que toutes les arêtes latérales coïncideront ; donc les deux pyramides sont égales.

§ III. VOLUME DE LA PYRAMIDE.

THÉORÈME.

661. *Deux pyramides triangulaires de même hauteur et qui ont des bases équivalentes sont équivalentes.*

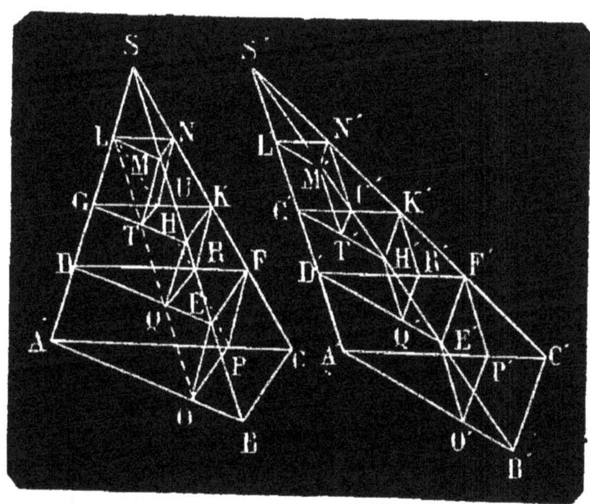

Fig. 425.

Soient deux pyramides SABC, S'A'B'C' (fig. 425) qui ont même hauteur et des bases équivalentes, ABC, A'B'C'. Je place ces bases sur le même plan.

Après avoir divisé l'arête SA en un certain nombre de parties égales, quatre par exemple, aux points D, G, L, je mène par ces points des plans parallèles au plan commun des deux bases. Les sections DEF, GHK, LMN, déterminées dans la première pyramide, sont équivalentes aux sections D'E'F, G'H'K', L'M'N' déterminées dans la seconde pyramide par les mêmes plans (n° 659).

Par les points E, F, je mène des parallèles EO, FP à l'arête DE, et je joins les points O et P, où ces parallèles rencontrent les côtés AB et AC Le polyèdre AOPDEF est un prisme, qui a pour base la section DEF et pour hauteur la distance du plan DEF au plan ABC ; je fais la même construction au-dessous des autres sections GHK, LMN.

Si l'on opère d'une manière identique dans la deuxième pyramide S'A'B'C', on obtient, dans cette pyramide, des prismes inscrits, dont le nombre est nécessairement égal au nombre des prismes inscrits dans la première.

Les prismes AOPDEF et A'O'P'D'E'F' sont équivalents comme ayant même hauteur et des bases équivalentes.

Les autres prismes sont aussi équivalents deux à deux.

Donc la somme des prismes inscrits dans la pyramide SABC est équivalente à la somme des prismes inscrits dans la pyramide S'A'B'C'.

Si l'on double indéfiniment le nombre des divisions de SA, et qu'on fasse les mêmes constructions, les deux sommes de prismes seront constamment équivalentes. Par conséquent si nous démontrons que la somme des prismes inscrits dans chaque pyramide a pour limite le volume de la pyramide même, nous en conclurons que les deux pyramides sont équivalentes.

Les points L, T, Q, O sont situés sur une même parallèle LQ à SB, car les droites MT, HQ, EO sont égales et parallèles. De même les points L, U, R, P sont aussi situés sur une parallèle LP à SC, et comme OP est d'ailleurs parallèle à BC, le polyèdre SBCLOP est un tronc de pyramide à bases parallèles, dont la hauteur est plus petite que SL, qui est l'une des divisions de SA ; cette hauteur diminue par conséquent à mesure que le nombre des divisions de SA augmente et tend vers zéro ; le volume de ce tronc, qui est moindre que le prisme ayant même hauteur et pour base le triangle BSC, a donc aussi pour limite zéro.

Or l'excès du volume de la pyramide SABC sur la somme des prismes inscrits est visiblement plus petit que le tronc SBCLOP ; donc cet excès a pour limite zéro. Par suite la limite de la somme des prismes inscrits dans chaque pyramide est le volume même de la pyramide.

Donc les deux pyramides données sont équivalentes.

THÉORÈME

662. *Le volume d'une pyramide a pour mesure le tiers du produit de sa base par sa hauteur.*

1° Soit une pyramide triangulaire SABC (fig. 426). Par les sommets A et C, je mène des parallèles AD, CE jusqu'à leur rencontre avec un plan parallèle à la base ABC mené par le point S ; j'obtiens ainsi un prisme ABCDSE qui a même base et même hauteur que la pyramide.

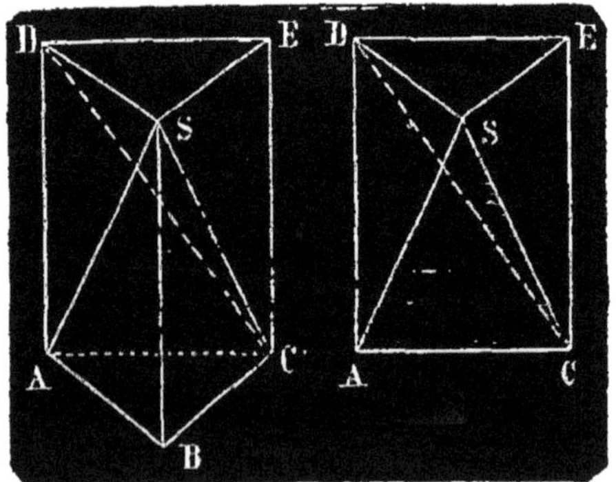

Fig. 426.

Si l'on détache de ce prisme la pyramide donnée, il reste une pyramide quadrangulaire SADEC, ayant le point S pour sommet et le parallélogramme ADEC pour base.

Le plan SDC partage cette pyramide en deux pyramides triangulaires

SADC et SDEC équivalentes, car ces pyramides ont toutes deux pour hauteur la distance du point S au plan ADEC et pour bases les triangles égaux ADC et DCE.

Or la pyramide SDEC peut être considérée comme ayant pour sommet le point C et pour base le triangle DSE; elle a, par suite, même hauteur que la pyramide SABC et une base égale, car le triangle DSB est égal au triangle ABC; ces deux pyramides sont donc équivalentes.

Le prisme se compose par conséquent de trois pyramides équivalentes à la pyramide donnée SABC. Donc cette pyramide est le tiers du prisme.

Si l'on désigne par H, B et V la hauteur, la surface de la base et le volume de la pyramide donnée, on a la formule

$$V = \frac{1}{3} BH.$$

2° Soit une pyramide polygonale quelconque SABCDE (fig. 427). Je la décompose en pyramides triangulaires en menant des plans par l'arête SB et les arêtes latérales non situées dans la même face que SB.

Je désigne par b, b', b'', v, v', v'' les surfaces des bases et les volumes des pyramides partielles, par H, B et V, la hauteur, la surface de la base et le volume de la pyramide donnée.

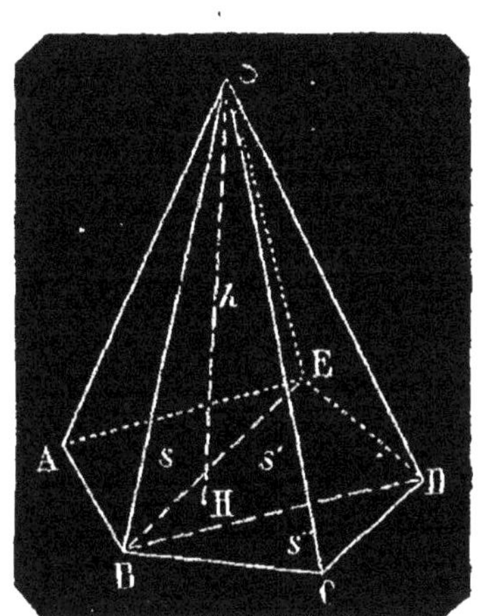

Fig 427.

On a

$$v = \frac{1}{3} bH$$

$$v' = \frac{1}{3} b'H$$

$$v'' = \frac{1}{3} b''H$$

Si l'on additionne membre à membre ces égalités, il vient

$$v + v' + v'' = \frac{1}{3} H(b + b' + b'')$$

ou

$$V = \frac{1}{3} B . H.$$

663. Corollaires. — 1° *Toute pyramide est le tiers d'un prisme ayant même base et même hauteur.*

2° *Deux pyramides ayant même hauteur et des bases équivalentes sont équivalentes.*

3° *Deux pyramides ayant des bases équivalentes sont proportionnelles à leurs hauteurs.*

4° *Deux pyramides de même hauteur sont proportionnelles à leurs bases.*

5° *Deux pyramides sont équivalentes lorsque leurs hauteurs sont inversement proportionnelles aux bases.*

§ IV. — VOLUME DU TÉTRAÈDRE RÉGULIER

664. Le tétraèdre régulier est une pyramide triangulaire SABC (fig. 428) dont les quatre faces sont des triangles équilatéraux égaux entre eux.

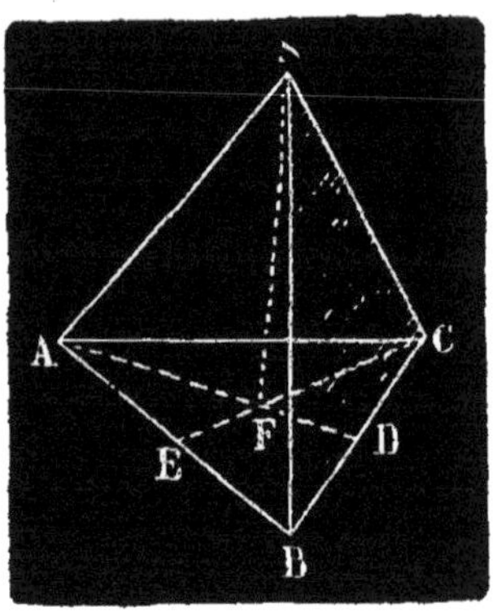

Fig. 428.

Si l'on désigne son arête par a, la surface de sa base ABC est

$$\frac{a^2\sqrt{3}}{4}. \qquad (\text{n}^\circ\ 462)$$

Sa hauteur SF est l'un des côtés de l'angle droit d'un triangle rectangle SAF ayant pour hypoténuse l'arête SA égale à a et pour autre côté de l'angle droit, le côté AF, qui n'est autre chose que le rayon du cercle circonscrit au triangle équilatéral ABC de côté a.

Or

$$\mathrm{AF} = \frac{a}{\sqrt{3}},$$

donc

$$\overline{\mathrm{SF}}^2 = a^2 - \frac{a^2}{3} = \frac{2a^2}{3}$$

et

$$\mathrm{SF} = \frac{a\sqrt{2}}{\sqrt{3}}.$$

Le volume du tétraèdre étant V, on a :

$$\mathrm{V} = \frac{1}{3}\,\frac{a^2\sqrt{3}}{4} \times \frac{a\sqrt{2}}{\sqrt{3}}$$

ou

$$\mathrm{V} = \frac{a^3\sqrt{2}}{12}.$$

§ V. — VOLUME D'UN POLYÈDRE QUELCONQUE

665. Pour mesurer le volume d'un polyèdre quelconque, on le décompose en pyramides ayant pour sommet commun un point pris à l'intérieur, et pour bases les faces du polyèdre. On calcule le volume de chacune de ces pyramides et on fait la somme des résultats obtenus.

S'il existe à l'intérieur du polyèdre un point qui soit à égale distance de toutes ses faces, on prend ce point pour sommet commun des pyramides, qui ont alors même hauteur ; de sorte que la somme de leurs volumes est égale à la somme de leurs bases, c'est-à-dire à la surface du polyèdre multipliée par la perpendiculaire abaissée du sommet commun sur l'une quelconque des faces.

§ VI. — VOLUME DU TRONC DE PYRAMIDE

666. *Un tronc de pyramide à bases parallèles est équivalent à la somme de trois pyramides ayant même hauteur que le tronc et pour bases respectives* *les deux bases du tronc et la moyenne proportionnelle entre ces deux bases.*

1° Soit le tronc du pyramide ABCDEF à bases parallèles (fig. 429).

Les plans AEC et DEC le divisent en trois pyramides EABC, EDFC, EADC.

La pyramide EABC a pour base la grande base ABC du tronc de pyramide et même hauteur que ce tronc, puisque son sommet E est situé sur la base supérieure DEF.

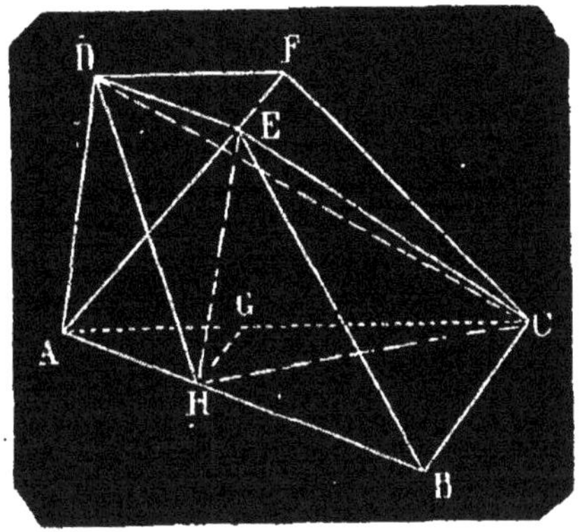

Fig. 429.

La pyramide EDFC peut être considérée comme ayant pour sommet le point C ; elle a donc pour base la petite base DEF du tronc de pyramide et même hauteur que ce tronc, puisque son sommet C est situé sur la base inférieure.

Considérons maintenant la troisième pyramide EADC et menons par son sommet E une parallèle EH à l'arête AD jusqu'à sa rencontre H avec AB.

La droite EH est en même temps parallèle au plan ADC puisqu'elle est parallèle à une droite de ce plan.

De sorte que si l'on joint le point H aux deux points D et C, on obtient une pyramide HADC équivalente à la pyramide EADC, car elles ont même hauteur et même base (n° 661).

Si l'on prend le point D pour sommet de la pyramide HADC, elle a même hauteur que le tronc et pour base le triangle AHC.

Prouvons que la base AHC est moyenne proportionnelle entre les deux bases ABC et DEF du tronc. La parallèle HG au côté BC détermine un triangle AHG égal au triangle DEF ; ces triangles ont en effet les côtés AH et DE égaux comme côtés opposés d'un parallélogramme, et les angles adjacents à ces côtés égaux comme ayant les côtés parallèles et dirigés dans le même sens.

Or les triangles AHG et AHC ayant un sommet commun H et leurs bases AG et AC sur la même droite ont même hauteur, et sont entre eux comme leurs bases ; on a donc

$$\frac{AHG}{AHC} = \frac{AG}{AC}. \qquad (1)$$

Les triangles AHC et ABC ayant un sommet commun C et leurs bases AH et AB sur la même droite ont même hauteur, et sont entre eux comme leurs bases ; donc

$$\frac{AHC}{ABC} = \frac{AH}{AB}. \qquad (2)$$

Mais la droite HG étant parallèle à BC dans le triangle ABC, les deux rapports $\frac{AG}{AC}$ et $\frac{AH}{AB}$ sont égaux ; donc

$$\frac{AHG}{AHC} = \frac{AHC}{ABC}.$$

Cette égalité montre que AHC est moyenne proportionnelle entre AHG ou DEF et ABC. C. Q. F. D.

2° Soit un tronc de pyramide polygonale ABCDEFGH (fig. 430) obtenu en coupant la pyramide SABCD par un plan parallèle à la base.

Sur le plan de la base je construis un triangle KLM équivalent à cette base, je prends ce triangle pour la base d'une pyramide TKLM ayant même hauteur que la première. La pyramide triangulaire TKLM est équivalente à la pyramide polygonale SABCD (n° 663). Si l'on prolonge le plan EFGH jusqu'à la pyramide TKLM, il détermine dans cette pyramide une section NOP équivalente au polygone EFGH (n° 659). De sorte que les deux pyramides SEFGH et TNOP sont aussi équivalentes. Par conséquent, le tronc polygonal ABCDEFGH, différence entre les pryamides SABCD et SEFGH, est équivalent au tronc triangulaire KLMNOP, différence entre les pyramides TKLM et TNOP.

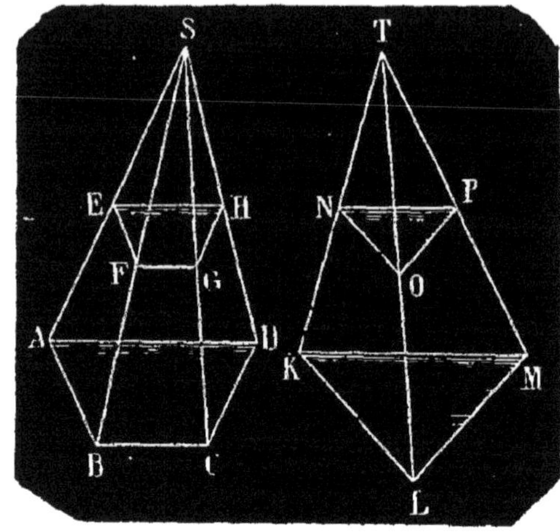

Fig. 430.

Or le tronc de pyramide triangulaire est équivalent à la somme de trois pyramides ayant même hauteur que le tronc, et pour bases, les deux bases du tronc et une moyenne proportionnelle entre ces deux bases. Il en sera donc de même du tronc de pyramide polygonale ABCDEFGH qui a même hauteur et des bases équivalentes.

Formule. — Appelons V, B, b et H le volume, la grande base, la petite base et la hauteur d'un tronc de pyramide à bases parallèles, nous aurons

$$V = \frac{1}{3} BH + \frac{1}{3} bH + \frac{1}{3} \sqrt{Bb} \times H,$$

ou

$$V = \frac{1}{3} H \left(B + b + \sqrt{Bb}\right).$$

667. Remarque. — Si l'on connaît la base B et le rapport $\frac{a}{A}$ de deux côtés homologues des polygones semblables B et b, on peut se dispenser de calculer b. On a en effet

$$\frac{b}{B} = \frac{a^2}{A^2} \qquad \text{(n° 485)}$$

d'où

$$b = B \frac{a^2}{A^2}$$

et

$$\sqrt{Bb} = \sqrt{B^2 \frac{a^2}{A^2}} = B \frac{a}{A}.$$

Par suite

$$V = \frac{1}{3} H \left(B + B \frac{a^2}{A^2} + B \frac{a}{A} \right)$$

ou $$V = \frac{1}{3} BH \left(1 + \frac{a}{A} + \frac{a^2}{A^2}\right).$$

§ VII. — VOLUME DU TRONC DE PRISME

THÉORÈME

668. *Un tronc de prisme triangulaire est équivalent à la somme de trois pyramides ayant même base que le tronc et pour sommets les extrémités des trois arêtes latérales.*

Soit le tronc de prisme triangulaire ABCDEF (fig. 431).

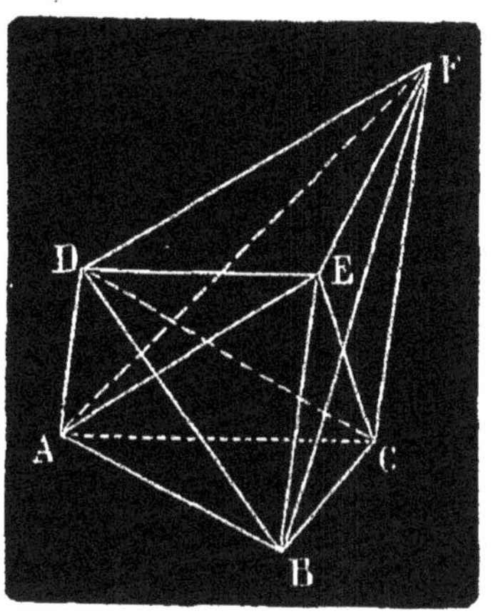

Fig. 431.

Les plans AEC et DEC divisent ce tronc en trois pyramides EABC, EDAC, EDCF.

La pyramide EABC a pour base la base ABC du tronc et pour sommet le point E.

La pyramide EDAC est équivalente à la pyramide BDAC, qui peut être considérée comme ayant pour base la base ABC du tronc et pour sommet le point D.

La troisième pyramide EDCF est équivalente à la pyramide EACF, et celle-ci est équivalente à la pyramide BACF; donc la pyramide EDCF, est équivalente à la pyramide BACF, qui peut être considérée comme ayant pour base la base du tronc et pour sommet le point F.

Si les arêtes latérales sont perpendiculaires à la base, elles mesurent les hauteurs des trois pyramides et le volume du tronc de prisme est égal à la surface de sa base multipliée par le tiers de la somme des longueurs de ses trois arêtes latérales.

669. Corollaire. — *Le volume d'un tronc de prisme triangulaire quelconque est égal à la surface de sa section droite multipliée par le tiers de la somme des longueurs de ses trois arêtes.*

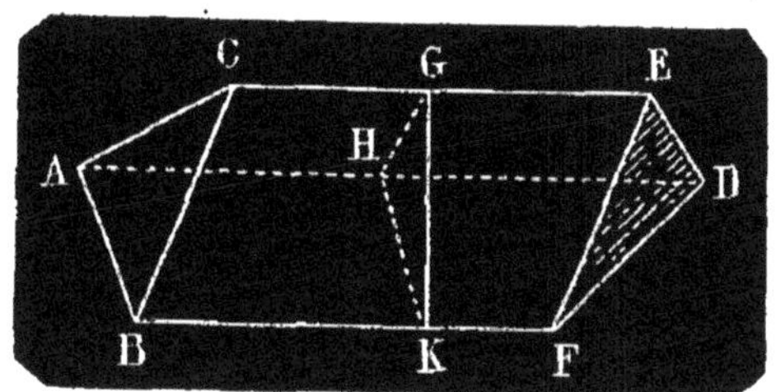

Fig. 432.

Soit BE (fig. 432) un tronc de prisme triangulaire quelconque.

Toute section droite GHK le divise en deux troncs de prisme droits GB et GF. Or, d'après le théorème précédent, on a

$$\text{Tronc GB} = \text{GHK}\left(\frac{\text{HA} + \text{KB} + \text{GC}}{3}\right)$$

$$\text{Tronc GF} = \text{GHK}\left(\frac{\text{HD} + \text{KF} + \text{GE}}{3}\right).$$

Par conséquent :

$$\text{Tronc BE} = \text{GHK} \times \frac{\text{AD} + \text{BF} + \text{CE}}{3}.$$

§ VIII. — VOLUME DU TAS DE CAILLOUX

670. On trouve de distance en distance, au bord des routes, des tas de pierre ayant la forme de troncs de prisme à section quadrangulaire, dont il est utile de savoir calculer le volume.

Soit AG (fig. 433) un polyèdre de ce genre.

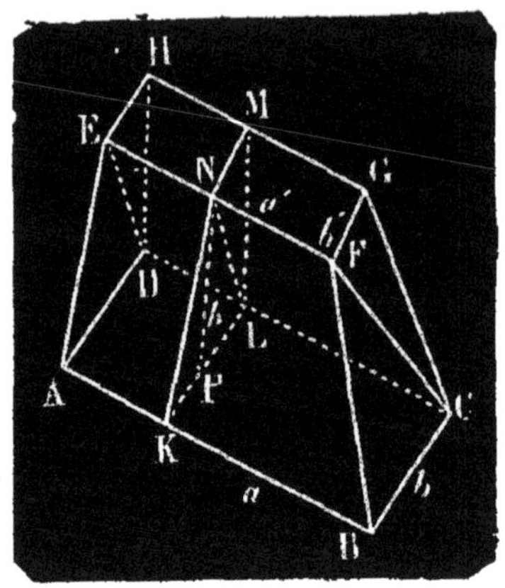

Fig. 433.

La base inférieure ABCD et la base supérieure EFGH sont des rectangles ayant les côtés respectivement parallèles ; de sorte que les autres faces sont des trapèzes ; ces trapèzes sont isocèles dans la plupart des cas ; mais cela importe peu pour la détermination du volume :

Si l'on fait la section droite LMNK et qu'on mène le plan DEFC, on obtient deux troncs de prisme triangulaires ayant pour sections droites les triangles LNK et LMN.

Désignons par a, b, a', b' les dimensions des deux bases horizontales et par h la distance de ces bases.

Le volume v du tronc ABCDEF est donné par la formule

$$v = \text{LKN} \times \frac{\text{AB} + \text{DC} + \text{EF}}{3}$$

ou

$$v = \frac{bh}{2} \times \frac{2a + a'}{3}.$$

Le volume v' du tronc EFGHDC est

$$v' = \text{LMN} \times \frac{\text{HG} + \text{EF} + \text{DC}}{3}$$

ou

$$v' = \frac{b'h}{2} \times \frac{2a' + a}{3}.$$

Par conséquent, le volume cherché V est

$$\text{V} = \frac{h}{6}[b\,(2a + a') + b'\,(2a' + a)]$$

671. Remarque. — Si l'on fait dans cette formule $b' = o$ elle se réduit à $\text{V} = \frac{bh}{6} \times (2a + a')$ et donne le volume d'un tronc de prisme triangulaire dont deux arêtes latérales sont égales ; elle est applicable à la détermination du volume des piles de boulets que l'on rencontre dans les parcs d'artillerie.

APPLICATIONS

672. La nature et les arts industriels offrent de nombreux exemples de pyramides ou de troncs de pyramides.

Le *quartz* ou cristal de roche se rencontre ordinairement sous forme d'aiguilles prismatiques hexagonales surmontées de pyramides hexagonales régulières.

Les cristaux de *sulfure de zinc* et ceux de *cuivre gris* ont généralement la forme de tétraèdres réguliers.

Ceux d'*alun* sont composés de deux pyramides quadrangulaires adossées par la base (octaèdre).

Les *pyramides d'Égypte* sont des pyramides régulières à base carrée.

Les toits des tours et des pavillons carrés, les flèches en pierre ou en charpente qui surmontent quelques églises sont ordinairement des pyramides régulières.

Les *obélisques* qui supportent les chaînes des ponts suspendus sont des troncs de pyramides régulières surmontés de pyramides très aplaties.

La partie latérale d'un réverbère présente une pyramide régulière tronquée dont la grande base, qui est en haut, est surmontée d'une coupole en fer.

Lorsqu'on place une bougie allumée sur une table rectangulaire et qu'il n'y a pas d'autre lumière dans l'appartement, tout l'espace situé dans l'ombre forme une pyramide tronquée dont la base supérieure est la surface de la table.

673. **Construction de pyramides.** — Un tétraèdre est déterminé lorsqu'on connaît les longueurs de ses six arêtes. Pour le construire en carton ou en fer blanc, il suffit de tailler les faces et la base qui sont des triangles dont on connaît les trois côtés et de les assembler ensuite dans un ordre convenable.

Une pyramide triangulaire est aussi déterminée quand on connaît sa base, l'une de ses faces latérales et l'angle dièdre qu'elles forment entre elles. Pour la tailler en bois ou en pierre, on commence par façonner un parement sur lequel on dessine le triangle de base, puis on mène par l'un de ses côtés un plan formant avec la base un angle égal à l'angle dièdre donné en se servant pour cela de la fausse équerre ; on trace dans ce plan un triangle égal à la face donnée, ce qui donne la position du sommet de la pyramide ; on l'achève facilement en faisant passer des plans par le sommet et les deux autres côtés de la base.

On emploierait identiquement la même méthode pour construire une pyramide à base quelconque pourvu que l'on connaisse cette base, une face latérale et l'angle dièdre que ces deux plans forment entre eux.

Si la pyramide doit être régulière on trace sur un parement façonné le polygone régulier qui doit servir de base ; par chacun des côtés de ce polygone on fait passer un plan qui fasse avec la base un angle égal à l'angle dièdre donné ; les intersections de ces plans forment les arêtes latérales de la pyramide.

Pour construire une pyramide régulière en creux avec du carton ou du fer blanc, on taille la base et les faces latérales séparément, puis on les assemble.

674. La proposition nº 657 permet de démontrer simplement que *la quantité de lumière reçue par un écran placé dans le voisinage d'une source lumineuse est inversement proportionnelle au carré de la distance.*

Soit un écran carré ABCD (fig. 434) placé à une distance OF d'une source de lumière O ; il reçoit toute la lumière comprise à l'intérieur de la pyramide OABCD ayant pour base l'écran et pour sommet le point O. Si l'on suppose les arêtes de cette pyramide prolongées, et que l'on fasse une section A'B'C'D' parallèle à ABCD à une distance OF' égale à 2OF, le polygone A'B'C'D' sera un carré quatre fois plus grand que ABCD (nº 657).

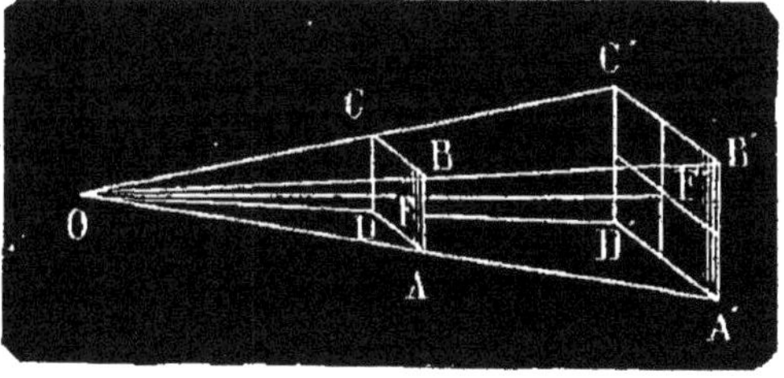

Fig. 434.

Par conséquent si l'on supprime l'écran ABCD pour le remplacer par un autre écran ayant la position et la forme du carré A'B'C'D', ce nouvel écran recevra la même quantité de lumière que recevait le premier placé en F. Mais il est quatre fois plus grand que ABCD ; il peut donc être partagé en quatre parties égales à ABCD, chaque partie recevra évidemment le quart de la lumière qui tombe sur A'B'C'D'. Donc l'écran ABCD transporté en F', c'est-à-dire à une distance double, sera quatre fois moins éclairé.

EXERCICES

641. Dans un tétraèdre, les trois droites qui joignent les milieux des arêtes opposées se rencontrent en un même point, qui est le milieu de chacune d'elles.

642. Les plans bissecteurs des angles dièdres d'un tétraèdre passent par un même point.

643. Les plans perpendiculaires aux milieux des arêtes d'un tétraèdre passent par un même point.

644. Les perpendiculaires élevées sur chaque face d'un tétraèdre par le centre du cercle circonscrit à la face considérée passent par un même point.

645. Les droites qui joignent les sommets d'un tétraèdre aux points d'intersection des médianes des faces opposées passent par un même point situé au quart de chacune de ces droites à partir de la face correspondante.

646. Trouver dans l'intérieur d'un tétraèdre un point tel, qu'en le joignant aux quatre sommets, le tétraèdre donné se trouve divisé en quatre tétraèdres équivalents.

647. Le plan bissecteur d'un angle dièdre d'un tétraèdre partage l'arête opposée en deux segments proportionnels aux faces qui comprennent l'angle dièdre donné.

648. Le plan qui passe par une arête d'un tétraèdre et le milieu de l'arête opposée partage ce tétraèdre en deux tétraèdres équivalents.

649. Tout plan conduit par les milieux de deux arêtes opposées d'un tétraèdre divise ce polyèdre en deux volumes équivalents.

650. Construire graphiquement la hauteur d'un tétraèdre dont on connaît les longueurs des six arêtes; déterminer également le pied de cette hauteur sur le plan de la base.

651. Le volume d'une pyramide régulière est égale à l'aire latérale multipliée par le tiers de la distance d'une face latérale au centre de la base.

652. Le volume d'un tétraèdre quelconque est égal au tiers du produit d'une arête quelconque par la projection de ce tétraèdre sur un plan perpendiculaire à l'arête considérée.

653. La somme des perpendiculaires abaissées d'un point pris à l'intérieur d'un tétraèdre régulier sur les quatre faces de ce polyèdre est égale à la hauteur.

654. La grande pyramide d'Égypte a pour base un carré de 230^m de côté et les faces latérales sont des triangles équilatéraux. Quel est son volume?

655. L'obélisque de la place de la Concorde à Paris se compose d'une partie principale ayant la forme d'un tronc de pyramide à bases carrées ayant $21^m,60$ de hauteur. Les côtés des bases ont respectivement $2^m,42$ et $1^m,54$. On demande le poids de ce bloc de granit, dont la densité est 2,75.

656. 1° Une pyramide régulière à base hexagonale a 10^m de hauteur; le côté de sa base a 2^m. Calculer la longueur de ses arêtes, sa surface latérale et son volume.

657. 2° On coupe la pyramide précédente par un plan parallèle à la base passant à 4^m du sommet, calculer la surface de l'intersection, la longueur des arêtes et le volume de la pyramide située au-dessus du plan sécant.

658. 3° A quelle distance du sommet faudrait-il couper cette pyramide pour que la surface de l'intersection fut de 5^{mq}?

659. Une pyramide régulière a pour base un triangle équilatéral de 3^m de côté, les arêtes de cette pyramide ont 5^m; on demande la surface totale et le volume.

660. La base d'une pyramide régulière est un hexagone régulier de 1^m de côté; quelle doit être la longueur de ses arêtes latérales pour que son volume soit égal à 1 mètre cube?

661. Quelle doit être l'arête d'un tétraèdre régulier pour que sa surface soit 1 mètre carré?

662. La base d'une pyramide régulière est un décagone de 3^m de rayon; sa hauteur est égale à l'apothème de sa base; calculer le volume et la surface totale de cette pyramide.

663. Dans quel rapport faut-il couper les arêtes latérales d'une pyramide par un plan parallèle à la base pour que la surface latérale soit divisée: 1° en deux parties équivalentes; 2° en parties proportionnelles aux nombres 2 et 3; 3° en parties proportionnelles à deux droites données m et n.

664. Dans quel rapport faut-il couper les arêtes latérales d'un tronc de pyramide, à bases parallèles par un plan parallèle aux bases pour que la surface latérale soit divisée : 1° en 2 parties équivalentes, 2° en parties proportionnelles aux deux nombres 2 et 3, 3° en parties proportionnelles à deux droites données *m* et *n*.

665. Deux tétraèdres qui ont un angle solide égal sont entre eux comme les produits des arêtes qui comprennent cet angle.

666. Un bassin a ses murs en talus, le fond est un carré dont le côté a 30^{m}, les bords forment aussi un carré dont le côté a 32^{m} et la profondeur du bassin est de 4^{m}. On demande sa capacité.

667. Calculer le volume d'un tronc de pyramide ayant pour bases deux hexagones réguliers dont l'un a 3^{m} de côté et l'autre $1^{m},80$; la hauteur de ce tronc est $1^{m},50$.

668. Connaissant les aires des deux bases d'un tronc de pyramide, trouver l'aire de la section faite par un plan parallèle aux bases à égale distance des bases.

669. Calculer le rapport du volume d'un tronc de pyramide au volume du prisme qui aurait même hauteur que le tronc et pour base la section parallèle aux bases à égale distance des deux bases.

670. Un tas de cailloux de la forme de ceux que l'on trouve au bord des routes a pour bases parallèles deux rectangles; les dimensions du premier sont $2^{m},30$ et $1^{m},80$; celles du second $1^{m},50$ et $1^{m},20$. La distance entre ces bases est $0^{m},90$. Calculer le volume.

671. Calculer le volume d'un tronc de prisme dont la section droite est un triangle équilatéral de $0^{m},50$ de côté; les longueurs des trois arêtes sont 5^{m}, 3^{m}, $4^{m},30$.

672. Quelle est l'arête d'un tétraèdre régulier dont le volume est de 10^{mc}?

673. Calculer le volume et la surface totale d'une pyramide régulière qui a pour base le carré inscrit dans un cercle de 1^{m} de rayon, sachant que l'arête latérale est égale au côté de la base.

674. Calculer le volume d'une pyramide régulière dont la hauteur est égale au côté de la base. 1° Lorsque la base est le triangle équilatéral de 1^{m} de rayon.

675. 2° — le carré.

676. 3° — le pentagone régulier.

677. 4° — l'hexagone régulier.

678. 5° — le décagone régulier.

679. Calculer la surface totale et le volume de la pyramide régulière qui a pour base le pentagone régulier convexe inscrit dans un cercle de 1^{m} de rayon et pour hauteur le côté du pentagone étoilé inscrit dans le même cercle.

680. Même problème pour le cas où la base est le décagone convexe et la hauteur le côté du décagone étoilé.

681. Une pyramide régulière a pour base le carré inscrit dans un cercle et pour arête le côté de ce carré; son volume est 3^{mc}. Quel est le rayon du cercle?

CHAPITRE III

POLYÈDRES SEMBLABLES

675. Deux polyèdres sont **semblables** lorsque leurs angles polyèdres sont respectivement égaux et qu'ils sont compris sous un même nombre de faces semblables chacune à chacune.

Les éléments qui se correspondent dans deux polyèdres semblables sont **homologues**.

De la définition précédente, il résulte :

1° *Que les dièdres homologues de deux polyèdres semblables sont égaux comme appartenant à des angles polyèdres égaux ;*

2° *Que les arêtes homologues sont proportionnelles.*

En effet les faces homologues étant des polygones semblables, et deux faces consécutives ayant une arête commune, le rapport des côtés homologues de ces polygones est constant.

THÉORÈME

676. *Si l'on coupe une pyramide par un plan parallèle à la base, on détermine une seconde pyramide semblable à la première.*

Soit une pyramide SABCD (fig. 435). Il s'agit de prouver que si l'on y pratique une section EFGH par un plan parallèle à la base, la pyramide SEFGH est semblable à la pyramide SABCD.

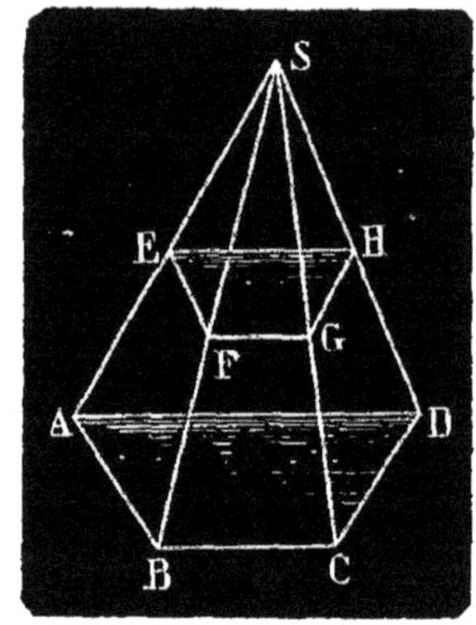

Fig. 435.

1° *Toutes les faces de ces pyramides sont respectivement semblables.* Le polygone EFGH est semblable à ABCD en vertu du n° 655; les triangles SEF, SFG... sont semblables aux triangles SAB, SBC... comme ayant un angle égal en S compris entre des côtés proportionnels.

2° *Les angles polyèdres de ces pyramides sont égaux.*

L'angle polyèdre S est commun; les angles trièdres homologues E et A sont égaux comme ayant un angle dièdre égal compris entre deux faces égales et semblablement placées (n° 620), savoir : l'angle dièdre SA commun, la face SAB égale à la face SEF et la face SAD égale à la face SEH; les angles trièdres F, G, H sont respectivement égaux à leurs homologues B, C, D pour la même raison.

Les deux pyramides ayant leurs faces semblables et leurs angles polyèdres égaux sont semblables.

THÉORÈME

677. *Deux pyramides triangulaires qui ont un angle dièdre égal compris entre deux faces semblables chacune à chacune et semblablement placées sont semblables.*

Soient deux pyramides triangulaires SABC, S'A'B'C' (fig. 436) qui ont l'angle dièdre SA égal à l'angle dièdre SA', les faces ASB, ASC semblables aux faces A'S'B', A'S'C' et semblablement placées par rapport aux arêtes SA et S'A'.

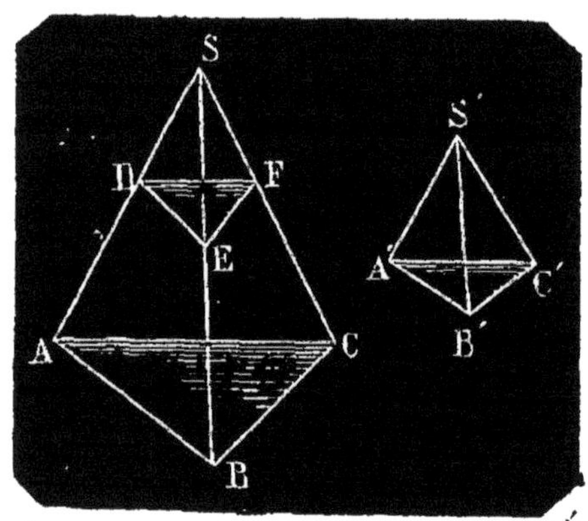

Fig. 436.

Je dis que ces pyramides sont semblables. Je prends sur l'arête SA une longueur SD égale à S'A', et je mène par le point D un plan parallèle à la base ABC; la pyramide obtenue SDEF est semblable à la pyramide SABC (n° 676); il suffit donc de démontrer que les deux pyramides SDEF et S'A'B'C' sont égales. Les angles dièdres SD et S'A' sont égaux par hypothèse, les faces SDE et S'A'B' sont égales, car elles sont toutes deux semblables à la face SAB et elles ont un côté égal, S'A' = SD; les faces SDF et S'A'C' sont égales pour la même raison. Les deux pyramides SDEF et S'A'B'C' sont égales comme ayant un angle dièdre égal compris entre deux faces égales et semblablement placées (n° 660). Donc les pyramides S'A'B'C' et SABC sont semblables.

THÉORÈME

678. *Deux polyèdres semblables sont décomposables en un même nombre de tétraèdres semblables et semblablement placés.*

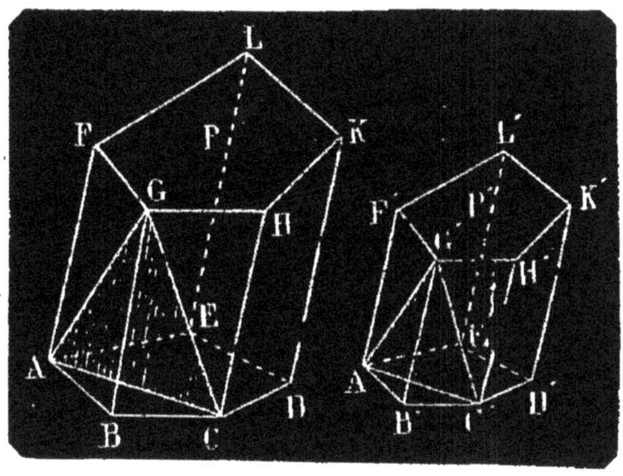

Fig. 437.

Soient deux polyèdres semblables P et P' (fig. 437.) Je mène dans le premier un plan AGC passant par les extrémités de trois arêtes qui aboutissent au même sommet B, et dans le second un plan A'G'C' par les sommets homologues.

Les deux tétraèdres GABC, G'A'B'C' sont semblables comme ayant un angle dièdre égal compris entre deux faces semblables chacune à chacune et semblablement placées (n° 677) ; en effet les dièdres BG et B'G' sont égaux comme appartenant aux polyèdres semblables P et P'.

Les triangles ABG et A'B'G' sont semblables puisque les polygones semblables ABGF, A'B'G'F' sont décomposables, en un même nombre de triangles semblables et semblablement placés.

Les triangles BGC et B'G'C' sont semblables pour la même raison.

Je dis maintenant que si l'on enlève les tétraèdres semblables GABC, G'A'B'C', les polyèdres restants sont semblables.

Les nouvelles faces AGC, A'G'C' sont semblables comme appartenant aux tétraèdres semblables déjà considérés.

Les faces modifiées AGF, A'G'F' sont encore semblables parce qu'elles proviennent de deux polygones semblables dont on a enlevé des triangles semblables et semblablement placés ; les autres faces modifiées sont semblables pour la même raison.

Les angles polyèdres G et G' étaient superposables, on leur a enlevé deux parties égales ; les parties restantes sont encore superposables ; donc les angles polyèdres restants en G et en G' sont égaux ; il en est de même des angles solides qui restent en A et A' en C et C'.

On répètera la même opération sur les nouveaux polyèdres semblables, puis sur ceux que l'on obtiendra ensuite, etc., jusqu'à ce que l'on n'ait plus qu'un tétraèdre.

On aura ainsi décomposé les deux polyèdres P et P' en un même nombre de tétraèdres semblables et semblablement placés. C. Q. F. D.

THÉORÈME

679. *Deux polyèdres composés d'un même nombre de tétraèdres semblables et semblablement placés sont semblables.*

Considérons deux polyèdres P et P' (fig. 438).

Les tétraèdres FABC, FACD, FCDE qui composent le premier sont respectivement semblables aux tétraèdres F'A'B'C', F'A'C'D', F'C'D'E' qui composent le second.

Il s'agit de prouver que les polyèdres P et P' sont semblables.

D'abord, si deux faces triangulaires ABC, ACD du premier polyèdre sont dans un même plan, les faces homologues A'B'C', A'C'D' sont aussi dans un même plan. En effet les dièdres FACB et FACD sont supplémentaires (nº 568).

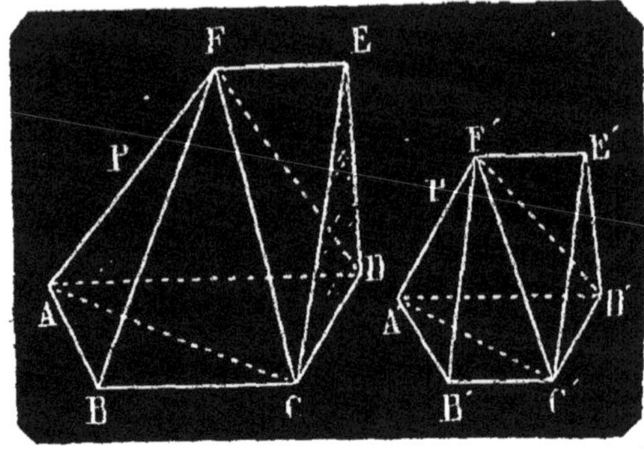

Fig. 438.

Les angles dièdres F'A'C'B' et F'A'C'D' qui leur sont égaux comme angles dièdres homologues dans des tétraèdres respectivement semblables, sont aussi supplémentaires, et leurs faces extérieures A'C'B',A'C'D' sont dans un même plan (nº 569).

Dès lors les faces polygonales des polyèdres telles que ABCD, A'B'C'D' sont semblables comme étant composées d'un même nombre de triangles semblables et semblablement placés. Les faces triangulaires telles que CDE et C'D'E, qui sont des faces homologues de tétraèdres semblables, sont semblables.

Les angles solides homologues C et C' des deux polyèdres P et P' sont égaux comme sommes d'angles solides homologues de tétraèdres semblables et semblablement placés.

Les autres angles solides B et B', E et E' sont égaux comme appartenant aux tétraèdres eux-mêmes.

Les deux polyèdres P et P' ayant leurs faces respectivement semblables et leurs angles polyèdres égaux sont semblables. C. Q. F. D.

THÉORÈME.

680. *Les volumes de deux pyramides semblables sont proportionnels aux cubes de leurs arêtes homologues.*

Soient deux pyramides semblables SABC, S'A'B'C', (fig. 439). Je transporte S'A'B'C' sur SABC de manière que les angles solides S et S' coïncident parfaitement.

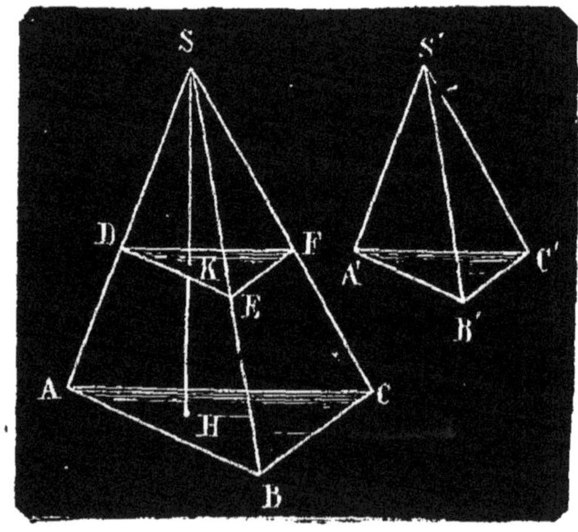

Fig. 439.

La base A'B'C' prend alors la position DEF dans un plan parallèle à la base ABC.

Soient SH et SK les hauteurs, et V et v les volumes des deux pyramides, on a

$$V = \frac{1}{3} ABC \times SH$$

$$v = \frac{1}{3}\,\text{DEF} \times \text{SK}.$$

D'où l'on tire

$$\frac{V}{v} = \frac{\text{ABC} \times \text{SH}}{\text{DEF} \times \text{SK}} = \frac{\text{ABC}}{\text{DEF}} \times \frac{\text{SH}}{\text{SK}}.$$

Mais les triangles semblables ABC et DEF sont proportionnels aux carrés de leurs côtés homologues, on a donc

$$\frac{\text{ABC}}{\text{DEF}} = \frac{\overline{\text{AB}}^2}{\overline{\text{DE}}^2} = \frac{\overline{\text{SA}}^2}{\overline{\text{SD}}^2}.$$

D'un autre côté

$$\frac{\text{SH}}{\text{SK}} = \frac{\text{SA}}{\text{SD}}.$$

Par conséquent

$$\frac{V}{v} = \frac{\overline{\text{SA}}^2}{\overline{\text{SD}}^2} \times \frac{\text{SA}}{\text{SD}} = \frac{\overline{\text{SA}}^3}{\overline{\text{SD}}^3}.$$

681. Corollaire. — *Les volumes de deux polyèdres semblables P et P' sont proportionnels aux cubes de deux arêtes homologues, A et A'.*

Je décompose ces polyèdres en tétraèdres semblables et semblablement placés, dont je désigne les volumes par v, v_1, v_2.... v', v'_1, v'_2....

Après avoir remarqué que les arêtes homologues de deux polyèdres semblables sont proportionnelles, je puis écrire

$$\frac{v}{v'} = \frac{A^3}{A'^3}$$

$$\frac{v_1}{v'_1} = \frac{A^3}{A'^3}$$

$$\frac{v_2}{v'_2} = \frac{A^3}{A'^3}$$

D'où je tire

$$\frac{v}{v'} = \frac{v_1}{v'_1} = \frac{v_2}{v'_2} = \frac{A^3}{A'^3},$$

puis

$$\frac{v + v_1 + v_2}{v' + v'_1 + v'_2} = \frac{A^3}{A'^3}$$

ou

$$\frac{P}{P'} = \frac{A^3}{A'^3}.$$

C. Q. F. D.

APPLICATIONS

682. Dans les arts, les constructions et particulièrement dans l'établissement des machines, on a souvent à exécuter des objets dont le modèle est donné en petit. On y parvient en observant l'égalité des angles plans, des angles dièdres et la proportionnalité des arêtes; une échelle d'augmentation construite d'avance facilite le travail.

EXERCICES

682. Si l'on joint un point quelconque O aux sommets d'un polyèdre ABCD.... et qu'on prenne des longueurs OA' OB', OC proportionnelles à OA, OB, OC... on forme un second polyèdre A'B'C'D' semblable au premier.

683. Si les faces homologues de deux pyramides semblables sont respectivement parallèles, les droites qui joignent les sommets homologues concourent en un même point.

684. Dans quel rapport faut-il diviser les arêtes latérales d'une pyramide par un plan parallèle à la base pour que le volume de cette pyramide soit divisé par ce plan en deux parties équivalentes?

685. Dans quel rapport faut-il couper les arêtes latérales d'une pyramide parallèlement à la base pour diviser cette pyramide en 3. 4. 5... n parties équivalentes?

686. Étant donné un tronc de pyramide à bases parallèles dont l'arête a 5^m de longueur, on demande de le diviser en deux parties équivalentes par un plan parallèle aux bases, en sachant que deux côtés homologues de ces bases ont 3^m et 2^m.

687. Diviser le tronc de pyramide précédent en trois parties équivalentes.

688. Diviser le tronc de pyramide précédent en deux parties proportionnelles aux nombres 2 et 3.

689. L'arête SA d'une pyramide a 10^m de longueur; le volume de ce polyèdre est 8^{mc}. On prend sur SA une longueur SA' égale à 6^m, et l'on mène par le point A' un plan parallèle à la base; on demande le volume du tronc de pyramide qui en résulte.

690. Un tronc de pyramide a pour bases parallèles deux triangles équilatéraux dont les côtés sont respectivement 3^m et 1^m. On coupe ce polyèdre par un plan parallèle aux bases et l'on trouve que la section a 2^m30 de côté. Quel est le rapport des volumes des deux troncs obtenus?

691. On a fait le plan d'un bâtiment à 1^{cm} pour mètre. Quel est le rapport des dimensions, surfaces et volumes représentés par le plan, aux dimensions, surfaces et volumes réels?

692. Une caisse a $0^m,30$ de long, $0^m,20$ de large et $0^m,15$ de hauteur; quelles sont les dimensions d'une caisse semblable trois fois plus grande que la première?

693. Calculer l'arête d'un cube double d'un cube dont l'arête est $0^m,30$.

694. Déterminer les arêtes d'un parallélipipède rectangle sachant qu'elles sont proportionnelles aux nombres a, b, c et que le volume du parallélipipède est V.

Application au cas où $a=3$, $b=4$, $c=5$, $V=1^{mc}$.

CHAPITRE IV

FIGURES SYMÉTRIQUES

683. On dit que deux points A et A' (fig. 440) sont **symétriques** par rapport à un **centre** C lorsque le centre est situé au milieu de la droite qui joint ces deux points.

Deux points A, A' (fig. 441) sont symétriques par rapport à un axe xy, lorsque cet axe est perpendiculaire au milieu de la droite qui joint ces deux points.

Deux points A, A' (fig. 442) sont symétriques par rapport à un plan MN lorsque ce plan est perpendiculaire au milieu de la droite AA'.

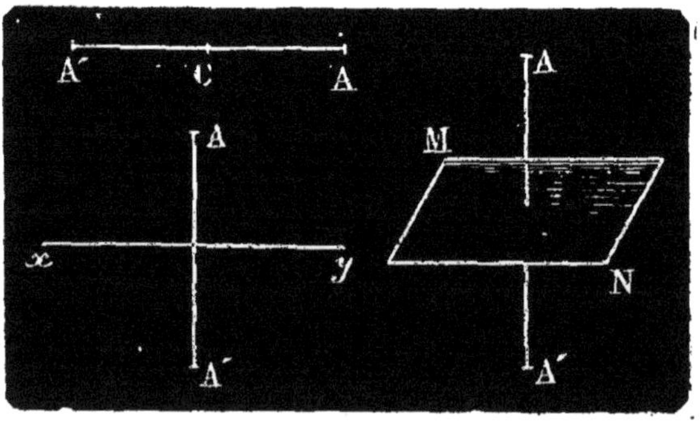

Fig. 440. Fig. 441. Fig. 442.

Deux figures sont symétriques par rapport à un centre, un axe ou un plan lorsque leurs points sont deux à deux symétriques par rapport à ce centre, cet axe ou ce plan. Les points symétriques des deux figures sont dits homologues.

Nous allons démontrer que deux figures symétriques par rapport à un axe sont toujours égales, et que si deux figures sont symétriques par rapport à un centre on peut les placer de telle sorte qu'elles soient symétriques par rapport à un plan et réciproquement ; de sorte qu'en réalité une figure donnée n'a qu'une symétrique.

THÉORÈME.

684. *Deux figures symétriques par rapport à un axe sont égales.*

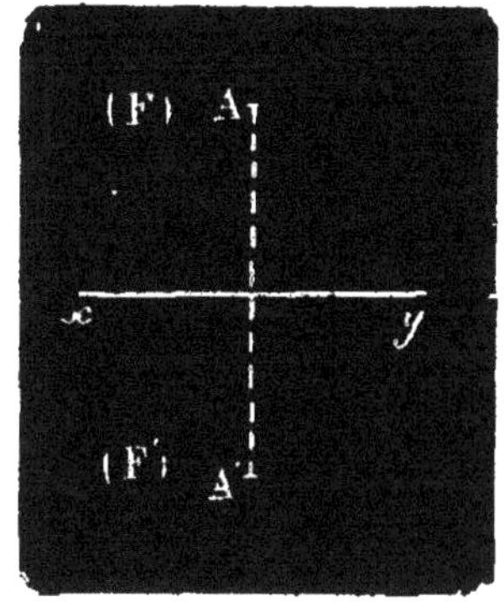

Fig. 443.

Soient deux figures (F) (F') (fig. 443) symétriques par rapport à un axe xy, et deux points homologues A et A'. Si l'on fait tourner la figure (F') de 180° autour de l'axe xy le point A' viendra au point A et tous les points de cette figure viendront coïncider avec leurs homologues de (F). Donc les deux figures (F) et (F') sont égales.

THÉORÈME.

685. *Si deux figures* (F) *et* (F') (fig. 444) *sont symétriques par rapport à un centre* O, *on peut les placer de manière qu'elles soient symétriques par rapport à un plan quelconque* MN *passant par le point* O.

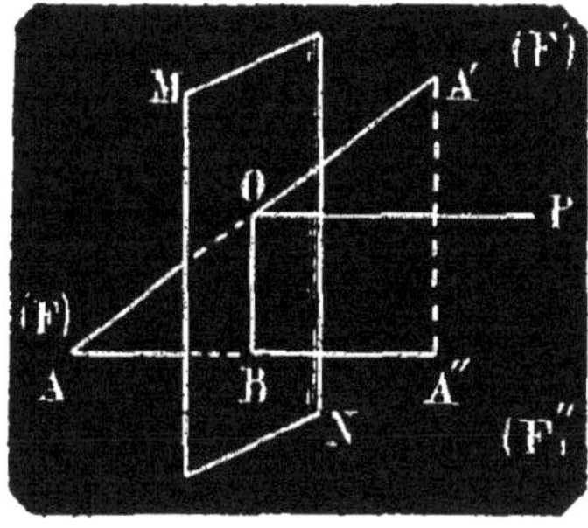

Fig. 444.

Je construis la figure (F'') symétrique de (F) par rapport au plan MN; je vais prouver que (F'') est symétrique de F' par rapport à la perpendiculaire OP élevée au point O sur le plan MN.

Soient A et A' deux points homologues des figures (F) et (F'), A et A'' deux points homologues des figures (F) et (F'').

Il s'agit de prouver que A' et A'' sont symétriques par rapport à l'axe OP. Les droites OP et AA'' sont parallèles comme étant perpendiculaires au plan MN; la droite OP est donc située dans le plan AA'A'' et, comme elle passe par le milieu de AA', elle passe aussi par le milieu de A'A''; d'un autre côté la ligne OB est parallèle à A'A'' parce qu'elle joint les milieux des côtés AA', AA''; la droite OP est perpendiculaire à OB qui passe par son pied dans le plan MN; elle est donc aussi perpendiculaire à A'A''; par conséquent, les points A, A'' et, par suite, les figures (F') et (F'') sont symétriques par rapport à l'axe OP.

Si l'on fait tourner la figure (F') de 180° autour de OP elle viendra coïncider avec la figure (F'') et sera symétrique de (F) par rapport au plan MN.

686. Réciproquement. *Si deux figures* (F) *et* (F'') *sont symétriques par rapport à un plan* MN, *on peut les placer de telle sorte qu'elles soient symétriques par rapport à un centre quelconque* O *pris dans ce plan.*

Cela résulte immédiatement de la démonstration précédente.

THÉORÈME

687. *Deux figures* (F′) *et* (F″) *symétriques d'une même figure* (F) *par rapport à deux centres différents* O′, O″ *sont égales* (fig. 445).

Je mène un plan quelconque MN par les deux centres O′ et O″ et je construis la figure (F‴) symétrique de (F) par rapport à ce plan. Chacune des figures (F′), (F″) est égale à (F‴) (n° 685). Donc

$$F' = F''. \qquad \text{c. q. f. d.}$$

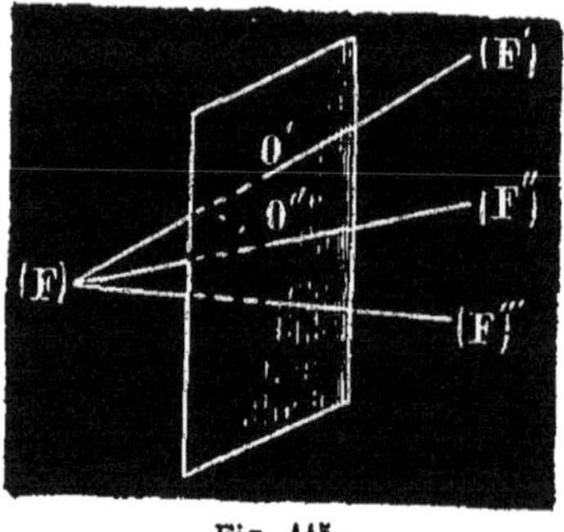

Fig. 445.

THÉORÈME.

688. *Deux figures* (F′) *et* (F″) (fig. 446) *symétriques d'une même figure* (F) *par rapport à deux plans différents* PAB, NAB *sont égales.*

En effet, je construis la figure (F‴) symétrique de (F) par rapport à un centre quelconque O pris sur l'intersection AB des deux plans. En vertu du (n° 686) chacune des figures (F′) et (F″) est égale à (F‴). Donc (F′) = (F″).

Si les deux plans PAB, NAB, étaient parallèles on les couperait par un plan auxiliaire, on chercherait la figure symétrique de (F) par rapport à ce plan, et l'on prouverait, comme on vient de le faire, qu'elle est égale à chacune des figures (F′), (F″).

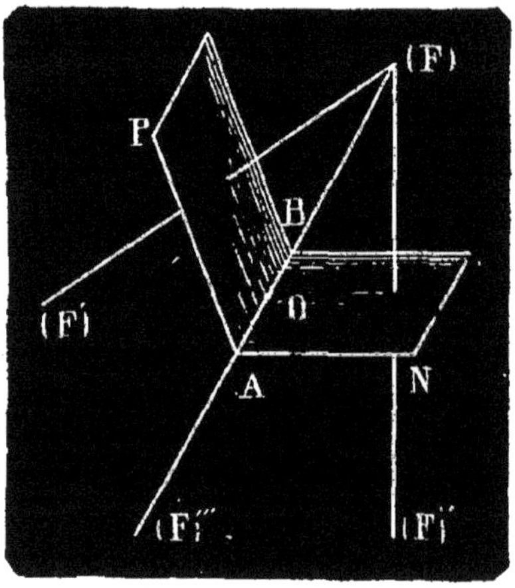

Fig. 446.

689. Remarque. Toutes les figures symétriques d'une figure (F) par rapport à un centre ou à un plan quelconques sont superposables ; de sorte qu'une figure n'a qu'une seule symétrique. On peut donc choisir le genre de symétrie que l'on veut pour la commodité des démonstrations.

THÉORÈME.

690. *La figure symétrique d'une ligne droite est une ligne droite égale à la première.*

En effet, en vertu du (n° 689), on peut prendre le centre de symétrie que l'on veut ; si l'on prend le milieu d'une droite AB pour centre de symétrie, le point symétrique de A est le point B, et le point symétrique de B est le point A, et la figure symétrique de AB est la droite égale BA.

THÉORÈME

691. *La figure symétrique de l'angle de deux droites est un angle égal au premier.*

En effet, si l'on prend le sommet de l'angle pour centre de symétrie, on obtient pour figure symétrique l'angle opposé par le sommet au premier.

THÉORÈME

692. *La figure symétrique d'un plan est un plan.*

Si l'on prend le centre de symétrie dans le plan donné, la figure symétrique est le plan lui-même.

THÉORÈME

693. *La figure symétrique d'un polygone plan est un polygone égal au premier.*

1° La figure symétrique est plane (n° 692).

2° Les deux polygones sont égaux comme ayant les côtés égaux et les angles égaux (n°s 690 et 691).

THÉORÈME

694. *La figure symétrique d'un angle dièdre est un angle dièdre égal au premier.*

Car si l'on prend le centre de symétrie sur l'arête du dièdre, la figure symétrique de chaque face du dièdre est le prolongement de cette face (n° 692) et la figure symétrique du dièdre donné, est le dièdre qui lui est opposé par l'arête.

695. Corollaire. — *Deux polyèdres symétriques ont leurs faces égales chacune à chacune et leurs angles dièdres homologues égaux.*

Cela résulte des n°s 693 et 694.

696. Remarque. — Les angles polyèdres de deux polyèdres symétriques ne sont pas superposables quoiqu'ils aient tous leurs éléments respectivement égaux chacun à chacun. Pour s'en convaincre il n'y a qu'à prendre pour centre de symétrie l'un des sommets du solide donné et à se reporter au n° 610.

THÉORÈME

697. *Deux polyèdres symétriques sont équivalents.*

Il suffit évidemment de démontrer ce théorème pour un tétraèdre, car on peut toujours décomposer un polyèdre en tétraèdres.

Soit une pyramide triangulaire SABC (fig. 447); prenons le plan de la base pour plan de symétrie, on obtiendra un tétraèdre S'ABC équivalent au premier comme ayant même base et même hauteur.

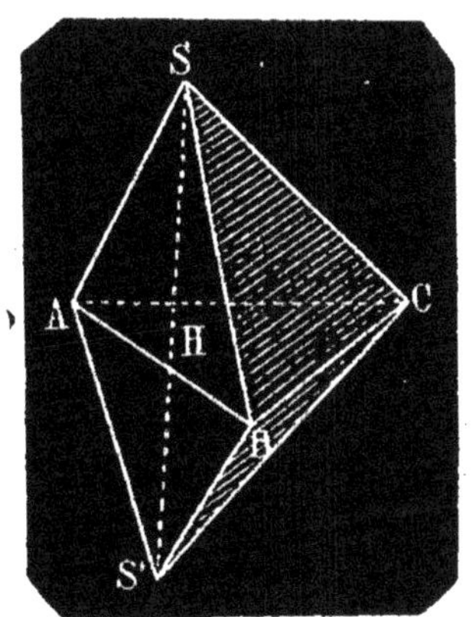

Fig. 447.

APPLICATIONS

698. La symétrie de forme et de position se rencontre dans nos constructions et dans les produits de la nature.

Les ailes d'un édifice régulièrement bâti, les deux parties latérales d'un navire, d'une voiture, d'un pont, sont symétriques par rapport à un plan. Il en est de même dans la plupart des meubles et des ustensiles de toute espèce.

Un objet quelconque et son image dans un miroir sont symétriques par rapport au plan du miroir.

Le corps de presque tous les animaux est disposé symétriquement par rapport à un plan.

Les végétaux présentent aussi des exemples remarquables de symétrie.

LIVRE VII

LES TROIS CORPS RONDS

CYLINDRE — CONE — SPHÈRE

CHAPITRE PREMIER

CYLINDRE

699. On appelle **cylindre circulaire droit** le volume engendré par un rectangle ABCD (fig. 448) tournant autour de l'un de ses côtés BC comme axe.

Les deux côtés AB et DC, perpendiculaires à l'axe, engendrent deux cercles égaux, qui sont les **bases** du cylindre; la droite AD engendre une **surface de révolution** qui est la **surface latérale** du cylindre; la droite BC en est la **hauteur**.

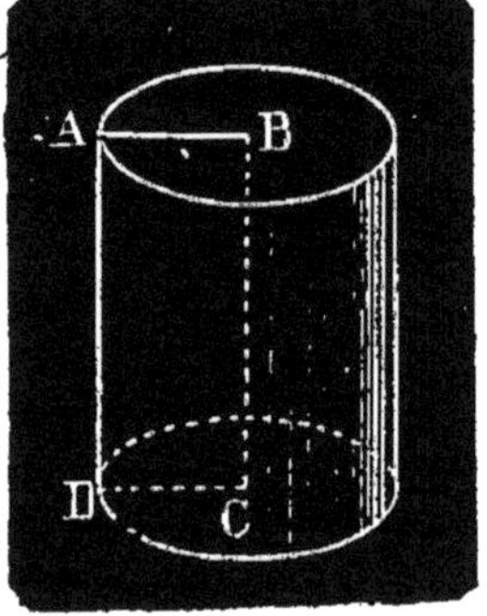

Fig. 448.

Il est évident que tout point de la droite AD décrit une circonférence de cercle égale à la circonférence de base.

On en conclut que l'intersection d'un cylindre par un plan perpendiculaire à l'axe est un cercle.

On dit que deux cylindres circulaires droits sont **semblables** lorsque les rayons de leurs bases sont proportionnels à leurs hauteurs.

On appelle **tronc de cylindre** une portion de cylindre comprise entre la base et un plan non parallèle à cette base.

700. En général on appelle **surface cylindrique** la surface engendrée par une droite AB, nommée **génératrice**, qui se meut parallèlement à elle-même en s'appuyant constamment sur une courbe fixe BCDE appelée **directrice** (fig. 449) et l'on donne encore le nom de **cylindre** au solide limité par une surface cylindrique quelconque et par deux plans parallèles qui rencontrent toutes les génératrices. Les faces planes, qui sont nécessairement égales (n° 626), sont les **bases** du cylindre; leur distance en est la **hauteur** Le cylindre est **droit** lorsque ses génératrices sont perpendiculaires aux plans des bases; il est oblique dans le cas contraire.

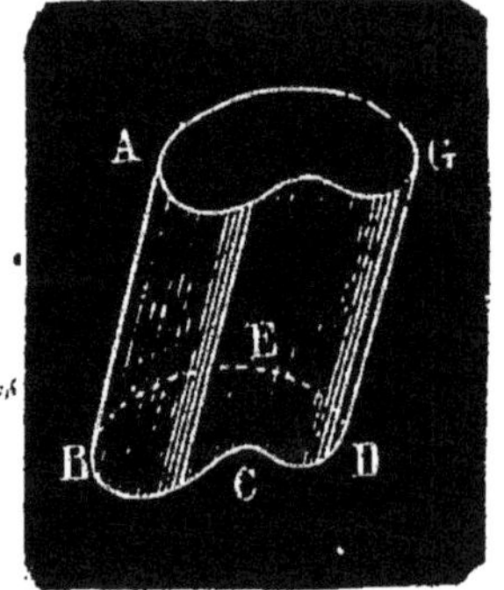

Fig. 449.

On appelle **section droite** d'un cylindre, son intersection avec un plan perpendiculaire à ses génératrices. Toutes les sections droites sont égales (n° 626).

Lorsque le cylindre est droit toute section droite est égale à la base.

THÉORÈME

701. *L'aire latérale d'un cylindre circulaire droit est égale au produit de la circonférence de sa base par sa hauteur.*

Soit un cylindre circulaire droit AG (fig. 450); j'inscris dans sa base un polygone régulier ABCD et je construis sur ce polygone un prisme droit ABCDEFGH de même hauteur que le cylindre ; ce prisme, quel que soit le nombre de ses faces, a pour surface latérale le produit du périmètre de sa base par sa hauteur. Or si l'on augmente indéfiniment le nombre des côtés de la base, le périmètre de cette base a pour limite la circonférence de base du cylindre et la surface latérale du prisme celle du cylindre. Donc l'air latérale du cylindre est égale à la circonférence de sa base multipliée par sa hauteur.

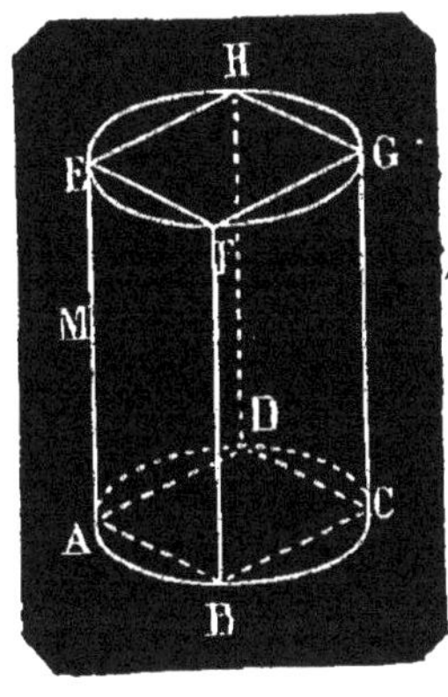

Fig. 450.

Si l'on désigne par h la hauteur et par r le rayon de la base, l'aire latérale du cylindre est donnée par la formule.

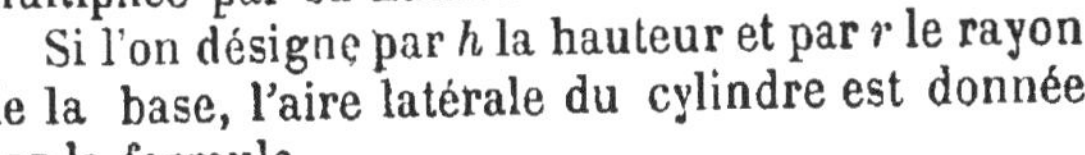

$$S = 2\pi rh.$$

On obtiendra l'aire totale en ajoutant à l'aire latérale, le double de la surface de la base. On a alors

$$S = 2\pi r^2 + 2\pi rh = 2\pi r\ (r + h).$$

THÉORÈME.

702. *Le volume d'un cylindre circulaire droit est égal au produit de sa base par sa hauteur.*

Inscrivons un prisme régulier ABCDEFGH dans le cylindre circulaire droit AG (fig. 450).

Le volume de ce prisme, qui est toujours plus petit que celui du cylindre, est égal au produit de sa base, par hauteur. Or si l'on augmente indéfiniment le nombre des côtés de la base, la surface de cette base a pour limite la surface du cercle de base du cylindre et le volume du prisme celui du cylindre. Donc le volume du cylindre est égal au produit de sa base par sa hauteur.

Ce volume est donné par la formule

$$V = \pi r^2 h.$$

THÉORÈME.

703. *La surface latérale d'un cylindre oblique a pour mesure le produit du périmètre d'une section droite par la longueur de l'arête du cylindre.*

Soit le cylindre AC (fig. 451). J'inscris dans la base AB un polygone quelconque d'un grand nombre de côtés très petits et je construis un prisme ayant pour base ce polygone et ses arêtes latérales égales et parallèles aux génératrices du cylindre ; ces arêtes sont évi-

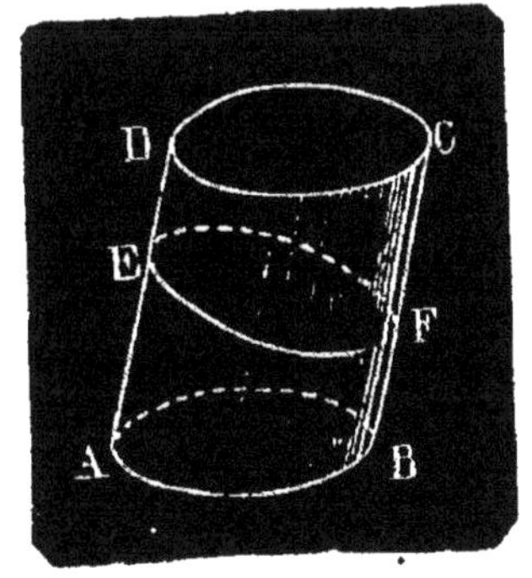

Fig. 451.

demment situées sur la surface latérale du cylindre et la base supérieure du prisme est inscrite dans la base supérieure du cylindre.

L'aire latérale du prisme inscrit est égale au périmètre de sa section droite par la longueur de son arête latérale (n° 629). Il en est de même pour le cylindre qui est la limite de ce prisme.

THÉORÈME.

704. *Le volume d'un cylindre quelconque est égal au produit de sa base par sa hauteur.*

Cela résulte 1° de ce qu'un cylindre quelconque est la limite d'un prisme inscrit (n° 701).

2° de ce que le volume d'un prisme est égal au produit de sa base par sa hauteur (n° 649).

THÉORÈME.

705. *La surface latérale d'un tronc de cylindre circulaire droit a pour mesure la circonférence de la base multipliée par la longueur de l'axe, et le volume, la surface de la base multipliée par l'axe.*

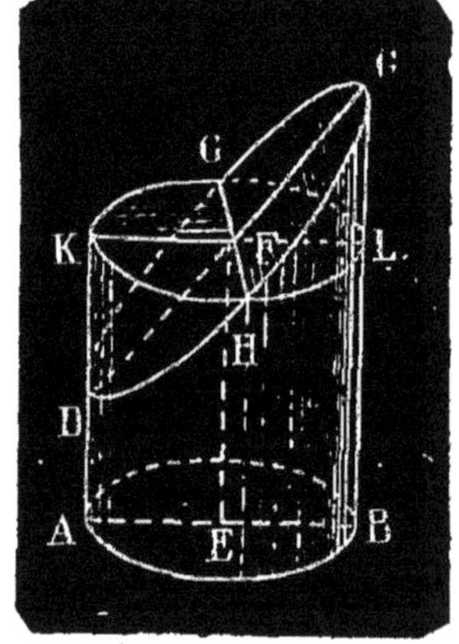

Fig. 452.

Soit un tronc de cylindre circulaire droit ABCD (fig. 452), coupé par le plan du tableau suivant la génératrice BC la plus longue et la génératrice AD la plus courte ; ce plan coupe la base inférieure selon le diamètre AB, et la base supérieure selon la droite DC.

L'axe de ce tronc de cylindre est la droite EF qui joint les milieux des côtés non parallèles AB et DC du trapèze ABCD. Je mène par le point F un plan parallèle à la base AB du cylindre ; en supposant la surface latérale du tronc prolongée jusqu'à ce plan, on a un cylindre circulaire droit ABLK ; je dis que la surface et le volume de ce cylindre sont égaux à la surface latérale et au volume du tronc.

Je fais tourner le solide HGKD autour de la droite GH, de manière à rabattre le demi-cercle GHK sur GHL ; les angles dièdres KGHD et CGHL étant égaux comme opposés par l'arête, le plan GHD coïncidera avec le plan GHC et les deux solides HGKD, GHCL coïncideront parfaitement ; donc le cylindre ABLK et le tronc sont équivalents en surface latérale et en volume.

La surface latérale du tronc et son volume sont donc donnés par les formules

$$S = 2\pi r \times EF \quad (\text{n° } 701)$$

$$V = \pi R^2 \times EF \quad (\text{n° } 702).$$

706. Corollaire. — *Un cylindre circulaire tronqué à ses deux extrémités a pour surface latérale le produit d'une circonférence de section droite par l'axe, et pour volume le produit de la surface de cette section droite par l'axe.*

En effet, désignons par R (fig. 453) le rayon de la section droite ; on a d'après le théorème précédent

$$\text{Surf. EFDC} = 2\pi R \times OF$$
$$\text{Surf. EFBA} = 2\pi R \times OE$$

Donc $\text{Surf. ABDC} = 2\pi R \times EF.$

De même

$$\text{Vol. EFDC} = \pi R^2 \times OF$$
$$\text{Vol. EFBA} = \pi R^2 \times OE$$

Donc $\text{Vol. ABDC} = \pi R^2 \times EF.$

Remarque. — L'axe EF est égal à la demi-somme de deux arêtes diamétralement opposées.

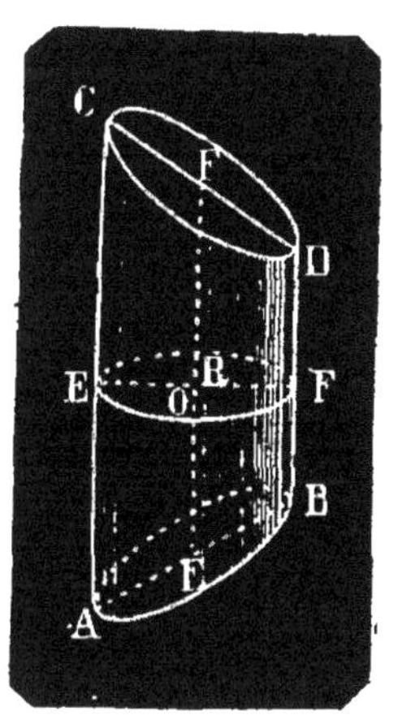

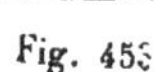
Fig. 453.

APPLICATIONS

707. Les objets cylindriques se rencontrent en très grand nombre dans nos constructions et dans les arts industriels.

Les voûtes dites en **berceau** sont des demi-cylindres, les colonnes des édifices, les tourillons des arbres tournants des machines, le corps principal des chaudières à vapeur, les tuyaux de conduite pour les eaux, l'intérieur d'un canon de fusil, les boîtes rondes, les bâtons de chaises, les pièces de monnaie, sauf les aspérités de l'empreinte, etc., sont des cylindres.

708. Il y a deux procédés différents pour construire une surface cylindrique suivant qu'on la considère comme une surface de révolution, ainsi que nous l'avons définie, ou comme une surface réglée engendrée par une droite qui se meut sur une circonférence en restant constamment perpendiculaire au plan de cette courbe.

Dans le premier cas, on fait usage du tour. La pièce à façonner étant montée sur l'axe du tour, on lui imprime un mouvement rapide de rotation et on lui présente un outil tranchant dont on fait décrire à la pointe une parallèle à l'axe.

Tous les points de la surface obtenue étant à égale distance de l'axe, cette surface est celle d'un cylindre circulaire.

Le même moyen est employé dans les ateliers mécaniques pour fabriquer des cylindres métalliques pleins ou creux de grande dimension.

Le tour est mis en mouvement par une machine puissante et l'outil est entraîné parallèlement à l'axe par un chariot que la machine elle-même fait mouvoir.

Les tailleurs de pierres, les charpentiers, emploient le second procédé pour construire des cylindres. A cet effet, sur un premier parement façonné ils décrivent un cercle qui doit servir de base au cylindre, ils mènent à ce cercle plusieurs tangentes par lesquelles ils font passer des plans perpendiculaires à la base.

Ils obtiennent ainsi un prisme droit circonscrit au cylindre ; en répétant la même construction un grand nombre de fois, ils augmentent le nombre des faces du prisme, qui se rapproche de plus en plus du cylindre.

C'est ainsi que se fabriquent les arbres tournants des machines, les mâts des navires, les surfaces cylindriques de peu d'étendue que l'on rencontre dans la coupe des pierres.

La voûte dite en **berceau** se construit d'après le même procédé.

On construit avec des pièces de bois supportées par une charpente deux demi-cercles dont l'un est représenté par la fig. 454 et dont les plans sont perpendiculaires à la droite qui joint leurs centres ; cette droite étant ordinairement horizontale, les cercles sont verticaux ; on réunit les différents points de leurs circonférences par des poutres parallèles à la droite des centres ;

Fig. 454.

ce sont les génératrices d'un cylindre de révolution ayant pour bases les deux demi-cercles. On établit la maçonnerie sur ces poutres, et sa partie inférieure diffère aussi peu qu'on le veut d'une véritable surface cylindrique de révolution.

709. Pour construire des cylindres d'un diamètre très petit comme les fils de fer ou de cuivre on emploie un instrument appelée *filière*.

C'est une simple plaque d'acier trempé percée de trous circulaires de diamètres différents et dans lesquels on fait successivement passer la matière à étirer en fil.

710. Les chaudières à vapeur, les cylindres creux en fer blanc, les mesures de capacité se construisent d'après les propriétés du développement des surfaces cylindriques.

Une surface cylindrique de révolution se développe suivant un rectangle ; on prend donc une plaque de tôle, de fer blanc, ou de bois flexible, ayant la forme rectangulaire ; puis on la façonne sur un cylindre plein jusqu'à rejoindre deux bords opposés du rectangle que l'on réunit ensemble d'une manière solide avec des clous à large tête.

EXERCICES.

695. Calculer la surface convexe et le volume d'un cylindre de révolution qui a 5^m de hauteur et dont le rayon de la base a 3^m.

696. La surface convexe d'un cylindre de révolution est de 12^{mq} ; le rayon de la base est 2^m,30. Quelle est la hauteur de ce cylindre ?

697, Calculer la hauteur d'un cylindre circulaire droit dont le volume est 4^{mc} en sachant que la circonférence de base a 3^m,80 de longueur.

698. Calculer le rayon de la base d'un cylindre circulaire droit qui a 5^m de hauteur en sachant que sa surface totale est 1^{mq}.

699. Calculer le rayon de la base du cylindre circulaire droit qui a 5^m de hauteur et dont le volume est équivalent à un cube qui a une diagonale de 3^m.

700. Calculer la surface totale et le volume d'un cylindre de révolution engendré par un rectangle ABCD tournant autour du côté AB ; on sait que AB = 3^m, et que la diagonale AC vaut 4^m.

701. Quels seraient la surface totale et le volume du cylindre engendré par le rectangle précédent tournant autour du côté BC perpendiculaire à AB?

702. Calculer les dimensions du litre sachant qu'il a la forme d'un cylindre circulaire droit, dont la hauteur est le double du diamètre de la base.

703. Quelles sont les dimensions d'un cylindre droit dont la hauteur est égale au diamètre et qui a un mètre cube de volume.

704. Quelle est l'épaisseur d'un disque d'argent qui pèse 25^{gr}. et qui a 0^m,037 de diamètre, la densité de l'argent est 10,47.

705. Quel est le rapport des volumes de deux cylindres dont les surface convexes sont équivalentes?

706. Quel est le rapport des aires convexes de deux cylindres qui ont le même volume.

707. Si deux cylindres droits à bases circulaires sont semblables, leurs suraces convexes sont propo rtionnelles aux carrés de leurs rayons et leurs volumes proportionnels aux cubes des mêmes rayons.

708. Un tube cylindrique vide pèse 140^{gr}.; on y introduit une colonne de mercure de 10^{cm} de longueur ; le tube pèse 256 gr.; on demande le diamètre de ce tube

709. Le volume d'un cylindre circulaire droit égale le produit de sa surface latérale par la moitié du rayon.

710. Le volume d'un cylindre circulaire droit est égal à la surface du rectangle qui l'engendre multipliée par la circonférence que décrit le point d'intersection des diagonales.

711. Lorsque la hauteur d'un cylindre circulaire droit est égale au diamètre de la base, le volume égale la surface totale multipliée par le tiers du rayon.

712. Si l'on coupe un cylindre circulaire droit par un plan contenant l'axe, on obtient un rectangle qui est à la base comme la hauteur est au quart de la circonféence de la base.

713. Couper un cylindre de révolution par un plan parallèle à la base de manière qu'il divise la surface convexe en deux parties telles que la base soit moyenne proportionnelle entre elles.

714. Le diamètre d'un cylindre est à sa hauteur comme 4 est à 7 et la surface latérale est 87 décimètres carrés. Quelles sont les dimensions?

715. Quel diamètre faut-il donner à la base d'un cylindre pour que sa surface totale soit 1 mètre carré, si la hauteur est égale au diamètre?

716. Un tronc de cylindre circulaire droit a $0^m,25$ de diamètre; les arêtes extrêmes (la plus petite et la plus grande) ont respectivement $0^m,30$, $0^m,54$. On demande la surface convexe et le volume de ce tronc.

717. Un vase cylindrique a $1^m,43$ de circonférence; la section faite suivant l'axe a $1^{mq},35$. Quelle est la capacité de ce vase?

718. Un bassin circulaire doit contenir 1000^{mc} d'eau, il a 25^m de diamètre; quelle profondeur faut-il lui donner?

719. Le rectangle que l'on obtient en développant la surface d'un cylindre a une diagonale de 3^m; la hauteur du cylindre est de $1^m,30$. Quel est son volume?

720. Même problème dans le cas où la diagonale du rectangle a 10^m et la différence entre la base et la hauteur 2^m.

721. Un vase a la forme d'un cylindre dont la hauteur à l'intérieur est le double du diamètre de la base. Ce vase vide pèse 260 gr.; plein de mercure, il pèse $7^{kg},280$. On demande les dimensions de ce vase sachant que la densité du mercure est environ 13,59.

722. Un vase cylindrique qui a 8 cent. de diamètre contient 500 gr. d'eau. On y plonge deux disques d'argent pesant chacun 25 gr.; quelle est alors la distance du niveau du liquide au fond du vase, sachant que la densité de l'argent est 10,47.

723. Quelle est la longueur d'un fil de fer cylindrique de $1^{mm},5$ d'épaisseur et dont le poids est 3^{kg}. La densité du fer est 7,7.

724. Quel est le diamètre d'un fil de fer cylindrique de 100^m de long et qui pèse 500 gr. La densité du fer étant 7,7.

725. On place l'une sur l'autre 20 pièces de 5 fr. On demande quelle est la hauteur, la surface latérale et le volume du cylindre obtenu, sachant que la pièce de 5 fr. pèse 25 gr., que son diamètre a $0^m,037$, et que la densité de l'argent est 10,47.

CHAPITRE II

CONE

711. On appelle **cône droit à base circulaire** le solide engendré par la révolution d'un triangle rectangle SAB (fig. 455) autour de l'un des côtés SA de l'angle droit comme axe.

L'axe de rotation SA est la **hauteur** ou l'**axe** du cône, et le point S en est le **sommet**. Le cercle décrit par le côté AB perpendiculaire à l'axe est la **base** du cône.

L'hypoténuse SB, qui décrit la **surface latérale** du cône, est le **côté** ou l'**apothème** de ce solide.

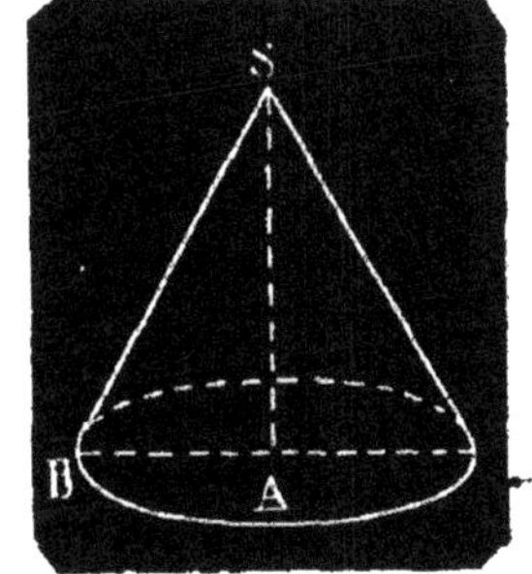

Fig. 455.

712. En général, on appelle **surface conique** la surface engendrée par le mouvement d'une droite nommée **génératrice**, assujettie à passer constamment par un même point ou **sommet**, en s'appuyant sur une courbe fixe appelée **directrice**.

Si la directrice est une courbe fermée et qu'on coupe la surface conique par un plan rencontrant toutes les positions de la génératrice, on donne le nom de **cône** au solide compris entre cette surface et le plan. La **hauteur** de ce cône est la perpendiculaire abaissée du sommet sur le plan de la base.

Deux cônes droits à bases circulaires sont semblables lorsque leurs hauteurs sont proportionnelles aux rayons de leurs bases.

THÉORÈME

713. *Toute section faite dans un cône droit à base circulaire par un plan parallèle à la base est un cercle.*

Soit un cône SAB (fig. 456) engendré par la révolution du triangle rectangle SCA autour du côté SC. D'un point quelconque D de l'hypoténuse, j'abaisse une perpendiculaire sur l'axe SC ; pendant la rotation, la droite DE décrit un plan perpendiculaire à SC (n° 509) ; et le point D décrit dans ce plan et sur la surface du cône une circonférence de rayon DE. Donc toute section faite dans un cône par un plan perpendiculaire à l'axe, c'est-à-dire parallèle à la base, est un cercle.

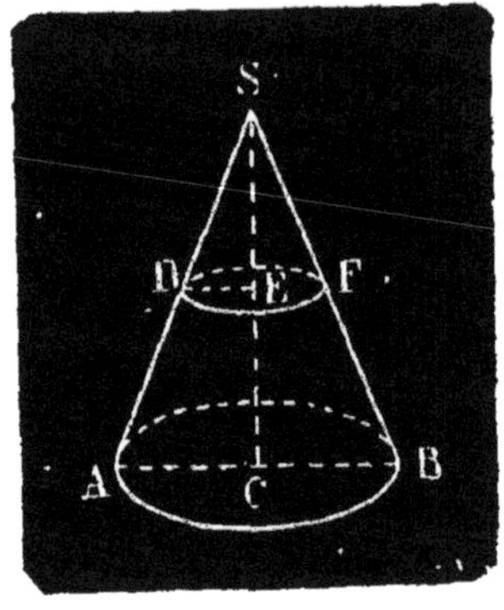

Fig. 456.

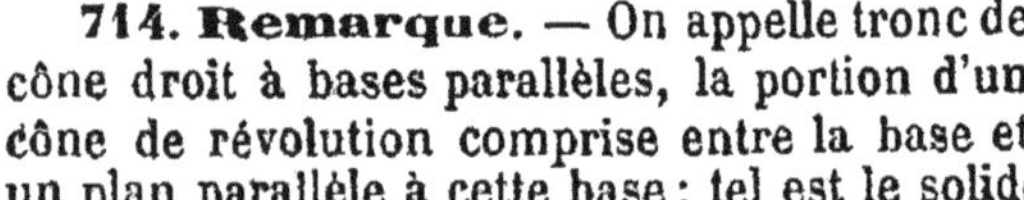

714. Remarque. — On appelle tronc de cône droit à bases parallèles, la portion d'un cône de révolution comprise entre la base et un plan parallèle à cette base ; tel est le solide ABFD (fig. 456).

Les deux cercles AB et DF sont les **bases** du tronc ; la portion AD de l'apothème SA du cône, comprise entre les deux bases et l'**apothème** du tronc de cône.

THÉORÈME

715. *L'aire latérale d'un cône droit à base circulaire a pour mesure la moitié du produit de la circonférence de base par l'apothème.*

Soit SAB (fig. 457) un cône droit à base circulaire. J'inscris dans cette base un polygone régulier ADBC que je considère comme la base d'une pyramide régulière ayant même sommet que le cône. On dit alors que la pyramide est inscrite dans le cône.

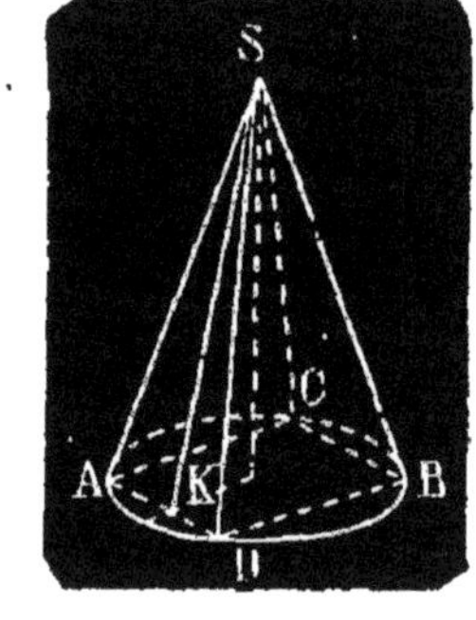

Fig. 457.

L'aire latérale de cette pyramide est égale à la moitié du produit du périmètre de sa base par son apothème SK.

Or, si l'on augmente indéfiniment le nombre des côtés de la base, le périmètre de cette base a pour limite la circonférence de base du cône, l'apothème SK a pour limite le côté SA et la surface latérale, la surface latérale du cône.

Donc l'aire latérale du cône est égale à la moitié du produit de la circonférence de sa base par la moitié de son apothème.

Si l'on désigne par r le rayon de la base, par a l'apothème et par S l'aire latérale, on a la formule

$$S = \frac{1}{2} 2\pi r a$$

ou

$$S = \pi r a.$$

L'aire totale du cône serait

$$S = \pi r a + \pi r^2$$

ou

$$S = \pi r (a + r).$$

716. Remarque. — La circonférence ED obtenue en coupant le cône SAB (fig. 450) par un plan parallèle à la base et passant par le milieu du côté SA est égale à la moitié de la circonférence de base, car le rapport de leurs rayons ED et AC est égal au rapport des droites SE et SA, qui est égal à $\frac{1}{2}$. Donc

L'aire latérale d'un cône de révolution est égale à son apothème multiplié par la circonférence que décrit le milieu de cet apothème.

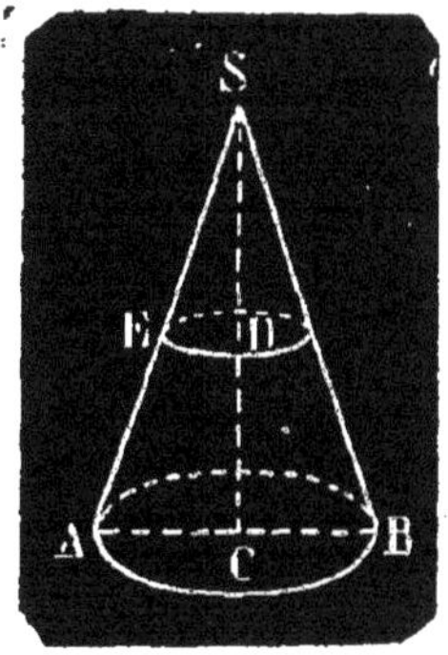

Fig. 458.

THÉORÈME

717. *L'aire latérale d'un tronc de cône droit à bases parallèles est égale à la demi-somme des circonférences de ses bases multipliée par son apothème.*

Soit un tronc de cône droit ABCD (fig. 459) obtenu en coupant le cône de révolution SAB par un plan parallèle à la base. Un plan quelconque, celui du dessin par exemple, passant par l'axe SE, coupe le cône suivant deux génératrices SA et SB diamétralement opposées et le tronc de cône selon le trapèze ABCD; de sorte que les droites EB, FC sont les rayons des bases du tronc.

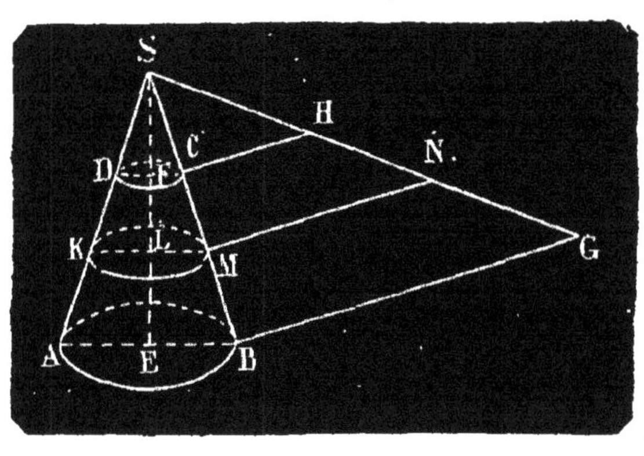

Fig. 459

Dans un plan quelconque contenant la droite SB j'élève sur cette droite, au point B, une perpendiculaire BG égale au développement de la circonférence EB, je trace SG, et je mène par le point C une parallèle CH à BG. Je dis d'abord que la droite CH est égale à la longueur de la circonférence FC.

Des triangles semblables SFC et SEB, SCH et SBG, on tire

$$\frac{FC}{EB} = \frac{SC}{SB}, \quad \frac{CH}{BG} = \frac{SC}{SB}$$

et, par suite

$$\frac{FC}{EB} = \frac{CH}{BG}.$$

Or, deux circonférences sont proportionnelles à leurs rayons et l'on a

$$\frac{FC}{EB} = \frac{\text{circ. FC}}{\text{circ. EB}}.$$

Donc

$$\frac{\text{circ FC}}{\text{circ. EB}} = \frac{CH}{BG}.$$

Les dénominateurs de ces rapports égaux étant égaux, leurs numérateurs circ. FC et CH sont égaux.

Cela posé, je remarque que l'aire latérale du cône SAB, $\frac{1}{2}$ circ. EB $\times$ SB, est équivalente à l'aire $\frac{1}{2}$ BG $\times$ SB du triangle SBG, et que l'aire latérale $\frac{1}{2}$ circ. FC $\times$ SC du cône SDC est équivalente à l'aire $\frac{1}{2}$ CH $\times$ SC du triangle SCH. J'en conclus que l'aire latérale du tronc de cône ABCD, différence entre les aires des deux cônes, est équivalente à l'aire du trapèze BGHC, différence entre les deux triangles.

Or, l'aire du trapèze BGHC est donnée par la formule

$$\frac{BG + CH}{2} \times BC.$$

Donc l'aire latérale du tronc de cône ABCD a pour mesure

$$\frac{\text{circ. EB} + \text{circ. FC}}{2} \times BC.$$

ou, en posant $EB = R$, $FC = r$, $BC = a$

$$S = \pi(R + r)a.$$

718. Remarque. — Si l'on mène, par le milieu M de l'apothème CB une parallèle MN aux bases du trapèze et un plan parallèle aux bases du tronc de cône, on obtient une circonférence LM qui a même longueur que la droite MN.

Or l'aire du trapèze est égale à MN $\times$ BC.

Donc l'aire du tronc de cône est égale à circ. LM $\times$ BC.

La circonférence LM étant la moyenne arithmétique entre les circonférences des bases, on peut dire :

L'aire latérale d'un tronc de cône à bases parallèles est égale à la circonférence moyenne multipliée par son apothème.

THÉORÈME

719. *Le volume d'un cône droit à base circulaire est égal au tiers du produit de sa base par sa hauteur.*

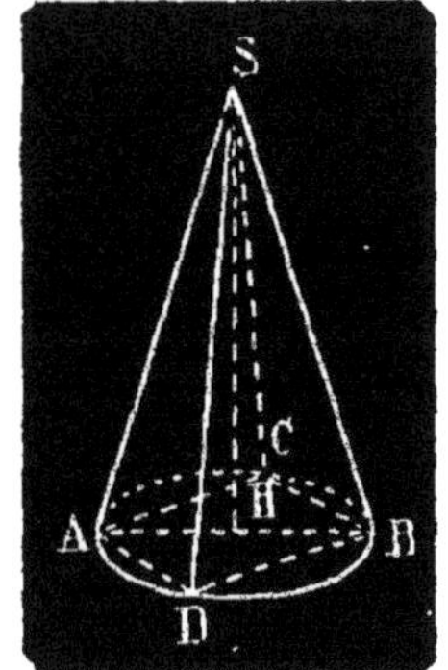

Fig. 460.

Le volume de toute pyramide régulière SDBC (fig. 460) inscrite dans un cône circulaire droit est égal au tiers du produit de sa base par sa hauteur. Si l'on augmente indéfiniment le nombre des faces, l'aire de la base a pour limite l'aire du cercle et le volume de la pyramide celui du cône, et comme la hauteur de la pyramide est la même que celle du cône, on en conclut que le volume du cône est égal au tiers du produit de sa base par sa hauteur.

Désignons par V, r, h le volume, le rayon de la base et la hauteur. Nous aurons la formule

$$V = \frac{1}{3}\pi r^2 h.$$

THÉORÈME

720. *Un tronc de cône droit à bases parallèles est équivalent à la somme de trois cônes droits ayant même hauteur que le tronc, et pour bases la base inférieure du tronc, sa base supérieure et une moyenne proportionnelle entre ces deux bases.*

Soit un tronc de cône ABCD (fig. 461) obtenu en coupant un cône de révolution SAB par un plan parallèle à la base. Je construis sur le plan de la base un triangle EFG équivalent au cercle PB, et je le considère comme la base d'une pyramide HEFG ayant même hauteur HK que le cône SP.

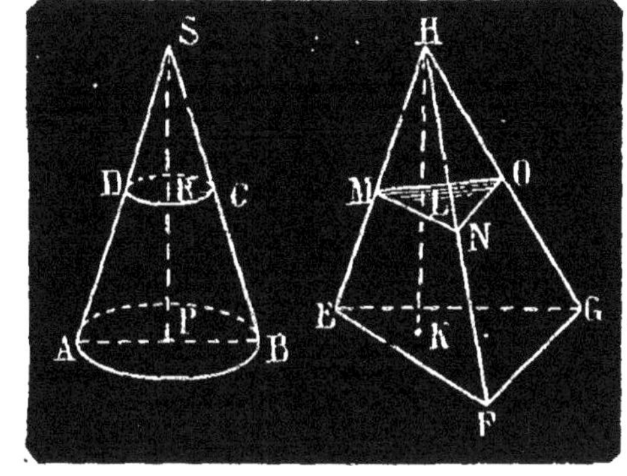

Fig. 461.

Les deux sommets H et S sont donc à la même distance du plan des bases. Le plan de la petite base RC coupe la pyramide suivant un triangle MNO semblable à EFG.

Je dis d'abord que le triangle MNO est équivalent au cercle RC.

On a, dans le cône,

$$\frac{\text{cercle RC}}{\text{cercle PB}} = \frac{\overline{RC}^2}{\overline{PB}^2} = \frac{\overline{SR}^2}{\overline{SP}^2}$$

et dans la pyramide

$$\frac{MNO}{EFG} = \frac{\overline{HL}^2}{\overline{HK}^2}.$$

Or

$$HL = SR, \quad HK = SP.$$

donc

$$\frac{MNO}{EFG} = \frac{\text{cercle RC}}{\text{cercle PB}}.$$

Les dénominateurs de ces rapports égaux étant égaux, les numérateurs MNO et le cercle RC sont aussi égaux.

Cela posé, je remarque que le volume $\frac{1}{3}\pi\overline{PB}^2 \times SP$ du cône SAB est équivalent au volume $\frac{1}{3}$ EFG $\times$ HK de la pyramide HEFG, et que le volume $\frac{1}{3}\pi\overline{RC}^2 \times SR$ du cône SDC est équivalent au volume $\frac{1}{3}$ MNO $\times$ HL de la pyramide HMNO. J'en conclus que le volume du tronc de cône ABCD, différence entre les volumes des deux cônes, est équivalent au volume du tronc de pyramide EFGMNO, différence entre les volumes des deux pyramides.

Or le volume du tronc de pyramide est égal à

$$\frac{1}{3} KL \left(EFG + MNO + \sqrt{EFG \times MNO}\right)$$

Donc le volume du tronc de cône est égal à

$$\frac{1}{3}\,\text{PR}\left(\text{cercle PB} + \text{cercle RC} + \sqrt{\text{cercle PB} \times \text{cercle RC}}\right).$$

Le volume du tronc de cône est donc équivalent à trois cônes ayant pour hauteur celles du tronc, et pour bases, les bases du tronc et une moyenne proportionnelle entre ces deux bases.

Désignons par V, h, R, r, le volume, la hauteur et les rayons des deux bases, on a

$$V = \frac{1}{3}\pi R^2 h + \frac{1}{3}\pi r^2 h + \frac{1}{3}\sqrt{\pi R^2 \times \pi r^2} \times h$$

ou

$$V = \frac{1}{3}\pi h\,(R^2 + r^2 + Rr).$$

721. Remarque. — Si l'on considère que

$$R^2 + r^2 + Rr = 3\left(\frac{R+r}{2}\right)^2 + \left(\frac{R-r}{2}\right)^2$$

la formule précédente devient

$$V = \frac{1}{3}\pi h\left[3\left(\frac{R+r}{2}\right)^2 + \left(\frac{R-r}{2}\right)^2\right]$$

ou

$$V = \pi h\left(\frac{R+r}{2}\right)^2 + \frac{1}{3}\pi h\left(\frac{R-r}{2}\right)^2.$$

Donc: *Un tronc de cône à bases parallèles est équivalent à la somme d'un cylindre et d'un cône droits ayant même hauteur que le tronc et pour bases des cercles dont les rayons sont la demi-somme et la demi-différence des rayons des deux bases du tronc.*

Le volume d'un tronc de cône droit à bases parallèles est donc plus grand que le cylindre de même hauteur et qui aurait pour base la circonférence moyenne.

Cependant, dans la pratique, on se contente souvent de cette évaluation approximative, surtout lorsque les deux bases diffèrent peu l'une de l'autre, comme dans le cubage des bois en grume.

722. *Le volume d'un cône quelconque est égal au tiers du produit de sa base par sa hauteur.*

Si l'on inscrit dans la base du cône quelconque SAB (fig. 462) un polygone ayant des côtés très petits et qu'on prenne ce polygone pour la base d'une pyramide ayant même sommet que le cône, on aura une pyramide inscrite dans le cône. La base et le volume du cône étant les limites de la base et du volume de la pyramide, j'en conclus que le volume du cône est égal au tiers du produit de sa base par sa hauteur.

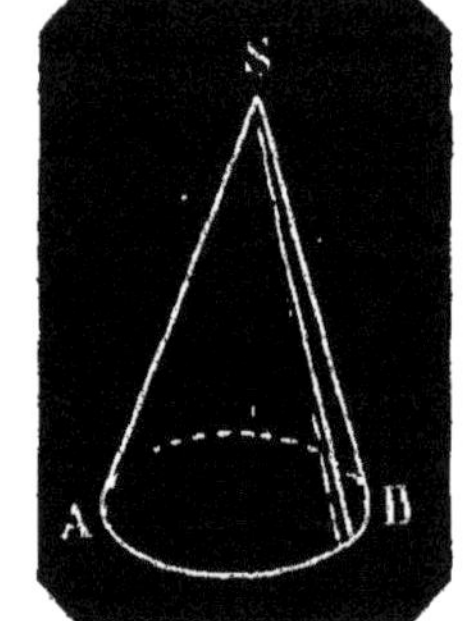

Fig. 462.

APPLICATIONS

723. Si l'on considère une surface conique comme une surface de révolution, on la construit à l'aide du tour. La pièce étant montée sur l'axe du tour et animée d'un mouvement de rotation, on fait décrire à la pointe de l'outil une droite qui va rencontrer l'axe au point qui doit être le sommet du cône; c'est ainsi que l'on construit la plupart des surfaces coniques employées dans les arts. C'est aussi par rotation que dans l'art de la poterie, on donne aux vases la forme conique.

Lorsqu'on considère une surface conique comme une surface réglée engendrée par une ligne droite assujettie à passer constamment par un point fixe et à s'appuyer sur une circonférence, on peut la construire en traçant d'abord le cercle de base et en menant à ce cercle des tangentes par lesquelles on fait passer des plans contenant le sommet; on a ainsi une pyramide qui se rapproche de plus en plus du cône à mesure que l'on augmente le nombre de ses faces.

Les surfaces coniques qui doivent être faites en tôle, en fer blanc ou avec une matière flexible quelconque se construisent d'après les propriétés du développement du cône.

Tout cône circulaire droit se développe suivant un secteur circulaire; par conséquent si l'on donne cette forme à une feuille flexible quelconque, et qu'on la recourbe ensuite de manière à réunir les deux rayons extrêmes on a une surface conique.

Enfin, on construit des surfaces coniques par le moulage.

EXERCICES

726. Calculer la surface convexe et le volume d'un cône de révolution qui a 4^m de hauteur et dont le rayon de la base a 3^m.

727. Quel est le rayon de la base d'un cône circulaire droit qui a 7^m de hauteur et dont la surface latérale vaut 18^{mq}?

728. Calculer le rayon de la base d'un cône circulaire droit qui a 8^m de hauteur et 19^{mc} de volume.

729. Calculer la surface totale et le volume des cônes engendrés par la rotation d'un triangle rectangle dont les côtés de l'angle droit ont 3^m et 4^m tournant successivement autour de ces deux côtés.

730. La hauteur et le côté d'un cône ont respectivement 8^m et 10^m; calculer la surface totale et le volume.

731. Quel est le côté d'un cône droit et circulaire qui a 8^m de hauteur et dont le volume égale 25^{mc} ?

732. Le volume d'un cône circulaire droit est de 2^{mc}, il a 4^m de hauteur; on demande la surface de l'intersection déterminée par un plan parallèle à la base, mené à $1^m,50$ du sommet.

733. Le volume d'un cône circulaire droit est égal à la surface latérale multipliée par le $\frac{1}{3}$ de la distance du centre de la base au côté du cône.

734. Le volume du cône engendré par un triangle rectangle est égal à la surface de ce triangle multipliée par la circonférence que décrit le point d'intersection des médianes.

735. Quelles sont les dimensions du triangle rectangle isocèle qui, tournant autour de l'un des côtés de l'angle droit, engendre un cône dont la surface totale est 1^{mq} ou le volume 1^{mc}?

736. Un cône a une hauteur égale à son diamètre, quel est le rapport de la surface de sa base à sa surface latérale?

737. Un cône a 5^m de hauteur, et un rayon de 2^m; on développe la surface convexe de ce cône, calculer l'angle du secteur que l'on obtient.

Partager la surface convexe d'un cône parallèlement à la base :

738. 1° En deux parties équivalentes.

739. 2° En trois parties équivalentes.

740. 3° En parties proportionnelles aux nombres 3 et 4.

741. En parties proportionnelles à deux droites m et n.

742. Le rayon de la base et le côté d'un cône circulaire droit ont respectivement 3^m et 10^m; on demande de partager ce cône parallèlement à la base :

1° En deux parties équivalentes.

743. 2° En cinq parties équivalentes.

744. 3° En parties proportionnelles aux nombres 2, 3 et 4.

745. 4° En parties proportionnelles à deux droites donnés m et n.

746. 5° En deux parties dont l'une ait 4^{mc} de volume.

747. Quel est le maximum d'un cône de révolution dont le côté est donné?

748. Inscrire dans un cône circulaire droit, un cylindre de volume maximum.

749. Circonscrire à un cylindre circulaire droit un cône de révolution de volume minimum.

750. Calculer la surface latérale d'un tronc de cône qui a 5^m de hauteur; les rayons des bases ont respectivement 3^m et 2^m.

751. La surface latérale d'un tronc de cône est 30^{mq}. Le rayon de l'une des bases a 3^m, le côté a 2^m; calculer le rayon de l'autre base et la hauteur du tronc.

752. Calculer le côté du décagone régulier dont la surface est équivalente à la surface convexe du tronc de cône engendré par la rotation d'un trapèze rectangle dont les bases ont 2^m et $1^m,30$ et la hauteur $1^m,80$.

753. Les rayons des bases et la hauteur d'un tronc de cône ont respectivement 2^m, $1^m,30$ et $1^m,50$; calculer l'aire latérale des troncs de cône que l'on obtient en coupant le premier par un plan parallèle aux bases passant par le milieu de la hauteur.

754. Les rayons des bases et le côté d'un tronc de cône à bases parallèles, ont respectivement 4^m, 3^m et 5^m; en quel point du côté faut-il mener un plan parallèle aux bases pour qu'il divise la surface latérale en deux parties équivalentes.

755. *Idem* en trois parties équivalentes.

756. *Idem* en parties proportionnelles à 3 et 4.

757. *Idem* en parties proportionnelles à deux droites m et n.

758. Calculer le volume d'un tronc de cône circulaire droit à bases parallèles dont la hauteur a 6^m et les rayons des bases, 3^m et $1^m,80$.

759. Le volume d'un tronc de cône droit à bases parallèles est 30^{mc}, sa hauteur est 5^m; le rayon de l'une des bases a $1^m,30$; quel est le rayon de l'autre base?

760. Calculer la hauteur d'un tronc de cône circulaire droit à bases parallèles qui a 20^{mc} de volume et dont les rayons des bases ont respectivement 6^m et 4^m.

761. Les bases et la hauteur d'un trapèze rectangulaire ont respectivement 5^m, 3^m et 1^m; calculer le volume du tronc de cône qu'il engendre en tournant autour de sa hauteur; quel serait le volume du cône engendré par le triangle rectangle que l'on obtiendrait en prolongeant les côtés non parallèles jusqu'à leur rencontre?

762. Un cône de 8^m de hauteur a pour base un cercle de 3^m de rayon; on le coupe par un plan parallèle à la base passant à 3^m du sommet, quel est le volume du tronc de cône qui en résulte?

763. Dans un cône ayant 3^m de hauteur, on mène un plan parallèle à la base à 2^m du sommet et l'on obtient une section qui a 2^{mq} de surface; quel est le volume du cône total?

764. Les volumes de deux cônes semblables sont proportionnels aux cubes de leurs dimensions.

765. Les rayons des bases et la hauteur d'un tronc de cône ont respectivement 5^m, 2^m et 4^m; on demande de partager ce solide parallèlement aux bases.

1° En deux parties équivalentes.

766. 2° En trois parties équivalentes.

767. 3° En parties proportionnelles à deux longueurs données.

768. 4° En parties proportionnelles aux nombres 2, 3, 5.

769. 5° En deux parties dont l'une ait 3^{mc} de volume.

770. Un solide en bois a la forme d'un tronc de cône circulaire droit à bases parallèles dont la hauteur a $0^m,15$ et les rayons des bases, $0^m,08$ et $0^m,05$; on le plonge verticalement dans de l'eau pure; calculer la hauteur de la partie immergée et le rayon de la section déterminée dans le tronc de cône par la surface de niveau du liquide; la densité du solide est 0,738.

771. Calculer les rayons des bases d'un tronc de cône de révolution connaissant sa hauteur, son côté et son volume.

772. La hauteur d'un cône circulaire droit est 10^m. A quelle distance de la base faut-il le couper par un plan parallèle à cette base pour que le volume du tronc soit moyen proportionnel entre le cône entier et le cône situé au-dessus du tronc.

773. Un abat-jour en papier a la forme de la surface latérale d'un tronc de cône; la petite ouverture a $0^m,05$ de diamètre et la grande a $0^m,20$, le côté du tronc est de $0^m,12$. Calculer les rayons des arcs à décrire sur le papier pour découper un abat-jour pareil.

774. Une cuvette a la forme d'un tronc de cône; le fond a un diamètre intérieur de 18^{mc}; le diamètre du bord supérieur est 27^{cm}, le côté en talus a 10^{cm}. Quelle est la capacité de cette cuvette?

775. Si l'on verse un litre d'eau dans la cuvette précédente, à quelle hauteur s'élève-t-elle?

776. La hauteur d'un tronc de cône est égale au diamètre de la grande base; le diamètre de la petite base est la moitié de la hauteur. La surface totale est 1^{mq}. Calculer les dimensions de ce tronc de cône.

777. Calculer les dimensions du tronc de cône précédent pour que son volume soit un mètre cube.

778. Un verre à vin de Champagne est conique; il a 13^{cm} de profondeur et 6^{cm} de diamètre au bord. On y verse du mercure jusqu'au milieu de la hauteur, et on achève de le remplir avec de l'eau pure; calculer le poids de chacun de ces liquides sachant que la densité du mercure est 13,59 et celle de l'eau 1.

779. Un verre à pied de forme conique a une capacité de 375^{cmc}, son diamètre au bord est 13^{cm}. On l'emplit de mercure et d'eau à poids égaux. Quelle est la hauteur de chaque couche de liquide?

780. Les rayons des bases d'un tronc de cône sont R et r; quel sera le rayon du cylindre ayant même volume et même hauteur h que le tronc de cône?

781. Un tronc de cône et un cylindre ont chacun 3^{m} de hauteur; ils ont une base commune qui a 2^{m} de rayon; on demande quel sera le rayon de la deuxième base du tronc pour que son volume soit les $\frac{2}{5}$ de celui du cylindre.

782. Un vase de forme conique a été construit avec un secteur circulaire de ferblanc ayant 80° et 0,50 de rayon. Quelle est la capacité de ce vase?

783. Surface convexe et volume du cône qui a pour base un cercle de 1^{m} de rayon et pour hauteur :

1° Le côté du carré inscrit dans la base.
784. 3° Le côté du carré circonscrit.
785. 3° Le côté du triangle équilatéral inscrit.
786. 4° Le côté du triangle équilatéral circonscrit.
787. 5° Le côté de l'hexagone inscrit.
788. 6° Le côté de l'hexagone circonscrit.
789. 7° Le côté du décagone convexe inscrit.
790. 8° Le côté du décagone étoilé.
791. 9° Le côté du pentagone convexe inscrit.
792. 10° Le côté du pentagone étoilé.

793. On coupe un cône circulaire droit dont le rayon de la base est R et la hauteur H par un plan parallèle à la base à une distance h du sommet. Quel est le volume du cylindre inscrit ayant pour base la section obtenue? Rapport du volume du cylindre à celui du cône.

794. Un prisme droit de 5^{m} de hauteur a pour base un triangle dont les côtés ont respectivement 7^{m}, 9^{m} et 12^{m}. Quel est le volume du cône qui a pour base le cercle inscrit dans la base du prisme et son sommet sur la base supérieure de ce polyèdre.

795. Calculer le volume du cône ayant pour base le cercle circonscrit à la base du prisme précédent et même hauteur que le polyèdre.

796. Étant donné un prisme triangulaire droit de 8^{m} de hauteur et dont les côtés de la base ont respectivement 5^{m}, 7^{m} et 8^{m}. On prend pour base d'un cône le cercle ex-inscrit à la base et tangent au côté de 8^{m}. On demande le volume de ce cône sachant que son sommet est situé à l'extrémité supérieure de l'une quelconque des arêtes du prisme.

797. Trouver la contenance d'un bidon en fer-blanc formé d'un cylindre circulaire droit surmonté d'un cône, le diamètre du fond a $0^{m},25$, la hauteur du cylindre $0^{m},32$ et celle du cône $0^{m},15$.

798. La hauteur d'un cône droit est 20^{m}; son volume 387 mètres cubes. Déterminer par un plan parallèle à la base un cône partiel dont le volume soit 95^{mc}. On demande l'arête du cône partiel.

799. La hauteur d'un cône est de 10^{m}, la rayon de sa base 5^{m}. On demande à quelle distance de la base il faut mener un plan parallèle pour que le volume du tronc de cône soit 20 mètres cubes.

800. Un liquide dont la densité est 1,72 remplit un vase ayant intérieurement la forme d'un tronc de cône dont la hauteur est $0^{m},25$ et les rayons des deux bases $0^{m},20$ et $0^{m},15$. Déterminer le volume et le poids de ce liquide.

CHAPITRE III

DE LA SPHÈRE

§. I. NOTIONS GÉNÉRALES

724. On donne le nom de **sphère** au solide engendré par la rotation d'un demi-cercle autour de son diamètre.

La surface décrite par la demi-circonférence est la **surface** de la sphère.

Tous les points de cette surface sont à égale distance du centre du demi-cercle générateur; ce point est le **centre** de la sphère.

On appelle **rayon** d'une sphère, la droite qui joint son centre à un point quelconque de sa surface.

Tous les rayons d'une sphère sont évidemment égaux.

Le **diamètre** d'une sphère est la droite qui, passant par le centre, a ses extrémités sur la surface.

Un diamètre est le double du rayon. Il en résulte que tous les diamètres sont égaux.

THÉORÈME

725. *L'intersection d'une sphère et d'un plan est un cercle.*

1° *Le plan sécant passe par le centre de la sphère.*

L'intersection est une courbe plane dont tous les points sont à égale distance du centre.

C'est donc un cercle ayant même rayon et même centre que la sphère.

2° *Le plan sécant* MN (fig. 463) *ne passe pas par le centre.*

J'abaisse du centre O, une perpendiculaire OA sur le plan MN et je mène les rayons aboutissant à deux points quelconques B et C de la courbe d'intersection BCD; les deux obliques OB, OC sont égales comme rayons de la sphère; leurs écartements AB, AC du pied A de la perpendiculaire sont donc égaux. Il en résulte que l'intersection est un cercle dont le centre est le point A.

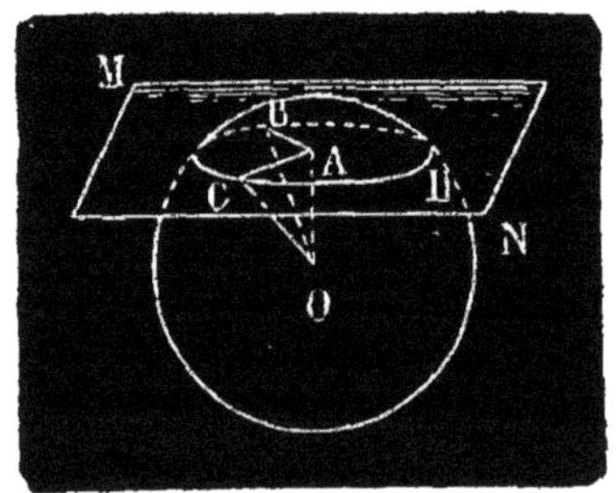

Fig. 463.

726. **Remarque.** — Le rayon AB du cercle BCD est l'un des côtés de l'angle droit d'un triangle rectangle dont l'hypoténuse est le rayon OB de la sphère et l'autre côté la distance du centre O au plan de ce cercle. Le côté AB, toujours plus petit que l'hypoténuse OB grandit à mesure que le plan sécant se rapproche du centre de la sphère et devient égal à OB, lorsque le plan passe par le centre.

727. On appelle **grands cercles** de la sphère les cercles déterminés par des plans passant par le centre. Tous les grands cercles sont égaux parce qu'ils ont même rayon que la sphère.

On donne le nom de **petits cercles** à ceux qui sont déterminés par des plans ne passant pas par le centre.

728. Corollaire I. — *Deux grands cercles quelconques d'une sphère se coupent suivant un diamètre.*

Les plans de ces deux cercles passant par le centre, leur intersection est une droite passant par le centre, c'est-à-dire un diamètre.

729. Corollaire II. — *Par deux points de la surface d'une sphère, on peut toujours faire passer un grand cercle et on ne peut en faire passer qu'un.*

En effet, ces deux points et le centre de la sphère, quand ils ne sont pas en ligne droite, déterminent un seul plan, qui coupe la sphère selon un grand cercle. Si les deux points donnés et le centre sont en ligne droite, on peut faire passer par ces points autant de grands cercles que l'on veut.

730. Corollaire III. — *Tout grand cercle divise la sphère et sa surface en deux parties égales.*

Soit CD un grand cercle de la sphère O (fig. 464) ; il partage ce solide en deux parties CDA et CDB qui sont superposables ; en effet, je retourne la partie supérieure CDA comme l'indique la figure placée à côté et je fais coïncider les cercles égaux C'D' et CD ; les deux parties coïncident alors parfaitement puisque tous les points de leurs surfaces sont à égale distance du centre O.

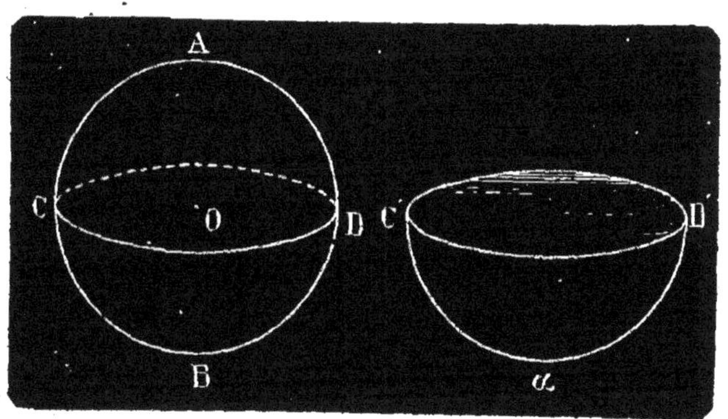

Fig. 464.

731. Corollaire IV. — *Par trois points pris à volonté sur la surface d'une sphère, on peut toujours faire passer la circonférence d'un petit cercle et on ne peut en faire passer qu'une.*

Car ces trois points déterminent un plan et n'en déterminent qu'un seul.

THÉORÈME

732. 1° *Deux petits cercles également éloignés du centre de la sphère sont égaux ;*

2° *Deux petits cercles inégalement éloignés du centre de la sphère sont inégaux ; celui qui en est le plus rapproché est le plus grand.*

1° Je coupe la sphère O (fig. 465) par deux plans AB et CD tels que les perpendiculaires OE et OF, abaissées du centre sur ces plans, soient égales ; je dis que les deux cercles d'intersection sont égaux. En effet le plan passant par le centre de la sphère et par les centres F et E de ces deux cercles coupe la sphère suivant un grand cercle ABCD et les deux cercles suivant les diamètres AB et CD, qui sont en même temps des cordes de ce grand cercle. Les droites OF et OE perpendiculaires aux plans des cercles, sont perpendiculaires aux droites AB et CD et mesurent les distances de ces cordes au centre.

Ces distances étant égales par hypothèse, j'en conclus que les cordes AB et CD sont égales.

Les deux cercles d'intersection ayant même diamètre sont égaux.

2° Si je suppose OF $<$ OE, la corde AB est plus grande que la corde CD et le cercle F est plus grand que le cercle E.

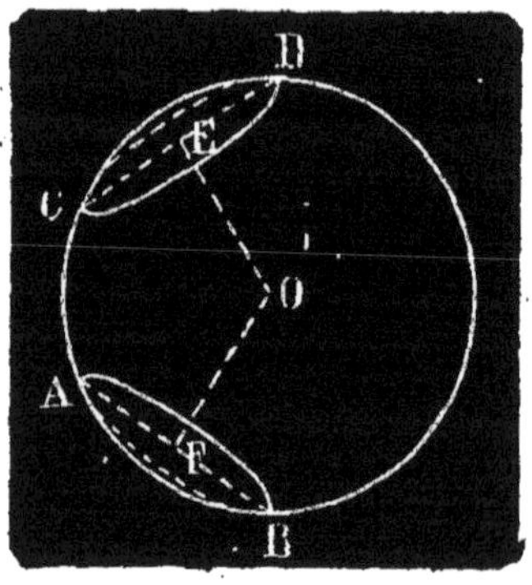

Fig. 465.

Remarque. — Les réciproques de ces deux propositions contraires sont vraies.

733. Pôles d'un cercle de la sphère. — On appelle **pôles** d'un cercle ABC de la sphère O (fig. 466) les extrémités P et P′ du diamètre PP′ perpendiculaire au plan de ce cercle.

Le centre O de la sphère, le centre D du cercle et les deux pôles P et P′ sont quatre points en ligne droite.

La droite qui joint deux quelconques de ces points passe par les deux autres, et la perpendiculaire abaissée de l'un d'entre eux sur le plan du cercle passe par les trois autres.

On tire de là un certain nombre de propositions analogues à celles qui concernent la perpendiculaire abaissée du centre d'un cercle sur une corde de ce cercle.

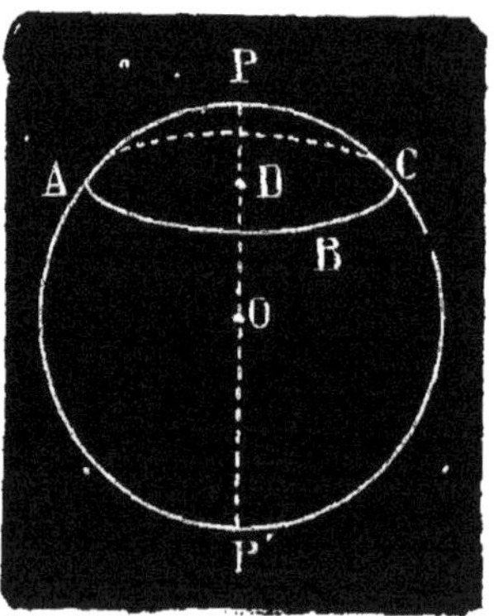

Fig. 466.

THÉORÈME

734. *Tous les points de la circonférence* ABC *d'un cercle de la sphère sont à égale distance des pôles* P *et* P′ *de ce cercle* (fig. 467).

La droite PP′ qui joint les deux pôles est perpendiculaire sur le plan du cercle et passe par son centre D (n° 733). Les droites PA, PB..., qui joignent le pôle P aux points A, B... de la circonférence ABC, sont égales comme obliques s'écartant également du pied de la perpendiculaire PD ; les points A, B... sont donc à égale distance du pôle P.

On aurait de même P′A = P′B =...

Si l'on fait passer des grands cercles par les pôles P, P′ et par les points A, B..., les arcs sous-tendus par les cordes égales PA, PB... sont égaux ainsi que les arcs sous-tendus par les cordes P′A, P′B.

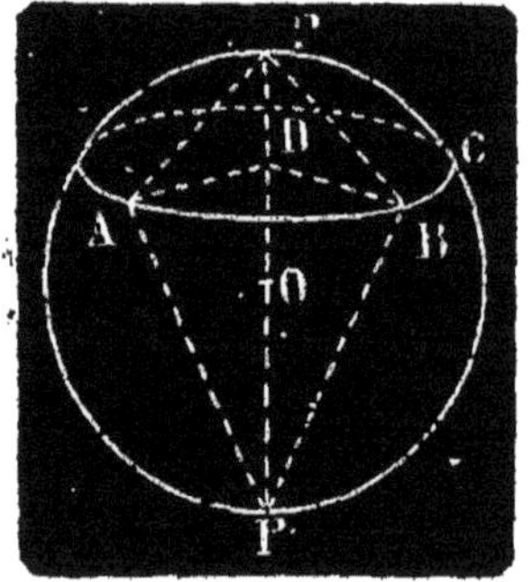

Fig. 467.

735. Remarque. — La propriété du pôle permet de décrire sur la surface de la sphère des cercles aussi facilement que sur un plan. A cet effet, on se sert du *compas à branches courbes, ou compas sphérique* (fig. 468).

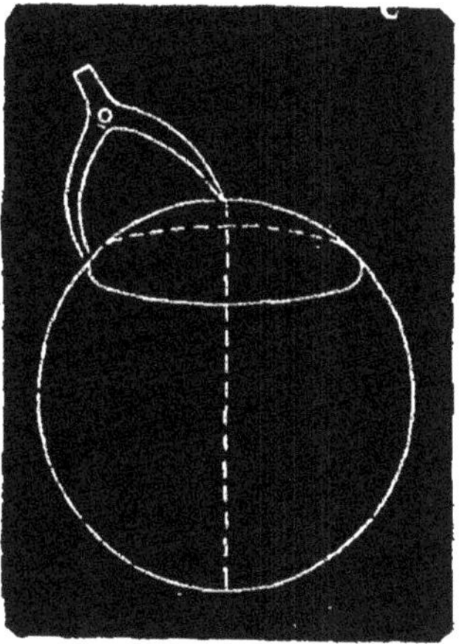

Fig. 468.

D'un même pôle, on peut décrire une infinité de cercles, tous parallèles comme étant perpendiculaires à la ligne des pôles.

736. Corollaire. — *L'arc de grand cercle* PMB (fig 469) *compris entre la circonférence* ABC *d'un grand cercle de la sphère et son pôle* P *est égal à un quadrant.*

La droite PO étant perpendiculaire au plan du cercle ABC, est perpendiculaire à la droite OB qui passe par son pied dans ce plan et l'angle POB est droit.

Or un angle au centre qui est droit intercepte entre ses côtés le quart de la circonférence.

Donc l'arc PMB est un quadrant.

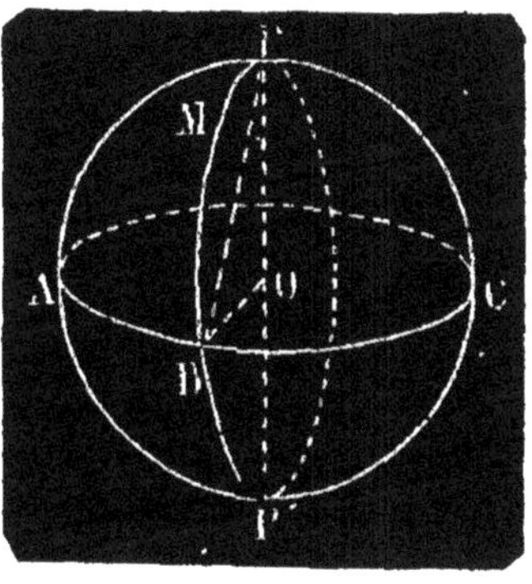

Fig. 469.

737. Remarque. — La corde PB de l'arc PMB est égale au côté du carré inscrit dans un grand cercle de la sphère. Donc

Si d'un point quelconque de la surface de la sphère comme pôle, on décrit une circonférence avec un rayon égal au côté du carré inscrit dans un grand cercle, la circonférence obtenue est celle d'un grand cercle de la sphère.

738. Réciproquement. — *Étant donnée la circonférence d'un grand cercle de la sphère, si de deux de ses points comme pôles on décrit des arcs de cercles ayant pour rayon le côté du carré inscrit dans un grand cercle, ces arcs se coupent au pôle du cercle donné.*

PLAN TANGENT A LA SPHÈRE

739. On dit qu'un plan est tangent à une sphère lorsqu'il n'a qu'un point commun avec elle.

Ce point est le *point de contact.*

Deux sphères sont tangentes lorsqu'elles n'ont qu'un point commun.

THÉORÈME

Tout plan MN (fig. 470) *perpendiculaire à l'extrémité d'un rayon* OA *d'une sphère est tangent à cette sphère.*

En effet si l'on joint le centre O à un point quelconque B du plan, la droite OB est oblique à ce plan, et, par conséquent, plus grande que la perpendiculaire OA.

Il en résulte que le point B est à l'extérieur de la sphère. Le plan MN n'a donc que le point A commun avec la sphère ; il lui est par conséquent tangent.

RÉCIPROQUE

* *Tout plan* MN (fig. 470) *tangent à une sphère* O *en un point* A *est perpendiculaire à l'extrémité du rayon* OA *mené au point de contact.*

Par hypothèse tout point B du plan MN, autre que le point A est en dehors de la sphère.

Par conséquent la droite OB est plus grande que le rayon OA. Il en résulte que le rayon OA, est la droite la plus courte qu'on puisse mener du point O au plan MN. Donc OA est perpendiculaire à ce plan. (n° 515.)

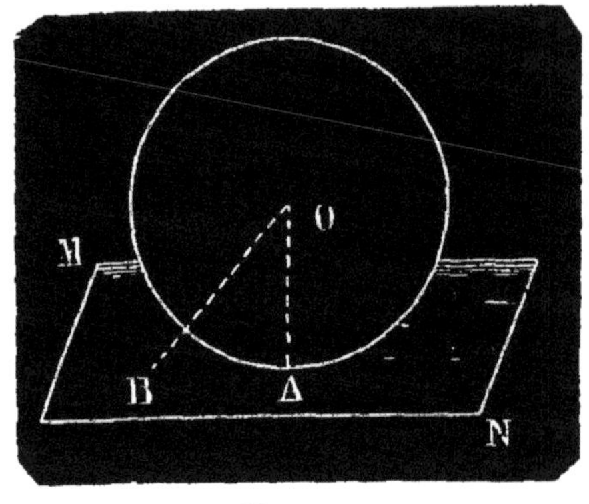

Fig. 470.

THÉORÈME.

740. *L'intersection de deux sphères est un cercle dont le plan est perpendilaire à la ligne des centres.*

Imaginons deux sphères O et O' (fig. 471) coupées par le plan du dessin suivant deux grands cercles. La ligne des centres est perpendiculaire sur le milieu de la corde commune AB, qui joint les points d'intersection des circonférences de ces grands cercles. Si l'on fait tourner la figure autour de la ligne des centres, les cercles engendrent les deux sphères données, la droite AB décrit un cercle dont le plan est perpendiculaire à OO' (n° 509) et la circonférence de ce cercle, qui a pour centre le point C, est située sur les deux surfaces sphériques. Donc l'intersection des deux sphères est un cercle perpendiculaire à la ligne des centres; de plus cette ligne passe par le centre de l'intersection.

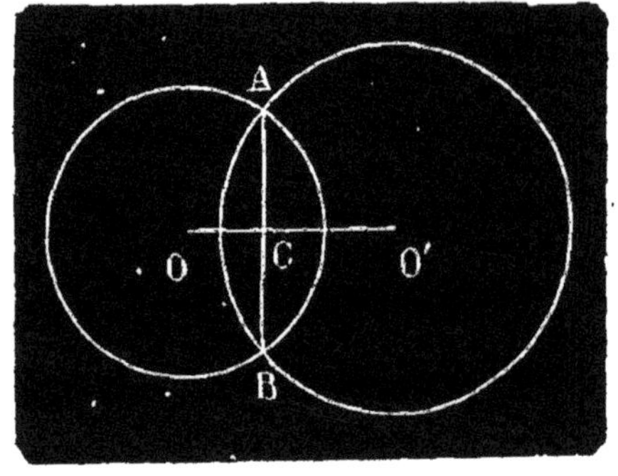

Fig. 471.

741. Corollaire — *Lorsque deux sphères sont tangentes, la ligne des centres passe par le point de contact.*

Car si l'on éloigne vers la droite la sphère O' (fig. 471) la sphère O restant fixe, la corde AB devient de plus en plus petite, et à la limite le cercle d'intersection se réduit à un point, qui est alors le point de contact des deux sphères devenues tangentes.

Or le théorème précédent est toujours applicable, quelque petite que soit la corde AB, il l'est encore à la limite. Donc lorsque les sphères sont tangentes la ligne des centres passe par le point de contact.

742. Remarque. — Si l'on suppose le plan de la section indéfiniment prolongé, il devient à la limite tangent aux deux sphères a leur point de contact. Donc

Deux circonférences tangentes ont même plan tangent à leur point de contact.

POSITIONS RELATIVES DE DEUX SPHÈRES

743. Deux sphères peuvent occuper cinq positions relatives, qui sont absolument identiques aux positions relatives de deux cercles tracés dans un même plan (n° 208). Elles donnent lieu à des théorèmes analogues, dont le lecteur peut facilement trouver l'énoncé, et qui sont évidents, car on peut toujours supposer les deux sphères données comme engendrées par deux cercles tracés dans le même plan et tournant autour de la ligne droite qui joint leurs centres.

§ II. PROBLÈMES SUR LA SPHÈRE.

PROBLÈME I.

744. *Étant donnée une sphère, trouver son rayon.*

1re *méthode.* De deux points quelconques A et B pris sur la surface de la sphère comme pôles (fig. 472) avec une ouverture de compas arbitraire, je décris deux arcs de cercle qui se coupent en un point M; je détermine de la même manière deux autres points N et P. Les trois points M, N et P étant à égale distance des extrémités de la droite AB déterminent un plan perpendiculaire au milieu de cette droite; ce plan passe par le centre, qui est aussi à égale distance de A et de B; il coupe donc la sphère suivant un grand cercle.

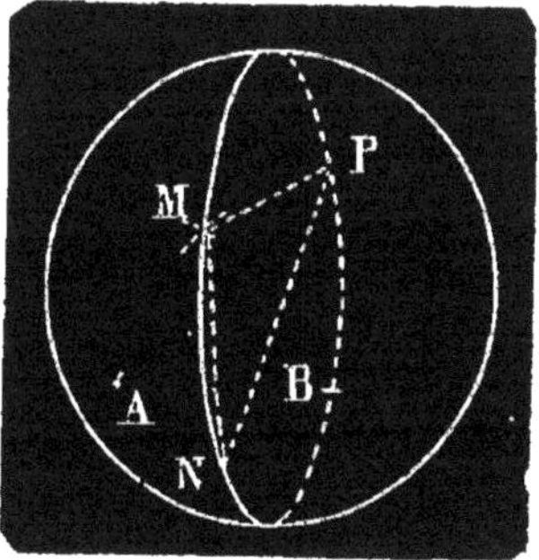

Fig. 472.

Je prends maintenant avec le compas les longueurs des cordes MN, NP, PM, et je construis le triangle MNP, dont je connais les trois côtés.

Le rayon du cercle circonscrit à ce triangle est le rayon de la sphère.

2e *méthode.* D'un point quelconque P (fig. 473) comme pôle, je décris sur la surface de la sphère un cercle quelconque ABC, sur lequel je marque trois points A, B, C. Je construis un triangle *abc* ayant pour côtés les cordes AB, BC, CA. Le rayon *ad* du cercle circonscrit à ce triangle est égal au rayon AD du cercle ABC. Du point *a* comme centre avec une ouverture de compas égale à la corde AP, je

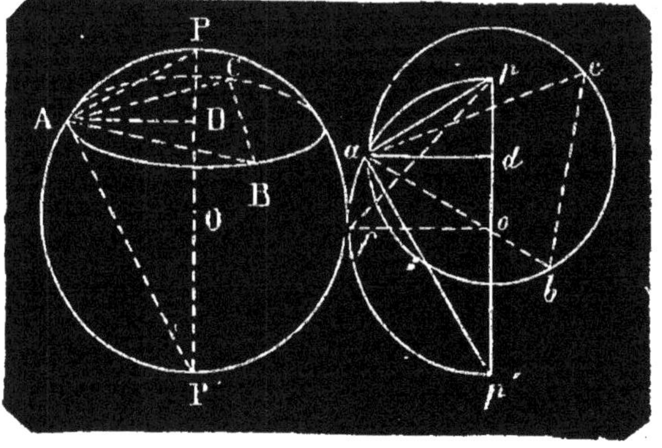

Fig. 473.

décris un arc de cercle qui coupe en p la perpendiculaire élevée au point d sur ad; je mène ensuite la droite ap' perpendiculaire à ap; la longueur pp' est égale au diamètre PP' de la sphère, car les triangles pap' et PAP sont égaux; la moitié op de pp' est le rayon de la sphère.

745. Remarque. — La circonférence décrite sur pp' comme diamètre est la circonférence d'un grand cercle de la sphère; si l'on élève au point O une perpendiculaire of sur pp', et qu'on trace la corde pf, cette corde est le côté du carré inscrit dans la circonférence, et, par suite, l'ouverture de compas qui servira à décrire les circonférences de grands cercles sur la surface de la sphère.

PROBLÈME II.

746. *Tracer une circonférence de grand cercle par deux points* A *et* B *de la surface d'une sphère.* (fig. 474.)

Il s'agit de déterminer le pôle du grand cercle passant par les points A et B.

Si l'on ne connaît pas le rayon de la sphère on commence par le construire (n° 744); puis on prend une ouverture de compas égale au côté du carré inscrit dans le cercle décrit avec ce rayon, et des points A et B comme pôles, avec cette ouverture, on décrit deux arcs de cercle qui se coupent en un point P, qui est l'un des pôles du grand cercle passant par les points A et B (n° 738).

Du point P comme pôle, avec la même ouverture, on décrit sur la surface de la sphère un cercle qui est le cercle cherché.

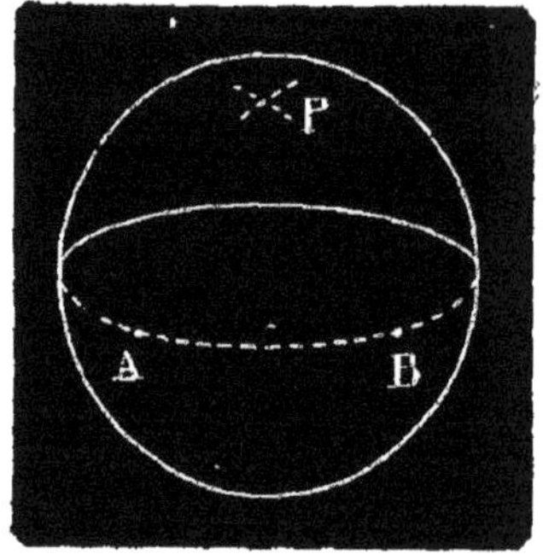

Fig. 474.

747. Remarque. — Si les deux points A et B étaient situés aux extrémités d'un même diamètre, le problème aurait une infinité de solutions, car les deux arcs de grands cercles décrits des points A et B se confondraient et formeraient une circonférence de grand cercle dont tous les points pourraient être pris comme pôles de grands cercles passant par les points A et B.

PROBLÈME III.

748. *Par un point donné* A, *mener un grand cercle perpendiculaire à un grand cercle donné* BCD (fig. 475).

Du point A, comme pôle, avec l'ouverture de compas convenable, je décris un arc de grand cercle qui coupe en un point P le grand cercle donné BCD; et du point P comme pôle, je décris un grand cercle AF, qui est le cercle cherché. En effet, le cercle AF est perpendiculaire au diamètre PP' mené par le point P, or ce diamètre est situé dans le cercle BCD. Donc le plan du cercle AF est perpendiculaire au plan du cercle BCD.

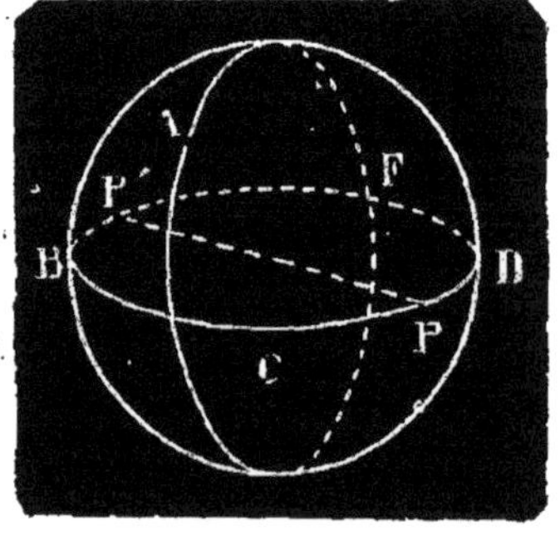

Fig. 475.

PROBLÈME IV.

749. *Diviser un arc de grand cercle* AB *en deux parties égales* (fig. 476).

Du point A comme pôle, avec une ouverture de compas arbitraire, je décris un arc de cercle; du point B, comme pôle, avec le même rayon, je décris un deuxième arc de cercle, qui coupe le premier en deux points C et D.

Le grand cercle passant par ces deux points est perpendiculaire au milieu de la corde AB puisqu'il a trois points C, D, O à égale distance des points A et B; il divise donc l'arc AB en deux parties égales.

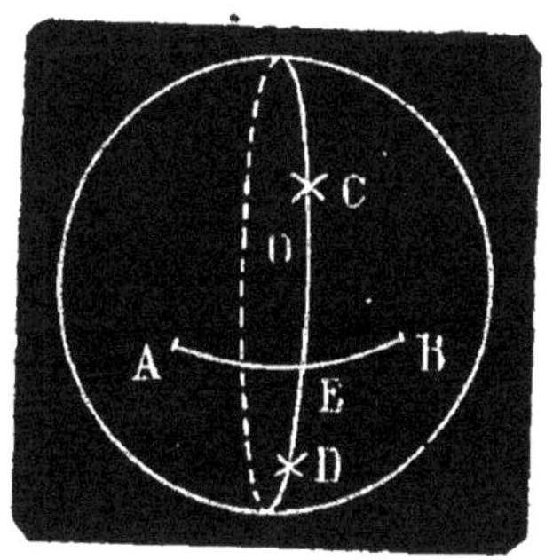

Fig. 476.

750. Remarque. — L'arc CD divise en deux parties égales tous les arcs de petits cercles passant par les points A et B, car ces arcs ont tous pour corde la droite AB.

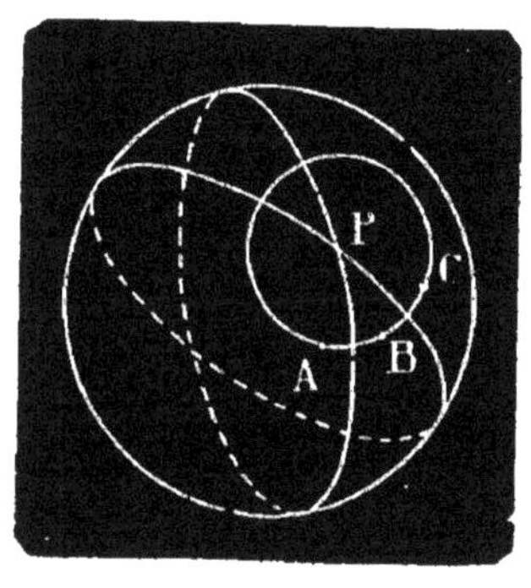

Fig. 477.

PROBLÈME V.

751. *Tracer sur la surface d'une sphère le cercle déterminé par trois points* A, B, C, (fig. 477).

Je trace les grands cercles perpendiculaires aux milieux des arcs AB et BC (n° 749); ces cercles se coupent en un point P qui est à égale distance des trois points donnés. Le point P est donc le pôle du cercle passant par ces trois points.

§ III. SURFACE DE LA SPHÈRE

752. La **surface de la sphère** est engendrée par une demi-circonférence tournant autour de son diamètre. Or nous avons vu (n° 421) qu'une circonférence est la limite du périmètre d'un polygone régulier inscrit dont le nombre des côtés croît indéfiniment. Il faut donc commencer par étudier la surface engendrée par une ligne polygonale plane tournant autour d'un axe situé dans son plan.

On appelle ligne brisée régulière, une ligne polygonale dont les côtés et les angles sont égaux. Comme tout polygone régulier, elle peut être inscrite et circonscrite à un cercle; elle a un **centre**, un **apothème** et un **rayon**; seulement son angle au centre n'est pas nécessairement une partie aliquote de quatre angles droits.

On donne le nom de **zone** à la portion de la surface d'une sphère comprise entre deux plans parallèles; les cercles d'intersection déterminés par ces plans sont les **bases** de la zone; leur distance en est la **hauteur**.

Si l'un des deux plans parallèles devient tangent à la sphère, la zone n'a plus qu'une base et prend le nom de **calotte sphérique**.

Tout arc de cercle tournant autour d'un diamètre engendre une **zone**.

THÉORÈME

733. *La surface engendrée par la base* BC *d'un triangle isocèle* ABC *tournant autour d'un axe* xy *tracé dans le plan de ce triangle par son sommet* A, *sans traverser sa surface, a pour mesure le produit de la projection de cette base sur l'axe par la circonférence dont le rayon est la droite* AD *qui joint le sommet* A *au milieu de* BC.

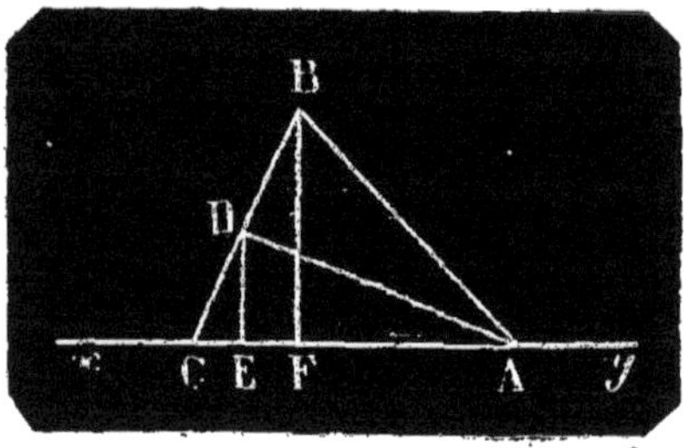

1° *L'axe coïncide avec l'un des côtés du triangle* (fig. 478).

J'abaisse des points B et D des perpendiculaires BF et DE sur xy.

Fig. 478.

La droite BC, tournant autour de xy, engendre la surface latérale d'un cône, dont la base est le cercle décrit par BF.

L'aire latérale de ce cône a pour mesure

$$BC \times \text{circ. } DE \qquad (\text{n}^\circ\ 716.)$$

Or les triangles rectangles ADE et BCF sont semblables, car ils ont les côtés perpendiculaires, et l'on a

$$\frac{BC}{CF} = \frac{AD}{DE} = \frac{\text{circ. } AD}{\text{circ. } DE}.$$

Donc

$$BC \times \text{circ. } DE = CF \times \text{circ. } AD.$$

2° *L'axe ne coïncide avec aucun des côtés du triangle* (fig. 479).

J'abaisse des points B, D, C sur xy les perpendiculaires BF, DE, CG.

La droite BC, tournant autour de xy, engendre la surface convexe d'un tronc de cône, qui a pour mesure

$$BC \times \text{circ. } DE. \qquad (\text{n}^\circ\ 718).$$

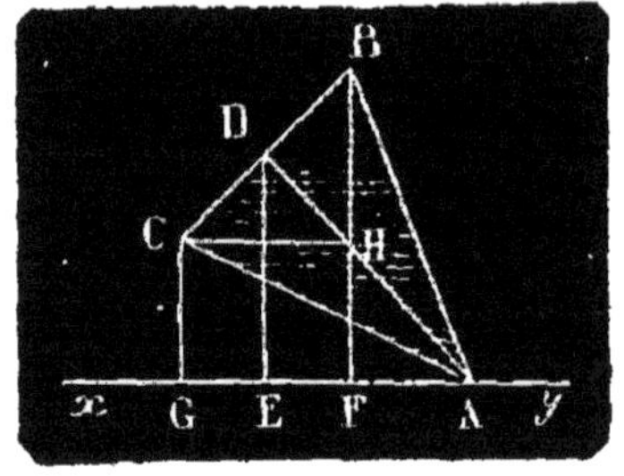

Fig. 479.

Or si je mène par le point C une parallèle CH à l'axe xy, j'obtiens un triangle BCH semblable au triangle DEA, car ces triangles ont les côtés respectivement perpendiculaires. On a donc

$$\frac{BC}{CH} = \frac{AD}{DE} = \frac{\text{circ. } AD}{\text{circ. } DE}$$

d'où

$$BC \times \text{circ. } DE = CH \times \text{circ. } AD$$

ou

$$BC \times \text{circ. } DE = GF \times \text{circ. } AD.$$

3° *La base du triangle est parallèle à l'axe* (fig. 480).

Si l'on abaisse des points B et C des perpendiculaires BF et CE sur l'axe xy, le quadrilatère BCEF est un rectangle, et le côté BC, dans sa révolution autour de l'axe xy, engendre la surface latérale d'un cylindre, qui a pour mesure

$$BC \times \text{circ. } AD \qquad (\text{n}^\circ\ 701.)$$

ou

$$EF \times \text{circ. } AD.$$

Le théorème est donc vrai dans tous les cas.

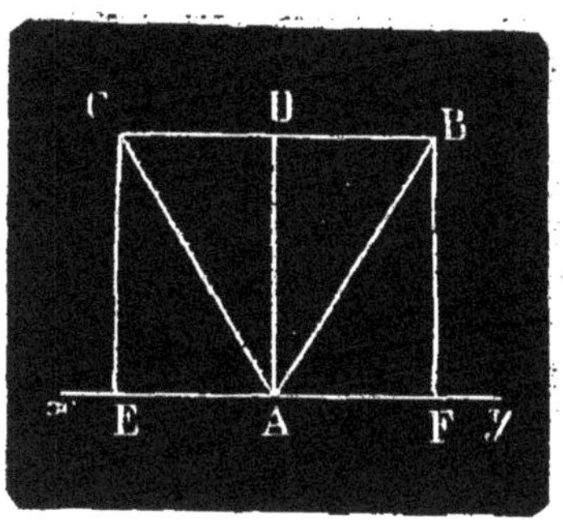

Fig. 480.

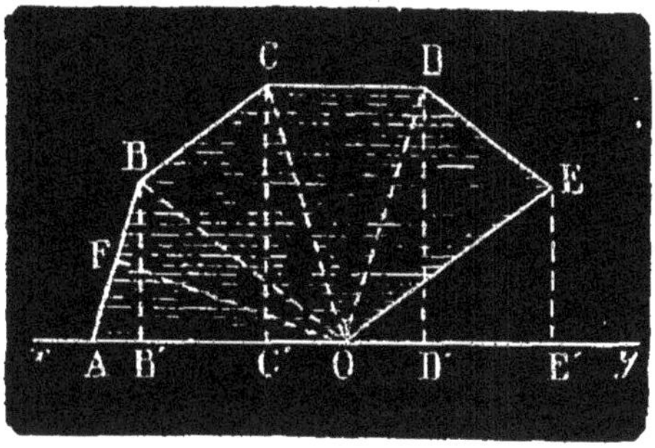

Fig. 481.

THÉORÈME

754. *La surface engendrée par une ligne brisée régulière* ABCDE (fig. 481) *tournant autour d'un diamètre* xy *qui ne la coupe pas, a pour mesure le produit de la projection* AE′ *de cette ligne sur l'axe par la circonférence inscrite dans la ligne brisée.*

En joignant au centre O les sommets B, C, D, E, on obtient des triangles isocèles AOB, BOC, COD, DOE ayant pour hauteur commune l'apothème OF de la ligne brisée régulière.

Abaissons des points B, C, D, E des perpendiculaires sur xy, pour obtenir les projections des bases de ces triangles sur l'axe. Si l'on appelle surface AB, surface BC, surface ABCDE, les surfaces engendrées par les côtés AB, BC, et par la ligne ABCDE on aura (n° 753)

$$\text{Surf. } AB = AB' \times \text{circ. } OF$$

$$\text{Surf. } BC = B'C' \times \text{circ. } OF$$

$$\text{Surf. } CD = C'D' \times \text{circ. } OF$$

$$\text{Surf. } DE = D'E \times \text{circ. } OF.$$

et, par suite, en additionnant membre à membre,

$$\text{Surf. } ABCD = (AB' + B'C' + C'D' + D'E) \times \text{circ. } OF$$

ou

$$\text{Surf. } ABCDE = AE' \times \text{circ. } OF.$$

755. *La surface d'une zone a pour mesure le produit de sa hauteur par la circonférence d'un grand cercle.*

Soit la zone engendrée par la rotation de l'arc CD (fig. 482) autour du diamètre AB ; j'abaisse des extrémités de cet arc des perpendiculaires CH et DG sur AB ; ces perpendiculaires engendrent les bases de la zone, dont la hauteur est HG. J'inscris ensuite dans l'arc CD la ligne brisée régulière CED, dont l'apothème est OF. La surface engendrée par cette ligne brisée, tournant autour de AB, est plus petite que celle de la zone, qui l'enveloppe de toutes parts ; or cette surface, qui a pour mesure le produit de la projection HG de la ligne brisée par la circonférence inscrite, augmente avec le nombre des côtés de la ligne brisée, puisque l'apothème OF devient plus grand ; elle diffère donc de moins en moins de la surface de la zone qui est par conséquent sa limite. Or la projection de la ligne brisée est constante et égale à HG et l'apothème a pour limite le rayon OC du cercle.

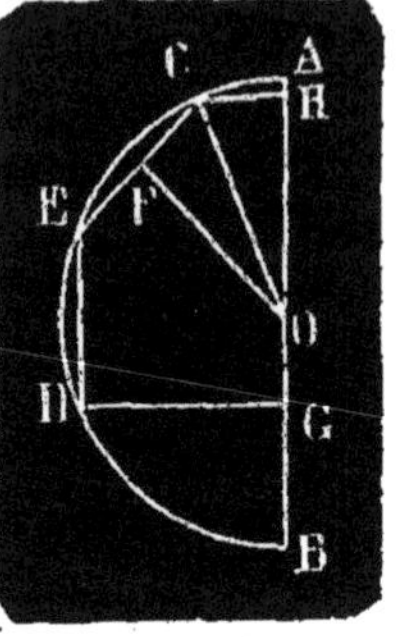

Fig. 482.

Donc la surface de la zone engendrée par l'arc CB a pour mesure le produit de sa hauteur HG par la circonférence de rayon OC.

Soient H la hauteur de la zone et R le rayon de la sphère, on a,

$$\text{Zone} = 2\pi RH.$$

756. Corollaire I. — *La surface d'une zone est équivalente à la surface latérale d'un cylindre circulaire droit ayant pour base un grand cercle de la sphère et pour hauteur la hauteur de la zone.*

757. Corollaire II. — *Deux zones d'une même sphère sont proportionnelles à leurs hauteurs.*

THÉORÈME

758. *La surface d'une sphère a pour mesure le produit de son diamètre par la circonférence d'un grand cercle.*

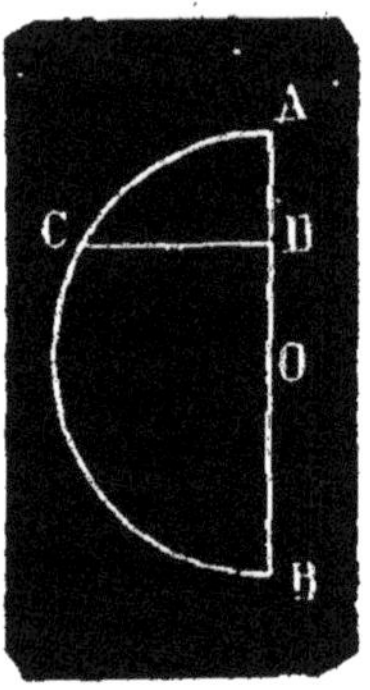

Fig. 483.

Je considère la sphère engendrée par le demi-cercle ACB (fig. 483) tournant autour de son diamètre AB. La demi-circonférence ACB étant divisée en deux arcs AC et CB, la surface de la sphère est égale à la somme des zones engendrées par ces arcs ; or si l'on abaisse du point C la perpendiculaire CD sur AB, on a (n° 755)

$$\text{Zone AC} = \text{AD} \times \text{circ. OA}.$$

$$\text{Zone BC} = \text{BD} \times \text{circ. OA}.$$

Si l'on additionne ces égalités membre à membre, il vient

$$\text{Surf. sph.} = (\text{AD} + \text{BD}) \times \text{circ. OA}$$

ou

$$\text{Surf. sph.} = \text{AB} \times \text{circ. OA}.$$

759. Corollaire I. — *La surface de la sphère est équivalente à la surface latérale d'un cylindre circulaire droit qui aurait pour base un grand cercle de la sphère, et une hauteur égale au diamètre de la sphère.*

760. Corollaire II. — *La surface d'une sphère est égale à quatre fois l'aire d'un grand cercle.*

Soit R le rayon de la sphère, on a

$$\text{AB} = 2\text{R}, \quad \text{circ. OA} = 2\pi\text{R},$$

et par suite

$$\text{Surf. sph.} = 4\pi\text{R}^2$$

761. Corollaire III. — *La surface d'une sphère est équivalente à la surface d'un cercle qui aurait pour rayon le diamètre de la sphère.*

En effet, D étant le diamètre, on a

$$AB = D, \qquad \text{circ. } OA = \pi D$$

et par conséquent

$$\text{Surf. sph.} = \pi D^2.$$

762. Corollaire IV. — *Les surfaces de deux sphères sont proportionnelles aux carrés de leurs rayons ou de leurs diamètres.*

§ IV. VOLUME DE LA SPHÈRE

763. Définitions. — On appelle **secteur polygonal régulier** une portion de plan comprise entre une ligne brisée régulière et les deux rayons extrêmes.

On donne le nom de **secteur sphérique** au volume engendré par la rotation d'un secteur circulaire autour d'un diamètre qui ne traverse pas sa surface ; la zone décrite par l'arc de ce secteur est la **base** du secteur sphérique.

On appelle **segment sphérique** la portion du volume de la sphère comprise entre deux plans sécants parallèles. Les cercles déterminés par ces plans parallèles sont les **bases** du segment sphérique, et leur distance en est la **hauteur**.

Lorsqu'un des plans parallèles devient tangent à la sphère, on a un segment sphérique à **une base**.

THÉORÈME

764. *Lorsqu'un triangle* ABC *tourne autour d'un axe* xy *situé dans son plan et passant par l'un de ses sommets* A, *sans traverser sa surface, il engendre un volume qui a pour mesure le produit de la surface que décrit le côté* BC *opposé au sommet* A, *par le tiers de la distance* AD *du sommet* A *au côté* BC.

Nous distinguerons trois cas dans la démonstration.

1° *Le côté* AC *du triangle se confond avec l'axe* xy (fig. 484).

J'abaisse du sommet B la perpendiculaire BF sur xy. Le volume engendré par le triangle ABC est égal à la somme ou à la différence des volumes des cônes circulaires droits décrits par les triangles

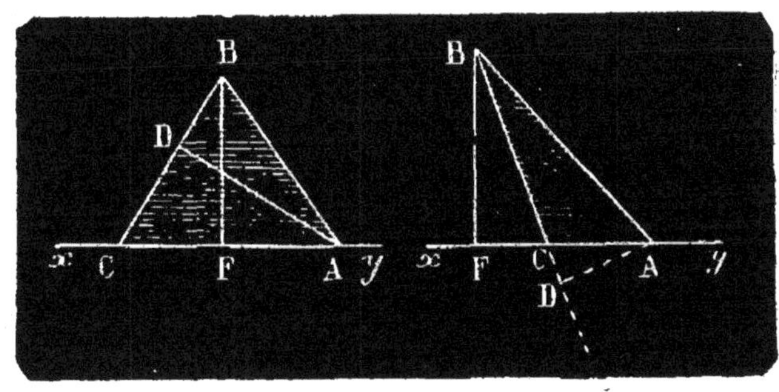

Fig. 484.

rectangles ABF et CBF selon que la perpendiculaire BF tombe à l'intérieur du triangle comme dans la première figure ou à l'extérieur comme dans la seconde. Or

$$\text{Cône ABF} = \frac{1}{3}\pi\overline{BF}^2 \times AF$$

$$\text{Cône CBF} = \frac{1}{3}\pi\overline{BF}^2 \times FC$$

Donc

$$\text{Vol. ABC} = \frac{1}{3}\pi\overline{BF}^2 \times (AF \pm FC)$$

ou

$$\text{Vol. ABC} = \frac{1}{3}\pi\overline{BF}^2 \times AC.$$

Si l'on abaisse du point A la perpendiculaire AD sur BC, on a

$$BF \times AC = BC \times AD.$$

Car chacun de ces produits exprime le double de la surface du triangle ABC.

On peut donc écrire

$$\text{Vol. ABC} = \frac{1}{3}\pi BF \times BC \times AD.$$

Mais le produit $\pi BF \times BC$ n'est autre chose que la surface convexe du cône engendré par le triangle rectangle BCF, c'est-à-dire la surface décrite par le côté BC tournant autour de xy.

Donc

$$\text{Vol. ABC} = \text{surf. BC} \times \frac{1}{3}\text{AD}.$$

2° *L'axe ne coïncide avec aucun des côtés du triangle, mais le côté* BC *opposé au sommet* A *prolongé rencontre l'axe en un point* E (fig. 485).

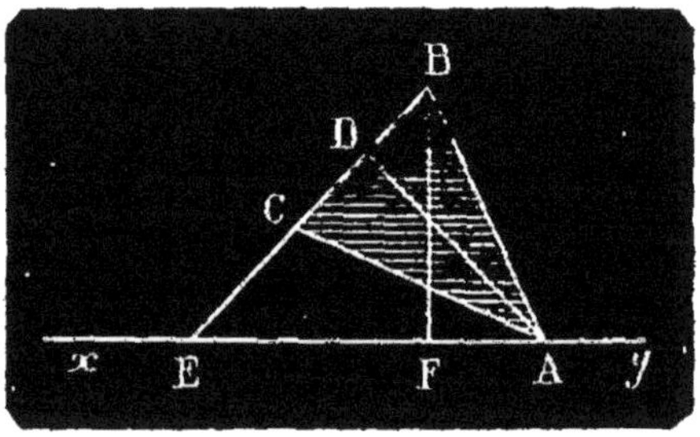

Le volume engendré par la rotation du triangle ABC autour de xy est évidemment égal à la différence des volumes décrits par les triangles ABE et ACE.

Fig. 485.

Or,

$$\text{Vol. ABE} = \text{surf. BE} \times \frac{1}{3}\text{AD}$$

$$\text{Vol. ACE} = \text{surf. CE} \times \frac{1}{3}\text{AD}.$$

Donc

$$\text{Vol. ABC} = (\text{surf. BE} - \text{surf. CE}) \times \frac{1}{3}\text{AD}$$

ou

$$\text{Vol. ABC} = \text{surf. BC} \times \frac{1}{3}\text{AD}.$$

3° *Le côté* BC *opposé au sommet* A *est parallèle à l'axe* xy (fig. 486).

J'abaisse des points B et C des perpendiculaires BF

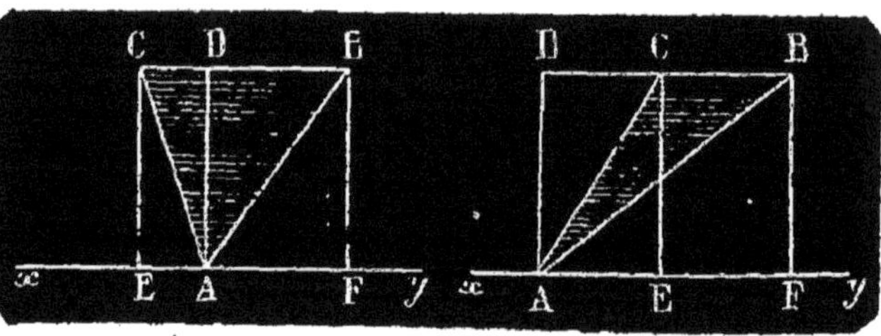

Fig. 486.

et CE sur xy, et du point A la perpendiculaire AD sur BC ; la droite AD est aussi perpendiculaire à xy puisque BC et xy sont parallèles par hypothèse.

Le volume engendré par le triangle ABC, dans sa rotation autour de l'axe xy, est égal à la somme ou à la différence des volumes décrits par les triangles rectangles ABD et ADC, selon que la perpendiculaire AD tombe à l'intérieur du triangle, comme dans la première figure, ou à l'extérieur, comme dans la seconde.

Or le rectangle AFBD engendre un cylindre circulaire droit ayant pour base le cercle décrit par le côté BF ; le volume de ce cylindre est évidemment égal à la somme des volumes décrits par les triangles rectangles AFB et ABD dont la somme forme le rectangle AFBD ; d'un autre côté, le triangle AFB engendre un cône circulaire droit qui a même base et même hauteur que le cylindre décrit par le rectangle AFDB ; le volume de ce cône est donc le tiers de celui du cylindre ; par conséquent, le volume décrit par le triangle rectangle ABD est les deux tiers du volume du même cylindre. Or :

$$\text{Cylindre AFBD} = \pi\overline{AD}^2 \times BD.$$

Donc

$$\text{Vol. ABD} = \frac{2}{3}\pi\overline{AD}^2 \times BD.$$

On aurait de même

$$\text{Vol. ADC} = \frac{2}{3}\pi\overline{AD}^2 \times CD$$

Par suite

$$\text{Vol. ABC} = \frac{2}{3}\pi\overline{AD}^2 \times (BD \pm CD)$$

$$= \frac{2}{3}\pi\overline{AD}^2 \times BC.$$

D'ailleurs, la surface décrite par le côté BC, c'est-à-dire la surface du cylindre décrit par le rectangle BCEF, a pour mesure

$$2\pi AD \times BC \qquad (\text{n}^\circ\ 753.)$$

La formule précédente devient donc

$$\text{Vol. ABC} = \text{surf. BC} \times \frac{1}{3} AD.$$

Le théorème est donc vrai dans tous les cas.

THÉORÈME

765. *Lorsqu'un secteur polygonal régulier* OABCDE (fig. 487) *tourne autour d'un axe* xy *situé dans son plan et passant par son centre, sans traverser sa surface, il engendre un volume qui a pour mesure le produit de la surface que décrit le périmètre* ABCDE *du secteur polygonal par le tiers de son apothème.*

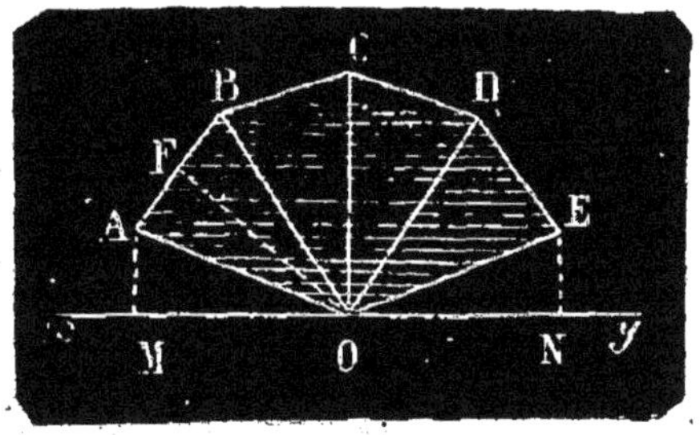

Fig. 487.

Je mène l'apothème OF de la ligne brisée régulière et les rayons

OB, OC, OD qui divisent le secteur polygonal en triangles isocèles. Le volume, engendré par la rotation de ce secteur polygonal autour de l'axe xy, est évidemment la somme des volumes décrits par les triangles AOB, BOC.....

Or (n° 764)

$$\text{Vol. AOB} = \text{surf. AB} \times \frac{1}{3}\text{OF}$$

$$\text{Vol. BOC} = \text{surf. BC} \times \frac{1}{3}\text{OF}$$

$$\text{Vol. COD} = \text{surf. CD} \times \frac{1}{3}\text{OF}$$

$$\text{Vol. DOE} = \text{surf. DE} \times \frac{1}{3}\text{OF}$$

En additionnant ces égalités membre à membre, on a

$$\text{Vol. OABCDE} = (\text{surf. AB} + \text{surf. BC} + \ldots\ldots) \times \frac{1}{3}\text{OF}$$

ou

$$\text{Vol. OABCDE} = \text{surf. ABCDE} \times \frac{1}{3}\text{OF}$$

766. Corollaire. — *Lorsqu'un secteur polygonal régulier* OABCDE (fig. 487) *tourne autour d'un axe* xy *situé dans son plan et passant par son centre, sans traverser sa surface, il engendre un volume qui a pour mesure les deux tiers du produit de la projection* MN *de la ligne brisée régulière* ABCD *sur l'axe par l'aire du cercle inscrit.*

En effet (n° 754)

$$\text{Surf. ABCDE} = \text{MN} \times 2\pi\text{OF}.$$

Donc

$$\text{Vol. OABCDE} = \text{MN} \times 2\pi\text{OF} \times \frac{1}{3}\text{OF} = \frac{2}{3}\text{MN} \times \pi\overline{\text{OF}}^2$$

THÉORÈME

767. *Le volume d'un secteur sphérique est égal au produit de la zone qui lui sert de base par le tiers du rayon.*

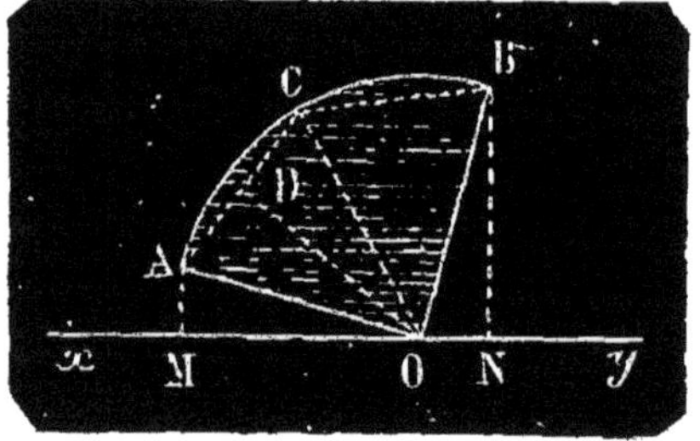

Fig. 488.

Je considère le secteur sphérique engendré par le secteur circulaire OAB tournant autour du diamètre xy (fig. 488). J'inscris dans l'arc AB une ligne brisée régulière ACB dont l'apothème est OD. Le volume engendré par le secteur polygonal régulier OACB est plus petit que celui du secteur sphérique, qui l'enveloppe de toutes parts. Or ce volume augmente si on double indéfiniment le nombre des côtés de la ligne brisée inscrite et diffère de moins en moins du volume du secteur sphérique. Le secteur polygonal ayant pour limite le secteur circulaire, le volume qu'il décrit a pour limite le volume du secteur sphérique.

Donc le volume du secteur sphérique est égal à la zone décrite par l'arc AB multipliée par le tiers du rayon OA, et l'on a

$$\text{Vol. OAB} = \text{zone AB} \times \frac{1}{3}\,\text{OA}.$$

768. Corollaire. *Le volume d'un secteur sphérique est égal aux deux tiers du produit de la hauteur de la zone qui lui sert de base par l'aire d'un grand cercle de la sphère.*

En effet si l'on abaisse les perpendiculaires AM et BN sur xy, on a (n° 755)

$$\text{Zone AB} = \text{MN} \times 2\pi\text{OA}.$$

Donc

$$\text{Vol. OAB} = \text{MN} \times 2\pi\text{OA} \times \frac{1}{3}\,\text{OA}$$

$$= \frac{2}{3}\,\text{MN} \times \pi\overline{\text{OA}}^2.$$

THÉORÈME

769. *Le volume d'une sphère est égal au produit de sa surface par le tiers de son rayon.*

Soit la sphère engendrée par la révolution d'un demi-cercle autour de son diamètre AB (fig. 489).

Je divise ce demi-cercle en deux secteurs AOC et BOC par un rayon quelconque OC, et je considère le volume de la sphère comme la somme des volumes engendrés par les deux secteurs. Or :

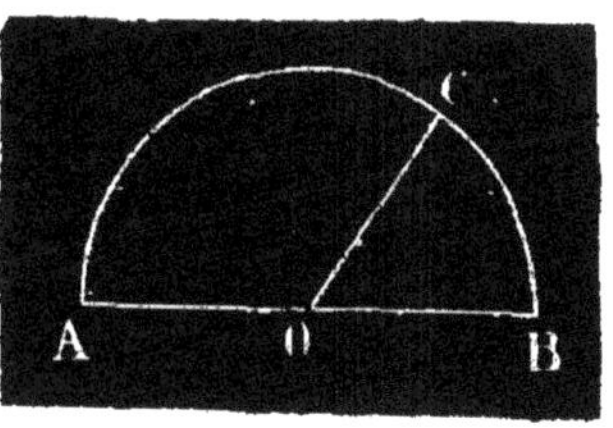

Fig. 489.

$$\text{Vol OAC} = \text{zone AC} \times \frac{1}{3}\,\text{OA}$$

$$\text{Vol. OBC} = \text{zone BC} \times \frac{1}{3}\,\text{OA}$$

Donc

$$\text{Vol. OABC} = (\text{zone AC} + \text{zone BC}) \times \frac{1}{3}\,\text{OA}$$

ou

$$\text{Vol. OABC} = \text{surf. sph.} \times \frac{1}{3}\,\text{OA}.$$

770. Remarque. Désignons par R et par D le rayon et le diamètre de la sphère, et par V son volume, on a

$$\text{Surf. sph.} = 4\pi R^2$$

et par suite

$$V = \frac{4}{3}\pi R^3.$$

D'un autre côté

$$R = \frac{D}{2}, \qquad R^3 = \frac{D^3}{8},$$

d'où

$$V = \frac{1}{6}\pi D^3.$$

771. Corollaire. *Les volumes de deux sphères sont proportionnels aux cubes de leurs rayons ou de leurs diamètres.*

772. *Le volume engendré par un segment de cercle* ACB (fig. 490) *tournant autour d'un diamètre* GH *qui lui est extérieur, est égal à la moitié du volume d'un cône dont la base a pour rayon la corde* AB *du segment et qui a pour hauteur la projection* EF *de cette corde sur le diamètre* GH.

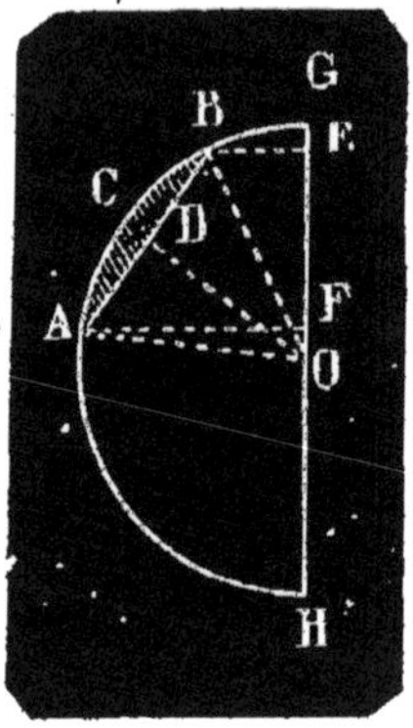

Le volume engendré par le segment ACB est égal à la différence des volumes décrits par le secteur circulaire OACB et le triangle isocèle OAB.

Or :

$$\text{Vol. OACB} = \frac{2}{3}\,\text{EF} \times \pi\overline{\text{OA}}^2 \qquad (1)$$

Fig. 490.

$$\text{Vol. OAB} = \text{surf. AB} \times \frac{1}{3}\,\text{OD};$$

mais

$$\text{Surf. AB} = \text{EF} \times 2\pi\text{OD}$$

Donc

$$\text{Vol. OAB} = \frac{2}{3}\,\text{EF} \times \pi\overline{\text{OD}}^2. \qquad (2)$$

Par suite

$$\text{Vol. ABC} = \frac{2}{3}\,\text{EF} \times \pi\left(\overline{\text{OA}}^2 - \overline{\text{OD}}^2\right).$$

D'ailleurs

$$\overline{\text{OA}}^2 - \overline{\text{OD}}^2 = \overline{\text{AD}}^2 = \frac{\overline{\text{AB}}^2}{4}.$$

Donc

$$\text{Vol. ABC} = \frac{2}{3}\,\text{EF} \times \pi\frac{\overline{\text{AB}}^2}{4}$$

$$= \frac{1}{6}\,\pi\overline{\text{AB}}^2 \times \text{EF}.$$

773. Remarque. — Si le segment ABC est un demi-cercle, le volume qu'il engendre n'est autre chose que celui d'une sphère.

Or, dans ce cas,

$$\text{AB} = 2\text{R}, \qquad \text{EF} = 2\text{R}$$

et l'on a

$$\text{Vol. ABC} = \frac{1}{6}\,\pi 4\text{R}^2 \times 2\text{R}$$

$$= \frac{4}{3}\,\pi\text{R}^3,$$

formule déjà trouvée.

THÉORÈME

774. *Le volume d'un segment sphérique est égal à celui d'une sphère qui a pour diamètre la hauteur du segment, augmenté de la demi-somme des volumes de deux cylindres ayant pour hauteurs et pour bases la hauteur et les bases du segment.*

Des extrémités A et B d'un arc AB (fig. 491) pris sur une demi-circonférence GAH, j'abaisse sur le diamètre GH les perpendiculaires AD et BC. Le trapèze mixtiligne ABCD, en tournant autour du diamètre GH, engendre un segment sphérique; ce segment est évidemment la somme des volumes décrits par le segment de cercle AKB et le trapèze rectiligne ABCD.

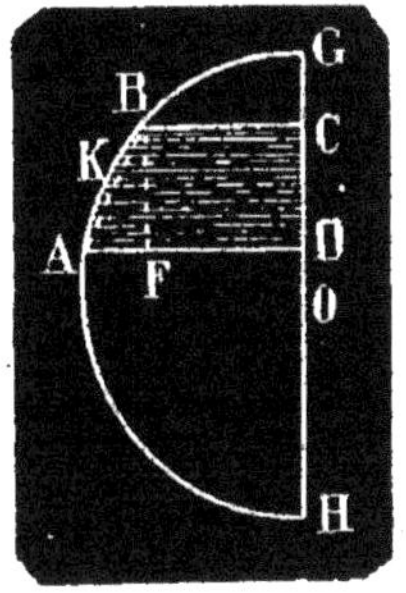

Fig. 491.

Or (n° 772) :

$$\text{Vol. AKB} = \frac{1}{6}\pi\overline{AB}^2 \times CD \qquad (1)$$

Le trapèze ABCD engendrant un cône de révolution, on a aussi :

$$\text{Vol. ABCD} = \frac{1}{3}\pi CD\left(\overline{AD}^2 + \overline{BC}^2 + AD \times BC\right)$$

$$= \frac{1}{6}\pi CD\left(2\overline{AD}^2 + 2\overline{BC}^2 + 2AD \times BC\right) \qquad (2)$$

Si l'on additionne membre à membre les égalités (1) et (2), on a:

$$\text{Vol. AKBCD} = \frac{1}{6}\pi CD\left(\overline{AB}^2 + 2\overline{AD}^2 + 2\overline{BC}^2 + 2AD \times BC\right. \qquad (3)$$

J'abaisse du point B la perpendiculaire BF sur AD, le triangle rectangle ABF donne:

$$\overline{AB}^2 = \overline{BF}^2 + \overline{AF}^2$$

$$= CD^2 + (AD - BC)^2$$

$$= \overline{CD}^2 + \overline{AD}^2 + \overline{BC}^2 - 2AD \times BC.$$

Remplaçons $\overline{AB}^2$ par sa valeur dans l'égalité (3) il vient

$$\text{Vol. AKBCD} = \frac{1}{6}\pi CD\left(\overline{CD}^2 + 3\overline{AD}^2 + 3\overline{BC}^2\right)$$

$$= \frac{1}{6}\pi\overline{CD}^3 + \frac{1}{2}\pi\overline{AD}^2 \times CD + \frac{1}{2}\pi\overline{BC}^2 \times CD \qquad (4)$$

Le terme $\frac{1}{6}\pi\overline{CD}^3$ est le volume d'une sphère qui a pour diamètre CD

Les termes

$$\frac{1}{2}\pi\overline{AD}^2 \times CD \quad \text{et} \quad \frac{1}{2}\pi\overline{BC}^2 \times CD$$

sont les moitiés des volumes de deux cylindres ayant par hauteur commune CD et pour bases les cercles de rayon AD et BC. C. Q. F. D.

775. Corollaire. — *Le volume du segment sphérique à une base est égal à la somme des volumes d'une sphère qui a pour diamètre la hauteur du segment et de la moitié du cylindre qui a même base et même hauteur que le segment.*

En effet le plan de l'une des bases devenant tangent à la sphère, le 3e terme de l'égalité (4) disparait, car BC devient égal à zéro et DC égal à DG et l'on a

$$\text{Vol. AGD} = \frac{1}{6}\pi\overline{DG}^3 + \frac{1}{2}\pi\overline{AD}^2 \times DG.$$

776. Remarque. — Si les plans des bases du segment sphérique deviennent tous deux tangents à la sphère, le volume engendré n'est autre chose que celui de la sphère; la hauteur du segment est alors égale au diamètre GH, et les droites AD et BC deviennent égales à zéro; le second membre de l'égalité (4) se réduit à son premier terme, et l'on a

$$\text{Vol AGH} = \frac{1}{6}\pi\overline{GH}^3.$$

§ V. FIGURES SPHÉRIQUES

777. L'angle formé par deux arcs tracés sur la sphère est mesuré, comme en géométrie plane, par l'angle de leurs tangentes menées en un point de leur intersection.

Deux arcs de grands cercles AMD, AND (fig. 492) se coupent suivant un diamètre AD; les tangentes AB, AC à ces arcs au point A sont perpendiculaires à AD et forment l'angle plan du dièdre qui a pour faces les plans des arcs. Le plan perpendiculaire à AD, passant par le centre de la sphère, coupe le dièdre MADN suivant un nouvel angle plan MON égal au premier BAC, et la sphère selon un grand cercle dont l'un des pôles est le point A. L'angle au centre MON ayant pour mesure l'arc MN compris entre ses côtés, on peut dire que *l'angle de deux arcs de grand cercles a pour mesure l'arc qu'ils interceptent sur le grand cercle décrit de l'un de leurs points d'intersection comme pôle.*

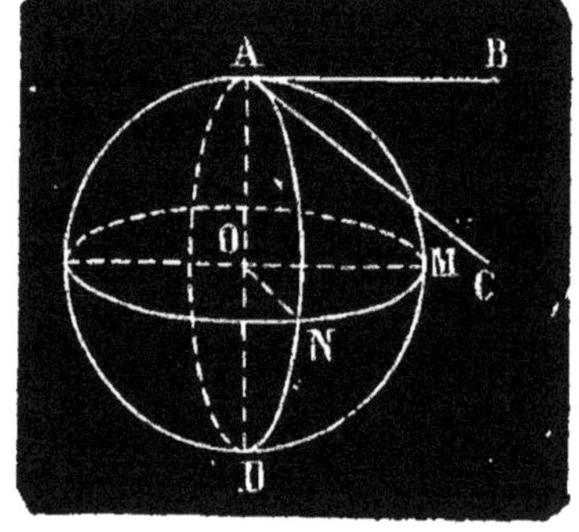

Fig. 492.

778. Un polygone sphérique est la portion ABCD (fig. 493) de la surface de la sphère comprise entre plusieurs arcs de grands cercles.

Ces arcs sont les *côtés* du polygone; les angles et les points d'intersection de ces arcs sont les **angles** et les **sommets** du polygone.

Le polygone sphérique, qui a trois côtés, est le **triangle sphérique.**

779. On dit que deux triangles sphériques sont **polaires** l'un de l'autre lorsque les sommets du premier sont les pôles des côtés du second, et réciproquement.

Deux triangles sphériques sont supplémentaires lorsque les angles du premier ont pour suppléments les côtés du second, et réciproquement.

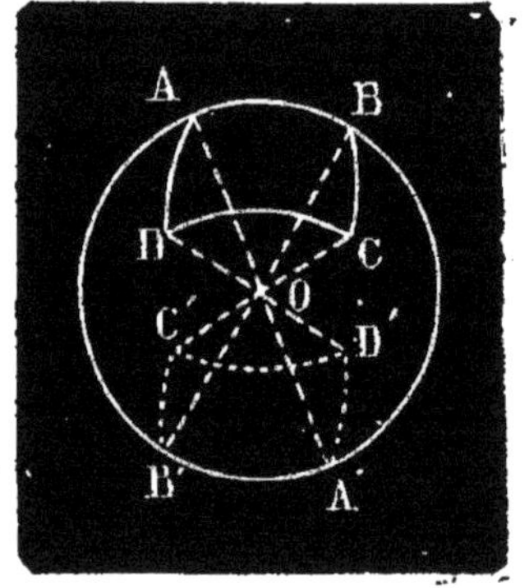

Fig. 493.

780. Les plans des arcs de grands cercles qui forment un polygone sphérique déterminent un angle polyèdre qui a son sommet au centre de la sphère.

Les faces de cet angle polyèdre sont des angles qui ont pour mesure les côtés du polygone sphérique, quand on prend le rayon pour unité, et les dièdres de cet angle solide sont les angles du polygone.

A chaque propriété d'un angle solide ayant son sommet au centre de la sphère correspond une propriété du polygone sphérique qui lui sert de base, et réciproquement.

781. Un angle polyèdre est convexe lorsqu'il est entièrement situé du même côté de l'une quelconque de ses faces prolongées indéfiniment.

Il en résulte qu'un polygone sphérique est convexe lorsqu'il est entièrement situé d'un même côté de chacune des circonférences de grands cercles qui le forment.

Un polygone sphérique ne peut évidemment être coupé en plus de deux points par une circonférence de grand cercle.

Un triangle sphérique est toujours convexe puisqu'un angle trièdre est convexe.

782. Les faces de l'angle polyèdre OABCD (fig. 493) correspondant au polygone sphérique ABCD étant prolongées au delà du centre déterminent un deuxième polygone sphérique A'B'C'D' dont les côtés et les angles sont respectivement égaux aux côtés et aux angles du polygone ABCD; mais les parties égales de ces polygones sont disposées dans un ordre inverse comme dans les polyèdres symétriques. Aussi dit-on que les deux polygones ABCD, A'B'C'D sont symétriques par rapport au centre de la sphère.

THÉORÈME

783. *Chaque côté d'un polygone sphérique convexe est moindre qu'une demi-circonférence de grand cercle.*

Soient AD et ABC (fig. 494) deux côtés d'un polygone sphérique. Je suppose le côté ABC plus grand qu'une demi-circonférence, et je dis que le polygone ne peut être convexe. En effet le côté AD prolongé est une circonférence de grand cercle, qui va rencontrer le côté ABC en un point B situé à l'extrémité du diamètre passant par le point A. Il en résulte que le point B est entre les points A et C et que le polygone sphérique n'est pas entièrement situé d'un même côté de l'arc AD.

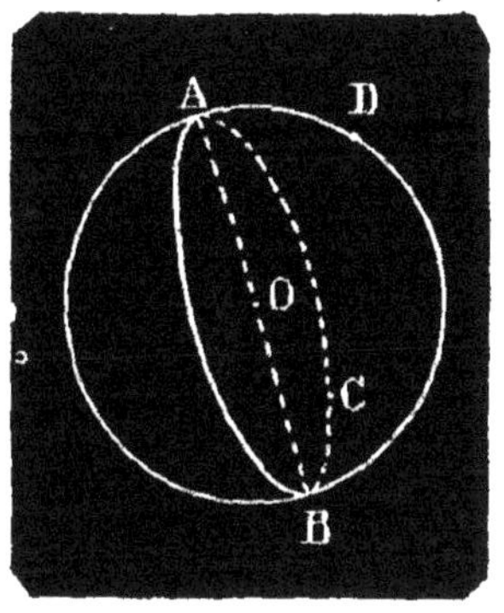

Fig. 494.

On ne considère généralement que des polygones sphériques convexes.

THÉORÈME

784. *Dans tout polygone sphérique convexe la somme des côtés est plus petite que la circonférence d'un grand cercle.*

En effet, la somme des faces de l'angle solide correspondant est plus petite que 4 angles droits (n° 608).

THÉORÈME

785. *Dans un triangle sphérique, chaque côté est plus petit que la somme des deux autres et plus grand que leur différence.*

Soit le triangle sphérique ABC (fig. 495).

Les côtés AB, BC, AC servent de mesure aux faces de l'angle trièdre OABC ayant son sommet au centre de la sphère.

Or (nº 607) chaque face de cet angle solide est plus petite que la somme des deux autres et plus grande que leur différence ; donc la même relation a lieu entre les côtés du triangle ABC.

THÉORÈME

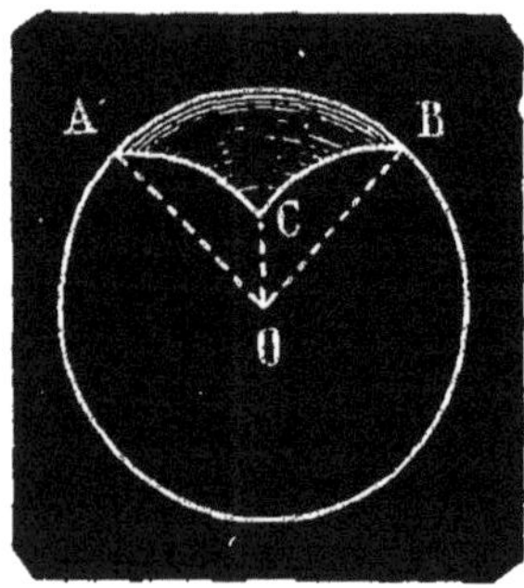

Fig. 495.

786. *Dans tout polygone sphérique convexe un côté quelconque est plus petit que la somme des autres côtés.*

Soit un polygone sphérique convexe ABCDE (fig. 496). Je dis que le côté AB est plus petit que la somme de tous les autres.

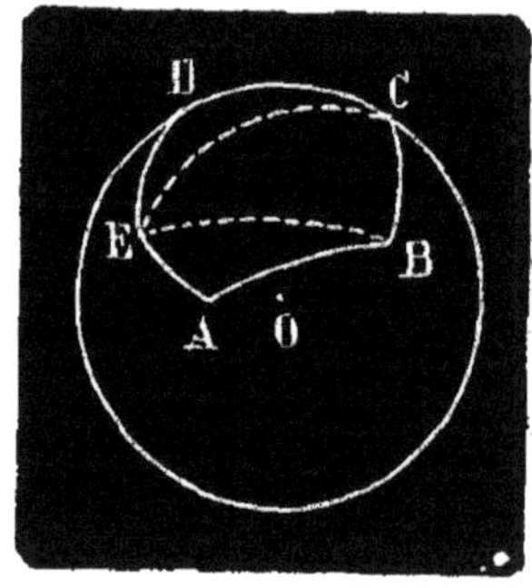

Fig. 496.

En effet, si l'on décompose ce polygone en triangles sphériques par les arcs de grands cercles BE, EC, ces triangles donnent (nº 785)

$$AB < AE + EB$$

$$EB < BC + EC$$

$$EC < CD + DE.$$

En ajoutant ces inégalités membre à membre et retranchant les quantités EB, EC communes aux deux membres on a

$$AB < BC + CD + DE + EA. \qquad \text{C. Q. F. D.}$$

THÉORÈME.

787. *Le plus court chemin d'un point* A (fig. 497) *à un autre point* B *sur la surface de la sphère est l'arc de grand cercle* AB *moindre qu'une demi-circonférence qui passe par ces deux points.*

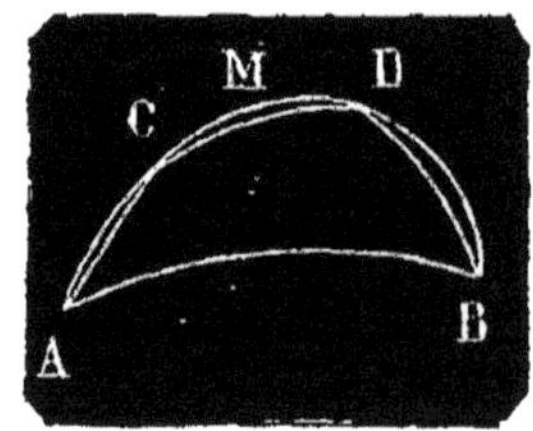

Fig. 497.

Soit AMB un autre chemin quelconque allant du point A au point B. Inscrivons successivement dans cette ligne des polygones sphériques dont les côtés deviennent de plus en plus petits. Leur périmètre étant toujours plus grand que le côté AB (nº 786), il en sera de même de la ligne AMB qui en est la limite.

THÉORÈME.

788. *Étant donné un triangle sphérique* ABC (fig. 498) *si des sommets* A, B, C *comme pôles on décrit trois circonférences de grands cercles.*

1º *Ces lignes divisent la surface de la sphère en huit triangles sphériques dont les sommets de chacun d'eux sont les pôles des côtés du triangle* ABC.

2° *Si l'on considère le triangle* A'B'C' *tel que les sommets* A *et* A' *soient du même côté de l'arc* BC, B *et* B' *du même côté de l'arc* AC, C *et* C' *du même côté de l'arc* AB, *les deux triangles* ABC *et* A'B'C' *sont supplémentaires.*

1° La circonférence de grand cercle décrite du pôle A partage la surface de la sphère en deux hémisphères, celle décrite du point B divise chacun de ces hémisphères en deux parties, et, par suite, la surface de toute la sphère en quatre parties; enfin, la troisième circonférence décrite du point C divise chacune de ces parties en deux triangles ; on a donc en tout huit triangles sphériques.

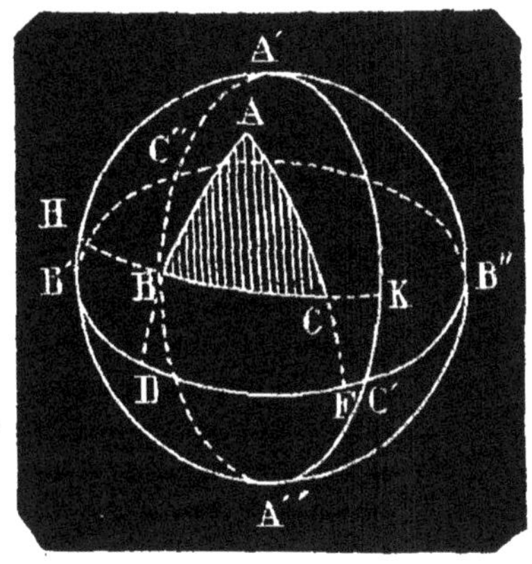

Fig. 498.

Soit A'B'C' l'un de ces triangles. Je dis que les sommets A', B', C', sont les pôles des côtés BC, AC et AB du triangle ABC. Le point A' étant situé sur l'arc de grand cercle A'C' décrit du point B comme pôle, la distance A'B est un quadrant; le point A' étant situé sur l'arc de grand cercle A'B' décrit du point C comme pôle, la distance A'C est aussi un quadrant. Le point A' est donc le pôle du grand cercle BC. On démontrerait de la même manière que les points B', C', sont les pôles des arcs AC, AB et que les sommets de tous les autres triangles sont également les pôles des côtés du triangle ABC.

2° Je dis que l'angle A du triangle ABC a pour mesure le supplément de l'arc B'G'. Si l'on prolonge les côtés de cet angle jusqu'aux points D et F où ils rencontrent l'arc de grand cercle B'C' décrit du point A comme pôle, l'angle A a pour mesure l'arc DF (n° 777).

Or l'arc B'F est un quadrant, puisque B' est le pôle de l'arc AC.

L'arc C'D est aussi un quadrant, puisque C'est le pôle de l'arc AB.

On a donc

$$DF = 90° - B'D$$

$$DF = 90° - C'F.$$

D'où l'on tire, par addition,

$$2DF = 180° - (B'D + C'F).$$

Mais

$$B'D + C'F = B'C' - DF.$$

Donc

$$2DF = 180° - B'C' + DF$$

et, par conséquent

$$DF = 180° - B'C'.$$

On démontrerait de même que les deux autres angles B et C ont respectivement pour mesure 180° — A'C' et 180° — A'B'.

Considérons maintenant l'angle A' du triangle A'B'C'. Soient H et K les points où ses côtés rencontrent l'arc de grand cercle BC. Le point A' étant le pôle de l'arc de grand cercle BC, l'angle A' a pour mesure l'arc HK (n° 777).

Le point B étant le pôle de l'arc A'K, l'arc BK vaut un quadrant; le point C étant le pôle de l'arc A'H, l'arc CH vaut aussi un quadrant.

On a donc

$$HK = 90^\circ + HB$$

$$HK = 90^\circ + CK.$$

D'où l'on tire, par addition,

$$2HK = 180^\circ + HB + CK.$$

Mais

$$HB + CK = HK - BC.$$

Donc

$$2HK = 180^\circ + HK - BC$$

et, par conséquent,

$$HK = 180^\circ - BC.$$

Même démonstration pour les autres angles.

Remarque I. — Le triangle A″B″C″ symétrique de A'B'C' ayant les mêmes angles que A'B'C' est aussi supplémentaire de ABC. Aucun des six autres triangles ne jouit de cette propriété.

THÉORÈME.

789. *Lorsqu'un triangle sphérique a deux angles égaux, les côtés opposés à ces angles sont égaux.*

En effet, le trièdre correspondant a deux angles dièdres égaux; les faces opposées à ces dièdres sont égales (nº 612); donc les côtés du triangle sphérique qui mesurent ces angles sont égaux.

On démontrerait de la même manière les propositions suivantes :

1º *Lorsqu'un triangle sphérique a deux angles inégaux, les côtés opposés à ces angles sont inégaux et au plus grand angle est opposé le plus grand côté*, voir (nº 613);

2º *Si deux côtés d'un triangle sphérique sont égaux, les angles opposés à ces côtés sont égaux;*

3º *Si deux côtés d'un triangle sphérique sont inégaux, au plus grand côté est opposé le plus grand angle;*

4º *A deux triangles sphériques supplémentaires correspondent deux trièdres au centre supplémentaires et réciproquement;*

5º *Dans tout triangle sphérique, la somme des angles est comprise entre deux droits et six droits*, (nº 616);

6º *Dans tout triangle sphérique chaque angle augmenté de deux droits est plus grand que la somme des deux autres* (nº 617).

790. Définitions. — On appelle **excès sphérique** d'un triangle l'excès de la somme de ses angles sur deux angles droits.

Un triangle sphérique est **rectangle** lorsqu'il a un angle droit. On appelle hypoténuse le côté opposé à cet angle droit.

Un triangle sphérique est **birectangle, trirectangle**, lorsqu'il a deux ou trios angles droits.

Un triangle sphérique est isocèle ou équilatéral lorsqu'il a deux côtés égaux ou trois côtés égaux.

Un triangle sphérique isocèle et son symétrique sont superposables (nº 611). Mais un triangle quelconque et son symétrique ne sont pas superposables.

THÉORÈME

791. *Deux triangles sphériques tracés sur une même sphère ou sur deux sphères égales sont égaux :*

1° *Lorsqu'ils ont un côté égal adjacent à deux angles égaux et semblablement disposés.*

2° *Lorsqu'ils ont un angle égal compris entre deux côtés égaux et semblablement disposés.*

3° *Lorsqu'ils ont les trois côtés égaux et semblablement disposés.*

4° *Lorsqu'ils ont les trois angles égaux et semblablement disposés.*

1° Les deux trièdres qui correspondent aux triangles sphériques ont une face égale adjacente à deux angles dièdres égaux et semblablement disposés. Ces trièdres étant superposables (n° 619), il en est de même des triangles sphériques correspondants.

Si la disposition des angles égaux n'était pas la même, les triangles seraient symétriques.

2° Les trièdres correspondant aux triangles sphériques donnés sont également superposables (n° 620) et les triangles peuvent coïncider.

3° Deux trièdres ayant les faces égales, et semblablement disposées étant superposables (n° 621), les triangles sphériques qui ont les trois côtés égaux sont égaux.

4° L'égalité des triangles sphériques qui ont les trois angles égaux et semblablement disposés résulte de ce que les trièdres correspondants ont les trois angles dièdres respectivement égaux, semblablement disposés, et, sont par suite superposables (n° 622).

D'ailleurs si l'on construit les triangles polaires des deux triangles donnés, ils ont leurs côtés respectivement égaux et sont superposables, ce qui prouve que leurs angles sont égaux, et, par suite, que les côtés des triangles donnés sont égaux chacun à chacun.

792. On appelle **fuseau** la portion ACBD (fig. 499) de la surface d'une sphère comprise entre deux demi-circonférences de grands cercles ACB et ADB terminées au même diamètre AB.

L'angle COD de ces circonférences est l'angle du fuseau.

Un **onglet sphérique** est la portion CDAB du volume d'une sphère comprise entre deux demi-grands cercles ACB, ADB terminés au même diamètre AB. Le fuseau ACBD compris entre les mêmes plans est la *base* de l'onglet; l'angle COD du fuseau est aussi l'angle de l'onglet.

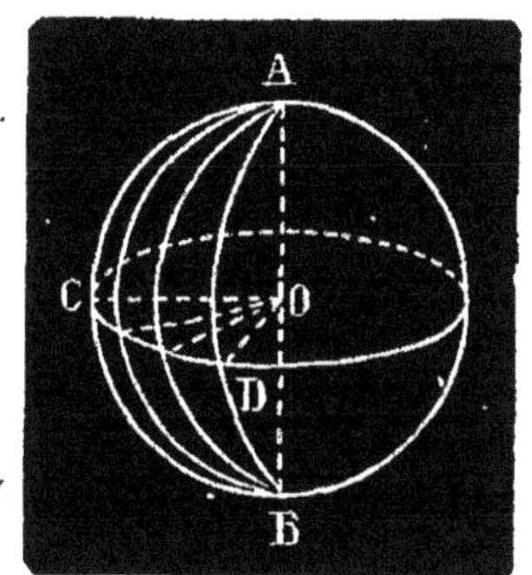

Fig. 499.

Il est évident que dans une même sphère ou dans deux sphères égales, deux fuseaux ou deux onglets qui ont même angle sont égaux.

THÉORÈME

793. *Un fuseau sphérique est à la surface de la sphère comme l'angle de ce fuseau est à 4 angles droits.*

Soit le fuseau ACBD (fig. 499) supposons que l'arc CD de ce fuseau et la circonférence OC aient une commune mesure contenue 3 fois dans CD et 35 fois dans la circonférence OC, on a alors

$$\frac{\text{arc CD}}{\text{circ. OC}} = \frac{3}{35}.$$

Si l'on mène par le diamètre AB des plans passant par les points de division de l'arc et de la circonférence, la surface totale de la sphère est divisée en 35 fuseaux égaux entre eux comme ayant des angles égaux. Le fuseau ACBD contenant 3 de ces fuseaux partiels, on a

$$\frac{\text{fuseau ACBD}}{\text{surf sph.}} = \frac{3}{35}.$$

Donc

$$\frac{\text{fuseau ACBD}}{\text{surf. sph.}} = \frac{\text{arc CD}}{\text{circ. OC}}.$$

Mais l'arc CD mesure l'angle COD du fuseau et la circonférence OC vaut 4 angles droits. Donc :

$$\frac{\text{fuseau ACBD}}{\text{surf. sph.}} = \frac{\text{angle COD}}{\text{4 droits}}.$$

On peut faire le même raisonnement quelque petite que soit la commune mesure entre l'arc CD et la circonférence OC ; le théorème est donc vrai dans tous les cas.

Remarque. — L'aire de la sphère étant $4\pi R^2$, l'aire d'un fuseau de n degrés égale

$$\frac{4\pi R^2 n}{360}.$$

THÉORÈME

794. *Un onglet sphérique est à la sphère entière comme l'angle de cet onglet est à 4 angles droits.*

Démonstration absolument identique à la précédente.

Le volume de la sphère étant $\frac{4}{3}\pi R^3$, un onglet de n degrés égale

$$\frac{\frac{4}{3}\pi R^3 n}{360}.$$

Or

$$\frac{\frac{4}{3}\pi R^3 n}{360} = \frac{4\pi R^2 n}{360} \times \frac{R}{3}.$$

Donc *le volume de l'onglet sphérique est égal au produit du fuseau qui lui sert de base par le tiers du rayon de la sphère.*

THÉORÈME.

795. *Deux triangles sphériques symétriques* ABC, A'B'C' (fig. 500) *sont équivalents.*

Déterminons le pôle P du cercle passant par les trois sommets A, B, C du triangle, et traçons les arcs de grands cercles PA, PB, PC. Si le point P est à l'intérieur du triangle ABC, ce triangle est divisé en trois triangles sphériques isocèles.

La ligne PO prolongée coupe la sphère au pôle P' du cercle passant par les trois sommets A', B', C' du triangle symétrique, et les arcs PA, PB, PC prolongés divisent également le triangle A'B'C' en trois triangles isocèles symétriques des premiers. Or deux triangles sphériques isocèles et symétriques sont égaux (n° 790.)

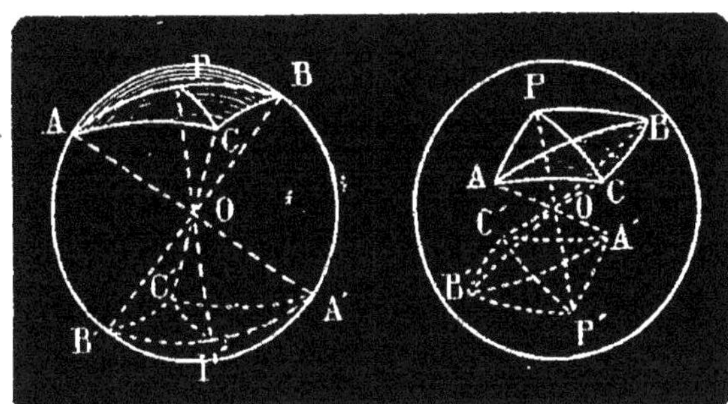

Fig. 500.

Les deux triangles ABC et A'B'C' étant composés d'un même nombre de triangles isocèles égaux chacun à chacun sont équivalents.

Supposons en second lieu que les pôles P et P' tombent en dehors des triangles ABC, A'B'C' (deuxième figure.)

On a

$$ABC = APC + BCP - APB,$$

$$A'B'C' = A'P'C' + B'C'P' - A'P'B'.$$

Les seconds membres de ces égalités étant égaux terme à terme, il en résulte que les triangles ABC et A'B'C' sont équivalents.

THÉORÈME.

796. *Lorsque deux arcs de grands cercles se coupent dans un même hémisphère, la somme de deux triangles opposés au sommet équivaut au fuseau entier compris entre ces deux arcs.*

Soit un fuseau ACDB déterminé par les circonférences des grands cercles ACFD, BCED, dont l'un des points d'intersection C est situé dans l'hémisphère supérieur que détermine la circonférence de grand cercle AMEFNB. Je dis que le fuseau ACDB est équivalent à la somme des deux triangles sphériques ABC et CEF.

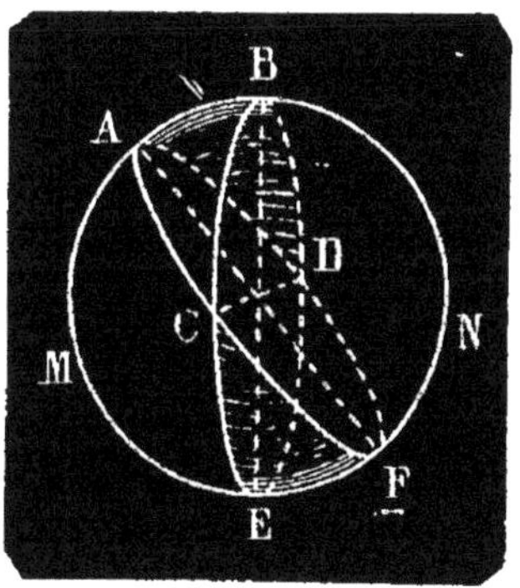

Fig. 501.

En effet, on a,

$$\text{fuseau } ACDB = ABC + ABD.$$

Or, les triangles symétriques ABD et CEF sont équivalents (n° 795).
Donc

$$\text{fuseau } ACDB = ABC + CEF.$$

THÉORÈME

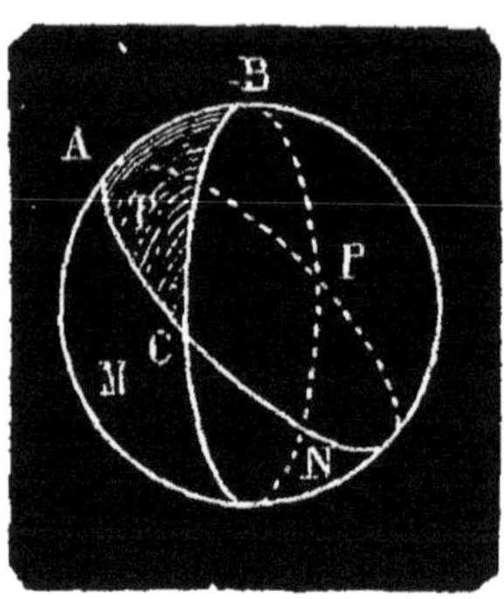

Fig. 502.

797. *L'aire d'un triangle sphérique est à l'aire de la sphère entière comme l'excès sphérique de ce triangle est à 8 angles droits.*

Soit ABC le triangle donné (fig. 502) entièrement situé dans l'hémisphère supérieur déterminé par l'arc de grand cercle AB. Je représente ce triangle par T et les trois autres triangles situés sur le même hémisphère par M,N,P.

On a (n° 796)

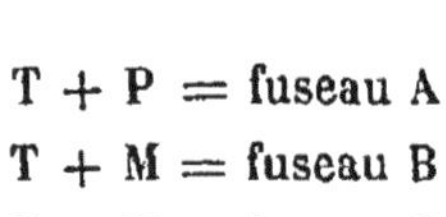

$$T + P = \text{fuseau } A$$
$$T + M = \text{fuseau } B$$
$$T + N = \text{fuseau } C.$$

Si l'on additionne, on obtient:

$$3T + P + M + N = \text{fus. } A + \text{fus. } B + \text{fus. } C$$

ou

$$\frac{1}{2} \text{ surf. sph.} + 2T = \text{fus. } A + \text{fus. } B + \text{fus. } C$$

d'où

$$2T = \text{fus. } A + \text{fus. } B + \text{fus. } C - \frac{1}{2} \text{ surf, sph.}$$

et, par suite, en désignant la surface de la sphère par S,

$$\frac{2T}{S} = \frac{\text{fus. } A}{S} + \frac{\text{fus. } B}{S} + \frac{\text{fus. } C}{S} - \frac{\frac{1}{2} S}{S}.$$

Or le rapport d'un fuseau à la surface entière de la sphère est égal au rapport de son angle à quatre angles (n° 793).

Donc

$$\frac{2T}{S} = \frac{A}{4 \text{ droits}} + \frac{B}{4 \text{ droits}} + \frac{C}{4 \text{ droits}} - \frac{2 \text{ droits}}{4 \text{ droits}}.$$

$$\frac{2T}{S} = \frac{A + B + C - 2 \text{ droits}}{4 \text{ droits}}$$

$$\frac{T}{S} = \frac{A + B + C - 2 \text{ droits}}{8 \text{ droits}} = \frac{\text{excès sph.}}{8 \text{ droits}}$$ C. Q. F. D.

798. Corollaire. — *Si l'on prend pour unité de surface le triangle sphérique trirectangle et l'angle droit pour unité d'angle, l'aire du triangle sphérique est exprimée par son excès sphérique.*

En effet la surface de la sphère est égale à huit fois le triangle sphérique trirectangle et sa mesure est le nombre 8.

L'égalité précédente devient donc :

$$\frac{T}{8} = \frac{\text{excès sphérique}}{8},$$

d'où

$$T = \text{excès sphérique}$$

Remarque. — L'aire du triangle sphérique trirectangle étant $\frac{1}{8} 4\pi R^2$ ou $\frac{1}{2} \pi R^2$, l'aire d'un triangle sphérique quelconque est égale à l'excès sphérique de ce triangle multiplié par $\frac{1}{2} \pi R^2$.

THÉORÈME.

799. *L'aire d'un polygone sphérique convexe est égale à la somme de ses angles moins le produit de deux angles droits par le nombre des côtés moins deux.*

Un polygone sphérique de n côtés est décomposable en n-2 triangles sphériques; l'aire de chacun d'eux est égale à son excès sphérique, c'est-à-dire à la somme de ses angles moins deux droits. La somme des angles de tous ces triangles forme les angles du polygone. Donc la somme des excès sphériques est égale à la somme des angles du polygone moins (n-2) fois 2 droits.

L'aire d'un polygone sphérique est donc donnée par la formule

$$\frac{1}{2} \pi R^2 [s - (n - 2) 2],$$

dans laquelle s représente la somme des angles du polygone.

APPLICATIONS

800. Lorsqu'on verse un liquide dans un bol sphérique, on observe que sa surface supérieure est toujours terminée par une circonférence car l'intersection d'une sphère et d'un plan est un cercle.

Lorsqu'un diamètre PP' (fig. 503) est pris pour axe de révolution d'une sphère, le plan mené perpendiculairement à cet axe par le centre coupe la surface de la sphère suivant la circonférence EE' d'un grand cercle appelée **équateur**. Tous les plans parallèles à l'équateur coupent la sphère suivant des cercles appelés **cercles parallèles** ou simplement parallèles.

Les cercles déterminés par des plans contenant l'axe sont des **méridiens**.

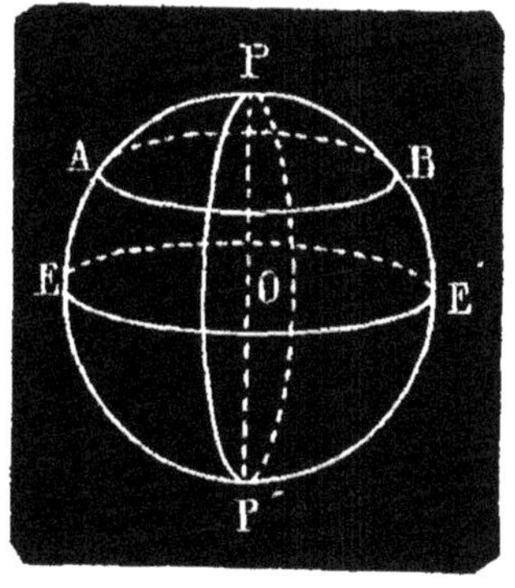

Fig: 503.

801. Le globe terrestre est sensiblement sphérique; il tourne sur lui-même en 24 heures autour d'un axe idéal appelé **axe terrestre**; cet axe rencontre la surface en deux points nommés *pôles*; l'un est le pôle nord, l'autre est le pôle sud.

Pour fixer sur la surface du globe la position d'un point, on fait usage des méridiens et des parallèles. Le parallèle principal est l'**équateur** dont le plan est perpendiculaire au milieu de l'axe de rotation.

On divise l'équateur en degrés, minutes et secondes et l'on imagine des **méridiens** passant par tous les points de division. Ces cercles sont ainsi nommés parce qu'il est midi ou minuit pour tous les points du globe qui se trouvent sur un même méridien dont le plan passe par le centre du soleil.

On appelle **latitude** d'un point la portion du méridien de ce point comprise entre l'équateur et le parallèle passant par le point considéré. On exprime la latitude en degrés, minutes et secondes et elle est dite boréale ou australe selon que le point est dans l'hémisphère nord ou dans l'hémisphère sud.

Tous les points situés sur le même parallèle ont évidemment même latitude.

On appelle **longitude** d'un point la portion du parallèle de ce point comprise entre le méridien du même point et un autre méridien pris, par convention, pour point de départ. La longitude est aussi exprimée en degrés, minutes et secondes et elle est dite **longitude est** ou **longitude ouest** suivant que le point est à l'est ou à l'ouest du méridien pris pour le point de départ.

En France le méridien dont la longitude est *o* est celui qui passe par l'**Observatoire de Paris**; les Anglais prennent pour méridien de départ celui qui passe par l'observatoire de **Greenwich.**

La longitude et la latitude d'un point sont les **coordonnées géographiques** de ce point.

Un point du globe terrestre est déterminé par ses coordonnées géographiques ; la longitude indique le méridien et la latitude le parallèle du point.

Le méridien et le parallèle se coupent en deux points ; mais le sens des coordonnées indique nettement celui qu'il faut prendre et il n'y a pas d'incertitude possible.

Les astronomes considérant la voûte céleste comme sphérique la divisent également par des cercles méridiens et des cercles parallèles. L'axe terrestre prolongé rencontre la voûte du ciel en deux points qui sont les pôles célestes ; l'un est le **pôle nord** l'autre le **pôle sud**. Le plan perpendiculaire à l'axe qui divise la sphère céleste en deux hémisphères égaux s'appelle **équateur céleste**; les plans parallèles à l'équateur déterminent des **cercles parallèles**; ceux qui contiennent l'axe déterminent des **méridiens.**

Les parallèles situés à 23° 28′ de l'équateur sont les **tropiques**; ces cercles sont ceux que le soleil dans son mouvement apparent annuel ne dépasse jamais et qu'il paraît décrire à l'époque des **solstices.**

Le tropique nord est le **tropique du Cancer**; le tropique sud est le **tropique du Capricorne.**

Les cercles parallèles situées à 23° 28′ du pôle sont les **cercles polaires**. Le cercle voisin du pôle nord s'appelle cercle polaire **arctique** et celui qui est voisin du pôle sud s'appelle cercle polaire **antarctique**

Par analogie, on donne les mêmes noms aux parallèles terrestres qui ont la même latitude.

Ces parallèles divisent la surface du globe terrestre en cinq zones, savoir : la **zone torride** située entre les tropiques, les deux **zones tempérées** entre les tropiques et les cercles polaires, enfin les deux **zones glaciales** dont l'une est au nord du cercle polaire **arctique** et l'autre au sud du cercle polaire **antarctique.**

802. **Construction des dômes sphériques.** — Dans la construction des dômes sphériques l'équateur, qui est donné, est un cercle horizontal. On commence par élever en charpente sur l'un de ses diamètres un demi-cercle vertical, puis un deuxième, puis un troisième, etc. ; ces demi-cercles sont autant de méridiens de la surface ; on les réunit ensuite par des poutrelles horizontales courbées en arc de cercle, dont la réunion forme une série de cercles parallèles. La surface est d'autant mieux déterminée que les méridiens et les parallèles sont plus nombreux. La maçonnerie établie sur cette charpente présente à l'intérieur la forme sphérique.

803. Les objets sphériques de petite dimension en bois ou en ivoire se construisent avec le tour ; tandis que l'objet est animé d'un mouvement de rotation autour d'un axe, on fait décrire à la pointe de l'outil une demi-circonférence dont cet axe est le diamètre. C'est ainsi que se construisent les billes de billard, les boules en cuivre qui servent d'ornements aux grilles et aux rampes d'escalier, etc.

804. Les triangles sphériques offrent de nombreuses applications en géodésie et en astronomie. Citons un seul exemple.

Étant données les longitudes L *et* L′ *et les latitudes* I *et* I′ *de deux points* M *et* M′ *du globe* (fig. 504) *trouver la plus courte distance de ces points sur la surface terrestre.*

Cette distance est l'arc de grand cercle MM′ qui passe par les deux points, or cet arc et les deux méridiens PM, PM′ forment un triangle sphérique PMM′ dans lequel on connaît PM = 90° — I, PM′ = 90° — I′ et l'angle MPM′ mesuré par l'arc *mm′* intercepté par les méridiens des deux points sur l'équateur.

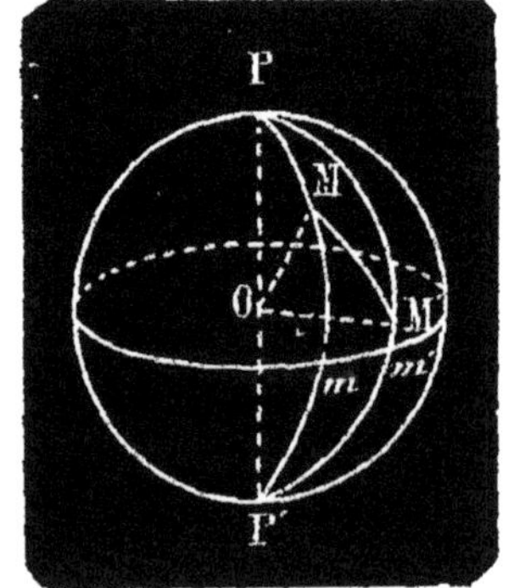

Fig. 504.

Pour ne pas employer la trigonométrie sphérique, on construira graphiquement le trièdre OPMM' dans lequel on connaît un angle dièdre et les deux faces qui le comprennent; on mesurera ensuite avec le rapporteur la face c'est-à-dire l'angle MOM et l'on aura en degrés l'arc MM' qu'il sera ensuite facile de transformer en mètres, sachant que la circonférence entière du globe terrestre a 40,000,000^m de longueur.

EXERCICES

801. Par quatre points non situés dans un même plan, on peut faire passer une sphère et on ne peut en faire passer qu'une.

802. On peut toujours inscrire une sphère dans un tétraèdre.

803. Calculer le rayon du cercle déterminé dans une sphère de 5^m de diamètre par un plan passant à 1^m du centre.

804. Le rayon d'une sphère est 0^m,40. D'un point quelconque de la surface comme pôle, on décrit un cercle sur la sphère avec une ouverture de compas égale à 0^m,30. Quelle est la surface de ce cercle?

805. Quelle ouverture de compas faut-il prendre pour obtenir dans la sphère précédente un cercle de 23^{dmq} de surface?

806. Quelle ouverture de compas faut-il prendre pour obtenir dans la même sphère une circonférence de 1^m,50 de longueur?

807. Le diamètre d'une sphère a 3^m; on le partage en cinq parties égales et l'on élève des plans perpendiculaires par les points de division. Calculer les aires des cercles déterminés par ces plans dans la sphère.

808. La distance des centres et les rayons de deux sphères ont réciproquement 5^m, 4^m et 3^m; calculer l'aire du cercle d'intersection de ces sphères.

809. La distance des centres et les rayons de deux sphères, ont réciproquement 5^m, 6^m et 4^m; calculer l'aire du cercle d'intersection de ces sphères.

810. Deux sphères de rayons R et r sont concentriques; on mène un plan tangent à la sphère intérieure; calculer la surface de l'intersection qu'il détermine dans l'autre sphère.

811. Deux points A et B sont distants de 8^m. Quel est le lieu géométrique des points qui sont à 5^m du point A et à 7^m du point B.

812. Par une droite donnée mener un plan tangent à une sphère.

813. Par une droite donnée, mener à une sphère donnée un plan sécant qui détermine une section de rayon donné.

814. Les rayons de deux sections parallèles d'une même sphère sont a et b et la distance de ces sections est d, trouver le rayon de la sphère.

815. Trouver la plus courte et la plus grande distance d'un point donné à une surface sphérique.

816. Construire une sphère de rayon donné.

1° Passant par trois points donnés.

817. 2° Passant par deux points donnés et tangente à un plan.

818. 3° Passant par deux points donnés et tangente à une sphère donnée.

819. 4° Passant par un point donné et tangente à deux plans donnés.

820. 5° Passant par un point donné et tangente à deux sphères données.

821. 6° Passant par un point donné et tangente à un plan et à une sphère donnés.

822. 7° Tangente à trois plans.

823. 8° Tangente à trois sphères.

824. 9° Tangente à deux plans et à une sphère.

825. 10° Tangente à deux sphères et à un plan.

826. Calculer l'aire du solide engendré par un triangle équilatéral tournant autour de l'un de ses côtés.

827. Un demi-hexagone régulier de 3^m de côté tourne autour de son diamètre. Calculer l'aire du solide qu'il engendre.

828. Les côtés AB, BC, CA d'un triangle ABC ont respectivement 5^m, 6^m et 9^m; calculer l'aire du solide qu'il engendre en tournant autour de son côté CA.

829. Calculer l'aire d'une zone ayant 0^m,50 de hauteur dans une sphère de 3^m de rayon.

830. La surface d'une zone est $1^{mq},56$, le rayon de la sphère est 1^{m}. Quelle est la hauteur de la zone?

831. La surface d'une zone est 8^{mq}, sa hauteur est 3^{dm}; quel est le rayon de la sphère?

832. Le diamètre d'une sphère est 1^{m}; on le partage en cinq parties égales et on lui mène des plans perpendiculaires par les points de division. Calculer l'aire des différentes zones déterminées par ces plans.

833. Quelle est dans une sphère la hauteur de la zone qui est équivalente à un grand cercle?

834. Calculer l'aire d'une sphère de 5^{m} de rayon.

835. Quel est le rayon de la sphère qui a 1^{mq} de surface?

836. Calculer l'aire d'une sphère de 5^{m} de diamètre.

837. Quel est le diamètre d'une sphère ayant 10^{mq} de surface?

838. Exprimer la surface d'une sphère en fonction de la circonférence d'un grand cercle.

839. Calculer la circonférence d'un grand cercle d'une sphère en sachant que cette sphère a 4^{mq} de surface.

840. Diviser une sphère en deux zones dont la plus grande soit moyenne proportionnelle entre la surface de la sphère entière et la surface de la plus petite zone.

841. La surface d'une sphère est double de la surface d'une autre sphère; quel est le rapport de leurs rayons?

842. Calculer la surface et le volume d'une sphère circonscrite à un tétraèdre régulier de 1^{dm} de côté.

843. Calculer la surface et le volume d'une sphère circonscrite à un cube de 1^{dm} de côté.

844. Exprimer en fonction du côté a d'un cube la surface et le volume de la sphère inscrite et de la sphère circonscrite.

845. Un triangle équilatéral tourne autour de l'un de ses côtés: calculer le volume engendré en fonction du côté de ce triangle.

846. Quel est le volume d'une sphère dont la surface est équivalente à celle d'un cube de 30^{cm} de côté?

847. Calculer le volume engendré par un demi-hexagone régulier tournant autour de son diamètre; le côté de cet hexagone est a.

848. Calculer le volume engendré par un hexagone régulier de côté a tournant autour de l'un de ses côtés.

849. On mène par le sommet d'un carré une perpendiculaire à la diagonale passant par ce sommet et l'on fait tourner le carré autour de cette perpendiculaire; calculer la surface et le volume du solide engendré en sachant que le côté du carré a un mètre de longueur.

850. Un hexagone régulier dont le côté est a tourne autour d'un axe mené dans son plan par un sommet et perpendiculairement au rayon qui aboutit à ce sommet. On demande la surface et le volume du solide engendré.

851. Calculer le volume engendré par un triangle dont les côtés ont 3^{m}, 5^{m} et 7^{m}, tournant autour du côté de 7^{m}.

852. Les volumes engendrés par un parallélogramme tournant successivement autour de deux côtés adjacents sont en raison inverse des longueurs de ces côtés.

853. On joint par une ligne droite les milieux de deux côtés d'un triangle qui tourne ensuite autour du troisième côté; quel est le rapport des volumes engendrés par les deux parties du triangle?

854. On prolonge l'un des côtés d'un triangle équilatéral d'une longueur égale à lui-même; au point obtenu on mène un axe perpendiculaire à ce côté; calculer le volume engendré par le triangle dans sa rotation autour de cet axe.

855. Calculer la surface, le volume et le poids du globe terrestre supposé sphérique; la circonférence d'un grand cercle a $40,000,000^{m}$, et la densité moyenne de la terre est 5,5.

856. Trouver le volume engendré par un demi-décagone régulier dont le côté est a, tournant autour du diamètre.

857. De 1795 à 1860 on a frappé en France pour 5 milliards de monnaie d'or au titre 0,900, quels seraient les diamètres des deux sphères de cuivre et d'or pur que l'on pourrait fondre avec ce métal? La densité de l'or est 19,26, celle du cuivre fondu 8,83.

858. Quelle est la surface d'une sphère qui a 1^m cube de volume? Quel est son rayon?

859. Un aérostat sphérique a 4^m de diamètre; on l'emplit avec de l'hydrogène impur pesant 100gr. par mètre cube: le taffetas verni qui forme l'enveloppe pèse 150gr. par mètre carré. Quel poids pourra enlever ce ballon, si l'air atmosphérique pèse 1293gr. par mètre cube et si l'on réserve 5kg. de force ascensionnelle?

860. Calculer le volume d'une sphère en fonction de la circonférence d'un grand cercle.

861. Quelle est la circonférence d'un grand cercle d'une sphère qui a 1^{mc} de volume?

862. Quelle est la surface d'une calotte sphérique déterminée par un plan passant à 50 centimètres du centre d'une sphère qui a 3^{mc} de volume?

863. Calculer le volume engendré par un segment de cercle dont la corde est égale au côté du carré inscrit dans un cercle de 2^m de rayon, le segment tournant autour d'un diamètre passant par l'extrémité de la corde.

Même problème dans le cas où la corde est :

864. 1° Le côté du triangle équilatéral inscrit.

865. 2° Ce côté du pentagone régulier convexe.

866. 3° Le côté de l'hexagone régulier.

867. 4° Le côté de l'octogone.

868. 5° Le côté du décagone régulier convexe.

869. 6° Le côté du dodécagone régulier.

870. Calculer le volume d'un segment sphérique déterminé dans une sphère de 5^m de rayon par deux plans parallèles dont les distances au centre sont 1^m et 3^m.

871. Une sphère a 3^m de rayon; on la coupe par un plan passant à $1^m,50$ du centre, calculer le volume de chacun des segments à une base qui en résultent.

872. Le volume engendré par un segment circulaire tournant autour d'un diamètre qui ne traverse pas sa surface est $3^{mc},580$, la projection de la corde du segment sur le diamètre est $1^m,50$. Quelle est la longueur de la corde?

873. Le volume engendré par un segment circulaire est $1^{mc},630$, sa corde a une longueur de $3^m,60$, calculer la projection de cette corde sur l'axe.

874. La différence des rayons de deux sphères est $0^m,20$, la différence de leurs volumes est 10^{mc}; calculer chacun des rayons.

875. Trouver le rayon d'une sphère dont le volume est moyen proportionnel entre les volumes d'un cylindre et d'un cône ayant 3^m de hauteur et pour base commune un cercle de 1^m de rayon.

876. Une sphère a 5^m de rayon; quel serait le rayon d'une sphère dont le volume serait la moitié du volume de la première?

877. Que devient le volume d'une sphère lorsqu'on double son rayon?

878. Les rayons de la terre, de la lune et du soleil sont proportionnels aux nombres 1, $\frac{3}{11}$ et 112. Quels sont les volumes de la lune et du soleil si le volume de la terre est pris pour unité?

879. Le volume de la sphère est les $\frac{2}{3}$ du volume du cylindre circonscrit et la surface de la sphère est les $\frac{2}{3}$ de la surface totale de ce même cylindre.

880. Étant donnés une sphère, un cylindre circonscrit à cette sphère, et un cône à deux nappes inscrit au cylindre, si l'on mène un plan quelconque perpendiculaire à l'axe, la section de la sphère égale la différence des sections du cylindre et du cône.

881. Étant donnés une sphère, un cylindre circonscrit à cette sphère, et un cône à deux nappes inscrit au cylindre, si l'on mène deux plans quelconques perpendiculaires à l'axe des trois figures, le segment sphérique compris entre ces deux plans égale la différence des segments cylindriques et coniques correspondants.

882. Un hémisphère équivaut à la différence entre le cylindre circonscrit et le cône inscrit.

883. Le volume d'un segment sphérique égale le cylindre de même hauteur qui aurait pour base la section équidistante des bases, moins la moitié de la sphère qui aurait la hauteur pour diamètre.

884. Une sphère d'argent de $0^m,02$ de rayon est recouverte d'une couche en or de $0^m,003$ d'épaisseur. Quel est le poids de cette sphère, sachant que la densité de l'argent est 10,47 et celle de l'or 19,26?

885. Dans une sphère de $0^m,15$ de diamètre, on considère un segment à une base, dont la surface totale est 1^{dmq}. Quelle est l'épaisseur de ce segment?

886. Dans un vase cylindrique qui contient de l'eau, on plonge une sphère qui est entièrement immergée; on constate que l'eau s'est élevée de 4^{cm}; on demande le rayon de la sphère sachant que le diamètre du vase est 10^{cm}.

887. Si l'on inscrit dans un demi-cercle un demi-polygone régulier d'un nombre pair de côtés et qu'on lui circonscrive un demi-polygone semblable, la surface de la sphère engendrée par le demi-cercle tournant autour de son diamètre est moyenne proportionnelle entre les surfaces engendrées par les deux polygones.

888. Couper une sphère par deux plans parallèles équidistants du centre de manière que la somme des aires des deux sections soit égale à l'aire de la zone comprise entre les deux plans.

889. Couper une sphère par un plan qui divise en deux parties équivalentes le secteur sphérique qui a pour base la plus petite des deux zones déterminées par le plan sécant.

890. La distance des centres et les rayons de deux sphères sont respectivement 5^m, 4^m et 7^m; calculer le volume du plus petit segment sphérique déterminé dans chacune d'elles par le cercle d'intersection de ces sphères.

891. Étant donnée une sphère de 2^m de rayon, on prend sur le prolongement d'un diamètre AB un point C à 6^m du centre; ce point est le sommet d'un cône circonscrit à la sphère. On demande 1° de calculer la surface du cercle de contact, 2° la surface de la petite zone qui a pour base ce cercle, 3° le volume du segment correspondant.

892. Connaissant les trois côtés d'un triangle sphérique, construire ses angles.

893. Connaissant deux côtés d'un triangle sphérique et l'angle qu'ils comprennent, trouver le troisième côté et les deux autres angles.

894. Connaissant un côté d'un triangle sphérique et les deux angles adjacents, trouver le troisième angle et les deux autres côtés.

895. Connaissant les trois angles d'un triangle sphérique, trouver ses côtés.

896. Connaissant deux côtés d'un triangle sphérique et l'angle opposé à l'un d'eux, trouver le troisième côté et les deux autres angles.

897. Connaissant deux angles d'un triangle sphérique et le côté opposé à l'un d'eux, trouver le troisième angle et les deux autres côtés.

898. Tout point de l'arc bissecteur de l'angle de deux arcs de grands cercles est également éloigné des deux côtés de cet angle. Tout point extérieur à l'arc bissecteur est inégalement distant des deux côtés de l'angle.

899. Les arcs bissecteurs des trois angles d'un triangle sphérique passent par un même point qui est le centre du cercle inscrit.

900. Calculer l'aire d'un triangle sphérique ABC sachant que le rayon de et sphère est égal à 2^m, et que les angles A, B, C, ont respectivement 75°, 60° la 68°.

901. Calculer l'aire du fuseau et le volume de l'onglet terrestre compris entre l'équateur et l'écliptique sachant que ces deux cercles forment un angle de 23° 28'?

902. Déterminer l'angle des méridiens de Paris et de Londres, sachant que le fuseau terrestre qu'ils forment est égal à 3,867 myriamètres carrés.

903. Quelle est la distance de deux points du globe terrestre, sachant que la longitude et la latitude du premier sont 14° (est) 45° (nord) et que la longitude et la latitude du deuxième sont 18° (ouest) et 8° (sud).

LIVRE VIII

COURBES USUELLES

CHAPITRE PREMIER

DE L'ELLIPSE

805. Lorsque tous les points d'une courbe sont symétriques deux à deux par rapport à une droite cette droite est un **axe** de la courbe.

On appelle **sommet** le point où l'axe rencontre la courbe.

L'axe divise en deux parties égales les cordes qui lui sont perpendiculaires ainsi que la courbe elle-même.

Le centre d'une courbe est un point par rapport auquel les points de la courbe sont symétriques deux à deux.

Le centre divise en deux parties égales les cordes qui passent par ce point. Les cordes qui passent par le centre sont des **diamètres**.

806. La *tangente à une courbe* MN, (fig. 505) est la limite AT des positions d'une sécante AB tournant autour de l'un de ses points d'intersection A, de manière à ce que le second point B se rapproche indéfiniment du premier.

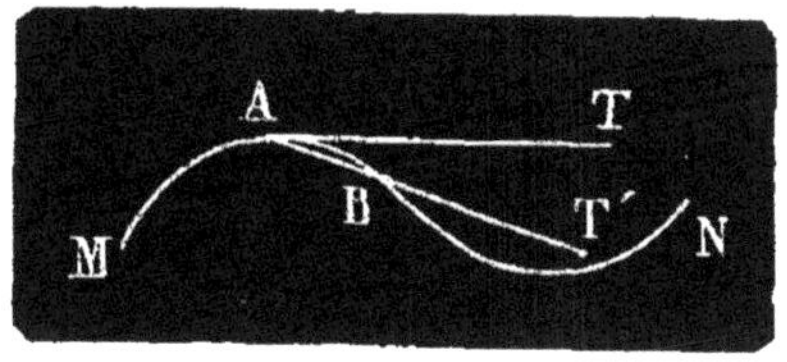

Fig. 505.

La **normale** est la perpendiculaire élevée à la tangente au point de contact.

807. Une courbe plane est **convexe** lorsqu'elle ne peut être coupée qu'en deux points par une ligne droite.

808. On appelle **ellipse**, une courbe plane, telle que la somme des distances de chacun de ses points à deux points fixes FF' (fig. 506) situés dans son plan est constante.

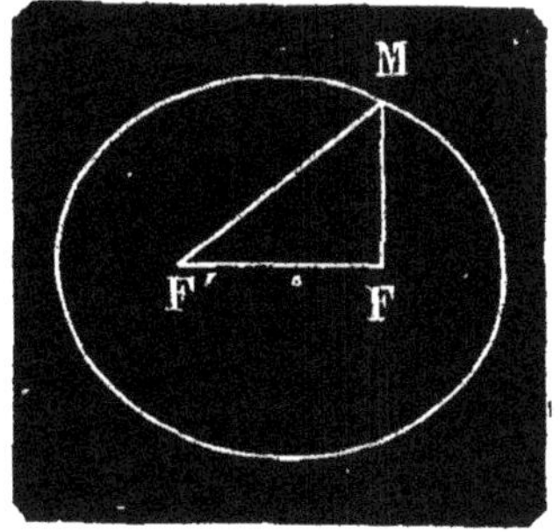

Fig. 506.

Les points fixes se nomment **foyers**. La distance FF' se nomme **excentricité** et se représente par $2c$.

On appelle **rayons vecteurs** les droites MF et MF' qui joignent un point quelconque M de la courbe aux deux foyers. La somme constante MF et MF' se représente par $2a$.

Deux ellipses qui ont les mêmes foyers sont dites **homofocales**

TRACÉ DE L'ELLIPSE D'UN MOUVEMENT CONTINU

809. Pour tracer l'ellipse d'un mouvement continu connaissant les foyers et la somme constante des rayons vecteurs, on fixe aux foyers les extrémités d'un fil ayant pour longueur $2a$, puis on fait glisser le long du fil en le faisant tendre constamment la pointe d'un crayon qui laisse sur le papier la trace d'une ellipse.

Si les deux foyers F et F' venaient à se confondre l'ellipse serait un cercle de rayon a.

On peut donc considérer un cercle comme une ellipse dont l'excentricité est nulle.

TRACÉ DE L'ELLIPSE PAR POINTS.

810. Soient F, F' (fig. 507) les deux foyers et mn la somme $2a$ des rayons vecteurs.

A partir du point C, milieu de FF', je prends sur cette droite deux longueurs CA et CA' égales à a; les points A et A' appartiennent à la courbe, car

$$AF + AF' = 2a \quad , \quad A'F + A'F' = 2a.$$

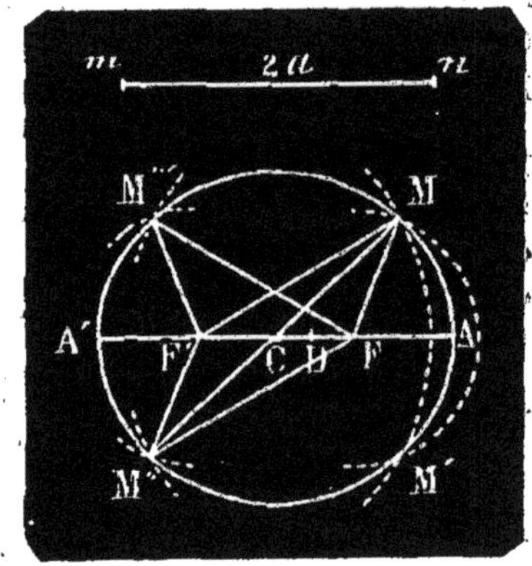

Fig. 507.

Prenons un point quelconque D sur la droite FF' et avec des rayons respectivement égaux à DA et DA', des points F et F' comme centres, décrivons deux arcs de cercle; si ces arcs se coupent leurs intersections appartiendront à l'ellipse.

Nous allons prouver que ces arcs ne se coupent que si le point D est entre les foyers.

La distance des centres FF' est toujours plus petite que la somme AA' de leurs rayons.

Il faut que l'on ait

$$FF' > DA' - DA.$$

Or

$$DA' - DA = 2CD.$$

Par suite

$$FF' > 2CD \qquad \text{ou} \qquad CF > CD.$$

Le point D doit donc être situé entre les foyers.

Les deux arcs que l'on vient de décrire fournissent deux points M et M' de l'ellipse. Avec les mêmes rayons on peut obtenir deux autres points M'' et M''' en prenant le point F pour centre du plus grand arc et le point F' pour centre du plus petit.

On déterminera de cette manière autant de points que l'on voudra ; en les joignant par un trait continu on aura l'ellipse demandée.

THÉORÈME.

811. *La droite qui joint les foyers d'une ellipse, et la perpendiculaire au milieu de cette ligne sont des axes de la courbe, et leur intersection en est le centre.*

Je considère sur une ellipse C (fig. 508) quatre points M, M′, M″, M‴, déterminés, comme au numéro précédent, avec les mêmes rayons vecteurs DA et DA′.

1° Les deux points M et M′ sont les intersections de deux cercles ayant pour centres les foyers F et F′ ; la droite F′F est donc perpendiculaire sur le milieu de la corde commune MM′ ; ces deux points et, par suite, tous ceux de la courbe sont symétriques par rapport à la droite FF′.

2° J'élève au milieu C de FF′ la perpendiculaire BB′ sur laquelle je replie la figure. Les triangles FMF′ et FM‴F′ ayant les trois côtés respectivement égaux sont égaux; les angles MFF′ et M‴F′F sont par conséquent égaux. Le point F tombant en F′, la droite FM prend la direction F′M‴ et le point M tombe en M‴ puisque FM = F′M‴.

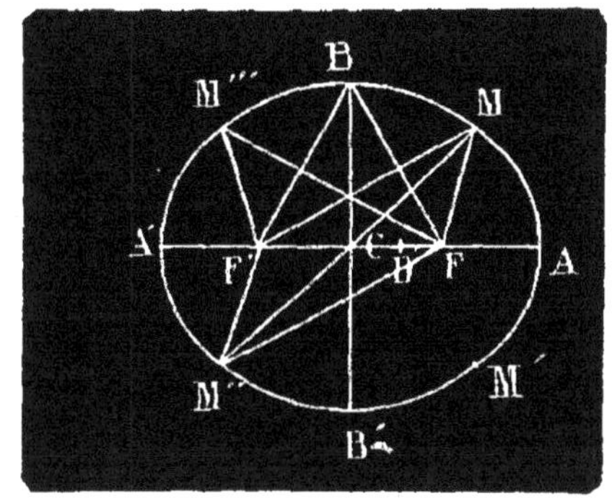

Fig. 508.

Il en résulte que les points M et M‴ et, par suite, tous ceux de la courbe sont symétriques par rapport à BB′.

3° Je dis que le point C est le centre de l'ellipse. Le quadrilatère FMF′M″, dont les côtés opposés sont égaux, est un parallélogramme ; les diagonales FF′ et MM″ se coupent en leurs milieux.

Le point C divisant en deux parties égales la corde MM′ et, par suite, toutes celles qui passent par ce point, est le centre de la courbe.

812. Sommets, grand axe, petit axe. — Les sommets de l'ellipse (n° 805) sont les points A, A′, B, B′.

Les droites BF et BF′ sont égales; par conséquent BF $= a =$ CA; or BC $<$ BF ; donc BB′ $<$ AA′.

La droite AA′ est le *grand axe* et BB′ le *petit axe* de l'ellipse. Le petit axe se représente par $2b$; on a donc BC $= b$. Le triangle rectangle BCF donne la relation

$$\overline{BF}^2 = \overline{BC}^2 + \overline{CF}^2$$

ou

$$a^2 = b^2 + c^2.$$

813. *Construire une ellipse connaissant ses deux axes.*

Je trace deux droites AA′ et BB′ (fig. 509) perpendiculaires au milieu l'une de l'autre et qui soient respectivement égales aux deux axes donnés. Du point B comme centre avec un rayon égal à AC, je décris un arc de cercle qui coupe AA′ en deux points F et F′ qui sont les foyers de l'ellipse.

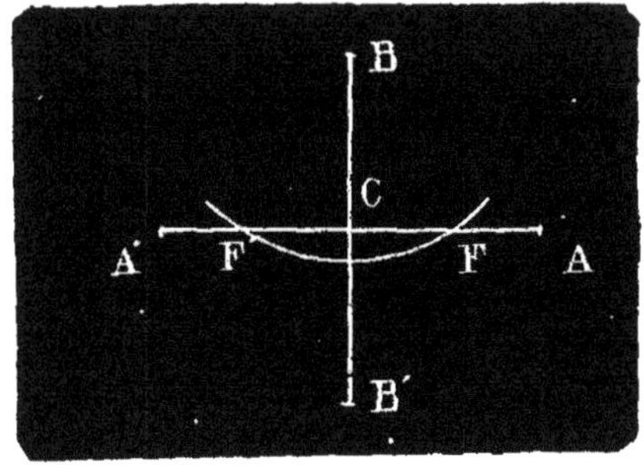

Fig. 509.

Car on a

$$\overline{CF}^2 = a^2 - b^2$$

Connaisant les foyers et la somme des rayons vecteurs, qui est égale à AA', on peut construire la courbe.

THÉORÈME.

814. *Si un point est extérieur ou intérieur à l'ellipse, la somme de ses distances aux foyers est plus grande ou plus petite que le grand axe.*

1° Si le point M (fig. 510) est en dehors de l'ellipse les droites MF et MF' coupent la courbe; soit N l'un des points d'intersection.

Dans le triangle MNF, on a

$$MF + MN > NF.$$

Ajoutons aux deux membres la quantité NF', on a

$$MF + MN + NF' > NF + NF'$$

ou

$$MF + MF' > 2a.$$

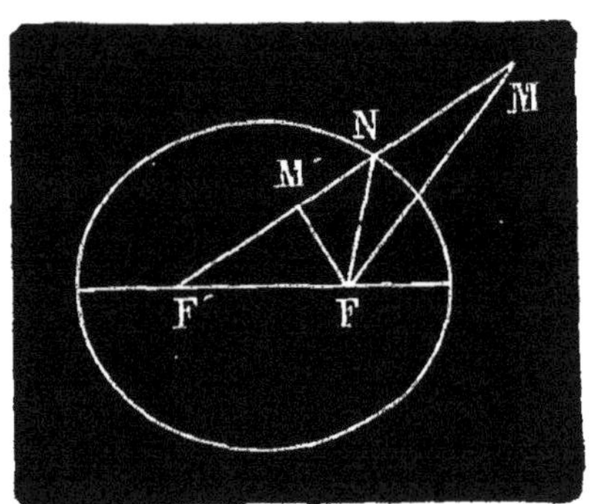

Fig. 510.

2° Supposons le point M' à l'intérieur de l'ellipse; dans le triangle M'NF, on a

$$M'F < NF + NM';$$

ajoutons aux deux membres la quantité M'F', on a

$$M'F + M'F' < NF + NM' + M'F'$$

ou

$$M'F + M'F' < 2A.$$

Réciproquement. — *Lorsque la somme des distances d'un point aux deux foyers d'une ellipse est plus petite que* 2 a, *égale à* 2 a *ou plus grande que* 2 a, *ce point est à l'intérieur de la courbe, sur la courbe, ou en dehors.*

THÉORÈME.

815. *L'ellipse est une courbe convexe.*

Il s'agit de prouver qu'une droite ne peut couper l'ellipse en plus de deux points :

Résolvons d'abord le problème suivant sur lequel nous allons nous appuyer :

Par deux points **A** *et* **B** (fig. 511) *mener une circonférence tangente à une circonférence donnée* O.

Supposons le problème résolu; soit O' le centre de la circonférence cherchée et C le point de contact. Menons au point C la tangente commune CD jusqu'à sa rencontre D avec AB. Il s'agit de déterminer le point D; on a $DB \times DA = \overline{DC}^2$.

Traçons une sécante quelconque DF à la circonférence donnée; on a aussi

$$DE \times DF = DC^2.$$

Par suite

$$DB \times DA = DE \times DF.$$

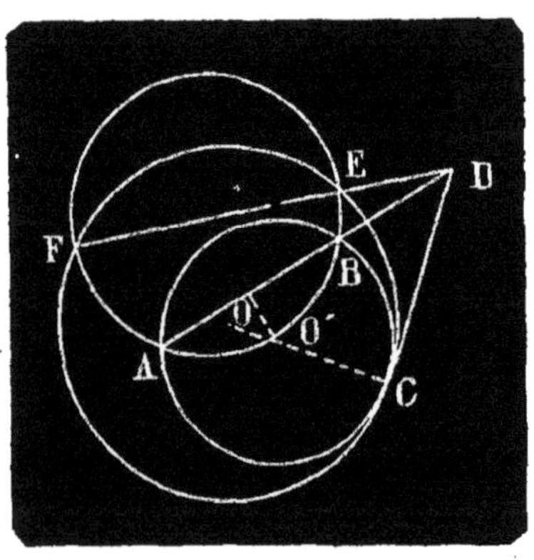

Fig. 511.

Donc les quatre points A, B, E, F sont situés sur une même circonférence.

Par conséquent pour résoudre le problème, on coupera la circonférence donnée par une circonférence quelconque passant par les deux points A et B, on tracera les droites AB et FE jusqu'à leur rencontre D; de ce point, on mènera une tangente DC à la circonférence donnée et l'on trouvera le centre O' à l'intersection de la droite OC et de la perpendiculaire élevée au milieu de AB.

Le problème a deux solutions lorsque le point D est en dehors de la circonférence, car de ce point on peut mener deux tangentes à la circonférence O; il n'a qu'une solution lorsque ce point est sur la courbe et le problème est impossible quand le point D est à l'intérieur du cercle O.

Soient maintenant F, F' (fig. 512) les deux foyers d'une ellipse, $m\,n$ la somme $2a$ des rayons vecteurs et une droite quelconque MN.

Il s'agit de déterminer sur MN un point P tel que $PF + PF' = 2a$. Je prolonge F'P d'une longueur PG égale à PF de sorte que $F'G = 2a$.

Je détermine ensuite le point F_1 symétrique de F par rapport à MN; les trois points F, F_1, G sont à égale distance de P et se trouvent sur une circonférence de centre P. Cette circonférence est tangente en G à la circonférence décrite du point F' comme centre avec $2a$ pour rayon. Le problème revient donc à trouver le centre d'une circonférence passant par les deux points F, F_1 et qui soit tangente à la circonférence F'. On vient de voir que ce problème n'a jamais plus de deux solutions; donc il ne peut pas y avoir sur MN plus de deux points appartenant à l'ellipse.

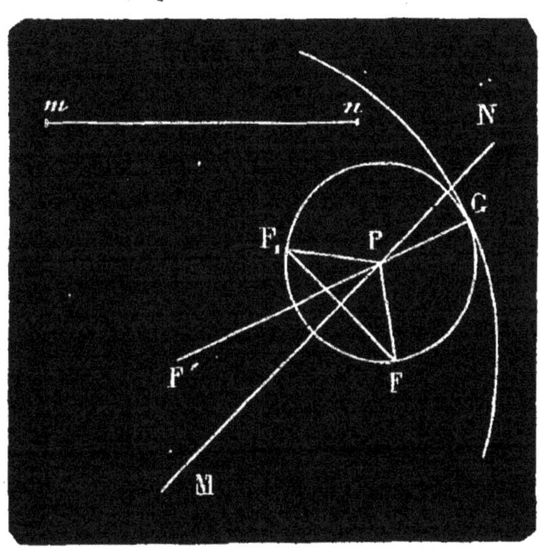

Fig. 512.

THÉORÈME.

816. *La tangente en un point de l'ellipse fait des angles égaux avec les rayons vecteurs du point de contact.*

Considérons une sécante MM' (fig. 513) qui rencontre l'ellipse en deux points voisins M, M'. Construisons le point C, symétrique du foyer F par rapport à MM', joignons les deux points M, M' aux foyers et au point C, traçons CF' et joignons au point F le point G où CF' coupe MM'. On a évidemment

$$MC = MF, \quad M'C = M'F, \quad GC = GF;$$

par conséquent

$$MC + MF' = 2a, \quad M'C + M'F' = 2a$$

et

$$GC + GF' = GF + GF'.$$

Or la droite CF' est plus petite que l'une quelconque des deux lignes brisées CM'F', CMF.

On a donc

$$GF + GF' < 2a,$$

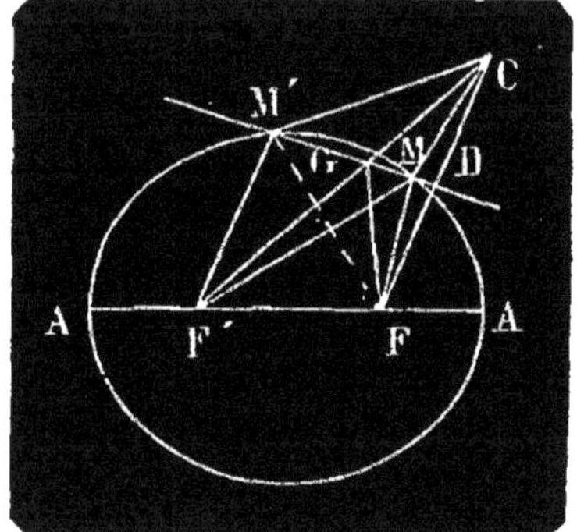

Fig. 513.

ce qui prouve que le point G est à l'intérieur de la courbe, c'est-à-dire entre les points M et M'.

Remarquons maintenant que les deux triangles FGD, CGD et par suite les angles FGD et CGD sont égaux; or CGD = M'GF', donc FGD = M'GF'.

Si l'on fait tourner la sécante M'M autour du point M de manière que M' se rapproche de plus en plus de M les deux angles FGD et M'GF' ne cessent pas d'être égaux, ils le sont encore à la limite, c'est-à-dire lorsque la sécante est devenue tangente et les droites GF et GF' les rayons vecteurs du point de contact, ce qui démontre le théorème énoncé.

817. Corollaire. — *La normale en un point de l'ellipse partage en deux parties égales l'angle des rayons vecteurs de ce point.*

On obtient la normale en un point M de l'ellipse (fig. 514) en menant par ce point une perpendiculaire MN à la tangente TT' qui touche la courbe en ce point.

Or les angles F'MT' et FMT sont égaux (nº 816). Leurs compléments F'MN et FMN sont par suite égaux et MN est bissectrice de l'angle F'MF.

THÉORÈME.

818. *Le lieu géométrique des projections des foyers sur les tangentes est une circonférence qui a pour diamètre le grand axe de l'ellipse.*

Du foyer F (fig. 515) j'abaisse une perpendiculaire FB sur une tangente

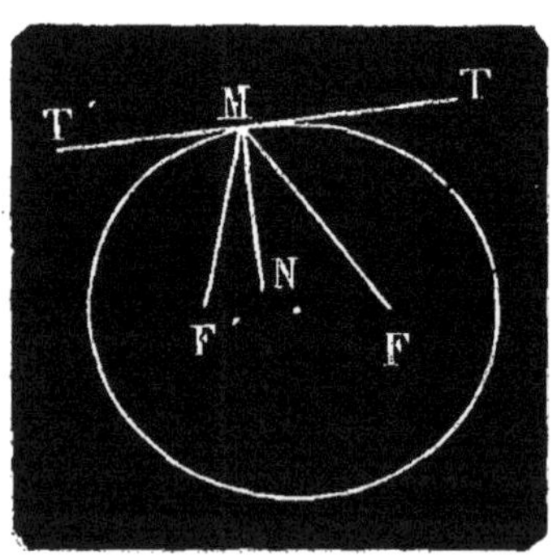

Fig. 514.

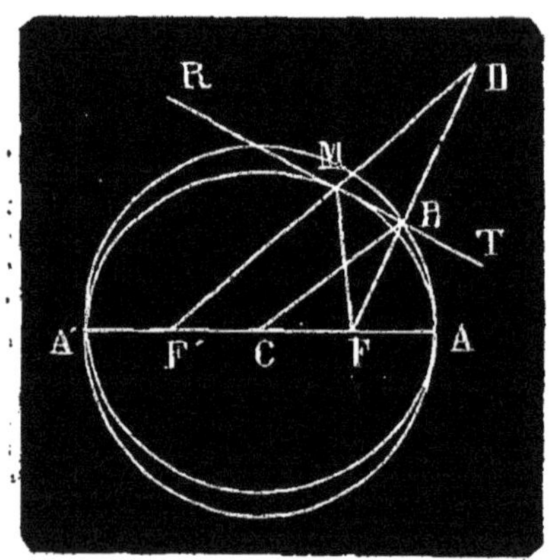

Fig. 515.

quelconque MT; je trace les rayons vecteurs F'M et FM du point de contact et je prolonge F'M jusqu'à sa rencontre D avec FB. Les triangles MBF et MBD sont égaux, car le côté MB est commun, les angles en B sont droits; BMF = RMF' puisque RT est tangente en M'; par suite BMF = BMD. De l'égalité de ces triangles, je conclus que

$$MD = MF \quad , \quad FB = BD$$

et

$$F'D = 2a.$$

Or la droite CB joignant les milieux des deux côtés FF' et FD du triangle F'FD est égale à la moitié du troisième côté F'D; donc CB = a. Le lieu géométrique du point B est par conséquent une circonférence décrite du centre de l'ellipse avec un rayon égal à a.

819. Remarque. — Le cercle décrit sur le grand axe d'une ellipse comme diamètre s'appelle *cercle principal*.

On donne le nom de *cercle directeur* au cercle décrit de l'un des foyers comme centre avec le grand axe pour rayon.

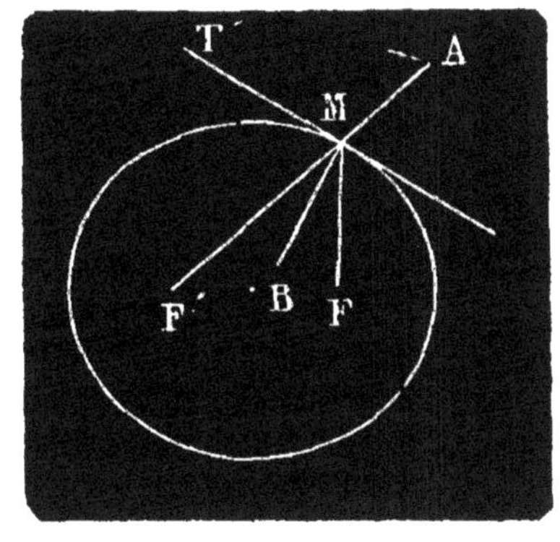

Fig. 516.

Dans la figure précédente, le point D décrit un cercle directeur. Il est à remarquer que tout point de l'ellipse est à égale distance de ce cercle et du foyer F.

On tire de là un nouveau procédé pour décrire l'ellipse par points.

PROBLÈME

820. *Mener une tangente à l'ellipse par un point pris sur la courbe.*

Soit M le point donné sur la courbe (fig. 516).

La tangente au point M est évidemment la bissectrice TT' du supplément de l'angle des rayons vecteurs MF' et MF.

On aurait la normale au point M en élevant la perpendiculaire MB à TT'.

PROBLÈME

821. *Mener une tangente à l'ellipse, par un point donné hors de la courbe.*

Supposons le problème résolu : soient P le point donné (fig. 517) et PM la tangente cherchée.

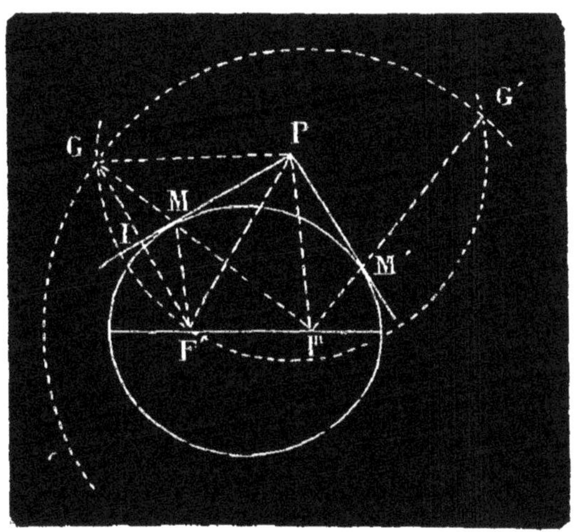

Fig. 517.

Menons les rayons vecteurs FM, F'M et prolongeons FM jusqu'à sa rencontre G avec la perpendiculaire abaissée du foyer F' sur la tangente.

Les triangles IMF' et IMG sont égaux; on a MG = MF', et par suite, FG = $2a$. Le point G est donc situé sur le cercle directeur décrit du foyer F comme centre.

D'un autre côté, les droites PF' et PG sont égales comme obliques s'écartant également du pied de la perpendiculaire PI; on en conclut que le point G est situé sur le cercle décrit du point P comme centre avec PF' pour rayon.

Ces deux cercles se coupent, car 1° la distance PF de leurs centres est plus petite que PF' + FF' et *a fortiori* plus petite que la somme des rayons PF' + $2a$.

2° Le point P étant extérieur à l'ellipse, on a PF + PF' > $2a$ c'est-à-dire PF > $2a$ — PF' différence des rayons. Si PF' était plus grand que $2a$ ce raisonnement ne serait plus applicable; mais on aurait

$$PF > PF' - FF'$$

et à fortiori

$$PF > PF' - 2a.$$

Le point G étant déterminé, on aura la tangente en abaissant de P la perpendiculaire PI sur F'G, et son point de contact en menant la droite FG.

Le problème a toujours deux solutions puisque les deux cercles F et P se coupent en deux points.

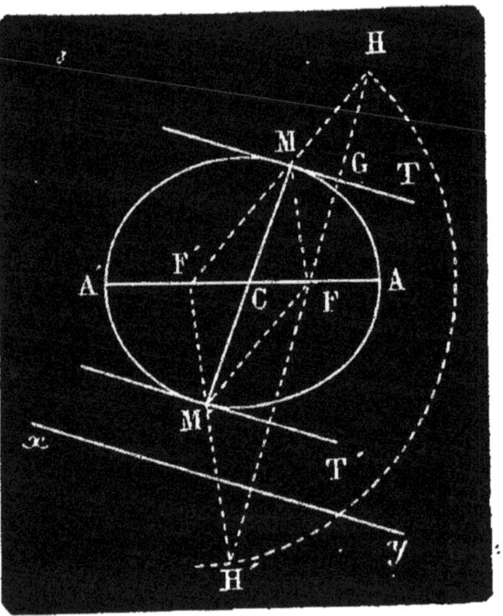

Fig. 518.

PROBLÈME

822. *Mener à une ellipse une tangente parallèle à une ligne donnée.*

Supposons le problème résolu et soit MT la tangente parallèle à la droite donnée xy (fig. 518). La perpendiculaire FH abaissée du foyer F sur la tangente MT est aussi perpendiculaire à xy; cette ligne est donc connue de position.

Or (nº 818) le point H, intersection de FH et du rayon vecteur F'M, est situé sur le cercle directeur décrit du point F' comme centre. On décrira ce cercle et l'on achevera la construction comme dans le problème précédent.

Il y a toujours deux solutions car la droite passant par un point F, situé à l'intérieur du cercle directeur, coupe ce cercle en deux points H et H'.

823. Remarque. — Les points de contact M et M' sont les extrémités d'un même diamètre. Pour le démontrer, il suffit de prouver que le quadrilatère MFM'F' est un parallèlogramme. Les triangles HMF et HF'H' sont des triangles isocèles ayant un angle à la base commun; donc les angles MFH et F'H'H sont égaux, ce qui prouve que les droites MF et F'H' sont parallèles. Les angles M'FH' et F'HH' sont égaux pour la même raison, et les droites M'F et F'H sont aussi parallèles.

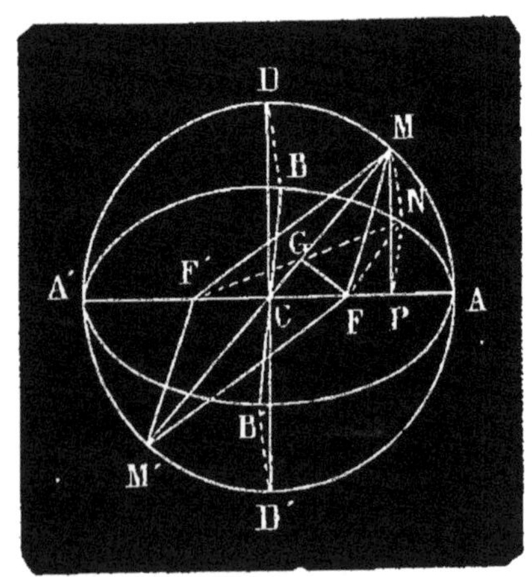

Fig. 519.

THÉORÈME

824. *La projection d'un cercle sur un plan est une ellipse.*

Je projette le cercle C (fig. 519) sur un plan passant par son diamètre AA'; soit ANBA'B' cette projection; je dis que c'est une ellipse.

Je mène par le centre C et par un point quelconque P du diamètre AA' des plans perpendiculaires à ce diamètre ; ces plans coupent le cercle et sa projection suivant les droites DD', BB', MP, NP, perpendiculaires à AA'. Les pieds des perpendiculaires DB, MN abaissées des points D, M sur le plan de projection sont situés sur la courbe de projection et sur les droites B'B, PN.

Je porte à partir du point C, sur le diamètre AA', des longueurs CF et CF' égales à DB ; les points F, F' seront les foyers de l'ellipse.

Je trace le diamètre MM', je joins les trois points M, N, M', aux points F, F', et j'abaisse du point F la perpendiculaire FG sur MM'.

1° **FG = MN.** Les triangles rectangles GCF et MCP ayant un angle aigu commun sont semblables et l'on a :

$$\frac{FG}{MP} = \frac{CF}{CM} \quad \text{et} \quad FG = \frac{CF \times MP}{CM}.$$

Les triangles DBC et MNP sont aussi semblables, car ils ont les côtés parallèles ; donc

$$\frac{MN}{DB} = \frac{MP}{CD} \text{ et } MN = \frac{DB \times MP}{CD},$$

or

$$CF = DB, \quad CD = CM,$$

donc

$$FG = MN.$$

2° **NF = GM.** Les triangles rectangles FGM et MFN ont l'hypoténuse MF commune et les côtés MN et FG égaux.

Donc

$$NF = MG.$$

3° **NF' = M'G.** Le quadrilatère MFM'F' est un parallèlogramme, puisque ses diagonales MM' et FF' se coupent en parties égales. Il en résulte que FM' égale MF', et par suite que les triangles rectangles FGM' et MNF' sont égaux, car ils ont d'ailleurs les côtés MN et FG égaux.

Donc NF' = GM'. La somme des distances NF et NF' d'un point quelconque de la courbe aux deux points F et F' étant constamment égale au diamètre du cercle, cette courbe est une ellipse.

825. Remarque. — Si l'on appelle **ordonnée** d'un point du cercle ou de l'ellipse la perpendiculaire abaissée de ce point sur l'axe AA', et **abscisse** la distance du pied de cette perpendiculaire au centre de la courbe, les ordonnées du cercle et de l'ellipse ayant même abscisse CP seront MP et NP.

Le rapport $\frac{NP}{MP}$ est constant et égal à $\frac{BC}{DC}$.

Faisons maintenant tourner le plan du cercle autour du diamètre AA', de manière à le rabattre dans le plan de l'ellipse, ce cercle prend la position du cercle principal de l'ellipse (fig. 520) ; les deux ordonnées NP et MP se recouvrent et, comme BC est égal au demi petit axe b de l'ellipse, DC égal au demi-grand axe a, on a

$$\frac{NP}{MP} = \frac{a}{b}.$$

Donc, *si deux points*, N *et* M *d'une ellipse et de son cercle principal* (fig. 520) *ont même projection sur le grand axe, le rapport* des ordonnées de ces points est égal au rapport *du petit axe au grand axe.*

826. Si l'on décrit un cercle sur le petit axe BB' (fig. 520) comme diamètre, et qu'on trace le rayon CM qui le coupe en R, la droite NR est parallèle à CP car on a

$$\frac{NP}{PM} = \frac{RC}{MC} = \frac{b}{a}.$$

Les côtés de l'angle HRC et leurs prolongements étant coupés par deux parallèles HC et MN, on peut écrire.

$$\frac{NH}{RH} = \frac{RC}{MC} = \frac{a}{b}.$$

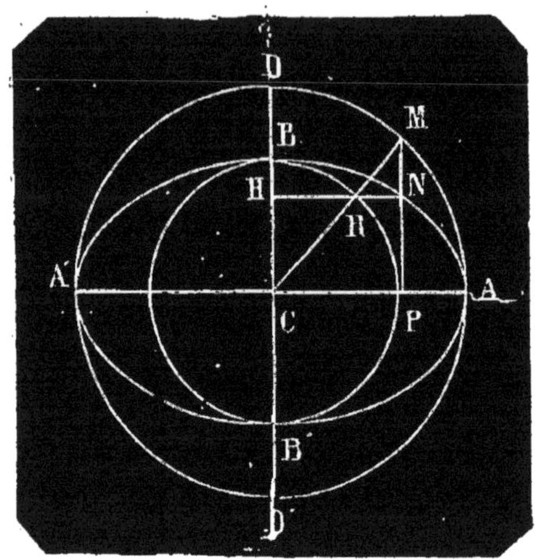

Fig. 520.

Donc, *si deux points* N *et* R *d'une ellipse et du cercle décrit sur le petit axe comme diamètre ont même projection sur cet axe, le rapport des ordonnées de ces points est égal au rapport du grand axe au petit axe.*

827. De ces deux propositions, on tire un nouveau moyen de construire l'ellipse connaissant ses axes. On décrit deux cercles concentriques (fig. 520) ayant pour diamètres les axes donnés AA', BB'. D'un point quelconque M du plus grand cercle on abaisse une perpendiculaire MP sur AA', on trace le rayon CM et l'on mène par le point R où il coupe le petit cercle une parallèle à AA', jusqu'à sa rencontre N avec MP. Le point N appartient à l'ellipse. On détermine ainsi autant de points que l'on veut.

AIRE DE L'ELLIPSE.

828. Considérons un portion d'ellipse compris entre le grand axe et deux ordonnées quelconques Mm, Cc (fig. 521). Après avoir partagé la droite MC en parties égales, élevons des ordonnées jusqu'au cercle principal.

Menons des parallèles au grand axe de manière à obtenir, comme l'indique la figure, des rectangles ayant même base et pour hauteurs, les uns, les ordonnées de l'ellipse, les autres les ordonnées du cercle.

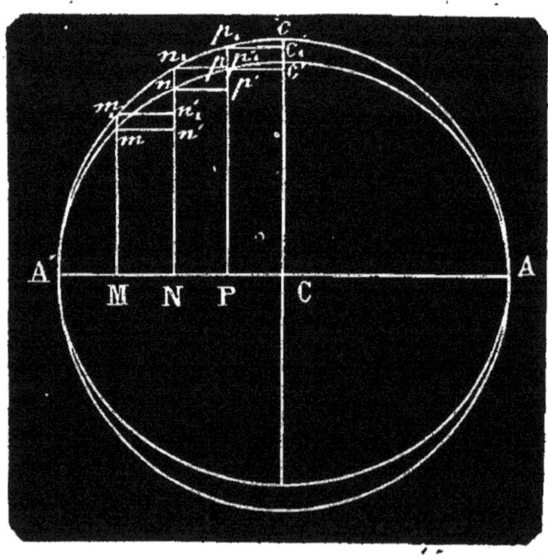

Fig. 521.

Ces rectangles étant proportionnels à leurs hauteurs, on a

$$\frac{Mmn'N}{Mm_1n'_1N} = \frac{Nnp'P}{Nn_1p'_1P} \cdots\cdots = \frac{b}{a}.$$

De sorte qu'en appelant s la somme des numérateurs et s_1 la somme des dénominateurs il vient

$$\frac{s}{s_1} = \frac{b}{a}.$$

Cette relation a lieu quel que soit le nombre des divisions de MC ; elle est donc encore vraie à la limite, c'est-à-dire quand ce nombre est infiniment grand.

Or la limite de s est la portion d'ellipse S comprise entre les ordonnées Mm et Cc, et la limite de $s.$ est la portion S_1, du cercle principal comprise entre les mêmes ordonnées. On a donc

$$\frac{S}{S_1} = \frac{b}{a}.$$

Si les points M et C coïncident avec A' et A, S représente la demi-ellipse et S. le demi-cercle principal.

Par conséquent

$$\frac{\text{demi-ellipse}}{\text{demi-cercle principal}} = \frac{b}{a} \quad \text{ou} \quad \frac{\text{ellipse}}{\text{cercle principal}} = \frac{b}{a}.$$

Si E désigne l'aire de l'ellipse, on a

$$E = \pi a^2 \times \frac{b}{a} \quad \text{ou} \quad E = \pi ab.$$

Donc *l'aire de l'ellipse a pour mesure le produit de ses deux demi-axes par le rapport de la circonférence au diamètre.*

APPLICATIONS

829. L'ellipse offre de nombreuses applications. On dit qu'une voûte est en **plein cintre** lorsque sa montée est égale à son ouverture ; elle est **surbaissée** ou **surhaussée** si la montée est plus petite ou plus grande que l'ouverture. Dans le premier cas, le profil de la voûte est un cercle et, dans les deux derniers, une ellipse.

Les **berceaux rampants,** c'est-à-dire les voûtes destinées à soutenir des rampes ont aussi la forme elliptique.

Réflexion de la lumière et du son. — La lumière après avoir rencontré un obstacle se réfléchit de telle sorte que la normale au point frappé est bissectrice de l'angle formé par le rayon incident et le rayon réfléchi. Par conséquent si une bande métallique a la forme d'une ellipse et qu'en un des foyers on place une lumière, tout rayon lumineux après avoir rencontré cette bande métallique est renvoyé à l'autre. Si l'on fait tourner l'ellipse autour de son grand axe, elle engendre un volume, appelé ellipsoïde de révolution dont chaque méridien jouit de la propriété que l'on vient d'énoncer. Une portion de cet ellipsoïde étant polie à l'intérieur forme un miroir elliptique.

La propriété des miroirs elliptique, consiste donc en ce que tout rayon lumineux émané de l'un des foyers est renvoyé par le miroir à l'autre foyer.

Il est clair que le même phénomène a lieu pour les ondes sonores.

Les propriétés de l'ellipse trouvent aussi de nombreuses applications dans la géodésie et l'astronomie ; la terre a en réalité la forme d'un ellipsoïde aplatie aux pôles ; de sorte que les méridiens au lieu d'être des cercles comme nous l'avons supposé jusqu'ici dans une première approximation, sont des ellipses et les normales, c'est-à-dire les verticales ne concourent pas au centre de la terre.

On appelle degré d'un méridien, l'arc dont les normales font entre elles un angle d'un degré.

Les degrés du méridien elliptique ne sont plus égaux; ils sont plus grands au pôle qu'à l'équateur. C'est ce qu'on a pu vérifier lorsqu'on a mesuré le méridien pour l'établissement du système métrique.

Toutes les planètes décrivent des ellipses dont le soleil occupe l'un des foyers.

EXERCICES.

904. Quel est le lieu des centres des circonférences tangentes à deux circonférences intérieures l'une à l'autre?

905. Quel est le lieu géométrique des points situés à égale distance de deux circonférences dont l'une est intérieure à l'autre?

906. Toute corde passant par le centre d'une ellipse divise l'ellipse en deux parties égales.

907. Tout diamètre est plus petit que le grand axe.

908. Tout diamètre est plus grand que le petit axe.

909. Le carré d'un diamètre est égal au carré du grand axe plus le carré du petit axe, moins quatre fois le produit des rayons vecteurs aboutissant à l'une des extrémités du diamètre.

910. Le carré d'un diamètre est égal au carré du petit axe plus le carré de la différence entre les rayons vecteurs aboutissant à l'une des extrémités du diamètre.

911. Le demi-petit axe est moyen proportionnel entre les segments du grand axe déterminés par l'un des foyers.

912. Les deux axes de l'ellipse sont les seules droites passant par le centre et qui soient normales à la courbe.

913. Trouver entre quelles limites sur le grand axe est situé le pied de la normale.

914. Les tangentes menées à l'ellipse par un point extérieur font des angles égaux avec les droites qui joignent ce point aux foyers.

915. Mener une normale à l'ellipse, 1° par un point pris sur l'ellipse, 2° parallèlement à une droite donnée

916. Le produit des distances des foyers à une tangente quelconque est constant et égal à b^2.

917. La différence des carrés des distances du centre d'une ellipse à une tangente et à sa parallèle menée par l'un des foyers est constante et égale à b^2.

918. Le lieu décrit par le sommet d'un angle droit circonscrit à une ellipse est un cercle qui a même centre que cette courbe.

919. On mène une tangente quelconque à l'ellipse, les rayons vecteurs au point de contact et des perpendiculaires à ces rayons par les foyers; on demande le lieu des intersections de ces perpendiculaires avec la tangente.

920. La différence des carrés des distances d'un point quelconque d'une directrice aux foyers de l'ellipse est égale à $4a^2$.

921. Le rapport des distances d'un point de l'ellipse à l'un des foyers et à la directrice voisine est égal à $\frac{c}{a}$.

922. Si par un point de la directrice on mène une sécante à la courbe, la droite qui joint le point au foyer est bissectrice de l'angle supplémentaire de l'angle formé par les rayons vecteurs menés du foyer voisin de la directrice aux deux points d'intersection.

923. Si par un point de la directrice, on mène une tangente à l'ellipse, la droite qui joint ce point au foyer est perpendiculaire au rayon vecteur du point de contact.

924. Si par un point de la directrice on mène deux tangentes à l'ellipse, la corde des points de contact passe par le foyer voisin et elle est perpendiculaire à la droite qui joint le foyer au point commun à la tangente et à la directrice.

925. Par rapport à l'ellipse et au cercle principal, les sécantes dont les points d'intersection ont les mêmes abscisses se coupent sur le grand axe.

926. Id. les tangentes dont les points de contact ont même abcisse se coupent sur le grand axe.

927. Trouver l'intersection d'une droite et d'une ellipse dont on connaît les axes.

928. Un point quelconque d'une droite dont les extrémités se meuvent sur deux droites rectangulaires, décrit une ellipse.

929. Construire une ellipse connaissant :
1° Les deux foyers et un point.
930. 2° Les deux foyers et une tangente.
931. 3° Un foyer et trois tangentes.
932. 4° Un foyer, deux tangentes et l'un des points de contact.
933. 5° Un foyer, une tangente et deux points.
934. 6° La longueur du grand axe, le centre et deux tangentes.
935. 7° Un foyer, un sommet et une tangente.
936. 8° Un foyer, la directrice et un point.
937. 9° Un foyer, la longueur des axes et un point.

CHAPITRE II

DE L'HYPERBOLE

830. On appelle **hyperbole** une courbe plane telle que la différence de ses distances à deux points fixes F et F′ est constante.

Les deux points fixes s'appellent **foyers**. La distance FF′ se nomme **excentricité** et se représente par 2 c.

On donne le nom de **rayons vecteurs** aux droites MF, MF′ qui joignent un point quelconque M de la courbe aux deux foyers. La différence constante MF — MF′ ou MF′ — MF se représente par 2 a.

Deux hyperboles qui ont les mêmes foyers sont dites **homofocales**.

831. **Tracé de l'hyperbole d'un mouvement continu.** — A l'un des foyers F′ (fig. 522) fixons l'extrémité d'une règle F′B pouvant tourner librement autour de ce point; attachons à l'autre foyer un fil FB dont la longueur soit inférieure à celle de la règle de la quantité 2 a, différence constante entre les rayons vecteurs d'un même point.

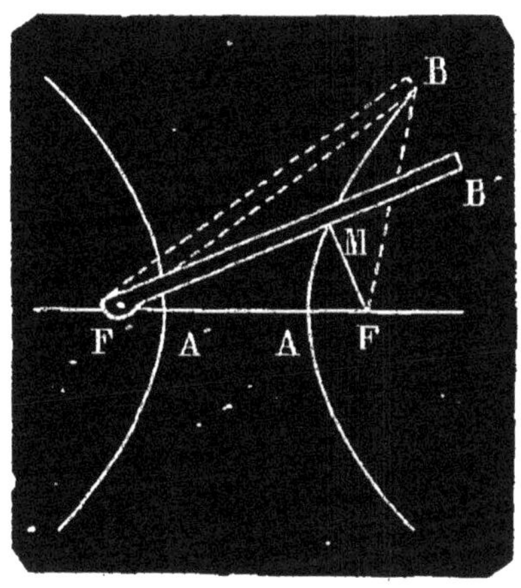

Fig. 522.

Réunissons les extrémités libres de la règle et du fil. Si l'on fait mouvoir tout l'appareil en appuyant constamment le fil contre la règle avec la pointe d'un crayon, celle-ci décrit une portion d'hyperbole. En effet, lorsque la règle est dans la position F′B′, on a

$$MF' = B'F' - MB',$$

$$MF = BF - MB'$$

et par conséquent

$$MF' - MF = B'F' - BF = 2a.$$

Si l'on retourne la règle en plaçant son extrémité fixe au foyer F et le fil au foyer F′ on décrit une seconde branche de l'hyperbole.

Ce procédé n'est pas susceptible d'une grande exactitude.

832. **Tracé de l'hyperbole par points.** — Soient F, F′ (fig. 523) les deux foyers et m n la différence constante 2 a des rayons vecteurs

d'un point. Si l'on porte à partir du milieu C de la droite FF' deux longueurs CA, CA' égales à a, les points A et A' appartiennent à l'hyperbole.

On a en effet

$$AF = A'F'$$

et

$$AF' - AF = AF' - A'F' = AA' = 2a,$$

$$A'F - A'F' = A'F - AF = AA' = 2a.$$

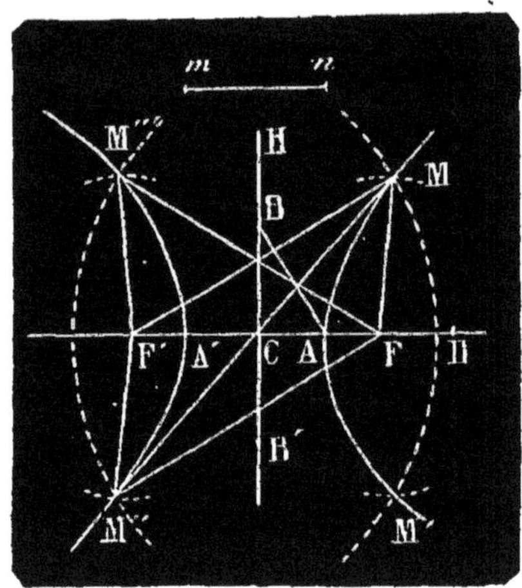

Fig. 523.

Avec des rayons DA' et DA dont la différence est AA' ou $2a$, décrivons deux arcs de cercle, l'un du point F' comme centre et l'autre du point F. Les points d'intersection appartiennent à l'hyperbole.

Nous allons prouver que ces arcs ne se coupent que si le point D n'est pas entre les foyers.

La distance des centres FF' est toujours plus grande que la différence AA' des rayons.

Il faut que l'on ait

$$FF' < DA + DA'.$$

Or

$$DA + DA' = 2CD.$$

Par suite

$$FF' < 2CD \quad \text{ou} \quad CF < CD.$$

Le point D ne peut donc pas être situé entre les foyers.

Avec les mêmes rayons vecteurs, on peut obtenir quatre points M, M', M'', M''' de la courbe.

Aucun point de l'hyperbole ne peut être situé sur la perpendiculaire CH élevée au milieu de la droite FF' car tout point de cette perpendiculaire est à égale distance des foyers.

L'hyperbole se compose donc de deux branches séparées s'étendant indéfiniment au-dessus et au-dessous de la ligne FF'.

THÉORÈME.

833. *La droite qui joint les foyers d'une hyperbole et la perpendiculaire au milieu de cette ligne sont des axes de la courbe et leur intersection en est le centre.*

1° Les points M, M' (fig. 522) sont symétriques par rapport à la droite FF', puisque cette droite est la ligne des centres de deux cercles qui se coupent en M et M'.

Il en serait de même de tous les autres points de la courbe considérés deux à deux. Donc FF' est un axe de symétrie.

2° Je considère le point M''' déterminé avec les mêmes rayons vecteurs que le point M. Si l'on replie la figure sur HC, le point M vient en M''', à cause de l'égalité des angles F'FM et FF'M''' appartenant aux triangles égaux F'FM, FF'M'''.

Donc HC est un axe de symétrie.

3° Je dis que le point C est le centre de la courbe.

Le quadrilatère FMF′M″ ayant ses côtés opposés égaux est un parallélogramme; les diagonales FF′ et MM″ se coupent en leurs milieux. Le point C divisant en deux parties égales la corde MM″, et, par suite, toutes celles qui passent par ce point, est le centre de l'hyperbole.

834. Sommets, axes. — L'axe FF′ qui rencontre la courbe aux deux points A, A′ s'appelle *axe transverse*. Sa longueur est la droite AA′, qui égale 2 a.

Le deuxième axe, qui ne coupe pas la courbe prend le nom d'*axe non transverse*. Si on le coupe en deux points B, B′ par un arc décrit du sommet A comme centre avec un rayon égal à CF, la droite BB′ est la longueur de l'axe non transverse.

Posons

$$CB = b, \quad CF = AB = c, \quad CA = a,$$

on a, dans le triangle rectangle ACB,

$$a^2 = c^2 - b^2.$$

Lorsque les deux axes de l'hyperbole sont égaux, l'hyperbole est *équilatère*. Dans ce cas on a

$$a^2 = c^2 - a^2$$

ou

$$2a^2 = c^2 \quad \text{et} \quad c = a\sqrt{2}.$$

835. Remarque. — On peut construire une hyperbole, connaissant les longueurs de ses deux axes, 2 a et 2 b. On construit un triangle rectangle BCA (fig. 523) dont les côtés de l'angle droit CA et CB sont respectivement égaux à a et à b. Du point C comme centre avec un rayon égal à l'hypoténuse BA, on décrit un arc de cercle qui coupe la droite CA en deux points F et F′ qui sont les foyers de la courbe.

THÉORÈME.

836. *Pour tout point pris à l'intérieur d'une hyperbole la différence des distances aux foyers est plus grande que 2 a; pour tout point extérieur, cette même différence est plus petite que $2a$.*

1° Soit un point M (fig. 524) pris à l'intérieur de l'hyperbole; je dis que

$$F'M - FM > 2a.$$

La droite F′M coupe l'hyperbole en un point N. Dans le triangle MNF, on a

$$MN > MF - NF;$$

donc

$$MN + NF' > MF - NF + NF'$$

ou

$$MN + NF' - MF > NF' - NF,$$

c'est-à-dire

$$MF' - MF > 2a.$$

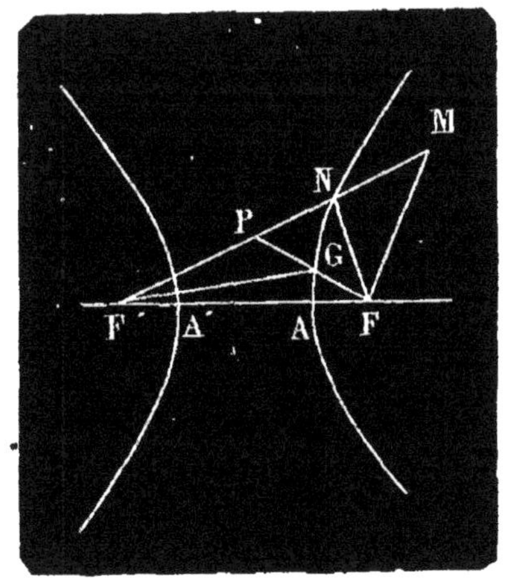

Fig. 524.

2° Soit le point P pris à l'extérieur

de la courbe sur la droite F'N et plus rapproché de F que de F'. La ligne PF coupe l'hyperbole en un point G. Du triangle PGF' on tire

$$PF' < F'G + PG.$$

D'ailleurs

$$PF = PG + GF.$$

Retranchons membre à membre, on a

$$PF' - PF < F'G - GF$$

ou

$$PF' - PF < 2a.$$

Remarque. — Les réciproques de ces deux propositions sont évidentes.

THÉORÈME.

837. *L'hyperbole est une courbe convexe.*

Soient F, F' (fig. 525) les foyers d'une hyperbole dont la différence des rayons vecteurs 2 a est égale à m.

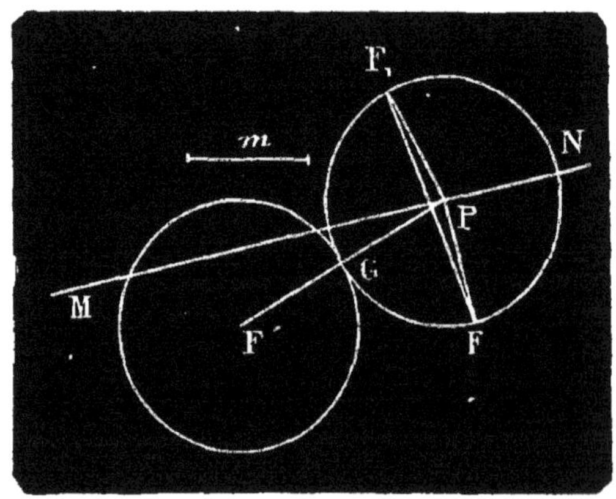

Fig. 525.

Je dis qu'il ne peut exister sur la droite MN que deux points appartenant à cette hyperbole. Cherchons sur MN un point P tel que PF' — PF = 2 a ; prenons sur PF' une longueur PG égale à PF ; la ligne F'G est égale à $2a$. Si l'on détermine le point F_1, symétrique de F par rapport à MN, on voit que les trois points F, G, F_1 appartiennent à une même circonférence de centre P, et qui est tangente à la circonférence décrite du point F' comme centre avec F'G ou $2a$ pour rayon ; or les deux points F et F_1 sont connus. Le problème revient donc à faire passer une circonférence par deux points donnés, de manière qu'elle soit tangente à une circonférence donnée. Nous avons vu que ce problème a au plus deux solutions (n° 815).

Donc la droite MN ne peut couper l'hyperbole en plus de deux points.

THÉORÈME.

838. *La tangente à l'hyperbole est bissectrice de l'angle des rayons vecteurs du point de contact.*

Considérons une sécante MM' (fig. 526) qui coupe l'hyperbole en deux points voisins M et M'. Déterminons le point G, symétrique de F par rapport à cette sécante ; traçons la droite F'G qui va rencontrer M'M' en un point I ; tirons IF et joignons le point M aux points G, F', F.

On a évidemment

$$IG = IF, \qquad MG = MF,$$

et par conséquent

$$IF' - IF = IF' - IG = F'G,$$

$$MF' - MF = MF' - MG = 2a.$$

Or dans le triangle F'GM, on a

$$F'G > F'M - MG.$$

Donc

$$IF' - IF > 2a.$$

Par conséquent le point I est situé à l'intérieur de la courbe, c'est-à-dire entre les points M et M'.

Remarquons maintenant que la sécante IH est bissectrice de l'angle GIF, et cela a lieu quelque rapprochés que soient les points M et M'; mais à la limite, quand les points M et M' se confondent, la sécante devient tangente, et les droites IF et IF' sont les rayons vecteurs menés au point de contact.

Donc la tangente est bissectrice de l'angle des rayons vecteurs menés au point de contact.

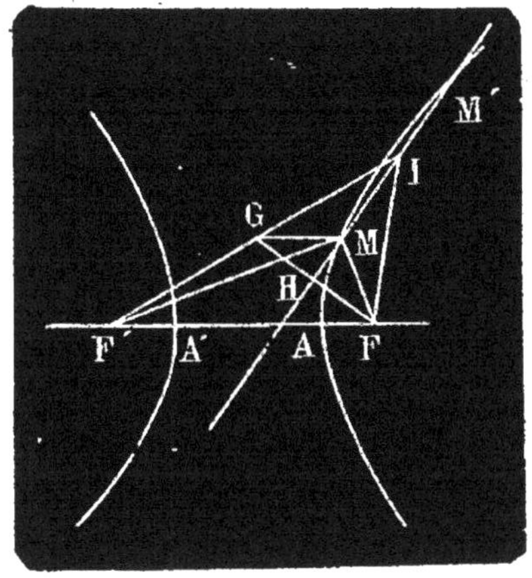

Fig. 526.

839. **Corollaire.** — *La normale en un point de l'hyperbole est bissectrice du supplément de l'angle formé par les rayons vecteurs de ce point.*

THÉORÈME.

840. *Le lieu géométrique des projections des foyers d'une hyperbole sur ses tangentes est la circonférence décrite sur l'axe transverse comme diamètre.*

Soit MT (fig. 527) la tangente en un point M d'une hyperbole ; elle est bissectrice de l'angle F'MF formé par les rayons vecteurs du point M (nº 838).

Si l'on abaisse du foyer F la perpendiculaire FH sur cette tangente, et qu'on la prolonge jusqu'au point G où elle rencontre F'M, on a deux triangles FHM et GHM qui sont égaux comme ayant un côté égal adjacent à deux angles égaux chacun à chacun ; on en tire

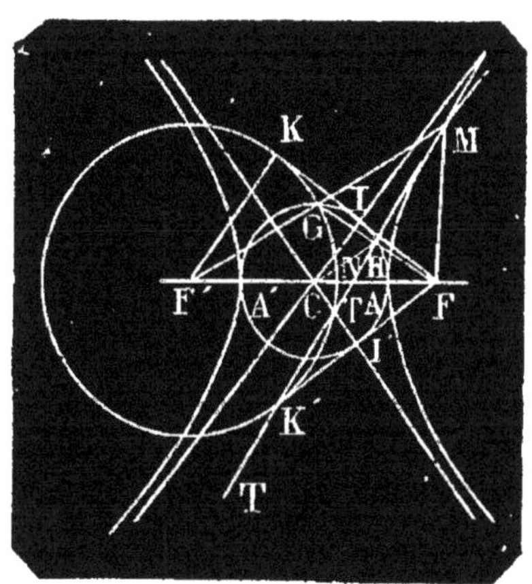

Fig. 527.

$$HF = HG \quad , \quad MF = MG$$

et

$$F'G = F'M - MF = 2a.$$

Or, si l'on joint le point H au centre C de la courbe, la droite HC, qui joint les milieux des deux côtés FF' et FG du triangle F'FG, est égale à la moitié du troisième côté F'G.

Donc

$$CH = a.$$

Il en résulte que le lieu du point H est une circonférence décrite du point C comme centre avec a pour rayon.

841. **Remarque I.** — Le point G est situé sur un cercle décrit du foyer F' comme centre avec un rayon égal à $2a$. Ce cercle a reçu le nom de *cercle directeur* de l'hyperbole.

Il peut servir à tracer cette courbe, car tout point M de l'hyperbole est à égale distance de la circonférence de ce cercle et de l'autre foyer F.

842. **Remarque II.** — Si la droite FH tourne autour du point F jusqu'à venir se confondre avec la tangente FI menée du point F au cercle C, elle devient également tangente au cercle directeur F', car le rayon F'G, qui est toujours parallèle à CH, devient perpendiculaire à FH en même temps que lui.

La tangente, qui n'est autre chose que la perpendiculaire élevée au milieu de FG, devient perpendiculaire au milieu I de FK, et se confond avec CI.

Le point de contact est à la rencontre des droites F'K et CI, mais ces droites étant parallèles, leur rencontre a lieu à l'infini.

Cette tangente particulière, qui ne touche la courbe qu'à l'infini, a reçu le nom d'*asymptote*.

En vertu de la symétrie de tous les points de la courbe par rapport au centre, la même droite est asymptote à la partie inférieure de la deuxième branche.

La seconde tangente FI' au cercle C donnerait une deuxième asymptote touchant à l'infini la partie inférieure de la première branche et la partie supérieure de la seconde.

Les droites FI et FI' étant également inclinées sur les axes de l'hyperbole, il en est de même des asymptotes, qui sont perpendiculaires à FI et FI'.

Il est important de remarquer que la distance d'un point M de l'hyperbole à l'asymptote correspondante CI diminue indéfiniment à mesure que le point considéré s'éloigne de plus en plus du sommet A de cette branche en se rapprochant du point de contact de l'asymptote.

En effet la tangente MT, qui est bissectrice de l'angle F'MF, rencontre la droite F'F en un point N, toujours situé à droite du point C, puisque MF est plus petit que MF'; or, à mesure que le point M s'éloigne, le rapport $\frac{MF}{MF'}$ tend vers l'unité, car ses deux termes augmentent constamment de la même quantité; il en est de même du rapport $\frac{NF}{NF'}$ égal au premier; le point N marche donc vers le point C et se confond avec lui quand le point M est situé à l'infini. Or la distance du point M à l'asymptote CI est toujours plus petite que la distance du point N à la même droite, et, à fortiori, plus petite que la droite NC oblique à CI.

Donc le point M se rapproche indéfiniment de l'asymptote, en s'éloignant du point A.

THÉORÈME.

843. *Les asymptotes d'une hyperbole sont dirigées suivant les diagonales du rectangle construit sur les deux axes.*

Pour construire l'asymptote TT' (fig. 528) il suffit de mener par le point O une perpendiculaire à la tangente FK menée du foyer F au cercle directeur décrit de F′ comme centre (n° 842).

J'élève au point A une perpendiculaire AM jusqu'à l'asymptote. Les deux triangles rectangles OIF et OAM sont égaux; ils ont un angle aigu commun, et

$$\mathrm{OI} = \frac{1}{2}\,\mathrm{F'K} = a = \mathrm{OA};$$

donc

$$\mathrm{OM} = \mathrm{OF} = c.$$

Par suite

$$\overline{\mathrm{AM}}^2 = c^2 - a^2 = b^2, \quad \text{et} \quad \mathrm{AM} = b,$$

moitié de l'axe non transverse. Les asymptotes sont donc les diagonales du rectangle MNPQ construit sur les deux axes.

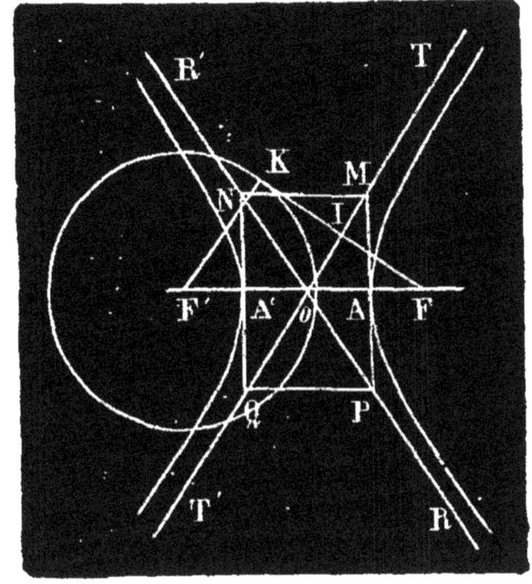

Fig. 528.

844. Corollaire. — *Les asymptotes de l'hyperbole équilatère sont perpendiculaires entre elles.*

Dans l'hyperbole équilatère on a $a = b$; le rectangle MNQP devient un carré, or on sait que les diagonales d'un carré sont perpendiculaires l'une et l'autre. Donc, etc.

PROBLÈME.

845. *Mener une tangente à une hyperbole par un point pris sur la courbe.*

Soit M (fig. 529) le point donné sur la courbe. Il suffit de mener la bissectrice de l'angle F′MF formé par les rayons vecteurs menés au point de contact. (n° 838).

On aura la normale MK au même point en traçant la bissectrice du supplément FMI de l'angle F′MF (n° 839).

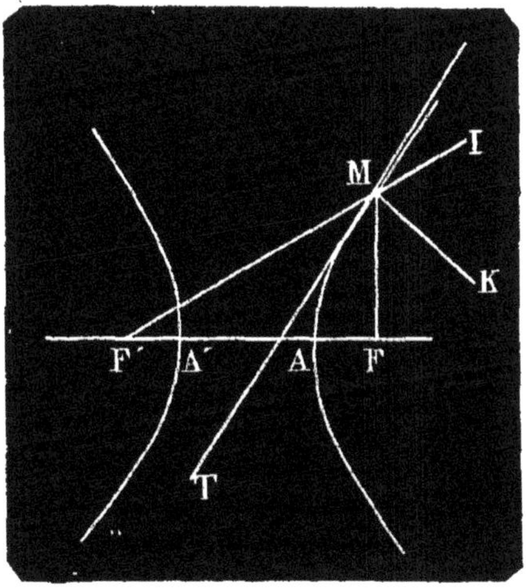

Fig. 529.

PROBLÈME

846. *Mener une tangente à l'hyperbole par un point donné hors de la courbe.*

Supposons le problème résolu et soient : P le point donné, PM la tangente cherchée (fig. 530) ; cette tangente est bissectrice de l'angle F′MF. De sorte que si l'on abaisse du point F la perpendiculaire FH sur PM et qu'on la prolonge jusqu'à sa rencontre G avec le rayon F′M, les triangles HMF et HMG sont égaux; on en tire

$$\mathrm{MF} = \mathrm{MG}, \quad \mathrm{HF} = \mathrm{HG}$$

et par conséquent $\quad F'G = F'M - MF = 2a.$

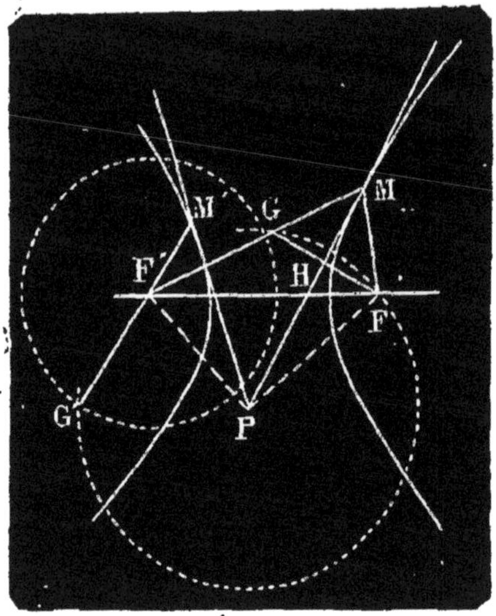

Le point G est donc situé sur le cercle directeur décrit du point F' comme centre; il est aussi situé sur le cercle décrit du point P comme centre avec PF pour rayon, car le point P est à égale distance des deux points F et G.

Ces deux cercles se coupent. La distance de leurs centres est PF' leurs rayons $2a$ et PF.

1° Dans le triangle PFF', on a

$$FF' < PF + PF'$$

et à fortiori

$$2a < PF + PF'.$$

2° Le point P étant en dehors de la courbe, on a

$$PF - PF' < 2a$$

ou

$$PF - PF < 2a$$

Fig. 530.

L'une quelconque des trois grandeurs PF', $2a$, PF étant toujours plus petite que la somme des deux autres et plus grande que leur différence, les deux cercles se coupent en deux points G et G' et le problème a deux solutions. On achève facilement la construction.

Si le point P est situé dans l'angle des asymptotes où se trouve l'axe non transverse, les tangentes touchent les deux branches de la courbe; quand le point P est dans l'un des deux autres angles, les tangentes touchent une seule branche.

PROBLÈME.

847. *Mener à l'hyperbole une tangente parallèle à une droite donnée.*

Supposons le problème résolu et soient xy (fig. 531) la droite donnée, MT la tangente cherchée. Si l'on fait la même construction que dans le problème précédent, on voit que la résolution du problème dépend de la détermination du point G et que ce point est à l'intersection du cercle directeur décrit du point F' comme centre et de la perpendiculaire abaissée du foyer F sur la droite xy.

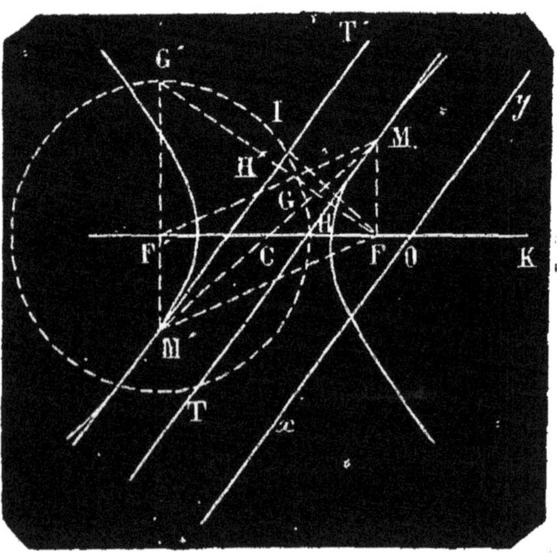

Fig. 531.

Il y a deux points d'intersection, et, par suite, deux solutions, si la perpendiculaire à xy est comprise à l'intérieur de l'angle IFF′ formé par l'axe FF′ et la tangente au cercle directeur C menée par le point F. Il faut pour cela que l'angle yOK, formé par la droite donnée et l'axe transverse, soit plus grand que l'angle d'inclinaison des asymptotes sur le même axe.

848. **Remarque.** — Les deux points de contact M et M′ sont symétriques par rapport au centre de la courbe.

En effet, le triangle F′GG′ est isocèle comme ayant pour côtés deux rayons F′G et F′G′ du même cercle ; le triangle FMG est isocèle, car sa hauteur MH est perpendiculaire au milieu de sa base FG ; le triangle FM′G′ est aussi isocèle, parceque sa hauteur H′M′ est également perpendiculaire sur le milieu de sa base FG′. Les angles F′G′G, F′GG′, MGF, MFG sont donc égaux : on en conclut que les droites FM et M′G′ sont parallèles.

L'angle G′FM′ étant égal à F′G′G, et, par suite, à F′GG′, les droites F′M et FM′ sont aussi parallèles.

Le quadrilatère FMF′M′ est donc un parallélogramme. Par conséquent, la droite MM′ est divisée en deux parties égales par le point C.

APPLICATIONS

849. **Miroirs hyperboliques.** — La normale en un point de l'hyperbole est bissectrice de l'angle formé par l'un des rayons vecteurs de ce point et le prolongement de l'autre (n° 839). Par conséquent si une bande métallique polie à l'intérieur a la forme d'une branche d'hyperbole, et qu'on place en son foyer une source de lumière ou de chaleur, tout rayon, après avoir frappé cette bande métallique, sera renvoyé dans la direction du prolongement du rayon vecteur partant de l'autre foyer, et semblera, pour l'observateur, émaner de cet autre foyer. La source de lumière étant placée au deuxième foyer, la bande métallique polie à l'extérieur réfléchira les rayons de telle sorte qu'ils sembleront émaner du premier foyer. Dans les deux cas, la bande métallique jouit de la propriété de faire diverger les rayons de lumière ou de chaleur. Si l'on fait tourner la bande métallique autour de son axe transverse elle engendre un volume, appelé hyperboloïde de révolution, dont chaque méridien jouit de la propriété que l'on vient d'énoncer. Une portion d'hyperboloïde, polie à l'intérieur ou à l'extérieur, forme un miroir hyperbolique.

On emploie les miroirs hyperboliques pour renvoyer la lumière sur une étendue un peu considérable, par exemple, quand il s'agit d'éclairer avec une seule lampe un tableau de grande dimension.

Les anciens réverbères n'étaient autre chose que des réflecteurs hyperboliques.

EXERCICES

938. Quel est le lieu géométrique des centres des circonférences tangentes à deux circonférences extérieures l'une à l'autre ?

939. Quel est le lieu des points situés à égale distance de deux circonférences extérieures l'une à l'autre.

940. Tout diamètre de l'hyperbole est plus grand que $2a$.

941. L'axe non transverse est moyen proportionnel entre les segments de la droite FF′ déterminés par l'un des sommets de l'hyperbole.

942. Le carré d'un diamètre quelconque de l'hyperbole est égal au carré de la somme des rayons vecteurs menés à l'une des extrémités de ce diamètre, diminué du carré de l'axe imaginaire.

943. L'axe transverse est la seule normale passant au centre.

944. Longueur de la normale au sommet.

945. Les tangentes menées d'un point extérieur de l'hyperbole font des angles égaux avec les droites qui joignent ce point aux foyers.

946. Mener une normale à l'hyperbole 1° par un point pris sur la courbe, 2° parallèlement à une droite donnée.

947. Le produit des distances des foyers à une tangente quelconque est égale à b^2.

948. La différence du carré des distances du centre de l'hyperbole à une tangente et à sa parallèle menée par l'un des foyers est constante et égale à b^2.

949. Le lieu décrit par le sommet d'un angle droit circonscrit à une hyperbole est un cercle ayant le même centre que cette courbe.

950. On mène une tangente quelconque à l'hyperbole, les rayons vecteurs au point de contact, et des perpendiculaires à ces rayons fixes par les foyers. On demande le lieu des intersections de ces perpendiculaires avec la tangente.

951. La différence des carrés des distances d'un point quelconque d'une directrice aux foyers de l'hyperbole est égale à $4a^2$.

952. Le rapport des distances d'un point de l'hyperbole à un foyer et à la directrice voisine est égal à $\frac{C}{a}$.

953. Si par un point de la directrice d'une hyperbole, on mène une sécante à la courbe, la droite qui joint le point au foyer est bissectrice de l'angle des rayons vecteurs qui vont du foyer aux deux points d'intersection. — Si les deux points sont sur une même branche, la droite PF bissecte l'angle extérieur des rayons vecteurs.

954. Si par un point de la directrice, on mène une tangente à l'hyperbole, la droite qui joint ce point au foyer est perpendiculaire au rayon vecteur du point de contact.

955. Construire une hyperbole, connaissant :

1° Les deux foyers et un point.

956. 2° Les deux foyers et une tangente.

957. 3° Un foyer et trois tangentes.

958. 4° Un foyer, deux tangentes et l'un des points de contact.

959. 5° Un foyer, une tangente et deux points.

960. 6° La longueur de l'axe transverse, le centre et deux tangentes.

961. 7° Un foyer, un sommet et une tangente.

962. 8° Un foyer, la directrice et un point.

963. 9° Un foyer, la longueur des axes et un point.

964. 10° Un foyer, une asymptote et la longueur de l'axe transverse.

965. 11° Un foyer, une asymptote et une tangente.

CHAPITRE III

DE LA PARABOLE

850. La **parabole** est une courbe plane dont chaque point est également éloigné d'une droite et d'un point fixe donnés dans son plan.

Le point fixe est appelé **foyer**. La droite donnée se nomme **directrice**. On appelle **rayon vecteur** la droite qui joint le foyer à un point quelconque de la courbe. On appelle **paramètre** la distance du foyer à la directrice et on le représente par p.

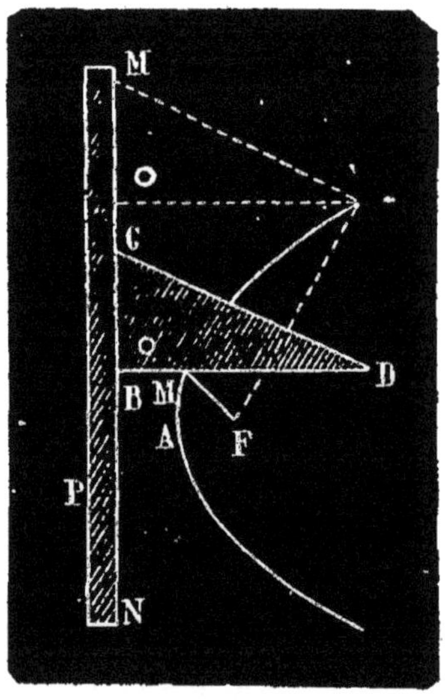

Fig. 532.

851. **Tracé de la parabole d'un mouvement continu.** — Soient F le foyer (fig. 532) et MN la directrice d'une parabole. Appliquons une règle P sur la directrice, et, sur la règle, le petit côté d'une équerre BCD; prenons un fil ayant pour longueur le deuxième côté BD de l'angle droit; fixons l'une des extrémités

du fil au foyer F et son autre extrémité au sommet D de l'équerre. Faisons glisser l'équerre sur la règle en appliquant constamment le fil contre l'équerre avec la pointe d'un crayon.

La courbe décrite par la pointe est une parabole, car on a toujours

$$DM + MF = DB$$

et par conséquent

$$MF = MB.$$

Lorsqu'on est arrivé au point A, on retourne l'équerre.

852. Tracé de la parabole par points. — Soient F le foyer (fig. 523) et MN la directrice. Le point A, milieu de la perpendiculaire FB abaissée du foyer F sur la directrice, appartient évidemment à la courbe. Pour déterminer d'autres points, élevons en un point quelconque D de BF une perpendiculaire sur cette droite; décrivons du point F comme centre un arc de cercle de rayon DB; si le point D est à droite du point A, cet arc coupe la perpendiculaire en deux points C et C′ appartenant à la parabole. En effet si l'on abaisse du point C la perpendiculaire CG sur la directrice, on a

$$CG = BD = CF.$$

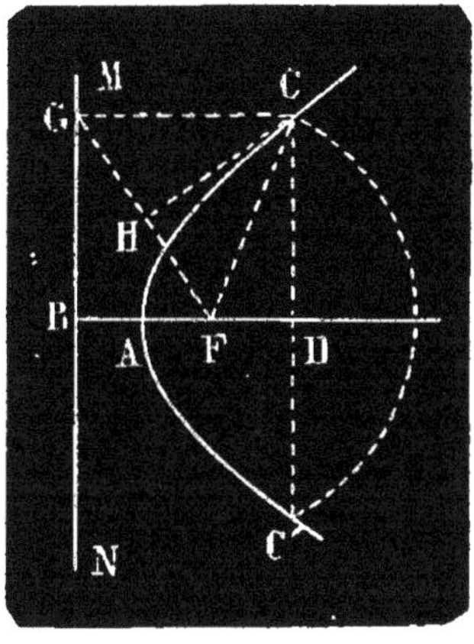

Fig. 533.

853. Corollaire. — 1° *La parabole n'a qu'une branche s'étendant indéfiniment et entièrement située du même côté que le foyer par rapport à la directrice.*

2° *La parabole a pour axe de symétrie la perpendiculaire abaissée du foyer sur la directrice.*

1° Tout point du côté de la directrice opposé au foyer est plus rapproché de la directrice que du foyer et ne peut appartenir à la courbe.

D'un autre côté la parallèle CC′ à la directrice contient toujours deux points de la courbe, quelle que soit sa distance à la directrice.

2° Les points C et C′ sont symétriques par rapport à BF, car cette droite étant une perpendiculaire abaissée du centre F sur la corde CC′ divise cette corde en deux parties égales.

Donc la droite BF est un axe de symétrie de la parabole. Le point A où elle rencontre la courbe est le *sommet* de cette courbe.

Le sommet de la parabole divise donc le paramètre en deux parties égales.

854. Remarque. — Si l'on trace la droite FG, on obtient un triangle FCG qui est isocèle. La perpendiculaire élevée sur le milieu de sa base FG passe donc par son sommet C. On tire de là un nouveau procédé pour construire la parabole par points. On trace une perpendiculaire quelconque GC à la directrice et on élève une perpendiculaire sur le milieu de la droite GF qui joint le pied G de cette perpendiculaire au foyer. Le point C où cette perpendiculaire rencontre GC appartient à la parabole.

Il résulte de cette construction que toute perpendiculaire à la directrice ne rencontre la parabole qu'en un point.

THÉORÈME.

855. *Tout point intérieur à la parabole est plus rapproché du foyer que de la directrice, et tout point extérieur est plus éloigné du foyer que de la directrice.*

1° Soit un point M (fig. 534) situé à l'intérieur d'une parabole; menons par ce point une perpendiculaire MD à la directrice; cette perpendiculaire rencontre la courbe en un point C; traçons les droites MF et CF. Dans le triangle MCF on a

$$MF < MC + CF,$$

or

$$CF = CD,$$

donc

$$MF < MC + CD$$

ou

$$MF < MD.$$

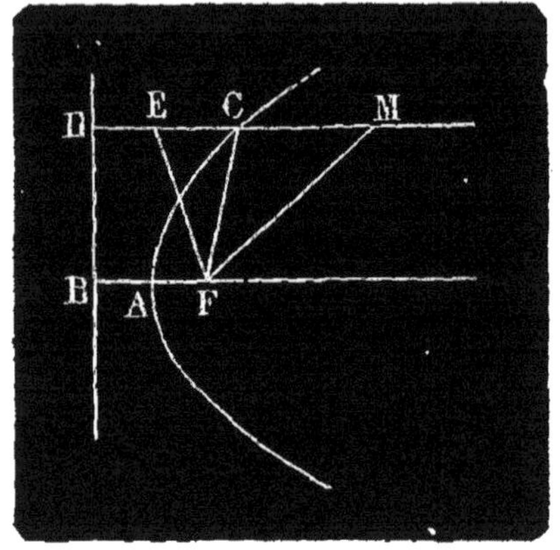

Fig. 534.

2° Soit un point E pris sur MD en dehors de la courbe. Du triangle EFC, on tire

$$EF > CF - CE$$

ou

$$EF > CD - CE,$$

c'est-à-dire

$$EF > ED.$$

Les réciproques de ces propositions sont évidentes.

THÉORÈME.

856. *La parabole est une courbe convexe.*

Il s'agit de prouver qu'une ligne droite ne peut couper la parabole en plus de deux points.

Soient F (fig. 535) le foyer, MQ la directrice d'une parabole et PP′ une droite quelconque. Je dis qu'il ne peut exister sur la droite PP′ que deux points appartenant à la parabole. Cherchons sur PP′ un point P tel que la droite PF soit égale à la perpendiculaire PQ abaissée du point P sur la directrice. Si l'on détermine le point F_1, symétrique de F par rapport à PP′ on voit que les trois points Q, F, F_1 sont situés sur une même circonférence de centre P, tangente à la directrice MQ; or les deux points F et F_1 sont connus; le problème revient donc à décrire une circonférence tangente à une droite donnée MQ et passant par deux points donnés F et F_1.

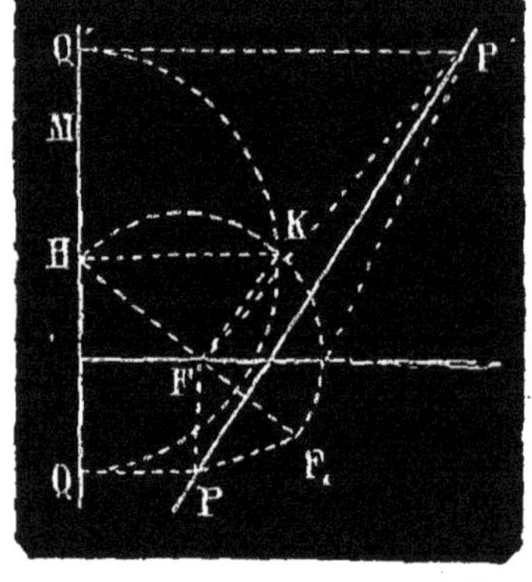

Fig. 535.

Prolongeons la droite F_1F jusqu'à sa rencontre H avec la directrice; on a

$$\overline{HQ}^2 = HF \times HF_1.$$

HQ est par conséquent une moyenne proportionnelle entre HF et HF_1. Comme on peut porter cette moyenne proportionnelle dans deux sens différents, on obtient deux points de contact Q et Q', correspondant à deux circonférences de centres P et P'.

Le problème n'aurait qu'une solution si FF_1 était parallèle à la directrice ou si le point F_1 était situé sur la directrice.

Enfin le problème serait impossible si le point F_1 était par rapport à la directrice de l'autre côté du foyer.

Donc une ligne droite ne peut couper la parabole en plus de deux points.

THÉORÈME.

857. *La parabole peut être considérée comme la limite vers laquelle tend une ellipse dont un sommet et le foyer voisin restent fixes, tandis que le grand axe croît indéfiniment.*

Considérons une ellipse (fig. 536) et le cercle directeur relatif au foyer F'. Pour un point quelconque M de l'ellipse on a MC = MF' (n° 819). A mesure que le sommet A et le foyer F s'éloignent vers la droite, les points A' et F' restant fixes, l'ellipse s'allonge de plus en plus, le cercle directeur a une courbure de moins en moins prononcée et tend à se confondre avec la tangente au point D; le rayon FC, toujours normal au cercle, tend à devenir perpendiculaire à la tangente EG. Donc l'ellipse donnée qui est le lieu des points à égale distance du foyer F' et du cercle directeur, a pour limite le lieu des points à égale distance du foyer F' et de la droite EG. Cette limite est donc une parabole ayant pour foyer et pour directrice le point F' et la droite EG.

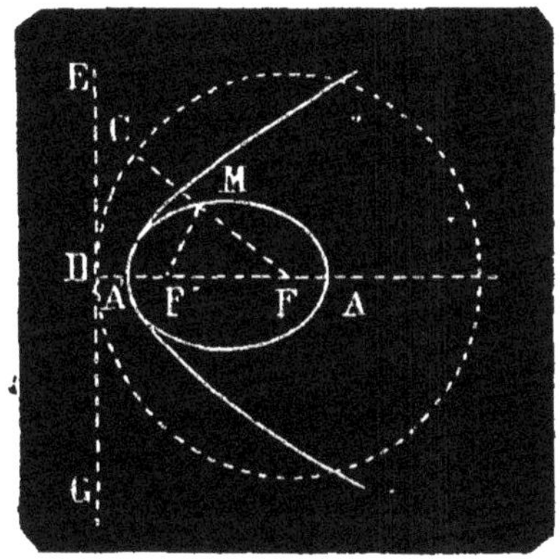

Fig. 536.

Remarque. — La plupart des propriétés de la parabole peuvent se déduire des propriétés analogues de l'ellipse en vertu du théorème précédent.

THÉORÈME.

858. *La tangente à la parabole fait des angles égaux avec le rayon vecteur mené au point de contact et la parallèle à l'axe passant par ce point.*

Ce théorème est une conséquence évidente du précédent. Il est bon néanmoins d'en donner une démonstration directe.

Soit MM' (fig. 537) une sécante qui rencontre la parabole en deux points voisins M, M'.

Abaissons du foyer F une perpendiculaire FH sur cette sécante et prolongeons-la d'une quantité HE égale à HF; par le point E menons une parallèle à l'axe; cette parrallèle rencontre la sécante en un point G et la directrice en D. Traçons les droites GF, MF, ME, et abaissons de M la perpendiculaire MC sur la directrice.

On a alors MF = MC = ME.

Les trois points F, C, E sont donc situés sur un même cercle de centre

M, tangent en C à la directrice. Il en résulte que le point E est situé entre la courbe et la directrice. On a par conséquent

$$GE < GD;$$

or

$$GE = GF,$$

d'où l'on tire

$$GF < GD.$$

Donc le point G est situé à l'intérieur de la parabole c'est-à-dire entre les points M et M'.

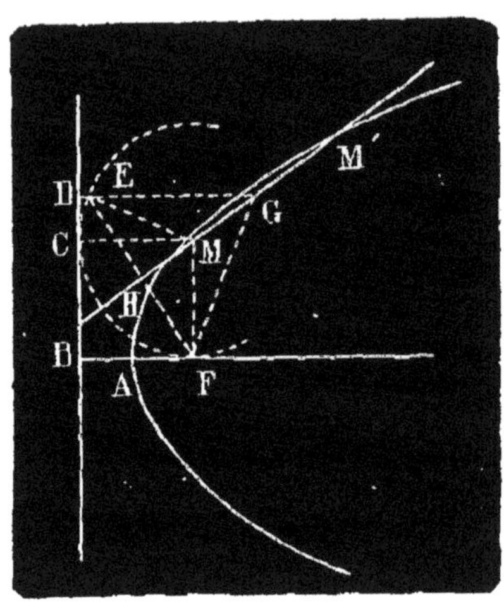

Fig. 537.

De plus les angles HGF et HGE sont égaux, et cela a lieu quelque rapprochés que soient les points M et M'. Si l'on fait tourner la sécante autour du point M, jusqu'à ce que le point M' vienne se confondre avec lui, le théorème reste vrai; or à la limite la sécante devient tangente en M; la droite GD, toujours parallèle à l'axe, passe par le point de contact et la ligne GF est le rayon vecteur de ce point.

Donc la tangente est bissectrice de l'angle formé par la parallèle à l'axe passant par le point de contact et le rayon vecteur de ce point.

859. Corollaire I. — *La tangente en un point* M (fig. 538) *de la parabole est perpendiculaire au milieu de la droite* FC, *qui joint le foyer à la projection* C *du point de contact sur la directrice.*

Le triangle CMF est isocèle. La tangente MT étant bissectrice de l'angle du sommet est perpendiculaire au milieu de la base CF.

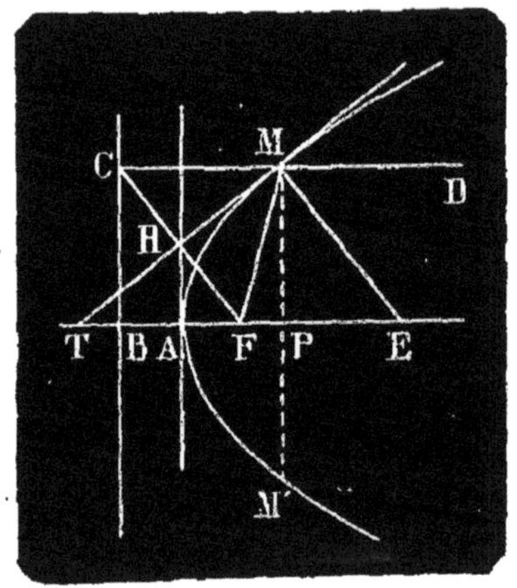

Fig. 538.

860. Corollaire II. — *La tangente au sommet est perpendiculaire à l'axe.*

861. Corollaire III. — *Le foyer* F *est à égale distance du point de contact* M *et du point* T *où la tangente rencontre l'axe.*

En effet, les angles MTF et TMC sont égaux comme alternes-internes par rapport aux parallèles TE et CM coupées par la sécante MT. Il en résulte que

$$MTF = TMF.$$

Donc

$$FT = FM.$$

862. Corollaire IV. — *La normale* ME *en un point* M *de la parabole est bissectrice de l'angle formé par le rayon vecteur du point* M *et la parallèle à l'axe passant par ce point.*

Les angles FMC, FMD sont supplémentaires ; la droite ME étant perpendiculaire à MT, bissectrice de l'angle FMC, est bissectrice du supplément FMD.

863. Sous-normale. — On appelle *sous-normale* la projection PE sur l'axe de la portion de la normale ME comprise entre la courbe et l'axe.

Corollaire V. — *Dans la parabole, la sous-normale est constante et égale au paramètre.*

Les droites ME et CF (fig. 538) étant perpendiculaires à la tangente MT sont parallèles. Le quadrilatère EMCF est donc un parallélogramme et ME = CF. Conséquemment les deux triangles rectangles MPE et CBF sont égaux comme ayant l'hypoténuse égale et un côté de l'angle droit égal ; il en résulte que

$$\text{PE} = \text{BF} = p.$$

864. Sous-tangente. — On appelle *sous-tangente* la projection TP sur l'axe de la portion de la tangente MT comprise entre l'axe et le point de contact.

Corollaire VI. *Le sommet de la parabole divise la sous-tangente en deux parties égales.*

En effet,

$$\text{FE} = \text{CM} = \text{FM} = \text{FT}.$$

Si des quantités FE et FT on retranche les quantités égales PE et FB, il reste

$$\text{BT} = \text{FP}$$

D'ailleurs

$$\text{AB} = \text{AF}$$

Donc

$$\text{AB} + \text{BT} = \text{AF} + \text{FP}$$

ou

$$\text{AT} = \text{AP}.$$

THÉORÈME.

865. *Le lieu des projections du foyer sur les tangentes à la parabole est la tangente au sommet.*

En effet, la droite AH (fig. 538) qui, dans le triangle TPM, joint le milieu H du côté TM au milieu A du côté TP est parallèle à MP. Cette droite est donc la tangente au sommet (nº 860).

THÉORÈME.

866. *Dans la parabole, les carrés des cordes perpendiculaires à l'axe sont proportionnels aux distances de ces cordes au sommet.*

Dans le triangle rectangle TME (fig 538) la droite MP étant perpendiculaire sur l'hypoténuse, on a

$$\overline{\text{MP}}^2 = \text{TP} \times \text{PE};$$

or

$$TP = 2AP, \quad PE = p.$$

Donc

$$\overline{MP}^2 = 2p \times AP$$

ou

$$\overline{MM'}^2 = 8p \times AP$$

PROBLÈME I.

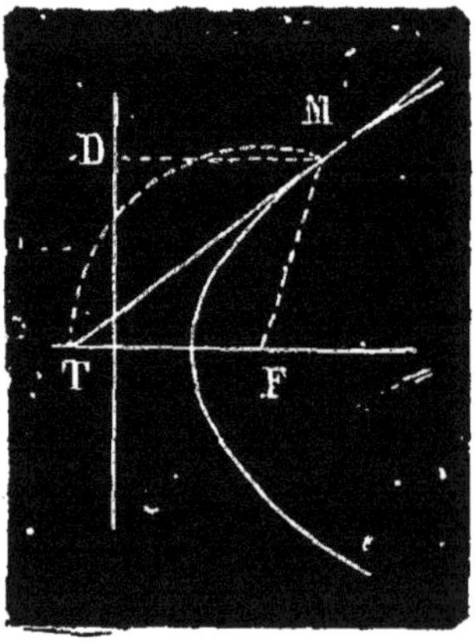

867. *Mener une tangente à la parabole par un point pris sur la courbe.*

1er *moyen*. Soit M le point donné (fig. 539). Si l'on trace la droite MF et qu'on abaisse de M la perpendiculaire MD sur la directrice, on n'a plus qu'à mener la bissectrice de l'angle DMF. Cette bissectrice est la tangente cherchée.

2e *moyen*. On prend sur l'axe une longueur FT égale à FM et l'on joint le point T au point M (n° 861).

Fig. 539.

PROBLÈME II.

868. *Mener une tangente à la parabole par un point extérieur à la courbe.*

Supposons le problème résolu ; soient P le point donné (fig. 540) et PM la tangente cherchée.

Si l'on mène par le point M la droite MD parallèle à l'axe et qu'on trace la droite DF, la tangente est perpendiculaire sur le milieu de DF (n° 859). Il en résulte que les droites PF et PD sont égales comme obliques s'écartant également du pied de la perpendiculaire.

Le cercle décrit du point P comme centre avec PF pour rayon passe donc par le point D. D'ailleurs le point P étant extérieur à la courbe est plus rapproché de la directrice que du foyer et ce cercle coupe la directrice en deux points D et D'.

On commence par décrire ce cercle, puis on abaisse du point P des perpendiculaires sur les droites FD, FD' qui joignent le foyer aux points d'intersection D et D' de ce cercle avec la directrice. Ces perpendiculaires sont tangentes à la courbe. On obtient les points de contact en menant par les points D et D' des parallèles à l'axe.

Il y a toujours deux solutions.

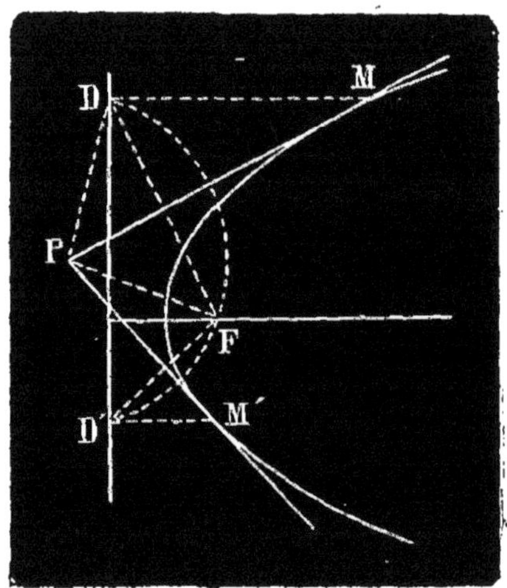

Fig. 540.

PROBLÈME III.

869. *Mener à la parabole une tangente parallèle à une droite donnée.*

Soit MT (fig. 541) une tangente à la parabole parallèle à une droite donnée xy. Abaissons du point F la perpendiculaire FF_1 à la tangente ; elle sera aussi perpendiculaire à xy. La droite FF_1 est donc connue de position. On tracera cette ligne et on n'aura plus qu'à élever une perpendiculaire TM sur le milieu de FF_1 pour avoir la tangente cherchée.

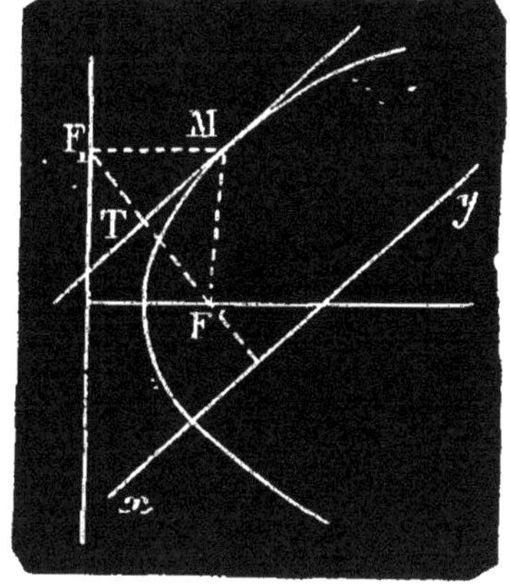

Fig. 541.

APPLICATIONS

870. La parabole est une des courbes qui offrent le plus d'applications dans les arts industriels.

Les voûtes destinées à supporter des charges considérables, les pièces de machine soumises à de grands efforts, comme le balancier de la machine de Watt, ont généralement la forme parabolique.

Les corps lancés dans l'espace dans une direction horizontale ou inclinée à l'horizon décrivent des paraboles : tels sont les projectiles des armes à feu.

Le corps qui tombe du haut du grand mât d'un navire en mouvement décrit dans l'espace une parabole et vient tomber au pied du mât.

Les chaînes des ponts suspendus ont la forme parabolique.

Miroirs paraboliques. — La normale en un point de la parabole est bissectrice de l'angle formé par le rayon vecteur de ce point et la parallèle à l'axe, menée par le même point.

Par conséquent si une bande métallique polie à l'intérieur a la forme d'un arc de parabole, et qu'on place en son foyer une source de lumière, tout rayon, après avoir frappé cette bande métallique, sera renvoyé parallèlement à l'axe. Si l'on fait tourner cette bande métallique autour de son axe, elle engendre un volume, appelé paraboloïde de révolution, dont chaque méridien jouit de la propriété que l'on vient d'énoncer. Une portion de ce paraboloïde polie à l'intérieur forme un miroir parabolique. La propriété de cette espèce de miroirs consiste donc en ce que tout rayon lumineux émané du foyer est renvoyé par le miroir parallèlement à l'axe.

Ces réflecteurs sont les meilleurs quand il s'agit d'envoyer la lumière à une grande distance.

Les miroirs des télescopes sont également paraboliques et concentrent au foyer les rayons lumineux provenant de sources très éloignées, parce que ces rayons arrivent parallèlement à l'axe.

Le **cornet acoustique** et le **porte-voix** sont également des réflecteurs paraboliques.

EXERCICES

966. Quel est le lieu des points également distants d'une droite et d'une circonférence?

967. Lieu des foyers des paraboles qui ont la même directrice et un point commun.

968. Lieu des foyers des paraboles qui ont la même directrice et une tangente commune.

969. Lieu des points tels que la somme ou la différence des distances de chacun d'eux à un point fixe et à une droite fixe soit constante.

970. Lieu des sommets des paraboles qui ont même directrice et une tangente commune.

971. Lieu des foyers des paraboles qui ont trois tangentes communes.

972. Si par un point de la directrice, on mène une sécante à la parabole, la droite qui joint ce point au foyer divise en deux parties égales le supplément de l'angle des rayons vecteurs.

973. Si par un point de la directrice, on mène une tangente à la parabole, la droite qui joint ce point au foyer est perpendiculaire au rayon vecteur du point de contact.

974. Si par un point de la directrice, on mène deux tangentes à la parabole, la corde des contacts passe par le foyer et est perpendiculaire à la droite qui joint au foyer le point pris sur la directrice.

975. Les carrés des perpendiculaires menées du foyer sur deux tangentes sont proportionnels aux rayons vecteurs des points de contact.

976. Les tangentes menées à la parabole par un point extérieur font des angles égaux avec la ligne qui joint ce point au foyer et la droite parallèle à l'axe menée par ce même point extérieur, et la droite qui joint le point au foyer est bissectrice de l'angle des rayons vecteurs des points de contact.

977. Un mobile est animé d'un mouvement uniforme dans le sens horizontal et d'un mouvement accéléré dans le sens vertical, démontrer que sa trajectoire absolue est une parabole.

978. Construire une parabole connaissant :

1° La directrice et deux points.

979. 2° Le foyer et deux points.

980. 3° Le foyer, la direction de l'axe et une tangente.

981. 4° La directrice et deux tangentes.

982. 4° La tangente au sommet et deux autres tangentes.

983. 6° La direction de l'axe, une tangente et le point de contact.

984. 7° La direction de l'axe et deux points de la courbe.

985. 8° Deux tangentes et les points de contact.

986. 9° Le foyer et deux tangentes.

987. 10° Quatre tangentes.

988. 11° Le foyer, une tangente et un point.

989. 12° Un point, une tangente et la directrice.

990. 13° Une tangente, le point de contact et la directrice.

991. 14° Une tangente, le point de contact et le foyer.

992. Inscrire un cercle dans un segment de parabole déterminé par une corde perpendiculaire à l'axe.

CHAPITRE IV

SECTIONS CONIQUES

871. *La section d'un cône circulaire droit par un plan est*

1° *Une ellipse, lorsque le plan rencontre toutes les génératrices du cône;*

2° *Une hyperbole, lorsque le plan est parallèle à deux génératrices*;

3° *Une parabole, lorsque le plan sécant est parallèle à une seule génératrice.*

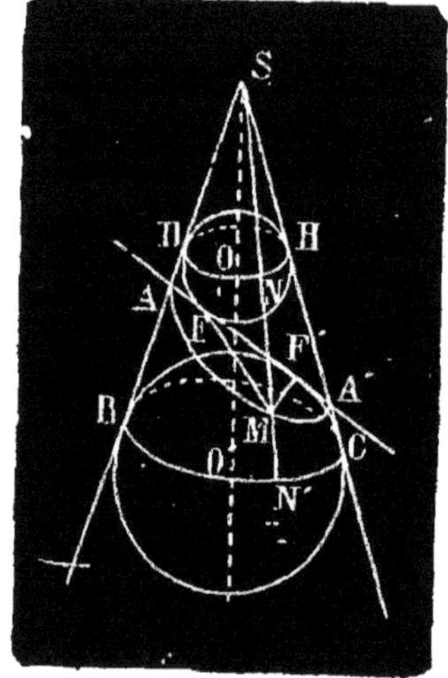

Fig. 542.

1° Le plan mené par l'axe du cône, perpendiculairement au plan sécant, coupe le cône suivant deux génératrices SB, SC (fig. 542) et le plan sécant suivant une droite AA'. Le plan sécant ne peut rencontrer toutes les génératrices du cône que s'il coupe les droites SB, SC d'un même côté du sommet. Supposons qu'il en soit ainsi et décrivons des cercles O et O' tangents aux génératrices SB, SC et à la droite AA'. Les points de contact du premier sont D, H, F; ceux du second sont B, C, F'. Si l'on fait tourner l'angle BSC et les cercles O, O' autour de l'axe SO', les droites SB, SC engendrent un cône circulaire droit coupé par le plan sécant suivant une courbe AMA'; les cercles O, O' décrivent des sphères qui touchent le cône suivant des cercles DH, BC et le plan AA' aux points F, F'.

Soit M un point de la courbe AMA'; traçons les droites MF, MF' et la génératrice SM, qui touche les cercles DH et BC aux points N, N'.

Les droites MF et MN sont égales comme tangentes à une même sphère issues du même point M.

Les droites MF' et MN' sont égales comme étant tangentes à la sphère O'. On a donc

$$MF + MF' = MN + MN' = NN', \text{ quantité constante.}$$

La courbe d'intersection est donc une ellipse ayant pour foyers les points F et F'.

Remarque. — Un cylindre circulaire droit n'étant autre chose qu'un cône dont le sommet est à l'infini, sa section plane est aussi une ellipse.

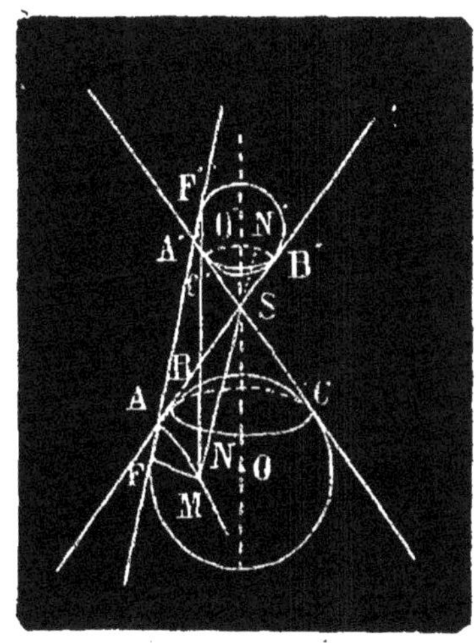

Fig. 543.

2° Supposons que la droite AA' (fig. 543) rencontre les génératrices SB, SC de part et d'autre du sommet.

Le plan sécant est alors parallèle aux deux génératrices situées dans le plan perpendiculaire au tableau et dont la trace sur ce dernier serait une parallèle à AA' menée par le sommet S.

Décrivons, comme dans le premier cas, des cercles O, O' tangents aux génératrices SB, SC et à la droite AA'. Les points de contact du premier cercle sont B, C, F, et ceux du second, B', C', F'.

Si l'on fait tourner l'angle ASC et les cercles O, O' autour de l'axe SO, les droites SB, SC engendrent les deux nappes d'un cône circulaire droit coupé par le plan sécant suivant une courbe à deux branches; les cercles O, O' décrivent des sphères qui touchent le cône suivant des cercles BC, B'C' et le plan sécant aux points F, F'.

Soit M un point de la courbe d'intersection; traçons les droites MF, MF' et la génératrice SM, qui touche les cercles BC, B'C' aux points N, N'.

Les droites MF' et MN' sont égales comme tangentes à une même sphère O' issues du même point M; les droites MF et MN sont égales pour une raison analogue. On a donc

$$MF' - MF = MN' - MN = BB' = NN', \text{ quantité constante.}$$

La courbe d'intersection est donc une hyperbole ayant pour foyers les points F et F'.

3° Supposons enfin la droite AA' (fig. 544) parallèle à la génératrice SC; décrivons un cercle O tangent aux droites SB, SC, AA'; ce cercle engendre une sphère qui touche le cône suivant le cercle DH et le plan sécant au point F. Le plan du cercle DH et le plan sécant se coupent suivant une droite GK perpendiculaire au plan de la figure, et, par suite, à la droite AA'. D'un point quelconque M de la courbe d'intersection, abaissons la perpendiculaire MK sur GK, traçons la droite MF et la génératrice MS, qui touche le cercle DH au point N.

La droite MK est parallèle à GA′, et, par suite, à SC. Les trois droites MK, MS et SC sont donc dans un même plan et ce plan coupe celui du cercle DH suivant une droite HK passant par le point N. Les triangles SNH et MNK sont semblables; or les côtés SH et SN sont égaux, donc MK = MN. Mais les droites MF et MN sont égales comme tangentes à une même sphère issues d'un même point. On a par conséquent MK = MF.

On en conclut que la courbe d'intersection est une parabole ayant pour foyer le point F et pour directrice la droite GK.

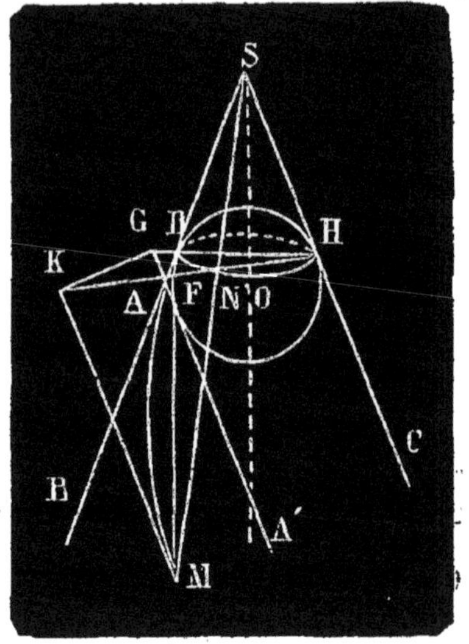

Fig. 544.

APPLICATIONS

872. On appelle **porte droite en talus** un berceau cylindrique pratiqué dans un mur à talus, dont la trace sur le plan de naissance de la voûte est perpendiculaire à l'axe du berceau. L'ouverture de la voûte est une demi-ellipse car elle est l'intersection d'un cylindre circulaire droit par un plan oblique à ses génératrices. C'est encore une demi-ellipse quand la porte est biaise, c'est-à-dire lorsque l'axe du berceau est oblique à la trace du talus sur le plan de naissance. Les ouvrages d'art dans les chemins de fer présentent de nombreux exemples de ce genre de constructions.

Lorsqu'un tuyau cylindre pénètre dans un mur plan, l'ouverture destinée à le recevoir est une ellipse.

L'intersection de deux cylindres circulaires droits de même diamètre et dont les axes se rencontrent est une courbe plane (voir notre *Géométrie descriptive*); cette courbe est donc une ellipse, puisque c'est la section plane d'un cylindre circulaire droit. On appelle *voûte d'arête*, celle qui est formée de deux berceaux cylindriques de même montée et qui se rencontrent à angle droit, les courbes qu'elle présente en saillie sont des portions d'ellipses.

Une sphère opaque placée dans le voisinage d'une source de lumière intercepte un cône de rayons lumineux dont les génératrices sont les rayons tangents à la sphère. L'ombre portée par cette sphère sur un plan est limitée par l'intersection de ce cône avec le plan; c'est, suivant les cas, une ellipse, une hyperbole ou une parabole.

Plaçons, sur une table une sphère et une lumière; en faisant varier la hauteur de la lumière on peut obtenir les trois courbes.

Lorsque cette hauteur est plus grande que le diamètre de la sphère, l'ombre est une ellipse dont l'un des foyers est le point de contact de la sphère et du plan.

Si la hauteur de la lumière est égale au diamètre de la sphère, l'ombre portée est une parabole dont le foyer est encore le point de contact de la sphère et du plan.

Enfin, lorsque la hauteur de la lumière est plus petite que le diamètre de la sphère, l'ombre portée est un arc d'hyperbole.

EXERCICES

993. La perspective d'un cercle sur un plan non parallèle à celui du cercle est une ellipse, une parabole ou une hyperbole. — On supposera l'œil du spectateur sur la perpendiculaire élevée au centre du cercle de son plan.

994. Quelle est la limite de l'ombre portée sur un mur vertical par l'abat-jour conique d'une lampe modérateur?

CHAPITRE V

DE L'HÉLICE

873. Une surface est **développable** lorsqu'on peut l'étendre sur un plan sans déchirure ni duplicature.

THÉORÈME.

874. *Le développement de la surface convexe d'un cylindre droit sur un plan est un rectangle qui a pour dimensions la hauteur du cylindre et la longueur de la circonférence de sa base.*

Soit un prisme droit inscrit dans un cylindre (fig. 545); supposons la surface latérale ouverte suivant l'arête AA'.

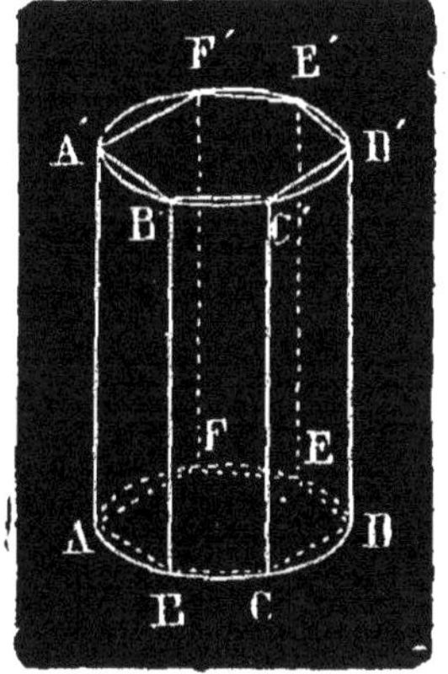

Fig. 545.

Faisons tourner la face ABB'A' autour de l'arête BB' pour l'amener dans le prolongement de la face suivante; faisons ensuite tourner ces deux faces réunies autour de l'arête CC' de manière à les amener dans le prolongement de la face suivante, et ainsi de suite, jusqu'à ce que toutes les faces soient dans un même plan. Dans ce mouvement, le côté BA restant perpendiculaire à BB' se placera dans le prolongement de BC, qui est aussi perpendiculaire à BB' au même point B; ces deux côtés réunis se placent ensuite dans le prolongement de CD etc.

Le périmètre de la base inférieure se développe en ligne droite et il en est évidemment de même du périmètre de la base supérieure. De sorte que le développement de la surface latérale du prisme droit est un rectangle dont les dimensions sont la hauteur du prisme et la longueur du périmètre de sa base.

Si l'on augmente indéfiniment le nombre des faces du prisme, on obtient le développement de la surface convexe du cylindre. Ce développement est donc un rectangle ayant pour dimensions la hauteur du cylindre et la longueur de sa circonférence de base.

Réciproquement le rectangle peut être enroulé autour du cylindre.

875. Définition de l'hélice. — *On appelle* **hélice** *la courbe engendrée par une droite tracée sur un plan lorsqu'on enroule ce plan sur la surface convexe du cylindre circulaire droit.*

Soit ADFE (fig. 546) le rectangle qu'on obtient en développant la surface convexe du cylindre circulaire droit ABCD. Divisons la génératrice AD en un certain nombre de parties égales, trois par exemple, aux points G, H. Menons par ces points des parallèles GI, HK à la base AE, et traçons les droites AI, GK, HF ; si l'on enroule le rectangle sur le cylindre, les droites AI, GK, HF traceront sur sa surface convexe une courbe continue AMGNHOD, qui est un hélice.

Cette courbe est continue, car l'arc AMG, produit par droite AI, se termine au point G où commence l'arc GNH, formé par la droite GK, de sorte que les droites AI, GK, HF produisent le même résultat que si elles étaient en ligne droite et que cette ligne droite fît trois fois le tour du cylindre.

Chacun des arcs AMG, GNH, HOD qui ont leurs extrémités sur la même génératrice AD du cylindre est une **spire.**

On appelle **pas de l'hélice**, la portion constante AG de la génératrice AD comprise entre les extrémités d'une même spire.

On appelle **ordonnée** d'un point P de l'hélice la portion PQ de la génératrice comprise entre ce point et sa projection Q sur la circonférence de la base ; et **abscisse curviligne**, la projection AQ de l'arc d'hélice compris entre l'origine A et le point P ; ce n'est autre chose que la portion de la circonférence de la base comprise entre l'origine A et le point Q.

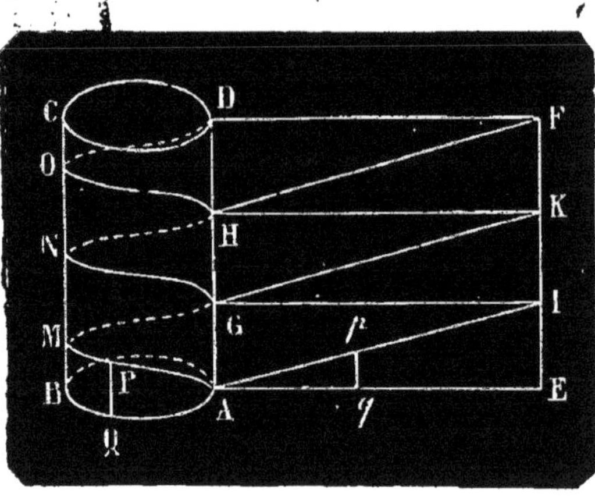

Fig. 546.

THÉORÈME.

876. *L'ordonnée d'un point de l'hélice et son abscisse curviligne sont dans un rapport constant.*

Soit p (fig. 546) le point de la droite génératrice AI qui, après l'enroulement vient au point P. La perpendiculaire pq abaissée de p sur AE vient prendre la position de l'ordonnée PQ et la droite Aq engendre l'arc AQ.

On a par conséquent

$$\frac{\text{PQ}}{\text{arc AQ}} = \frac{pq}{\text{A}q}.$$

Les triangles Apq et AIE étant semblables, on a

$$\frac{pq}{\text{A}q} = \frac{\text{IE}}{\text{AE}}$$

et si l'on désigne le pas IE par h et le rayon du cylindre par R, on peut écrire

$$\frac{\text{PQ}}{\text{arc AQ}} = \frac{h}{2\pi\text{R}}.$$

877. Corollaire. — *Le rapport d'un arc d'hélice à sa projection sur le plan de la base est constant.*

Les triangles Apq et AIE donnent

$$\frac{\text{A}p}{\text{A}q} = \frac{\text{AI}}{\text{AE}} = \frac{\text{AI}}{2\pi\text{R}}.$$

878. On appelle **sous-tangente de l'hélice**, la projection sur le plan de la base du cylindre de la portion de tangente comprise entre ce plan et le point de contact.

THÉORÈME.

879. *Dans l'hélice, la sous-tangente est égale à l'abscisse curviligne du point de contact.*

Soit AMM'N (fig. 547) un arc d'hélice tracé sur un cylindre circulaire droit C, dont la base est le cercle AB. Coupons le cylindre par un plan RS suivant deux génératrices mp, $m'n$. Ces génératrices rencontrent l'arc d'hélice aux points M, M' et la circonférence de base en m et m'.

Les cordes M'M et $m'm$ de ces deux arcs étant dans le même plan RS se coupent en un point P.

Les triangles semblables MmP et M'm'P donnent

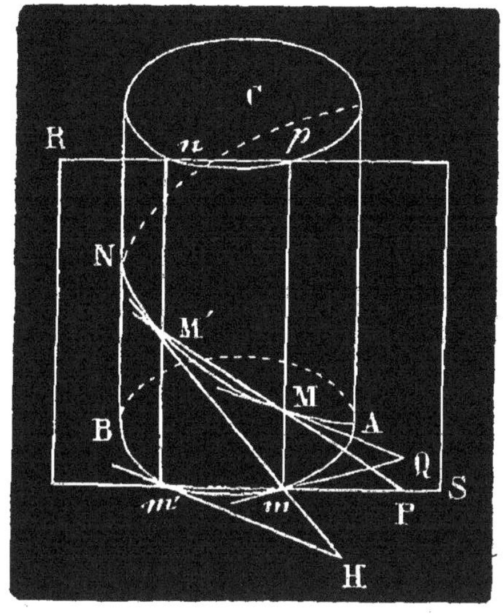

Fig. 547.

$$\frac{mP}{Mm} = \frac{m'P}{M'm'}.$$

Or en vertu du théorème précédent (n° 876), on a

$$\frac{Mm}{\text{arc } Am} = \frac{M'm'}{\text{arc } Am'}.$$

Si l'on multiplie ces égalités membre à membre, il vient

$$\frac{mP}{\text{arc } Am} = \frac{m'P}{\text{arc } Am'}.$$

D'où l'on tire

$$\frac{mP}{\text{arc } Am} = \frac{m'P - mP}{\text{arc } Am' - \text{arc } Am} = \frac{\text{corde } mm'}{\text{arc } mm'}.$$

Si l'on fait tourner le plan RS autour de la génératrice mp, jusqu'à ce que les deux génératrices mp et $m'n$ se confondent; le plan devient tangent au cylindre; les cordes $m'm$ et M'M de l'arc de circonférence et de l'arc d'hélice deviennent les tangentes mQ et MQ à ces courbes.

Or, le rapport $\frac{\text{corde } mm'}{\text{arc } mm'}$ a pour limite l'unité, car la corde diffère de moins en moins de l'arc. Donc on a aussi

$$\text{lim. } \frac{mP}{\text{arc } Am} = 1.$$

Par conséquent

$$mQ = \text{arc } Am.$$

880 **Corollaire.** — *La tangente à l'hélice fait un angle constant avec la génératrice du cylindre, menée par le point de contact.*

Menons les tangentes MQ et M'H (fig. 547) en deux points différents M et M' de l'hélice et soient mQ et mH les sous-tangentes.

On a (nº 879)

$$\frac{Mm}{mQ} = \frac{Mm}{\text{arc } Am},$$

$$\frac{M'm'}{m'H} = \frac{M'm'}{\text{arc } Am'}.$$

Or (nº 876)

$$\frac{Mm}{\text{arc } Am} = \frac{M'm'}{\text{arc } Am'}.$$

Donc

$$\frac{Mm}{mQ} = \frac{M'm'}{m'H}.$$

Les triangles MmQ et $M'm'H$ sont par conséquent semblables comme ayant un angle droit, c'est-à-dire un angle égal, compris entre des côtés proportionnels; il en résulte que les angles QMm et $HM'm'$ sont égaux.

C. Q. F. D.

PROBLÈME.

881. *Construire la projection de l'hélice et de sa tangente sur un plan parallèle à l'axe.*

Si le cylindre repose sur un plan perpendiculaire à son axe, il a pour projection un cercle O (fig. 548) et l'hélice est entièrement projeteé sur la circonférence de ce cercle.

La projection du cylindre sur un plan parallèle à son axe est un rectangle A'B'C'D'.

Divisons la circonférence O et le pas mn l'hélice en un même nombre de parties égales, huit par exemple; par les points de divisions pris sur mn, menons des perpendiculaires à l'axe, et par les points de la circonférence des parallèles à cet axe.

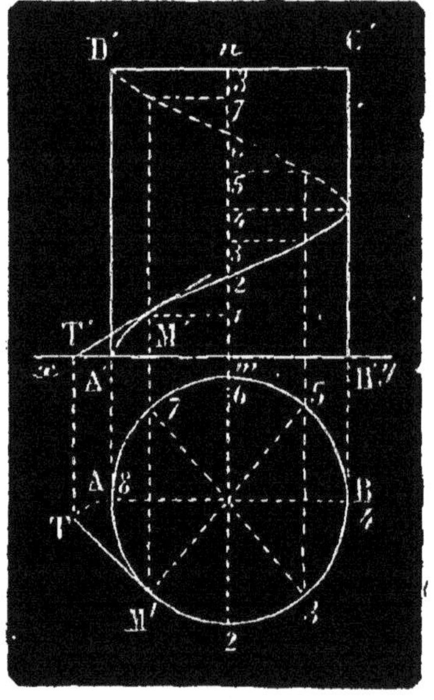

Fig. 548.

Les intersections des droites portant le même numéro sont des points de l'hélice, car les ordonnées de cette courbe sont proportionnelles à leurs abscisses curvilignes. (nº 876.)

Pour tracer la projection de la tangente au point M', observons que la soustangente MT est égale à l'arc MA. Le point T étant le point où la tangente perce le plan de la base, la projection de ce point sur le plan parallèle à l'axe s'obtient en abaissant de T une perpendiculaire TT' sur xy. La droite T'M' qui joint le point T' au point M' est la projection de la tangente à l'hélice; cette projection est tangente à la projection de la courbe.

APPLICATIONS

882. La vis, que l'on rencontre dans presque toutes les pièces de machines, est une des applications les plus importantes de l'hélice. La **vis a filet carré** est engendrée par un carré qui se meut sur la surface d'un cylindre circulaire droit de manière que l'un des côtés coïncide avec une génératrice, que son plan passe constamment par l'axe et que l'un de ses points décrive une hélice tracée sur le cylindre.

La vis **a filet triangulaire** est engendrée par un triangle isocèle dont la base coïncide avec une génératrice, et dont le plan passe constamment par l'axe ; ce triangle se meut de manière à ce que l'un des sommets de la base décrive une hélice dont le pas est ordinairement égal à cette base.
Les côtés du carré ou du triangle isocèle qui rencontrent les génératrices du cylindre et s'appuient sur l'hélice directrice engendrent des surfaces appelées **hélicoïdes gauches**. Ce sont les surfaces supérieure et inférieure du **filet** de la vis.

La vis s'engage ordinairement dans une pièce appelée **écrou** et qui présente en creux une surface hélicoïdale pouvant exactement coïncider avec le filet de la vis.

Quand l'écrou est fixe, et que la vis est animée d'un mouvement de rotation elle prend également un mouvement de translation dans le sens de son axe.

Cette disposition est employée toutes les fois qu'il s'agit de rapprocher deux pièces en exerçant une pression considérable,

Les **hélices propulsives** des navires sont des portions d'hélicoïdes gauches agissant dans l'eau à la manière du tire-bouchon.

Mentionnons encore les escaliers tournants dits en **vis a jour**, qui ont pour directrices des hélices tracées sur le noyau central et sur la paroi extérieure de la cage.

EXERCICES

995. Étant donné un prisme droit, on demande le chemin le plus court pour aller de l'une des extrémités d'une arête à l'autre extrémité en faisant le tour du prisme.

996. Le plus court chemin entre deux points de la surface d'un cylindre droit, mesuré sur cette surface, est le plus petit des arcs d'hélices qui joint ces deux points.

997. Calculer l'aire de la surface cylindrique comprise entre un arc d'hélice, les ordonnées intérieures et la projection de l'hélice.

998. Calculer l'aire de la surface cylindrique comprise entre deux arcs de même pas et les génératrices qui limitent ces arcs.

999. Calculer l'aire de la surface cylindrique comprise entre deux arcs d'hélice de même pas et les arcs de deux nouvelles hélices normales aux premières.

1000. Si par un point de l'espace on mène des parallèles aux tangentes à tous les points d'une spire d'hélice, on forme un cône de révolution.

NOTIONS SUR LE NIVELLEMENT

883. Le levé des plans a pour but de construire un polygone semblable à celui qu'on obtient en projetant un terrain sur un plan horizontal.

Ce polygone ne suffit pas pour donner une idée de la forme du sol ; il faut connaître de plus les hauteurs relatives de ses différents points au-dessus du plan sur lequel il est projeté.

Le plan de projection porte le nom de **plan de comparaison** ; on le définit en donnant sa distance à l'un des points remarquables du terrain.

La hauteur d'un point au-dessus du plan de comparaison est la **cote** de ce point.

Si le plan de comparaison est le niveau des mers, la cote prend le nom **d'altitude**.

Soit 60^m la cote d'un point A et supposons qu'un autre point B soit à 3^m au-dessous de A ; il est évident que la cote de B sera $60 - 3 = 57^m$.

La différence entre la hauteur d'un point B et celle du point A dont la cote est donnée suffit donc pour calculer la cote de B.

Le **nivellement** a pour but de déterminer cette différence, qu'on appelle **différence de niveau.** On emploie pour cela un **niveau** et une **mire.**

Un **fil à plomb** en équilibre sous l'action de la pesanteur prend une direction fixe qu'on appelle **verticale.**

Tout plan perpendiculaire à la verticale est un **plan horizontal,** et toute droite tracée dans un plan horizontal est une **ligne horizontale.**

Deux lignes horizontales qui se coupent déterminent un plan horizontal.

Une ligne horizontale en tournant autour de l'un de ses points décrit un plan horizontal.

Toutes les verticales concourent au centre de la terre supposée sphérique ; on considère néanmoins les verticales peu éloignées l'une de l'autre comme étant parallèles. L'usage du niveau est fondé sur ce principe.

884. **Niveau d'eau.** — Le niveau d'eau (fig. 388) se compose d'un tube en fer blanc ou en cuivre de 1^m 40 de long et de 5^{cm} de diamètre. Il est recourbé à angle droit à ses deux extrémités, dans lesquelles sont encastrées deux fioles de verre rétrécies à leur ouverture supérieure. Le tout est supporté par un genou à coquilles reposant sur un pied à trois branches. On remplit le tube d'eau colorée de manière que le liquide s'élève à peu près aux trois quarts des fioles.

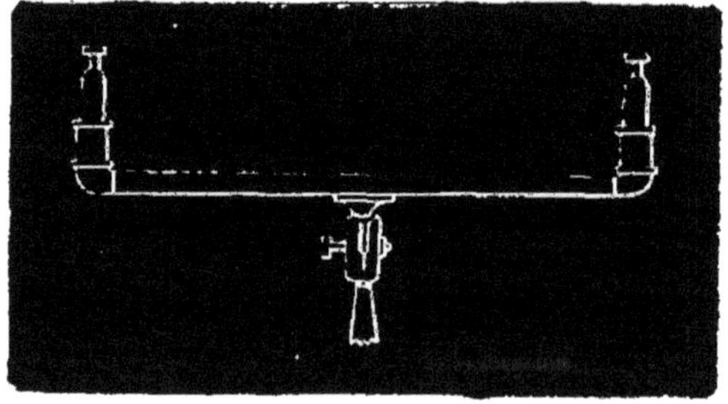

Fig. 549.

Pour faire usage de l'instrument, on le place au-dessus de son pied de manière que le tube soit sensiblement horizontal. Le liquide se met en équilibre et les deux ménisques dans les fioles sont situés dans un même plan horizontal (équilibre des liquides dans les vases communiquants). Le rayon visuel tangent intérieurement aux deux ménisques est une ligne parfaitement horizontale. Si les deux fioles ont même diamètre, ce qui est indispensable, on peut faire tourner le niveau sur son support, et les deux ménisques restent constamment dans le même plan horizontal.

885. **Mire à voyant.** — La **mire** est une règle de 2^m de longueur, divisée en centimètres, qu'on tient verticalement sur le sol (fig. 550). Un collier qui glisse sur la règle, et que l'on peut serrer plus ou moins avec une vis, porte une plaque carrée, peinte de deux couleurs, et qu'on appelle **voyant.** Le voyant est divisé en quatre parties égales par une ligne horizontale et une ligne verticale; la première est la **ligne de foi**; elle correspond au bord inférieur du collier ou à une échancrure qui permet de lire sur la règle la hauteur de la ligne de foi du voyant.

La plupart des mires sont à *coulisse*, c'est-à-dire qu'elles se composent en réalité de deux règles dont l'une appelée **réglette** glisse dans une rainure pratiquée dans l'autre, nommée **coulisse.** (fig. 551.)

Quand la hauteur à mesurer est inférieure à 2^m on n'emploie que la coulisse; la hauteur se lit sur la face opposée au voyant.

Si la hauteur dépasse 2^m, on fixe le voyant à la tête de la réglette, qu'on fait glisser dans l'intérieur de la coulisse. La hauteur, qui est égale à 2^m plus la quantité dont s'est élevée la base de la réglette, se lit sur le côté de la coulisse.

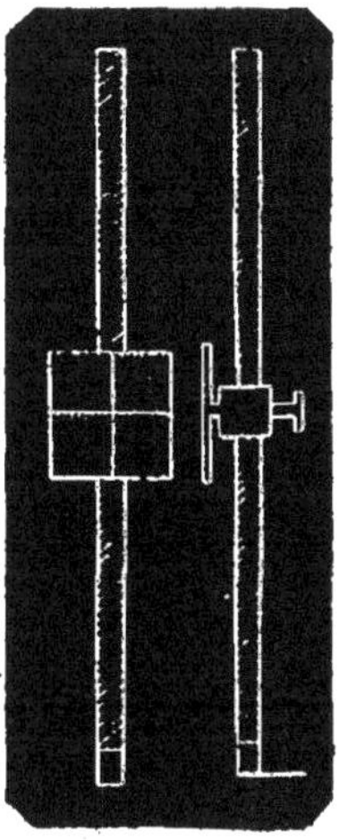

Fig. 550.

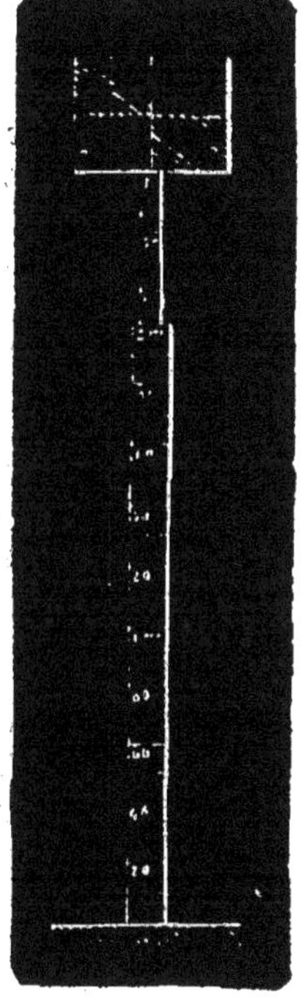

Fig. 551.

NIVELLEMENT SIMPLE.

886. *Étant donnés deux points* A *et* B (fig. 552), *trouver la différence de niveau de ces points.*

L'opérateur place le niveau entre les deux points, à peu près à égale distance de chacun d'eux, et envoie son aide (porte-mire) placer la mire verticalement au point A; il lui indique par signes, avec la main, s'il doit élever ou abaisser le voyant, et lui fait signe d'arrêter le mouvement lorsque le rayon visuel déterminé par le niveau rencontre la ligne de foi.

L'aide lit alors, sur la face opposée au voyant, la hauteur AA′, que l'opérateur inscrit sur son carnet; puis il se transporte au point B où il place la mire de la même manière qu'au point A, répète la même opération et lit la hauteur BB′, que l'opérateur écrit également sur son carnet. La différence de niveau des deux points A et B est la différence des hauteurs AA et BB′; en effet, si l'on mène par le point A une horizontale AA″, on a $AA' = A''B'$, et, par conséquent, $A''B = BB' - AA'$.

L'opération qui consiste à déterminer sur la mire la hauteur AA' ou la hauteur BB' s'appelle *donner un coup de niveau*.

Le nivellement simple ne comporte donc qu'une seule station du niveau et deux coups de niveau.

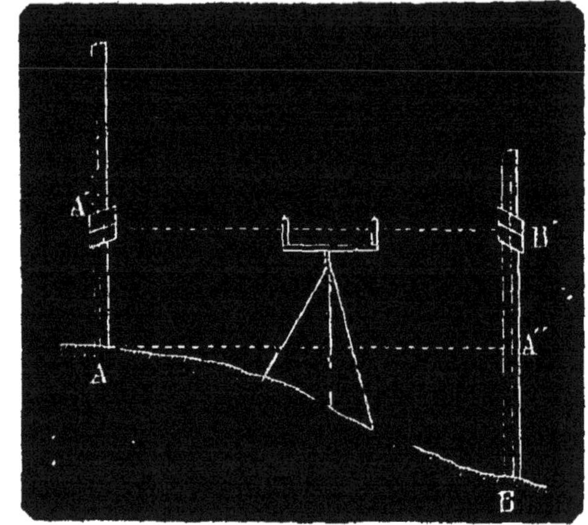

Fi . 552.

NIVELLEMENT COMPOSÉ.

887. Lorsque les deux points A et B (fig. 553) sont distants de plus de 50^m, ou lorsque leur différence de niveau surpasse 4^m, on choisit entre eux un certain nombre de points M, N, P, tels que la différence de niveau de deux points consécutifs puisse s'obtenir par un nivellement simple.

L'opérateur se place avec son niveau entre A et M, où il donne un coup de niveau sur A et un coup de niveau sur M; le premier est un **coup arrière** et le deuxième un **coup avant**, à cause du sens de la marche, qui a lieu de A vers B; il se transporte ensuite entre M et N, où il donne un coup arrière sur M et un coup avant sur N; puis, entre N et P, où il donne un coup arrière sur N et un avant sur P; ainsi de suite, jusqu'au point B.

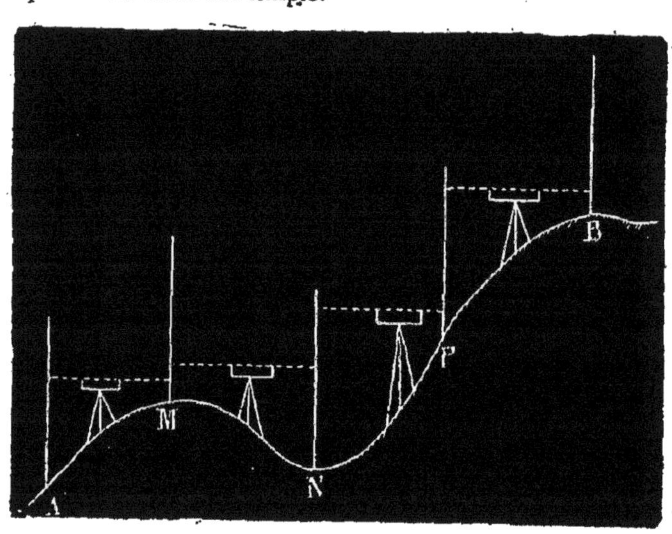

Fig. 553.

Chaque coup de niveau est noté avec soin sur un carnet réglé d'avance à peu près comme il suit :

POINTS NIVELÉS	COUPS DE NIVEAU		COTES	OBSERVATIONS
	ARRIÈRE	AVANT		
A	1,70	»	60	Le point A est à 60^m au-dessus du plan de comparaison.
M	1,15	0,90	$60^m,80$	
N	1,90	1,85	$60^m,10$	
P	1,50	0,30	$61^m,70$	
B	»	0,35	$62^m,85$	
	SOMME	SOMME		VÉRIFICATION
	—	—		$62^m,80 - 60^m = 2^m,85$
	$6^m,25$	$3^m,40$		$6^m,25 - 3^m,40 = 2^m,85$

Pour aller de A en M, on *monte* de. . . . . $1^m,70 - 0^m,90 = 0^m,80$.
— M en N, on *descend* de ($1^m,45 - 1^m,15$) ou l'on *monte* de $1^m,15 - 1^m,85 = -0^m,70$.
— N en P, on *monte* de. . . . . $1^m,90 - 0^m,30 = 1^m,60$.
— P en B, on *monte* de. . . . . $1^m,50 - 0^m,35 = 1^m,15$.

Par conséquent, pour aller de A en B, on *monte* de

$$(1^m,70 + 1^m,15 + 1^m,90 + 1^m50) - (0^m,90 + 1^m,85 + 0^m,30 + 0^m,35)$$
$$= 0^m,80 - 0^m,70 + 1^m,60 + 1^m,15 = 2^m,85.$$

D'où la règle suivante :

La différence de niveau des deux points extrêmes est égale à la différence entre la somme des coups arrière et la somme des coups avant.

Si la somme des coups arrière est plus grande que la somme des coups avant, le premier point est plus bas que le second; dans le cas contraire, le second point est plus bas que le premier.

888. **Nivellement général d'un terrain.** — Le nivellement général d'un terrain consiste le plus souvent à déterminer les hauteurs relatives de ses points principaux.

On commence par niveler le contour par **cheminement**, puis on y rattache les points remarquables de l'intérieur. Quand la chose est possible, on place le niveau à un point central, duquel on puisse niveler tous les points que l'on veut coter sur le plan ; on **rayonne** ainsi autour du point occupé par le niveau et l'opération s'appelle nivellement **par rayonnement.** Si une station ne suffit pas, on en prend plusieurs habilement reliées entre elles.

Le plan d'un terrain renfermant l'indication des hauteurs d'un grand nombre de ses points au-dessus du plan de comparaison porte le nom de plan coté.

Un pareil plan est encore insuffisant pour représenter aux yeux la forme même du sol. Pour y remédier, on construit le *profil* du terrain suivant quelques alignements bien choisis ou l'on détermine des **courbes de niveau.**

889. Profil. — Imaginons que l'on ait nivelé un certain nombre de points A, M, N, O, P, Q, B situés dans une direction rectiligne donnée et qu'on ait mesuré leurs distances horizontales. Si l'on porte ces distances sur une droite AB (fig. 554), et qu'on élève aux différents points M', N'.. des perpendiculaires représentant les cotes des points M, N, O... au-dessus du plan de comparaison, la courbe joignant les extrémités de ces perpendiculaires représentera exactement la forme du sol suivant la direction considérée. Cette courbe, qui porte le nom de *profil*, n'est autre chose que l'intersection du terrain par un plan vertical.

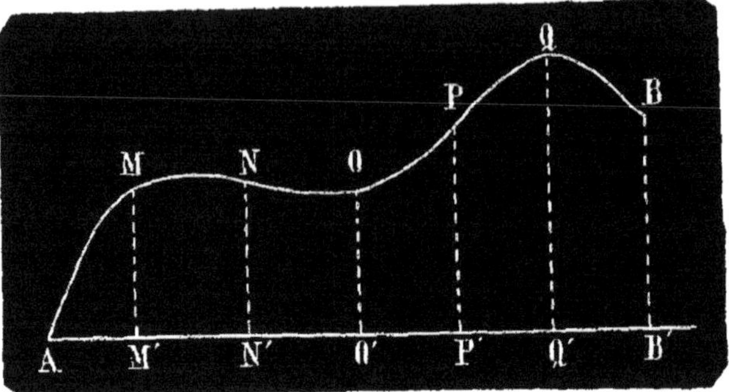

Fig. 554.

890. Courbes de niveau. — On appelle *courbe de niveau* l'intersection du sol par un plan horizontal ; elle est formée par l'ensemble des points qui ont même cote.

On conçoit que si l'on coupe le sol par des plans horizontaux assez rapprochés, que l'on projette les courbes sur le plan de comparaison et que l'on indique à côté de chaque projection la hauteur du plan correspondant, les ondulations du terrain seront parfaitement représentées.

Soit à déterminer une courbe de niveau passant par un point A (fig. 555).

Le niveau étant placé en O, à une certaine distance du point A, l'aide dresse la mire en A, et, sur les indications de l'opérateur, fait glisser le voyant jusqu'à ce que le rayon visuel déterminé par le niveau rencontre la ligne de foi. Après avoir fixé le voyant, l'aide se transporte en B, à une dizaine de mètres de A, en évitant, autant que possible, de monter ou de descendre ; puis il place la mire verticalement, sans toucher au voyant ; l'opérateur lui fait signe de se transporter un peu plus haut ou un peu plus bas, de manière à amener la ligne de foi dans le plan du niveau. Le point où se trouve alors le pied de la mire est à la même hauteur que le point A : c'est donc un point de la courbe ; on y met un jalon ou un piquet. On détermine de la même manière d'autres points C, D, etc.

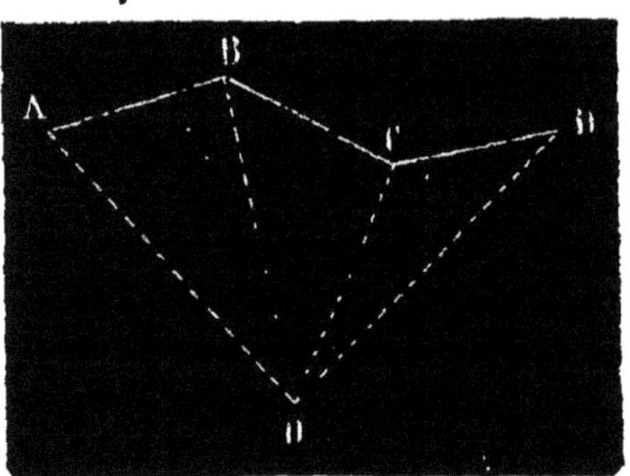

Fig. 555.

Si on lève le plan de la figure ABCD, on a la projection de la courbe de niveau passant par le point A.

TOPOGRAPHIE, LECTURE DES CARTES

891. On appelle plan ou carte **topographique**, le plan sur lequel on a tracé un nombre plus ou moins grand de courbes de niveau.

Les plans horizontaux qui déterminent les courbes sont assujettis à être équidistants.

La distance entre deux plans consécutifs porte le nom d'**équidistance réelle**.

Imaginons maintenant un relief semblable au terrain et à une échelle donnée ; les plans sécants y seront encore représentés et leur distance sera égale à l'équidistance réelle multipliée par l'échelle ; c'est ce que l'on nomme **équidistance graphique**.

L'équidistance graphique est constante, tandis que l'équidistance réelle varie avec l'échelle.

Si l'on appelle E l'équidistance réelle, e l'équidistance graphique, $\frac{1}{M}$ l'échelle, on a la relation :

$$e = E \times \frac{1}{M}.$$

Si E était constant, e serait inversement proportionnel à M ou directement proportionnel à l'échelle.

De sorte que pour une échelle très petite, e deviendrait aussi très petit ; mais, on ne peut pas descendre au-dessous d'une certaine limite, car il arriverait un moment où, sur le plan topographique, les courbes se confondraient. Si l'on suppose au contraire que e soit constant, E est proportionnel à M, ou inversement proportionnel à l'échelle. Par conséquent un relief donné sera représenté par d'autant moins de courbes que l'échelle sera plus petite. Faisons une application numérique et posons

$$e = 0^m,002, \quad M = 80,000$$

Alors,

$$E = 0^m,002 \times 80,000 = 160^m$$

Donc à l'échelle $\frac{1}{80,000}$, une montagne de 640^m sera représentée par $\frac{640}{160} = 4$ courbes de niveau.

A l'échelle $\frac{1}{40,000}$, elle serait figurée par 8 courbes, etc.

892. L'équidistance graphique et l'échelle sont toujours indiquées sur un plan topographique. On peut alors, par un calcul des plus simples, connaître l'équidistance réelle, et, par suite, savoir la hauteur d'une montagne indiquée par un certain nombre de courbes de niveau, que l'on peut toujours compter.

En effet, soit une montagne représentée par 5 courbes (fig. 556) à l'échelle $\frac{1}{5,000}$. Supposons que l'équidistance graphique soit $0^m,003$.

On a immédiatement

$$E = 0^m,003 \times 5,000 = 1^m;5$$

la dernière courbe est donc à $15 \times 4 = 60^m$ au-dessus de la première, et si la cote de celle-ci est 70^m, l'altitude de la dernière est $70 + 60 = 130^m$.

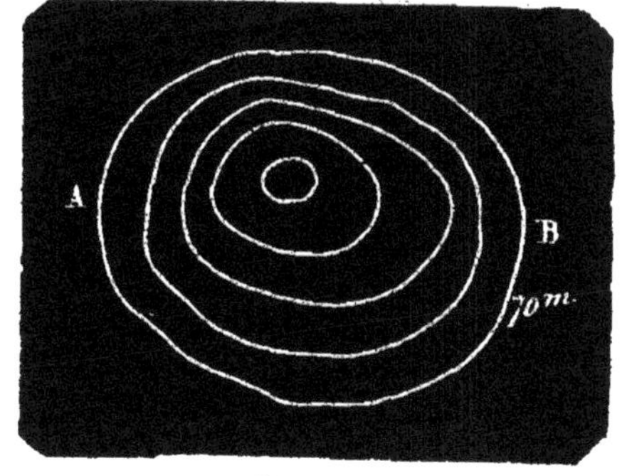

Fig. 556.

On voit par là qu'un plan topographique représente tous les accidents du sol aussi fidèlement qu'un **plan relief**; car il renferme toutes les données nécessaires pour construire le relief lui-même.

Dessinons les courbes de niveau sur des feuilles de carton dont l'épaisseur soit égale à l'équidistance graphique et découpons ces feuilles suivant les courbes; si nous fixons sur une planche la feuille qui représente la courbe la plus basse; sur celle-ci la deuxième convenablement disposée, puis la troisième, la quatrième, etc., nous aurons un **relief à gradins** dont nous remplirons avec de la cire les intervalles compris entre les feuilles successives; nous obtiendrons ainsi un relief semblable au terrain, représentant avec une fidélité parfaite les montagnes, les vallées, les ondulations de toute espèce.

893. Lignes de plus grande pente, hachures. — On appelle *ligne de plus grande pente*, celle qui, tracée sur le terrain par un point donné fait le plus grand angle avec l'horizon.

894. *Toute ligne de plus grande pente est en tous ses points perpendiculaire aux courbes de niveau et sa projection est perpendiculaire aux projections des courbes.*

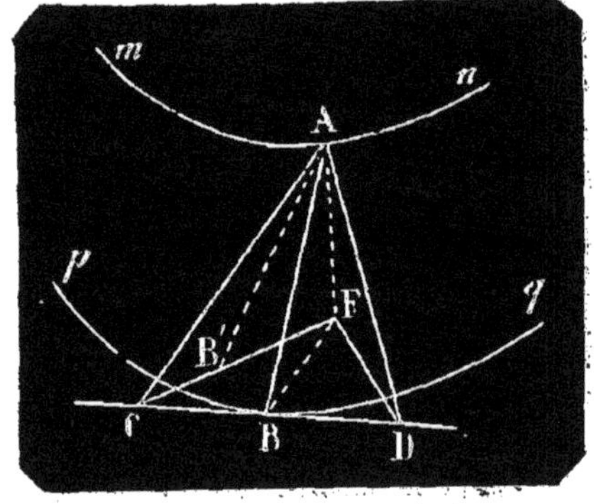

Fig. 557.

Soit AB (fig. 557) une ligne de plus grande pente tracée entre deux plans de niveau dont les intersections avec le sol sont les courbes *mn* et *pq*. Soit F la projection du point A sur le plan inférieur, et, par suite, BF la projection de AB. Menons au point B une tangente GH à la courbe *pq*, et prenons, sur cette tangente, deux points C et D à égale distance de B, mais très rapprochés de ce point; traçons ensuite les droites CA, CF, DA, DF.

La ligne AB étant, par hypothèse, celle de plus grande pente, l'angle ABF est plus grand que ACF.

Les triangles AFC et AFB étant rectangles en F, l'angle BAF est le complément de ABF et CAF le complément de ACF; donc BAF < CAF.

Faisons maintenant tourner le triangle ABF autour de AF ponr l'amener dans le plan du triangle ACF, l'angle BAF étant plus petit que l'angle CAF, le côté AB, tombera à l'intérieur de l'angle CAF, et le point B sur FC, en B', entre F et C. On a par conséquent AB' < AC ou AB < AC.

On démontrerait de même que toute autre ligne partant du point A et aboutissant à la tangente GH est plus grande que AB. La ligne AB est donc la droite la plus courte qu'on puisse mener du point A à la tangente GH; elle est donc perpendiculaire à cette tangente, c'est-à-dire à la courbe *pq*.

D'un autre côté, les obliques AC et AD qui s'écartent également du pied de la perpendiculaire AB sont égales.

Il en résulte que les triangles rectangles ACF, ADF sont égaux comme ayant l'hypoténuse égale et un côté égal (AF est commun); donc CF = FD. Par conséquent, la droite FB, qui a deux points F et B à égale distance de C et de B est perpendiculaire au milieu de CD, ce qui prouve que la projection de la ligne de plus grande pente est perpendiculaire à la projection de la courbe *pq*. En projetant AB sur le plan supérieur on prouverait absolument de la même manière que AB est perpendiculaire à *mn* et que la projection de AB est perpendiculaire à la projection de cette courbe.

895. Remarque. — De ce que les courbes de niveau ne sont pas parallèles entre elles et qu'elles sont inégalement distantes les unes des autres, il résulte que la ligne de plus grande pente est une ligne à double courbure dont les divers éléments sont perpendiculaires aux courbes horizontales. Dans la plupart des plans topographiques, on intercale entre les courbes de niveau des lignes de plus grande pente, plus ou moins denses et qui portent le nom de **hachures** (fig. 558).

On obtient ainsi un dessin qui fait mieux ressortir que les courbes seules les ondulations du sol et les variations de pente.

Les hachures ont une légère courbure pour être à la fois normales à deux courbes consécutives ; elles sont tracées de manière à former solution de continuité et engrènent les unes avec les autres ; elles sont plus ou moins denses, suivant la rapidité des pentes qu'elles expriment.

Lorsque les courbes horizontales sont trop éloignées et qu'il devient difficile de tracer les hachures de manière qu'elles leur soient perpendiculaires, on intercale au crayon de nouvelles courbes qui servent de directrices aux hachures et qui disparaissent lorsque le plan est terminé. Dans la figure 558 les courbes auxiliaires sont ponctuées.

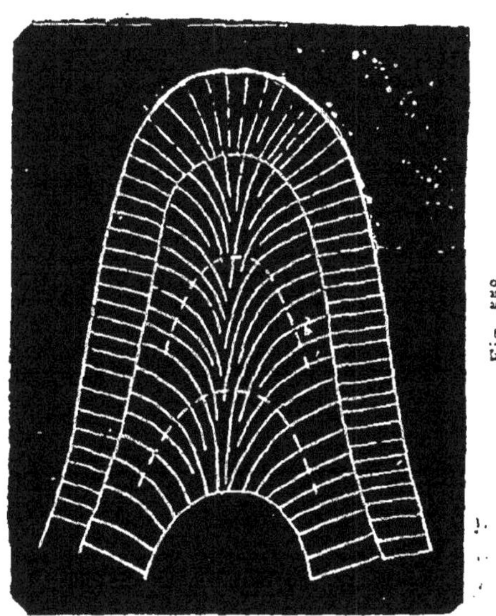

Fig. 558

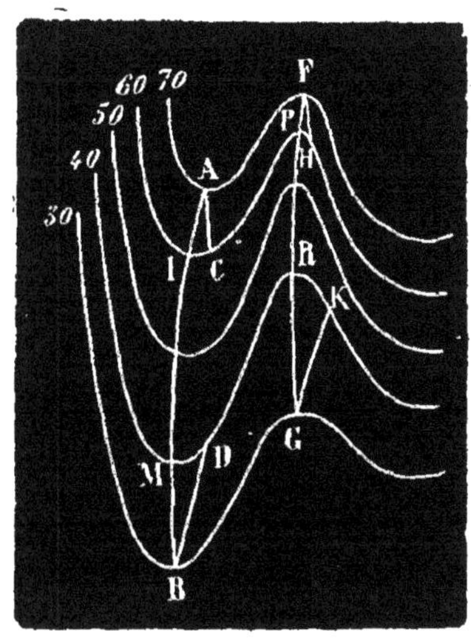

Fig. 559.

896. Il est important de pouvoir tracer sur une carte ou un plan topographique les *lignes caractéristiques*, c'est-à-dire les **lignes de faîte** et les **thalwegs.** On appelle **ligne de faîte** AB d'un terrain (fig. 559) celle qui, partant d'un point A, a le moins de pente en allant de haut en bas, ou qui, partant d'un point B a le plus de pente en allant de bas en haut.

Ainsi l'élément AI a une pente plus faible qu'une autre ligne quelconque, AC partant du point A, et BM a une pente plus forte que BD.

La ligne de faîte porte également le nom de **ligne de partage des eaux,** parce que les eaux pluviales qui tombent sur le sol se séparent sur elle pour s'écouler à droite et à gauche.

Le **thalweg** FG (chemin de la vallée) est la ligne qui partant d'un point F (fig. 559) a le plus de pente en allant de haut en bas, ou qui, partant d'un point G a la pente la plus faible en allant de bas en haut. Ainsi FP a une pente plus forte que FH et GR une pente plus forte que GK.

Si l'on suppose que la courbe la plus élevée devienne la plus basse, et réciproquement la ligne de faîte devient un **thalweg** et celui-ci, une **ligne de faîte.** Il est donc très facile de les confondre si l'on ne voit pas les cotes des courbes. Mais il y a un moyen de reconnaître le thalweg, parce qu'il est souvent indiqué par une rivière, un ruisseau, un fossé, dans lequel se réunissent les eaux.

On appelle **col** le point d'intersection d'une ligne de faîte et d'un thalweg. Sa cote est toujours indiquée sur le plan topographique.

FIN

POIDS SPÉCIFIQUES DES PRINCIPAUX CORPS SOLIDES

Acier trempé	7,82	Iode	4,95
Aluminium fondu	2,56	Iridium fondu	21,15
Anthracite	1,40	Ivoire	1,92
Antimoine	6,72	Jayet	1,31
Argent fondu	10,47	Laiton	8,43
Arsenic	5,75	Liège	0,24
Bismuth fondu	9,82	Lithium	0,59
Bois de cèdre	0,56	Magnésium	1,74
— de cyprès	0,66	Manganèse	8,01
— de hêtre	0,85	Marbre statuaire	2,71
— d'orme	0,55	Molybdène	8,60
— de peuplier	0,39	Nickel fondu	8,28
— de pommier	0,75	Or fondu	19,26
— de sapin jaune	0,66	— forgé	19,36
— de tilleul	0,60	Palladium fondu	11,30
Bore cristallisé	2,68	Perles	2,75
Cadmium écroui	8,69	Phosphore ordinaire	1,84
Calcium	1,58	— rouge	2,10
Chrome	5,90	Platine fondu	21,15
Cobalt fondu	7,81	— écroui	23,00
Corail	2,69	Plomb	11,55
Cristal de roche	2,65	Porcelaine de Chine	2,38
Cuivre fondu	8,85	— de Sèvres	2,24
— laminé	8,95	Potassium	0,87
Diamant du Brésil	3,52	Sélénium	4,30
Émeraude verte	2,69	Silicium cristallisé	2,49
Etain	7,29	Sodium	0,97
Fer	7,79	Soufre natif ou octaédrique	2,07
Flint-glass	3,59	— prismatique	1,97
Fonte de fer	7,21	Strontium	2,54
Glace	0,92	Succin	1,08
Glucinium	2,10	Tellure	6,24
Graphite	2,16	Tungstène	17,60
Gypse	2,33	Verre à vitres	2,53
Houille compacte	1,33	Zinc	7,19

POIDS SPÉCIFIQUES DE QUELQUES LIQUIDES

Acide nitrique fumant	1,451	Essence de térébenthine	0,869
— sulfurique concentré	1,841	Huile d'olive	0,915
Alcool absolu	0,792	Lait	1,030
Brome	2,966	Mercure	13,596
Eau de mer	1,026	Sulfure de carbone	1,293
— distillée, à 4 degrés	1,000	Vin de Bordeaux	0,994
Esprit de bois	0,798	— de Bourgogne	0,991

PRINCIPALES FORMULES

DE LA GÉOMÉTRIE PLANE

Somme des angles d'un triangle . . . . $A + B + C = 2$ dr.

— — d'un quadrilatère convexe. . . . . $A + B + C = 4$ dr.

— — d'un polygone convexe. . . . . $2(n - 2)$ dr.

Segments additifs déterminés par la bissectrice de l'angle A du triangle ABC. $m = \frac{ab}{b + c}$ $n = \frac{ac}{b + c}$

Segments soustractifs déterminés par la bissectrice du supplément de l'angle A. . . . . $m' = \frac{ab}{c - b}$ $n' = \frac{ac}{c - b}$

Cordes qui se coupent dans un cercle (segments m, n, m', n') . . . $mn = m'n$

Sécantes qui partent d'un même point. . . . . $se = s'e'$

Tangente et sécante partant d'un même point. . . . . $t^2 = se$

Rapport des périmètres de deux polygones semblables. . . . . $\frac{p}{p'} = \frac{AB}{A'B}$

Triangle rectangle ABC, dont l'hypoténuse est a, les côtés de l'angle droit b et c, la perpendiculaire sur l'hypoténuse p, et les deux segments m et n. . . . .

$$\left\{\begin{aligned} & b^2 = am \\ & c^2 = an \\ & p^2 = mn \\ & b^2 + c^2 = a^2 \\ & \frac{b^2}{c^2} = \frac{m}{n} \\ & \frac{b^2}{a^2} = \frac{m}{a} \\ & \frac{c^2}{a^2} = \frac{n}{a} \end{aligned}\right.$$

Triangle quelconque. $a^2 = b^2 + c^2 \pm 2b \times n$

Hauteur abaissée sur le côté a. . . . . $h = \frac{2}{a}\sqrt{p(p-a)(p-b)(p-c}$

Médiane aboutissant au côté a . . . . $m = \frac{1}{2}\sqrt{2(b^2 + c^2) - a^2}$

Bissectrice de l'angle A. . . . . $\gamma = \frac{b + c}{2}\sqrt{bcp(p - a)}$

Bissectrice du supplément de A. . . . . $\gamma' = \frac{2}{c-b}\sqrt{bc(p-b)(p-c)}$

Rayon du cercle circonscrit. . . . . R. $= \frac{abc}{4\sqrt{p(p-a)(p-b)(p-c)}}$

Ligne divisée en moyenne et extrême raison :

Plus grand des segments additifs. $\frac{a}{2}(\sqrt{5}-1)$

Plus petit des segments soustractifs. . . . . $\frac{a}{2}(\sqrt{5}+1)$

Côté du carré inscrit dans le cercle. . . . . $c = R\sqrt{2}$

Côté du triangle équilatéral. . . . . $c = R\sqrt{3}$

Côté de l'hexagone régulier. . . . . $c = R$

Côté du décagone régulier convexe. . . . . $d = \frac{R}{2}(\sqrt{5}-1)$

Côté du décagone régulier étoilé . . . . $d' = \frac{R}{2}(\sqrt{5}+1)$

Côté du pentagone régulier convexe. . . . . $p = \frac{R}{2}\sqrt{10-2\sqrt{5}}$

Côté du pentagone régulier étoilé. . . . . $p' = \frac{R}{2}\sqrt{10+2\sqrt{5}}$

Double de l'apothème du polygone régulier de côté c. . . . . . $d = \sqrt{4R^2 - c^2}$

Côté du polygone régulier inscrit ayant deux fois plus de côtés. $c' = \sqrt{R(2R-d)}$

a et r étant l'apothème et le rayon d'un polygone régulier. .
a' et r' — — — de même
périmètre ayant deux fois plus de côtés. . . . . $\left\{ a' = \frac{a+r}{2} \quad r' = \sqrt{a'r} \right.$

Nombre π. . . . . $\pi = \frac{\text{circonf.}}{\text{diamètre}} = 3{,}1415926535$

Circonférence. . . . . $c = \pi D$, $= 2\pi R$; $D = \frac{c}{\pi}$, $R = \frac{c}{2\pi}$

Longueur d'un arc de n degrés . . . . $l = \frac{\pi R n}{180}$

Aire du rectangle. . . . . $S = bh$

— du carré. . . . . $S = a^2$

— du parallélogramme. $S = bh$

— du triangle. . . . . $S = \frac{1}{2}bh$

— du triangle équilatéral. . . . . $S = \frac{a^2\sqrt{3}}{4}$

Aire du triangle en fonction des trois côtés. . . . $S = \sqrt{p(p-a)(p-b)(p-c)}$

Rayon du cercle inscrit. . . . . $r = \frac{s}{p}$

Rayons des cercles ex-inscrits. . . . . . $r' = \frac{s}{p-a}$ $r'' = \frac{s}{p-b}$, $r''' = \frac{s}{p-c}$

Rayon du cercle circonscrit. . . . . $R = \frac{bca}{4S}$

Côté du carré équivalent à un rectangle. $x^2 = ab$

Carré d'une somme. . . . . $(a+b)^2 = a^2 + 2ab + b^2$

Carré d'une différence. . . . . $(a-b)^2 = a^2 - 2ab + b^2$

Produit d'une somme par une différence. . . . . $(a+b)(a-b) = a^2 - b^2$

Polygones semblables . . . . $\frac{s}{s'} = \frac{a^2}{a'^2}$

Aire du polygone régulier . . . . $s = p \times \frac{a}{2}$

Aire du cercle . . . . $\begin{cases} s = C \times \frac{R}{2} \\ s = \pi R^2 \\ s = \frac{\pi D^2}{4} \\ s = \frac{C^2}{4\pi} \end{cases}$

Rapport des aires de deux cercles. . . . . $\frac{s}{s'} = \frac{R^2}{R'^2}$

Aire du secteur. . . . . $s = \text{arc} \times \frac{\text{rayon}}{2}$

ou. . . . . . . $S = \frac{\pi R^2 n}{360}$

PRINCIPALES FORMULES

DE LA GÉOMÉTRIE DANS L'ESPACE

Faces d'un angle trièdre . . . . $a < b + c$, $a > b - c$

Somme des faces d'un angle polyèdre convexe. . . . $a + b + c + d \ldots < 4\,\text{dr.}$

Trièdre supplémentaire. . . . . . $A + a' = 2\,\text{dr}$, $B + b' = 2\,\text{dr.}$, $C + c' = 2\,\text{dr.}$

Somme des angles dièdres d'un trièdre . . . . $2\,\text{dr.} < A + B + C < 6\,\text{dr.}$

Aire latérale du prisme (p périmètre de la section droite, a arête latérale) $S = ap$

Parallélipipède rectangle, volume. . . . . $V = abc$

Cube. . . . . $V = a^3$

Parallélipipède quelconque . . . . $V = B \times h$

Prisme. . . . . $V = B \times h$

Pyramide . . . . $V = \frac{1}{3} Bh$

Tétraèdre régulier. . . . . $V = \frac{a^3\sqrt{2}}{12}$

Tronc de pyramide à bases parallèles. . . . . $V = \frac{1}{3} h(B + b + \sqrt{Bb})$

ou. . . . . $V = \frac{1}{3} Bh\left(1 + \frac{a}{A} + \frac{a^2}{A^2}\right)$

Tronc de prisme triangulaire (s section droite). . . . . . . $V = s \times \frac{a + a' + a''}{3}$

Volume du tas de cailloux . . . . $V = \frac{h}{6}\left[b(2a + a') + b'(2a' + a)\right]$

Rapport des volumes des deux polyèdres semblables. . . . . $\frac{V}{V'} = \frac{a^3}{a'^3}$

Cylindre circulaire droit, aire latérale. . . . . $s = 2\pi Rh$

— — — aire totale . . . . $s = 2\pi R(R + h)$

— — — volume . . . . $V = \pi R^2 h$

Cône circulaire droit . . . . $s = \pi Ra$

— — — aire totale. . . . . $S = \pi R(a + R)$

— — — volume. . . . . $V = \frac{1}{3}\pi R^2$

Tronc de cône droit à bases circulaires, aire latérale. . . $S = \frac{\text{cir } R + \text{cir } r}{2} \times a$

— — — volume. . . . $V = \frac{1}{3}\pi h(R^2 + r^2 + Rr)$

— — — ou. . $V = \pi h\left(\frac{R + r}{2}\right)^2 + \frac{1}{3}\pi h\left(\frac{R - r}{2}\right)^2$

Ligne brisée régulière, a apothème, h projection sur l'axe :

Surface engendrée. . . . . $S = 2\pi ah$

Zône : surface. . . . . $S = 2\pi Rh$

Sphère : surface. . . . . $S = 4\pi R^2$

ou. . . . . $S = \pi D^2$

Secteur polygonal régulier : volume. . . . . $V = \frac{2}{3}\pi a^2 h$

Secteur sphérique : volume . . . . $V = \text{zone} \times \frac{\text{rayon}}{3}$

ou . . . . $V = \frac{2}{3}\pi R^2 h$

Volume de la sphère . . . . $V = \frac{4}{3}\pi R^3$

— — . . . . $V = \frac{1}{6}\pi D^3$

Segment de cercle, corde c, projection h, volume engendré . . . . . $V = \frac{1}{6}\pi c^2 h$

Volume du segment sphérique, h hauteur, R et r rayons des bases . . . . $V = \frac{1}{6}\pi h^3 + \frac{1}{2} R\pi^2 h + \frac{1}{2}\pi r^2 h$

Segment sphérique à une base . . . . $V = \frac{1}{6}\pi h^3 + \frac{1}{2}\pi R^2 h$

Côtés d'un triangle sphérique . . . . $a < b + c \quad a > b - c$

Côtés d'un polygone sphérique . . . . $a < b + c + d + f$

Triangles sphériques supplémentaires $A + a' = 2\,\text{dr.}$, $B + b' = 2\,\text{dr.}$, $C + c' = 2\,\text{dr.}$

Aire de fuseau de n degrés . . . . $S = \frac{4\pi R^2 n}{360}$

Volume de l'onglet sphérique . . . . $V = \frac{4\pi R^2 n}{360} \times \frac{R}{3}$

Rapport de l'aire du triangle sphérique à l'aire de la sphère . . $\frac{T}{S} = \frac{\text{excès } sph}{8 \text{ droits}}$

Si l'unité est le triangle sphérique trirectangle, on a . . T = excès sphérique.

$\sqrt{2} = 1,41421$ $\sqrt[3]{2} = 1,25992$

$\sqrt{3} = 1,73205$ $\sqrt[3]{3} = 1,44224$

$\sqrt{5} = 2,23606$ $\pi = 3,14159$

$\frac{1}{\pi} = 0,31831$

TABLE DES MATIÈRES

PREMIÈRE PARTIE

GÉOMÉTRIE PLANE

LIVRE PREMIER

LA LIGNE DROITE

CHAPITRE PREMIER

CHAPITRE II

CHAPITRE III

CHAPITRE IV

CHAPITRE V

CHAPITRE VI

LIVRE II

DE LA CIRCONFÉRENCE DE CERCLE

CHAPITRE PREMIER

CHAPITRE II

CHAPITRE III

CHAPITRE IV

LIVRE III

LES FIGURES SEMBLABLES

CHAPITRE PREMIER

CHAPITRE II

CHAPITRE III

CHAPITRE IV

CHAPITRE V

LIVRE IV

MESURE DES AIRES

DEUXIÈME PARTIE

GÉOMÉTRIE DANS L'ESPACE

LIVRE V

DROITES ET PLANS DANS L'ESPACE

LIVRE VI

POLYÈDRES

LIVRE VII

LES TROIS CORPS RONDS

CHAPITRE PREMIER

CHAPITRE II

CHAPITRE III

LIVRE VIII

COURBES USUELLES

CHAPITRE PREMIER

CHAPITRE II

CHAPITRE III

CHAPITRE IV

CHAPITRE V

FIN DE LA TABLE DES MATIÈRES.

Sceaux. — Imp. Charaire et Fils.

www.ingramcontent.com/pod-product-compliance
Ingram Content Group UK Ltd.
Pitfield, Milton Keynes, MK11 3LW, UK
UKHW022327190726
13856UKWH00001B/258